普通高等教育"十一五"国家级规划教材

北京高等教育精品教材

高等学校电子信息类系列教材

通信系统原理

（第2版修订本）

冯玉珉　　郭宇春　　编著

张树京　　主审

清 华 大 学 出 版 社

北京交通大学出版社

·北京·

内 容 简 介

本书共分 10 章，从通信系统角度，重点讨论"编码、调制、传输与噪声"，并增强数字通信原理内容，同时，根据通信的发展，增加了现代数字通信新技术和多用户通信原理。本书编写着重突出"概念—思路—重点—方法—应用"，并同时提供与本书配套的学习指南《通信系统原理学习指南》（修订本）。

本书适于通信与电子信息类专业学生作为教材，同时适用于从事通信、信息工作的科技、工程人员参考，也可供投考研究生复习和青年教师备课参考。

图书在版编目（CIP）数据

通信系统原理/冯玉珉，郭宇春编著. —2 版. —北京：清华大学出版社；北京交通大学出版社，2010. 12（2020. 8 修订）

（高等学校电子信息类系列教材）

普通高等教育"十一五"国家级规划教材

ISBN 978 - 7 - 5121 - 0413 - 6

Ⅰ.① 通…　Ⅱ.① 冯…　② 郭…　Ⅲ.① 通信系统 - 高等学校 - 教材　Ⅳ.① TN914

中国版本图书馆 CIP 数据核字（2010）第 242293 号

通信系统原理

TONGXIN XITONG YUANLI

责任编辑：韩　乐

出版发行：清 华 大 学 出 版 社　　邮编：100084　　电话：010 - 62776969

　　　　　北京交通大学出版社　　邮编：100044　　电话：010 - 51686414

印 刷 者：北京鑫海金澳胶印有限公司

经　　销：全国新华书店

开　　本：185×260　　印张：25　　字数：630 千字

版 印 次：2011 年 2 月第 2 版　　2020 年 8 月第 2 版第 2 次修订　　2020 年 8 月第 10 次印刷

印　　数：13 001～14 500 册　　定价：59.00 元

本书如有质量问题，请向北京交通大学出版社质监组反映。对您的意见和批评，我们表示欢迎和感谢。

投诉电话：010 - 51686043，51686008；传真：010 - 62225406；E-mail：press@ bjtu. edu. cn。

高等学校电子信息类系列教材
编审委员会成员名单

总　　序

近年来，我国高等教育经历了重大的改革，已经在教育思想和观念上、教育方法和手段上有了长足的进步，在较大范围和较深层次上取得了成果。为了推进课程改革、加快我国大学教育国际化的进程，教学内容和课程体系改革已经是势在必行。特别在通信与信息领域，随着微电子、光电子技术、计算机技术及光纤等相关技术的发展，尤其是计算机技术与通信技术相结合，使得现代通信正经历着一场变革，各种新技术、新业务、新系统和新应用层出不穷，传统的教学内容和课程体系已不能满足要求，同时教材内容也需要更新。在此背景下，我们决定编写一套紧跟国际科技发展又适合我国国情的"高等学校电子信息类系列教材"，以适应我国高等教育改革的新形势。

"高等学校电子信息类系列教材"涉及传输技术、交换技术、IP技术、接入技术、通信网络技术及各种新业务等。我们在取得教学改革成果的基础上，组织了一批具有多年教学经验、从事科研工作的教师参与编写这套专业课程系列教材。

本系列专业课程教材具有以下特色：

● 在编写指导思想上，突出实用性、基础性、先进性和时代特征，强调核心知识，结合实际应用，理论与实践相结合；

● 在教材体系上，强调知识结构的系统性和完整性，强调课程间的有机联系，注重学生知识运用能力和创新意识的培养；

● 在教材内容上，重点阐述系统的基本概念和原理、基本组成、基本功能及基本应用，对一些新技术和新应用做较系统的介绍。内容丰富，层次分明，重点突出，叙述简洁，深入浅出。

本系列专业课程教材包括：

《现代通信概论》、《通信系统原理（第2版）》、《通信系统原理学习指南》、《数字通信》、《现代交换技术》、《光纤通信理论基础》、《光纤通信系统及其应用》、《光接入网技术及其应用》、《现代移动通信系统》、《数字微波通信》、《卫星通信》、《现代通信网》、《自动控制原理》、《蓝牙技术原理与协议》、《计算机通信网基础》、《多媒体通信》、《数字图像处理学》、《网络信息安全技术》等。

本系列教材的出版得到北京交通大学教务处的大力支持，同时也得到北京交通大学出版社、清华大学出版社有关同志的精心指导和全力帮助。

本系列教材适合于高等院校通信及相关专业本科生教育，也可作为从事电信工作的技术人员自学教材及培训教材。

"高等学校电子信息类系列教材"
编审委员会主任

2010 年 12 月

序

冯玉珉教授编著的《通信系统原理》经过修订后，受到同行专家的好评，并深受广大师生的欢迎，特别是与之相配套的教材《通信系统原理学习指南》更是得到热销，本教材被评为普通高等教育"十一五"国家级规划教材和北京高等教育精品教材，值得庆贺。

本教材与 20 世纪出版过的同名教材相比，内容上有了诸多更新和补充，特别是在第 8 章内新增了复合编码的内容，第 9 章新增了正交频分复用的内容，以及新增了第 10 章多用户通信内容。体现了作者联系实际、推陈出新的精神，反映了最近 10 多年来通信技术的发展和创新成果，达到了教育部倡导的"要大力锤炼精品教材"的宗旨。

新编的通信系统原理教材仍然保持了原先教材的特色和风格，与同类教材相比它强调通信系统的整体性，以及实现通信系统整体性的关键技术和质量指标（兼顾通信有效性和可靠性指标）。回顾 1981 年通信系统原理教材（试用版）问世的时候，国内没有设置通信原理的课程和教材，当时沿用前苏联的教学计划和课程设置，在数理化等公共基础课之后就是通信的专业课，例如发送设备、接收设备、天线、传输线路、载波原理、交换原理等，它们相互独立，相应的技术指标也是各自为政，不能反映整个通信系统的传输质量和通信系统的有效性缺乏一门课程将通信系统组合起来视为一个整体。在多年教学实践的过程中深切体会有必要增设一门能够衔接公共基础课与专业课之间的专业基础课，同时能够将原来分散的通信专业课融合为一体，于是通信系统原理（有时简称通信原理）课程在第一轮教学改革中问世，同时出版了反映该课程教学大纲内容的通信系统原理教材。经过试用和两次改版后得到了各兄弟院校的大力支持，在 20 多年里总共发行约 3 万余册，相继被评为国家级优秀教材（1985 年）和国家级优秀教学成果奖（1992 年）。

新编的《通信系统原理（第 2 版）》及与之相配套的《通信系统原理学习指南》，章节安排合理，内容由浅入深，理论联系实际，适合通信专业本科学生使用。其中第 1 章是概括介绍通信系统的要素和组成原理，以及反映通信系统的主要质量指标，是初学通信课程的基本知识内容。第 2 章是运用随机过程、概率统计等数学工具来分析通信系统内的信号和噪声，在这章内数学公式比较多，其结论对通信系统的传输质量分析是很重要的，也可以视为承上启下和理论联系实际的基础知识。第 3 章介绍的模拟调制系统虽然现已不再应用，但模拟调制技术仍然是信号调制理论的基础，因此有必要给初学的读者详细介绍。第 4 章着重介绍模拟信号数字化过程，特别是 PCM 技术是在通信系统内传输数字话音和数字图像的基础，是数字通信全面推广的功臣。第 5 章是分析在信道存在噪声和失真的条件下如何提高数据信号传输的质量，以及如何采取相应的技术措施。第 6 章是详细介绍数字调制技术和分析调制后信号的传输性能，这部分内容紧密联系实际，是数字通信的基础。第 7 章最佳接收是对通信系统的优化，也是改进提高通信系统传输质量的方向。在第 8 章内新增了复合编码的内容，特别是 Turbo 码代表了当前信道编码的发展方向，在国际卫星通信中受到重视。同样，在第 9 章内新增了正交频分复用的内容，它在多载波移动通信制式中得到了广泛应用。这里特别要提出新增的第10章的内容非常重要，多用户通信是构成宽带通信网的基础，尤其宽带移动通信网代表了当前通信技术的前沿，第三代移动通信和超宽带无线通信受到通信专家和制造商的青睐。

以上10章内容的有机结合，充分论述了通信系统组成的各个关键技术。既追溯到历史上曾经起到主导作用的模拟通信技术，又强调了目前正在成为主流的数字通信技术，同时还展望了下一代的通信技术。历经100多年的通信技术发展和进步在本书内都能见到和涉及，无疑对初学通信专业的读者是一本入门教材，而对于具有通信专业背景的工程技术人员也可以从本书中得到启发，并进一步深化对通信技术的理解和运用。我想这正是本书受到好评和热销的原因。

张树京

2010 年 12 月　上海

前　　言

作者曾于1989年随同主编张树京教授参与编写了1992年出版的《通信系统原理》教材，同时主编了配套的习题集。10多年来，通信技术已有了很大的发展，对本课程教学提出了新的要求，作者在20多年的教学实践和与同行的不断交流中也有不少新的认识，编写一本当前更为适用的教材早已是作者的心愿。在恩师张树京教授的悉心指导下，完成了本书的编写工作，并于2003年出版。该书出版以来，经过两次修订，均及时调整与更新有关章节内容，追踪通信新技术及其应用。本次修订为第2版，具有如下特点。

●全书以现代数字通信系统为主线，虽然保留了通信原理的基本内容，但却进行了显著压缩；对数字信号基带传输、最佳接收和信道编码等3章进行了更新或充实。特别是增设了"常用的现代数字调制"和"多用户通信"，包括了多种传输制式和先进技术，正在大力推广应用，应当作为本课程的重要授课内容。

●信息—编码—调制—传输—噪声，可以说整个通信领域都充满着、渗透着数字理论。因此本书着意刻划了所设计的多种数字模型，并尽量完善地展示多功能模块和系统的数字运作过程。

●在列举多种模块和系统的数学模型中，本书明确揭示了它们的共同本质，试用一个"相关系数"ρ：$-1 \leqslant \rho \leqslant 1$。一个通信系统的发送端和接收端分别适用其中的$-1 \leqslant \rho \leqslant 0$和$0 \leqslant \rho \leqslant 1$。前者为正交特性，包括码字间，序列间或发送信号星座中信息星点间的距离特性，复用信道、复用信号及同一个通信系统中消息符号间的正交性。后者为相关特性，包括接收系统的相关检测，相干或非相干及最佳接收。可以说正交与相关概念与理论是通信系统设计的精髓。

●本书第2版仍以"阐明概念，清彻思路，突出重点，剖析实质，结合应用"作为书写的基本着力点，增加各章例题，和配套教材《通信系统原理学习指南》中大量例题或应用案例相配合，提高教材的可读性。

最后，在本书第2版面市之际，由衷地感谢《通信系统原理》的开创者，著名的通信专家——恩师张树京教授。并借此机会对多年来给作者以热切教诲和指导的前辈，著名通信专家简水生院士、袁保宗、李承恕、张林昌及汪希时教授等各位恩师表示深切谢意。对本书给予首肯的著名通信专家，北京邮电大学乐光新教授，北京交通大学吴湘琪教授，天津大学王秉钧教授表示真挚谢意。还要感谢本教学组长期通力合作各位教师。最后对一贯支持本课程和教材书写及为之申报精品课程和精品教材、教学成果奖的教务处领导张有根教授，原电子信息学院院长张思东教授给以最真诚的谢意。

本书虽然多次修改，仍会存在不妥之处或某些瑕疵，敬请通信界同仁和广大读者提出批评指正。

作　者
2020年8月北京

目　　录

V

第1章 通信系统概述

本章作为全书的开始部分,首先介绍有关通信知识和通信系统基本概念,涉及一些常用的通信、信息技术方面的名词、术语,并着重介绍本书的基本构成内容和特点。

> **知识点**

- 信息与通信的基本概念;
- 通信系统的构成、分类和通信方式;
- 信息的量度;
- 信道及其特征;
- 通信系统的质量指标。

> **要求**

- 本章作为初学通信原理课程的通信知识性材料,要求能够进行通读,并理解有关名词、术语的概念;其中多数例题基本上属于常识性的,或在先行课中已接触过的概念。
- 通过本章阅读,希望能引起读者学习"通信系统原理"课程和本书的兴趣。同时当学完本课程后,再来进一步理解本章所涉及的内容。

首先以通信系统概述形式,简单介绍信息、调制、传输与噪声这四大部分所涉及的基本概念、系统构成及各部分功能、通信质量和频段划分等,以便在系统学习各章节之前,对通信系统有一个大体了解。

1.1 信息与信息技术

1.1.1 信息

自20世纪中叶发明第一台计算机开始,标志着人类社会进入了信息时代或信息社会,至今已走过了60多年的发展历程。当今,以计算机与通信紧密结合为特征的信息业,已与能源、材料成为社会发展与人类生活的三大支柱产业。信息正在被千家万户所接触、利用和认识,并且日益深入到社会生产、科学研究、文化生活及管理等所有领域,对人类社会发展、物质与精神文明带来极大的推动作用。

什么是信息? 若从它的深刻内涵和广泛应用所体现的大量侧面来看,可以派生出几十个"定义"。一个带有哲理性、较为本质的定义为:信息是事物运动的状态和方式。

世界充满着事物,事物的运动是绝对的,静止是相对的,而运动的事物必有其一定的状态和固有的运动方式。因此,信息具有特殊性、普遍性、广泛性,以及它的实效性与时效性。信息又分为3个层次。

(1) 语法(syntax)信息:信息表现方式的状态、逻辑结构。事物运动体现的信息是客观存在的,所有人都可以较为直观地感受到。如一幅画面、一篇文字或一屏编码符号,人人都可以看到其呈现的全部形式。

（2）语义（semantic）信息：表示事物状态或逻辑形式所具有的内涵、信息内容的理解。于是只能有一定认知能力或理解力的人才懂得它的内在含义,如文字的含义、编程代码表示的信息内容,不是任何人都能透彻理解的。

（3）语用（pragmatic）信息：这是更深层的信息含义,即接受者不但懂得其含义,而且了解它的效用,如何利用。如研究开发人员必然充分了解他所涉及的信息结构、内涵、应用目标,并有能力去开发应用或操作运用,达到信息施效目标。

基于上述关于3个层次的信息概念,可以说,对信息的认识与利用是无限量的。

1.1.2　信息技术

信息技术是获得、处理和利用信息的手段或方法的统称。由此,信息技术分为3类。

（1）信息感测技术（transducing & measurement）：实现信息的采集和测量的技术。通常针对不同的信息存在形式,利用相应的传感器件,获得便于处理与应用的电或光信号或数据形式。从信息论的观点,信息可以量度。就二进制数据来说,1,0码各是一个单位的信息量,用"比特"（bit）表示,可表示一个独立的信息含义,如可与否、晴天或阴天。

（2）信息加工技术（Manipulation）：包括基于计算机的信息处理和信息传输（通信）技术。这一技术的广泛性、快速发展及巨大作用无法言表,两者越来越多、更为紧密地结合——C & C（Computer & Communication）——已是新信息产业的主导技术。

（3）信息施效技术（Effectuation）：对于信息感测、加工的根本目标在于信息的利用。如：显示、指示、判决、调整、优化、决策、监视、控制、检测、识别、翻译及诊断等,具有极为广泛的利用价值。

1.1.3　媒体与多媒体

人们所说的信息,总是以某种形式表现或表示出来,因此称为信息媒体。信息媒体可粗分为两类。

（1）感觉媒体（perception media）：是由人的五官功能直接感知信息的表现形式,如视像（video）、声音（sound）、文字、图形（graphics）、符号、代码等。

（2）表示媒体（Representation）：从信息技术角度,为了获取、加工处理和存取及应用的需要,将多种信息媒体利用适当规定的信号方式、编码格式或数据结构进行表示,并且根据不同的应用与质量要求,可以将这些表示媒体通过存储或传输而恢复为原来的感觉媒体。

至于多媒体,是近二十年来才开始发展起来的新的信息业。所谓多媒体（Multimedia）,主要是指以声音、图像为主的各种表示媒体的有机结合或融合。具体说,多媒体信息技术是同时采集、处理或存储、交换（exchanging）、传输和显示（presentation）至少两种不同类型的信息媒体（如多媒体计算机,MPC）,并且其中有一两个主媒体,即声音或图像。多媒体通信应当是在一次呼叫（通话状态）中能同时传送与同步接收、显示至少两种不同类型信息媒体的交互业务,如影视点播（VOD）、会议电视等。

通信的发展已进入多媒体时代,随着计算机处理能力与通信网的宽带化、智能化、个人化进程,多媒体将为人类随时、实时地提供最真实、最全面的、由用户任选与互操作的丰富信息内容。

1.1.4　信息量

信息是对不确定性的消除,对信息大小的度量则依赖于对不确定性的描述,是以某事件或信源符号出现的概率作为要素,概率越大,事件发生的不确定性越小,信息量则越小,因此事件 A 的信息量定义为

$$I(A) = -\log P(A) \tag{1-1}$$

其中对数"log"可以选用的"底"为 2、10、e 等,则信息量单位分别为"bit"(比特)、"Hat"(哈特)和"net"(奈特)等。式(1-1)定义,不可能发生的事件($P=0$)和已经发生的事件($P=1$),都认为没有信息含量。事件的信息量也称为自信息量。

若 n 个事件或源符号序列 $\{x_i\}(i=1,2,\cdots,n)$ 概率分别为 $P(x_i)$,它们的"平均信息量"也称为熵,定义为事件序列信息量的数学期望,表示为

$$H(X) = \sum_{i=1}^{n} P(x_i) \log \frac{1}{P(x_i)} \tag{1-2}$$

以一个 1,0 码二元序列为例,若 1,0 码概率相等,即 $P_1 = P_0 = \frac{1}{2}$,则该序列的熵为

$$H(X) = \frac{1}{2} \mathrm{lb} \frac{1}{\frac{1}{2}} + \frac{1}{2} \mathrm{lb} \frac{1}{\frac{1}{2}} = 1 \text{ bit/二元符号} \tag{1-3}$$

式中"lb"为"$\log_2$"的简化符号。因此,通常将计算机代码、PCM 序列等的 1 位二元符号说成"1 bit"。

[例 1-1]　告警系统具有两个独立的离散信源,每隔 1 秒同步地向接收端发出两个码字,码字长度分别为 8 bit 和 4 bit,当接收端收到的 8 bit 码字中若为 00001111 或 11110000,而 4 bit 码字若为全 0,即 0000,此时显示黄色灯(预警);若 8 bit 码字与 4 bit 码字均收到为全 0,即 00000000 和 0000,则显示红灯(告警)。

(1) 预警发生概率和其自信息是多少比特?

(2) 告警出现的概率和其信息量是多少比特?

解　码长 $n=8$ bit 的码字集合共有 $2^8 = 256$ 个不同码字,4 bit 码字集合共 16 个不同码字。

(1) 特定任一个 8 bit 码字的发生概率为 $P_1 = \frac{1}{256}$,而 00001111 或 11110000 之一发生概率为 $P_2 = \frac{1}{128}$,特定 4 bit 码字中发生 0000 概率为 $P_0 = \frac{1}{16}$。

预警概率:$P = \frac{1}{128} \times \frac{1}{16} = 2^{-11}$

信息量:$I_1 = -\mathrm{lb} P = \mathrm{lb} 2^{11} = 11$ bit/预警

(2) 告警概率:$P = \frac{1}{256} \times \frac{1}{16} = 2^{-12}$

信息量:$I_2 = \mathrm{lb} 2^{12} = 12$ bit/告警

1.2　通信与通信系统

通信技术是信息技术的一个重要子类,虽然信息工程具有宽泛的覆盖面,且现代信息处理

与存储等技术越发精湛,但通信业的崛起却具有更大的社会意义和效益。

1.2.1　通信

通信的含义无论从中文"通信"或英文 communication 来看,名词本身就在很大程度上体现了通信的定义或含义。汉字"信"含有"言"与"人",合成的含义为"人之言","通"是由"甬"道传输,这就明确地表明以电话为主的传统"通信",是信息从一个地方通过传输信道传送到另一个地方的过程。

这里拟为现代通信给出一个完善而简洁的定义:通信是信息或其表示方式(表示媒体)的时/空转移。

这一定义远远超过了对话的业务范围,同时在通信过程中,除了有很小的传输延时外,尚需要进行处理、转发,也会发生一定的时延,以及可能缓存显示或存储再现。因此,这一定义不但包括了空间,也包括时间在内的信息转移,而"转移"(transfer)的含义不仅仅是"传输"(transmission)。

1.2.2　通信系统

通信系统具有很广泛的内涵,并有多个层次。通常,将具有收、发信息功能的终端设备由信道或链路有机连接(永久或暂时的)起来,这些实施信息传输的设备集合,称为通信系统。图 1-1 示出了一个通信系统的基本构成框图。一个基本通信系统包括的设备环节是发送设备、接收设备、传输信道和传输设备。

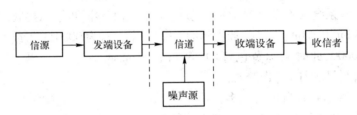

图 1-1　通信系统基本构成框图

通信系统按工作方式分,可分为单工(Simplex)、半双工(Half-duplex)和全双工(Duplex)。这 3 种方式的例子如单向广播、步话机、固定电话与移动电话等。

通信系统的构成依据通信业务特征、信道类型、传输方式等可有多种类型。模拟系统已成为传统技术;数字通信系统要涉及很多信号处理与变换设备;计算机数据通信又提供了一套特殊的标准接口及传输、控制等一系列协议;多媒体通信系统涉及多种媒体集成、同步与交互功能等,更为复杂。

图 1-2 示出了一个较为完善的数字通信系统。它的发送与接收端各包括 9 个功能单元,还有传输信道及收发同步系统等。

现分别介绍各部分的功能与作用。

1.　源信息格式(format)

源信息格式是信息采集后的源信息最初表示方式,如模拟电信号的限带波形,图像信号的扫描像素集合或其红绿蓝三个基本分量的 PCM 编码。信源格式为信源编码做好了基本格式的准备,其中还包括信源编码前去噪、限带等的预处理。

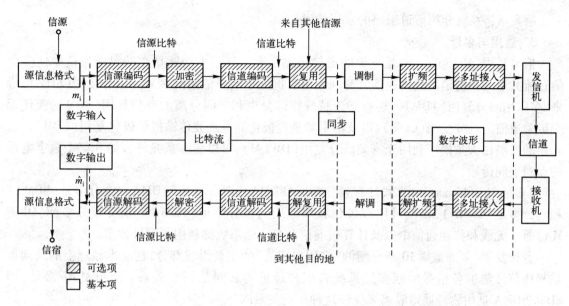

图 1-2　数字通信系统框图

2. 信源编码

为了提高信息的有效性,根据需要的质量标准,去除源信息中可能存在的冗余"信息",即用更少的编码位数来表示符合一定接收质量的更多源符号。其基本理论是香农率失真理论;基本技术有无失真预测编码和有损正交变换编码等。对于多媒体通信中的视频图像编码,因其具有更大冗余度和视觉特性的掩盖效应,可以提供名目繁多的压缩技术,有损压缩往往可达到几十倍、上百倍以上的压缩倍数。总之,信源编码是按一定精度、为信息提供一种编码格式或数据结构,即构成有效的"表示媒体"形式。

第 4 章介绍的模拟信号数字化,是基于 PCM 系列的基本信源编码。

3. 加密(encrypt)

在一般公网或没有完全保护的通信环境传输重要信息,通过一定标准的加密算法,对明文(plaintext)进行加密变为密文(encryption)再发送出去。加密/解密处理尚需提供密钥(secret-key),收发双方可使用相同密钥(共享密钥),也可用不同密钥,如公钥加密、私钥解密。传统的加密技术包括替代法(如文本中所有"A"均以"W"代替)、易位法(打乱顺序)等。现代密码(cipher)技术可以达到某段密文几十年时间也不能解密。

4. 信道编码

经过信源编码的码字序列,均应认为是重要信息,因此如果在传输与接收判决中发生错误或超出限定的符号误差概率,则不能满足接收者的质量要求。如果信源码字之间互为正交或不相关,则有一定的抗干扰能力;或者基带码流的码符号选用某些合适的码型,也有一定抗干扰性。最好的方法是根据信道的特性,在信源码字中按一定规则适当加入冗余码元(监督元),构成差错控制码,可以根据结构的不同和冗余位多少提供 1 位或多位自动纠错,或通过检错与反馈重发纠错。对于信道带宽不受限而传送信号功率受限(如卫星)的通信系统,在保持所需的误差率时,利用差错控制编码能降低所需的信号功率或信噪比。目前已有多种新技术来提高通信的可靠性。

第 8 章将系统介绍信道编码的常用技术知识。

5. 复用与多址

信道复用(Multiplexing)是重要的通信传输手段。其基本功能是在端对端通信中使多个信息流共享同一信道以提高通信资源利用率。例如早期通信系统多采用频分复用(FDM),后来,多采用时分复用(TDM)。还有基于特殊媒体分离和空间分离的空分复用(SDM),现代无线扩频通信的码分复用(CDM),以及水平和垂直极化的电磁波传输提供极化复用(PDM)。近几年的发展已大量推广利用光密集波分复用(DWDM),可以使一条光纤容纳几亿个数字电话的点对点间传输。

"多址"(multi-access)方式计有频分多址(FDMA),时分多址(TDMA)、空分多址(SDMA)和码分多址(CDMA),以及可用双极化频率重用的极分多址(PDMA)、正交频分多址(OFDMA)等。无线和移动通信中以及计算机通信和光通信系统都利用了多址技术。

各种复用/多址是第 10 章介绍的"多用户通信"的主要组成部分,在基本原理上的共同点是复用信号集的各信号间或多址系统各用户地址码之间是正交关系。空分复用/多址,即 SDM/SDMA 是由物理通道隔离来保证这种正交关系的。

6. 调制

调制是信号的一种变换过程,通常是将不便于信道直接传输的基带模拟信号或编码符号序列,或其波形序列作为调制信号,去控制一个适于信道传输性能的"载波",使其某一两个参量受控于调制信号。

载波为正弦信号时的调制方式称为连续波调制。此时若调制信号为模拟信号,可提供模拟(线性)调幅和模拟调角(又细分为调频与调相);若调制信号为数字代码,相应的调制方式为数字调幅、调频、调相,均称为数字信号的载波传输或频带传输,属数字信号模拟传输方式。

基带数字信号作调制信号时,宜以脉冲序列作为"载波",通称为脉冲编码调制(如 PCM 数字电话)。第 5 章介绍基带数字信号传输原理。

调制也是实现复用的重要环节之一,同时多元调制可提高信道频带利用率。不同的调制方式的抗干扰性能不同,调制系统的信号性能尚与调制信号的设计有关,并且接收与判决的方式也影响接收质量。本书第 3、5、6 章及第 9 章将重点介绍各种调制方式,包括基本理论及各个调制系统的技术特点与性能分析。

7. 扩频

扩频(SS)是一种特殊的现代无线通信调制技术。就数字扩频系统来说,可以把周期很长、码元(称为码片,chip)持续时间 T_c 远小于信息码元 T 的伪噪声(PN)序列作为"载波",于是载荷信息的 PN 码带宽较信息码展宽几十倍到上万倍。由扩频实现的码分复用或多址构成的无线移动通信系统,各用户采用不同的互为正交的 PN 序列作为地址码,可使大量用户共用数兆赫以上的扩频带宽,且具有极强的抗各类干扰的能力。本书第 9 章将简单介绍扩频调制原理,第 10 章将介绍基于扩频的码分多址(CDMA)概念。

8. 信道与噪声

信道是信息传输的物理媒体,在传输过程中,会介入噪声和干扰,对信号造成一定损伤。本章下面将介绍各种信道干扰类型。第 2 章将系统分析基于高斯白噪声对通信的影响,并在各章中应用。

9. 接收设备

图 1-2 中上下两部分各模块分别构成发送设备及其逆变换单元——接收设备,用以最大限度地准确恢复原发送信息。各有关章节均涉及一定接收方式。第 7 章最佳接收提出了数字信号三种最佳接收方式。

10. 同步

在采用相干解调的通信系统和采用相关接收的数字传输系统中,尚有一个非常重要的控制单元,即同步系统。它可以使通信系统的收、发两端或整个通信网络,以精度很高的时钟提供定时与同步,以便同步、有序而准确地接收与恢复原信息。同步准确性对通信质量有很大影响。多媒体信息传输对同步有更进一步的要求,应达到各信息媒体之间的同步显示。

依功能和传输环境的不同,同步可分为 4 种方式。

1)载波同步

在数字或模拟调制系统中,为了以相干解调或相关接收方式准确恢复原信息,接收端提供的"相干载波"或"本地样本"应与接收到的已调制载波严格同频、同相。

2)码元或位同步

典型应用诸如数字信号基带与频带传输系统,以一定码型的脉冲编码波形序列,直接进入基带信道传输,收发两端的位定时系统可以确保系统有一致的时钟,以便有序、准确地对失真的接收波形进行定时抽样,从而正确判决原发送信息。图 1-2 所示的全部数字单元都必须采用同一时钟同步。

3)帧同步

数字、数据信号传输,往往要按一定规则划分为一定规模的分组数据块(数据报),可称其为信息帧。如一个经过压缩编码的静止画面,由多个图块构成的信息分组也为 1 帧,还可将一个画面作为 1 帧。不论帧的大小,均在发送前加有帧头与帧尾的额外开销,以便转发或接收时正确认定逐个帧的完整性和帧序。如数字电话——PCM 基群共有 32 个时隙,每时隙 1 个样本编 8 bit 码字,共 256 bit,计为 1 帧,应加入帧定位字,并且每 16 帧又构成 1 个复帧,又加入复帧定位字,以便逐帧地顺序接收各用户编码信息。

4)网同步

在目前通信网发达的时代,很多通信系统是通过网络功能构成的。地区网或全国网必须设有网同步,据网络的类型或要求不同,网络同步的定时时钟可取自国际 1 级时钟或地方时钟。实现同步的方法很多,这里不作具体介绍。同步系统可看做通信网正常运行的中枢神经系统。

1.3 传输信道和噪声

欲传送各种信息到既定的信宿(destination),可选用适于传输的物理媒体,完成通信功能,这些连结发信与收信设备的物理媒体通称为信道,或传输媒体。

1.3.1 信道分类

传输信道可分为有形与无形两大类,即通常所说的有线信道和无线信道。前者如双绞线、电缆、光纤、波导等,后者为自由空间提供的各种频段或波长的电磁波传播通道。

根据信道的特征及其变化情况,又将它们分为恒参信道和随参(变参)信道。前者如有线信道、微波与卫星信道等,后者如无线系统的短波和超短波(300 MHz ~ 3 GHz)散射信道。

在具体通信系统构成中,往往把信源发出的模拟信号和数字编码基带信号视为信息部分,从调制器到接收端解调这一中间变换历程中,经过了包括物理媒体在内的线路设备(如交换、放大、中继等传输设施)传输路径,因此将图1-3所示的调制信道与编码信道称为广义信道。

将信道分类归纳为表1-1所示。

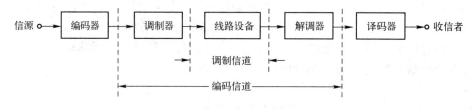

图 1-3　调制信道和编码信道的定义

表 1-1　信道分类

信道	狭义信道	有线(有界)信道——如明线、电缆、光纤、波导等	
		无线(无界)信道——如短波、微波等	
	广义信道	调制信道	恒参信道
			变参信道
		编码信道	无记忆
			有记忆

从分析信道的特征角度,又可将上表所提到各类不同层次的信道,大体分为以下几种特征:

(1)线性与非线性信道特征;

(2)时不变与时变信道特征;

(3)带宽受限与功率受限信道特征。

另外,各种无线通信均利用自由空间传播电磁波。理想而言,自由空间是无吸收、无反射效应的,但实际上地球周围的不同地区环境和不同高度,却由于地表环境和大气及其变化的影响,对不同频段无线通信产生不同影响。因此,针对不同无线频段的信道又有各自比较复杂的特性(本章后面和第10章将提到)。

*1.3.2　恒参与变参信道特征

1. 恒参信道特征

恒参信道以有线信道最为典型,其特征参量主要是频率特征,如幅度频率特性与相位频率特性及频率漂移等。反映在时域,如信道时延、抖动、尚有电平波动和非线性等。其中,频率特性就理想而言,则看做线性时不变系统,可表示为理想传递函数

$$H(\omega) = Ke^{-\omega t_{d}} \tag{1-4}$$

其中,K为衰减或增益因子,t_{d}为传输时延或称群延时。一般在传输频带内低频端与高频端频

率特性较差,因此,实际上 K 与 t_d 都不是理想的常数,此时非理想特征是式(1-4)中 K 与 t_d 均随频率 ω 而变化,即

$$H(\omega) = K(\omega) e^{-\omega t_d(\omega)} \qquad (1-5)$$

当通过 PSTN 电话线 Modem 进行数据传输时,一般在 300 ~ 3 400 Hz 带内,利用 600 ~ 3 000 Hz 进行数据传输,这一段频响特性较为平坦。

若 t_d 为线性时延时,当传输一个信号波形时,波形整体延迟 t_d,相位移则为线性的,即

$$\varphi(\omega) = -\omega t_d \qquad (1-6)$$

在非线性信道,延时与频率有关,它与相移关系为微分形式,即

$$t_d(\omega) = -\frac{\mathrm{d}}{\mathrm{d}\omega}\varphi(\omega) \qquad (1-7)$$

上式表明,由于信道可能为非线性,因此 t_d 随频率变化(增加),而相移 $\varphi(\omega)$ 呈非线性,会导致信号波形失真。这种相位失真对声音来说不太敏感,但对数据传输来说,非线性延时或抖动致使数据波形间互相串扰,使接收可能导致差错。

2. 变参信道

变参或随参信道的特性比恒参信道复杂得多。由于地面以上不同高度大气的电离层浓度不同,并随机湍流性变化,对短波传播具有反射作用,对超短波具有对流层散射作用。这种随机性变化量的信道特征,不能再由式(1-2)和式(1-5)表示,即 K 与 t_d 同时随 ω 与开机运行后的持续时间 τ(称为 age)而变化,即这种非线性时变信道特征为

$$h(t,\tau) \leftrightarrow H(\omega,\tau) = K(\omega,\tau) e^{-\mathrm{j}\omega t_d(\omega,\tau)} \qquad (1-8)$$

信道系统的冲激响应由 $h(t)$ 变为 $h(t,\tau)$,于是信道对于信号 $X_i(t)$ 的响应 $X_o(t)$ 为

$$X_o(t) = X_i(t) * h(t,\tau) + n_i(t) \qquad (1-9)$$

式中,$n_i(t)$——信道加性噪声和干扰。

式(1-9)可以再写为

$$X_o(t) = K(t)X_i(t) + n_i(t) \qquad (1-10)$$

表明式(1-9)的卷积项 $X_i(t) * h(t,\tau) = K(t)X_i(t)$,这相当于信号介入了乘性(随机变化)干扰。于是当传输已调波为模拟信号时,对已调信号包络产生不规则模拟干扰,而对数字信号已调波因乘性干扰的波形失真及码符号波形间相互拖尾干扰,会导致较大的接收错码率。

乘性干扰的现象表现为 3 种类型的衰落。

1)慢衰落

它是由电离层随机变化引起的衰落。由于大气中电离层的电子与离子浓度随年份、季节、昼夜、高度不同随机变化很大,时间也很长,于是使通过短波信道后而反射回地面的信号强度也随之而变化。由实测统计表明,短波信道的这种衰减深度达几十分贝,衰落周期可长达数10 秒,严重时会中断通信。因此,接收机必须设有很大控制深度的自动增益控制系统,以便在衰落情况下能较稳定地接收信号。

2)快衰落

它是由于变参信道的多径效应引起的衰落,对信号的影响更为严重。由于发射电磁波束传播到不同的电离层,反射后到地面构成不同的信号路径而至接收天线(单跳),也可能是地面反射回电离层经两次反射后到达接收天线(双跳),如图 1-4 所示。

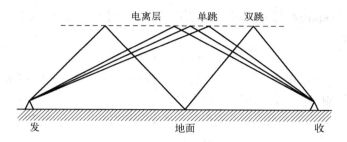

图 1-4 产生多径效应的机理

在接收端获得的信号是单、双跳及不同的几条路径信号之和,即

$$R_x(t) = \sum_{i=1}^{n} a_i(t)\cos[\omega_0 t - \omega_0 t_{di}] = \sum_{i=1}^{n} a_i(t)\cos[\omega_0 t + \varphi_i(t)] \tag{1-11}$$

式中,$a_i(t)$——总计为 n 条路径中第 i 条路径到达的已调波信号的幅度;

$\qquad t_{di}$——第 i 个信号的延迟量;

$\qquad \varphi_i(t)$——相应于 t_{di} 的第 i 个信号的相位,且有

$$\varphi_i(t) = -\omega_0 t_{di} \tag{1-12}$$

由于 $a_i(t)$ 与 $\varphi_i(t)$ 的随机变化较已调载波变化频率 ω_0 慢得多,因此式(1-11)可近似为

$$R_x(t) = \Big[\sum_{i=1}^{n} a_i(t)\cos\varphi_i(t)\Big]\cos\omega_0 t - \Big[\sum_{i=1}^{n} a_i(t)\sin\varphi_i(t)\Big]\sin\omega_0 t \tag{1-13}$$

其中,设

$$\text{同相分量} \qquad a_I(t) = \sum_{i=1}^{n} a_i(t)\cos\varphi_i(t) \tag{1-14}$$

$$\text{正交分量} \qquad a_Q(t) = \sum_{i=1}^{n} a_i(t)\sin\varphi_i(t) \tag{1-15}$$

则式(1-13)又可表示为

$$R_x(t) = a_I(t)\cos\omega_0 t - a_Q(t)\sin\omega_0 t = a(t)\cos[\omega_0 t + \varphi(t)] \tag{1-16}$$

其中,多径合成信号的包络为

$$a(t) = \sqrt{a_I^2(t) + a_Q^2(t)} \tag{1-17}$$

多径合成信号的相位为

$$\varphi(t) = \arctan\Big[\frac{a_Q(t)}{a_I(t)}\Big] \tag{1-18}$$

这里,$a_i(t)$ 及 $\varphi_i(t)$、$a_I(t)$ 及 $a_Q(t)$,以及 $a(t)$ 与 $\varphi(t)$ 均为随机过程,本书第 2 章以及第 10 章将具体讨论它们的统计特征。

式(1-16)表明,多径合成的接收信号是一个随机幅度 $a(t)$ 与随机相位 $\varphi(t)$ 的调幅 – 调相波。其中,随机包络 $a(t)$ 的变化与电离层反射的衰落相类似,只是它的变化更快,因此常称多径效应引起的衰落为"快衰落"。为了减少接收失真,解决的办法可以采用"分集接收",即分别接收各主要路径不同到达时刻的信号,然后经各自不同延时调整后,再合成进行提取信号。

式(1-16)是假定发送信号为等幅载波 $c(t) = A\cos\omega_0 t$ 经过多径效应后形成的,显然它的频率成分不再为单一载波 ω_0,且产生了其上下边带包含的无数频率分量,相当于信道非线性的频率色散效应,这是随参信道的突出特点。

3)选择性衰落

由于多径衰落导致的幅度随机性起伏衰减,相位随机性变化,还会出现另外一些特殊现象,即选择性衰落,包括频率选择性、时间选择性和空间选择性衰落。基本特点是电磁波在不同频段、不同时段、不同空间其衰落程度不同。

现假定发射信号的傅里叶变换对为 $f(t) \longleftrightarrow F(\omega)$,经传输衰落后,作为一种简单情况,假定为幅度相等而两条路径到达接收机的多径合成信号,其延时分别为 t_0 和 $t_0 + \tau$,则接收合成信号为

$$R_X(t) = Kf(t - t_0) + Kf(t - t_0 - \tau) \tag{1-19}$$

其相应接收频谱为

$$R_X(\omega) = KF(\omega) e^{-j\omega t_0} (1 + e^{-j\omega\tau}) \tag{1-20}$$

于是,该二径信道传递函数为

$$H(\omega) = Ke^{-j\omega t_0} (1 + e^{-j\omega\tau}) \tag{1-21}$$

且

$$|H(\omega)| = K|1 + e^{-j\omega\tau}| = 2K\left|\cos\frac{\omega\tau}{2}\right| \tag{1-22}$$

式(1-22)传递函数曲线如图 1-5 所示,它表明接收信号具有频域周期性深衰落特征,且在 $\frac{2n-1}{2\tau}$ ($n = 1, 2, \cdots$)各频点信号衰减到零。因此,接收信号质量极差,甚至接收不到这些频率分量信号。一般地由于多径及其延迟 τ 总在随机变化,因此这些无限衰减也不会总选在一些固定频率值。假定能使信号带宽限制在 $\frac{1}{2\tau}$ 以内,则将缓解这种恶化情况。

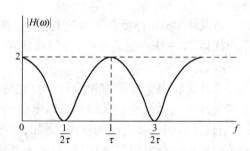

图 1-5 频率选择性衰落特性

关于无线信道多径衰落特性,第 10 章将具体讨论。

1.3.3 信道的干扰

除了上述因狭义信道本身特征影响通信质量外,信道内尚可能受到外部干扰和广义信道中各种设备带来的内部噪声干扰。

信道内干扰源很多,并有多种形式,大体归纳为以下 4 类。

(1)无线电干扰:来自各种无线发射机。其特点是频率范围宽,几乎覆盖全部使用频段。但对于特定电台的频率一般是固定的,因此可以进行防护。另外,由于无线电频率管理较为完善,可以将此种干扰限制在最小限度。

(2)工业干扰:来源于各种电气设备,如电动机、电力线、电源开关、电点火(如汽车点火)装置等。此类干扰一般在较低频率范围,如汽车点火干扰在几十兆赫范围内。采用屏蔽与考究的滤波措施,在很大程度上可避开工业干扰。

(3)天电干扰:来自于雷电、磁暴、太阳黑子及宇宙射线等,它们与季节、气候变化关系较

大。不同地区也有很大不同,如赤道附近及两极地区严重。太阳黑子发生变动(约11年一个周期)的年份,天电干扰加大,有时长时间中断短波通信。

(4)内部干扰:是来自信道内部各种电子器件,如电阻、天线及传输线等所产生的热噪声。在这些电子设备中的分子或电子的随机热运动,形成所谓起伏噪声,对于通信信号产生加性干扰。在第2章将详细介绍它的机理与影响。本书涉及的各类通信系统,主要是这种噪声,称为热噪声,从机理上它是高斯型统计特征,是通信系统干扰的重要因素。

1.3.4 几种常用信道特征

通信常用的信道类型主要有4类。

1. 电话信道

电话信道一般是指庞大的公用交换电话网(PSTN)所提供的基于传统模拟电话或低速数据传输的信道。通信信道的构成多半通过用户终端到本地交换机(节点),再到另一个用户建立的呼叫链路,一旦通话(即呼叫)结束,便及时拆断该链路。电话信道一般属于限带为300 ~ 3 400 Hz的线性系统。当用于数据传输时,需在用户端均加入调制解调器(Modem),并利用600 ~ 3 000 Hz频响较平坦的频段传输已调波。目前,从用户到节点(交换机)的用户线,可以增设宽带Modem(如ADSL),可在数公里内通信带宽扩展到2 ~ 6 MHz,支持宽带上网和多媒体业务。

近几年PSTN已更新为数字化网络,在网上的各交换节点间中继全部数字化传输。通过用户线以2B + D或更高速率,可传输话音与综合业务信息。

2. 光纤

光纤是将电信号变为光信号(电/光转换)后进行光信号传输的物理媒体。光缆是由包层覆盖光纤芯线而构成。光信号是以电磁场形式在光纤芯中传播。光纤自20世纪70年代投用后,很快显示出很多突出的优点,诸如,它带宽极宽(2×10^{14} Hz以上),通过目前可达到的技术——密集波分复用(DWDM),一条光纤中可以支持1 600 Gbit/s的传输速率;实验表明,基于单波160 Gbit/s速率的1 024个波,可达约160 Tbit/s的点到点传输流量(1 Tbit/s = 10^{12} bit/s);光纤传输损耗极低,小于0.2 dB/km,不受电磁干扰,重量极轻(一条光纤芯27 g/km),抗弯曲,耐湿热和腐蚀,敷设方便、灵活,还可以架设到电杆上。光纤价格极低,目前国内的生产供大于求。

光纤是发展宽带网的主力军,目前正在大力研究全光网,发展趋势是传输过程无需电/光与光/电转换,并进行全光交换,从理论上讲,光纤可为通信提供无限带宽。

3. 移动无线通道

移动无线通信起初是为了延伸电信网的覆盖范围和通信能力而逐步发展起来的。迄今,移动网的发展令人惊异,已从城市扩展到乡村与边远地区。我国移动用户已达6亿以上,并已经与传统的固定电话(PSTN)相匹敌。下一代的移动通信将以宽带方式接入,与现行GSM系统相比,其传输速率增加10倍、上百倍,可支持多媒体业务,并广泛实施个人通信系统(PCS)。

基于多址技术的移动通信以蜂窝方式组网,信道具有多径衰落与时变特征,本书第10章将具体讨论。目前,GSM移动通信利用900 MHz频段,双向频谱为2×25 MHz,各提供125个载波,每载波包括8个时分多址(TDMA)信道。于是各载波200 kHz带宽,相当于8个25 kHz信道,用户数字电话速率为13 kbit/s,具有高纠错能力的差错保护位时,净速率高达9.8 kbit/s。

移动网在每个蜂窝小区设有一个基站,转发小区内多达上千个用户同时通信。移动通信每个信道应控制在 25 kHz 带宽内,带外辐射衰减应至少为 −40 dB,优质系统应达 −70 dB,才不至于明显干扰相邻话路。隔离 1 至 2 个小区可以重复利用频率,因此整个移动网可支持极大量用户相互通信。通过越区切换和跨网漫游可以实现全国性、世界范围内的移动通信。

4. 卫星信道

卫星信道是一种特殊的无线信道。在地球赤道上空 35 978 km(近似称 3.6 万 km)均匀分布着三个同步卫星,就可以通过它们的转发器(Transponders)使地球上(除两极地区外)任两处的地球站间进行通信。自 20 世纪 60 年代初(1962 年)问世以来,至今稳定使用的 C 波段上行 6 GHz、下行 4 GHz 频点的系统,总带宽 500 MHz,并提供带宽各为 36 MHz 的 12 个转发器,各又能容纳 1 200 路数字电话或 25～150 个窄带会议电视。一个转发器可支持五六个行将推广的 HDTV(高清晰度数字电视)。由于跨洋卫星通信(如中美两国间)需经由两个卫星的转发器与双方地球站沟通信息,因此远达 15 万 km 的距离,通信延迟则高达将近 0.5 s,双方对话均有明显延时的感觉。目前,国内卫星通信已开办大量业务,如卫星电视节目、远程教育等。另外,还将开设大量直播卫星系统。

此外,信息的存储转发、回放或供检索的磁介质或光存储单元,可以称为“存储信道”。

1.3.5　信道容量的概念

1. 香农公式

根据香农(shannon)信息论,对于连续信道,如果信道带宽为 B,并且受到加性高斯白噪声的干扰,则其信道容量(channel capacity)的理论公式为

$$C = B\,\mathrm{lb}(1 + S/N) \tag{1-23}$$

式中:N 为白噪声的平均功率,S 是信号的平均功率,S/N 为信噪比。信道容量 C 是指信道可能传输的最大信息速率(即信道能达到的最大传输能力),单位为比特/秒(bit/s)。虽然式(1-23)是在输入信号也为高斯信号的条件下获得的,但对其他情况也可作为近似式来应用。

根据式(1-23)可以得出以下重要结论:

(1) 任何一个信道,如果信源的信息速率 R 小于或等于信道容量 C,那么在理论上存在一种方法,使信源的输出能以任意小的差错概率通过信道传输;如果 R 大于 C,则无差错传输在理论上是不可能的。

(2) 给定的信道容量 C,带宽与信噪比可以互换折中。若减小带宽,则必须发送较大的功率,即增大信噪比 S/N;若有较大的传输带宽,则只需采用较小的信号功率(即较小的 S/N)。因此当信噪比太小,不能保证通信质量时,增加带宽可提高信道容量,改善通信质量。

(3) 当信道噪声为高斯白噪声时,设单位频带内的噪声功率为 n_0(W/Hz),则噪声功率 $N = n_0B$,代入式(1-23)后可得

$$C = B\,\mathrm{lb}\left(1 + \frac{S}{n_0 B}\right) \tag{1-24}$$

带宽 B 趋于 ∞ 时信道容量为

$$\lim_{B \to \infty} C = \lim_{B \to \infty} B\,\mathrm{lb}\left(1 + \frac{S}{n_0 B}\right) \approx 1.44\,\frac{S}{n_0} \tag{1-25}$$

由此可知,当 S 和 n_0 一定时,信道容量虽然随带宽 B 的增大而增大,然而当 $B \to \infty$ 时,C 不会

趋于无限大,而是趋于常数 $1.44\dfrac{S}{n_0}$,如图(1-26)所示。

(4)由于信息速率 $C=I/T$,T 为传输时间,代入式(1-23)则可得

$$I = TB\text{lb}\left(1 + \frac{S}{N}\right) \tag{1-26}$$

可见,当 S/N 一定时,给定的信息量可以用不同的带宽和时间 T 的组合来传输即带宽与时间也可以互换。

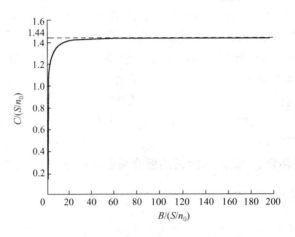

图1-6 信道容量与带宽的关系

[例1-2] 已知彩色电视图像由 5×10^5 个像素组成。设每个像素有 64 种彩色度,每种彩色度有 16 个亮度等级。如果所有彩色度和亮度等级的组合机会均等,并统计独立,(1)试计算每秒传送 100 个画面所需的信道容量;(2)如果接收机信噪比为 30 dB,为了传送彩色图像所需信道带宽为多少?[注:$\text{lb}x = 3.32\lg x$]。

解 (1)信息/像素 $= \text{lb}(64 \times 16) = 10$(比特)

信息/每幅图 $= 10 \times 5 \times 10^5 = 5 \times 10^6$(比特)

信息速率 $R = 100 \times 5 \times 10^6 = 5 \times 10^8$(bit/s)

因为 R 必须小于或等于 C,所以信道容量

$$C \geqslant R = 5 \times 10^8 \text{(bit/s)}$$

(2)令 $S/N = 1\,000$ 代入式(1-23)得

$$B_{\min} = \frac{C}{\text{lb}\left(1 + \dfrac{S}{N}\right)} = \frac{C}{3.32\lg\left(1 + \dfrac{S}{N}\right)} = \frac{5 \times 10^8}{3.32\lg 1\,001} \approx 50 \text{(MHz)}$$

[例1-3] 设有一个图像要在电话线路中实现传真传输,大约要传输 2.25×10^6 个像素,每个像素有 12 个亮度等级。假设所有亮度等级都是等概的,电话电路具有 3 kHz 带宽和30 dB 信噪比。试求在该标准电话线路上传输一张传真图片需要的最小时间。

解 信息/像素 $= \text{lb}12 = 3.32\lg 12 = 3.58$(比特)

信息/每幅图 $= 2.25 \times 10^6 \times 3.58 = 8.06 \times 10^6$(比特)

信道容量 $C = B\text{lb}(1 + S/N) = 3 \times 10^3 \lg(1 + 1\,000)$

$$= 3 \times 10^3 \times 3.32\lg(1\,001) \approx 29.9 \times 10^3 \text{(bit/s)}$$

$$最大信息速率 R_{max} = 8.06 \times 10^6/T$$

由于 R 必须小于或等于 C，故 $R_{max} = C$，于是得到传输一张传真图片所需的最小时间

$$T = \frac{8.06 \times 10^6}{29.9 \times 10^3} = 0.269 \times 10^3 (\text{s}) = 4.5 (\text{min})$$

2. 香农极限

将式(1-24)两边同除以 B，得

$$\frac{C}{B} = \text{lb}\left(1 + \frac{S}{n_0 B}\right) \tag{1-27}$$

欲达到可靠的信息传输，必须使传输的信息速率 $R \leqslant C$，若取 $R = C$，而 $S = E_b R$，代入式(1-27)便得

$$\frac{C}{B} = \text{lb}\left[1 + \frac{E_b}{n_0}\left(\frac{C}{B}\right)\right] \tag{1-28}$$

式中：E_b 为单位比特能量。

由式(1-28)可得

$$2^{C/B} = 1 + \frac{E_b}{n_0}\left(\frac{C}{B}\right)$$

$$\frac{E_b}{n_0} = \frac{B}{C}(2^{C/B} - 1) \tag{1-29}$$

图 1-7 给出了由式(1-29)得到的 B/C 与 E_b/n_0 关系曲线。当 $\frac{E_b}{n_0}$ 与 $\frac{B}{C}$ 的关系处于实际系统区域时，总会找到一种编码和调制方式使得传输差错率任意小。

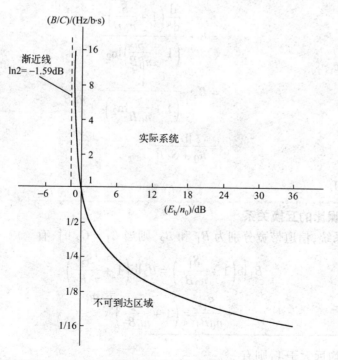

图 1-7　归一化信道带宽关于信道 E_b/n_0 的关系曲线

由图 1-7 可以看出,E_b/n_0 存在一个极限值,使得任何比特速率的系统,都不可能以低于该 E_b/n_0 极限值进行无差错传输。为求出该极限值,应用了下列公式:

$$\lim_{x \to 0} (1 + x)^{1/x} = e$$

令 $x = \dfrac{E_b}{n_0}\left(\dfrac{C}{B}\right)$,则由式(1-28)得

$$\frac{C}{B} = x \, \text{lb} (1 + x)^{1/x}$$

及

$$1 = \frac{E_b}{n_0} \text{lb} (1 + x)^{1/x}$$

在极限情况下,即当 $C/B \to 0$(即 $B/C \to \infty$)时,有

$$\frac{E_b}{n_0} = \frac{1}{\text{lb} e} = 0.693 = -1.59 (\text{dB}) \tag{1-30}$$

该 E_b/n_0 值称为香农极限(Shannon limit)。它是加性高斯白噪声(AWGN,additive white gaussian noise)信道实现可靠通信的信噪比的下界。这个界对应着系统的带宽为无限大。因此,香农极限在实际应用中是不可能达到的。

*3. 信道容量与信号功率的关系

由式(1-24)可知,增加信号功率 S,信道容量 C 也增加,但当 S 无限增长时,C 的增长速度在减慢。因为

$$\frac{\text{d}C}{\text{d}S} = B \frac{\text{d}}{\text{d}S} \left[\text{lb} \left(1 + \frac{S}{n_0 B} \right) \right]$$

$$= B \cdot \frac{\dfrac{\text{d}}{\text{d}S}\left(1 + \dfrac{S}{n_0 B} \right)}{\left(1 + \dfrac{S}{n_0 B} \right) \ln 2}$$

$$= B \cdot \frac{1}{\left(1 + \dfrac{S}{n_0 B} \ln 2 \right)} \cdot \frac{1}{n_0 B}$$

$$= \frac{\text{lb } e}{n_0 + S/B} \tag{1-31}$$

当 $S \to \infty$ 时,$\dfrac{\text{d}C}{\text{d}S} \to 0$。

4. 带宽与信噪比的互换关系

设两个通信系统,信道带宽分别为 B_1 和 B_2,则当 $C_1 = C_2$ 时,有

$$B_1 \text{lb} \left(1 + \frac{S_1}{n_0 B_1} \right) = B_2 \text{lb} \left(1 + \frac{S_2}{n_0 B_2} \right)$$

$$1 + \frac{S_1}{n_0 B_1} = \left(1 + \frac{S_2}{n_0 B_2} \right)^{B_2/B_1}$$

通常 $\dfrac{S_1}{n_0 B_1}$ 和 $\dfrac{S_2}{n_0 B_2}$ 均远大于 1,则有

$$\frac{S_1}{n_0 B_1} \approx \left(\frac{S_2}{n_0 B_2}\right)^{B_2/B_1} \tag{1-32}$$

式(1-32)说明在信道容量不变的条件下,理想系统信噪比与带宽的互换关系服从指数关系。

同理,若 $\frac{S_1}{n_0 B_1} \gg \frac{S_2}{n_0 B_2}$,则必须使 $B_2 \gg B_1$,以保证式(1-32)成立。也就是说,若系统带宽较小,则可以通过增加信噪比来提高容量;反之,若系统带宽很大,降低信噪比,也能保证所需的容量。

香农在理论上证明了理想通信系统的存在,虽然没有告诉我们如何建造这种通信系统,但是给出了一个可以努力去实现的理论极限。系统要接近香农的理论极限,通常采用编码和调制技术。

1.4 通信频段的划分

上面介绍了通信信道分类与特征,并列举了几种常用信道基本性能及适用情况。各种通信系统对使用信道的频段还有一个选择性与合理性分配问题,以便合理利用并尽量节省频谱资源,满足有效与可靠传输的要求。

对于有线信道,重要的是选择不同的传输媒体和宽带媒体的信道频率复用。一般根据信道业务要求,考虑它们各自所要求的前述有线信道(恒参)的性能特征,如损耗、延时与相移特性,以及最低与最高截频等,来确定频段。

海底通信适于极低频段,有很好的传输性能;任何基带信号传输采用基带信号带宽为截频的全部低频段,模拟话音的低频传输只利用 300 ~ 3 400 Hz 或优质声音(音乐)从 50 Hz 至 15 kHz 带宽。

比较复杂的问题是,各种无线通信要根据空间电磁波传播特点来选择与适当分配工作频段。国际电信联盟无线委员会(ITU-R)对频谱分配进行了具体规划,各国各部门均科学而严格地控制频点使用。

电磁波由发射到接收的途径大体分为三种:一是靠地面传播的称为"地波",二是靠空间两点间直线传播的称为"空间波",三是靠地球上空的电离层反射到地面的单跳或多跳方式传播的称为"天波"。

沿地表传播的地波,因沿地面电磁波跳跃性传播产生感应电流,会受到地面这种非良导体衰减,且频率越高,集肤效应越大,损耗就越大。因此,地波适于中长波和中波(即几百千赫到数兆赫),如民用广播从 535 kHz 至 1 605 kHz 频段(每 10 kHz 一个节目)就是一例。

数兆赫到数十兆赫的短波(高频段)适于天波传播,收发间距离远大于地波,可达数百公里到上千公里,这决定于天线入射角大小。上面已提到,电离层会对反射的电磁波进行吸收、衰减,电离浓度越大则损耗越大,而这种因电离层随机变化导致的电磁波起伏衰减就是衰落现象。

如果波长更短,即更高频段,如数百兆赫到数个吉赫(GHz)以上,则进入微波波段。这一频段的电磁波,电离层的吸收很少,且不再被反射回地面。如卫星通信,电磁波可穿透电离层传播到卫星。这种空间波传播与光有类似性,不但直线传播,而且电磁波也有绕射(衍射)作用,可以绕过一些局部障碍物。例如,微波接力属地面点与点之间直线传播,除了要受地面环境(沼泽、山、林等)一定影响外,天线不便架设过高,因此接力(中继)段不过四五十公里,通常称为"视距"通信。

无线通信均需使收发天线长度与波长 λ 匹配,天线尺寸为 $\frac{1}{4}\lambda$(精心设计可以更短),因此利用全向天线的民用广播的电台天线不可能稳定架设100多米。利用900 MHz频段的GSM手机天线,可以短至几厘米长,为移动手机小型化和便携带来很大方便。

全部无线通信均通过自由空间传播,为了合理使用频段,各地区各种通信又不致互相干扰,ITU科学地分配了各种通信系统所适用的频段,如表1-2所示。

表1-2　通信使用频段划分

频 段	符 号	名 称	波 长	主 要 用 途
30～300 Hz	ELF	特低频	$10^4 \sim 10^3$ km	海底通信,电报
0.3～3 kHz	VF	音频	$10^3 \sim 10^2$ km	数据终端,实线电话
3～30 kHz	VLF	甚低频	$10^2 \sim 10$ km	导航,电报电话,频率标准
30～300 kHz	LF	低频	$10 \sim 1$ km	导航,电力通信
0.3～3 MHz	MF	中频	$10^3 \sim 10^2$ m	广播,业余无线电通信,移动通信
3～30 MHz	HF	高频	$10^2 \sim 10$ m	国际定点通信,军用通信,广播
30～300 MHz	VHF	甚高频	$10 \sim 1$ m	电视,调频广播,移动通信
0.3～3 GHz	UHF	超高频	$10^2 \sim 10$ cm	电视,雷达,遥控遥测
3～30 GHz	SHF	极高频	$10 \sim 1$ cm	卫星和空间通信,微波接力
30～300 GHz	EHF	特高频	$10 \sim 1$ mm	射电天文,科学研究

表1-2中按10倍频程划分波段,且利用频率 f 及其波长关系,即

$$\lambda = \frac{v}{f} \approx \frac{3 \times 10^8 (\text{m/s})}{f} \tag{1-33}$$

表中同时列出了各频段频率与其波长对应值及其名称,由国际电信联盟无线委员会(ITU-R)颁布,各国、各地区、各城市均设有相应的无线电管理委员会,负责本国、本地区无线频点的合理协调。

1.5　通信系统质量指标

1.5.1　通信质量概述

一个单独的通信系统,或者在网络环境中构成的通信系统,其通信质量即业务质量QoS(Quality of Services),是一个指标体系。无论是模拟通信还是数字通信,尽管业务类型和质量要求各异,但它们都有一个总的质量指标要求,即有效性与可靠性指标。

影响通信质量的因素可分为两个方面。一是前面已经介绍过的广义信道的特征及种种限制因素,二是表示信息本身的信号或编码方式和传输(调制解调)方式。

有效性与可靠性是相辅相成的两个质量指标体系,模拟与数字通信又有所不同。各种通信系统的设计和应用,均需提供一定质量指标及性能评价。这是通信系统原理课程的主线。

1.5.2 通信系统有效性技术

模拟通信系统中,每一路模拟信号需占用一定信道带宽,如何在信道具有一定带宽时充分利用它的传输能力,可有几个方面的措施。其中两个主要方面,一是多路信号通过频率分割复用,即频分复用(FDM),以复用路数多少来体现其有效性,如同轴电缆最高可容纳 10 800 路 4 kHz模拟话音信号。目前使用的无线频段为 $10^5 \sim 10^{12}$ Hz 范围,更是利用多种频分复用方式实现各种无线通信。另一方面,提高模拟通信有效性是根据业务性质减少信号带宽,如话音信号的调幅单边带(SSB)为 4 kHz,就比调频信号带宽小数倍,但可靠性较差。

数字通信的有效性主要体现在一个信道通过的信息传输速率,简称为传信率或比特率(单位bit/s)。对于基带数字信号可以采用时分复用(TDM)以充分利用信道带宽。其他复用方式还有前面提到的空分复用(SDM)、码分复用(CDM)、极化复用(PDM)和波分复用(WDM)。数字信号频带传输,可以采用多元调制提高有效性。信道单位时间内通过的符号(码元)数称为码元传输速率,简称传码率。传信率与传码率的单位分别为比特/秒(bit/s)和波特(band,简记为 Bd)。传信率(比特率)R_b 与传码率(波特率)R_S 之间关系为

$$R_b = R_S \text{ lb } M = kR_S, \qquad M = 2^k \tag{1-34}$$

另外,为了利用有限的信道带宽支持信源信息量大的通信业务传输,根据信息理论可以采用信源压缩编码,即消除源信息中冗余部分,如电视信号中只含有大约4%的有效信息,采用无失真压缩编码,可能达到 30 多倍的压缩率。更进一步,根据不同应用要求的精度,由香农率失真理论,还可以去掉一些次要信息,这种有损压缩编码,往往可以压缩上百倍,如多媒体会议电视及可视电话,可以分别利用 2 Mbit/s 速率的 PCM 系统和 3 kHz 带宽的 PSTN(公用交换电话网)进行传输,以便满足一般需求。

近几年随着宽带接入网(AN)的发展,模拟电话线通过高速 Modem,如 ADSL、xDSL 等,可以扩展为支持数兆比特率的多媒体业务。光纤通信的快速发展为有效传输提供了最有前景的传输环境。IP 网、下一代互联网和移动通信的发展,传输带宽和实时性逐日提高,信息安全正在提到日程。

1.5.3 通信系统可靠性技术

通信可靠性与信道特征及其内部、外部干扰有密切关系,同时与通信业务性质、设计的信息表示形式(信号)以及传输系统设施有直接关系。

对于模拟通信系统,可靠性通常以整个系统的输出信噪比来衡量。一般通信系统,特别是卫星通信系统,发送信号功率总是有一定限量,而信道噪声(主要是热噪声)则随传输距离而不断累积,并以相加的形式来干扰信号,这种干扰称为加性干扰。信号加噪声的混合波形与原信号相比则具有一定程度失真。模拟通信的输出信噪比越高,通信质量就越好。诸如,公共电话(商用)以 40 dB 为优良质量;电视节目信噪比至少应为 50 dB,优质电视接收应在 60 dB 以上;公务通信可以降低质量要求,也需 20 dB 以上。当然,信噪比并非唯一衡量质量的指标。

为提高模拟信号传输的输出信噪比,固然可以提高信号功率或减少噪声功率,但提高发送电平往往受到限制,如卫星通信因成本等因素,功率是受限制的。一般通信系统,若提高信号电平会干扰相邻信道的信号。抑制噪声可从广义信道的电子设备入手,如采用性能良好的电子器件,并精良设计电路。一旦构成系统后,欲降低噪声干扰并非易事。

在实际中,常用折中办法来改善可靠性,即以带宽(有效性)为代价换取可靠性,以提高输出信噪比,这就涉及信号的调制方式。例如,宽带调频(FM)比调幅多占几倍或更大带宽,解调输出信噪比改善量与带宽增加倍数的平方成正比。如民用调幅广播,每台节目 10 kHz 带宽,而调频台节目带宽为 180 kHz,但信噪比提高几十倍,因此音质极好。

另外,同一种调制方式,不同的解调方式的可靠性也不同。

数字通信可靠性因素就其本质来说,还是信噪比问题,另一因素是信号设计本身的抗扰能力。但数字信号传输最终反映在判决输出的码元符号是否正确,因此其可靠性指标均为码元或码字的差错概率 P_e,即一定时间内的平均差错率。一般通信系统,差错率主要决定于输出信噪比大小。

根据香农公式,为满足有效性或可靠性要求,可在信号传输带宽、传输时间和提供的信噪比三者之间进行权衡。总结提高数字通信可靠性的技术可有以下几方面。

(1) 以付出带宽换取可靠性。如无线扩频调制 CDMA,以扩展带宽成百上千倍以上,当信噪比小于 1 即 0 dB 以下时,仍可正确接收信号,具有较强抗干扰性。

(2) 降低传输速率,即在同样信息量,延长传输时间可以提高可靠性。如一幅信息量很大的精细画面,利用 3 kHz 带宽电话信道花几分钟也可以无失真传输完毕。

(3) 采用适当的信号波形及均衡措施,可消除信号码元波形间干扰,提高正确判决概率。第 5 章基带数字信号传输理论——奈奎斯特三个准则,有效地解决了消除"符号间干扰"(ISI)的问题。

(4) 选用调制与解调方式提高可靠性。如采用数字调频较调幅有较好的接收质量。最佳接收的解调方式优于包络解调效果。

(5) 优良的信号设计可提高抗干扰能力。第 6 章和第 9 章将重点介绍发送信号序列中表示不同信号的码字或波形函数之间相关性的情况,即同一发信设备发出代表不同源符号的信号 $s_i(t)$ 与 $s_j(t)$ 的相关系数 ρ_{ij} 有 3 种情况。

- $0 < \rho_{ij} < 1$,两信号部分相关,i 与 j 易混淆,不便于用于传输两个信息内容;
- $\rho_{ij} = 0$,两信号不相关,或正交,毫无共同部分,完全可代表两个独立信息,可以完全区分出来;
- $-1 \leqslant \rho_{ij} < 0$,超正交,当 $\rho_{ij} = -1$ 表明两信号极性相反,即"反相关"最不易混淆。

无论是基带数字波形还是经调制后的信号函数波形,在设计时首先尽量考虑正交性。

(6) 提高抗干扰能力、减少差错最有效也最常用的方法是利用差错控制编码。前面已经提到,它是以增加冗余而实施自动纠错或检错重发的技术措施;或者在要求的误码率不变时,采用纠错码可以降低对信噪比的要求。本书第 8 章将具体讨论各种差错控制原理与编码方法。第 9 章介绍的扩频调制、组合编码调制(TCM)和正交频分复用(OFOM),具有更强的抗干扰能力。

1.6　通信发展简史

以 19 世纪发明莫尔斯电报为标志,开始了通信发展进程。从简单的通信系统到通信网,从模拟通信到数字通信,从电信网为主体到快速发展数据网及 IP 网,从电通信到光通信,又从单媒体通信到综合业务和多媒体通信,特别是近来开始实现了基于 IP 的"三网合一"。近 20

年来的现代通信发展令人鼓舞。下面简要给出通信发展史。

1837 年　莫尔斯(Samuel Morse)发明有线电报。

1844 年　实时性长途通信开始启动,并以 4 个符号构成字母,以变长三进制莫尔斯码传输电报信息。

1864 年　麦克斯韦(J. C. Maxwell)关于电磁理论研究提出了麦克斯韦方程,并预测到(无线)辐射波的存在。

1875 年　利用定长二进制码传送 Email 电报,利用 Baudot(博多)电报码实施电传打字传送信息。

1875 年　从事聋人教育的教师贝尔(A. G. Bell)发明电话。

1887 年　赫兹(H. Hertz)对电磁辐射进行了实验。

1894 年　洛奇(O. Lodge)短距离无线通信实验。

1901 年　马可尼(G. Marconi)发明无线电报,并实现跨大西洋 1 700 英里的长途通信。

1904 年　弗莱明(J. A. Fleming)发明真空二极管。

1905 年　弗森登(R. Fessenden)以无线通道传输语音和音乐信号。

1906 年　福里斯特(L. do Forest)发明真空三极管。

1918 年　阿姆斯特朗(E. H. Armstrong)发明超外差无线接收机。

1928 年　法恩斯沃思(P. T. Farnsworth)推出第一台电视机,并于 1939 年英国 BBC 电台正式投入商用电视广播。

1928 年　奈奎斯特(H. Nyquist)发表数据信号传输理论,并相继提出消除符号间干扰的三个准则。

1933 年　阿姆斯特朗发明频率调制技术(FM)。

1937 年　里夫斯(A. Reeves)发明数字语音传输——PCM,并用于第二次世界大战的语音加密通信,构成 24 路系统。

1943 年　诺思(D. O. North)提出在高斯噪声背景下,数字信号最佳接收的匹配滤波器原理。

1943—1946 年　推出第一台数字电子计算机(ENIAC)。

1947 年　前苏联科捷尔尼可夫(В. А. Котелников)提出信号几何表示(信号空间)理论。

1948 年　香农(C. Shannon)在贝尔技术杂志(B. S. T. J)发表"数字通信的理论基础",此后推出香农信息论。

1948 年　布莱顿、巴顿和少可莱于贝尔实验室发明晶体(二极)管。1951 年晶体三极管问世。1960 年用于数字交换与数字通信,1962 年推出 T1 基群 24 路 PCM。

20 世纪 50 年代　实现远程计算机通信。

1957 年　从 1945 年提出利用地球轨道卫星通信,到 1955 年提出同步卫星通信,1952 年发射第一颗人造地球卫星,并传送 21 天遥测信号(前苏联发射,Sputnik Ⅰ号),1958 年美国发射探险者(Explorer Ⅰ),持续 6 个月遥测信号;1962 年贝尔实验室完成 Telstar Ⅰ通信卫星,转播电视节目。

1958 年　诺伊斯(R. Noyce)开发第一个集成电路(IC),此后集成度日益增大。推出 VLSI 及单芯片微处理机,对电信业发展起到极大推动作用。

20 世纪 50—70 年代　计算机(通信)网逐步形成并开始大力发展。

1965 年　　洛基(B. Locky)提出自适应均衡思想。

1966 年　　光通信开始问世,实际上早在 1959 年就发明了激光(Laser),此后不断研究光通
　　　　　　信所用的传输媒体及光纤芯不同材料的传输损耗,直至今天此项指标降低到仅
　　　　　　有 0.2 dB/km 或更小。

20 世纪 80 年代初期　推出各种高效调制技术原理及新型 Modem。

　　近 20 年来,先进的微电子技术、数字计算机、光波系统,无线移动与多址通信和互联网,使
现代通信发生着戏剧性变革。一个数字化、个人化的世界立体通信网与数字世界正在形成,下
一代通信网(NGN)将日渐成熟,优质宽带多媒体业务开始充实到人类的各个信息领域。

1.7　复习与思考

1. 按照你的认识来解释"信息"的含义,对本章信息所给的定义,如何理解?

2. 如何理解本章所给的"通信"定义?

3. 为什么把通信包括在信息加工技术领域?

4. 北京与纽约之间通过卫星通话,可能经过哪些类型的通信系统? 一次双方对话具有多少延时? 听觉
效果与普通电话有何区别?

5. 列举你所了解的 5 种通信系统,并简单说明各自的通信原理。

6. 试述为什么要划分通信频段和进行严格的(无线)频谱管理?

7. 试述无线信道的主要特征。

8. 深入理解光通信的优点及光纤传输的优良特性。

9. 在未具体学习本课之前,你如何初步了解通信的可靠性与有效性?

10. 你能否对照本章图 1-2 现代通信系统框图,举出一个你熟悉的通信系统例子,说明各通信单元的具
体作用、功能。

第 2 章　信号与噪声分析

在通信系统中,载荷信息的各种信号均带有随机性,在传输过程中,由于信道存在噪声并介入干扰,也具有某些统计特性。本章主要分析随机变量与随机过程的统计特征,同时重点讨论高斯噪声特点。

在"信号与系统"这门重要的先行课中,对确知信号与系统的分析方法做了充分的数学分析,并在变换域中对它们的特征进行了具体描述。这些研究与分析也是随机信号分析的重要基础。因此,本章首先概要给出其中时－频域分析部分的主要内容及有关傅里叶变换对、重要关系式,以便进一步应用。

知识点

- 确知信号时-频域分析(举例);
- 随机变量和随机过程的统计特征分析;
- 高斯过程和高斯白噪声统计特征分析。

要求

- 作为本课程理论基础和主要数学分析工具,本章的分析方法在此后各章节均将应用,必须掌握主要概念和分析方法及重要公式、参量;
- 熟练运用常用的傅氏变换对,掌握卷积、相关与功率(能量)谱计算方法与技巧;
- 熟练掌握一、二维随机变量和平稳随机过程特征,明确理解不相关、正交和统计独立含义与关系;
- 理解并熟悉高斯过程、高斯白噪声特征及重要参量;
- 熟悉窄带噪声基本特点、统计特征,同相与正交分量特征。

2.1　信号与系统表示法

2.1.1　通信系统常用信号类型

通信系统所指的信号在不加声明时,一般指随时间变化的信号,通常主要涉及以下几种不同类型的信号。

1. 模拟与数字信号

模拟信号如声音、图像信号等,荷载信息内容的主要参量为连续取值有无限个可能;数字信号就所关注的参量取值则可数且有限,这样,可以利用一定长度的编码码字序列来表示数字信号。

2. 周期与非周期信号

周期信号 $f(t)$ 满足下列条件

$$f(t) = f(t \pm nT) \qquad 全部时域 \ t \quad n = 1, 2, \cdots \tag{2-1}$$

式中，T——$f(t)$ 的周期，是满足式（2-1）条件的最小时段。

因此，该 $f(t)$ 也可表示为

$$f(t) = \sum_{k=0}^{\infty} g(t - kT) \tag{2-2}$$

式中，$g(t)$——$f(t)$ 在一个周期 T 内的波形（形状）。

若对于某一信号 $f(t)$，不存在能满足式（2-1）的任何大小的 T 值，则不为周期信号（如随机信号）。从确知信号的角度出发，非周期信号一般多为有限持续时间的特定时间波形。

3. 确知和随机信号

确知信号的特征是：无论过去、现在和未来的任何时间，其波形或取值总是唯一确定的。如一个正弦波形，当幅度、角频和初相均为确定值时，它就属于确知信号，因此它是一个完全确定的时间函数。

随机信号是指其全部或一个参量具有随机性的时间信号，亦即信号的某一个或更多参量具有不确定取值，因此在它未发生之前或未对它具体测量之前，这种取值是不可预测的。如上述正弦波中某一参量（比如相位）在其可能取值范围内没有固定值时，可将其表示为

$$X(t) = A_0 \cos(\omega_0 t + \Theta) \tag{2-3}$$

式中，A_0 和 ω_0 为确定值，Θ 可能是在 $(0, 2\pi)$ 内的随机取值。

4. 能量与功率信号

在常用的电子通信系统中，信号以电压或电流（变化）值表示，在电阻 R 的瞬时功率为

$$P(t) = \frac{|v(t)|^2}{R} \quad 或 \quad P(t) = |i(t)|^2 R \tag{2-4}$$

功率 $P(t)$ 和能量均正比于信号幅度的平方，即 $|g(t)|^2$。

在 $R = 1 \ \Omega$ 负载上的电压或者电流信号的（归一化）能量为

$$E = \int_{-\infty}^{\infty} |g(t)|^2 \mathrm{d}t \tag{2-5}$$

单位时段 $2T$ 内平均能量等于该被截短时段内信号平均功率，信号 $g(t)$ 的总平均功率则为

$$P = \lim_{T \to \infty} \frac{1}{2T} \int_{-T}^{T} |g(t)|^2 \mathrm{d}t \tag{2-6}$$

一般地，能量有限的信号称为能量信号，即 $0 < E < \infty$；而平均功率有限的信号称为功率信号，即 $0 < P < \infty$。

能量信号的总平均功率（在全时轴上时间平均）等于 0，而功率信号的能量等于无限大。通常，周期信号和随机信号是功率信号；非周期信号为能量信号。

从理论上，表示信号的方法很多，但实际上傅里叶分析在信号处理与通信中沿用至今，它将任何周期函数波形 $f(t)$ 均正交分解为一系列正弦波之和表示，在应用上具有广泛性。在通信系统中，利用变换域，如频域分析，可更方便地揭示信号的本质性特点。

5. 基带与频带信号

从信源发出的信号,最初的表示方法大都为基带信号形式(模拟或数字、数据形式),它们的主要能量在低频段,如语音、视频等。它们均可以由低通滤波器取出或限定,因此又称为低通信号。为了传输的需要,特别是长途通信与无线通信,需将源信息基带信号以特定调制方式"载荷"到某一指定的高频载波,以载波的某一两个参量变化受控于基带信号或数字码流,后者称为调制信号,受控后的载波称为已调信号或已调载波,属于频带信号。它限制在以载频为中心的一定带宽范围内,因此又称为带通信号。

2.1.2　系统表示法

通信系统或信号系统涉及线性时不变系统和非线性的时变系统。在先行课"信号与系统"分析中,已对线性时不变系统进行过充分研究;而一个复杂的通信系统,特别是无线通信系统(如短波信道),需以非线性时变系统分析方法来处理。

1. 线性时不变系统

根据傅里叶分析方法,诸如一个正弦波或其他波形输入到系统,响应结果等于相同频率的另一正弦波的条件有以下两个。

(1) 系统是线性的——遵循叠加原理和比例倍增。如系统输入为 $f_1(t)$ 和 $f_2(t)$,响应各为 $g_1(t)$ 和 $g_2(t)$,如果存在 $f_1(t) + f_2(t)$ 的响应为 $g_1(t) + g_2(t)$(可叠加性)及 $a_1f_1(t) + a_2f_2(t)$ 作为激励,则响应 $g(t)$ 为

$$g(t) = a_1g_1(t) + a_2g_2(t) \qquad (比例倍增) \qquad (2\text{-}7)$$

其中 a_1、a_2 为任意常数,则该系统为线性系统。

(2) 系统是时不变的——如果系统激励为 $f(t)$,响应为 $g(t)$,当输入信号 $f(t)$ 延时 t_0,即 $f(t - t_0)$ 时,响应 $g(t)$ 也产生同样延时 t_0,即 $g(t - t_0)$ 时,则该系统为时不变系统。

2. 两类通信系统和传输方式

在第 1 章介绍了通信系统和通信信道概念,并概括描述了五种典型信道的基本特征。通信系统和传输方式可统归两大类型:由低通系统提供的基带传输方式和由带通系统提供的频带传输方式,分别为各种模拟的、数字的基带和频带信号提供与之适配的信道传输环境和传输能力。

由低通滤波器限定的基带传输系统,其最高频率由传输信号类型、物理媒体(信道)以及传输设备性能而设定。如视频信号一般为 6 MHz 带宽,信道尚需提供良好的直流特性。双绞接入铜线的话音信号,只需 4 kHz 带宽,通过抽样的模拟信号样本序列和数字信号均可进行时分复用(TDM),可以有效利用基带信道频带资源。基带系统一般只适于百米以内的短距离传输。

带通系统,如第 1 章介绍的四种典型信道,均比基带信道有更大传输带宽和性能,基于频分复用(FDM)可为多种类型的、大量频带信号提供适用的频段,特别是无线和光纤信道,其可用频率具有无限的运用或开发潜力。可以采用各种复用/多址方式和先进的传输技术,为全球通信提供网络环境。

2.2　信号频谱分析概略

为了知识的连续性,同时作为随机信号分析的基础,下面概要回顾确知信号傅里叶分析

方法。

2.2.1　傅里叶级数

任何一个周期为 T 的周期信号 $f(t) = f(t \pm nT)$，$n = 1,2,\cdots$只要满足狄里赫利条件，就可以展开为正交序列之和——傅里叶级数，即

$$f(t) = \frac{a_0}{2} + \sum_{n=1}^{\infty} [a_n \cos n\omega_0 t + b_n \sin n\omega_0 t] \qquad n = 1,2,\cdots \qquad (2\text{-}8)$$

式中,系数为

$$\begin{cases} a_n = \dfrac{1}{T} \displaystyle\int_{-T/2}^{T/2} f(t) \cos n\omega_0 t \mathrm{d}t \\ b_n = \dfrac{1}{T} \displaystyle\int_{-T/2}^{T/2} f(t) \sin n\omega_0 t \mathrm{d}t \end{cases} \qquad (2\text{-}9)$$

其中,$\dfrac{a_0}{2}$——$f(t)$的均值,即直流分量。

式(2-8)中,由 $a_n \cos n\omega_0 t + b_n \sin n\omega_0 t = c_n \cos(n\omega_0 t - \varphi_n)$ 可得

$$f(t) = \frac{c_0}{2} + \sum_{n=1}^{\infty} c_n \cos(n\omega_0 t - \varphi_n) \qquad (2\text{-}10)$$

式中,$c_n = \sqrt{a_n^2 + b_n^2}$；$\varphi_n = \arctan \dfrac{b_n}{a_n}$；$c_0 = a_0$。

又由 $\cos x = \dfrac{\mathrm{e}^{\mathrm{j}x} + \mathrm{e}^{-\mathrm{j}x}}{2}$，$f(t)$可表示为指数形式

$$\left.\begin{array}{l} f(t) = \displaystyle\sum_{n=-\infty}^{\infty} V_n \mathrm{e}^{\mathrm{j}n\omega_0 t} \\ V_n = \dfrac{1}{T} \displaystyle\int_{-\frac{T}{2}}^{\frac{T}{2}} f(t) \mathrm{e}^{-\mathrm{j}n\omega_0 t} \mathrm{d}t \end{array}\right\} \qquad (2\text{-}11)$$

式中系数 V_n 为：$V_0 = c_0 = a_0$；$V_n = \dfrac{c_n}{2}\mathrm{e}^{-\mathrm{j}\varphi}$；$V_{-n} = \dfrac{c_n}{2}\mathrm{e}^{\mathrm{j}\varphi} = V_n^*$。

这里 * 表示共轭关系,即 V_n 与 V_{-n} 互为共轭。

以上三种级数表示方式实质相同。各项之间均为正交,这样当以有限项逼近$f(t)$时,在同样项数时,以正交项之和精度最高。

2.2.2　傅里叶变换

非周期信号,即能量信号,其时域表示式通过傅里叶(积分)变换映射到频域,也可表示信号的全部信息特征——频谱函数,更便于信号和系统的分析。信号的傅里叶变换对为

$$\begin{cases} \text{频谱函数} \quad F(\omega) = \displaystyle\int_{-\infty}^{\infty} f(t) \mathrm{e}^{-\mathrm{j}\omega t} \mathrm{d}t = F[f(t)] \\ \text{反演式} \quad f(t) = \displaystyle\int_{-\infty}^{\infty} F(\omega) \mathrm{e}^{\mathrm{j}\omega t} \dfrac{\mathrm{d}\omega}{2\pi} = F^{-1}[F(\omega)] \end{cases} \qquad (2\text{-}12)$$

表示该傅里叶变换对的缩写符号为 $f(t) \leftrightarrow F(\omega)$。变换对的存在,具有数学上严格的充要条件,这里不再列出。根据这一模式,可将符合变换条件的函数列出表格,以方便应用(见表2-1)。

表 2-1 常用傅里叶变换对

序 号	$f(t)$	$F(\omega)$	名称或含义
1	$f_T(t)$	$F_T(\omega)$	截断函数
2	$\sum\limits_{n=1}^{N} a_n f_n(t)$	$\sum\limits_{n=1}^{N} a_n F_n(\omega)$	线性叠加
3	$f(t-t_0)$	$F(\omega)\mathrm{e}^{-\mathrm{j}\omega t_0}$	时延
4	$f(t)\mathrm{e}^{\mathrm{j}\omega_0 t}$	$F(\omega-\omega_0)$	频移
5	$f(at)$	$F(\omega/a)/|a|$	比例
6	$F(t)$	$2\pi f(-\omega)$	对偶(互易性)
7	$\dfrac{\mathrm{d}^n f(t)}{\mathrm{d}t^n}$	$(\mathrm{j}\omega)^n F(\omega)$	时域微分
8	$\int f(t)\mathrm{d}t$	$\dfrac{F(\omega)}{\mathrm{j}\omega}$	时域积分
9	$\delta(t)$	1	时域冲激函数
10	1	$2\pi\delta(\omega)$	频域冲激函数
11	$\mathrm{e}^{\mathrm{j}\omega_0 t}$	$2\pi\delta(\omega-\omega_0)$	频移冲激函数
12	$\mathrm{sgn}(t)$	$2/(\mathrm{j}\omega)$	时域符号函数
13	$\mathrm{j}\dfrac{1}{\pi t}$	$\mathrm{sgn}(\omega)$	频域符号函数
14	$u(t)$	$\pi\delta(\omega)+1/(\mathrm{j}\omega)$	单位阶跃函数
15	$\sum\limits_{n=-\infty}^{\infty} C_n \mathrm{e}^{\mathrm{j}n\omega_0 t}$	$2\pi\sum\limits_{n=-\infty}^{\infty} C_n\delta(\omega-n\omega_0)$	周期函数
16	$A\mathrm{rect}(t/\tau)$	$A\tau\mathrm{Sa}(\omega\tau/2)$	时域矩形函数
17	$\dfrac{BW}{2\pi}\mathrm{Sa}(Wt/2)$	$B\mathrm{rect}(\omega/W)$	频域矩形函数
18	$A\mathrm{tri}(t/\tau)$	$A\tau\mathrm{Sa}^2(\omega\tau/2)$	时域三角函数
19	$\cos\omega_0 t$	$\pi[\delta(\omega-\omega_0)+\delta(\omega+\omega_0)]$	连续余弦
20	$\sin\omega_0 t$	$\dfrac{\pi}{\mathrm{j}}[\delta(\omega-\omega_0)-\delta(\omega+\omega_0)]$	连续正弦
21	$\mathrm{e}^{-a|t|}$	$\dfrac{2a}{a^2+\omega^2}$	指数衰减
22	$u(t)\mathrm{e}^{-at}$	$\dfrac{1}{a+\mathrm{j}\omega}$	单边衰减

[**例 2-1**] 设 $f(t)=A\mathrm{rect}(t/\tau)$,如图 2-1 所示。试画出该变换对,并写出相应的 $F(\omega)$。

解:$F(\omega)=A\tau\mathrm{Sa}(\omega\tau/2)$,若已知频谱函数 $F(\omega)=B\mathrm{rect}(\omega/2W)$,利用互易定理可直接写出响应的时间波形 $f(t)$,并画出变换对图形如图 2-2 所示。

互易法:矩形频谱的时域式应为抽样函数,为此将 $F(\omega)=A\tau\mathrm{Sa}(\omega\tau/2)$ 中参数均更换(互易)为时域参数。在式中,先乘以 $1/2\pi$,然后 $A\tau$ 由 $B\cdot 2W$ 替代。$\omega\tau/2$ 的替代方式为:$\omega\to t$,$\tau/2\to W$,于是

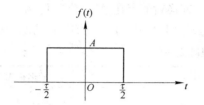
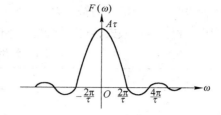

图 2-1　方波信号的频谱

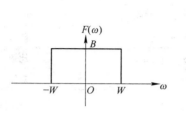
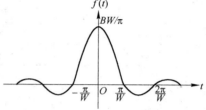

图 2-2　矩形频谱的时域波形

$$f(t) = \frac{BW}{\pi} \mathrm{Sa}(Wt)$$

2.2.3　卷积与相关

1. 卷积

卷积是当系统冲激响应 $h(t)$ 确定后,已知系统的激励信号 $f(t)$ 而求响应 $g(t)$ 的运算过程。则运算表示为

$$g(t) = \int_{-\infty}^{\infty} f(t-\tau)h(\tau)\mathrm{d}\tau = f(t)*h(t) \tag{2-13}$$

这一运算模式也可推广到任何两个时间函数 $f_1(t)$ 与 $f_2(t)$ 或这两个频域函数 $F_1(\omega)$ 与 $F_2(\omega)$ 的卷积。

时域函数卷积

$$\begin{aligned} f_1(t)*f_2(t) &= \int_{-\infty}^{\infty} f_1(t-\tau)f_2(\tau)\mathrm{d}\tau \\ &= \int_{-\infty}^{\infty} f_2(t-\tau)f_1(\tau)\mathrm{d}\tau = f_2(t)*f_1(t) \quad （交换律） \end{aligned} \tag{2-14}$$

频域函数卷积

$$\begin{aligned} F_1(\omega)*F_2(\omega) &= \int_{-\infty}^{\infty} F_1(\omega-x)F_2(x)\mathrm{d}x \\ &= \int_{-\infty}^{\infty} F_2(\omega-x)F_1(x)\mathrm{d}x = F_2(\omega)*F_1(\omega) \end{aligned} \tag{2-15}$$

关系式

$$f_1(t)*f_2(t) \leftrightarrow F_1(\omega)F_2(\omega) \quad （卷积定理） \tag{2-16}$$

$$f_1(t)f_2(t) \leftrightarrow \frac{1}{2\pi}F_1(\omega)*F_2(\omega) \quad （调制定理） \tag{2-17}$$

2. 相关

一个函数 $f(t)$ 可求其自相关函数 $R_f(\tau)$。两个函数 $f_1(t)$ 与 $f_2(t)$，可求它们之间的互相关函数 $R_{12}(\tau)$ 及 $R_{21}(\tau)$。

自相关函数 $\qquad R_f(\tau) = \int_{-\infty}^{\infty} f(t)f(t+\tau)\mathrm{d}t \qquad\qquad\qquad$ (2-18)

互相关函数 $\qquad R_{12}(\tau) = \int_{-\infty}^{\infty} f_1(t)f_2(t+\tau)\mathrm{d}t = \int_{-\infty}^{\infty} f_1(t'-\tau)f_2(t')\mathrm{d}t' = R_{21}(-\tau)$

$$\text{(2-19a)}$$

及 $\qquad R_{21}(\tau) = \int_{-\infty}^{\infty} f_2(t)f_1(t+\tau)\mathrm{d}t = \int_{-\infty}^{\infty} f_2(t'-\tau)f_1(t')\mathrm{d}t' = R_{12}(-\tau)$

$$\text{(2-19b)}$$

则有 $\qquad\qquad R_{12}(\tau) = R_{21}(-\tau)$ 或 $R_{21}(\tau) = R_{12}(-\tau) \qquad$（偶对称性）$\quad$ (2-20)

若 $f(t)$ 及 $f_1(t)$、$f_2(t)$ 为周期信号，上列各式利用 $R(\tau) = \dfrac{1}{T}\int_{-\frac{T}{2}}^{\frac{T}{2}}[\cdot]\mathrm{d}t$ 格式运算。若为随机信号样本函数，则 $R(\tau)$ 以 $T \to \infty$ 求极限运算。

3. 卷积与相关的关系

通过比较式(2-14)和(2-20)两种积分式，表明只要 $f_1(t)$、$f_2(t)$ 中之一进行镜象折迭，则两种积分等价，即

$$\begin{cases} R_{12}(t) = f_1(t) \, ☆ \, f_2(t) = f_1(-t) * f_2(t) \\ R_{21}(t) = f_2(t) \, ☆ \, f_1(t) = f_1(t) * f_2(-t) \end{cases} \qquad \text{(2-21)}$$

式中，☆表示相关运算，如式(2-19)。

2.2.4 能量谱、功率谱及帕氏定理

1. 能量谱密度

若存在傅里叶变换对 $f(t) \leftrightarrow F(\omega)$，能量信号 $f(t)$ 的能量谱与其自相关函数也是一对傅里叶变换，即

$$R_f(\tau) = \int_{-\infty}^{\infty} f(t)f(t+\tau)\mathrm{d}t \leftrightarrow F(\omega)F(-\omega) = F(\omega)F^*(\omega) = |F(\omega)|^2$$

简明表示为 $\qquad\qquad\qquad R_f(\tau) \leftrightarrow |F(\omega)|^2 \qquad\qquad\qquad$ (2-22)

式中，$|F(\omega)|^2$——能量谱函数，或称能量谱密度。* 号表示共轭关系。

2. 功率谱密度

若存在傅里叶变换对 $f(t) \leftrightarrow F(\omega)$，且 $f(t)$ 为功率信号，其自相关函数与其功率谱也是一对傅里叶变换，即

$$R_f(\tau) = \lim_{T\to\infty} \frac{1}{T}\int_{-\frac{T}{2}}^{\frac{T}{2}} f(t)f(t+\tau)\mathrm{d}t \leftrightarrow \lim_{T\to\infty} \frac{|F_T(\omega)|^2}{T} = S_f(\omega) \qquad \text{(2-23)}$$

上式可表示周期信号和随机信号两种情况。周期为 T 的信号在一个周期的时间平均自相关

函数,随机信号截短信号的时间自相关函数,两者都对应着单位时段能量谱,当时间无限扩展的时间平均能量谱等于它们的功率谱时,只是为周期信号时,式(2-23)不必用极限运算。

因为 $f(t)$ 为随机信号时不存在周期,以 $|F_T(\omega)|^2$ 表示该 $f(t)$ 的截短段为 T 的能量谱,$|F_T(\omega)|^2/T$ 为此段时间平均功率谱,取时间极限后才为该信号准确功率谱。这一计算方式,到后面随机信号分析将要用到(见式 2-108)。

3. 帕氏(Parseval)定理——信号能量与功率的计算

计算信号 $f(t)$ 的能量或功率,可以在时域、频域或"相关域"进行,即
$f(t) \leftrightarrow F(\omega)$ 为能量信号,其能量为

$$时域 \qquad E_f = \int_{-\infty}^{\infty} f^2(t)\,\mathrm{d}t \quad 或 \quad E_f = \int_{-\infty}^{\infty} |f(t)|^2\,\mathrm{d}t \qquad (2\text{-}24\mathrm{a})$$

$$频域 \qquad E_f = \int_{-\infty}^{\infty} |F(\omega)|^2 \frac{\mathrm{d}\omega}{2\pi} \qquad (2\text{-}24\mathrm{b})$$

$f(t) \leftrightarrow F(\omega)$ 为功率信号,其功率为

$$P_f = \int_{-\infty}^{\infty} S_f(\omega)\frac{\mathrm{d}\omega}{2\pi} \qquad (2\text{-}24\mathrm{c})$$

$$或 \qquad P_f = \int_{-\infty}^{\infty} \lim_{T \to \infty} \frac{1}{T}|F_T(\omega)|^2 \frac{\mathrm{d}\omega}{2\pi} \qquad (随机信号) \qquad (2\text{-}24\mathrm{d})$$

上四式中的积分都是对频率进行的,即 $\mathrm{d}f = \dfrac{\mathrm{d}\omega}{2\pi}$。读者往往在 2π 这个系数上发生错误。

另外,式 $(2\text{-}24\mathrm{a}) P_f = \int_{-\infty}^{\infty} |f(t)|^2\,\mathrm{d}t = \int_{-\infty}^{\infty} f(t)f^*(t)\,\mathrm{d}t$ 应为计算归一化功率或能量的

通式,由于一般 $f(t)$ 为实函数,故有 $P_f = \int_{-\infty}^{\infty} f^2(t)\,\mathrm{d}t$。

相关域

$$E_f = R_f(0) \qquad\qquad (能量信号) \qquad (2\text{-}24\mathrm{e})$$

$$P_f = R_f(0) = \lim_{T \to \infty} \frac{1}{T} R_f(\tau)\Big|_{\tau=0} \qquad (随机信号) \qquad (2\text{-}24\mathrm{f})$$

帕氏定理表明,能量谱或功率谱在其频率范围内,对频率的积分等于信号的能量或功率,并且在时域、频域积分,以及自相关函数 $\tau = 0$ 时,三者计算结果是一致的。

为了运算方便,应充分利用表 2-2 所示的傅里叶变换对的一系列性质。

表 2-2 卷积和相关定理变换对列表

定　　理	$f(t) \leftrightarrow F(\omega)$
时域卷积定理	$f_1(t) * f_2(t) \leftrightarrow F_1(\omega)F_2(\omega)$
调制定理	$f_1(t)f_2(t) \leftrightarrow \dfrac{1}{2\pi}[F_1(\omega) * F_2(\omega)]$
互相关定理	$R_{12}(\tau) \leftrightarrow F_1^*(\omega)F_2(\omega)$;$R_{12}(\tau) \leftrightarrow 2\pi \sum_{n=-\infty}^{\infty} C_{n1}^* C_{n2}\delta(\omega - n\omega_1)$ 　[周期性 $f(t)$]
自相关定理	$R(\tau) \leftrightarrow |F(\omega)|^2$;$R(\tau) \leftrightarrow 2\pi \sum_{n=-\infty}^{\infty} |C_n|^2 \delta(\omega - n\omega_1)$ 　[周期性 $f(t)$]

2.3　希尔伯特变换

2.3.1　希氏变换

希氏(希尔伯特,Hilbert)变换是完全在同一个域中进行的一种特殊的正交变换,也可以看成是由一种特殊的滤波器完成的。

为了便于理解变换特点,首先讨论这种变换在频域中的规律(规则),然后再返回到时域来进一步认识它,并且变换后信号以 $\hat{f}(t)$ 表示,相应频谱以 $\hat{F}(\omega)$ 表示。

1. 希氏(频域)变换定义

若信号存在傅里叶变换对 $f(t) \leftrightarrow F(\omega)$,则其希氏变换的频谱等于该信号频谱 $F(\omega)$ 的负频域全部频率成分相移 $+\pi/2$,而正频域相移 $-\pi/2$——完成这种变换的传递函数称为希氏滤波器传递函数,即有

$$H_{\mathrm{h}}(\omega) = -\mathrm{j}\,\mathrm{sgn}(\omega) \tag{2-25}$$

则 $f(t) \leftrightarrow F(\omega)$ 的希氏变换频谱为

$$F(\omega)H_{\mathrm{h}}(\omega) = F(\omega)\big[-\mathrm{j}\,\mathrm{sgn}(\omega)\big] = \hat{F}(\omega) \tag{2-26}$$

如图 2-3 所示。

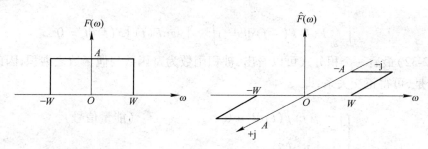

图 2-3　信号希氏频谱特征

2. 希氏(时域)变换定义

为了得出时域中进行希氏变换的规则,可以很简单地由上述希氏滤波器传递函数 $H_{\mathrm{h}}(\omega)$,求出其冲激响应。

由

$$h_{\mathrm{h}}(t) \leftrightarrow H_{\mathrm{h}}(\omega) = -\mathrm{j}\,\mathrm{sgn}(\omega) \tag{2-27a}$$

利用傅里叶变换的互易定理,可由 $H_{\mathrm{h}}(\omega)$ 反演出 $h_{\mathrm{h}}(t)$(参见表 2-1 第 12、13 款),即

$$h_{\mathrm{h}}(t) = \frac{1}{\pi t} \tag{2-27b}$$

因此,希氏变换的时域表示式为

$$H\{f(t)\} = \hat{f}(t) = f(t) * \frac{1}{\pi t} = \int_{-\infty}^{\infty} f(t-\tau)\frac{1}{\pi\tau}\mathrm{d}\tau = \frac{1}{\pi}\int_{-\infty}^{\infty}\frac{f(\tau)}{t-\tau}\mathrm{d}\tau \tag{2-28}$$

由希氏变换的定义,余弦的希氏变换为正弦;正弦的希氏变换为负的余弦,即

$$\left.\begin{array}{l} H\{\cos\omega_o t\} = \sin\omega_o t \\ H\{\sin\omega_o t\} = -\cos\omega_o t \end{array}\right\} \tag{2-29}$$

希氏变换在本章最后窄带噪声统计特征分析中,以及第3章线性调制单边带生成过程中,均有非常重要的作用。

2.3.2 希氏变换的主要性质

(1) 信号 $f(t)$ 与其希氏变换 $\hat{f}(t)$ 的幅度频谱、功率(能量)谱,以及自相关函数和功率(能量)均相等,这是由于功率谱、能量谱不反映信号相位特征。相应地,自相关函数也不反映信号的时间位置。

(2) $f(t)$ 希氏变换 $\hat{f}(t)$ 再进行希氏变换表示为 $\hat{\hat{f}}(t)$,则有

$$\hat{\hat{f}}(t) = H[\hat{f}(t)] = -f(t) \tag{2-30}$$

(3) $f(t)$ 与 $\hat{f}(t)$ 互为正交。

为证明最后一个性质的正确性,可通过互相关与能量谱进行计算,有

$$\int_{-\infty}^{\infty} f(t)\hat{f}(t)\mathrm{d}t = \int_{-\infty}^{\infty} \left[\int_{-\infty}^{\infty} F(f)\hat{F}(-f)\mathrm{d}f\right]\mathrm{d}t \tag{2-31}$$

式中右边

$$\int_{-\infty}^{\infty} F(f)\hat{F}(-f)\mathrm{d}f = \mathrm{j}\int_{-\infty}^{\infty} [\mathrm{sgn}F(f)]F(f)\mathrm{d}f = 0 \tag{2-32}$$

由式(2-32)最后一个积分式可以看出,被积函数为奇函数与偶函数之乘积,因此该项积分等于0。于是,可得正交关系,即

$$\begin{cases} \int_{-\infty}^{\infty} f(t)\hat{f}(t)\mathrm{d}t = 0 & \text{(能量信号)} \\ \lim_{T\to\infty} \dfrac{1}{T}\int_{-T/2}^{T/2} f(t)\hat{f}(t)\mathrm{d}t = 0 & \text{(功率信号)} \end{cases} \tag{2-33}$$

*2.3.3 预包络

如果复信号表示为

$$f_+(t) = f(t) + \mathrm{j}\hat{f}(t) \tag{2-34a}$$

则称 $f_+(t)$ 是实信号 $f(t)$ 的"预包络"(pre-envelope)或称其为 $f(t)$ 的解析信号,它是基带复信号。预包络频谱为

$$F_+(\omega) = F(\omega) + \mathrm{j}[-\mathrm{j}\mathrm{sgn}(\omega)]F(\omega) = 2F(\omega)u(\omega) \tag{2-34b}$$

显然它是没有负频率的单边频谱,且幅度是对应于 $f_+(t)$ 的实函数 $f(t)$ 频谱 $F(\omega)$ 的两倍。同理,预包络也可以有另一种形式,其频谱只有负频域,即

$$f_-(t) = f(t) - \mathrm{j}\hat{f}(t) \qquad F_-(\omega) = 2F(\omega)u(-\omega) \tag{2-35}$$

图 2-4 示出了预包络信号的频谱特征。后面第 3 章讨论理想单边带（第 3.3.1 节）时,将进一步说明"预包络"的物理意义。

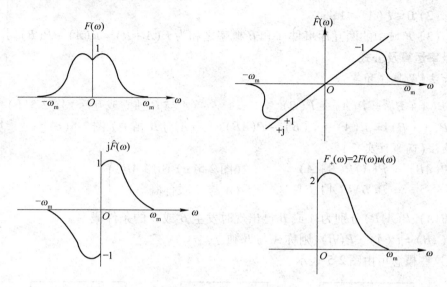

图 2-4　预包络的频谱特征

2.4　随机变量的统计特征

下面着重进行随机信号与噪声分析,这是本书以下各章都要应用的基本数学基础。

在数学课中,已经涉及基于概率论的随机变量及其统计平均的计算,随机变量是建立随机过程和随机信号分析方法的基础。这里从公理化概率概念出发,阐明随机变量的形成及主要统计平均的运算方法。

2.4.1　概率的公理概念和运算

1. 公理化概念

关于概率概念,在工科数学中曾有古典概率、几何概率以及统计概率等不同定义,对随机事件做了描述性说明。这里拟从概率空间角度,对随机事件及其概率建立数学模型。

一个随机实验,严格来说主要应满足下列 3 个基本特点:

（1）实验（experiment）在相同条件下是可重复的;

（2）每次重复称做试验（trial）,其可能结果（outcome）是不可预测的;

（3）一个随机实验中的大量试验,其结果会呈现一定统计规律。

利用公理的（axiomatic）概率概念来描述概率的定义:一个随机实验,试验可能结果（outcome）称为样本（sample）。其全部样本集合构成样本空间 S（整集）,其中一个或多个被关注的样本集合构成的子集称为 S 的有利事件域 F,F 中的每一集合（或样本）称为事件（如 A）。这样,若事件 $A \in F$,则 $P(A)$ 称为事件 A 的概率。于是以上三个要素实体的结合,构成一个概率空间,表示为

$$\mathscr{P} = (S, F, P) \tag{2-36}$$

按客观实际,在 S 中分配给每个事件 $A(A \in F)$ 的概率测度 $P(\cdot)$ 的特征为:

（1） $P(S) = 1$;

（2） $0 \leqslant P(A) \leqslant 1$;

（3） F 域中的两互斥事件 A 和 B 概率之和为 $P(A + B) = P(A) + P(B)$ 。　　(2-37)

2. 概率运算及公式

1）加法（两事件和集）

$$P(A + B) = P(A) + P(B) \qquad (A \text{ 与 } B \text{ 独立或互斥}) \text{ 图 2-5(b)}$$

或 $\qquad P(A + B) = P(A) + P(B) - P(AB) \qquad (A \text{ 与 } B \text{ 相关}) \text{ 图 2-5(c)}$　　(2-38)

2）乘法（两事件交集）

$$P(AB) = P(A)P(B \mid A) \qquad (\text{图 2-5(c) 阴影 } AB)$$

$$= P(B)P(A \mid B) \qquad (A \text{ 与 } B \text{ 联合概率})$$　　(2-39)

其中, $P(B|A)$ 、 $P(A|B)$ 分别为 A 或 B 已出现时发生 B 或 A 的条件概率。

若 $P(AB) = P(A) \cdot P(B)$,则称 A 与 B 独立。　　(2-40)

上述这些概念可由图 2-5 表示。

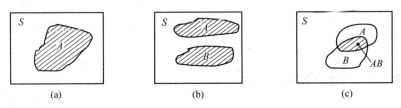

(a)　　　　　　　　　(b)　　　　　　　　　(c)

图 2-5　样本空间 S 与其中事件的关系

3）全概率公式

若 F 域中的事件集 $A_i(i = 1, 2, \cdots, n)$ 构成互斥的完备群（即 $\sum_{i=1}^{n} P(A_i) = 1$ ）,且 B 事件能与 A_i 中的某个事件同时发生,则事件 B 的全概率为

$$P(B) = \sum_{i=1}^{n} P(BA_i)$$　　(2-41)

而 $P(BA_i) = P(B)P(A_i|B) = P(A_i)P(B|A_i)$,所以有

$$P(B) = \sum_{i=1}^{n} P(A_i)P(B \mid A_i) \qquad (\text{全概率公式})$$　　(2-42)

这一结果表明,事件 B 的出现可能是 A_i 事件集合（ n 个）贡献的总和。

4）后验公式

若上述 B 事件已经发生,欲求出集合 $\{A_i\}$ 中各 A_i 对其发生贡献大小的可能性测度,则有

$$P(A_i \mid B) = \frac{P(A_i)P(B \mid A_i)}{P(B)} = \frac{P(A_i)P(B \mid A_i)}{\sum_{j=1}^{n} P(A_j)P(B \mid A_j)}$$　　(2-43)

这就是在通信中很有用的后验（逆概）公式,或称贝叶斯（Bayes）公式,它是数字信号接收

判决的理论基础。

下面就全概率与后验公式在通信系统中的应用简单概念举例。

[例2-2] 二进制无记忆不对称信道,如图 2-6 所示,传输 0,1 编码序列,并分别以 A_0 和 A_1 代表发送 0 及 1 码,以 B_0 和 B_1 代表接收 0 及 1 码。两个正确的转移概率分别为:$P(B_0|A_0) = 5/6$,$P(B_1|A_1) = 3/4$;两个错误的转移概率分别为:$P(B_1|A_0) = 1/6$,$P(B_0|A_1) = 1/4$,且先验概率相等,即 $P(A_0) = P(A_1) = 1/2$。

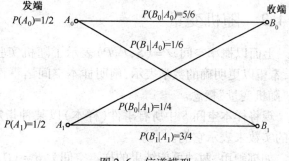

图 2-6 信道模型

(1) 试计算 B 端收到 0 码及 1 码的概率 $P(B_0)$ 及 $P(B_1)$;

(2) 当分别收到 0 或 1 码后,判断原来发送的是什么码的概率,即求 $P(A_0|B_0)$,$P(A_1|B_0)$,$P(A_1|B_1)$ 及 $P(A_0|B_1)$。

解:

(1) 利用全概率公式 $P(B) = \sum_{i=1}^{n} P(A_i)P(B|A_i)$ 来计算收到 0 及 1 码的概率,它们分别是

$$P(B_0) = P(A_0)P(B_0|A_0) + P(A_1)P(B_0|A_1) = \frac{1}{2} \times \frac{5}{6} + \frac{1}{2} \times \frac{1}{4} = \frac{13}{24}$$

和

$$P(B_1) = P(A_1)P(B_1|A_1) + P(A_0)P(B_1|A_0) = \frac{1}{2} \times \frac{3}{4} + \frac{1}{2} \times \frac{1}{6} = \frac{11}{24}$$

(2) 由上述后验公式 $P(A_i|B) = \dfrac{P(A_i)P(B|A_i)}{\sum_{j=1}^{n} P(A_j)P(B|A_j)}$,可分别求出 4 个后验概率,它们分别为

$$P(A_0|B_0) = \frac{P(A_0)P(B_0|A_0)}{P(B_0)} = \frac{\dfrac{1}{2} \times \dfrac{5}{6}}{\dfrac{13}{24}} = \frac{10}{13}$$

$$P(A_1|B_0) = \frac{P(A_1)P(B_0|A_1)}{P(B_0)} = 1 - P(A_0|B_0) = 1 - \frac{10}{13} = \frac{3}{13}$$

$$P(A_1|B_1) = \frac{P(A_1)P(B_1|A_1)}{P(B_1)} = \frac{\dfrac{1}{2} \times \dfrac{3}{4}}{\dfrac{11}{24}} = \frac{9}{11}$$

$$P(A_0|B_1) = \frac{P(A_0)P(B_1|A_0)}{P(B_1)} = 1 - P(A_1|B_1) = 1 - \frac{9}{11} = \frac{2}{11}$$

以上计算后验概率的方法在通信系统最佳接收中得到重要应用。当收到 0 码或 1 码后,接收机分别计算原发码是 0 码还是 1 码的概率,以"后验概率择大"准则来进行判决,具有较

小的风险。如本例结果中，$P(A_0|B_0) > P(A_1|B_0)$，即 $10/13 > 3/13$，故收到 0 码后判决原发码为 0 码；同理，收到 1 码后判决原发为 1 码。这样，较相反判决具有更小的风险。

2.4.2　随机变量

上面以概率空间 $\mathscr{P} = (S, F, P)$ 表示了随机实验及其可能结果的概率模型。在实际应用中，希望以更明确的数学表示，阐明样本空间诸事件（集）的统计特性及其相互关系。下面介绍"随机变量"概念。

现将样本空间 S 中所有事件（样本）以某种指定的规则映射（Mapping）到数轴上，并以指定的实数来表示它们。

如掷硬币，两种可能结果的样本空间为 $S = \{H, T\}$，(H, T 分别表示硬币出现正、反面），映射到数轴上，可由任意指定两个实数作为映射规则（称 X 或 $Y, \cdots$）——表示两个试验结果。为方便计，可用 0 和 1 来表示，即构成一维随机变量 $X(S)$，此时它以 $S = 0$ 及 $S = 1$ 两种可能出现的数值表示，即 $X(S) = 1$（$S = H$）及 $X(S) = 0$（$S = T$），如图 2-7（a）所示。它包括了随机变量的两个"取值"$X(S = 0)$ 及 $X(S = 1)$。

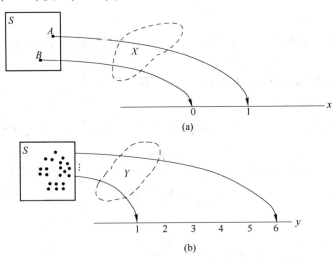

图 2-7　一维随机变量的构成

又如掷骰子，样本空间包含 6 个（整集，完备集）互斥的样本，可取实数轴上的任意 6 个数值代表这 6 个样本点，于是可将这种映射规则定为 Y，则得随机变量 $Y(S)$，于是该随机变量包括 6 个可能取值，如图 2-7（b）所示。

由此看来，上述 $X(S)$ 和 $Y(S)$ 表面上写法类似于函数，但它们却不是一个函数，而是变量或变量可能取值的集合。于是，可将随机变量直接用 $X, Y, \cdots$ 来表示，以免与函数混淆。

其实，随机变量在数轴上所表示样本映射的点（可能的取值）仍与样本的概率相对应，它们都要附带其在样本空间的概率特征，因此赋予一定规则的映射所指的随机变量 $X, Y, \cdots$ 尚必须对所有样本映射点（取值）的概率给予明确表示。后面将具体说明。

举一个连续随机变量的例子。如一个罗盘，当它在转动后无人干预停下来时，其指针停在什么位置是随机的。因此，这种实验的样本空间是 $0° \sim 360°$ 的连续量，而映射到数轴，规则 X 可以为任意指定的实线段。为方便计算，可用 $X(S : 0 \sim 2\pi)$ 表示逻盘实验所构成的随机变量

（见图 2-8）。显然，问指针停在哪个点的概率是多少是无意义的。

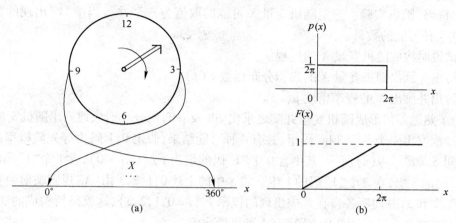

图 2-8　连续随机变量

2.4.3　随机变量的统计特征

在数轴上的实数值代表的样本空间的样本或实体，它们并非确定数，只是 S 中样本的"数字符号"形式的代表，因此必须与其概率相对应才符合概率空间的真实意义。S 全部样本的累积概率——整集的概率为 1，即 $P(S)=1$，而随机变量中的部分事件 $\{X \leqslant x\}$ 的概率 $P\{X \leqslant x\}$ 是一切不大于某特定取值 x 的随机变量 X 的累积概率，其大小随 x 取值变化，因此称其为概率累积函数或概率分布函数（cdf），可表示为 $P\{X \leqslant x\}=F_X(x)$，且有

$$F_X(-\infty)=0 \quad F_X(\infty)=1 \quad 0 \leqslant F_X(x) \leqslant 1 \tag{2-44}$$

式中，$F_X(-\infty)$ 的含义是不包含所有随机变量取值（X 任何取值 $x<-\infty$ 是不存在的）的累积概率为 0；而 $F_X(\infty)$ 则包含 X 的全部取值所对应的概率之和，即累积之和当然为 1（随机变量完备群概率）。一般地，随机变量值如有 $x_1 < x_2$，则有 $F_X(x_1) < F_X(x_2)$。

接着的问题是，尚需了解随机变量 X 各取值 x 的概率质量（离散时）或概率密度（X 为连续时），即随机变量 X 的概率密度（函数）pdf，并以 $p_X(x)$ 或 $p(x)$ 表示（可略去下标）。

$p(x)$ 与 $F(x)$ 互为微积分关系，即

$$p(x)=\frac{\mathrm{d}}{\mathrm{d}x}F(x) \quad \text{或} \quad F(x)=\int_{-\infty}^{x}p(x')\mathrm{d}x' \tag{2-45}$$

这里，x' 作为"虚假"变量。当具体取值有 $x_1 < x_2$，则

$$P(x_1 \leqslant X \leqslant x_2)=P(X \leqslant x_2)-P(X < x_1)$$

$$=F(x_2)-F(x_1)=\int_{x_1}^{x_2}p(x)\mathrm{d}x \tag{2-46}$$

若上式中 $x_1=-\infty$，x_2 可设为 X 的任意值 x，则

$$\left.\begin{array}{l} F(x)=\int_{-\infty}^{x}p(x')\mathrm{d}x' \\[2mm] F(\infty)=\int_{-\infty}^{\infty}p(x')\mathrm{d}x'=1 \end{array}\right\} \tag{2-47}$$

且有

图 2-8（b）示出了连续型随机变量的 pdf 和 cdf。

[例2-3] 信源发出串行二元码序列,经过串/并变换后得到三个并行二进制码元符号构成的"三比特码"随机实验。选定随机变量 X 可能的取值为三个并行码中"1"出现的数目,即 $0,1,2,3$ 共 4 种可能的数目。

(1) 试说明构成随机变量 X 的过程。

(2) 写出并画出随机变量 X 的累积分布函数 $F(x)$。

(3) 写出并画出 X 的概率密度 $p(x)$。

解: 为了熟悉如何形成随机变量并随之求出 cdf 及 pdf,现分步形象地列出随机变量。

(1) 一次发出一个并行 3 bit 码组,共有 8 种可能结果,假定 0,1 码为等先验概率出现,构成样本空间 S,如图 2-9(a)所示,其中含 0 个"1"码的组为 1 组(即 000),含 1 个"1"码的 3 组,含 2 个"1"码的 3 组,含 3 个"1"码的 1 组。将 S 中的上述 0,1,2,3 由"X"规则映射为实数轴 x 轴上的 0,1,2 和 3,并注明各自在 S 中出现的概率 $P_i(i=0,1,2,3)$,这就是所构成的随机变量 $X=\{X_i\}=\{0,1,2,3\}$(见图 2-9(b)),有 4 种可能取值。

(2) $F(x)=\dfrac{1}{8}u(x)+\dfrac{3}{8}u(x-1)+\dfrac{3}{8}u(x-2)+\dfrac{1}{8}u(x-3)$,如图 2-9(c)所示。

(3) $F(x)$ 的微分就是 pdf,即 $p(x)=\dfrac{1}{8}\delta(x)+\dfrac{3}{8}\delta(x-1)+\dfrac{3}{8}\delta(x-2)+\dfrac{1}{8}\delta(x-3)$,如图 2-9(d)所示。

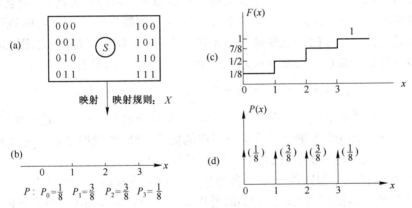

图 2-9 随机变量及其一维特征

2.4.4 常用的随机变量类型

1. 均匀分布

前面例子已涉及均匀分布随机变量,即它们的 pdf 具有均匀分布特征。又如,产生一个幅度为 A_0,角频为 ω_0 的正弦波,$X(t)=A_0\cos(\omega_0 t+\Theta)$,其中若初相 Θ 并非为某种强制设定的量,可看做 Θ 是在 $(0,2\pi)$ 内均匀分布的随机变量,与图 2-8(b)一致。

2. 高斯型分布

在自然界中,很多现象符合"中心极限定理",它与高斯(正态)分布特征有着密切关系。一维高斯变量 X 的 pdf 为

$$p(x)=\frac{1}{\sqrt{2\pi}\,\sigma_X}\exp\left(-\frac{(x-m_X)^2}{2\sigma_X^2}\right)\sim N(m_X,\sigma_X^2) \tag{2-48}$$

由上式看出,对于一个高斯随机变量,只要已知均值 m_X 及方差 σ_X^2,就能唯一确定其 pdf。$m_X = 0, \sigma_X^2 = 1$ 时的高斯分布,其 pdf 服从 N(0,1),称其为归一化高斯分布,即

$$p(x) = \frac{1}{\sqrt{2\pi}}\exp\left(-\frac{x^2}{2}\right) \sim \mathrm{N}(0,1) \tag{2-49}$$

图 2-10 示出了一维高斯随机变量 pdf 和 cdf 曲线。

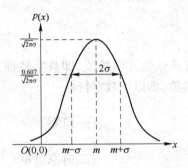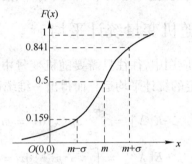

图 2-10　高斯随机变量的统计特征

附录 A 中列出了该归一化分布和概率积分函数表,即

$$\Phi(x_1) = F(x_1) = \int_{-\infty}^{x_1} \frac{1}{\sqrt{2\pi}}\exp\left(-\frac{x^2}{2}\right)\mathrm{d}x \tag{2-50}$$

当式(2-47)中 $p(x) \sim \mathrm{N}(m_X, \sigma_X^2)$ 时,采用替换变量 $x_1 = \frac{x - m_X}{\sigma_X}$,则有

$$\Phi\left(x_1 = \frac{x - m_X}{\sigma_X}\right) = \int_{-\infty}^{\frac{x - m_X}{\sigma_X}} \frac{1}{\sqrt{2\pi}}\exp\left(-\frac{x_1^2}{2}\right)\mathrm{d}x_1$$

于是通过查阅书后附录 A 中的表 A-1,可得准确结果。

概率积分函数有以下性质,即

$$\Phi(-x_1) = 1 - \Phi(x_1) \tag{2-51}$$

在通信系统设计与数字信号误码率分析中,经常利用"误差函数"或"互补误差函数",表示式为

误差函数
$$\mathrm{erf}(x) = \frac{2}{\sqrt{\pi}}\int_0^x \mathrm{e}^{-z^2}\,\mathrm{d}z \tag{2-52}$$

互补误差函数
$$\mathrm{erfc}(x) = 1 - \mathrm{erf}(x) = \frac{2}{\sqrt{\pi}}\int_x^\infty \mathrm{e}^{-z^2}\,\mathrm{d}z \tag{2-53}$$

且有
$$\mathrm{erf}(x) = 2\Phi(\sqrt{2}x) - 1 \tag{2-54}$$

附录 A 中的表 A-2 中列出了误差函数表。同时还列出了当 $x \gg 1$ 时近似式 $\mathrm{erf}(x) \approx \frac{\mathrm{e}^{-x^2}}{x\sqrt{\pi}}$ 的数值。

另外,有些书目还经常用 Q 函数来表示误码率。

$$Q(x) = \frac{1}{\sqrt{2\pi}}\int_x^\infty e^{-z^2/2}dz = 1 - \Phi(x) = \frac{1}{2}\mathrm{erfc}\left(\frac{x}{\sqrt{2}}\right)$$

$$\text{或 } \mathrm{erfc}(x) = 2Q(\sqrt{2}x); \Phi(x) = 1 - Q(x) \tag{2-55}$$

3. 其他类型的概率分布

在通信系统窄带噪声分析中(本章最后部分),要用到瑞利(Rayleigh)分布和赖斯(Rice)分布,以及其他类型如泊松(Poison)分布,后者用于信号交换排队分析。

2.4.5　随机变量统计平均

在实际应用中,往往只需要随机变量中一、二维具体统计平均值,即数字特征,它们均由pdf通过一定的统计平均运算而得出一维统计平均结果,即以下数字特征

均值　　$E[X] = \int_{-\infty}^\infty xp(x)dx = m_X$　　　　　　　　　(一阶矩)

均方值　$E[X^2] = \int_{-\infty}^\infty x^2 p(x)dx = \overline{X^2}$　　　　　(二阶原点矩)

方差　　$E[(X - m_X)^2] = \int_{-\infty}^\infty (X - m_X)^2 p(x)dx = \sigma_X^2$　(二阶中心矩)

三者关系　　　　　　　　$\overline{X^2} = m_X^2 + \sigma_X^2$ \tag{2-56}

*2.4.6　随机变量的变换

在通信系统中,经常遇到随机变量的某种函数关系,或者随机变量通过某种系统前后之间的统计关系,需要以随机变量变换的方法加以解决。通常是已知随机变量(如 X)的 pdf。

例如,二随机变量的关系为 $Y = f(x)$,并存在反函数关系 $X = f^{-1}(y) = h(y)$。此时 X 在微区间 $(x_0, x_0 + dx)$ 内,必定有微区间 $(y_0, y_0 + dy)$ 以函数关系与之相对应。由于 X 和 Y 均是同一随机事件集,从概率来看,出现的可能性不变,即在两个微区间中的微概率应相等,只是因 X 通过系统的影响后,其 pdf 发生变化,则 $p(y)dy = p(x)dx$。若 $p(x)$ 为已知,则可得到变换后的随机变量 Y 的 pdf

$$p(y) = p(x)\left|\frac{dx}{dy}\right|_{x = f^{-1}(y)} \tag{2-57}$$

[例2-4]　已知随机变量 X 在 $-2 \leq X \leq 1$ 区间内均匀分布,且 $Y = 3 + 2X, X \geq 0$,求 Y 的 pdf。

解:图 2-11 可以清楚地表明求解过程,按照式(2-57),X 通过 $Y = 3 + 2X$ 映射,pdf 变化分为两段。

$$p(y) = \frac{1}{6}\mathrm{rect}\left(\frac{y-4}{2}\right) + \frac{2}{3}\delta(y)$$

以上介绍的是一个随机变量(可称一维随机变量)及其统计特征。在实际

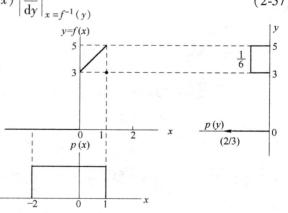

图 2-11　随机变量映射变换的统计特征

应用中,往往同时出现具有某种统计联系的几个随机变量,称它们为多维随机变量或随机矢量。在工程中,常利用一、二维随机变量来处理问题,就可得到较为满意的结果。

2.4.7　二维随机变量及其统计特征

假设在一个随机实验的样本空间 S 中,定义两个存在一定交叠的事件 A 与 B(交集 $A \cap B$)构成 F 域。可以由 X 与 Y 映射规则,将它们映射在 xy 平面坐标系,构成 X、Y 二维随机变量(见图 2-12)。

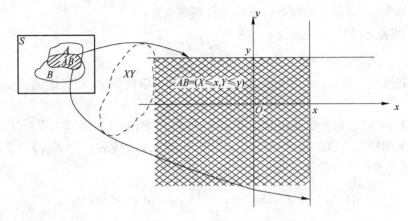

图 2-12　二维随机变量的构成

显然,一般关心的是由 AB 映射到 xy 平面中的左下半平面,即 $AB = (X \leqslant x; Y \leqslant y)$ 的联合统计特征。取值不超过 x 和 y 的概率累积为二维分布函数(cdf),即

$$F_{XY}(x,y) = P\{X \leqslant x; Y \leqslant y\} = \int_{-\infty}^{y} \int_{-\infty}^{x} p_{XY}(x', y') \mathrm{d}x' \mathrm{d}y' \tag{2-58}$$

式(2-58)中,$p_X(x)$ 和 $p_{XY}(x,y)$ 下标 X 或 XY 均表示随机变量名称,与它们 pdf 中的取值 x, y 相对应,为简单起见,以后简写为 $p(x)$ 和 $p(x,y)$。其中,二维概率密度函数(pdf)为

$$p(x,y) = \frac{\partial^2 F(x,y)}{\partial x \partial y} \tag{2-59}$$

它与分布函数互为微积分关系。

对于离散随机变量,分布函数是二维变量不超过某指定 x 及 y 时的二维概率累积过程,呈上升阶梯型,相应的 pdf 是对应离散变量值的概率,为一系列冲激之和。对于连续随机变量,cdf 是一定形状的连续函数。相应的二维 pdf 则为连续曲面函数,此时对应某一个点的概率就无意义。二维 pdf 反映了在所有随机变量取值处的微小邻域所具有的体积(微概率),pdf 曲面下的体积为 1。

一般情况下,在已知高维 pdf 时,可以通过边际积分求出低维 pdf,如

$$p(x) = \int_{-\infty}^{\infty} p(x', y') \mathrm{d}y \tag{2-60a}$$

$$p(y) = \int_{-\infty}^{\infty} p(x', y') \mathrm{d}x \tag{2-60b}$$

同样可得低维 cdf,如

$$F(x) = P\{X \leqslant x; Y \leqslant \infty\} = F(x, \infty) = \int_{-\infty}^{\infty} \int_{-\infty}^{x} p(x', y') \mathrm{d}x' \mathrm{d}y' \qquad (2\text{-}61)$$

$$F(y) = P\{X \leqslant \infty; Y \leqslant y\} = F(\infty, y) = \int_{-\infty}^{y} \int_{-\infty}^{\infty} p(x', y') \mathrm{d}x' \mathrm{d}y' \qquad (2\text{-}62)$$

若 X 与 Y 两者不是统计独立时,有

$$p(x, y) = p(x)p(y \mid x) = p(y)p(x \mid y) \qquad (2\text{-}63)$$

等式右方两个乘积式,分别为先验条件下的条件概率密度。

　　若 X 与 Y 两者统计独立,则有

$$p(x, y) = p(x)p(y) \qquad (2\text{-}64)$$

　　与一维随机变量一样,二维情况下,在已知 pdf 时,可以计算出一、二维随机变量的统计平均值。

　　(1) m_X 及 m_Y 可分别由上述边际密度 $p(x)$ 与 $p(y)$ 求出。

　　(2) X 与 Y 的联合均值的统计平均为,$E(XY) = R(x, y)$(或表示为 R_{XY})称为随机变量 X 与 Y 的互相关(亦称联合二阶矩),即

$$R(x, y) = E(XY) = \int_{-\infty}^{\infty} \int_{-\infty}^{\infty} x' y' p(x', y') \mathrm{d}x' \mathrm{d}y' \qquad (2\text{-}65)$$

　　(3) $C(x, y) = E[(X - m_X)(Y - m_Y)] =$

$$\int_{-\infty}^{\infty} \int_{-\infty}^{\infty} (x' - m_X)(y' - m_Y)p(x', y') \mathrm{d}x' \mathrm{d}y' \qquad (2\text{-}66)$$

式(2-66)$C(x, y)$ 或 C_{XY} 称为 X 与 Y 的(互)协方差,也称为二阶混合中心矩。

　　(4) X 与 Y 的互相关系数 $\rho(x, y)$ 或 ρ_{XY} 表示归一化互相关值,即

$$\rho(x, y) = \frac{C(x, y)}{\sigma_X \sigma_Y} \qquad (2\text{-}67)$$

取值范围

$$-1 \leqslant \rho(x, y) \leqslant 1 \qquad (2\text{-}68)$$

2.4.8　二维高斯随机变量的统计特征

　　高斯型随机变量在通信中是最常用的一种。通信信道介入的加性白噪声,主要通过一、二维高斯型随机变量统计特性进行分析。

　　(1) 二维高斯随机变量的概率分布只取决于随机变量均值、方差和互相关系数,即

$$p(x, y) = f(m_X, m_Y; \sigma_X^2, \sigma_Y^2; \rho_{XY}) = \frac{1}{2\pi\sigma_X\sigma_Y\sqrt{1 - \rho_{XY}^2}} \times$$

$$\exp\left(-\left(\frac{(x - m_X)^2}{\sigma_X^2} + \frac{(y - m_Y)^2}{\sigma_Y^2} - \frac{2\rho_{XY}(x - m_X)(y - m_Y)}{\sigma_X\sigma_Y}\right) \middle/ (2(1 - \rho_{XY}^2))\right)$$

$$(2\text{-}69)$$

　　(2) 若 X 与 Y 不相关,则 $\rho_{XY} = 0$,代入式(2-69)得

$$p(x,y) = \left[\frac{1}{\sqrt{2\pi}\,\sigma_X}\exp\left(-\frac{(x-m_X)^2}{2\sigma_X^2}\right)\right]\left[\frac{1}{\sqrt{2\pi}\,\sigma_Y}\exp\left(-\frac{(y-m_Y)^2}{2\sigma_Y^2}\right)\right] =$$

$$p(x)p(y) \tag{2-70}$$

这一结果表明:二维高斯随机变量若不相关,则等价于统计独立。这不同于其他类型随机变量,只是高斯分布时的一种特例,是高斯分布的一个非常有用的特征。图 2-13 所示为 X 与 Y 联合分布的 pdf 曲面。

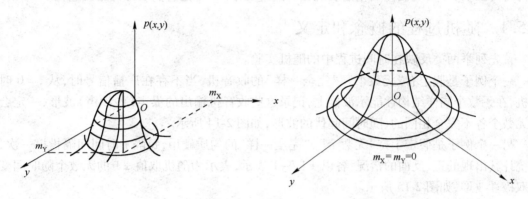

图 2-13　二维高斯分布

(3) 若二维随机变量为高斯分布,一维必然也是高斯分布。因为由二维高斯密度 $p(x,y)$ 进行边际积分,可以得到两个边际密度 $p(x)$ 和 $p(y)$,也各为高斯型。

(4) 二维高斯分布对应的两个条件密度也是高斯型的。

由 $p(x,y) = p(x)p(y\mid x) = p(y)p(x\mid y)$,可得

$$p(y\mid x) = \frac{p(x,y)}{p(x)} \quad 及 \quad p(x\mid y) = \frac{p(x,y)}{p(y)} \tag{2-71}$$

均为高斯型。

(5) 多个高斯随机变量的线性组合,它们的联合分布仍为高斯型,如 X 与 Y 均为高斯变量,则 $Z = aX + bY$ 也必是高斯型。此时,均值 $m_Z = am_X + bm_Y$;方差 $\sigma_Z^2 = a^2\sigma_X^2 + b^2\sigma_Y^2 + 2\rho_{XY} \times ab\,\sigma_X\,\sigma_Y,\rho_{XY} > 0$,或 $\sigma_Z^2 = a^2\sigma_X^2 + b^2\sigma_Y^2,\rho_{XY} = 0$,即 X、Y 独立。高斯随机变量的上述特性,也适于高斯型随机过程,下面将进一步讨论。

在进行联合试验或多次重复某一试验时,还会遇到多个随机变量。它们之间往往存在某种统计关系。因此又称它们为多维随机变量,可以看做是二维情况扩展的形式,它们的联合概率密度与分布函数分别表示为

$$F(x_1,x_2,\cdots,x_N) = P\{X_1 \leqslant x_1, X_2 \leqslant x_2, \cdots, X_N \leqslant x_N\} =$$

$$\int_{-\infty}^{x_1}\int_{-\infty}^{x_2}\cdots\int_{-\infty}^{x_N} p(u_1,u_2,\cdots,u_N)\,\mathrm{d}u_1\,\mathrm{d}u_2\cdots\mathrm{d}u_N \tag{2-72}$$

$$p(x_1,x_2,\cdots,x_N) = \frac{\partial^N}{\partial x_1\partial x_2\cdots\partial x_N}F(x_1,x_2,\cdots,x_N) \tag{2-73}$$

2.5 随机过程

在通信与信息领域中,存在大量的随机信号。例如语声、音乐信号、电视信号,在通信系统中传输的数字码流和介入到系统中的干扰和噪声,均具有各种随机性特点。要分析此类信号与噪声和干扰的内在规律性,就必须找出它们的统计特征;另一方面,我们关心的随机信号一般为时间函数,即其随机性变化是表现在时间进程中的,可把它们统称为随机过程。

2.5.1 随机过程的概念和定义

首先列举两类反映在时间进程中的随机实验。

一个例子是假定有"无数个"、"完全一样"的收音机,当不存在广播信号时,从 $t=0$ 时刻开机,在无数个同样结构性能示波器上,记录这些收音机输出的噪声(沙沙声)波形,一定会得到无数个各不完全相同的、随时间起伏的波形,如图 2-14 所示。

另一个例子是假定手持"无数个"、"完全一样"的匀质硬币,每隔 τ 时间间隔投掷一次,随即统计其出现的正、反面的情况,各以 $+1$,-1 表示,表示为随机取值 ± 1 的无数个随时间变化的双极性波形,如图 2-15 所示。

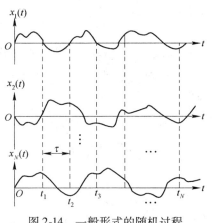

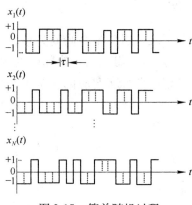

图 2-14 一般形式的随机过程   图 2-15 简单随机过程

将上述两种随机实验得到的图 2-14 和图 2-15,称为随机过程(Random or Stochastic Processes)。

定义 2-1 随机过程是同一个实验的随机样本函数的集合,表示为 $X(t)=\{x_i(t)\}$,$i=1$,$2,\cdots,N$,$N\to\infty$,其中每个样本函数 $x_i(t)$ 均为随机过程 $X(t)$ 的一个成员,也称为随机过程的一次(试验)实现。

定义 2-2 随机过程是随机变量在时间轴上的拓展,可表示为 $X(x,t)$,或者与随机变量 $X(x)$ 表示一样,为避免误视为 x 的函数,而以 $X(t)$ 表示。

上述两个例子完全符合所给出的两种定义。可以说,随机过程是含有随机变量的时间函数的集合,如 $X(t)=kt$,k 为 $1,2,\cdots,10$ 均匀分布的随机变量。同时,由定义 2-2,也可以说随机过程是在时间进程中处于不同时刻的(多维)随机变量集合。

应明确,像图 2-14 及图 2-15 那样典型的随机过程是写不出像确知信号那样的数学表达式的。在通信系统中,对接收者不可预测的各种信号及噪声和干扰就是随机过程,也可以统称为"随机信号"。

2.5.2　随机信号的统计特征和平稳随机过程

为便于理解,由定义 2-2 及上列两个图示,抽出位于不同时间截口的随机变量的集合为 $X(t) = \{X_{t_1}, X_{t_2}, \cdots, X_{t_N}\}$。若 $N \to \infty$,即当 $t_{i+1} - t_i = \tau \to 0$ 时就更为典型。此时,由多个时间截口的随机变量构成随机过程 $X(t)$,其分布函数可写为

$$F_X(X_{t_1}, X_{t_2}, \cdots, X_{t_N}) \quad \text{或} \quad F_X(x_1, x_2, \cdots, x_N; t_1, t_2, \cdots, t_N) \tag{2-74}$$

式中,$F_X(\cdot)$ 表示随机过程 $X(t)$ 的分布函数,各 x_i 与 t_i 对应,表示在各不同时间截口 t_i 处的随机变量为 x_i,于是有

$$F_X(x_1, x_2, \cdots, x_N; t_1, t_2, \cdots, t_N) = P\{X_{t_1} \leqslant x_1, X_{t_2} \leqslant x_2, \cdots, X_{t_N} \leqslant x_N\} =$$

$$\int_{-\infty}^{x_1} \int_{-\infty}^{x_2} \cdots \int_{-\infty}^{x_N} p(x_1', x_2', \cdots, x_N'; t_1, t_2, \cdots, t_N) \mathrm{d}x_1' \mathrm{d}x_2', \cdots, \mathrm{d}x_N' \tag{2-75}$$

其中,$p(x_1', x_2', \cdots, x_N'; t_1, t_2, \cdots, t_N)$ 为随机过程 $X(t)$ 的概率密度。

由此看来,像随机变量那样,若利用 $X(t)$ 的 pdf 来求解各阶多维统计平均是极为复杂的。幸好,在通信及日常应用中,解决一维、二维统计特征或统计平均就可满足一般要求。并且还常常遇到统计特征可以简化的"平稳随机过程"或"遍历性"平稳过程(后面介绍)。

1. 一维统计特征

首先,可在随机过程 $X(t)$ 任意指定的时间截口 $t = t_i$ 来看该随机过程——它将成为该时刻 t_i 处的"一维随机过程",即 $X(t_i) = X_{t_i}$。它与前面介绍的一维随机变量并无本质区别,只是表明了它处于某一具体时刻 t_i;由于 t_i 是任意给定的,所以也可以去掉下标 i,此时 t 为参变量。可以说,一维随机过程是随机过程在某一时刻的一维随机变量,其分布函数为

$$F_X(x_i, t_i) = F(x, t) = P\{X(t_i) \leqslant x_i\} = P\{X_t \leqslant x\} \tag{2-76}$$

相应的概率密度函数为

$$p(x_i, t_i) = p(x, t) = \frac{\partial F_X(x, t)}{\partial x} \tag{2-77}$$

$$F_X(x, t) = \int_{-\infty}^{x} p(x', t) \mathrm{d}x' \tag{2-78}$$

由 $p_X(x, t)$,可以计算出一维随机过程各统计平均。

(1) 均值函数

$$E[X(t)] = \int_{-\infty}^{\infty} x_t p(x, t) \mathrm{d}x = m_X(t) \tag{2-79}$$

(2) 方差函数

$$D[X(t)] = \int_{-\infty}^{\infty} [X(t) - m_X(t)]^2 p(x, t) \mathrm{d}x = \sigma_X^2(t) \tag{2-80}$$

(3) 均方值(函数)

由　$\sigma_X^2(t) = E\{[X(t) - m_X(t)]^2\} = E\{X^2(t)\} - 2m_X(t) \cdot E[X(t)] + m_X^2(t) =$
$$E\{X^2(t)\} - m_X^2(t) \tag{2-81}$$

因此,随机过程 $X(t)$ 的均方值为

$$E\{X^2(t)\} = \overline{X^2(t)} = \sigma_X^2(t) + m_X^2(t) \tag{2-82}$$

此结果在数学上的意义,表明随机过程在时刻 t 的二阶原点距等于二阶中心距与一阶原点距平方之和;在物理方面(电学)来说,随机过程的瞬时统计平均总功率等于该瞬时交流功率与直流功率之和。

2. 二维统计特征

上述一维统计平均反映随机过程的统计特征是很不充分的,因此二维统计平均更显得重要。

可以在随机过程 $X(t)$ 中任选两个时间截口 t_1 和 t_2,将 $X(t)$ 截取为相距 $\tau = t_2 - t_1$ 的两个随机变量,即可选以下三种表示形式之一,

$$X(t)\big|_{t=t_1} = X(t_1) = X_{t_1} \qquad \text{相应随机取值为 } x_1$$
$$X(t)\big|_{t=t_2} = X(t_2) = X_{t_2} \qquad \text{相应随机取值为 } x_2$$

这两个不同时刻的联合随机变量,就示出了二维随机过程。其二维统计特征为

二维 cdf: $\quad F_X(x_1, x_2; t_1, t_2) = P\{X_{t_1} \le x_1, X_{t_2} \le x_2\} =$

$$\int_{-\infty}^{x_1} \int_{-\infty}^{x_2} p(x'_1, x'_2; t_1, t_2) \, dx'_1 dx'_2 \tag{2-83}$$

二维 pdf: $\quad p(x_1, x_2; t_1, t_2) = \dfrac{\partial^2 F_X(x_1, x_2; t_1, t_2)}{\partial x_1 \partial x_2} \tag{2-84}$

利用在时间截口 t_1 和 t_2 时的二维 pdf,可以求出随机过程 $X(t)$ 的二维统计平均,诸如自相关函数 $R_X(x_1, x_2; t_1, t_2) = R_X(t_1, t_2)$,自协方差函数 $C_X(t_1, t_2)$,以及归一化协方差函数——自相关系数 $\rho(t_1, t_2)$。它们都同时是 t_1 和 t_2 的函数

(1) 自相关函数

$$R_X(t_1, t_2) = \int_{-\infty}^{\infty} \int_{-\infty}^{\infty} x_1 x_2 p(x_1, x_2; t_1, t_2) \, dx_1 dx_2 = E[X(t_1)X(t_2)] =$$
$$E[X(t)X(t + \tau)] \tag{2-85}$$

式中,$\tau = t_2 - t_1$,由于 t_1 可作为参变量选值,因此以 t 来取代 t_1。

式(2-85)表明,随机过程的自相关函数是在随机过程的时间进程内,相隔时段 τ 的两随机变量间的互相关(相互关联程度)。

(2) 自协方差函数

$$C_X(t_1, t_2) = \int_{-\infty}^{\infty} \int_{-\infty}^{\infty} [X(t_1) - m_X(t_1)][X(t_2) - m_X(t_2)] p(x_1, x_2; t_1, t_2) \, dx_1 dx_2 =$$
$$R_X(t_1, t_2) - m_X(t_1) m_X(t_2) \tag{2-86}$$

(3) 自相关系数

$$\rho(t_1,t_2) = \frac{C_X(t_1,t_2)}{\sigma_X(t_1)\sigma_X(t_2)} \qquad -1 \leqslant \rho \leqslant 1 \tag{2-87}$$

3. 平稳随机过程与广义平稳随机过程

定义 2-3　若随机过程 $X(t)$ 的统计特征与时间原点无关,即

$$p(x_1,x_2,\cdots,x_N;t_1,t_2,\cdots,t_N) = p(x_1,x_2,\cdots,x_N;t_1+\Delta,t_2+\Delta,\cdots,t_N+\Delta)$$

式中 Δ 为任意指定的时间段。此时称该随机过程为严平稳或狭义平稳随机过程。如此,图 2-14 及图 2-15 是典型的平稳过程,两者的时间原点可以任意移动,其 pdf 结果不变。

定义 2-4　若随机过程 $X(t)$ 能满足一维和二维平稳条件,即

$$p(x,t) = p(x,t+\Delta) \tag{2-88}$$

及

$$p(x_1,x_2;t_1,t_2) = p(x_1,x_2;t_1+\Delta,t_2+\Delta) \tag{2-89}$$

则称该随机过程为宽平稳或广义平稳随机过程。

对于通信系统与其他很多自然现象,使用一维、二维统计特征,往往表明随机过程的基本实质,或能满足基本分析需求,故必须掌握好广义平稳的概念。

在广义平稳条件下,上述诸多统计平均计算可以得到简化。由一维平稳,有

$$m_X(t) = \int_{-\infty}^{\infty} xp(x,t+\Delta)\mathrm{d}x\,(\text{平稳时}) \xrightarrow{\;\text{设}\,\Delta=-t\;} \int_{-\infty}^{\infty} xp(x,0)\mathrm{d}x =$$

$$\int_{-\infty}^{\infty} xp(x)\mathrm{d}x = m_X(\text{常数}) \tag{2-90}$$

同时,有 $\sigma_X^2(t_1) = \sigma_X^2(t_2) = \sigma_X^2$ 或 $\sigma_X(t_1) = \sigma_X(t_2) = \sigma_X$。

由二维平稳

$$R_X(t_1,t_2) = E[X(t)X(t+\tau)] =$$

$$R_X(t,t+\tau) = \int_{-\infty}^{\infty}\int_{-\infty}^{\infty} x_1x_2p(x_1,x_2;t,t+\tau)\mathrm{d}x_1\mathrm{d}x_2 \xrightarrow[\;\text{设}\,t=0\;]{(\text{平稳时})}$$

$$\int_{-\infty}^{\infty}\int_{-\infty}^{\infty} x_1x_2p(x_1,x_2;\tau)\mathrm{d}x_1\mathrm{d}x_2 = R_X(\tau) \tag{2-91}$$

重要结论:广义平稳的条件是,均值为常数,自相关函数与所选两个时间截口的间隔 τ 有关,而与具体时间位置 t 无关。这是广义平稳的简单而明确的定义。

同理可得

$$C_X(t,t+\tau) = C_X(\tau), \quad C_X(0) = \sigma_X^2 \text{ 是 } C_X(\tau) \text{ 最大值} \tag{2-92}$$

$$\rho(t,t+\tau) = \rho(\tau) = \frac{C_X(\tau)}{\sigma_X^2} \tag{2-93}$$

$$\rho(\tau) \text{ 取值范围:} \quad -1 \leqslant \rho(\tau) \leqslant 1 \tag{2-94}$$

4. 平稳随机过程自相关函数的性质

(1) $R_X(\tau)\,|_{\tau=0} = R(0) = E[X^2(t)] = P_X = \sigma_X^2 + m_X^2$ $\tag{2-95}$

在电学上的物理意义为:平稳随机信号的总平均功率等于自相关函数当 $\tau=0$ 时的值,即最大自相关值,它等于交流功率与直流功率之和。

（2） $R(\tau) = R(-\tau)$，它是偶函数 （2-96）

由 $R(\tau) = E\{X(t)X(t+\tau)\}$，当 $t' = t + \tau$ 代入后，有

$$R(\tau) = E[X(t'-\tau)X(t')] = R(-\tau)$$

（3） $R(0) \geqslant |R(\tau)|$，它是双边非增函数 （2-97）

为证明此关系式，设非负式 $E[X(t+\tau) \pm X(t)^2] \geqslant 0$，展开后，则 $2R(0) \pm 2R(\tau) \geqslant 0$ 或 $-R(0) \leqslant R(\tau) \leqslant R(0)$，所以 $R(0) \geqslant |R(\tau)|$。

（4） $R(\tau) = C(\tau) + m_X^2,\ P = R(0) = \sigma_X^2 + m_X^2$ （2-98）

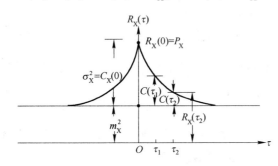

图 2-16 随机过程统计特征之间的关系

图 2-16 表示了式（2-98）三种统计平均之间的关系。

[例2-5] 作为平稳随机过程的一个简单实例，产生一个给定幅度、角频的正弦波，其相位值是随机的，即

$$X(t) = A_0\cos(\omega_0 t + \Theta)$$

式中，A_0 与 ω_0 为常数。Θ 是在 $(0,2\pi)$ 内均匀分布的随机（相位）变量，试证明其为广义平稳过程。

证明：按照广义平稳定义，求 $X(t)$ 的均值与自相关函数，有

$$E\{X(t)\} = m_X(t) = A_0\int_{-1}^{+1}\cos(\omega_0 t + \theta)p(x,t)\mathrm{d}x \tag{2-99}$$

由一维随机变量变换的概念，则 $p(\theta)\mathrm{d}\theta = p(x)\mathrm{d}x$。因此，积分式变为

$$m_X(t) = A_0\int_0^{2\pi}X(t)p(\theta)\mathrm{d}\theta = A_0\int_0^{2\pi}\cos(\omega_0 t + \theta)\frac{1}{2\pi}\mathrm{d}\theta = 0（即\ m_X = 常数）$$

$$R_X(t,t+\tau) = E[X(t)X(t+\tau)] = A_0^2 E[\cos(\omega_0 t + \theta)\cos(\omega_0 t + \omega_0\tau + \theta)] \tag{2-100}$$

$$= \frac{A_0^2}{2}\cos\omega_0\tau + \frac{A_0^2}{2}E[\cos(2\omega_0 t + \omega_0\tau + 2\theta)]$$

式中，第二项展开为 $\dfrac{A_0^2}{2}E[\cos(2\omega_0 t + \omega_0\tau)\cos 2\theta - \sin(2\omega_0 t + \omega_0\tau)\sin 2\theta]$，其中 $E[\cos 2\theta] = 0$ 及 $E[\sin 2\theta] = 0$。于是第二项为 0，则

$$R_X(\tau) = \frac{A_0^2}{2}\cos\omega_0\tau$$

可以确定 $X(t)$ 符合广义平稳条件。

（5）自相关函数 $R(\tau)$ 的物理意义

自相关函数表明随机过程的样本函数随时间变化的快慢程度，如图 2-17 中两个随机过程，图（a）显然比图（b）的随机变化慢，因此在 $t_2 - t_1 = \tau$ 相同时间间隔，两个截口处随机变量之间的相似或相关联程度，图（a）要强于图（b）。也可

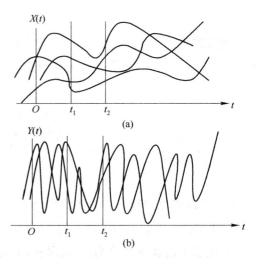

图 2-17 两种随机过程及其相关性

由自相关系数 $\rho(\tau)$ 来说明,若随机过程"蜕化"为水平线集合,则任何 τ 值时两个截口处"随机变量"之间相关系数 $\rho = 1$,而图(a)与图(b),均为 $\rho(\tau) < 1$,但 $\rho_X(\tau) > \rho_Y(\tau)$。即相距同样 τ 的两个随机过程,图(a)中 t_2 与 t_1 间的统计量差别小,图(b)中的差别较大。

以上分析计算随机信号的统计特征和统计平均的方法,同样适于两个随机过程的相互间统计平均(无论平稳或非平稳),如 $X(t)$ 与 $Y(t)$ 两个不同随机过程,可计算出互相关函数 $R_{XY}(t_1,t_2)$ 或 $R_{XY}(t,t+\tau)$,互协方差函数 $C_{XY}(t_1,t_2)$ 及互相关系数 $\rho_{XY}(t_1,t_2)$。如果两者联合平稳,则 $R_{XY}(\tau)$、$C_{XY}(\tau)$ 及 $\rho(\tau) = \dfrac{C_{XY}(\tau)}{\sigma_X\sigma_Y}$,只与 $\tau = t_2 - t_1$ 有关,而与 t 无关,且有 $R_{XY}(\tau) = C_{XY}(\tau) + m_X m_Y$。

2.5.3　关于不相关、正交和统计独立的讨论

在随机信号分析中,随机过程间或随机变量间的统计关系,如不相关、正交、统计独立等是非常重要的,这里进一步讨论各自的严格概念和相互关系。

当两个随机过程保持统计独立时,它们必然是不相关的,即 $\rho(t_1,t_2) \leqslant 0$,但反过来则不一定成立,即不相关的两个随机过程不一定能保持统计独立,惟有高斯随机过程才是例外(式 2-70)。这就是说,从统计角度看,保持统计独立的条件要比不相关还要严格。

另外,在确知信号分析中已知,内积为零可作为两个信号之间正交的定义。对于两随机过程来说,除了互协方差函数 $C_{XY}(t_1,t_2) = 0$ 外,还要求至少其中有一个随机过程的均值等于零,这时两个随机过程才互相正交。因此,正交的条件满足了,不相关的条件就自然满足,但是反过来就未必。可见正交条件要比不相关条件严格些。如果统计独立的条件能满足,则正交条件也自然满足,但反过来也不一定成立。因此,统计独立的条件最严格。

下面归纳三者之间的关系,并同时给出正、逆命题和否命题、逆否命题,共 8 种关系,如下所示:

$$独立 \overset{必}{\underset{未必(高斯型例外)}{=\!=\!=\!=\!=}} 不相关 \qquad\qquad 不相关 \overset{必}{\underset{未必}{=\!=}} 正交 \tag{2-101}$$

$$不独立 \overset{未必}{\underset{必}{=\!=}} 相关 \qquad\qquad 相关 \overset{未必}{\underset{必}{=\!=}} 不正交$$

1. 统计独立必不相关

若 X 与 Y 两随机变量(也适于随机过程)统计独立,即 $p(x,y) = p(x)p(y)$,则它们的互相关为

$$R(x,y) = \int_{-\infty}^{\infty}\int_{-\infty}^{\infty} xyp(x,y)\mathrm{d}x\mathrm{d}y = \int_{-\infty}^{\infty} xp(x)\mathrm{d}x\int_{-\infty}^{\infty} yp(y)\mathrm{d}y = m_X m_Y \tag{2-102}$$

结果表明,若两个随机变量间统计独立,则两者也不相关。

作为一个例子,设随机过程 $X(t)$ 与 $Y(t)$ 各有均值 m_X、m_Y 及方差 σ_X^2、σ_Y^2,且二者统计独立,则

$$R_{XY}(t_1,t_2) = \int_{-\infty}^{\infty}\int_{-\infty}^{\infty} xyp(x,y;t_1,t_2)\mathrm{d}x\mathrm{d}y$$

$$= \int_{-\infty}^{\infty} xp(x,t)\mathrm{d}x\int_{-\infty}^{\infty} yp(y,t)\mathrm{d}t = m_X(t)m_Y(t)$$

$$C_{XY}(t_1,t_2) = R_{XY}(t_1,t_2) - m_X(t)m_Y(t) = 0$$

$$\rho(t_1, t_2) = \frac{C_{XY}(t_1, t_2)}{\sigma_{X_{t_1}} \sigma_{Y_{t_2}}} = \frac{C_{XY}(t_1, t_2)}{\sigma_X \sigma_Y} = 0$$

定义2-5 两随机变量或者两个随机过程,若它们的互相关或互相关函数等于两者均值之积;或者协方差和相关系数都等于0,则它们之间不相关。三个条件实质相同。

统计独立比不相关含义更严格,前者表明一个随机变量的任一取值的变化都不会引起另一个变量的任何变化;而不相关则是统计平均意义下相互无影响,即间或存在的相互影响经集合平均后显示不出来,宏观影响为0。但是这一结论对于两个高斯变量或过程却是例外,前面式(2-70)已说明了这一问题。

2. 不相关与正交关系

在通信系统中,总是力图按不相关或正交关系来设计在同一信道随机发送的二元或多元信号。这里对于随机信号来讲,正交是指在不相关的前提下,即 $R_{XY}(t_1, t_2) = m_X(t) m_Y(t)$ 条件下,尚要求 $m_X(t) m_Y(t) = 0$。这样,两个均值至少其一等于0,则为正交。对于多数通信信号及噪声来说,基本上均值都为0,于是在实际应用中,不相关与正交没有本质区别。

不统计独立可能有更广泛的含义,不能认为就一定相关。但若相关,即 $\rho_{XY} > 0$,当然不会统计独立。同样,不正交与相关不一定等同。

[例2-6] 随机变量 X 在 $-1 < x < 1$ 范围内均匀分布,设 $Y = X^2$,这表明 X 与 Y 不统计独立。试分析 X 与 Y 是否相关。

证: 由 $p(x) = \dfrac{1}{2}$,$-1 < x < 1$,则 X 与 Y 互相关为

$$R(x, y) = E[XY] = \int_{-1}^{1} x^3 p(x) \mathrm{d}x = \frac{1}{2} \cdot \frac{x^4}{4} \Big|_{-1}^{1} = 0$$

结果表明,此例 X 与 Y 在不统计独立下,也并不相关,且正交。

2.5.4　遍历性平稳随机过程

有些随机信号,在平稳条件下,尚具有一个更为重要的特点——遍历性(Ergodicity),或称各态历经性,其名称在很大程度上反映了它的本质特征。

定义2-6 如果一个平稳随机信号,其任何一个样本函数的时间平均等于相应的统计平均或集合平均,则称为遍历性(ergodicity)平稳随机信号。

等效计算模式为

$$E\{\cdot\} = \overline{\{\cdot\}} = \lim_{T \to \infty} \frac{1}{T} \int_{-\frac{T}{2}}^{\frac{T}{2}} \{\cdot\} \mathrm{d}t \tag{2-103}$$

等式左边是基于整个随机信号的集合(统计)平均运算,右边是基于该信号任一样本函数所进行的相应时间平均计算,结果完全相同。

于是可将各种统计平均,以任一样本函数时间平均来代替,并计算其结果。设随机信号为 $X(t)$,是遍历性平稳过程,则

一维

均值　　　　　　$E\{X(t)\} = m_X = \lim_{T \to \infty} \frac{1}{T} \int_{-\frac{T}{2}}^{\frac{T}{2}} x(t)\,\mathrm{d}t = m_x$　　　　　(2-104)

均方值(平均功率)　　$E\{X^2(t)\} = \lim_{T \to \infty} \frac{1}{T} \int_{-\frac{T}{2}}^{\frac{T}{2}} x^2(t)\,\mathrm{d}t$　　　　(2-105)

方差　　　　　　$D\{X(t)\} = \sigma_X^2 = E\{[X(t) - m_X]^2\}$

$$= \lim_{T \to \infty} \frac{1}{T} \int_{-\frac{T}{2}}^{\frac{T}{2}} [x(t) - m_x]^2 \mathrm{d}t = \sigma_x^2 \quad\quad (2\text{-}106)$$

二维

$$R_X(\tau) = E\{X(t)X(t+\tau)\} = \lim_{T \to \infty} \frac{1}{T} \int_{-\frac{T}{2}}^{\frac{T}{2}} x(t)x(t+\tau)\,\mathrm{d}t = R_x(\tau) \quad (2\text{-}107)$$

在上面各式中，$x(t)$ 为 $X(t)$ 的任一样本函数；各式结果中的小写下标 x，表示时间平均结果。同样可得出，$C_X(\tau) = C_x(\tau)$ 及 $\rho(\tau) = \rho(\tau)$。

[例2-7]　$X(t) = A_0 \cos(\omega_0 t + \Theta)$，$\Theta$ 是在 $(-\pi, \pi)$ 均匀分布的随机变量。由前面例2-5已证明它是广义平稳的。试证明它同时又是遍历的。

证：求任何一个样本函数时间均值 m_x(在一个周期内即可)，即

$$m_x = \frac{1}{T} \int_{-\frac{T}{2}}^{\frac{T}{2}} A_0 \cos(\omega_0 t + \theta)\,\mathrm{d}t = 0 \quad (可选 \theta = 0)$$

再求这个样本函数时间自相关函数，有

$$R_x(\tau) = \frac{1}{T} \int_{-\frac{T}{2}}^{\frac{T}{2}} A_0^2 \cos(\omega_0 t) \cos(\omega_0 t + \omega_0 \tau)\,\mathrm{d}t$$

$$= \frac{A_0^2}{2} \cos \omega_0 \tau + \frac{A_0^2}{2} \frac{1}{T} \int_{-\frac{T}{2}}^{\frac{T}{2}} \cos(2\omega_0 t + \omega_0 \tau + 2\theta)\,\mathrm{d}t = \frac{A_0^2}{2} \cos \omega_0 \tau$$

结果与例 2-5 统计平均计算结果相同，$X(t)$ 为遍历平稳。

在通信信号处理中，虽然对一个随机信号只需计算一维、二维统计平均就基本上算是掌握了信号的主要统计特征，但实际进行统计平均运算非常复杂，甚至不可能奏效；而相应时间平均，则利用其任何一个样本函数，很易由仪表测得所需一、二维参量值，这是遍历性平稳过程提供的极大方便条件。

2.5.5　平稳随机信号的功率谱

随机信号不存在确知信号那样的确定表示式，就典型而言，其基本参量，如出现的时间、幅值大小甚至极性和持续时间等，均可能是随机的，因此不存在稳定的或确知的频谱——幅度与相位频谱。前已述及，从理论上讲，它们的持续时间无限、能量无限，但在单位时间上能量有限，这反映为平均功率，因此将随机信号看做功率信号。其频域特征表现在单位频段持有一定功率，因此以功率谱密度表示其频域特性。随机信号总平均功率应是各种频率成分(严格说，是各微频段)持有功率的贡献之总和。这些都是可测物理量。

1.　功率谱

这里重点讨论平稳随机过程功率谱。它与确知信号功率谱分析方法的不同之处，仅在于

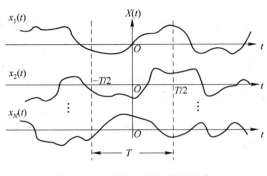

图 2-18　随机过程的截短形式

需介入统计平均计算。

为求此种功率谱密度,可参照图 2-14 所示随机过程。这里再以图 2-18 示出,以便分析。拟分三个步骤。

(1) 首先将平稳过程 $X(t)$ 任意截短为 $(-T/2, T/2)$ 内一段波形集合,并任取其中一个截短样本函数为

$$x_{\mathrm{T}}(t) = \begin{cases} x(t), & |t| \leqslant \dfrac{T}{2} \\ 0, & \text{其他 } t \end{cases}$$

假设 $x_{\mathrm{T}}(t)$ "存在" 傅里叶频谱,则有傅里叶变换对 $x_{\mathrm{T}}(t) \leftrightarrow N_{\mathrm{T}}(\omega)$,对应能量谱为 $N_{\mathrm{T}}(\omega) N_{\mathrm{T}}^{*}(\omega) = |N_{\mathrm{T}}(\omega)|^{2}$,截短样本函数平均功率谱为 $|N_{\mathrm{T}}(\omega)|^{2}/T$。

(2) 一个完整样本函数的平均功率谱为 $\lim\limits_{T \to \infty} \dfrac{1}{T} |N_{\mathrm{T}}(\omega)|^{2}$。

(3) $X(t)$ 是样本函数的集合,因此 $X(t)$ 功率谱 $S_{\mathrm{X}}(\omega)$ 为如下统计平均,即

$$\lim_{T \to \infty} \frac{1}{T} E[|N_{\mathrm{T}}(\omega)|^{2}] \triangleq S_{\mathrm{X}}(\omega) \tag{2-108}$$

根据帕氏定理,$X(t)$ 的平均功率等于功率谱的频率积分

$$\begin{aligned} P_{\mathrm{X}} &= \frac{1}{2\pi} \int_{-\infty}^{\infty} E\Big[\lim_{T \to \infty} \frac{1}{T} |N_{\mathrm{T}}(\omega)|^{2}\Big] \mathrm{d}\omega \\ &= \frac{1}{2\pi} \int_{-\infty}^{\infty} \lim_{T \to \infty} \frac{E\{|N_{\mathrm{T}}(\omega)|^{2}\}}{T} \mathrm{d}\omega = \frac{1}{2\pi} \int_{-\infty}^{\infty} S_{\mathrm{X}}(\omega) \mathrm{d}\omega \quad \text{(频域)} \end{aligned} \tag{2-109}$$

若该随机过程是遍历平稳过程,则对于任一样本函数 $x(t)$,可求得其功率为

$$P_{\mathrm{X}} = \lim_{T \to \infty} \frac{1}{T} \int_{-\frac{T}{2}}^{\frac{T}{2}} x^{2}(t) \mathrm{d}t = \lim_{T \to \infty} \frac{1}{T} \int_{-\frac{T}{2}}^{\frac{T}{2}} E[x_{\mathrm{T}}^{2}(t)] \mathrm{d}t \quad \text{(时域)} \tag{2-110}$$

2. 功率谱与自相关函数的关系——维纳－辛钦定理

自相关函数与功率谱是一对傅里叶变换,由维纳－辛钦揭示的这一关系,对确知信号和随机信号都适用。对于平稳随机过程 $X(t)$,有

$$R_{\mathrm{X}}(\tau) \leftrightarrow S_{\mathrm{X}}(\omega) \tag{2-111}$$

即

$$S_{\mathrm{X}}(\omega) = \int_{-\infty}^{\infty} R_{\mathrm{X}}(\tau) \mathrm{e}^{-\mathrm{j}\omega\tau} \mathrm{d}\tau \tag{2-112}$$

及

$$R_{\mathrm{X}}(\tau) = \frac{1}{2\pi} \int_{-\infty}^{\infty} S_{\mathrm{X}}(\omega) \mathrm{e}^{\mathrm{j}\omega\tau} \mathrm{d}\omega \tag{2-113}$$

重要结论: ● 平稳随机过程具有确定的自相关函数,因此也有其确定的功率谱。

　　　　　● 遍历性平稳过程,以任一样本函数的(确定的)时间自相关函数的傅氏变换,可得到该随机过程的功率谱。

结合自相关函数性质,归纳功率谱的性质如下。

(1) $S_X(\omega) \geqslant 0$ 　　　非负性(表明任何频率所持功率均为正值)。　　　(2-114)

(2) $S_X(\omega) = S_X(-\omega)$ 　　　实偶性　　(与 $R_X(\tau)$ 实偶性对应)。　　　(2-115)

(3) $P_X = E[X^2(t)] = R_X(0) = \dfrac{1}{\pi}\int_0^\infty S_X(\omega)\mathrm{d}\omega$　　　(2-116)

表明 $S_X(\omega)$ 曲线下的面积等于 $X(t)$ 平均功率,对应为平稳随机过程任一时刻随机变量的均方值,即 $R_X(0)$。

(4) $S_{X'}(\omega) = \omega^2 S_X(\omega)$　　　微分特性。　　　(2-117)

其中,$X'(t) = \dfrac{\mathrm{d}X(t)}{\mathrm{d}t}$,$S_{X'}(\omega)$ 是 $X(t)$ 微分的功率谱。

(5) 由 $R_X(\tau) \leftrightarrow S_X(\omega)$ 变换对关系,自相关函数只与两时间截口间隔 τ 有关,而与时间(位置)无关,反映在功率谱中,$S_X(\omega)$ 不存在相位谱。

[例 2-8]　已知平稳随机过程 $n(t)$ 的自相关函数为 $R_n(\tau)$,功率谱为 $S_n(\omega)$,试求 $Y(t) = n(t) - n(t-T)$ 的功率谱。

解: 先求自相关函数

$$R_Y(\tau) = E\big[\,\{n(t) - n(t-T)\}\{n(t+\tau) - n(t-T+\tau)\}\,\big]$$
$$= 2R_n(\tau) - R_n(\tau+T) - R_n(\tau-T) \qquad\qquad (2\text{-}118)$$

相应的功率谱为

$$S_Y(\omega) = 2S_n(\omega) - S_n(\omega)\mathrm{e}^{\mathrm{j}\omega T} - S_n(\omega)\mathrm{e}^{-\mathrm{j}\omega T}$$
$$= S_n(\omega)(2 - \mathrm{e}^{\mathrm{j}\omega T} - \mathrm{e}^{-\mathrm{j}\omega T}) = 2(1 - \cos\omega T)S_n(\omega) \qquad (2\text{-}119)$$

式中,$2(1 - \cos\omega T) = |H(\omega)|^2$ 为该系统功率传递函数,其特点为:

当 $\omega T = \pm 2k\pi$,$k = 0,1,2,\cdots$,$S_Y(\omega) = 0$;当 $\omega T = \pm(2k-1)\pi$,$k = 1,2,3,\cdots$,$S_Y(\omega) = $ 最大值,此种具有等间隔的频率吸收特性的系统,称为梳状(comb)滤波器。图 2-19 示出了此简单系统/框图及其传递特性。

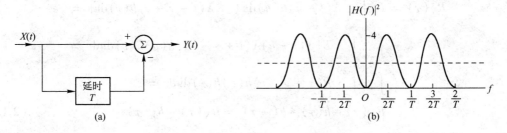

图 2-19　梳状滤波器时频域特征

2.6　随机信号通过系统的分析

在先行课信号分析中,已对确知信号通过线性系统的响应做了分析,其实对于随机信号通过系统而言,基本分析方法没有什么不同,只是介入了统计平均概念。

2.6.1　平稳随机信号通过线性系统

从本质上看,随机信号通过一个传输系统就是对其进行了某种数学运算或变换。由系统的网络特性来建立激励与响应之间的关系。

1. 响应均值

这里限定,平稳随机信号通过传递特性为 $h(t) \leftrightarrow H(\omega)$ 的线性时不变系统,来观察响应统计特征及功率谱的变化,图 2-20 给出了网络特性及输入激励 $X(t)$ 的统计参量 m_X、$R_X(\tau)$ 及其功率谱 $S_X(\omega)$。拟计算响应过程 $Y(t)$ 的对应参量 m_Y、$R_Y(\tau)$ 及 $S_Y(\omega)$。

$$
\begin{aligned}
m_Y(t) &= E\{Y(t)\} = E\{X(t) * h(t)\} = \\
&E\left\{\int_{-\infty}^{\infty} X(t-u)h(u)\,\mathrm{d}u\right\} = \int_{-\infty}^{\infty} E\{X(t-u)\}h(u)\,\mathrm{d}u = \\
&E\{X(t)\}\int_{0}^{\infty} h(u)\,\mathrm{d}u = m_X H(0) = m_Y \text{（常数）}
\end{aligned}
\tag{2-120}
$$

式中, $H(0) = H(\omega)\big|_{\omega=0} = \int_{0}^{\infty} h(u)\mathrm{e}^{-\mathrm{j}\omega u}\,\mathrm{d}u\big|_{\omega=0} = \int_{0}^{\infty} h(u)\,\mathrm{d}u$,称为线性时不变系统的直流传递系数。

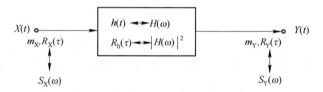

图 2-20　平稳随机过程通过线性系统

2. 响应 $Y(t)$ 的自相关函数

由 $R_Y(\tau) = E\{Y(t)Y(t+\tau)\}$ 并代入 $Y(t) = X(t) * h(t)$,可得

$$
\begin{aligned}
R_Y(\tau) &= E\left\{\int_{-\infty}^{\infty} X(t-u)h(u)\,\mathrm{d}u \int_{-\infty}^{\infty} X(t+\tau-v)h(v)\,\mathrm{d}v\right\} = \\
&\int_{-\infty}^{\infty}\int_{-\infty}^{\infty} E\{X(t-u)X(t+\tau-v)\}h(u)h(v)\,\mathrm{d}u\mathrm{d}v = \\
&\int_{-\infty}^{\infty}\int_{-\infty}^{\infty} R(\tau+u-v)h(u)h(v)\,\mathrm{d}u\mathrm{d}v = \\
&R_X(\tau) * h(\tau) * h(-\tau) = R_X(\tau) * R_h(\tau)
\end{aligned}
\tag{2-121}
$$

式中,关系式和傅里叶变换对为

$$
\tau \text{域} \qquad R_h(\tau) = h(\tau) * h(-\tau) = h(\tau) * h^*(\tau)
\tag{2-122}
$$

$$
\text{频域} \qquad |H(\omega)|^2 = H(\omega)H(-\omega) = H(\omega)H^*(\omega)
\tag{2-123}
$$

这里,$R_h(\tau)$——系统冲激响应自相关函数,等于冲激响应 $h(t)$ 与其本身的共轭函数的卷积,即

$$
R_h(\tau) = h(\tau) * h^*(\tau)
\tag{2-124}
$$

$|H(\omega)|^2$——冲激响应自相关函数的傅里叶变换,称为系统的功率传递函数,是传递函

数 $H(\omega)$ 与其共轭函数的乘积,即

$$|H(\omega)|^2 = H(\omega)H^*(\omega) \tag{2-125}$$

因此有
$$R_Y(\tau) \leftrightarrow S_X(\omega)|H(\omega)|^2 \tag{2-126}$$

结论:平稳随机信号 $X(t)$ 作为线性系统激励时的响应随机过程仍为平稳过程,且有关系式

$$m_Y = m_X H(0) \tag{2-127}$$

$$R_Y(\tau) = R_X(\tau) * R_h(\tau) \tag{2-128}$$

$$S_Y(\omega) = S_X(\omega)|H(\omega)|^2 \tag{2-129}$$

2.6.2　随机信号进入乘法器

对于随机过程,即使是遍历平稳的,通过非线性系统后的响应计算也是复杂的,可以说尚没有完整的理论分析与数学描述。这里仅把通信系统中经常应用的乘法器(调幅),作为非线性系统的一个特例。

设平稳随机过程 $X(t)$ 与正弦型高频振荡从不同输入端对同时加入一个乘法器后,这相当于第 3 章将介绍的双边带调幅(DSB),其输出过程 $Y(t)$ 的自相关函数为

$$R_Y(t, t+\tau) = E\{Y(t)Y(t+\tau)\} = E\{X(t)X(t+\tau)\}\cos\omega_0 t\cos[\omega_0(t+\tau)] =$$

$$\frac{R_X(\tau)}{2}[\cos\omega_0\tau + \cos(2\omega_0 t + \omega_0\tau)] = \underbrace{\frac{R_X(\tau)}{2}\cos\omega_0\tau}_{\text{平稳项}} + \underbrace{\frac{R_X(\tau)}{2}\cos(2\omega_0 t + \omega_0\tau)}_{\text{非平稳项}}$$

$$\tag{2-130}$$

上式结果表明,平稳随机过程通过乘法器后,输出将为非平稳过程,即其中一部分是平稳的,而另一部分随时间 t 变化,是不平稳的。其功率谱随各瞬时而不同,即为 $S_X(\omega, t)$。

为了求输出功率谱,式(2-130)中第一项可按常规的傅里叶变换得到功率谱密度,但第二项却同时含有 τ 与 t 两种时间变量,它的功率谱尚与 t 有关,这种动态谱分析将很复杂。可用短时傅里叶变换(STFT)开时窗、频窗进行动态谱分析。在讨论自相关与功率谱性质时已经明确,功率谱并不反映随机信号的相位特征。从这个意义上讲,由式(2-130)表示的自相关中,在求功率谱时可先将第二项求时间平均,即求出时间平均的自相关(见图 2-21(a))表示为

$$\overline{R_Y(t, t+\tau)} = \overline{R_Y(\tau)} = \frac{R_X(\tau)}{2}\cos\omega_0\tau + \overline{\frac{R_X(\tau)}{2}\cos(2\omega_0 t + \omega_0\tau)} =$$

$$\frac{R_X(\tau)}{2}\cos\omega_0\tau \tag{2-131}$$

它的傅里叶变换,也就是乘法器的响应功率谱,也是一个抹煞了时间因素的结果,如图 2-21(b)所示,即

$$S_Y(\omega) = \frac{1}{4}S_X(\omega + \omega_0) + \frac{1}{4}S_X(\omega - \omega_0) \tag{2-132}$$

上述结果表明,平稳随机信号进入非线性器件——乘法器后,由于其输出(调幅波)随机信号自相关函数包括平稳部分(与时间无关)和非平稳部分(随时间波动),由时间平均

后的自相关函数已不完全反映其时变的统计特性,由此求出的功率谱也有近似性,实际上 $S_Y(\omega)$ 随时间进程有所改变,是动态谱。需明确的是,式(2-131)与式(2-132)是一种很粗略的近似,并不严格。在此后讨论各种传输方式的"相干解调"时,均按如此处理,不再加以声明。

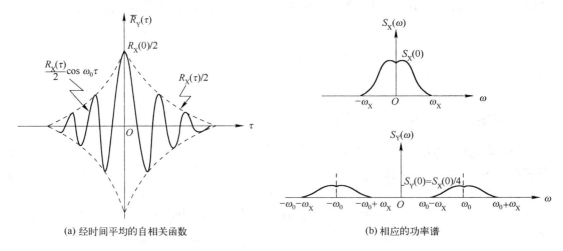

(a) 经时间平均的自相关函数　　　　　　(b) 相应的功率谱

图 2-21　平稳过程通过乘法器的统计特征

2.7　高斯型随机过程

2.7.1　高斯随机过程的统计特征

第 2.4.4 和 2.4.8 节给出了一、二维高斯随机变量的统计特征:由其均值和方差构成高斯密度函数,两随机变量的各自均值和方差及互相关系数确定二维高斯特征。

对于高斯过程有很多与高斯变量类似的统计特征,兹概括如下。

(1)高斯过程通过线性系统或高斯过程的线性组合均仍为高斯型。

(2)如果高斯过程是广义平稳的,则等价于狭义平稳或严平稳。

(3)如果高斯过程的时间进程中两不同时刻的随机变量不相关,则等价于统计独立。

(4)高斯过程的线性积分则为相应的高斯随机变量。

在了解了高斯过程的统计特征的基础上,本节重点讨论信道中的噪声干扰。

第 1 章已介绍了几种主要干扰源,电子通信系统主要考虑内部干扰。

通信系统内部的噪声包括自由电子热运动(常称热噪声)、真空电子管电子起伏发射和半导体中载流子的非均匀变化(又称散弹噪声,shot)、电源滤波不良的哼哼声等。通常将宇宙噪声、散弹噪声和热噪声归为起伏噪声(fluctuation),它们的统计特性基本上是高斯分布。特别是产生于系统内部的热噪声,在长距离传输系统中由于各种电子器件,以及传输线的电阻率影响,是以累积性加到有用信号波形上的。因此,它虽然独立于信号,但却始终以同步累加的方式干扰信号,故称为"加性"(additive)噪声干扰。

各种通信网,特别是地面通信网,通信系统中主要是高斯型热噪声的加性干扰,常称这种受扰信道为高斯信道。下面几节只着重研讨在各种通信信道中热噪声的统计特性,以及对通信信号影响的统计分析,其他噪声和干扰这里不考虑。

2.7.2　白噪声

为了分析方便,首先假想一种理想化的噪声形式,其功率谱和白光(即可见光——人类视觉可视电磁辐射的频率范围是 $(3.95 \sim 7.5) \times 10^{14} \text{ Hz}$)一样呈均匀性(平坦),故借此概念将它称为"白(色)"噪声,或白色随机过程。所不同的是,白噪声的功率谱的平坦性延伸在全频域。可从频域、相关域和时域分别描绘白噪声:

(1) 功率谱呈均匀分布,并覆盖全频域(见图 2-22(a))

$$S_n(\omega) = \frac{n_0}{2} \qquad |\omega| < \infty \qquad\qquad (2\text{-}133)$$

式中,n_0——白噪声(单边)功率谱密度,W/Hz。

由式(2-133)可见,白噪声是带宽无限、功率谱为均匀值的特殊随机过程。

(2) 白噪声的自相关函数是强度为 $n_0/2$ 的冲激函数(见图 2-22(b)),即

$$R_n(\tau) = \mathscr{F}^{-1}[S_n(\omega)] = \frac{n_0}{2}\delta(\tau) \qquad\qquad (2\text{-}134)$$

由此看来,白噪声是自相关函数为"冲激"的过程或不自相关的过程(τ 只能为 0),它的时域波形在任何两时间截口处的随机变量不相关且统计独立。

(3) 进一步描述白噪声的时域波形特点:由于它的自相关函数是冲激函数,其时域波形应是由极大量的、互为统计独立、随机发生的(包括发生时间、大小与极性的随机性)极窄脉冲的集合,其均值自然为 0,且应符合中心极限定理,故将其视为高斯型分布(参见图 2-22(c)),即具有极端的随机特性。

当上述三种起伏噪声介入通信系统各类频段时,在有限带宽内,均具有"白噪声"的特点。与上述理想白噪声同样效果介入限带信道中的起伏噪声,实际上是"有色"噪声。本书着重讨论的高斯信道信号传输,主要考虑这种热噪声加性干扰。下面介绍限带白(热)噪声的统计特征。

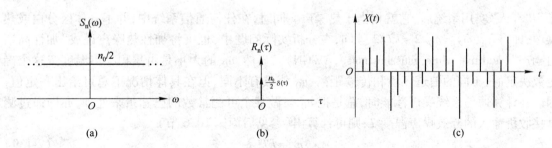

图 2-22　白噪声的特征

2.7.3　热噪声

对电子通信系统影响最大而无法根除的起伏噪声是热噪声(thermal noise)。前已述及,它是由于带电质点在阻性器件或线路中的电子热"布朗"运动而引起的,其统计均方电压为

$$E\{V_n^2(t)\} = 4\,kTRB_n \tag{2-135}$$

式中,k 为玻耳兹曼(Boltzmann)常量,$k = 1.38 \times 10^{-23}$ J/K;T 为热力学温度(如常温时大体为 300 K);R 为产生热噪声的电阻值,Ω;B_n 为电阻器件所限定的带宽。

由上式可见,$\overline{V_n^2}$ 正比于噪声温度 T。这里 T 已不只是 273 摄氏度 + 实际气温,噪声温度随加性热噪声的累积而"升温"——将不断累加的热噪声均折合成热力学温度,如收音机沙沙声的噪声温度 T 在 1 000 K 以上。

由下式计算热噪声的归一化功率谱($R = 1\,\Omega$),即

$$S_n(\omega) = \frac{h|\omega|}{\pi\left[\exp\left(\dfrac{h|\omega|}{2\pi kT}\right) - 1\right]} \tag{2-136}$$

式中,h 为普朗克(Planck)常量,$h = 6.62 \times 10^{-34}$ J·s。

目前,电子通信资源已开发利用到上千 GHz,若将 10^{13} Hz(10 THz)作为目前通信应用频段的上限,一般地,通信应用频段总有 $h|\omega| \ll kT$ 或 $|\omega| \ll \dfrac{kT}{h}$,由洛必达(L'Hospital)法则,可简化式(2-136),得出

$$S_n(\omega) = \frac{(h|\omega|)'}{\pi\left[\exp\left(\dfrac{h|\omega|}{2\pi kT}\right) 1\right]'} \approx 2\,kT \tag{2-137}$$

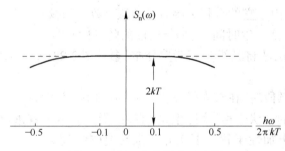

图 2-23　归一化热噪声功率谱

其结果 $2kT$ 是在 $R = 1\,\Omega$ 上产生的热噪声功率谱近似值(见图 2-23)。按电路分析原理,当与电路匹配负载相连后,对通信信号的最大干扰谱将为其 $1/4$,即

$$S_n(\omega) \approx \frac{kT}{2} \tag{2-138}$$

比照上述白噪声功率谱 $S_n(\omega) = \dfrac{n_0}{2}$,当白噪声"介入"实用系统后,它就相当于热噪声。同时,在任何通信系统中,并不具体区分白或热噪声,即将 $S_n(\omega) = n_0/2 \approx kT/2$ 等同,在分析实际问题中,也可将加性热噪声说成"加性高斯白噪声"(additive white gaussian noise,AWGN)。显然,n_0 的大小是由累积噪声温度 T 这个确定数决定的,不同的信道环境和传输距离,n_0 值虽有不同,但在具体情况下总可给出一定值,因此在计算通信系统噪声性能时,总是把 n_0 当做某个可测常数的已知量来处理,亦即通过测试接收机输入的等效噪声温度 T,则可计算出(参见后面第 10.6 节)

$$n_0 \approx kT \tag{2-139}$$

2.7.4　限带高斯白噪声

各种通信系统,无论基带或频带传输系统,在其有限带宽内总是以叠加方式介入高斯白噪声,常称为"加性高斯白噪声"(AWGN)。

1. 低通白噪声

假定白噪声介入理想低通信道,其传递特性为 $H(\omega) = \mathrm{rect}(\omega/2W)$,则输出噪声功率谱与自相关函数是一对傅里叶变换(图 2-24),分别为

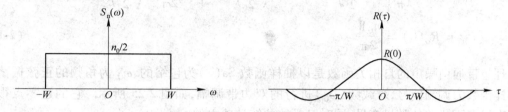

图 2-24　低通白噪声系统特征

$$S_n(\omega) = \frac{n_0}{2}\mathrm{rect}(\omega/2W) \tag{2-140}$$

$$R_n(\tau) = \frac{n_0 W}{2\pi}\mathrm{Sa}(W\tau) \tag{2-141}$$

其平均功率为

$$P_n = E[n^2(t)] = R_n(0) = \frac{n_0 W}{2\pi} = n_0 B \tag{2-142}$$

式中,$B = \dfrac{W}{2\pi}$ 为信道带宽,单位为 Hz。

式(2-142)表明,热噪声功率是 n_0 与带宽相乘的面积,对于理想(矩形)信道,有 $P_n = n_0 B$。这样看来,在时域、相关域和频域均可轻易得到其平均功率值,是基带信号介入的加性噪声的功率值。

在实际系统为 RC 低通白噪声情况下,以下列方法估计其带宽。

RC 低通实际输出噪声平均功率为

$$N_{o,id} = \int_{-\infty}^{\infty}\frac{n_0}{2}\,|H(\omega)|^2\,\frac{\mathrm{d}\omega}{2\pi} = n_0\int_0^{\infty}|H(\omega)|^2\,\frac{\mathrm{d}\omega}{2\pi} \tag{2-143}$$

按理想低通时,$S_n(\omega)$ 等于 $\dfrac{n_0}{2}$ 均匀值,它对应着带宽为 $B = \dfrac{W}{2\pi}$ 的 RC 低通输出的峰值 $|H(0)|^2\dfrac{n_0}{2} = \dfrac{n_0}{2}$,$H(0) = 1$,$|f| \leqslant B$。因此,按传递函数峰值 $H(0)$ 计算的理想低通输出噪声功率为 $N_{o,id} = n_0 B H^2(0)$。

以上述两种计算结果中的比值来定义等效噪声带宽为

$$B_n = \frac{\displaystyle\int_0^{\infty}|H(f)|^2\mathrm{d}f}{H^2(0)} \tag{2-144}$$

2. 带通白噪声

白噪声通过中心频率为 ω_0,带宽为 W 的理想带通信道或滤波器,则其输出响应的功率谱、自相关函数及平均功率分别为

$$S_n(\omega) = \frac{n_0}{2}\left[\text{rect}\left(\frac{\omega+\omega_0}{W}\right) + \text{rect}\left(\frac{\omega-\omega_0}{W}\right)\right] \tag{2-145}$$

$$R_n(\tau) = \frac{n_0 W}{4\pi}\left[\text{Sa}\left(\frac{W\tau}{2}\right)e^{-j\omega_0\tau} + \text{Sa}\left(\frac{W\tau}{2}\right)e^{j\omega_0\tau}\right] = \frac{n_0 W}{2\pi}\text{Sa}\left(\frac{W\tau}{2}\right)\cos\omega_0\tau \tag{2-146}$$

$$P_n = R_n(0) = \frac{n_0 W}{2\pi} \tag{2-147}$$

理想带通白噪声的自相关函数是以抽样函数 $\text{Sa}(\cdot)$ 为包络的、ω_0 为角频的正弦振荡,即以抽样函数为调制信号,对载频(ω_0)进行的双边带调幅,如图 2-25 所示。它的过零点很多,故具有很多不相关的随机变量,同时又是彼此统计独立的。

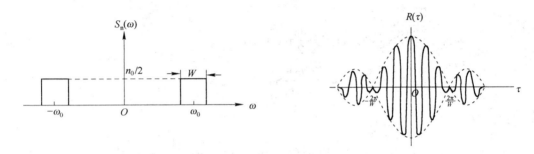

图 2-25　带通白噪声统计特征

2.8　窄带高斯噪声

本节内容较为复杂,数学分析主要是为理解基本概念,应掌握几个主要结论与参量。

2.8.1　窄带高斯噪声的统计特征

在通信中,窄带系统是指已调波信号的有效带宽比其所用的载频或中心频率要小得多的信道,即 $B \ll f_0$。所有无线信道均属于典型的窄带信道。在窄带信道中照样介入加性高斯白噪声,称为窄带高斯噪声,显然它是一种特定的带通高斯白噪声,仍以 $n(t)$ 表示。

可以想见,由某载频(频率 ω_0)确定的高斯窄带信道,在载频 $\pm\omega_0$ 附近附以极窄的频带介入噪声成分后,仍是近似正弦振荡,即变为具有慢变化随机振幅与随机相位的"准正弦振荡",可表示为

$$n(t) = \rho(t)\cos[\omega_0 t + \varphi(t)] \tag{2-148}$$

式中,$\rho(t)$ 为窄带噪声的随机包络函数;$\varphi(t)$ 为窄带噪声的随机相位函数。图 2-26 是带宽夸张了的窄带噪声功率谱及相应时间波形的示意图。

本节的分析旨在求出 $\rho(t)$ 和 $\varphi(t)$ 的统计特征。为此,先将式(2-148)展开为以直角坐标系的同相分量 $n_I(t)$ 与正交分量 $n_Q(t)$ 表示,并求出其统计特征,即 $p(n_I, n_Q)$。

为了寻求 $\rho(t)$ 和 $\varphi(t)$ 的统计特征,再变换到极坐标系来表示 $n(t)$,最终可求出窄带噪声 $n(t)$ 的随机包络 $\rho(t)$ 及随机相位 $\varphi(t)$ 的统计特征,即 $p(\rho)$ 及 $p(\varphi)$ 两个概率密度。

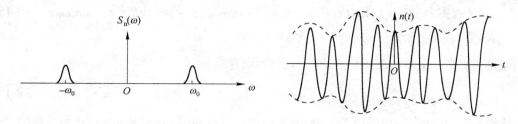

图 2-26　窄带高斯噪声功率谱及其样本函数

1. 直角坐标系中分析窄带噪声的统计特征

在时域,窄带噪声的一个样本函数的表达式可展开为

$$(1)\ n(t) = \rho(t)\cos[\omega_0 t + \varphi(t)] = \rho(t)\cos\varphi(t)\cos\omega_0 t - \rho(t)\sin\varphi(t)\sin\omega_0 t =$$

$$n_I(t)\cos\omega_0 t - n_Q(t)\sin\omega_0 t \tag{2-149}$$

其中

$$n_I(t) = \rho(t)\cos\varphi(t) \tag{2-150}$$

$$n_Q(t) = \rho(t)\sin\varphi(t) \tag{2-151}$$

式(2-150)和式(2-151)分别称为 $n(t)$ 的同相分量和正交分量;并且反过来,可用 $n_I(t)$ 及 $n_Q(t)$ 来分别表示 $\rho(t)$ 和 $\varphi(t)$,即

$$\rho(t) = \left[n_I^2(t) + n_Q^2(t)\right]^{1/2} \tag{2-152}$$

$$\varphi(t) = \arctan\frac{n_Q(t)}{n_I(t)} \tag{2-153}$$

图 2-27 示出它们的矢量图。

(2) 然后,由 $n_I(t)$ 与 $n_Q(t)$ 表示 $n(t)$ 及其希氏变换 $n_h(t)$,即

$$\begin{cases} n(t) = n_I(t)\cos\omega_0 t - n_Q(t)\sin\omega_0 t \\ n_h(t) = n_I(t)\sin\omega_0 t + n_Q(t)\cos\omega_0 t \end{cases} \tag{2-154}$$

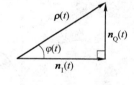

图 2-27　窄带高斯
噪声矢量图

将式(2-154)的两式两边各乘以 $\cos\omega_0 t$ 和 $\sin\omega_0 t$,然后将相乘以后的二式分别相加和相减,则解得联立方程:

$$\begin{cases} n_I(t) = n(t)\cos\omega_0 t + n_h(t)\sin\omega_0 t \\ n_Q(t) = n_h(t)\cos\omega_0 t - n(t)\sin\omega_0 t \end{cases} \tag{2-155}$$

至此,根据上列几个表达式和高斯过程的特点,首先指示 $n_I(t)$ 与 $n_Q(t)$ 的统计特征,并给出以下几个结论。

结论 2-1　由于窄带噪声 $n(t)$ 及其希氏变换 $n_h(t)$ 皆均值为 0,因此其同相与正交分量均值都为 0,即 $E[n_I(t)] = E[n_Q(t)] = 0$。

结论 2-2　由于高斯过程的线性组合仍为高斯型,因此,$n_I(t)$ 与 $n_Q(t)$ 也均为高斯型。

(3) 再求 $n_I(t)$ 与 $n_Q(t)$ 的自相关函数和它们的互相关函数,以及 $n(t)$ 本身的自相关函数。

由式(2-155),同相分量自相关函数为

$$R_{\mathrm{n_I}}(\tau) = E\{n_I(t)n_I(t+\tau)\} = R_n(\tau)\cos\omega_0\tau + \mathscr{H}\left[R_n(\tau)\right]\sin\omega_0\tau \tag{2-156}$$

式中，$\mathscr{H}\left[\cdot\right]$ 为希氏变换运算。

通过求正交分量自相关函数 $R_{\mathrm{n_Q}}(\tau)$ 也得到同样结果，即

$$R_{\mathrm{n_I}}(\tau) = R_{\mathrm{n_Q}}(\tau) \tag{2-157}$$

结论2-3　由于高斯白噪声是平稳过程，因此窄带噪声的 $n_I(t)$ 及 $n_Q(t)$ 也是平稳的，且两者自相关函数相等。

由式(2-156)、(2-157)，有　　　$R_{\mathrm{n_I}}(0) = R_{\mathrm{n_Q}}(0) = R_n(0) = E[n^2(t)] = P_n$

或　　　　　　　　　　　　　　　$\sigma_{\mathrm{n_I}}^2 = \sigma_{\mathrm{n_Q}}^2 = \sigma_n^2 \tag{2-158}$

结论2-4　$n_I(t)$ 与 $n_Q(t)$ 的自相关函数相同，它们的平均功率(方差)均等于窄带噪声 $n(t)$ 的平均功率(方差)。

计算 $n_I(t)$ 与 $n_Q(t)$ 互相关函数，有

$$R_{IQ}(\tau) = R_n(\tau)\sin\omega_0\tau - \mathscr{H}\left[R_n(\tau)\right]\cos\omega_0\tau \tag{2-159}$$

同样，可求得 $R_{QI}(\tau)$，其结果表明

$$R_{QI}(\tau) = -R_{IQ}(\tau) \tag{2-160}$$

或　　　　　　　　　　　　　　$R_{IQ}(\tau) = -R_{QI}(\tau) \tag{2-161}$

两个互相关本来是对偶关系，即 $R_{QI}(\tau) = R_{IQ}(-\tau)$，而由上两式，这里又表明两个互相关同时是奇对称关系，所以

$$R_{QI}(\tau) = -R_{QI}(-\tau) \tag{2-162}$$

而每个互相关本身为奇对称关系，即

$$R_{IQ}(\tau) = -R_{IQ}(-\tau) \tag{2-163}$$

上面的关系可示意为图 2-28。

结论2-5　同相与正交两分量互相关函数均为 τ 的奇函数，即 $\tau = 0$ 时有 $R_{QI}(0) = R_{IQ}(0) = 0$。这表明 $n_I(t)$ 与 $n_Q(t)$ 在原点 $\tau = 0$ 处不相关，由于均值为 0，它们也是正交的，又由于它们是高斯型，因此，$n_I(t)$ 与 $n_Q(t)$ 也统计独立。

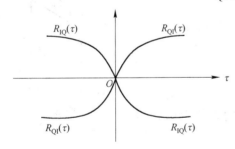

图 2-28　窄带噪声同相与正交
分量互相关的特征

(4) 根据上述几个步骤分析及重要结论，可以直接写出同相与正交分量的联合分布

$$P(n_I, n_Q) = \mathrm{N}(0, \sigma_I^2)\mathrm{N}(0, \sigma_Q^2) =$$

$$\left[\frac{1}{\sqrt{2\pi}\sigma_I}\exp\left(-\frac{n_I^2}{2\sigma_I^2}\right)\right]\left[\frac{1}{\sqrt{2\pi}\sigma_Q}\exp\left(-\frac{n_Q^2}{2\sigma_Q^2}\right)\right] = \frac{1}{2\pi\sigma_n^2}\exp\left(-\frac{n_I^2+n_Q^2}{2\sigma_n^2}\right)$$

$$\tag{2-164}$$

2.　映射到极坐标系分析 $n(t)$ 的统计特征

本段的目的是求出 $\rho(t)$ 和 $\varphi(t)$ 的联合分布 $p(\rho, \varphi)$，以及各自的分布 $p(\rho)$ 及 $p(\varphi)$。因此，需要在上面得到 $P(n_I, n_Q)$ 的基础上，通过二维随机变量变换，将直角坐标系变为极坐标

系表示的随机包络与相位。

在前面介绍的一维变量变换基础上,现在介绍二维变换方法。先来考虑在直角坐标系的一块微面积 $\mathrm{d}n_\mathrm{I}\mathrm{d}n_\mathrm{Q}$,若映射到极坐标系,得到与之相对应的微扇面的面积。利用数学关系式,其两个微面积中落入随机量的微概率等量关系表示,即 $p(n_\mathrm{I},n_\mathrm{Q})\mathrm{d}n_\mathrm{I}\mathrm{d}n_\mathrm{Q}=p(\rho,\varphi)\mathrm{d}\rho\mathrm{d}\varphi$(见图 2-29)。

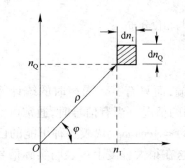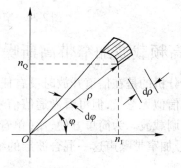

图 2-29 直角坐标系向极坐标系映射示意图

$$\partial^2(n_\mathrm{I},n_\mathrm{Q})=\partial^2(\rho,\varphi)\,|J| \tag{2-165}$$

式中,$|J|$ 是雅可比(Jacbian)行列式,是一个阵列,计算其结果为

$$|J|=\frac{\partial^2(n_\mathrm{I},n_\mathrm{Q})}{\partial^2(\rho,\varphi)}=\begin{vmatrix}\dfrac{\partial n_\mathrm{I}}{\partial\rho}&\dfrac{\partial n_\mathrm{I}}{\partial\varphi}\\[2mm]\dfrac{\partial n_\mathrm{Q}}{\partial\rho}&\dfrac{\partial n_\mathrm{Q}}{\partial\varphi}\end{vmatrix}=\begin{vmatrix}\cos\varphi&-\rho\sin\varphi\\\sin\varphi&\rho\cos\varphi\end{vmatrix}=\rho \tag{2-166}$$

或
$$\mathrm{d}n_\mathrm{I}\cdot\mathrm{d}n_\mathrm{Q}=\mathrm{d}\rho\cdot\mathrm{d}\varphi\cdot|J|=\mathrm{d}\rho\cdot\mathrm{d}\varphi\cdot\rho \tag{2-167}$$

其中,$|J|=\rho$ 为映射前后在包含 ρ 和 φ 随机变量的联合取值落入同样微概率时的两块微面积之比,它等于极坐标系的曲率半径,也正是窄带噪声的包络变量。于是可计算出 ρ 和 φ 联合分布 $p(\rho,\varphi)$ 为

$$p(\rho,\varphi)=p(n_\mathrm{I},n_\mathrm{Q})\,|J|=\left.\frac{1}{2\pi\sigma_\mathrm{n}^2}\mathrm{e}^{-(n_\mathrm{I}^2+n_\mathrm{Q}^2)/2\sigma_\mathrm{n}^2}\right|_{\substack{n_\mathrm{I}=\rho\cos\varphi\\n_\mathrm{Q}=\rho\sin\varphi}}=\frac{\rho}{2\pi\sigma_\mathrm{n}^2}\exp\left(-\frac{\rho^2}{2\sigma_\mathrm{n}^2}\right) \tag{2-168}$$

通过边际积分,可以求出 $p(\rho)$ 与 $p(\varphi)$

$$p(\rho)=\int_0^{2\pi}p(\rho,\varphi)\mathrm{d}\varphi=\frac{\rho}{\sigma_\mathrm{n}^2}\exp\left(-\frac{\rho^2}{2\sigma_\mathrm{n}^2}\right)\quad\text{(瑞利型包络分布)} \tag{2-169}$$

$$p(\varphi)=\int_0^{\infty}p(\rho,\varphi)\mathrm{d}\rho=\frac{1}{2\pi}\quad\text{(均匀相位分布)} \tag{2-170}$$

且有
$$p(\rho,\varphi)=p(\rho)p(\varphi) \tag{2-171}$$

总结论:窄带高斯噪声的随机包络 $\rho(t)$ 为瑞利(Rayleigh)分布,而随机相位 $\varphi(t)$ 则在 $(-\pi,\pi)$ 内为均匀分布,且二者为统计独立,如图 2-30 所示。

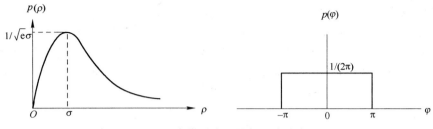

图 2-30　窄带噪声包络与相位分布

2.8.2　高频载波加窄带高斯噪声

上面所分析的是在信道开放时没有任何信号传输,而只有窄带噪声时的统计特征。当然这对实际通信似无意义,但可看做通信信号非常微弱的情况。当有信号时,通常可能为各种调制方式的已调载波。为简单方便,用(单音)载波 $C(t) = A\cos \omega_0 t$ 代表各种可能的已调载波信号,研究信号加窄带噪声这一混合波形的统计特征,这在很大程度上可表明实际信号传输时窄带噪声的影响。

设发送信号为 $s(t) = A\cos \omega_0 t$,经信道传输后的混合波形为

$$x(t) = s(t) + n(t) = [A + n_I(t)]\cos \omega_0 t - n_Q(t)\sin \omega_0 t = x_I(t)\cos \omega_0 t - n_Q(t)\sin \omega_0 t \tag{2-172}$$

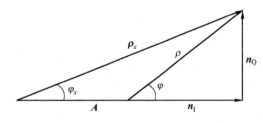

图 2-31　余弦信号加窄带噪声的矢量

式中,$x_I = \rho_x\cos \varphi_x$,$n_Q = \rho_x\sin \varphi_x$,$x_I(t) = [A + n_I(t)]$ 为混合信号的同相分量。

表示形式与窄带噪声不同处仅在于同相分量多了一个均值 A,它是加入传输信号的结果,因此随机包络和相位均会发生变化。分别以 $\rho_x(t)$ 和 $\varphi_x(t)$ 表示,它们与 ρ,φ 的关系如图2-31所示。现在只要将窄带噪声分析时的 $n_I(t) = \rho(t)\cos \varphi(t)$ 换成 $x_I(t) = \rho_x(t)\cos \varphi_x(t)$,其余计算过程照搬上述方法步骤即可。

在直角坐标系中,可求得 $p(x_I, n_Q)$ 为

$$p(x_I, n_Q) = \frac{1}{2\pi\sigma_n^2}\exp\Big[-\frac{(x_I - A)^2 + n_Q^2}{2\sigma_n^2}\Big] \tag{2-173}$$

为向极坐标系映射,可先求出

$$|J_x| = \frac{\partial^2(x_I, n_Q)}{\partial^2(\rho_x, \varphi_x)} = \rho_x \tag{2-174}$$

$$p(\rho_x, \varphi_x) = p(x_I, n_Q)\rho_x = \frac{\rho_x}{2\pi\sigma_n^2}\exp\Big(-\frac{\rho_x^2 - 2A\rho_x\cos \varphi_x + A^2}{2\sigma_n^2}\Big) \tag{2-175}$$

边际积分后,得

$$p(\rho_x) = \int_0^{2\pi} p(\rho_x, \varphi_x)\,\mathrm{d}\varphi_x = \frac{\rho_x}{2\pi\sigma_n^2}\exp\Big(-\frac{\rho_x^2 + A^2}{2\sigma_n^2}\Big)\int_0^{2\pi}\exp\Big(\frac{A\rho_x\cos \varphi_x}{\sigma_n^2}\Big)\mathrm{d}\varphi_x$$

其中，$\frac{1}{2\pi}\int_0^{2\pi}\exp\left(\frac{A\rho_x\cos\varphi_x}{\sigma_n^2}\right)\mathrm{d}\varphi_x = I_0\left(\frac{A\rho_x}{\sigma_n^2}\right)$ 称为修正的第一类 0 阶贝塞尔(Bessel)函数,故

$$p(\rho_x) = \frac{\rho_x}{\sigma_n^2}I_0\left(\frac{A\rho_x}{\sigma_n^2}\right)\exp\left(-\frac{\rho_x^2 + A^2}{2\sigma_n^2}\right) \tag{2-176}$$

称为赖斯(Rice)分布。

相位分布比较复杂,这里直接给出结果,仅供参考,即

$$p(\varphi_x) = \int_0^{2\pi}p(\rho_x,\varphi_x)\mathrm{d}\rho_x = \frac{1}{2\pi}\mathrm{e}^{-\gamma}\left[1 + 2\sqrt{\pi\gamma}\cos\varphi_x\Phi(\sqrt{2\gamma}\cos\varphi_x)\exp(\gamma\cos^2\varphi_x)\right] \tag{2-177}$$

式中,$\gamma = \frac{A^2}{2\sigma_n^2}$ 为信噪功率比,$\Phi(\cdot)$ 为概率积分函数。

最后给出当信号幅度 A 不同时,随机包络的赖斯分布曲线及相位分布曲线。三种分布同时画在图 2-32 中,以便于与窄带信号噪声特性对比。图中 $a = \frac{A}{\sigma}$,当 $a = 0$ 为瑞利分布,$a \gg 1$ 时,即大信噪比情况,为高斯分布,图中 $a = 1,2,3$,是不同程度的赖斯分布。

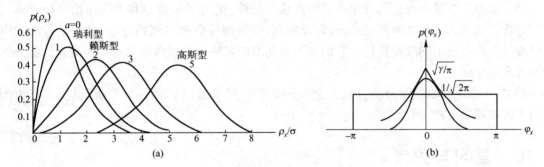

图 2-32 有信号时随机包络与随机相位分布

通过以上分析,我们明确了窄带高斯噪声的以下统计特征(待第 10 章还要涉及到)。

(1)窄带高斯噪声及其同相、正交分量均值皆 0,方差均等于窄带高斯噪声本身的方差,同相分量与正交分量不相关且统计独立。窄带噪声包络为瑞利分布,相位为均匀分布。

(2)载波信号加窄带噪声一般为赖斯分布。当信号幅度很大时,为高斯分布;幅度很小时,近于瑞利分布;信号包络与噪声包络幅度相差不太大时为赖斯分布。

(3)另外,关于窄带噪声瑞利与赖斯分布,主要用于高频、超高频或微波段移动通信的衰落信道分析。实际应用中,当信道存在一个主要的静态(非衰落)信号分量(附加许多个多径弱信号)时,如视距传播、小尺度衰落,此时的包络分布为赖斯型。而当主信号很弱时,多个多径衰落的混合信号服从瑞利分布。反之若主信号很强,则为常规的高斯分布或对数高斯分布。

在设计与实施通信系统时,欲获得更大的信噪比,往往是很不容易的。如无线通信系统,这要视设计无线信道的功率受限情况,接收天线大小或天线增益等因素(可参见第10.6 节)。

2.9　本章小结

（1）本章放在本书前面介绍，它作为全书及整个通信系统的理论分析重要基础和数学工具。由于先行课对确知信号进行过具体分析。求系统的时间响应，利用卷积运算与频域相乘相对应，是通信信号系统分析的基本手段，应掌握主要傅里叶变换对，特别是维纳－辛钦定理揭示的，信号自相关函数与其（能量）功率谱是一对傅里叶变换，以及帕氏定理，这些均普遍适于确知与随机信号分析。

（2）对于随机变量和随机过程的分析，着重解决高斯型特征与通信系统热噪声干扰问题——只有对概率论中一、二维随机变量，以及变量变换有较好的理解，才可能认识随机过程和噪声的统计特征。

（3）广义平稳随机过程的统计特征，高斯随机过程的统计特征，以及诸多特性的讨论，旨在加深认识随机信号的本质。从通信系统噪声分析来说，主要是高斯白噪声，它具有遍历性平稳特征，同时又具有均匀功率谱及冲激自相关函数，这给我们处理通信问题带来了极大便利。

（4）不相关、统计独立、正交等统计特性概念，对于通信系统和信号设计与接收，提供了另一方面的重要理论基础，并贯穿在全部信号设计、传输和接收过程。

（5）窄带高斯噪声及信号加窄带噪声的统计特性，更适于窄带通和无线通信各种衰落信道的分析。在课文中归纳的五条结论，以及瑞利、赖斯两种分布与高斯分布，是在信号与噪声不同幅值下的三种不同统计特性。它们在下面几章的各种已调波接收与解调的噪声性能分析中起有重要作用。

总之，本章主要以数学分析方式为全书甚至整个现代通（电）信系统分析，提供了有力的分析工具与理论基础，应予重视。

2.10　复习与思考

1. 说明卷积与调制定理的物理概念：

$$f_1(t) * f_2(t) \leftrightarrow F_1(f) \cdot F_2(f)$$
$$f_1(t) \cdot f_2(t) \leftrightarrow F_2(f) * F_2(f)$$

2. 为什么信号 $f(t)$ 与其希氏变换具有相同的幅度频谱、自相关函数、功率（能量）谱及功率值？为什么称希氏变换为同域中正交变换？

3. 随机变量 X、Y 不相关，即 $R(x,y) = m_X \cdot m_Y$ 或 $C(x,y) = 0$ 及 $\rho(x,y) = 0$ 都是什么物理含义；而统计独立，即 $p(x,y) = p(x) \cdot p(y)$ 又是何物理概念？为什么当 $C(x,y) = 0$ 且 $m_X \cdot m_Y = 0$ 称为正交？

4. 广义平稳与严平稳的区别是什么？为什么在证明一个随机过程是否广义平稳时以计算均值和自相关来得出结论？

5. 随机信号的均值、方差、均方值和自相关函数、自协方差函数、自相关系数等，都是什么物理意义？

6. 为什么任何平稳随机信号都有确定的自相关函数与功率谱？为什么遍历性平稳过程可由任何一个样本函数的各种时间平均就等于整个随机过程的相应统计平均？有什么好处？

7. 如何理解任何通信系统的信号流均为随机信号？举出几种信号属于广义平稳过程和遍历性过程。

8. 一个随机过程若自相关系数 $\rho(\tau) \equiv 1$（τ 为任意值），表示什么意义？这种随机过程是什么特征？若两个随机过程 $X(t)$ 和 $Y(t)$，在相同 τ 时段时的自相关函数关系为 $R_X(\tau) > R_Y(\tau)$，是何意义？

9. 试考查何种通信系统会存在高斯限带噪声、窄带噪声、高频信号加窄带噪声——三种不同类型(高斯、瑞利、赖斯)分布是在何种通信环境中发生的? 各有何实际意义?

10. 高斯变量、高斯随机过程、高斯白(热)噪声各有何不"寻常"的统计特征?

2.11　习题

2.11.1　傅里叶变换及信号分析

2-1　试求下列函数的傅里叶变换对,并绘制其相应的图形。

(1) $f(t) = 2\delta(t+2) - 2\delta(t-2)$　　(2) $f(t) = 5\mathrm{rect}(2t-10) + 3\mathrm{rect}\left(\dfrac{t-12}{3}\right)$

(3) $F(\omega) = 2\mathrm{tri}\left(\dfrac{\omega+4}{2}\right) - \mathrm{tri}\left(\dfrac{\omega-2}{2}\right)$

2-2　试求:

(1) $f(t) = A\cos\left(\omega_0 t + \dfrac{3}{4}\pi\right)$ 自相关函数;

(2) $f_1(t) = A_1\cos(\omega_0 t)$ 与 $f_2(t) = A_2\sin(\omega_0 t)$ 互相关函数。

2-3　根据帕氏定理,分别通过时域、频域及自相关函数计算 $f(t) = \mathrm{rect}(t/2)\cos(2\pi \times 10^3 t)$ 的能量。

2-4　求出 $f(t) = \mathrm{rect}\left(\dfrac{t+2}{5}\right)$ 通过具有幅度增益为 2 的希氏网络后能量谱和总能量,并给出自相关最大值。

2-5　已知 $f(t) = A\sin\omega_0 t\,\mathrm{rect}\left(\dfrac{t}{T} - \dfrac{1}{2}\right)$, $T = \dfrac{2\pi}{\omega_0}$, 试应用调制定理来求 $F(\omega)$。

2.11.2　概率与随机变量

2-6　假定一个符号是由四个二进制码元组成,每个码元的误码概率均为 10^{-5},

(1) 试问该符号发生错误的概率是多少?

(2) 如果连着两个码元错误才构成该符号的错误,则此时符号错误概率为多少?

(3) 再求四个码中可能错一个码元、二个码元、三个码元的总概率是多少?

2-7　假定某噪声信道可以发 4 种符号,每种符号都是等概率出现的。由于噪声的影响,使得每种符号正确接收的概率均为 $\dfrac{3}{4}$,而发生错误接收的概率均为 $\dfrac{1}{4}$。试问在接收到一种符号后,判断发送端发出这 4 种符号的后验概率各为多少?

2-8　(1) 信号 X 是均值为 0,均方值为 σ^2 的高斯随机变量,观察信号幅度超过 3σ 的概率是多少?

(2) 假定某地面以上的云层 X 具有 $m_X = 1\,830$ m, $\sigma_X = 460$ m 的高斯随机变量,求云层比 $2\,750$ m 高的概率。

2-9　试求下列均匀概率密度函数的数学期望值和方差。已知

$$p(x) = \begin{cases} \dfrac{1}{2a} & -a \leqslant x \leqslant a \\ 0 & \text{其他 } x \end{cases}$$

2-10　已知随机变量具有均值为零、方差为 4 的正态概率密度函数。试求

(1) $x > 2$ 的概率;(2) $x > 4$ 的概率;

(3) 当均值变为 1.5 时,重复(1)、(2),并进行比较。

2-11　已知函数

$$p(x,y) = \begin{cases} b(x+y)^2 & -2 < x < 2, \; -3 < y < 3 \\ 0 & \text{其他 } x,y \end{cases}$$

（1）求确保该函数为正确概率密度函数时的 b 值。

（2）确定边际密度 $p(x)$ 及 $p(y)$。

2-12 两个相互独立随机变量 X 与 Y 的 pdf 分别为 $p(x)$ 和 $p(y)$ 试求两者之和 $Z = X + Y$ 的 pdf：$p(z)$。

2.11.3 随机过程统计特征

2-13 设 $X(t) = At + b, t > 0$，其中 A 为高斯随机变量，b 为常数，且有 $p_A(a) = \dfrac{1}{\sqrt{2\pi}} e^{-(a-1)^2/2}$，求 $X(t)$ 的均值、均方值（函数）。

2-14 某随机过程 $X(t) = (\eta + \xi)\cos\omega_0 t$，其中 η 和 ξ 是具有 0 均值，方差为 $\sigma_\eta^2 = \sigma_\xi^2 = 2$ 的互不相关的随机变量，试求

（1）$X(t)$ 的均值 $m_X(t)$；

（2）自相关 $R_X(t_1, t_2)$；

（3）是否广义平稳？

2-15 某随机过程 $X(t)$，其自相关 $R_X(\tau)$ 如题 2-18 图所示。试求

（1）$E[X(t)]$ 是多少？　（2）均方值 $E[X^2(t)]$ 是多少？

（3）方差 σ_X^2 是多少？　（4）能量谱密度 $E_f(\omega)$ 是多少？

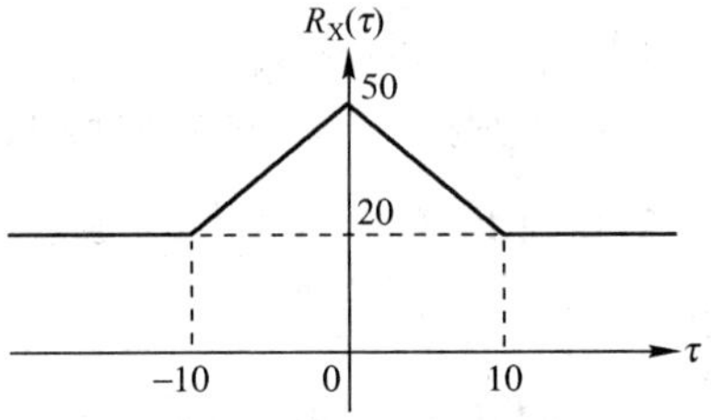

2-16 随机过程 $Z(t) = X\cos\omega_0 t - Y\sin\omega_0 t$，其中 X 与 Y 是具有 0 均值、方差皆为 σ^2 且互为独立的高斯随机变量，试求

（1）$Z(t)$ 的均值 $m_Z(t)$ 及方差 $\sigma_Z^2(t)$；

（2）如果 X 与 Y 改为不相关，（1）的结果有否变化？

（3）$Z(t)$ 自相关函数 $R_Z(t, t+\tau)$ 及功率谱和功率是多少？

（4）求一维 pdf：$p_Z(z,t)$；

（5）$Z(t)$ 是否广义平稳？

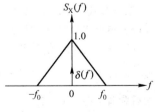

题 2-15 图

2-17 某随机过程 $X(t) = A\cos\omega_0 t + B\sin\omega_0 t$，其中 A 与 B 都是均值为 0，方差为 4 的不相关的高斯随机变量。试求

（1）$X(t)$ 的自相关函数；　（2）功率谱；　（3）总功率；　（4）说明它是否广义平稳。

2-18 随机过程 $X(t)$ 的功率谱如题 2-18 图所示。

（1）确定并画出 $X(t)$ 的自相关函数 $R_X(\tau)$。

（2）$X(t)$ 所含直流功率是多少？

（3）$X(t)$ 所含交流功率是多少？

题 2-18 图

（4）给定 $X(t)$ 的不相关样本时，抽样速率是多少？样本是统计独立的吗？

2.11.4 随机信号与高斯噪声通过系统

2-19 平稳随机过程 $X(t)$，通过一个特性为 $y(t) = x(t) + x(t-T)$ 的网络，试求该系统的输出功率谱。设 $X(t)$ 的功率谱为 $S_X(\omega)$。

2-20 平稳随机过程 $X(t)$，均值为 1，方差为 2，兹有另一个随机过程 $Y(t) = 2 + 3X(t)$，试求

（1）$Y(t)$ 是否为广义平稳过程？　（2）$Y(t)$ 的总的平均功率是多少？　（3）$Y(t)$ 的方差是多少？

2-21 已知调幅波 $X_A(t) = A_0 X(t)\cos(\omega_0 t + \Theta)$，这里 $X(t)$ 是随机信号作为调制信号，且是 0 均值平稳

随机过程,其自相关和功率谱可分别用 $R_X(\tau)$ 及 $X(\omega)$ 表示;A_0 为载波幅度;载频 ω_0 为常数;载波初相 Θ 是在 $(-\pi, \pi)$ 内均匀分布的随机变量。且设 $X(t)$ 与 Θ 是独立的。

(1) 求 $X_A(t)$ 的自相关。 (2) 证明 $X_A(t)$ 是广义平稳过程。 (3) 求 $X_A(t)$ 的功率谱。

2-22 随机过程 $X(t) = 0.01\sin(100t + \Theta)$,其中 Θ 是 $(-\pi, \pi)$ 内均匀分布的随机变量,而存在与它统计独立的加性噪声的自相关为 $R_n(\tau) = 10\mathrm{e}^{-100|\tau|}$,试求

(1) 当 $\tau = 0$ 时的信号加噪声的自相关值;

(2) 当信号自相关值达到噪声自相关值 10 倍时的最小 τ 值。

2-23 某平稳随机过程的功率谱为 $\dfrac{n_0}{2} = 10^{-10}\,\mathrm{W/Hz}$ 加于冲激响应为 $h(t) = 5\mathrm{e}^{-5t}u(t)$ 的线性滤波器的输入端。求输出的自相关 $R_Y(\tau)$ 及功率谱 $S_Y(\omega)$ 及总的平均功率 P_Y。

2.11.5 两个随机过程的统计关系

2-24 假定随机过程 $X(t)$ 和 $Y(t)$ 单独和联合都是平稳的。试求

(1) $Z(t) = X(t) + Y(t)$ 的自相关函数;

(2) 在 $X(t)$ 和 $Y(t)$ 不相关时 $Z(t)$ 的自相关函数;

(3) 当 $X(t)$ 和 $Y(t)$ 的均值为 0 时用协方差函数来表示 (2) 的结果。

2-25 设有两个各为 0 均值、互为统计独立的随机过程 $X(t)$ 和 $Y(t)$,其自相关函数各为

$$R_X(\tau) = \mathrm{e}^{-|\tau|}$$
$$R_Y(\tau) = \cos(2\pi\tau)$$

(1) 求其和 $W_1(t) = X(t) + Y(t)$ 及其差 $W_2(t) = X(t) - Y(t)$ 的自相关函数的表达式。

(2) 求 $W_1(t)$ 及 $W_2(t)$ 互相关函数表达式。

2-26 已知随机过程 $X(t)$ 与 $Y(t)$ 互相关系数最大值 $\rho_{XY\max} = 0.5$,且 $p(x, t) = p(y, t) = \dfrac{1}{\sqrt{2\pi}}\mathrm{e}^{-(x-1)^2/2}$,求

(1) 它们之间的最大协变能量(协方差)是多少?

(2) 它们之间的最大混叠能量(互相关)是多少?

第3章 模拟调制系统

自然界很多信源是模拟形式的,如声音、图像等,它们是随时间连续变化的模拟量,同时由于含有丰富的低频分量,甚至直流分量,不便于直接进入现代通信系统或通信网络传输,因此需要利用某种调制方式,按设计的载频进行频带传输。

通信系统原理课程内容主要包括信息编码、调制、传输和噪声,而编码和调制占据较大篇章,几乎是各种通信(特别是数字通信)的主要技术。从本章开始,将逐步深入介绍一系列调制技术及基本性能分析。

知识点

- 调制概念与功能;
- 以 DSB 和 SSB 为代表的线性调制数学模型;
- 线性调制信噪比与解调性能评价;
- 非线性调制宽带调角与窄带调角构成、参量;
- 调角信号解调与噪声性能分析。

要求

- 掌握线性调制定义和 AM、DSB、SSB 数学模型、VSB 的实施方法;
- 掌握线性调制的解调及性能分析方法;
- 掌握 WBFM 时 – 频分析及各种参量关系和 NBFM、WBPM 概念;
- 理解相干、非相干解调步骤及 WBFM 性能分析和门限效应概念。

3.1 调制的功能和分类

3.1.1 调制功能

1. 频谱变换

为了信息的有效与可靠传输,利用适当的信号表示类型可以进行基带传输,但更多情况下的信息传输。还是需要将低频信号的基带频谱搬移到适当的或指定的频段。例如,对于音频信号或基带数字代码,因较大的损耗不适于长距离传送,如果利用无线信道或分配的频段实施通信,需要基带频谱通过某种调制方式搬移到高频波段。这样可以提高传输性能,以较小的发送功率与较短的天线来辐射电磁波。

2. 提高信道利用率

为了使多个用户的信号共同利用同一个有较大带宽的信道,可以采用各种复用技术,在第1 章已作过初步介绍。如模拟电话长途传输是利用不同频率的载波进行调制。将各用户话音相隔 4 kHz 依序搬移到高频段进行传输,这种载波电话系统采用的是频率复用。如将基带话音进行数字化——脉冲编码调制(PCM),30 个用户数字话音可由时间复用而利用同一条基带信道,然后通过光脉冲调制进行光纤传输。提高信道利用率的另一种机制,是采用数字信号多元调制技术,在同样传输带宽时,信道利用率(bit/(s·Hz))可以较二进制提高 $k = \mathrm{lb}M$ 倍。

3. 提高抗干扰能力

不同的调制方式,在提高传输的有效性和可靠性方面各有优势。如调频广播系统,采用频率调制技术,付出多倍带宽的代价,但抗干扰性能强,其音质比只占 10 kHz 带宽的调幅广播要好得多。对于数字信号传输,采用优良调制技术,如二进制相移键控(2PSK)、正交调相(QPSK)及最小频移键控(MSK)等,都有较强抗干扰能力。作为提高可靠性的一个典型系统是扩频通信,它是以大大扩展信号传输带宽,是有效抗拒外部干扰和短波信道多径衰落的特殊调制方式;同时,大量用户共享通信带宽,频带利用率也很高(第 6、9 章)。

另外,基带数字信号传输不是以正弦波作为载波,而以脉冲序列作为"载波"——通过选择或形成一定的码型、脉冲波形来表示编码符号,并利于抑制符号脉冲相互干扰,同时也可以进行时间复用,来提高传输的可靠性(减少误码率)和有效性(第 4、5 章)。

以上概括的几项调制功能,将在以下各章节中进行具体介绍与分析。

3.1.2 调制的分类

根据调制信号 $m(t)$ 和载波 $c(t)$ 的不同类型以及完成调制功能的调制器传递函数不同,调制分为以下多种方式。

1. 按调制信号 $m(t)$ 的类型分

(1)模拟调制:调制信号 $m(t)$ 是连续变化的模拟量,如话音与图像信号。

(2)数字调制:调制信号是数字化编码符号或脉冲编码波形。

2. 按载波信号 $c(t)$ 的类型分

(1)连续波调制:载波信号为连续波形,通常以正弦波作为载波。

(2)脉冲调制:载波信号是一定形状的脉冲波形序列。

3. 按调制器的不同功能分

(1)幅度调制:以调制信号去控制载波的幅度变化,如模拟调幅(AM)、脉冲幅度调制(PAM)、幅移键控(ASK)。

(2)频率调制:以调制信号去控制载波信号的频率变化,如模拟调频(FM)、频移键控(FSK)、脉宽调制(PDM)。

(3)相位调制:以调制信号去控制载波信号的相位变化,如模拟调相(PM)、相移键控(PSK)、脉位调制(PPM)。

4. 按调制器的传输函数分

(1)线性调制:已调信号的频谱与调制信号频谱是线性的频谱位移关系,如各种幅度调制、幅移键控(ASK)。

(2)非线性调制:已调信号的频谱与调制信号频谱没有线性关系,即调制后派生出大量不同于调制信号的新的频率成分,如调频(FM)、调相(PM)。

在实际调制系统中,可能从不同角度,一种调制就涉及以上几种分类。下面各章节将系统介绍模拟调制(包括线性与非线性模拟调制)、脉冲编码调制(模拟信号数字化)、数字信号频带调制及扩频调制以及组合编码调制等现代调制技术。

本章开始先介绍模拟调制,它是以正弦信号作为载波 $c(t)$,由调制信号 $m(t)$ 分别控制其载波幅度和角度,以实现调幅(AM)、调频(FM)和调相(PM),即载波 $c(t) = A_0\cos\Psi(t) = A_0\cos(\omega_0 t + \varphi)$,当它的幅度、频率和相位分别受控于 $m(t)$ 时,就产生不同调制方式的已调波 $s(t)$。

3.2 调幅与双边带调制

在线性调制系列中,最先应用的一种幅度调制是全调幅或常规(conventional)调幅,简称为调幅(AM)。不但在频域中已调波频谱是基带调制信号频谱的线性位移,而且在时域中,已调波包络与调制信号波形呈线性关系。因此这种调制是典型的线性调制。

3.2.1 调幅(AM)波时域波形

调幅波的数学表达式为

$$s_{AM}(t) = m(t)c(t) = [A_0 + f(t)]\cos(\omega_0 t + \theta_0)$$
$$= A_0\cos(\omega_0 t + \theta_0) + f(t)\cos(\omega_0 t + \theta_0) \tag{3-1}$$

式中,A_0 为调制信号 $m(t)$ 的直流分量,$f(t)$ 为调制信号的交流分量。这里利用的载波为单位幅度,角载频是视需要指定的固定值 ω_0,θ_0 为载波 $c(t)$ 的初相。

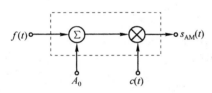

图 3-1 AM 的数学模型

由式(3-1)可知,调幅是对 $m(t)$ 与 $c(t)$ 进行乘法运算的结果,AM 系统数学模型如图 3-1 所示。为了使图 3-2(a)所示交流信号 $f(t)$ 实现线性地控制载波幅度,并担保已调波 $s_{AM}(t)$ 的包络完全处于时轴上方,需加入直流分量 A_0 而构成 $m(t) = f(t) + A_0$,如图 3-2(b)所示。因此有

$$|f(t)|_{max} \leqslant A_0 \tag{3-2}$$

并且以两者之比作为一个重要参量,即调幅指数或调幅深度:

$$\beta_{AM} = \frac{|f(t)|_{max}}{A_0} \leqslant 1 \tag{3-3}$$

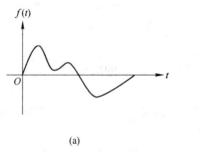

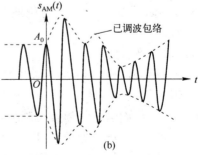

图 3-2 AM 信号的时间波形

现设交流调制信号 $f(t)$ 为单音信号,即 $f(t) = A_m \cos(\omega_m t + \theta_m)$,由式(3-1)可得已调波为

$$s_{AM}(t) = [A_0 + A_m \cos(\omega_m t + \theta_m)] \cos(\omega_0 t + \theta_0) =$$
$$A_0 \cos(\omega_0 t + \theta_0) + A_m \cos(\omega_m t + \theta_m) \cos(\omega_0 t + \theta_0) \qquad (3-4)$$

展开后为 $\qquad s_{AM}(t) = A_0 \cos \omega_0 t + \dfrac{A_m}{2} \cos(\omega_0 + \omega_m)t + \dfrac{A_m}{2} \cos(\omega_0 - \omega_m)t \qquad (3-5)$

由式(3-5),单音信号的 AM 波,包括载频和两个边频。

式中,已设 $f(t)$ 初相 $\theta_m = 0$ 及载波初相 $\theta_0 = 0$。

由式(3-2)与式(3-3)的限制条件(定义),为避免产生"过调幅"而导致严重失真,单音 AM 信号的调幅指数应满足

$$\beta_{AM} = \frac{A_m}{A_0} \leqslant 1 \qquad (3-6)$$

将 β_{AM} 代入式(3-4)和式(3-5),则有

$$s_{AM}(t) = A_0 [1 + \beta_{AM} \cos(\omega_m t + \theta_m)] \cos(\omega_0 t + \theta_0) \qquad (3-7)$$

或 $\qquad s_{AM}(t) = A_0 \cos \omega_0 t + \dfrac{\beta_{AM} A_0}{2} \cos(\omega_0 + \omega_m)t + \dfrac{\beta_{AM} A_0}{2} \cos(\omega_0 - \omega_m)t \qquad (3-8)$

3.2.2 调幅波的频谱

由式(3-1) $s_{AM}(t) = A_0 \cos(\omega_0 t + \theta_0) + f(t) \cos(\omega_0 t + \theta_0)$,可以直接进行傅里叶变换,得到它的频谱为

$$s_{AM}(\omega) = [2\pi A_0 \delta(\omega + \omega_0) + F(\omega + \omega_0)] \frac{e^{-j\theta_0}}{2} + [2\pi A_0 \delta(\omega - \omega_0) + F(\omega - \omega_0)] \frac{e^{j\theta_0}}{2}$$

$$(3-9)$$

式中,$F(\omega)$ 为 $f(t)$ 的频谱,即 $f(t) \leftrightarrow F(\omega)$,是任意调制信号的时-频变换对。

图 3-3 示出了与图 3-2 AM 时域波形相对应的频谱(幅度谱),它包括载波 ω_0 和以载波角频 ω_0 为中心的上边带(USB)和下边带(LSB)。两边带均含有调制信号(交流)的信息,且在调制后将基带带宽 ω_m 扩展为 $2\omega_m$。

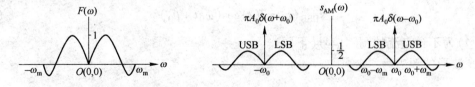

图 3-3 AM 信号的频谱组成

3.2.3 调幅信号的功率分配

调幅波的平均功率,可通过计算式(3-1)的 AM 表示式 $s_{AM}(t)$ 的均方值求得,即

$$P_{AM} = \overline{s_{AM}^2(t)} = \lim_{T \to \infty} \frac{1}{T} \int_{-\frac{T}{2}}^{\frac{T}{2}} s_{AM}^2(t)\,dt = \tag{3-10}$$

$$\frac{A_0^2}{2} + \frac{\overline{f^2(t)}}{2} \tag{3-11}$$

其中,第一项是载波功率,第二项是双边带功率,即 $P_C = \dfrac{A_0^2}{2}$,$P_f = \dfrac{\overline{f^2(t)}}{2}$。两项成分中,$P_f$ 是含有调制信号的功率,即传送的有效信息的功率,而 P_C 这一载波功率只是为了确保无过调失真,而付出的不含任何信息的功率。因此就存在一个发送信号功率利用率问题,以含有信息的双边带功率与总平均功率之比来表示,称为调制效率,即

$$\eta_{AM} = \frac{P_f}{P_{AM}} = \frac{\overline{f^2(t)}}{A_0^2 + \overline{f^2(t)}} \tag{3-12}$$

理论上,η_{AM} 不会超过 50%,实际上更低,如上述单音调幅,在满足不过调条件下,则单音调制效率为

$$\eta_{AM} = \frac{A_m^2/2}{A_0^2 + (A_m^2/2)} = \frac{A_m^2}{2A_0^2 + A_m^2} = \frac{\beta_{AM}^2}{2 + \beta_{AM}^2} \tag{3-13}$$

由此结果看,即使取最大调幅度,即令 $\beta_{AM} = 1$,效率只有 1/3。通常,β_{AM} 取用 $0.5 \sim 0.8$,η_{AM} 只有 $10\% \sim 25\%$。不含信息的载波消耗 2/3 以上的发送功率,因此是极"不合理"的。

但是,之所以付出这么大功率的载波与双边带一起发送,目的就在于实现调幅波包络与调制信号 $f(t)$ 呈线性关系。若用于民用广播通信,一个电台由几十万、上百万瓦的功率发射,却可以使千千万万的收听者能用简单的包络检波收到广播信号,收音机成本降低的社会效益却是很可观的。

3.2.4 双边带调制

除上述民用广播利用 AM 以外,多数线性调制的应用则可以抑制载波。此时,称为抑制载波双边带(SC-DSB),或称双边带(DSB)。

可将 AM 调幅波简单地使载波项为 0,即 $A_0 = 0$,于是就得到双边带信号

$$s_{DSB}(t) = f(t)\cos(\omega_0 t + \theta_0) \tag{3-14}$$

式中,$f(t)$ 为不含直流的调制信号(下同)。

DSB 波形的频谱为

$$s_{DSB}(\omega) = \frac{1}{2} F(\omega + \omega_0) e^{-j\theta_0} + \frac{1}{2} F(\omega - \omega_0) e^{j\theta_0} \tag{3-15}$$

式中,两项分别为负频域和正频域频谱构成的双边频谱,切莫误为各为上下边带。

显然,DSB 信号的功率利用率,即调制效率为 100%,图 3-4 示出了 DSB 时 – 频域图形和数学模型。

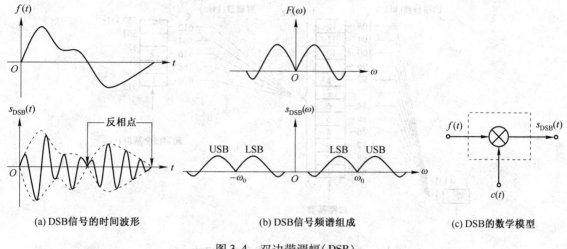

(a) DSB信号的时间波形　　　　(b) DSB信号频谱组成　　　　(c) DSB的数学模型

图 3-4　双边带调幅(DSB)

　　利用平衡调制器(环路调制器)很易实现 DSB。如图 3-5 所示的电路,采用了两对耦合线圈和 4 只性能相同的二极管构成平衡桥电路。当有调制信号和载波同时输入后,则输出为不含载波和调制信号的 DSB 信号。若当电路平衡度不够理想时,会产生少量"载漏",就可以利用接收 DSB 信号中的"载漏"来提取相干接收的本地(相干)载波,后面将要讨论。

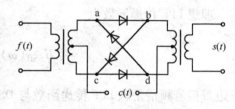

图 3-5　平衡调制器电路

3.3　单边带与残留边带调制

3.3.1　单边带信号的产生

1. 滤波法产生单边带信号

　　由于 DSB 信号的上下边带含有相同的传输信息,为了节省一半带宽,可将传输带宽由双边带去掉一个边带,这就是单边带(SSB)。节省带宽(与发送功率)是 SSB 的一大优点。

　　SSB 调幅,可在双边带基础上利用边带滤波器实现。利用低通滤波器(LPF)可取用下边带(SSB-LSB);欲取用上边带(SSB-USB),则需采用高通滤波器(HPF)。但是实际滤波器都不具有理想特性,而需有一定的过渡带。幸好有些信号低频分量不多,如语音信号频谱范围为 300 ~ 3 400 Hz,如果载频 f_0 不太高,对话音 DSB 频谱要抑制掉一个边带时,因其下边带距载频 f_0 有 300 Hz 空隙,在 600 Hz 过渡带与不太高的载频情况下,实际滤波器可以较为准确地实现 SSB。传统的载波电话就采用了这种实现 SSB 的方式,如图 3-6 所示。这里利用了多路信号频分复用(FDM)传输方式,在一条物理线路上传递 60 个电话信号。利用 FDM 方式,一条同轴电缆,曾经应用支持 10 800 路模拟电话信号的长途载波系统(参见第 10 章 10.2.1 节)。

2. 相移法产生 SSB 信号

　　下面以取下边带来讨论 SSB 的形成过程,假定调制信号 $f(t)$ 是视频信号,由于动态图像的直流与低频分量非常丰富,"只能"由理想低通滤波器得到无失真的下边带。

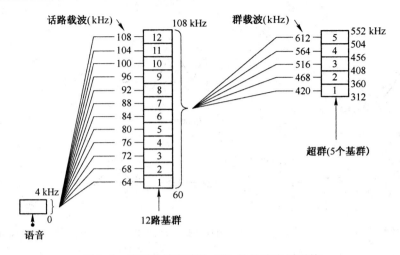

图 3-6　利用滤波法产生 SSB 的长途电话系统

理想 LPF 传递函数为

$$H_{SSB}(\omega) = \begin{cases} 1, & |\omega| \leqslant \omega_0 \\ 0, & |\omega| > \omega_0 \end{cases} \tag{3-16}$$

下边带信号频谱是该 LPF 传递函数与 DSB 频谱的乘积,即

$$s_{SSB}(\omega) = s_{DSB}(\omega)H_{SSB}(\omega) = \frac{1}{2}\big[F(\omega + \omega_0) + F(\omega - \omega_0)\big]H_{SSB}(\omega) \tag{3-17}$$

为了方便起见,均设载波初相 $\theta_0 = 0$。

　　然后,分析 SSB 时域特征。对式(3-17)频谱 $s_{SSB}(\omega)$ 进行傅里叶反变换,可得

$$s_{SSB}(t) = \big[f(t)\cos\omega_0 t\big] * \frac{\omega_0}{\pi}Sa(\omega_0 t) = f(t)\cos\omega_0 t * \frac{\sin\omega_0 t}{\pi t} \tag{3-18}$$

式中,傅里叶变换对 $\dfrac{\omega_0}{\pi}Sa(\omega_0 t) \leftrightarrow rect(\omega/2\omega_0) = H_{SSB}(\omega)$ 是利用傅里叶变换的互易性质得出的(参见例 2-1)。

　　将式(3-18)写为数学卷积表达式,即

$$s_{SSB}(t) = \int_{-\infty}^{\infty} f(\tau)\cos\omega_0\tau\Big[\frac{\sin\omega_0(t-\tau)}{\pi(t-\tau)}\Big]d\tau \tag{3-19}$$

利用三角函数关系式(附录 B) $\sin\alpha\cos\beta = \dfrac{1}{2}\big[\sin(\alpha-\beta) + \sin(\alpha+\beta)\big]$ 和 $\sin(\alpha-\beta) = \sin\alpha\cos\beta - \cos\alpha\sin\beta$,式(3-19)可表示为

$$s_{SSB}(t) = \frac{1}{2}\sin\omega_0 t\Big[\frac{1}{\pi}\int_{-\infty}^{\infty}\frac{f(\tau)}{t-\tau}d\tau + \frac{1}{\pi}\int_{-\infty}^{\infty}\frac{f(\tau)}{t-\tau}\cos 2\omega_0\tau d\tau\Big] -$$
$$\frac{1}{2}\cos\omega_0 t\Big[\frac{1}{\pi}\int_{-\infty}^{\infty}\frac{f(\tau)}{t-\tau}\sin 2\omega_0\tau d\tau\Big] \tag{3-20}$$

式中，$\dfrac{1}{\pi}\displaystyle\int_{-\infty}^{\infty}\dfrac{f(\tau)}{t-\tau}\mathrm{d}\tau = f(t) * \dfrac{1}{\pi t} = \hat{f}(t)$ 是第 2 章信号分析中已经介绍过的希氏变换数学式。

同样，有

$$\frac{1}{\pi}\int_{-\infty}^{\infty}\frac{f(\tau)}{t-\tau}\cos 2\omega_0\tau\mathrm{d}\tau = [f(t)\cos 2\omega_0 t] * \frac{1}{\pi t} = f(t)\sin 2\omega_0 t$$

及

$$\frac{1}{\pi}\int_{-\infty}^{\infty}\frac{f(\tau)}{t-\tau}\sin 2\omega_0\tau\mathrm{d}\tau = [f(t)\sin 2\omega_0 t] * \frac{1}{\pi t} = -f(t)\cos 2\omega_0 t \tag{3-21}$$

将上述关系式代入式(3-20)，可得

$$s_{SSB}(t) = \frac{1}{2}\hat{f}(t)\sin\omega_0 t + \frac{1}{2}f(t)\big[\sin\omega_0 t\sin 2\omega_0 t + \cos\omega_0 t\cos 2\omega_0 t\big] =$$

$$\frac{1}{2}\hat{f}(t)\sin\omega_0 t + \frac{1}{2}f(t)\cos\omega_0 t$$

或

$$s_{SBB}(t) = \frac{1}{2}f(t)\cos\omega_0 t + \frac{1}{2}\hat{f}(t)\sin\omega_0 t \tag{3-22}$$

这就是理想单边带下边带的时域表示式。

同理，利用高通理想滤波器(HPF)，可以得出理想上边带，此时上式中为"–"号。

于是单边带通式为(为了与 DSB 比较，去掉上面推导中的 $\dfrac{1}{2}$ 系数)

$$s_{SSB}(t) = f(t)\cos\omega_0 t \mp \hat{f}(t)\sin\omega_0 t \tag{3-23}$$

式中，"+"号是下边带，"–"号是上边带。

由 SSB 时域式，可给出数学模型(框图)图 3-7，图中 $H_h(\omega)$ 为希氏滤波器传递函数。利用上述理想数学模型产生的 SSB 信号，包含了希氏变换过程。已经明确，希氏频谱是将原信号频谱每个频率成分一律相移 $\pi/2$ 的结果，因此称此种理想 SSB 为相移法产生的 SSB 信号。

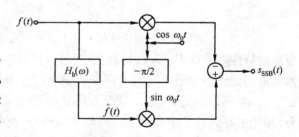

图 3-7　相移法产生 SSB 信号

最后，再分析一下 SSB 表示式(3-23)和数学模型图 3-10。表示式包括两项：第一项是 DSB 双边带，第二项中的两个因子均是由第一项两个因子分别希氏变换得到的。而且第二项的作用是用于"抵消"DSB 的一个边带。

另外，由 SSB 表示式(3-23)，可表明它与第 2 章中"预包络"式(2-34)、式(2-35)的直接关系：兹将这两个预包络式 $f_+(t)$ 或 $f_-(t)$ 作为调制信号，提供复载波 $\mathrm{e}^{\mathrm{j}\omega_0 t}$ 而产生 DSB 已调波复信号 $f_+(t)\mathrm{e}^{\mathrm{j}\omega_0 t}$，其包络形状确与 $f_+(t)$、$f_-(t)$ 成正比，称 $f_+(t)$ 或 $f_-(t)$ 是其实信号 $f(t)$ 的解析信号或"预包络"。之所以称为"预"包络，是因为它是未进行识别时的基带复信号，已调信号的实部则为式(3-23)中 SSB 表示式，即 $s_{SSB}(t) = \mathrm{Re}\big\{[f(t)\pm\mathrm{j}\hat{f}(t)]\mathrm{e}^{\mathrm{j}\omega_0 t}\big\} = f(t)\cos\omega_0 t \mp \hat{f}(t)\sin\omega_0 t$。

3.3.2 残留边带调制

按照相移法实现 SSB 调制,是一种理想情况,其中理想低通与高通滤波器都是非因果的。在实际应用中,往往利用折中方案——残留边带(VSB),其数学模型如图 3-8 所示。基本思想是以最大限度保留一个边带,但由于实际滤波器的过渡响应,只好或多或少地残留另一个边带。下面仍以较为典型的图像一类信号为例来讨论实现 VSB 的方法。为便于分析,假设基带调制信号频谱为矩形,由其 DSB 信号进行"残留"滤波后,所得的 VSB 下边带如图 3-9 所示。

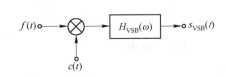

图 3-8　VSB 系统数学模型

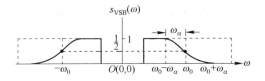

图 3-9　VSB 频谱组成

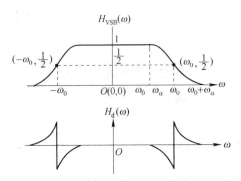

图 3-10　VSB 信号下边带滤波特征

其构成特点是以载频 ω_0 为中心,在频谱幅度为 $1/2$,即坐标为($\pm\omega_0,1/2$)处,使边带滤波器的过渡带呈"互补对称滚降"特性。这样可达到残留部分与保留边带中的损失部分对($\pm\omega_0,1/2$)点是奇对称(中心对称)关系。具有互补对称滚降特性的残留边带滤波器传递函数如图 3-10 所示。它与理想低通边带滤波特性 $H_{SSB}(\omega)$ 相比,其失真部分为 $H_d(\omega)$,则有

$$H_{VSB}(\omega) = H_{SSB}(\omega) + H_d(\omega) \quad (3\text{-}24)$$

从图 3-10 中看到,这种 VSB 滤波特性与理想边带滤波特性之差别 $H_d(\omega)$,具有上述互补对称性,横轴上部频谱部分为残留边带,横轴下部正是要取用的保留边带中的损失部分。二者的互补关系在下面相干解调时——将 VSB 频谱向回搬移 ω_0 再取低通,其结果就是如图 3-11 恢复(解调)的频谱。在($0,1/2$)点下方的重叠部分,却能正好弥补了中点之上的对称欠缺部分,而毫无失真。这就是互补对称可实现无失真边带滤波特性的优势所在。不过由于残留滚降而超出单边带的部分 ω_α,使信号带宽有所增加,这个量用滚降系数 α 表示,即单边带的残留滚降部分与基带信号相同的理想 SSB 带宽之比为

$$\alpha = \frac{\omega_\alpha}{\omega_m} \quad (3\text{-}25)$$

式中 α 取值范围为 $0 < \alpha \leqslant 1$,一般不小于 0.2。

从数学分析证明 VSB 的可实现性,以及如何推导出 VSB 信号准确表示式,这里不再列出(见本书参考文献 1)。现直接给出 VSB 信号数学表示式,即

$$s_{VSB}(t) = f(t)\cos\omega_0 t \mp \tilde{f}(t)\sin\omega_0 t \quad (3\text{-}26)$$

式中,$\tilde{f}(t)$——适于形成 VSB 调制信号 $f(t)$ 的特殊正交变换。图 3-12 为 VSB 信号数学模型,图中 $H_\alpha(\omega)$ 表示这种正交滤波特性。

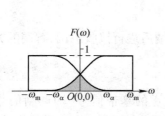

图3-11 恢复(解调)的频谱

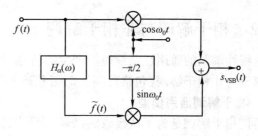

图 3-12 产生 VSB 信号的数学模型

3.4 线性调制的系统模型和解调

上面介绍与分析了几种线性调制的构成及数学模型。本节拟首先归纳出整个线性调制的通用模型,然后考虑它们的解调过程及数学模型。

3.4.1 线性调制的通用模型

从线性调制包括的四种调幅方式来看,可以归纳出一个通用性数学模型。

首先从相移法产生 SSB 的调制系统构成和数学模型看,式(3-23)SSB 信号表示式可写为

$$s_{SSB}(t) = s_I(t)\cos\omega_0 t \mp s_Q(t)\sin\omega_0 t \tag{3-27}$$

式中,SSB 信号同相分量 $f(t) = s_I(t)$,SSB 信号正交分量 $\hat{f}(t) = s_Q(t)$。若式(3-27)中 $s_I(t)$、$s_Q(t)$ 分别为 $f(t)$ 和 $\tilde{f}(t)$,即为式(3-26)所示的 VSB 表示式,兹给出线性调制通用数学模型,如图 3-13 所示。图中 $H_I(\omega)$ 和 $H_Q(\omega)$ 分别为同相滤波器(全通)和正交滤波器。AM 和 DSB 系统只有同相支路。

正交滤波特性为 $H_Q(\omega)$ 只有 SSB 与 VSB 采用,而存在正交支路,两者 $H_Q(\omega)$ 的本质皆为正交滤波。其中 SSB 信号用 $H_h(\omega)$,只是宽带相移特性,幅度无变化,而 VSB 的正交滤波特性 $H_\alpha(\omega)$,除了正交相移外,信号通过后的幅度也有一特定变化。这里列出线性调制信号比较表,如表 3-1 所示。

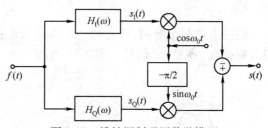

图 3-13 线性调制通用数学模型

表 3-1 线性调制系统中的信号

分 类	时间表示式	频谱表示式	带 宽
AM	$[A_0 + f(t)]\cos\omega_0 t$	$\pi A_0[\delta(\omega + \omega_0) + \delta(\omega - \omega_0)] + \dfrac{1}{2}[F(\omega - \omega_0) + F(\omega + \omega_0)]$	$2\omega_m$
DSB	$f(t)\cos\omega_0 t$	$\dfrac{1}{2}[F(\omega - \omega_0) + F(\omega + \omega_0)]$	$2\omega_m$
SSB	$f(t)\cos\omega_0 t \mp \hat{f}(t)\sin\omega_0 t$	$\dfrac{1}{2}[F(\omega - \omega_0) + F(\omega + \omega_0)] \mp j\dfrac{1}{2}[\hat{F}(\omega + \omega_0) - \hat{F}(\omega - \omega_0)]$	ω_m
VSB	$f(t)\cos\omega_0 t \mp \tilde{f}(t)\sin\omega_0 t$	$\dfrac{1}{2}[F(\omega - \omega_0) + F(\omega + \omega_0)] \mp j\dfrac{1}{2}[\tilde{F}(\omega + \omega_0) - \tilde{F}(\omega - \omega_0)]$	$\omega_m < B \leqslant 2\omega_m$
一般	$s_I(t)\cos\omega_0 t \mp s_Q(t)\sin\omega_0 t$	$\dfrac{1}{2}[s_I(\omega - \omega_0) + s_I(\omega + \omega_0)] \mp j\dfrac{1}{2}[s_Q(\omega + \omega_0) - s_Q(\omega - \omega_0)]$	$\omega_m \leqslant B \leqslant 2\omega_m$

3.4.2　相干解调与非相干解调

由线性调制的通用性调制模型产生的信号,通过信道传输后进行接收解调,解调的方式分相干解调与非相干解调(包络检测),后者只适于 AM 信号。

1. 相干解调通用模型

所谓相干解调是为了从接收的已调信号中,恢复出原发送的基带信号(即调制信号),需要通过传输系统的同步机制,由接收端提供一个与接收的已调载波严格同步,即同频、同相的"本地载波",称为相干载波 $c_d(t)$,它与接收信号相乘后取低通分量,可以得到原始的调制信号,如图 3-14 所示的相干解调模型。相干解调步骤如下:

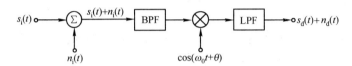

图 3-14　有加性噪声的相干解调

- 接收机输入端接收的是已调信号与窄带噪声之和,即 $x(t) = s_i(t) + n_i(t)$
- 提供相干载波后,则得

$$
\begin{aligned}
x_p(t) = &[s_i(t) + n_i(t)]c_d(t) = \\
&[s_I(t) + n_I(t)]\cos^2(\omega_0 t + \theta) \mp [s_Q(t) + n_Q(t)]\sin(\omega_0 t + \theta)\cos(\omega_0 t + \theta)
\end{aligned} \tag{3-28}
$$

输出混合信号 $y_d(t)$ 等于 $x_p(t)$ 通过基带滤波器 LPF 的结果,即

$$
y_d(t) = x_p(t)\big|_{\text{LPF}} = \frac{1}{2}s_I(t) + \frac{1}{2}n_I(t)
$$

或

$$
y_d(t) = \frac{1}{2}f(t) + \frac{1}{2}n_I(t) \tag{3-29}
$$

通过上述相干解调,可得到一个重要结论:线性调制信号的相干解调,皆从已调信号的同相分量提取(恢复)原信号。图 3-15 与图 3-16 分别示出了 DSB 和 SSB 信号相干解调的频谱搬

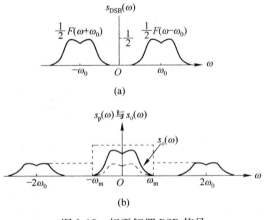

图 3-15　相干解调 DSB 信号

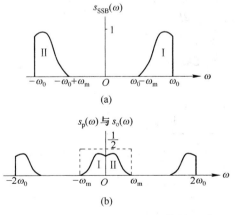

图 3-16　相干解调 SSB 信号

移与所恢复的原信号频谱,图中虚线方框为 LPF 理想传递特性。解调输出信号频谱为

$$s_o(\omega) = \frac{1}{2}F(\omega) \tag{3-30}$$

2. 相干解调的同步误差

在相干解调系统中,我们提出了对相干载波与接收已调载波严格同频、同相的前提条件。但是,由于系统同步不够准确,提供的"相干"载波可能与接收信号有一定误差,包括正负频率误差 $\pm\Delta\omega_\varepsilon$ 和相位误差 $\pm\Delta\theta_\varepsilon$,这样"相干"结果就不再维持 $s_o(\omega) = \frac{1}{2}F(\omega)$ 的准确关系。

假定同时存在 $\Delta\omega_\varepsilon$ 与 $\Delta\theta_\varepsilon$ 两种误差,即本地载波为 $c_d(t) = \cos[(\omega_0 + \Delta\omega_\varepsilon)t + (\theta + \Delta\theta_\varepsilon)]$,与接收信号 $s(t)$ 相乘后再取 LPF,得到的结果为

$$s_o(t) = \frac{1}{2}[s_I(t)\cos(\Delta\omega_\varepsilon t + \Delta\theta_\varepsilon) \pm s_Q(t)\sin(\Delta\omega_\varepsilon t + \Delta\theta_\varepsilon)] \tag{3-31}$$

从结果看出,由于存在同步误差,不但应当恢复的同相分量信号在频率上与相位上均产生失真,而且尚包括正交项造成的正交失真。

3. 非相干(包络)解调

既然 AM 信号中含有一个大功率载波分量,而能使时间轴上方具有与调制信号 $f(t)$ 成正比关系的完整包络,因此它不必利用相干解调,几乎无例外地采用包络检测方式接收信号。

接收的混合波形为 $x(t) = [A_0 + f(t)]\cos\omega_0 t + n_I(t)\cos\omega_0 t - n_Q(t)\sin\omega_0 t$,取包络后得,

$$A(t) = |x(t)| \equiv \{[A_0 + f(t) + n_I(t)]^2 + n_Q^2(t)\}^{\frac{1}{2}} \tag{3-32}$$

如果接收输入为大信噪比,则包络检测的近似结果为

$$S_d(t) = A(t) \approx A_0 + f(t) + n_I(t) \tag{3-33}$$

将此检测结果,滤除直流 A_0,便可恢复原信号 $f(t)$,但含有窄带噪声同相分量。

4. 载波插入法包络解调

如果能用简单方法提供一个与接收已调信号同步的"相干"载波(如上面提到的环形平衡调幅器,当桥电路不够平衡时输出信号含有的"载漏"),不用与接收信号相乘,而是相加,则得

$$s_a(t) = s(t) + A_d\cos(\omega_0 t + \theta) = [s_I(t) \pm A_d]\cos(\omega_0 t + \theta) \mp$$
$$s_Q(t)\sin(\omega_0 t + \theta) = A(t)\cos[\omega_0 t \pm \varphi(t)] \tag{3-34}$$

此时相加结果 $s_a(t)$ 的包络为 $A(t)$,即

$$A(t) = \sqrt{[s_I(t) + A_d]^2 + s_Q^2(t)} \tag{3-35}$$

若插入载波 $A_d\cos(\omega_0 t + \theta)$ 的幅度 A_d 足够大,即 $A_d \gg s_Q(t)$,则有 $A(t) \approx s_I(t) + A_d$ 去掉直流 A_d,可得

$$s_d(t) \approx s_I(t) = f(t) \tag{3-36}$$

这表明利用这种插入载波也可近似恢复各种线性调制的原信号。

3.5　线性调制系统的噪声性能分析

上面介绍调制原理时,只考虑了信号本身的变换过程与解调结果。在传输过程中,信号总会受到如第 2 章讨论的高斯热噪声加性干扰。需要针对几种调制方式,来具体分析其抗噪声能力,它与调制方式和解调方式均有密切关系。

3.5.1　相干解调系统信噪比计算

由图 3-14 相干解调系统和式(3-31),得到的解调输出为混合信号,即恢复的调制信号 $f(t)$ 和窄带噪声同相分量 $n_I(t)$。利用窄带高斯噪声的特征,由式(2-158),输出噪声功率为 $\overline{n_I^2(t)} = \sigma_I^2 = \sigma_n^2 = N_i$。这里所指的抗噪声性能分析,就是已调信号在信道中传输假定只有窄带噪声加性干扰,而无任何其他失真,可以计算出接收输入端的功率信噪比 S_i/N_i 及相应输出信噪比 S_o/N_o,并计算信噪比得益 $G = \dfrac{S_o/N_o}{S_i/N_i}$,依此来评价线性调制系统的性能,并进行比较。

这里声明一下,AM 的设计目标就是为了用包络解调,利用相干解调无实际意义。

1. 输入信噪比 S_i/N_i 计算

$$S_i = \overline{s^2(t)} = \overline{[s_I(t)\cos(\omega_0 t + \theta)]^2} + \overline{[s_Q(t)\sin(\omega_0 t + \theta)]^2} = \frac{1}{2}\left[\overline{s_I^2(t)} + \overline{s_Q^2(t)}\right] \tag{3-37}$$

其中,$\overline{s_I^2(t)} = \overline{s_Q^2(t)}$,如 $\overline{f^2(t)} = \overline{\hat{f}^2(t)}$;

$$N_i = \overline{n_i^2(t)} = n_0 B \tag{3-38}$$

在同样信道噪声 n_0 条件下,N_i 决定于传输带宽 B。

$n_0/2$ 为高斯白(热)噪声在接收输入端的双边功率谱密度,W/Hz。

在计算时,姑且将 VSB 近似等同于 SSB。B 为已调信号传输带宽,如 $B_{DSB} = 2f_m$,$B_{SSB} = f_m$,$B_{VSB} \approx f_m$。三种线性调制的 S_i/N_i 分别为

$$\left(\frac{S_i}{N_i}\right)_{DSB} = \frac{\overline{f^2(t)}}{4n_0 f_m} \tag{3-39}$$

$$\left(\frac{S_i}{N_i}\right)_{\substack{SSB\\VSB}} = \frac{\overline{f^2(t)}}{n_0 f_m} \tag{3-40}$$

2. 输出信噪比 S_o/N_o 计算

由式(3-30)、式(3-31)在输出的混合信号中,有

信号功率　　　$S_o = \dfrac{1}{4}\overline{s_I^2(t)} = \dfrac{1}{4}\overline{f^2(t)}$ $\tag{3-41}$

噪声功率　　　$N_o = \dfrac{1}{4}\overline{n_I^2(t)} = \dfrac{1}{4}N_i$ $\tag{3-42}$

这表明 N_o 是相应输入噪声功率 N_i 的 $\dfrac{1}{4}$,如 $N_{o,DSB} = \dfrac{1}{4}N_{i,DSB} = \dfrac{1}{2}n_0 f_m$,$N_{o,SSB} = \dfrac{1}{4}n_0 f_m$。于

是,相干解调输出信噪比通式为

$$\frac{S_o}{N_o} = \frac{\overline{f^2(t)}}{N_i} \quad （\text{DSB 与 SSB 的 } N_i \text{ 不同}） \tag{3-43}$$

可计算出相干解调的各个输出信噪比 $\dfrac{S_o}{N_o}$ 为

$$\left(\frac{S_o}{N_o}\right)_{DSB} = \frac{\overline{f^2(t)}}{2n_0 f_m} \tag{3-44}$$

$$\left(\frac{S_o}{N_o}\right)_{SSB \atop VSB} = \frac{\overline{f^2(t)}}{n_0 f_m} \tag{3-45}$$

3.5.2　线性调制系统性能评价

1. DSB 与 SSB 相干性能比较

由上面计算的 S_i/N_i 和 S_o/N_o,可以得出 DSB、SSB(VSB)相干解调的信噪比得益 $G = \dfrac{S_o/N_o}{S_i/N_i}$,即

$$G_{DSB} = \frac{\overline{f^2(t)}/(2n_0 f_m)}{\overline{f^2(t)}/(4n_0 f_m)} = 2 \qquad （\text{即 3 dB}） \tag{3-46}$$

$$G_{VSB}^{SSB} = \frac{\overline{f^2(t)}/(n_0 f_m)}{\overline{f^2(t)}/(n_0 f_m)} = 1 \qquad （\text{即 0 dB}） \tag{3-47}$$

以上各计算结果,均列于表 3-2,以便比较。

表 3-2　线性调制系统性能表

调制类型	调制方式	接收输入信噪比 $\dfrac{S_i}{N_i}$	解调输出信噪比 $\dfrac{S_o}{N_o}$	信噪比得益 $G = \dfrac{S_i/N_i}{S_o/N_o}$
DSB	相干解调	$\left(\dfrac{S_i}{N_i}\right)_{DSB} = \dfrac{\overline{f^2(t)}}{4n_0 f_m}$	$\left(\dfrac{S_o}{N_o}\right)_{DSB} = \dfrac{\overline{f^2(t)}}{2n_0 f_m}$	$G_{DSB} = \dfrac{\overline{f^2(t)}/(2n_0 f_m)}{\overline{f^2(t)}/(4n_0 f_m)} = 2(\text{即 3 dB})$
SSB VSB		$\left(\dfrac{S_i}{N_i}\right)_{SSB \atop VSB} = \dfrac{\overline{f^2(t)}}{n_0 f_m}$	$\left(\dfrac{S_o}{N_o}\right)_{SSB \atop VSB} = \dfrac{\overline{f^2(t)}}{n_0 f_m}$	$G_{VSB}^{SSB} = \dfrac{\overline{f^2(t)}/(n_0 f_m)}{\overline{f^2(t)}/(n_0 f_m)} = 1(\text{即 0 dB})$
AM	包络解调	$\left(\dfrac{S_i}{N_i}\right)_{AM} = \dfrac{A_0^2 + \overline{f^2(t)}}{4n_0 f_m}$	大信噪比输入,$\left(\dfrac{S_o}{N_o}\right)_{AM}$ 同 $\left(\dfrac{S_o}{N_o}\right)_{DSB}$	$G_{AM} = \dfrac{\overline{2f^2(t)}}{A_0^2 + \overline{f^2(t)}} < 1$

从表3-2看出,在同样条件下,SSB 相干解调信噪比没有得益,$G=1$,即 0 dB;而 DSB 却为 $G=2$(倍),3 dB 得益,那么如何比较二者的抗噪声性能呢? 是否 DSB 为优? 尚不能下此结论。

通过比较 DSB 与 SSB 各自输入、输出信噪比,看来 G 的大小只是各自经过相干解调后的本身信噪比的改善程度,并不说明 SSB 与 DSB 谁为优或劣。由于在 SSB 信号功率计算上有正交项,在同样调制信号时,S_i 大一倍,同时 SSB 带宽少一半,N_i 又少一半。于是二者 S_i/N_i 相差 4 倍。只是 DSB 在相干解调后得到了优惠($G=2$),但仍不抵 SSB 的 S_o/N_o 大。

信噪比得益的不同,可以从图 3-15 与图 3-16 解调时的频谱搬移结果来比较,DSB 的已调频谱 $|S_{DSB}(\omega)| = \frac{1}{2}[F(\omega+\omega_0)+F(\omega-\omega_0)]$,在相干解调后两个 $\frac{1}{4}F(\omega)$ 叠加得 $S_d(\omega)=\frac{1}{2}F(\omega)$,幅度频谱的叠加为 2 倍关系,则对应的解调信号功率则为 4 倍。而 SSB 则不然,由于是单边带,相干解调后是如图 3-16 中正负频域 Ⅰ 和 Ⅱ 单边带解调后的拼合,因此没有任何优惠。

SSB 与 DSB 性能比较的结论为:

(1) SSB 节省一半带宽,同时介入的噪声功率 $N_i = n_0 B$,也比 DSB 的小一半。

(2) 在相同调制信号 $f(t)$ 时,已调信号功率,SSB 较 DSB 大 1 倍。

(3) 在上两条前提下,S_i/N_i 两者有 4 倍之差,而输出信噪比 SSB 要比 DSB 大 1 倍。

(4) 因此说,SSB 较 DSB 性能为佳,SSB 得到普遍应用。鉴于大多数应用只能以折中方式——VSB 来近似 SSB,故在表 3-2 中把它列为与 SSB 近似相同的性能指标。

2. AM 信号包络检测性能(参见表 3-2)

由上面式(3-32)得到的在大信噪比输入时的检测结果,其输出信噪比为

$$\left(\frac{S_o}{N_o}\right)_{AM} = \frac{\overline{f^2(t)}}{\overline{n^2_I(t)}} = \frac{\overline{f^2(t)}}{2n_0 f_m} \tag{3-48}$$

其输入信噪比 $\left(\dfrac{S_i}{N_i}\right)_{AM} = \dfrac{\left(A_0^2+\overline{f^2(t)}\right)/2}{2n_0 f_m}$,则可得到非相干 AM 信噪比得益为

$$G_{AM} = \frac{2\overline{f^2(t)}}{A_0^2+\overline{f^2(t)}} < 1 \quad (实际上直流 A_0 已滤除) \tag{3-49}$$

如果输入为小信噪比信号,甚至可能出现窄带噪声大于信号包络 $|A_0+f(t)|$ 的情况,此时输入与输出信噪比关系为

$$\left(\frac{S_o}{N_o}\right)_{AM} \approx \left(\frac{S_i}{N_i}\right)^2_{AM} \tag{3-50}$$

由此看出,当 $S_i/N_i < 1$ 时,很难正常接收信号。

[**例 3-1**]　某接收机的相干解调输出信噪比 $S_o/N_o = 20$ dB,输出噪声功率 $N_o = 10^{-9}$ W,由发端到收端的总衰耗为 100 dB。试问若利用 DSB 调制时需要的发送波功率是多少? 若在同样信道噪声功率谱 n_0 时改为 SSB,需发送波功率为多少?

解:这个例题的目的是在同样传输环境下,比较 DSB 与 SSB 的系统性能。

(1) 首先由已知量求出 S_i/N_i 与 S_i

DSB 解调 $G_{DSB}=2$ 及 $\left(\dfrac{S_o}{N_o}\right)_{DSB} = 20$ dB,即 $\dfrac{S_o}{N_o}=100$(倍),故 $\dfrac{S_i}{N_i} = \dfrac{1}{2}\cdot\dfrac{S_o}{N_o}=50$

由 $N_o = 10^{-9}$ W $= \dfrac{N_i}{4}$,则 $N_i = 4 \times 10^{-9}$ W,所以 $S_i = 50 N_i = 2 \times 10^{-7}$ W

由信道衰减 $K = 100$ dB,即 10^{10} 倍,因此 DSB 发送信号功率为

$$P_{DSB} = 10^{10} S_i = 2 \times 10^{-7} \times 10^{10} = 2\,000 \text{ W}$$

(2)计算 SSB 所需发送功率 P_{SSB}

SSB 解调 $G_{SSB} = 1$,$(N_i)_{SSB} = n_0 B_{SSB} = \dfrac{1}{2}(N_i)_{DSB}$,$(N_o)_{SSB} = \dfrac{(N_i)_{SSB}}{4}$

所以 $(N_o)_{SSB} = \dfrac{1}{2}(N_o)_{DSB} = \dfrac{1}{2} \times 10^{-9}$ W,$\left(\dfrac{S_o}{N_o}\right)_{SSB} = 100(倍) = \left(\dfrac{S_i}{N_i}\right)_{SSB}$

$(N_i)_{SSB} = 4 N_o = 2 \times 10^{-9}$ W,$S_i = 100 N_i = 2 \times 10^{-7}$ W,所以

$$P_{SSB} = 2 \times 10^{-7} \times 10^{10} = 2\,000 \text{ W}$$

应当注意到,如果计算 SSB 时,$(N_o)_{SSB} = 10^{-9}$ W 则是错误的。因为 SSB 的带宽比 DSB 小一半。$n_0 B_{SSB} = \dfrac{1}{2} n_0 B_{DSB}$,即 $(N_o)_{SSB} = \dfrac{1}{2}(N_o)_{DSB} = 0.5 \times 10^{-9}$ W。

另外,$P_{SSB} = \dfrac{1}{2}\overline{f^2(t)} + \dfrac{1}{2}\overline{\hat{f}^2(t)} = \overline{f^2(t)}$,而 $P_{DSB} = \dfrac{1}{2}\overline{f^2(t)}$。因此,即便发送功率均为 2 kW,但是调制信号的幅度大小不同(有 $\sqrt{2}$ 倍之差)。

3.6 非线性调制

3.6.1 角度调制概念

如果由调制信号去控制载波 $c(t)$ 的角度参量,正弦载波的角度将与调制信号具有固定的相应关系,于是已调载波以角度参量"载荷"要传送的有用信息,此种调制方式称为角度调制。由于它不像线性调制那样,调制后的频谱是基带信号频谱的线性位移,它的调角波频谱与调制信号毫无共同点,即呈非线性特征。

由载波 $c(t) = A_0 \cos \Psi(t) = A\cos[\omega_0 t + \varphi(t)]$,实施角度调制可分两种具体方式——频率调制(FM)和相位调制(PM)。

1. 调频信号的一般表达式

FM 方式是使载波在某一固定载频 f_0 条件下,以调制信号 $f(t)$ 去控制载波频率,在 f_0 基础上的增减"频偏"与信号 $f(t)$ 成正比变化,即

$$\omega(t) \propto f(t) \quad \text{或} \quad \omega(t) = k_{FM} f(t) \tag{3-51}$$

式中 $\omega(t)$ 为已调波瞬时角频;k_{FM} 为 FM 调制器设计的调频灵敏度,含义是由调制电路结构确定的每输入单位幅度信号所引起的已调波频率偏移量,单位为 Hz/V。

若写出 FM 信号表示式,则应将 $\omega(t) = k_{FM} f(t)$ 转换为正弦载波的角度变化,因此需进行积分

$$\int \omega(t)\,\mathrm{d}t = \varphi_{FM}(t) \tag{3-52}$$

即
$$\varphi_{\text{FM}}(t) = k_{\text{FM}} \int f(t)\,\mathrm{d}t \qquad (3\text{-}53)$$

于是 FM 一般表达式为

$$s_{\text{FM}}(t) = A_0 \cos\left[\omega_0 t + k_{\text{FM}} \int f(t)\,\mathrm{d}t\right] \qquad (3\text{-}54)$$

式中,A_0 为已调载波幅度,是常数,因此已调波为等幅振荡;ω_0 为设计系统所指定的固定载频。

式(3-54)表明,调频波的含义是:先将调制信号积分后,介入所设计的调频灵敏度 k_{FM},转化为 $f(t)$ 与 $\varphi_{\text{FM}}(t) = k_{\text{FM}} \int f(t)\,\mathrm{d}t$ 的特定关系。

2. 调相信号的一般表达式

如果实现调相(PM),则希望调制信号正比地控制载波相位,即

$$\theta(t) \propto f(t) \quad \text{或} \quad \theta_{\text{PM}}(t) = k_{\text{PM}} f(t) \qquad (3\text{-}55)$$

式中,k_{PM} 为调相灵敏度,是单位调制信号幅度引起 PM 信号的相位偏移量,单位为 rad/V。然后写出 PM 已调信号表达式。PM 信号的 $\theta_{\text{PM}}(t)$ 可直接为载波的角度,则一般 PM 表达式为

$$s_{\text{PM}}(t) = A_0 \cos\left[\omega_0 t + k_{\text{PM}} f(t)\right] \qquad (3\text{-}56)$$

3. FM 与 PM 的关系

由式(3-54)与式(3-56)进行比较可知,FM 与 PM 的不同仅在于,FM 是将信号先积分后作为载波的瞬时相位参量。于是二者互为微积分关系,即 $f(t)$ 进行积分后进行调相相当于调频,图 3-17 表明了 FM 与 PM 的这种关系。根据这种关系,可以利用间接调频和间接调相。

图 3-17 间接调频和间接调相

3.6.2 单音调角

为了深入认识调角的概念与分析方法,下面着重讨论以单音(余弦)信号作为调制信号的调角过程。

1. 单音调频

设调制信号为

$$f(t) = A_m \cos \omega_m t \qquad (3\text{-}57)$$

首先,将它代入式(3-54),可得到单音调频的表达式(已设载波初相 $\theta_0 = 0$)为

$$s_{\text{FM}}(t) = A_0 \cos\left[\omega_0 t + k_{\text{FM}} \int f(t)\,\mathrm{d}t\right] = A_0 \cos\left(\omega_0 t + \frac{k_{\text{FM}} A_m}{\omega_m} \sin \omega_m t\right) \qquad (3\text{-}58)$$

式中

$$\frac{k_{\text{FM}} A_m}{\omega_m} \sin \omega_m t = \varphi_{\text{FM}}(t) \qquad (3\text{-}59)$$

为 FM 信号瞬间相位。为了概念明确,重点研究其中的 $|\varphi_{FM}(t)|_{max} = \dfrac{k_{FM}A_m}{\omega_m}$,并令其为 β_{FM},即

$$\beta_{FM} = \frac{k_{FM}A_m}{\omega_m} \qquad\qquad (3\text{-}60)$$

显然,β_{FM} 量纲是角度(rad),因此 β_{FM} 的物理意义是:受控于调制信号 $f(t)$ 调频波产生的最大相位偏移 $\Delta\theta_{FM}$。

现在单音 FM 波可写为

$$s_{FM}(t) = A_0 \cos(\omega_0 t + \beta_{FM}\sin\omega_m t) \qquad\qquad (3\text{-}61)$$

相偏为 β_{FM},rad。

为了应用方便,式(3-60)中的 k_{FM} 和 ω_m 均改为以"频率"量来等效表示为

$$\beta_{FM} = \frac{k_{FM}A_m}{f_m} \qquad\qquad (3\text{-}62)$$

β_{FM} 是无量纲值,因为 k_{FM} 单位为 Hz/V,f_m 以 Hz 作为单位,因此称 β_{FM} 为调频指数。

2. 单音调相

若以 $f(t) = A_m\cos\omega_m t$ 去控制载波的相位(已设载波初相 $\theta_0 = 0$),则得单音调相波为

$$s_{PM}(t) = A_0 \cos[\omega_0 t + k_{PM}f(t)] = A_0 \cos[\omega_0 t + k_{PM}A_m\cos\omega_m t] \qquad (3\text{-}63)$$

式中

$$k_{PM}A_m = \Delta\theta_{PM} \qquad\qquad (3\text{-}64)$$

是 PM 波的最大相位偏移(相偏)。

同样,可令

$$\beta_{PM} = k_{PM}A_m \qquad\qquad (3\text{-}65)$$

因此,$\beta_{PM} = \Delta\theta_{PM}$ 是最大相偏,而 β_{PM} 又当做无量纲调相指数,于是单音 PM 波可写为

$$s_{PM}(t) = A_0 \cos(\omega_0 t + \beta_{PM}\cos\omega_m t) \qquad\qquad (3\text{-}66)$$

3.7　窄带调角

上面列举了单音调频与调相波的构成特征及主要参量。虽然单音调制信号不能代表实际应用的其他含有多种频率成分的信号,但单音调角对认识调角波特点将有很大作用。另一方面,利用 FM 信号传输,随着设计频偏 Δf_{FM} 的增大,即在同样信号频率 f_m 时,增大调制信号幅度 A_m,以使信道带宽加大以提高抗干扰性(后面将介绍)。为此,如果直接进行较大频偏的调频,却很难稳定实现。在实际设计中,往往先利用频偏 Δf_{FM} 很小的间接调频(见图 3-18(a))——实际上是窄带调相来实现窄带调频,然后通过倍频与变频,来最后适配所指定的载波频点 f_0 及所设计的较宽的传输带宽。

本节主要讨论窄带调频(NBFM),并且以下分析仅供了解其基本特点。

3.7.1　窄带调频信号分析

由式(3-54)FM 信号通用时域表示式,可以展开为

$$s_{FM}(t) = A_0 \cos\left[k_{FM}\int f(t)\,dt\right]\cos\omega_0 t - A_0\sin\left[k_{FM}\int f(t)\,dt\right]\sin\omega_0 t \qquad (3-67)$$

式(3-67)中,相偏 $\varphi_{FM}(t) = k_{FM}\int f(t)\,dt$,当其最大值很小时,即如

$$k_{FM}\left|\int f(t)\,dt\right|_{\max} \leqslant 0.5 \text{ 或 } \pi/6 \qquad (3-68)$$

则式(3-67)可以化简,由 $\cos x = 1 \atop x\to 0$ 及 $\sin x = x \atop x\to 0$ 两个关系式,可得窄带调频(NBFM)表示式,为

$$s_{NBFM}(t) \approx A_0\cos\omega_0 t - \left[A_0 k_{FM}\int f(t)\,dt\right]\sin\omega_0 t \qquad (3-69)$$

兹设单音 $f(t) = A_m\cos\omega_m t$,则由式(3-69)条件,单音 NBFM 表示式为

$$\begin{aligned} s_{NBFM}(t) &\approx A_0\cos\omega_0 t - A_0\beta_{FM}\sin\omega_m t\sin\omega_0 t \\ &= A_0\cos\omega_0 t - \frac{A_0\beta_{FM}}{2}\cos(\omega_0-\omega_m)t + \frac{A_0\beta_{FM}}{2}\cos(\omega_0+\omega_m)t \end{aligned} \qquad (3-70)$$

显然,NBFM 与式(3-8)AM 信号有很多共同之处:

(1) 由于 $\beta_{FM}\leqslant 0.5$(或 $\pi/6$),$\beta_{AM}\leqslant 1$,两者可有相比拟的值;

(2) 两者均有相同的载波分量;

(3) 均有上边频与下边频(NBFM 信号当 β_{FM} 很小时,带宽近似为 $2f_m$)。

NBFM 与 AM 唯一本质的不同在于,下边带(边频)为"负号",这样却在它们的频谱结构和信号空间产生了明显差别。如图 3-18 与图 3-19 所示。

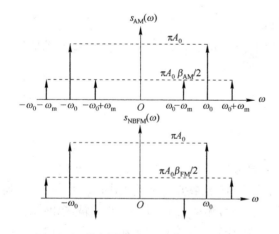

图 3-18　单音调制时 AM 和 NBFM 的频谱

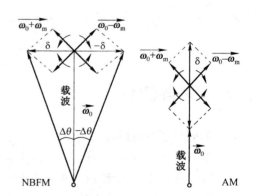

图 3-19　NBFM 和 AM 信号的矢量图

它们信号空间的不同在于:AM 信号上下边频在任何时间的合成量均与载波同相。而 NBFM 由于下边频为负值,因此两边频的合成矢量必然与参考矢量(载波)正交,这一对边频合成矢量与参考矢量的合成矢量产生变化着的夹角为 $\Delta\theta$,由于 $\Delta\theta$ 较小,也看做接近正交。

3.7.2　窄带调相

至于窄带调相（NBPM），其条件是 $k_{PM}|f(t)|_{\max} \leqslant 0.5$ 或 $\pi/6$，因此调相波式（3-56）可化简为

$$s_{PM}(t) \approx A_0 \cos \omega_0 t - A_0 k_{PM} f(t) \sin \omega_0 t \tag{3-71}$$

在单音时

$$s_{PM}(t) \approx A_0 \cos \omega_0 t - A_0 k_{PM} A_m \cos \omega_m t \sin \omega_0 t$$

$$= A_0 \cos \omega_0 t - \frac{A_0 \beta_{PM}}{2} \sin(\omega_0 + \omega_m)t - \frac{A_0 \beta_{PM}}{2} \sin(\omega_0 - \omega_m)t \tag{3-72}$$

NBPM 信号也包括载波和一对边频，且两个边频均为负值，其频谱与载波均差 90°，如图 3-20 所示。

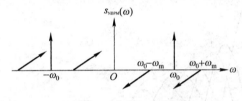

图 3-20　窄带调相频谱

3.8　宽带调频信号分析

本节重点讨论基于单音调制信号的宽带调频（WBFM），并以单音 FM 来阐明 WBFM 的原理与主要参量。在本节最后再简单描绘 PM 信号的构成特点，不作详细分析。

3.8.1　WBFM 时-频域特征

上面式（3-61）当 β_{FM} 值较大时为宽带调频，并有以下等效表示式成立，即

$$s_{FM}(t) = A_0 \cos(\omega_0 t + \beta_{FM} \sin \omega_m t) =$$

$$A_0 \sum_{n=-\infty}^{\infty} J_n(\beta) \cos(\omega_0 + n\omega_m)t \qquad （单音 WBFM 信号） \tag{3-73}$$

这表明了 WBFM 特点为：单音宽带调频波是由载频 ω_0 和其无数个上下边频（$\omega_0 \pm n\omega_m$）构成，各频率成分的幅度均决定于第一类 n 阶 Bessel 函数的 $J_n(\beta)$ 值。

*［例 3-2］　通过数学分析，验证式（3-73）中两种表示式的等效性。

解　$s_{FM}(t) = A_0 \cos(\omega_0 t + \beta_{FM} \sin \omega_m t) = \mathrm{Re}\left[A_0 e^{j(\omega_0 t + \beta_{FM} \sin \omega_m t)} \right] =$

$$\mathrm{Re}\left[\tilde{s}(t) e^{j\omega_0 t} \right] \tag{3-74}$$

其中，　　　$$\tilde{s}(t) = A_0 e^{j\beta_{FM} \sin \omega_m t} = \sum_{n=-\infty}^{\infty} C_n e^{jn\omega_m t} \tag{3-75}$$

而系数　　　$$C_n = \frac{1}{2\pi} \int_{-T}^{T} \tilde{s}(t) e^{-jn\omega_m t} \mathrm{d}t = f_m \int_{-\frac{1}{2f_m}}^{\frac{1}{2f_m}} \tilde{s}(t) e^{-jn\omega_m t} \mathrm{d}t$$

$$= f_{\mathrm{m}} \int_{-\frac{1}{2f_{\mathrm{m}}}}^{\frac{1}{2f_{\mathrm{m}}}} A_0 \mathrm{e}^{\mathrm{j}[\beta_{\mathrm{FM}} \sin(\omega_{\mathrm{m}}t - n\omega_{\mathrm{m}}t)]} \mathrm{d}t = A_0 \mathrm{J}_n(\beta_{\mathrm{FM}}) \tag{3-76}$$

$$\left(\text{由于 } \mathrm{J}_n(\beta) = \frac{1}{2\pi} \int_{-\pi}^{\pi} \mathrm{e}^{\mathrm{j}(\beta \sin(x - nx))} \mathrm{d}x, \text{这里设 } x = \omega_{\mathrm{m}} t \right)$$

则有
$$\tilde{s}(t) = A_0 \sum_{n=-\infty}^{\infty} \mathrm{J}_n(\beta_{\mathrm{FM}}) \mathrm{e}^{\mathrm{j}n\omega_{\mathrm{m}}t}$$

$$s_{\mathrm{FM}}(t) = \mathrm{Re}\big[\tilde{s}(t) \mathrm{e}^{\mathrm{j}\omega_0 t}\big] = A_0 \sum_{n=-\infty}^{\infty} \mathrm{J}_n(\beta_{\mathrm{FM}}) \cos(\omega_0 + n\omega_{\mathrm{m}})t \tag{3-77}$$

式中,当 β_{FM} 一定时,对每一个 n 值,$\mathrm{J}_n(\beta)$ 为定值。图 3-21 示出了 $\mathrm{J}_n(\beta)$ 曲线簇,表 3-3 为贝氏函数表。

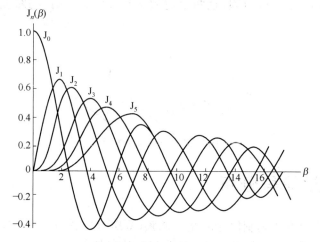

图 3-21　第一类贝氏函数曲线

表 3-3　贝氏函数表

n ＼ β	0.5	1	2	3	4	6	8	10	12
0	0.938 5	0.765 2	0.223 9	-0.260 1	-0.397 4	0.150 6	0.171 7	-0.245 9	0.047 7
1	0.242 3	0.440 1	0.576 7	0.339 1	-0.066 0	-0.276 7	0.234 6	0.043 5	-0.223 4
2	0.030 6	0.114 9	0.352 8	0.486 1	0.364 1	-0.242 9	-0.113 0	0.254 6	-0.084 9
3	0.002 6	0.019 6	0.128 9	0.309 1	0.430 2	0.114 8	-0.291 1	0.058 4	0.195 1
4	0.000 2	0.002 5	0.034 0	0.132 0	0.281 1	0.357 6	-0.105 4	-0.219 6	0.182 5
5		0.000 2	0.007 0	0.043 0	0.132 1	0.362 1	0.185 8	-0.234 1	-0.073 5
6			0.001 2	0.011 4	0.049 1	0.245 8	0.337 6	-0.014 5	-0.243 7
7			0.000 2	0.002 5	0.015 2	0.129 6	0.320 6	0.216 7	-0.170 3
8				0.000 5	0.004 0	0.056 5	0.223 5	0.317 9	0.045 1
9				0.000 1	0.000 9	0.021 2	0.126 3	0.291 9	0.230 4
10					0.000 2	0.007 0	0.060 8	0.207 5	0.300 5
11						0.002 0	0.025 6	0.123 1	0.270 4
12						0.000 5	0.009 6	0.063 4	0.195 3
13						0.000 1	0.003 3	0.029 0	0.120 1
14							0.001 0	0.012 0	0.065 0

上式表明,FM 波由载频和以载频为中心两边一系列边频组成,其频谱为

$$s_{FM}(\omega) = \pi A_0 \sum_{n=-\infty}^{\infty} J_n(\beta)\left[\delta(\omega + \omega_0 + n\omega_m) + \delta(\omega - \omega_0 - n\omega_m)\right] \quad (3\text{-}78)$$

在 FM 频谱式中,决定各种频率成分及其幅度大小与极性的唯一因素是对应的 $J_n(\beta)$。

下面,通过描述贝塞尔函数 $J_n(\beta)$ 的性质来对照认识 FM 频谱特征。

3.8.2　$J_n(\beta)$ 性质与 FM 信号频谱特征

1. 贝塞尔函数的性质

(1) 由 $J_{-n}(\beta) = (-1)^n J_n(\beta)$,有

n 为奇数时,它为奇对称,$J_{-n}(\beta) = -J_n(\beta)$;$n$ 为偶数时,它为偶对称,$J_{-n}(\beta) = J_n(\beta)$;

(2) 当 $\beta < 0.5$ 或更小时,$J_0(\beta) \approx 1$,$J_1(\beta) \approx \beta/2 < 0.25$ 或更小,$J_{n>2}(\beta) \approx 0$;

(3) $J_n(\beta)J_m(\beta) = 0$,$m \neq n$,各阶贝氏函数为正交关系;

(4) $\sum_{n=-\infty}^{\infty} J_n^2(\beta) = 1$;

(5) 当 $n \leq \beta + 1$ 时,$J_n(\beta) \geq 0.1$,即 $J_n(\beta)$ 显著值为 $\beta + 1$ 对。表3-3 中各列中标有横线的 $J_n(\beta)$ 值是其取值大于 $\frac{1}{10}$ 的最小显著值。

2. FM 信号频谱特征

由表3-3,根据贝氏函数的性质,可明确 FM 信号的频谱特征。

(1) 由式(3-78)与贝氏函数 $J_n(\beta)$ 级数,FM 信号为离散谱,频率成分包含载频及各次边频,即 f_0 及 $f_0 \pm nf_m$,$n = 1,2,\cdots$

(2) 由 $J_n(\beta)$ 性质(1)和(3),载频谱线的正或负取决于 β 大小,而各次边频特征是奇次边频奇对称于载频,偶次边频偶对称。边频数无限多,且相互正交,幅度均取决于 $J_n(\beta)$ 的大小。

(3) 由 $J_n(\beta)$ 性质(2),$\beta < 0.5$ 或更小,FM 频谱只有载频与一对奇对称于它的边频,幅度分别为 $J_0(\beta)A_0 \approx A_0$ 及 $J_{\pm 1}(\beta)A_0$。显然这是 NBFM 频谱。

(4) 由 $J_n(\beta)$ 性质(4),FM 波全部功率为 $\overline{s_{FM}^2(t)} = \dfrac{A_0^2}{2} \sum_{n=-\infty}^{\infty} J_n^2(\beta) = \dfrac{A_0^2}{2}$。从物理意义看,FM 信号为等幅 A_0 的振荡,功率自然为 $A_0^2/2$。

(5) 由 $J_n(\beta)$ 性质(5),FM 谱线幅度 $J_n(\beta)A_0 \geq 0.1A_0$ 的边频对为 $n = \beta + 1$ 对边频。如 $\beta = 3$,则 $J_n(\beta = 3)$,n 取到4为止,$J_n(\beta)$ 均在 0.1 以上,即显著边频对为4。

由上述特征,图 3-22 给出了 FM 波频谱。

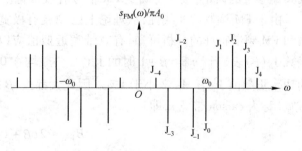

图 3-22　单音调制的调频波频谱($\beta = 3$)

3.8.3　调频信号有关参数分析

1. 频偏 Δf_{FM}

由调频指数的定义

$$\beta_{FM} = \frac{k_{FM}A_m}{f_m} \quad \text{或} \quad \beta_{FM}f_m = k_{FM}A_m = \Delta f_{FM} \tag{3-79}$$

FM 波的频偏决定于调制信号幅度 $A_m(k_{FM}$ 已定），而在频率 f_m 不变情况下，A_m 的增加就意味着 β_{FM} 的增大。因此，当 FM 调制器设计完成后，通过调整信号 $f(t)$ 的幅度，可以随之改变 Δf，亦即 β_{FM} 随之而变化，于是势必影响到 FM 信号显著边频对数目 $|n| = \beta + 1$ 的变化。反过来，如果频偏 Δf 不变，若频率 f_m 变化，则 β_{FM} 成反比变化，此时信号幅度是不变的。

图 3-23 表明，当 f_m 一定时，通过不断增大 A_m 而使 β_{FM} 提高时，FM 频谱的显著边频对数目增加，使 Δf_{FM} 增大。

图 3-24 的情况是保持 Δf_{FM} 基本不变，即信号幅度 A_m 不变，f_m 与 β_{FM} 成反比变化，即 f_m 越小，对应的 β_{FM} 越大，FM 谱线间隔缩小，而显著边频对数目增加。反之亦相反。

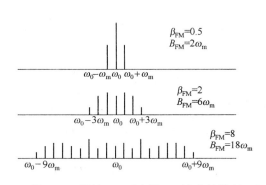 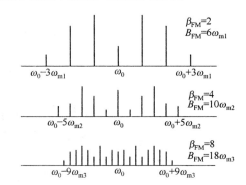

图 3-23　保持 ω_m 不变的 FM 波有效带宽　　图 3-24　保持 $\Delta\omega_{FM}$ 不变的 FM 波有效频带

这两种情况不同的主因在于 f_m 或 A_m，而 Δf_{FM} 或所需传输带宽 B_{FM} 的大小主要受制于 A_m，而 f_m 的大小对 Δf_{FM} 影响小得多。

2. FM 信号的传输带宽

对于一个通信系统，与信号有效带宽相适配来分配信道传输带宽是个重要环节。通过涉及频偏参量的讨论，很容易确定 FM 信号有效带宽。

由于 FM 调制的非线性，从理论上已调波有极宽的频带宽度。但由上面关于贝氏函数性质和 FM 频谱特征的分析可知，有效带宽近似值应以显著边频对数目来确定。由表 3-3 贝氏函数 $J_n(\beta)$ 表，当 $|n| > \beta + 1$ 时的 $J_n(\beta)$ 一般均在 0.1 以下取值，而高于第 n 次谐波 $f_0 \pm nf_m$ 的功率贡献值 $J_n^2(\beta)A_0/2$ 小于 1%。因此大都按 $(\beta + 1)$ 对边频（有时也按 $\beta + 2$ 对）来取有效带宽（称为 carson 带宽），即

$$B_{FM} \approx 2(\beta + 1)f_m \tag{3-80}$$

或

$$B_{FM} \approx 2\Delta f_{FM} + 2f_m$$

当 β_{FM} 相当大时（典型宽带 FM），带宽近似取 2 倍频偏，即

$$B_{\text{FM}} \approx 2\Delta f_{\text{FM}} \tag{3-81}$$

如果 $\beta_{\text{FM}} < 0.5$ 或更小,为 NBFM,则

$$B_{\text{NBFM}} \approx 2f_{\text{m}} \tag{3-82}$$

[例 3-3]　设 WBFM 信号为 $S_{\text{FM}}(t) = 10\sin(2\pi \times 10^5 t + 5\cos 10^3 t)$,调频灵敏度为 $k_{\text{FM}} = 10^3\,\text{Hz/V}$。试从表示式得到调频系统的各种参数值。

解: • 已调波功率 $P_{\text{s}} = \dfrac{A_0^2}{2} = 50\,\text{W}$。

• 载频 $f_0 = 10^5\,\text{Hz}, f_{\text{m}} = \dfrac{10^3}{2\pi}\,\text{Hz}$。

• 调频指数 $\beta_{\text{FM}} = 5$。

• 频偏 $\Delta f_{\text{FM}} = \dfrac{5 \times 10^3}{2\pi}\,\text{Hz}$。

• 近似传输带宽 $B_{\text{FM}} = 2(\beta_{\text{FM}} + 1)f_{\text{m}} = \dfrac{12 \times 10^3}{2\pi}\,\text{Hz} = \dfrac{6}{\pi}\,\text{kHz}$。

• 调制信号:由表示式 $5\cos 10^3 t = k_{\text{FM}} \int f(t)\,\mathrm{d}t$

因此 $f(t) = 5[\cos 10^3 t]'/k_{\text{FM}} = -5\sin 10^3 t$。

3.9　调频波的解调及性能分析

调角波解调也分为相干与非相干解调,由于只有窄带调角具备像 AM 那样的"线性"特征,也适于相干解调,而宽带调角的非线性频谱,只能利用特殊形式的非相干解调。

3.9.1　宽带调频信号的非相干解调与性能分析

由于调频波为等幅已调波,直接用包络解调毫无意义。因此采用先微分然后取包络的非相干解调方法,来恢复原信号,这种做法就是大家已熟悉的鉴频技术。

1. FM 信号解调过程

经过传输后的调频波,可以不考虑接收与解调器件非线性影响,但加性高斯噪声通过对信号幅度的加性干扰,一方面使 FM 波等幅振荡产生一定包络起伏,另一方面将反映为已调振荡过零点随机蹿动。这就对"载荷"信息的已调波角度有所干扰。

已调波式(3-54)经传输介入了加性噪声 $n_{\text{i}}(t)$,同时载波附有随机相位 θ,则接收端混合信号为

$$x(t) = s_{\text{i}}(t) + n_{\text{i}}(t) = A_0\cos\left(\omega_0 t + \theta + \int f(t)\,\mathrm{d}t\right) + n_{\text{i}}(t) \tag{3-83}$$

解调步骤如下(暂未考虑噪声)。

• 限幅与低通——使幅度受到干扰的接收信号,限幅为等幅波,并利用截频 $f_0 + \dfrac{B_{\text{FM}}}{2}$ 的低通滤波(或中心为 f_0 的带宽为 B_{FM} 的带通滤波)。

• 微分

$$\frac{\mathrm{d}}{\mathrm{d}t}s_{\mathrm{FM}}(t) = A_0 \frac{\mathrm{d}}{\mathrm{d}t}\Big\{\cos\big[(\omega_0 t + \theta + k_{\mathrm{FM}}\!\int\! f(t)\,\mathrm{d}t)\big]\Big\} =$$

$$-A_0[\omega_0 + k_{\mathrm{FM}}f(t)]\sin\big[\omega_0 t + \theta + k_{\mathrm{FM}}\!\int\! f(t)\,\mathrm{d}t\big] \qquad (3\text{-}84)$$

由此看来,微分结果是一个反相正弦型调频–调幅波,并且含有直流分量 $-A_0\omega_0$。特别是其包络与信号 $f(t)$ 正比波动。对这个信号可以直接进行包络检测,并去掉其中直流量。

- 包络检测

$$A(t) = \left|\frac{\mathrm{d}}{\mathrm{d}t}s_{\mathrm{FM}}(t)\right| = A_0[\omega_0 + k_{\mathrm{FM}}f(t)] \qquad (3\text{-}85)$$

- 隔去直流,可恢复原调制信号

$$s_{\mathrm{d}}(t) = k_{\mathrm{d}}k_{\mathrm{FM}}f(t) \qquad (3\text{-}86)$$

式中,k_{d} 为鉴频器跨导,是已调波单位频偏对应的恢复信号 $f(t)$ 电压值,V/Hz,正与 k_{FM} 反配。

图 3-25 示出了鉴频器模型。

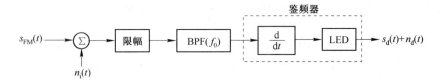

图 3-25　鉴频器模型

2. 抗噪声性能分析

接着讨论解调输出噪声及性能分析。

在接收混合波形——信号加噪声 $x(t) = s_{\mathrm{i}}(t) + n_{\mathrm{i}}(t)$ 后,为便于分析,设 $s_{\mathrm{i}}(t) = A_0\cos(\omega_0 t + \theta)$,即调制信号 $f(t) = 0$,这样只有纯载频与加性噪声,解调结果应只有噪声干扰。

$$x(t) = s_{\mathrm{i}}(t) + n_{\mathrm{i}}(t) = [A_0 + n_{\mathrm{I}}(t)]\cos(\omega_0 t + \theta) - n_{\mathrm{Q}}(t)\sin(\omega_0 t + \theta) =$$

$$A(t)\cos[\omega_0 t + \theta + \varphi_{\mathrm{n}}(t)] \qquad (3\text{-}87)$$

上式与第 2 章高频载波加窄带高斯噪声的表示式(2-172)相同,式中,

$$随机包络 \qquad A(t) = \big[(A_0 + n_{\mathrm{I}})^2 + n_{\mathrm{Q}}^2\big]^{1/2} \qquad (3\text{-}88)$$

$$随机相位 \qquad \varphi_{\mathrm{n}}(t) = \arctan\frac{n_{\mathrm{Q}}}{A_0 + n_{\mathrm{I}}} \qquad (3\text{-}89)$$

若接收输入为大信噪比,则上面两式分别简化为

$$\left.\begin{aligned} A(t) &\approx A_0 + n_{\mathrm{I}} \\ \varphi_{\mathrm{n}}(t) &\approx \arctan\frac{n_{\mathrm{Q}}}{A_0} \approx \frac{n_{\mathrm{Q}}}{A_0} \end{aligned}\right\} \qquad (3\text{-}90)$$

及

于是,式(3-87)可写为

$$x(t) \approx (A_0 + n_{\mathrm{I}})\cos\Big(\omega_0 t + \theta + \frac{n_{\mathrm{Q}}}{A_0}\Big) \qquad (3\text{-}91)$$

进行限幅后,$x(t)$ 幅度仍为等幅,仍设为 A_0,然后微分,得

$$\frac{\mathrm{d}x(t)}{\mathrm{d}t} \approx -A_0\left(\omega_0 + \frac{\mathrm{d}n_Q}{A_0\mathrm{d}t}\right)\sin\left(\omega t_0 + \theta + \frac{n_Q}{A_0}\right) \tag{3-92}$$

取包络,且隔直流后,只含有噪声影响成分的输出为

$$n_o(t) = k_d\frac{\mathrm{d}\varphi_n(t)}{\mathrm{d}t} = \frac{k_d}{A_0}\frac{\mathrm{d}}{\mathrm{d}t}n_Q(t) = \frac{k_d}{A_0}n_Q'(t) \tag{3-93}$$

在文献[11]中的例[2-17]已经证明,$n(t)$ 正交与同相分量的功率谱均为 n_0,即

$$S_{n_Q}(f) = S_{n_I}(f) = n_o \tag{3-94}$$

则 $n_Q(t)$ 微分 $n_Q'(t)$ 的功率谱应为

$$S_{n_Q'}(f) = n_o\,|\,jf\,|^2 = n_0f^2 \tag{3-95}$$

图 3-26 示出了 WBFM 信号非相干解调前后的噪声功率谱。

由式(3-93)中 $n_Q'(t)$ 的功率谱式(3-95)进行积分,可得输出噪声 $n_o(t)$ 的均方值,即噪声功率为

$$N_o = \frac{k_d^2}{A_0^2}\int_{-f_m}^{f_m} n_0f^2\,\mathrm{d}f = \frac{2}{3}\cdot\frac{k_d^2 n_0 f_m^3}{A_0^2} \tag{3-96}$$

由式(3-85),输出信号功率为

$$S_o = \overline{S_d^2(t)} = k_d^2 k_{FM}^2\overline{f^2(t)} \tag{3-97}$$

解调信噪比为

$$\frac{S_o}{N_o} = \frac{3A_0^2 k_{FM}^2\overline{f^2(t)}}{2n_0 f_m^3} \tag{3-98}$$

输入信噪比为

$$\frac{S_i}{N_i} = \frac{\overline{S_{FM}^2(t)}}{n_0 B_{FM}} = \frac{A_0^2}{4n_0\Delta f_{FM}} \tag{3-99}$$

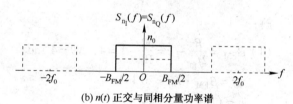

(a) FM 信号加性噪声功率谱

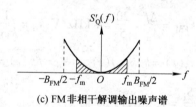

(b) $n(t)$ 正交与同相分量功率谱

(c) FM 非相干解调输出噪声谱

图 3-26 FM 系统非相干解调前后的噪声谱

最后,可得信噪比得益为

$$G_{FM} = \frac{S_o/N_o}{S_i/N_i} = \frac{6k_{FM}^2\Delta f_{FM}}{f_m^3}\overline{f^2(t)} \tag{3-100}$$

其中,$\Delta f_{FM} = \beta_{FM}f_m$,单音信号 $\overline{f^2(t)} = \frac{A_m^2}{2}$,并利用 $\beta_{FM} = \frac{k_{FM}A_m}{f_m}$ 代入上式,并利用式(3-80),可得单音 WBFM 非相干信噪比得益为

$$G_{FM} = 3\beta_{FM}^2(\beta_{FM} + 1)$$

或近似为

$$G_{FM} = 3\beta_{FM}^3 \tag{3-101}$$

这里,调制指数 β_{FM} 不像 NBFM 那样受限,可以取较大值,可选用 $2\sim20$。于是,通过鉴频后的信噪比以 $3\beta_{FM}^3$ 改善,因此 FM 系统有很好质量。但是调频带宽 $B_{FM}=2(\beta+1)f_m$,它比一般 DSB 或 AM 信号使信道付出了 $\beta+1$ 倍传输带宽为代价,从而换取了这种高可靠性。

关于 PM 非相干解调,利用鉴相器完成,做法与鉴频没有本质差别,只是微分后的所谓 "调幅–调相波" 进行包络检测后,是信号的微分结果,这与 FM 波在微分后就含有信号 $f(t)$ 规律的包络不同。因此,需在包络解调后再进行简单积分。PM 信号的非相干解调信噪比得益为

$$G_{PM}=\beta_{PM}^3 \tag{3-102}$$

与 FM 系统比较,若假定 $\beta_{PM}=\beta_{FM}$ 条件下,调频将比调相性能优越 3 倍,即 4.8 dB。但是总共 2π 的载波相位,β_{PM} 不宜过大,且常用做间接窄带调频。

[例3-4] 幅度 $A_m=5$ V、频率 $f_m=5$ kHz 单音信号,以 FM 方式传输,设计者已确定信道带宽为 $B_{FM}=50$ kHz;FM 波经传输后在鉴频器输入信噪比为 $\dfrac{S_i}{N_i}=13$ dB,

(1)计算调频指数 β_{FM} 与最大相偏 $\Delta\theta$、最大频偏 Δf,并给出传输信号带内边频对数目 n。

(2)计算调频灵敏度 k_{FM}。设鉴频跨导 $k_d=1/k_{FM}$,计算输出信号功率 S_o。

(3)计算输出信噪比 $\dfrac{S_o}{N_o}$ 及输出噪声功率 N_o。

解:

(1) $\beta_{FM}=\dfrac{B}{2f_m}-1=\dfrac{50}{10}-1=4$, $\Delta\theta=4$ rad

$\quad\Delta f=\beta_{FM}\cdot f_m=20$ kHz

$\quad n=(\beta+1)=5$ 对

(2) $k_{FM}=\dfrac{\Delta f}{A_m}=\dfrac{20}{5}=4$ kHz/V, $k_d=\dfrac{1}{k_{FM}}=0.25$ V/kHz $=250$ μV/Hz

$\quad s_o(t)=k_d k_{FM}f(t)$, $S_o=\overline{f^2(t)}=\dfrac{25}{2}=12.5$ W

(3) $\dfrac{S_i}{N_i}=13$ dB,即 20 倍

$\quad\dfrac{S_o}{N_o}=3\beta_{FM}^3\dfrac{S_i}{N_i}=192\times20=3840$,即 35.84 dB

$\quad N_o=\dfrac{12.5}{3840}=3.26$ mW

*3.9.2 FM 系统的预/去加重技术

在 WBFM 波非相干解调的结果中,已经由式(3-93)注意到,信号传输介入的窄带噪声干扰,最终是以其正交分量的微分形式出现的,即输出噪声 $n_o(t)\propto\dfrac{\mathrm{d}}{\mathrm{d}t}n_Q(t)=n_Q'(t)$。由式(3-95),在基带中它的噪声功率谱密度 $S_Q'(f)$ 与频率 f 的平方成正比,如图3-27(a)所示。这表明,FM 波解调恢复的信号 $f(t)$,不同频率分量受到非均匀的干扰,特别是频率高的部分,噪声干扰更大,对解调信号质量会带来很大影响。

这一情况,其实从式(3-79)中 β_{FM} 或频偏 Δf_{FM} 的关系式也有充分体现。由 $\beta_{\text{FM}} f_{\text{m}} = k_{\text{FM}} A_{\text{m}} = \Delta f_{\text{FM}}$,当调制信号是一个频率含量复杂的信号(如音乐信号,频率范围为 100 Hz ~ 15 kHz),分配的信道带宽 B_{FM} 或频偏 Δf_{FM} 已由系统设计确定, 在多频信号中的高频成分对应有低的 β_{FM},低频部分对应更大的 β_{FM} 值。$\beta_{\text{FM}} f_{\text{m}} = \Delta f_{\text{FM}}$ 总是一个常数,β_{FM} 与 f_{m} 为反比关系, 映射到非相干解调信噪比得益,由 $G_{\text{FM}} = 3\beta_{\text{FM}}^3$ 就体现出,解调后的 $f(t)$ 中低频部分 G_{FM} 很大,而高频成分 G_{FM} 将很小。这种情况恰恰是输出噪声谱的不均匀性造成的。

矫正噪声非均匀干扰的方法常采用对调制前的输入信号 $f(t)$ 进行"预加重"(pre-emphasis)。解调之后再"去加重"(de-emphasis),统称为 FM 系统"预/去加重"技术。如图 3-28 框图所示。

图 3-27 中针对 $n_{\text{Q}}'(t)$ 的功率谱 $S_{\text{Q}}'(f)$(见图(a)),给出与之为相近关系的预加重网络的频响 $H_{\text{pre}}(f)$(见图(b))和去加重网络的频响 $H_{\text{de}}(f)$(见图(c))。当 $H_{\text{pre}}(f) H_{\text{de}}(f) =$ 常数时,才能使恢复的信号 $f(t)$ 不致失真。

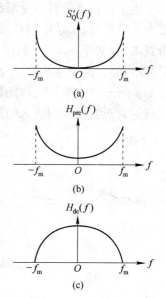

图 3-27　预/去加重频率特性

为了实现在图 3-28 方框图中满足图 3-27 的加重特征的要求,一般可采用简单电路,图 3-29 给出了它们的电路构成。显然,这里预加重网络相当于一个 RC 放大器,而去加重网络形似"积分"电路,只是参数有不同要求。

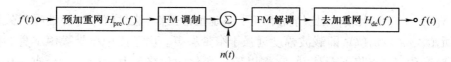

图 3-28　具有预/去加重的 FM 系统

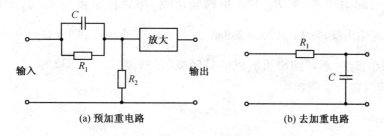

图 3-29　FM 系统的预/去加重简单电路

一般质量的调频广播在无采用预/去加重时输出信噪比为 40 ~ 50 dB。这里采用简单的线性预/去加重滤波网络之后,不但平滑了输出信号的噪声分布,而且至少改善输出信噪比达 13 dB。

利用信号和噪声的不同特征,在声响信号 FM 系统中也可加入上述各种简单滤波电路,使录音磁带音质得到改善。其原理是利用滤波和压缩动态范围相结合,当信号电平较低时,达到降低噪声影响的收效。

3.9.3　FM 门限效应

由于在信道带宽不受限制条件下,为了进一步提高 FM 波抗噪声能力,加大调制指数而用更大传输带宽;于是在信号功率(即载波功率)一定时(无线信道往往功率受限),噪声功率随带宽加大(等于 $n_0 B_{FM}$)而增强,而使接收输入信噪比下降。当它降到某一门限值$(S_i/N_i)_{th}$时,就可能无法正常接收。此时,说 FM 系统进入门限。发生的现象是出现较强的"脉冲噪声"(Click)——"咔嚓"声,称此种现象为门限效应(Threshold effect)。图 3-30 分别示出了大信噪比传输时正常接收和进入门限时的噪声波形。

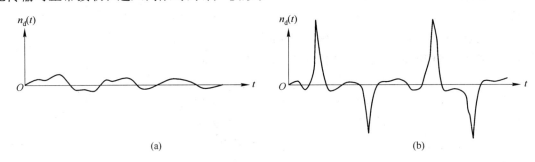

图 3-30　大信噪比时输出噪声

为了便于分析,仍设接收混合波形为高频载波加窄带噪声(未调载波),即

$$x(t) = [A_0 + n_I(t)]\cos\omega_0 t - n_Q(t)\sin\omega_0 t \tag{3-103}$$

已设 $\theta = 0$。

$(S_i/N_i) \gg 1$ 时的大载-噪比情况下,FM 系统正常工作,这时信号与加性噪声矢量图如图 3-31(a)所示。$A_0 \gg n_I(t)$,即载波幅度远强于窄带噪声。由于图中窄带噪声本身的随机相位 $\varphi(t)$ 的不断变化,P_1 点将不断移动,它将以随机变化的包络 r 为半径,以 P_2 点为中心,其 P_1 点运动轨迹会是一个不规则封闭路径(因为 $\varphi(t)$ 瞬间变化范围为 $0 \sim 2\pi$)。但是由于载波幅度 $A_0 \gg r$,故这一封闭轨迹,即 P_1 的任何瞬间落点,均会在原点 O 右边,于是由式(3-86)及式(3-88),引起输出噪声的 $\varphi_n(t) = \arctan\dfrac{n_Q}{A_0 + n_I} \approx \dfrac{n_Q}{A_0}$ 就很小,即 $n_Q(t)$ 很小,即它的微分 $n'_Q(t)$ 功率谱很小,此时解调输出可听到的是轻微"沙沙声"。图 3-32 示出了 S_i/N_i 与 S_o/N_o 在不同 β 时的非线性关系曲线簇。

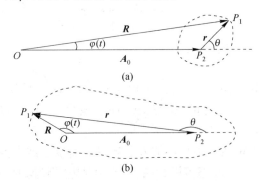

图 3-31　不同输入信噪比的矢量关系

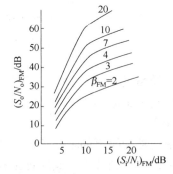

图 3-32　输出信噪比的非线性关系

若进入门限,是因载-噪比,即 S_i/N_i 较小,或者 $A_0 \approx r$ [也就是 $A_0 \approx n_I(t)$],甚至 A_0 更小,如图 3-31(b)的情况。在窄带噪声 $\varphi_n(t)$ 随机变化时,$0 \sim 2\pi$ 变化范围的不规则轨迹就可能包容了图中原点 O,这时 A_0 与噪声合成矢量的夹角 $\varphi_n(t)$ 就可能瞬时变化很大,甚至为 2π。图 3-33 示出了进入门限时 $\varphi_n(t)$ 的变化大小,以及其微分 $\varphi'_n(t) = n'_Q(t)$。

由于门限效应可能频繁出现,它等于强度为 $\pm\pi$ 甚至 $\pm2\pi$ 的强脉冲噪声。严重时,即 S_i/N_i 很小时,接收机输出信号将被这种脉冲噪声所淹没。

经理论分析与大量实践,当 $\beta_{FM} = 2 \sim 20$ 范围内,一般只要输入信噪比 S_i/N_i 不低于 $8 \sim 11$ dB,FM 系统可以正常工作。如图 3-34 所示,在应用中多取门限信噪比(阈值)为

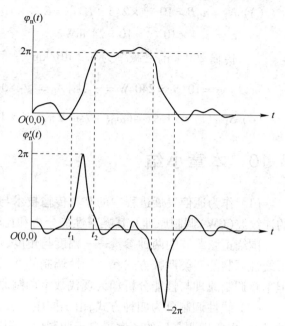

图 3-33　在门限效应时输出噪声波形

$$(S_i/N_i)_{th} = 10(倍) \text{ 或 } 10 \text{ dB} \qquad (3\text{-}104)$$

如果采取一定的有效措施——扩展门限解调,门限可以降低,照样正常工作。常用的模式是 FMFB(带有负反馈的 FM 解调器),称为环路解调器,它可以使门限信噪比 $(S_i/N_i)_{th}$ 降为 3 dB。这对于背景噪声大、长途传输或功率受限的条件下,特别是空间通信(如卫星)中显得非常有用。下面举例说明这一概念。

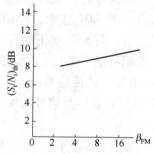

图 3-34　门限信噪比的范围

[例 3-5]　宽带调频 WBFM 系统,已知调制信号最高频率 $f_m = 15$ kHz,欲传送 200 km 尚能正常接收信号,且达到不小于 40 dB 输出信噪比。信道衰减率为 0.2 dB/km,接收端 $n_0 = 10^{-8}$ W/Hz:

(1)设计可达到本题要求的最小 β_{FM} 值;

(2)计算 Δf_{FM} 及传输带宽 B_{FM};

(3)计算所需最小发送信号幅度 A_0;

(4)给出完善的发送信号具体表示式(设 ω_0 为角载频)。

解:

(1)$\dfrac{S_o}{N_o} \geqslant 40$ dB 即 10^4 倍,$3\beta^3 \left(\dfrac{S_i}{N_i}\right)_{th} = 3 \times 10\beta^3 \geqslant 10^4$,则取 $\beta = 7$

(2)$\Delta f = \beta f_m = 7 \times 15 = 105$ kHz　　$B = 2(1+\beta)f_m = 16 \times 15 = 240$ kHz

　　$\dfrac{S_i}{N_i} = 10,\qquad S_i = 10N_i$

（3）$N_i = n_0 B = 10^{-8} \times 2(1+\beta) f_m = 2.4 \times 10^{-3} = 2.4 \text{ mW}$

$S_i = 2.4 \times 10^{-3} \times 10 = 24 \text{ mW}$

传输 200 km，衰减率为 0.2 dB/km，总衰减 $k = 0.2 \times 200 = 40 \text{ dB}(10^4 \text{ 倍})$

所以 $p_发 = 10^4 S_i = 240 \text{ W} = \dfrac{A_0^2}{2}$，则 $A_0 = \sqrt{480} = 21.9 \text{ V}$

（4）$S_{FM}(t) = 21.9\cos(\omega_0 t + 7\sin 2\pi \times 15 \times 10^3 t)$

3.10　本章小结

（1）作为通信发展进程中的基本传输技术与分析方法，本章重点介绍了以正弦波为载波的连续波（CW）调制原理及其噪声性能分析和比较。

围绕正弦载波的两种参量——幅度与角度，可以分别受控于待传送的基带模拟信号，构成了线性调制的四类调幅方式和非线性调制的两类调角方式。模拟通信虽是传统的通信手段，但本章调制原理与性能分析却为现代数字调制原理的学习打下有力基础。

（2）线性调制分为四种方式，由于同生一枝，均为调幅，因此需了解它们的共性。所谓线性调制，主要指调制后的频谱来自于调制信号频谱的线性位移，不论是四种方式中的哪一种已调谱形状，均可看到基带谱（或其一部分）的形影。

（3）几种调幅波的数学模型有很多共同点，其中理想 SSB 与其折中方案的 VSB 的数学模型，以同相分量 $s_I(t)$ 与正交分量 $s_Q(t)$ 两支路产生正交载波调幅，所以其有效性或可靠性方面均优于单支路单载波的调制方式，为后面多数的数字通信奠定了又一个理论基础。AM 信号的利用主要出于民用广播一类的社会需求及其效益，不需要详细介绍。而 SSB 真正的可行性只适于如话音一类的无直流的交流信号，理想 SSB 的数学模型（即相移法 SSB）的贡献，除了其数学分析的严密性外，主要由它的基本技术提出以最小功率、最小带宽的传输系统，并派生出可行的 VSB 方式。VSB 信号的利用，如 TV 视频信号传输，大大提高有效性及信号的保真度。DSB 一般不作为独立传输方式，而多作为信号处理的中间过程。

（4）线性调制信号相干解调方法更是适于几乎一切通信（模拟的或各种数字的）系统，而常规调幅（AM）信号只采用非相干（包络检测）解调。以基于计算接收信噪比及其得益的系统分析方法，本章对 DSB、SSB 性能的具体比较，旨在表明，系统接收的抗噪声能力是与调制方式、信号功率、传输带宽、解调方式和信道传输性能，以及辅助措施均有关系。

（5）本章第二部分——角度调制，鉴于 FM 与 PM 在瞬时频率与相位间的简单微积分关系，只着重分析 FM 系统是不无道理的。为了对 FM 系统各种重要参量及它们之间的相互关系进行分析，从单音 FM 中提炼出 FM 系统最重要的技术实质问题。第一个方面，WBFM 及 NBFM 虽然同为调频方式，而 WBFM 是以有效性代价换取可靠性的典型例证。从一个单音 FM 信号表达式及 $f_m \beta_{FM} = A_m k_{FM} = \Delta f_{FM}$，可以找出并论述 FM 系统的一切特征，这些为数字通信（调角）打下了基础。

（6）FM 信号非相干解调是一种传统技术。从接收信号的正交分量恢复信息是这种非相干解调——鉴频技术的特点，含在已调波角度内的信息通过微分则为正交运算，而取包络恢复原信号。噪声干扰的输出也是正交分量。线性调制相干解调信号与噪声都是蕴涵在输入混合波形的同相分量中，这是调角与调幅的一个很大不同。

从解调方法到噪声性能的计算及频域预去加重,门限效应及其改进等一系列分析过程,都表明 FM 系统是技术含量丰富、开阔分析思路的典型,特别是 WBFM 具有 $G = 3\beta_{FM}^3$ 的信噪比得益。

门限效应是包络解调独有的特点,在具体问题中,只要确认 FM 系统的接收输入信噪比 $S_i/N_i \geqslant (S_i/N_i)_{th} = 10$,就能正常接收,$G_{FM} = 3\beta^3$ 才成立。

3.11　复习与思考

1. 为什么要进行调制? 调制分几大类型?
2. 何称线性调制与非线性调制? 何谓连续波调制?
3. 常规调幅(AM)为什么要包含一个比信号幅度大的载波信号?
4. 为什么说 SSB 是线性调制中既有效又性能较好的调制方式?
5. 实际可行的 SSB 方式,滤波法 SSB,VSB 的实施条件是什么?
6. 相干与非相干解调及效果比较及性能分析中涉及的随机信号统计特征是什么?
7. 调频与调相的关系。
8. 窄带调角的时 – 频域特点。它们与 AM 信号的异同点及本质的不同。
9. 如何深刻认识 $\beta_{FM} \cdot f_m = k_{PM} \cdot A_m = \Delta f_{FM}$?
10. 鉴频解调的过程。
11. FM 解调输出噪声功率谱特点及预/去加重技术要点。
12. 门限效应简单概念及门限信噪比。
13. 调制信号强弱对线性调制与角度调制各有什么影响?
14. 为什么在宽带调频系统构成时常采用倍频与变频?
15. 为什么模拟调制系统的性能好坏均只由信噪比来衡量? 是否完全符合实际?

3.12　习题

3.12.1　线性调制系统信号分析

3-1　幅度为 A_0 的载波由峰 – 峰值为 $2A_m$ 的方波所调制,产生常规调幅波:

(1)试画出其时间波形;

(2)试画出其频谱组成;

(3)指出什么时候开始过调幅?

3-2　试给出题 3-2 图所示三级产生上边带信号的频谱搬移过程,其中 $f_{01} = 50$ kHz,$f_{02} = 5$ MHz,$f_{03} = 100$ MHz,调制信号频谱为 300 ~ 3000 Hz。

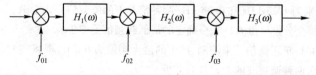

题 3-2 图

3-3　已知调制信号频谱 $F(\omega)$ 如题 3-4 图(a)所示,输入到题 3-4 图(b)所示的线性调制系统,经过两次

调制后合成信号为 $s(t)$,试画出题 3-4 图(b)中指出的各点频谱图,并指出 $s(t)$ 是何种已调波,有何特点与意义?

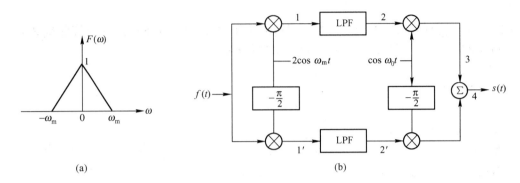

题 3-3 图

3-4　调制信号频谱如题 3-4 图(a)所示,兹用两次滤波法单边带调幅,如题 3-4 图(b)所示,若第一次取下边带,第二次取上边带:

(1) 画出已调波频谱;

(2) 若 $H_1(\omega)$ 及 $H_2(\omega)$ 均为理想带通,画出它们的幅 - 频特性;

(3) 画出由接收已调信号恢复原信号 $f(t)$ 的方框图。

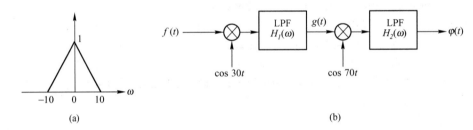

题 3-4 图

3-5　调角波 $s(t) = 10\cos(\omega_0 t + 3\cos\omega_m t)$,其中 $f_m = 1 \text{ kHz}$。

(1) 假设这是 FM 波,试求 f_m 增到 4 倍和减为 1/4 时的 β_{FM} 和带宽 W_{FM}。

(2) 假设这是 PM 波,试求 f_m 增到 4 倍和减为 1/4 时的 β_{PM} 和带宽 W_{PM}。

3.12.2　解调与性能分析

3-6　已知调制信号频谱为 $s(f) = \text{tri}\left(\dfrac{f}{1000}\right)$,将它与载波 $A_0 \sin \omega_0 t$ 一同加入一个乘法器,若相干载波严格同步:

(1) 试求载频 f_0 分别为 1.25 kHz 和 0.75 kHz 两种情况下的解调信号幅度谱;

(2) 能使已调波的每个分量可由 $f(t)$ 完全确定的最低载频值是多少?

3-7　一调频波用 2 kHz 单正弦信号来调制,产生的最大频偏为 6 kHz,现将调制信号幅度减为 1/3,调制频率降为 1 kHz,试求前后两种调频波的带宽各为多少?

3-8　一个调幅指数为 100% 单音调制的 AM 波和一个单边带信号分别用包络检波器和相干解调器来接收。假定 SSB 信号的输入功率为 1 mW,则在保证获得同样输出信号功率的条件下,AM 波的输入功率应为多大?

3-9 设具有均匀功率谱 $n_0 = 0.5 \times 10^{-9}$ W/Hz 的信道,输入的 DSB 信号限带为 5 kHz,载频为100 kHz,发送功率为 10 kW。设信道衰减为 60 dB,试求

(1) 解调输入信噪比 $\dfrac{S_i}{N_i}$,输出信噪比 $\dfrac{S_o}{N_o}$;

(2) 解调输出的噪声功率谱密度;

(3) 输出信号功率;

(4) 若在同样条件下,改为 SSB,重做此题。

3-10 已知某消息信号的 $\overline{f^2(t)} / |f(t)|^2_{max} = 0.09$,试比较在输入信号功率和输入噪声功率相同的条件下,采用 DSB 和 AM(不过调制)时的输出信噪比。

3-11 单音振荡 1kHz 信号,以 SSB 方式进行传输。已知解调输出信噪比为 20 dB,输出噪声功率为 $N_o = 10^{-9}$ W,试求:

(1) 输入信号功率 S_i;

(2) 高斯白噪声功率谱 n_0。

3-12 已知 DSB 系统的已调信号功率为 10 kW,调制信号 $f(t)$ 的频带限制在 5 kHz,载波频率为 100 kHz,信道噪声功率谱为 $\dfrac{n_0}{2} = 0.5 \times 10^{-3}$ W/Hz。接收机输入信号通过一个理想带通滤波器加到解调器。

(1) 写出理想带通滤波器传输函数的表达式;

(2) 试求解调器输入端的信噪比;

(3) 试求解调器输出端的信噪比;

3.12.3 调频信号分析

3-13 某调频波是用单音信号 2 kHz 进行调制,产生的最大频偏 6 kHz。现在将调制信号的幅度压缩 3 倍,频率降为 1 kHz,试求前后两种调频波的频带宽度各为多少?

3-14 用题 3-14 图所示的方法来产生调频波。已知调制信号频率为 1 kHz,调频指数为 1。第一载频 $f_1 = 100$ kHz,第二载频 f_2 为 9.2 MHz。希望输出中心频率为 100 MHz,频偏 80 kHz 的调频波,试确定两个倍频值 n_1 和 n_2 应等于多少(变频后取和频)?

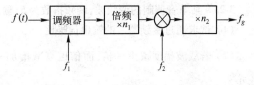

题 3-14 图

3-15 调角波 $s(t) = 10\cos(\omega_0 t + 3\cos\omega_m t)$,其中 $f_m = 1$ kHz,

(1) 假定是 FM 波,分别求 f_m 增加到其 4 倍($f_m = 4$ kHz)、f_m 减为其 $\dfrac{1}{4}$ 时($f_m = 250$ Hz)已调波的 β_{FM} 及 B_{FM};

(2) 假定是 PM 波,分别计算 $f_m = 4$ kHz、$f_m = 250$ Hz 时已调波的 β_{PM} 及 B_{PM};

(3) 若 A_m 增加到其 4 倍,求 FM 与 PM 各自的 β 和 B 值。

3-16 发射端已调波为 $s_{FM}(t) = 10\cos(10^7 \pi t + 4\cos 2\pi \times 10^3 t)$,$n_0 = 5 \times 10^{-10}$ W/Hz,每公里信道衰减量为多大时,接收机在正常时最大传输距离是 150 km?

3-17 已知一调角信号为 $s(t) = A\cos(\omega_0 t + 100\cos\omega_m t)$,

(1) 如果它是调相波,并且 $k_{PM} = 2$,试求 $f(t)$;

(2) 如果它是调频波,并且 $k_{FM} = 2$,试求 $f(t)$;

(3) 它们的最大频偏是多少?

3-18 已知调制信号 $f(t) = 10\cos 2\pi \times 10^4 t$,调频器灵敏度 $k_{FM} = 6$ kHz/V,求 Δf_{max} 及 B_{FM} 的值,如果信

道频段为 88 ~ 108 MHz,那么各个载频 f_0 的间隔为多少?

3-19 某通信信道分配 100 ~ 150 kHz 的频率范围用于传输调频波,已知调制信号 $f(t) = A_0\cos(10^4\pi t)$,信道衰减为 60 dB,噪声功率谱密度为 $n_0 = 10^{-10}$ W/Hz,求

(1) 调频波有效带宽为多少? 载频应是多少?

(2) 适当的调频指数 β_{FM} 和最大频偏?

(3) 如果要求接收机正常接收(输入信噪比应不低于门限信噪比),发端的载波幅度是多少?

(4) 发送端具体已调波表达式。

3-20 准随机信号 $X(t) = A_m\cos(\omega_0 + \Theta)$ 作调制信号,其中 Θ 是在 $(-\pi, \pi)$ 内均匀分布的随机变量,将 $X(t)$ 输入到载波幅度 A_0、频率为 ω_0 的带宽调频器。

(1) 试写出调频波表达式。

(2) 分析调频波频偏是否是随机变量或随机过程。Θ 对调频波的影响是什么?

(3) 带宽怎样计算?

3.12.4　鉴频与性能分析

3-21 调频波的载波为 100 MHz,调制信号的幅度为 20 V,频率为 100 kHz,已知调频器的灵敏度为 $k_{FM} = 20$ kHz/V。

(1) 利用近似带宽公式确定已调波带宽。

(2) 按包含载波幅度 1% 以上的边频分量确定已调波带宽。

(3) 若调制信号幅度增加一倍,重复上述步骤。

3-22 已知某单音调制的调频波的调频指数为 10,输出信噪比为 50 dB,信道噪声功率谱密度为 $\frac{n_0}{2} = 10^{-12}$ W/Hz,如果发端平均发射功率为 10 W,求达到输出信噪比要求时所允许的信道衰减为多少 dB? 设调制信号频率 $f_m = 2$ kHz。

3-23 某单音调制的调频波,调频指数为 5,输入信噪比为 20 dB,

(1) 试求通过鉴频器后的输出信噪比;

(2) 若载波幅度减少一倍,而信道衰减增加一倍,且单音调制信号频率 f_m 减为 $\frac{1}{2}f_m$,输出信噪比是多少?

若将题中的调频指数增加为 10,试求输入和输出信噪比各为多少?

3-24 已知音频信号 $f(t) = 2\cos 2\pi \times 10^4 t$,经过调频后由发射信道传输,假设对于基带信号的信道衰减为 50 dB,噪声功率谱密度 $\frac{n_0}{2} = 10^{-12}$ W/Hz,接收机输出信噪比大于 50 dB,已调波最大频偏为 50 kHz,试求传输信号频带宽度及平均发射功率。

3-25 设用正弦信号进行调频,调制频率为 15 kHz,最大频偏为 75 kHz,用鉴频器解调,输入信噪比为 20 dB,试求输出信噪比。

3-26 设发射已调波 $s_{FM}(t) = 10\cos(10^7 t + 4\cos 2000\pi t)$,信道噪声功率谱为 $n_0/2 = 2.5 \times 10^{-10}$ W/Hz,信道衰减为每千米 0.4 dB,试求接收机正常工作时可以传输的最大距离是多少千米?

3-27 宽带调频 WBFM 系统,已知调制信号最高频率为 $f_m = 15$ kHz,欲传输 200 km 尚能正常接收信号,且达到不小于 40 dB 的输出信噪比,信道衰减率为 0.2 dB/km,接收端 $n_0 = 10^{-8}$ W/Hz。

(1) 设计达到本题要求的最小允许的 β_{FM} 值;

(2) 计算 Δf_{FM} 与估计带宽 B_{FM};

(3) 计算所需发送信号最低允许幅度 A_0;

3.12.5 调相信号与解调性能

3-28 用单音 5 kHz 信号调相,产生最大相位频偏为 2.5 rad 的调相波。现在要通过倍频器产生最大频偏为 75 kHz 的调频波,试确定倍频值应为多少?

3-29 设计人员提交了一个宽带调频方案,音频信号 $f_m = 5$ kHz,功率为 0.1 W,WBFM 信号发送功率为 10 kW,分配传输带宽为 100 kHz。信道传输衰减量为 80 dB,在接收输入端测得的 AWGN 功率谱(双边)为 0.5×10^{-12} W/Hz。试求:

(1) β_{FM} 和 Δf_{FM};

(2) 调制信号幅度 A_m 和调频灵敏度 k_{FM};

(3) 接收机输入和输出信噪比。

3-30 如果以调制信号频率为 1 kHz 的单音信号进行调相,已知载波频率为 1 MHz,幅度为 1 V,$k_{PM} = 1$ rad/V,调制信号幅度为 2 V,试写出该调相波的时间表示式,并求调相指数 β_{PM},最大相位偏移 $\Delta \theta_{PM}$,最大频率偏移 Δf_{PM} 各为何值?

3-31 用单音 5 kHz 信号调相,产生最大相位偏移为 2.5 rad 的调相波,现在要通过倍频器产生最大频偏为 75 kHz 的调频波,试确定倍频值为多少?

3-32 某调相波用幅度为 10 V 的单音信号来调制,欲获得最大相位偏移为 20 rad,试问调相器的灵敏度 k_{PM} 应为多少? 希望它的最大频偏为 300 kHz,则调制信号的频率应等于多少?

3.12.6 综合性题目

3-33 已知某一角度调制的载波频率为 10 MHz,幅度为 5 V,调制信号 $f(t) = 2\cos 2\pi \times 3 \times 10^3 t$,产生的最大频偏为 6 kHz,求

(1) 进行调频时,调频波的时间表示式;

(2) 进行调相时,调相波的时间表示式。

3-34 (1)要使调频波的输出信噪比高于满调制调幅波 30 dB,需要调频指数为多少? 如果输入信噪比都是 20 dB,则它们的输出信噪比各为多少?

(2) 改用单边带信号和调频波相比,调频指数应为多少? 如果单边带信号的输入信噪比也是 20 dB,则它们的输出信噪比各为多少?

3-35 已知调制信号的频率为 5 kHz,信道衰减 80 dB,解调输出信噪比要求大于 50 dB,信道中功率谱密度 $n_0 = 10^{-14}$ W/Hz,调制方式为 80% 的调幅,频偏最大值为 50 kHz 的调频,调相指数为 5 的调相,分别求出上述三种调制方式下发送功率的大小,并加以比较。

3-36 某典型信道传输电视信号频谱如题 3-36 图所示,传输频谱包含两部分。图像部分:宽为4.5 MHz

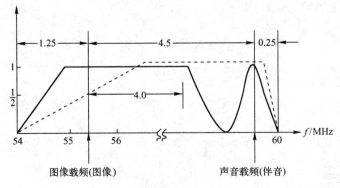

题 3-36 图

的上边带和一部分残留边带(宽为 1.25 MHz),基本上是 VSB 传输方式;伴音部分是带宽为 $2\Delta f_{FM}$ 的 FM 波。

（1）求图像信号载频 f_v 及伴音信号载频 f_s 各是多少?

（2）电视信号(包含上述两部分)所需总传输带宽是多少?

（3）伴音已调波(FM)带宽是多少? 估计 β_{FM} 值(设 $f_m = 15$ kHz)。

（4）题 3-36 图中虚线为接收机 VSB 滤波器,求滚降范围 f_α 是多少? 滚降系数是多少?

第4章 模拟信号编码传输

本章重点内容分为三部分:首先从原理与严格的数学分析过程,阐明抽样与量化原理及定量关系,着重计算量化失真,并以语音信号的 PCM 实施过程为例,介绍其数字化编码策略和性能。

其次,介绍几种其他形式的 PCM 技术原理,以阐明 PCM 的广泛性技术含义和应用原理。

知识点

- 理想低通抽样定理;
- 线性(均匀)量化与量化信噪比计算、有关参量;
- 基于语音的 PCM——非线性量化策略、优点;
- 预测编码——DPCM、DM、ADPCM 基本原理。

要求

- 熟悉掌握均匀量化及有关术语、参数;
- 熟悉计算均匀量化信噪化;
- 掌握实施 A 律非均匀量化与编码策略,并对 A 律基群和 μ 律有关量值有所了解;
- 了解 DPCM、DM 基本原理及 ADPCM 概念。

4.1 模拟信号数字化概述

4.1.1 脉冲编码调制概念

第 3 章较为系统地介绍了模拟信号连续波(CW)调制,它们均以高频正弦信号作载波。其基本特点是,已调波的某一参量(幅度包络、角度)受控于待传送的基带模拟信号,因此非但正弦载波本身为连续(模拟)波,而且已调波的这些参量也是模拟的,因此被称为模拟信号的模拟传输。当今信息社会已步入数字化时代,各种模拟通信的传输技术正在加速被数字化所取代。本章讨论连续信源模拟信号数字化基本原理,并着重以常规的"脉冲编码调制"(PCM)的三步骤——抽样、量化、编码,来阐明模/数转换基本思想。

模拟信号的数字化,属于图 1-1 中的"信源编码",这是"信息论"的一大分支。信息是事物运动的状态和方式,而客观世界大量存在模拟的信息形式,通过采集处理(如转为电的、光的,甚至磁的形式),只有将模拟信息表示方式数字化(编码),才便于利用现代处理、存储与传输手段,使这些信息更广泛地实现所需的时/空转移,达到广泛利用的目的。

就广义而言,模拟信号数字化就是 A/D 转换:首先时间离散,然后根据所需的精度,对其含有信息的模拟参量的样本进行量化(这就是数字量),然后选择适当编码形式构成数字代码。

一般量化与编码融合一体实现,这种过程称为限失真信源编码。为了节省存储空间与传输资源,还可以根据情况去掉冗余"信息",压缩次要信息,即在一定保真度下进行信源压缩编码或有损压缩编码。

模拟信号数字化这一广泛技术分支,可统称脉冲编码调制(Pulse Code Modulation,PCM)。由于 PCM 最先用于语音信号数字传输,因此起初往往将数字话音狭称 PCM。信息技术的发展已大大突破了这一局限。

PCM 中包含的"调制",不同于第 3 章的载波调制。由于数字化的编码格式多种多样,为了便于传输,尚需用一定的时域或频域的码型、波形(脉冲)来完善地表示这些数字信息,这些波形序列就是载荷编码信息的"载波",因此称这些过程为数字基带信号的编码调制。这些概念在第 5 章讨论中将更明确。

4.1.2　PCM 和数字信号优点

(1)各种源信息转为数字化表示形式,便于用统一的编码格式进行处理与存储,或构成便于进入信道或通信网进行有效与可靠传输的信号方式。

(2)编码序列中可以有意加入各有关附加信息代码,以达到控制、管理、纠错等功能。

(3)可设计不同的编码格式,表示码字的码型、波形,提高抗干扰、抗噪声能力。

(4)以增加传输带宽或降低传输速率为代价,使抗噪声能力——信与噪声功率比(信噪比)以指数律增加(仙农定理)。

(5)便于加密与保密通信和保密存储。

(6)可以适于各种信道环境进行传输:数字信号基带传输;可进行时分复用、正交复用;采用数字频带传输,可利用指定的或适于传输的频段;实现频分复用、码分多址等多用户共享通信资源,有效和可靠的传输。

(7)由仙农公式,$C = BT\text{lb}\left(1 + \dfrac{S}{N}\right)$,信道带宽 B、传输时间 T 和信噪比 $\dfrac{S}{N}$,在一定信道容量 C 时,三者可以进行互换,如多元调制以适当提高信号功率来换取带宽而增加了设计的灵活性。

4.2　抽样与脉冲模拟调制

4.2.1　低通信号抽样定理

关于模拟信号的连续波形的时间离散化,早在 20 世纪初期到中期,已先后由著名的通信理论先驱奈奎斯特(H. Nyquist,欧洲)、香农(C. Shannon,美国)和科捷尔尼可夫(Котельников,前苏联)进行了立论与研究,并形成低通信号与带通信号抽样定理。

1. 低通抽样定理

定理——限带为 f_m 的信号 $f(t)$,若以速率 $f_\text{s} \geqslant 2f_\text{m}$ 进行均匀抽样,则可无失真恢复原信号 $f(t)$。

抽样处理是模拟信号数字化的第一步工作,即实现连续信号的时间离散化。抽样定理告诉我们,任何一个模拟信号 $f(t)$,其限带(截频)为 f_m,在抽样速率为

$$f_\text{s} \geqslant 2f_\text{m} \tag{4-1}$$

或(均匀)抽样间隔为

$$T_s = \frac{1}{f_s} \tag{4-2}$$

可得一个(模拟)样本序列,若再经过一个理想低通 LPF(截频 f_m)可从抽样速率为 $f_s = 2f_m$ 的序列恢复原信号 $f(t)$。实际 LPF 往往有一定滚降过渡带,则应当满足

$$f_s > 2f_m \tag{4-3}$$

设信号傅里叶变换对 $f(t) \leftrightarrow F(\omega)$, $|\omega| \leq \omega_m$,如图 4-1 所示,现在从时域与频域分别证明抽样定理。

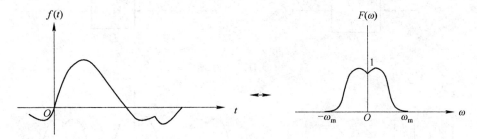

图 4-1　信号的傅里叶变换对

2. 时－频域数学分析

为进行理想抽样所提供的单位强度的抽样脉冲序列为

$$\delta_{T_s}(t) = \sum_{k=-\infty}^{\infty} \delta(t - kT_s) \tag{4-4}$$

其离散频谱为

$$\delta_{\omega_s}(\omega) = \omega_s \sum_{n=-\infty}^{\infty} \delta(\omega - n\omega_s) \tag{4-5}$$

式中,$\omega_s = 2\pi f_s$ 为抽样角频率;$T_s = \frac{1}{f_s}$ 为均匀抽样间隔。

图 4-2 示出了以上冲激序列的傅里叶变换对的波形。

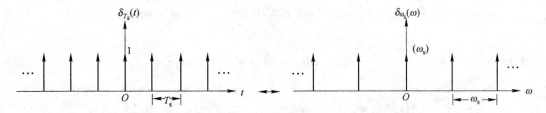

图 4-2　冲激序列及其频谱

现进行抽样运算——冲激序列与信号相乘(见图 4-3(a)数学模型),则得抽样序列为

$$f_s(t) = f(t)\delta_{T_s}(t) = f(t) \sum_{k=-\infty}^{\infty} \delta(t - kT_s) = \sum_{k=-\infty}^{\infty} f(kT_s)\delta(t - kT_s) \tag{4-6}$$

抽样序列 $f_s(t)$ 的频谱为

$$F_s(\omega) = \frac{1}{2\pi}F(\omega) * \delta_{\omega_s}(\omega)$$

$$= f_s \sum_{n=-\infty}^{\infty} F(\omega) * \delta(\omega - n\omega_s) = f_s \sum_{n=-\infty}^{\infty} F(\omega - n\omega_s) \tag{4-7}$$

图 4-3(b)示出了上列抽样的样本序列的傅里叶变换对波形。

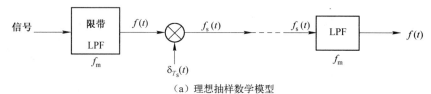

（a）理想抽样数学模型

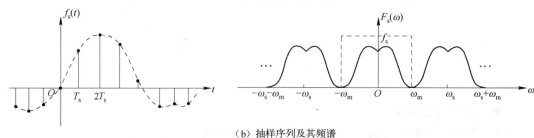

（b）抽样序列及其频谱

图 4-3　低通信号理想抽样

　　从抽样序列的傅里叶变换对式(4-6)和式(4-7)，以及它们的时频域图形可以看出，抽样序列是以 $T_s = 1/f_s$ 为间隔、与原信号 $f(t)$ 在各 kT_s 时刻对应的一系列样本值 $f(kT_s)$，而对应的抽样后的频谱是以 f_s 加权的原信号频谱 $F(\omega)$ 在 ω 轴、以抽样速率为间隔的无穷拓展的序列，即频谱形状仍为信号 $f(t)$ 的频谱 $F(\omega)$，并以 ω_s 为周期的周期性频谱序列。

　　若要从抽样后的波形恢复原模拟信号 $f(t)$，从频谱图 $F_s(\omega)$ 看，利用一个低通滤波器(LPF)（这里由于 $f_s = 2f_m$，必用理想 LPF），可轻易恢复 $f(t)$。

　　设 LPF 传递函数为 $H(\omega) = \mathrm{rect}(\omega/2\omega_m)$，则恢复的信号傅里叶变换对为

$$F(\omega) = F_s(\omega)H(\omega) = f_s H(\omega) \sum_{n=-\infty}^{\infty} F(\omega - n\omega_s) \tag{4-8}$$

$$f(t) = f_s(t) * h(t) = \sum_{k=-\infty}^{\infty} f(kT_s)\delta(t - kT_s) * \frac{\omega_m}{\pi}\mathrm{Sa}(\omega_m t)$$

$$= 2f_m \sum_{k=-\infty}^{\infty} f(kT_s)\mathrm{Sa}[\omega_m(t - kT_s)] = f_s \sum_{k=-\infty}^{\infty} f(kT_s)\mathrm{Sa}[\omega_m(t - kT_s)] \tag{4-9}$$

式(4-9)为从严格的数学关系上恢复原模拟信号 $f(t)$，看似有些复杂。兹描绘其波形如图 4-4 所示，它是以 T_s 为间隔，由各抽样值 $f(kT_s)$ 作为峰值的 $\mathrm{Sa}(\cdot)$ 形状波形序列的总和。

3. 讨论

　　需要进一步讨论有关抽样速率的大小问题。

　　由抽样定理 $f_s \geqslant 2f_m$，上例中采用理想抽样：抽样速率为 $f_s = 2f_m$，是下限值，要恢复原信号

的 LPF 必须为理想低通,其中抽样脉冲序列利用理想冲激序列。但是实际上均为不可实现的。在应用中,由于 LPF 的过渡带,加之应保证抽样序列谱不出现混叠(Overlap)现象,从这两点出发宜设抽样速率 $f_s > 2f_m$(图 4-5(a));另外抽样脉冲序列应是窄脉冲序列(图 4-5(b))。

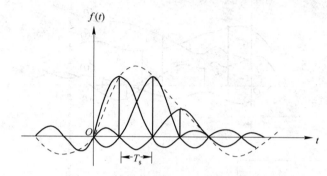

图 4-4　抽样信号经过低通滤波器波形

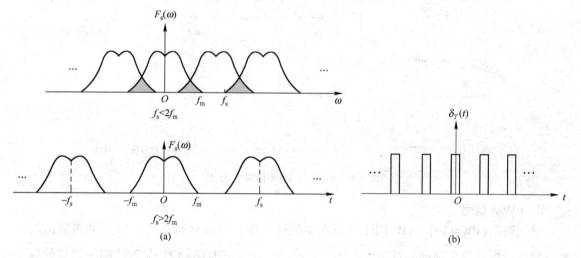

图 4-5　抽样速率与抽样脉冲序列的设计

*4.2.2　模拟信号脉冲调制

除第 3 章利用正弦载波的模拟调制外,还可以利用脉冲序列作为载波,并与正弦波调幅、调频、调相相对应,具有脉幅调制(PAM)、脉宽调制(PWM)和脉位调制(PPM)。在数十年前的模拟通信时代,它们都有广泛的应用。由于已调序列是时间离散序列,便于进行时分复用(TDM)。三种脉冲调制都是基于抽样定理的应用。

1. PAM 信号

满足抽样定理对模拟信号抽样的样本序列,如式(4-6)的结果,就是 PAM 信号。在序列中各样本的幅值 $f(kT_s)$ 构成的包络与 $f(t)$ 成正比。虽然 PAM 不是数字量的信号,但是可以方便地实现多路信号的时间复用(TDM)。

对于 N 路待同时传送的模拟话音信号,不仅采用每隔 4 kHz 的正弦载波提供的 SSB 频分复用(FDM)方式,也可采用 PAM 的时分复用,只要提供如图 4-6 所示的电子抽样开关,开关变动的步进速率为抽样定理规定的速率,即 N 路时,速率应为 $Nf_s \geqslant N(2f_m)$。因为如图 4-6(a)

所示,在原来 1 个信号的抽样间隔 T_s 内尚依次均匀的有其余 $N-1$ 路信号的抽样样本,这样才能使每个信号均满足抽样定理,以便传输之后各能恢复原信号。

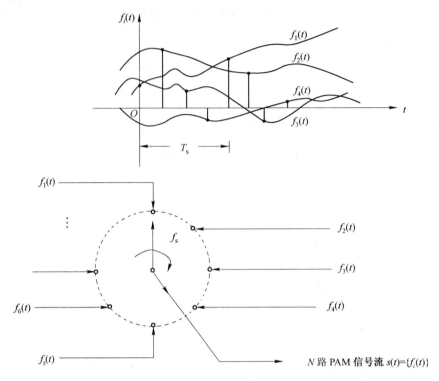

图 4-6　PAM 与 TDM 信号的形成

2. PWM 信号

脉宽调制(PWM)与 PAM 不同,它是等幅的脉冲序列以抽样时刻各 $f(kT_s)$ 的离散值与该载波脉冲序列对应位脉冲的宽窄成正比。于是,宽窄不同的、间隔为 T_s 的已调序列就荷载了相应的抽样值 $f(kT_s)$ 信息。产生 PWM 信号的方法其实很简单,步骤为:

(1) 产生均匀间隔为信号抽样间隔 T_s 的锯齿波或三角波脉冲序列作为载波序列,如图 4-7(a)所示;

(2) 待传输的模拟信号 $f(t)$ 与脉冲序列相加(图 c);

(3) 限幅–放大(图 d)。

当采用锯齿波时,通过上述步骤得到了抽样时刻 kT_s 对应宽度不等的均匀脉冲序列即为 PWM 波形。PWM 的前沿为固定点,而后沿移动量则表示 $f(kT_s)$ 的大小。因此 PWM 又称脉沿调制(本例为后沿)。同样,可以产生前沿调制或利用正三角形的双沿调制,后者中心位置在底宽不等的中心。

当接收解调时,并不难将各点的不同宽度简单地转为 PAM,然后进行低通滤波,恢复原信号。

3. PPM 信号

脉位调制机制是以均匀间隔为信号抽样间隔的等幅脉冲序列作为载波,使各脉冲位置在不同方向移位的大小与信号样本值 $f(kT_s)$ 对应成正比。在 20 世纪 60 年代盛行的微波通信

（前苏联 PM_{24}）就是采用 PPM 多路时分复用传输方式。

其实,PPM 信号实现方式与 PWM 没有本质差别。可以将图 4-7(c)的不等宽度的已调锯齿波,经过一个门限检测器——过零检测,取其后沿位置并形成极窄的脉冲,就得到 PPM 信号,如图 4-7(e)所示。

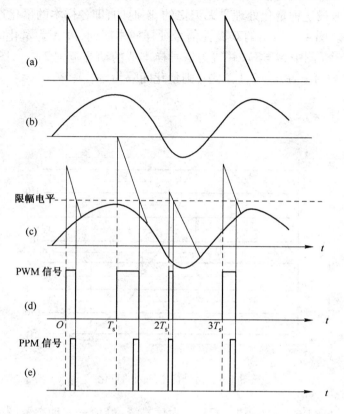

图 4-7　PWM 与 PPM 信号的形成

PPM 模拟脉冲信号,目前在光调制和光信号处理技术中尚在广泛应用。不要以为凡是模拟形式均为传统的落后技术。

4.3　量化与编码

4.3.1　量化与编码概念

1. 均匀量化

对于模拟信号数字化,量化是一个重要环节。针对不同信号类型及应用目标要求,有不同的量化策略和设计方法。本节先介绍一般的均匀量化方法,然后结合语音信号特点,介绍语音量化的设计策略,称为非均匀量化。量化的目的是将抽样后的离散样本序列,以所期望的精度进行数字化——而所谓数字或数字化信息,是指信息参量值为有限个可能的电平。

对于有限个可数量完全可由有限长编码符号(码字)对应表示。根据这一概念,对于抽样后的大量样本,虽又可数(离散)、又可能有限(如只取 100 个样本),但是它们仍为模拟量,因为它们的信号参量（信息）是含在样本幅值上，虽然是有限值的样本，但其样本幅度是无限个可能值（随机变量）的随机取值。

　　为了编码，需将抽样后的样本首先量化（quantizing）。

　　量化过程与其结果就是将信号抽样序列的每个样本值按照要求的误差限度，变为近似的离散幅度值。本书假设这种量化处理是无记忆的、瞬时的，即各样本的量化过程与结果均与其相邻前后样本无关。图 4-8 给出的双极性信号抽样样本序列，以 Δ 为量化间距（台阶），量化级数量为有限个 M 个（图中 $M=8$），并覆盖信号样本值的动态范围 $2x_{max}$，图中所示的双极性信号的样本序列 $x(kT_s)=x_k, k=0,1,2,\cdots$，则量化间隔为

$$\Delta = \frac{2x_{max}}{M-1} \tag{4-10}$$

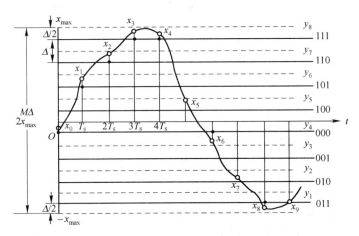

图 4-8　信号样本序列的量化

式中，x_{max} 为信号 $x(t)$ 的最大值（幅度）；$2x_{max}$ 为信号峰–峰值——动态范围。一般应用总有 $M \gg 1$，因此有

$$\Delta \approx \frac{2x_{max}}{M}, \quad 或\quad M\Delta = 2x_{max} \tag{4-11}$$

因此图 4-8 中按式（4-11），$\pm x_{max}$ 各超出最高与最低量化电平各 $\Delta/2$。

　　由于量化间隔 Δ 已经确定了量化精度，因此落在两个量化电平之间的样本点，应按"四舍五入"（round-off）或其他方式取最靠近它的量化电平作为其近似值——样本的量化值。

2. 编码

　　对于 M 个量化级可以由 $\mathrm{lb}M=k$ 位二进制码来表示，图 4-8 中 $M=8$，正负极性部分各 4 个电平。以 T_s 为抽样间隔的抽样序列为 $x_0, x_1, x_2, \cdots\cdots$。然后将已量化的样本量化值，按时序以它们所在的量化电平的代码符号，按后面表 4-1 的"折叠码"方式表示为二元编码序列。图 4-8 的二元编码序列为

$$\{a_k\} = (100\quad 101\quad 110\quad 111\quad 111\quad 100\quad 000\quad 010\quad 011\quad 011)$$

量化电平数 M 与编码位数的关系为

$$\left.\begin{array}{l} k = \text{lb } M \\ M = 2^k \end{array}\right\} \tag{4-12}$$

式中,k——利用二元码表示 M 个(电平)——M 进制符号的每符号的码字编码信息量(比特数)。

若编码序列进入信道传输,则比特率为

$$R_b = f_s k \qquad (\text{bit/s}) \tag{4-13}$$

式中,f_s 为抽样速率;式(4-13)的含义是,每秒钟信号抽样数为 f_s 个样点,经过 M 级电平量化后,每个样本量化值编为 k 比特二元码字。发送到信道的信息速率,即比特率或传信率为 $f_s k$ (bit/s),用 R_b 表示。

由上例表示的编码序列 $\{a_k\}$ 称为 PCM 编码序列。当进行传输时,第 5 章将要介绍,它需要的信道传输理想带宽 B_N 在数值上为

$$B_N = \frac{1}{2} R_b \qquad (\text{Hz}) \tag{4-14}$$

按式(4-13)的比特率,每个比特信息的码元间隔 T_b 是比特率 R_b 的倒数,即

$$T_b = \frac{1}{R_b} \qquad (\text{s}) \tag{4-15}$$

PCM 以自然码的编码序列 $\{a_k\}$ 可表示十进制数值 A,即多项式为

$$A = a_{k-1} \cdot 2^{k-1} + a_{k-2} \cdot 2^{k-2} + \cdots + a_1 \cdot 2^1 + a_0 \cdot 2^0 \tag{4-16}$$

式中,a_{k-i} 为序列的权系数,取 1,0;2^{k-i} 表示由 a_{k-i} 加权的 PCM 每个码元所处位置。

3. PCM 编码表示方式

二元码 PCM 序列可以由几种编码方式表示,如表 4-1。表中自然码是完全按自然顺序的编码方法。鉴于格雷(Gray)码总平均差错率较低,因此在通信信号编码中常用格雷码;折叠码更适于交流(双极性)信号的数字化编码。当具有 ±$M/2$ 个(共 M 个)量化电平时,各码字除了最高位各代表正负极性外,其余则以横轴为中心上下对应折叠相同,如码字"100"中的"1"表示正极性,"000"中的首位 0 表示负极性,两个码字除最高位外相同。格雷码也可列为折叠码形式。

图 4-8 中的双极性信号的 PCM 序列,采用了折叠二进制码。

表 4-1　几种二元编码及关系

十 进 制 数	自然二进制码	格 雷 码	折叠二进制码	十 进 制 数	自然二进制码	格 雷 码	折叠二进制码
0	0000	0000	0111	8	1000	1100	1000
1	0001	0001	0110	9	1001	1101	1001
2	0010	0011	0101	10	1010	1111	1010
3	0011	0010	0100	11	1011	1110	1011
4	0100	0110	0011	12	1100	1010	1100
5	0101	0111	0010	13	1101	1011	1101
6	0110	0101	0001	14	1110	1001	1110
7	0111	0100	0000	15	1111	1000	1111

*4.3.2　编码技术概要

实现 PCM 编码的编码器有多种类型,如计数型、直读型、逐次比较型等,并以逐次比较型为更多应用。实际上,它们均属于电路部件 ADC(模数转换器)。图 4-9 是一个 $M=8$,$K=3$ 比特码($b_2b_1b_0$)的逐次比较编码器。

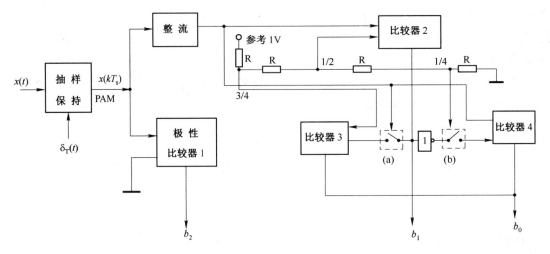

图 4-9　逐次比较法 PCM 折叠码编码器

该电路的工作过程如下。

(1) 按抽样定理得到的 PAM 序列 $x(kT_s)$ 经抽样保持后,开始进入电路,同时完成量化与编码。将 PAM 流分为二支路,下支路进入极性比较器 1,视样本的正负极性,输出 1 或 0 码(b_2)。

(2) 上支路进入全波整流器,然后同时输入到比较器 4,2,3 的各一输入端子。此时由标准(参考)电压(如设 1 V)通过等值的 4 个电阻 R,分别以 1/4 V,1/2 V 及 3/4 V 的衰减值,送到比较器 4,2,3 的另一输入端子。

(3) 整流后的信号包络值 $|x(kT_s)|$ 首先在比较器 2 与标准电压 1/2 V 进行比较,则

$$\begin{cases} |x(kT_s)| > \dfrac{1}{2}\,\text{V},\text{输出 } b_1=1 \\[2mm] |x(kT_s)| < \dfrac{1}{2}\,\text{V},\text{输出 } b_1=0 \end{cases}$$

(4) 为取得 b_0,由两个比较器 3 和 4 共同承担,即分两种情况进行。

① 若 $b_1=1$(比较器 2 输出),则打开门电路(a),样本值 $|x(kT_s)|$ 输入到比较器 3,由标准电压 3/4 V 与之比较,若

$$\begin{cases} |x(kT_s)| > \dfrac{3}{4}\,\text{V},\text{比较器 3 输出 } b_0=1 \\[2mm] |x(kT_s)| < \dfrac{3}{4}\,\text{V},\text{比较器 3 输出 } b_0=0 \end{cases}$$

② 若 $b_1 = 0$，则通过"非门"使门电路(b)开通，而输入的 $|x(kT_s)|$ 在比较器 4 中与标准
电压 1/4 V 比较，结果为

$$\begin{cases} |x(kT_s)| > \dfrac{1}{4} \text{ V}，比较器 4 输出 } b_0 = 1 \\ |x(kT_s)| < \dfrac{1}{4} \text{ V}，比较器 4 输出 } b_0 = 0 \end{cases}$$

通过上述几个步骤，可以得到一个抽样值的量化电平的 3 bit 的 PCM 编码($b_2 b_1 b_0$)。

4.3.3　线性(均匀)量化与量化信噪比

1. 量化特性

从上述量化编码原理已了解到，量化单元实际上是模拟信号为输入，而输出为阶梯波
信号。虽然输出输入关系从局部看因舍入量化作用而呈非线性，但总的关系为线性特征。
量化间隔 Δ 均等，而 Δ 的大小决定于信号动态范围和量化级数目(式(4-10))，故称均匀量
化或线性量化。

图 4-10 和图 4-11 示出了两种线性量化的关系曲线。其中图 4-10 为中平特性(Midtread)，
图 4-11 为中升特性(Midrise)，并且均适于双极性(交流)信号量化。

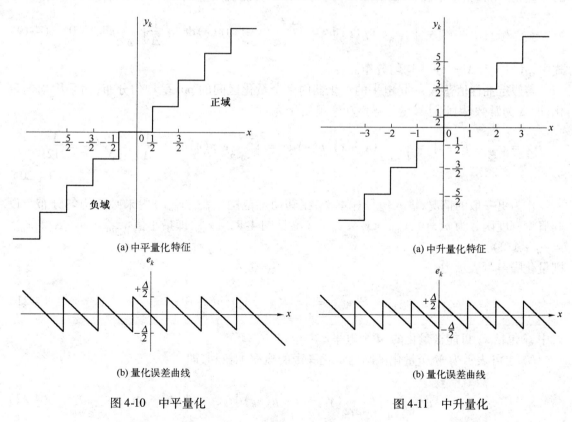

图 4-10　中平量化　　　　　　　　图 4-11　中升量化

上两图中横坐标为抽样样本序列 $\{x_k\}$ 的输入值(x_k 就是上面的 $f(kT_s)$)，k 表示 kT_s 时刻
进行抽样，y_k 是相应于 x_k 输入模拟值的量化值，输出/输入关系为

$$y_k = Q(x_k) \tag{4-17}$$

式中,$Q(\cdot)$ 为量化特性,在应用中,一般以 Q 表示量化单元。

两类量化策略稍有不同:"中平"按"四舍五入"方式,"中升"是当输入样值落入两个量化电平之间,以靠近它的电平作为量化值。这里着重利用"中升"特性,两者无本质区别。

图 4-10 和图 4-11 分别示出了它们的量化"颗粒"误差。一般应用中,量化器要适配输入信号的动态范围,或量化器动态范围稍大,以免对大的输入样本值造成"过载"量化而产生大的失真。如电视图像信号量化,按标准规定 $M = 256$,正负量化区域总是使量化器空闲两端量化电平各 15 或 20 个,以确保不过载量化。

上述线性量化的 PCM,常表示为 LPCM。

2. 量化噪声与量化信噪比

由均匀量化锯齿形颗粒量化误差曲线,量化误差 e_k 总是在 $\pm\Delta/2$ 范围,它表示为

$$e_k = y_i - x_k \qquad i = 1, 2, \cdots, M \tag{4-18}$$

y_i、e_k 分别是接近第 i 个量化电平的第 k 个样本值 x_k 的量化值和量化误差。在 M 个量化电平的各量化间隔内,e_k 是在 $(-\Delta/2, \Delta/2)$ 内均匀分布的随机变量,求其均值可得

$$E[e_k] = \overline{e_k} = \int_{-\Delta/2}^{\Delta/2} e \cdot p(e)\,\mathrm{d}e = \int_{-\Delta/2}^{\Delta/2}(y-x)p(e)\,\mathrm{d}e = \frac{1}{\Delta}\int_{-\Delta/2}^{\Delta/2} e\,\mathrm{d}e = 0 \quad (4\text{-}19)$$

式中,$p(e) = 1/\Delta$——e 为均匀分布。

若假定抽样值落入在 M 电平的量化器内多个量化区间的 pdf 呈均匀分布,而采用均匀量化,即 Δ 为常数,因此计算量化噪声功率可简化为

$$N_q = \sigma_e^2 = E[e^2] = \int_{-\Delta/2}^{\Delta/2}(y-x)^2 p(e)\,\mathrm{d}e = \int_{-\Delta/2}^{\Delta/2} e^2 p(e)\,\mathrm{d}e = \frac{1}{\Delta}\int_{-\Delta/2}^{\Delta/2} e^2\,\mathrm{d}e = \frac{\Delta^2}{12}$$

$$\tag{4-20}$$

作为更一般的情况,输入信号样本 x_k 在其动态范围 $(x_{\min}, x_{\max})$ 内未必是均匀分布。设其概率密度函数为 $p(x_k)$,$x_{\min} < x_k < x_{\max}$,(参见图 4-8,$-x_{\max}$ 即最小值 $x_{\min} = y_1 - \Delta/2$,$x_{\max} = y_M + \Delta/2$)。
则量化噪声可表示为

$$N_q = E[e_k^2] = \int_{x_{\min}}^{x_{\max}}(y - x_k)^2 p(x_k)\,\mathrm{d}x_k \tag{4-21}$$

式中,y 包括 x_k 可能被量化的 M 个电平。

N_q 也可表示为 M 个量化区间内量化噪声的概率加权和,即

$$N_q = \sum_{i=1}^{M}\int_{y_i-\Delta/2}^{y_i+\Delta/2}(y_i - x_k)^2 p(x_k)\,\mathrm{d}x_k, i = 1, 2, \cdots, M \tag{4-22}$$

式中,y_i 为第 i 个量化电平值,当抽样值 x_k 落入到 y_i 所在量化区间 $(y_i - \Delta/2, y_i + \Delta/2)$ 范围内,则被量化为 y_i。

式(4-21)或式(4-22)中 $p(x_k)$，多数情况可视为均匀分布，应有

$$p(x_k) = \frac{1}{x_{max} - |x_{min}|} = \frac{1}{M\Delta} \tag{4-23}$$

在此前提下，尚可进一步将 $p(x_k)$ 转为以样本值落入 M 区间为等概情况，即有

$$P_i = \frac{1}{M}, \qquad i = 1, 2, \cdots, M \tag{4-24}$$

P_i 是信号样值 x_k 落入第 i 个量化区间概率

于是就可以将式(4-22)基于信号样本值随机变量来计算 N_q，转换为基于量化误差本身的统计特性来计算 N_q，则

$$N_q = \sum_{i=1}^{M} \int_{-\Delta/2}^{\Delta/2} [e^2 p(e)] P_i de = \tag{4-25}$$

$$\left(\sum_{i=1}^{M} P_i\right) \int_{-\Delta/2}^{\Delta/2} e^2 \frac{1}{\Delta} de = \frac{\Delta^2}{12} \tag{4-26}$$

式中，$\sum_{i=1}^{M} P_i = \sum_{i=1}^{M} \frac{1}{M} = 1$（完备集）

由式(4-26)得到与式(4-20)相同结果，但是给出了较严格的分析方法。

由量化造成的误差，可以计算信号与量化噪声功率之比——量化信噪比。输入信号 $\{x_k\}$ 的平均功率，即方差 $S = \sigma_x^2$，再由式(4-11)和式(4-26)则均匀量化信噪比通式为

$$\left.\begin{array}{c}\dfrac{S}{N_q} = \dfrac{\sigma_x^2}{\sigma_e^2} = 3M^2\left(\dfrac{\sigma_x^2}{x_{max}^2}\right) = 3 \times 2^{2k}\left(\dfrac{\sigma_x^2}{x_{max}^2}\right) = 3M^2/K_{cr}^2 \\[4mm] \dfrac{S}{N_q} = 3 \times 2^{2k}/K_{cr}^2 \end{array}\right\} \tag{4-27}$$

或

以 dB 表示为

$$\left(\frac{S}{N_q}\right)_{dB} = 4.8 + 6.02k - 10\lg K_{cr}^2 \qquad (dB) \tag{4-28}$$

式中，$K_{cr} = x_{max}/\sqrt{\sigma_x^2}$ ——信号的波形因数，或峰值系数，它是输入信号的幅度与其有效值之比。如 $x(t) = A_0 \cos \omega_0 t$ 正弦信号，其 K_{cr} 系数为

$$K_{cr} = \frac{A_0}{A_0/\sqrt{2}} = \sqrt{2}，则 K_{cr}^2 = 2 \tag{4-29}$$

即正弦型信号的功率为 $A_0^2/2$，最大值（方波）功率 $x_{max}^2 = A_0^2$。因此，正弦型信号量化时的量化信噪比为

$$\left.\begin{array}{c}\dfrac{S}{N_q} = 3 \times 2^{2k}/2 = 3 \times 2^{2k-1} = 1.5 \times 2^{2k} \\[4mm] \left(\dfrac{S}{N_q}\right)_{dB} = 1.76 + 6.02k \approx 1.8 + 6k \qquad (dB) \end{array}\right\} \tag{4-30}$$

或

3. 几点重要概念

（1）上列几个 S/N_q 的表示式，均表明对于模拟信号总有其 K_{cr} 一定值，当选定 $M = 2^k$ 参

数后,量化信噪比就被确定,即 S/N_q 就决定于 M(或 k),且样本编码位数 k 增加一位,量化信噪比就增高 6 dB。

（2）本节学习了均匀（线性）量化的一系列概念、术语与基本定量关系,但是这种量化方式并非适于各种信号。由式(4-26)及式(4-27)知,对于确定要编码的模拟信号,为了改善量化噪声而提高量化信噪比,每改善 6 dB,则需 PCM 码字增加 1 比特。此时按式(4-13)及式(4-14),基带 PCM 理想传输带宽为 $B_N = R_b/2 = kf_s/2$,若 k 增 1 位,则传输带宽也增加 $\dfrac{f_s}{2}$。这表明以有效性换取了可靠性,在第 3 章 WBFM 分析中,已充分说明了这一点。

（3）这里分析均匀量化,是以量化器动态范围基本等于信号动态范围,即 $M\Delta = 2x_{max}$,如果 $2x_{max} < M\Delta$,如正弦幅度为 4 V,设 $\Delta = 0.2$ V,则只涉及 $M = 64$ 中的 40 个量化电平。于是不能按式(4-30)计算 $\dfrac{S}{N_q}$,因为 $K_{cr}^2 = 5.12 > 2$,$\dfrac{S}{N_q}$ 减少 4.1 dB。

为了便于掌握均匀量化的具体步骤,有关参量间关系和数值运算过程,下面给出一个单音信号量化的全过程。

[例 4-1]　正弦信号 $f(t) = 16\sin(2\pi \times 10^3 t)$,利用均匀量化进行 PCM 编码。设抽样速率 $f_s = 8000$ Hz,量化电平数 $M = 8$,并且量化器动态范围与信号动态范围相匹配。

（1）计算量化间距 Δ 和量化噪声功率 N_q,量化信噪比 S/N_q;

（2）由给出 1 周期的信号波形,在信号的相位点 $\dfrac{\pi}{8}$ 开始抽样,给出 1 个周期内的信号抽样值、量化值及 PCM 编码;

（3）所给出的 PCM 编码序列的比特率 R_b 和理想传输带宽 B 各为多少?

解　（1）由 $M = 8$,信号峰 – 峰值为 $2x_{max} = 32$ V,则

$$\Delta = \frac{2x_{max}}{M} = \frac{32}{8} = 4 \text{ V}$$

$$N_q = \frac{\Delta^2}{12} = \frac{4^2}{12} = \frac{4}{3} \text{ W}$$

量化信噪比有两种计算方法:

① 由信号功率 $S = \sigma_x^2 = \overline{f^2(t)} = \dfrac{16^2}{2} = 128$ W,则

$$\frac{S}{N_q} = \frac{128}{4/3} = 96,即 19.8 \text{ dB}$$

② 由式(4-30)得

$$\frac{S}{N_q} = 1.8 + 6k = 1.8 + 6 \times 3 = 19.8 \text{ dB}$$

（2）由于信号频率 $f_m = 1$ kHz,$f_s = 8$ kHz,故在一个正弦波周期 $T = 1$ ms 内要取 8 个样本,即 $f_s = 8f_m$。

图 4-12 示出了抽样点从 $\dfrac{\pi}{8}$ 开始的 8 个抽样值,按题目要求,将各数据列于表 4-2。

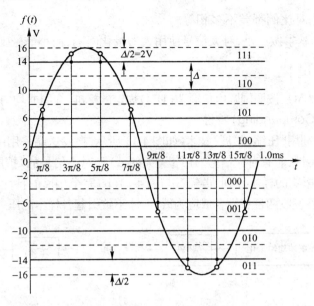

图 4-12　正弦信号抽样与量化

表 4-2　例 4-1 的计算结果

量化器	电平/V	14	10	6	2	−2	−6	−10	−14
	电平编码	111	110	101	100	000	001	010	011
编码过程	抽样点	$\dfrac{\pi}{8}$	$\dfrac{3\pi}{8}$	$\dfrac{5\pi}{8}$	$\dfrac{7\pi}{8}$	$\dfrac{9\pi}{8}$	$\dfrac{11\pi}{8}$	$\dfrac{13\pi}{8}$	$\dfrac{15\pi}{8}$
	抽样值	6.12	14.8	14.8	6.12	−6.12	−14.8	−14.8	−6.12
	量化值	6	14	14	6	−6	−14	−14	−6
	编码	101	111	111	101	001	011	011	001

最后编码序列(1 个周期内)为 101、111、111、101、001、011、011、001。

另外需加说明:由于利用 $\Delta = \dfrac{2x_{max}}{M}$ 或 $M = \dfrac{2x_{max}}{\Delta}$ 进行计算,量化电平最高、最低值为 ±14 V,而信号正负极值为 ±16 V,正负端各相差 $\Delta/2 = 2$ V,即 ±16 V 分别是量化器上、下限的量化门限。

(3) $R_b = f_s \cdot k = 8000 \times 3 = 2.4$ kbit/s。

$$B = \frac{R_b}{2} = 1.2 \text{ kHz}。$$

4.4　语音 PCM

本节以成熟应用的语音信号 PCM 传输为重点,阐明非均匀量化的基本原理,同时分析此种编码系统的性能。

语音信号的幅度(发音强度)并非均匀分布,它的动态范围往往在 60 dB 左右(即幅值大小变化为 1 000:1)。若为了使小信号幅度的样本量化噪声相对值较小,利用上述均匀量化需 12 比特的码字,即量化级 $M = 2^{12} = 4\ 096$。不然的话,由于小信号比例相当大,它蒙受较大量化损失,从而使语音质量大为下降。因此需要非均匀量化——基本策略是不论样本幅度大小,使它们量化失真的相对比例都差不多相等。

达到这一目标的基本做法是,对大信号使用大的量化间隔,而小信号则利用小的量化台阶。

4.4.1 非均匀量化

现就数字电话(PCM),按照国际电信联盟(ITU)规定的标准,介绍非均匀量化及其编码结构。

1. 压缩-扩展(Companding)特性

实现非均匀量化利用"压缩-扩展"技术,如图 4-13 所示,在发送端采用图 4-13(b)具有"压缩"(Compressor)的量化特性,兼有对大信号"压缩"(大的 Δ)和对小信号的"扩展"(用小的 Δ)。在接收端解码后的受压缩影响的样本序列,再经过与图 4-13(b)完全相反的特性,即"扩展"(Expander)特性(见图 4-13(c))。发收两种特性合成应为线性,才不致引起各样本的压-扩失真。

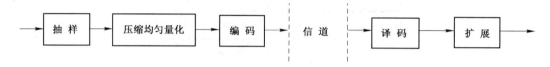

(a) 具有压-扩器的 PCM 系统

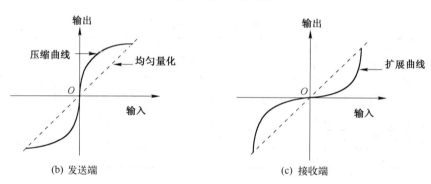

(b) 发送端　　　　　　　　　(c) 接收端

图 4-13　压-扩特性

早在 20 世纪 20 年代,开始利用模拟长途载波电话通信之后不久,于 1937 年,PCM 电话原理已有文献可查。长期以来原 CCITT(国际电报电话咨询委员会自 1993 年 3 月后,鉴于电信业的发展,CCITT 易名为 ITU-T,国际电联－电信标准部)经过大量研究与实验,PCM 电话于 1962 年开始投入实际运行,先后颁布了 G 系列多种建议,其中 G.711 建议具体给出了基于单话路为 $R_b = 64$ kbit/s 的 PCM 标准。在此标准中对压-扩特性进行了数学形式的规定。

2. 两种制式压-扩特性

ITU-T G.711 建议的 PCM 两个模式如下。

A 律

$$\begin{cases} y = \dfrac{1 + \ln Ax}{1 + \ln A}, & \dfrac{1}{A} < x \leqslant 1 \\[3mm] y = \dfrac{Ax}{1 + \ln A}, & 0 \leqslant x \leqslant \dfrac{1}{A} \end{cases} \tag{4-31}$$

式中,x 为归一化输入信号电平;y 为归一化量化电平;A 为确定常数,$A = 87.6$。

上述 A 律压-扩特性主要用于欧洲和我国的 PCM 电话系统。

μ 律

$$y = \mathrm{sgn}(x)\frac{\ln(1+\mu x)}{\ln(1+\mu)} \qquad (4\text{-}32)$$

式中,sgn(·)为符号函数;μ 为压缩量度。

μ 值的作用是,当 μ 值小时或归一化值 μ|x|≤1 时,接近于均匀量化特性(μ=0 则为均匀量化);当 μ 值大时,μ≫1 有更强的压缩效果。在现用系统中,常取 μ=100 或 255。

A 律与 μ 律公式也可以十为底的对数表示,即

$$|y| = \begin{cases} \dfrac{1+\lg(A|x|)}{1+\lg A}, & \dfrac{1}{A} < x \leqslant 1 \\[3mm] \dfrac{A|x|}{1+\lg A}, & 0 \leqslant x \leqslant \dfrac{1}{A} \end{cases} \qquad (4\text{-}33)$$

及

$$|y| = \frac{\lg(1+\mu|x|)}{\lg(1+\mu)} \qquad (4\text{-}34)$$

其实两种表示没有本质差别。

A 律与 μ 律均含有对数运算,是由于人耳对声音的响应与幅度值的对数成正比。

为了生产器件的方便,一般由分段折线方式来逼近 A 律或 μ 律特性曲线。现行标准中,A 律利用了"13 折线"近似关系,如图4-14所示。μ 律特性以"15 折线"逼近,这里不再具体描述。

由 G.711 建议采用的 13 折线,对于 PCM 系统 8 比特码字的量化信噪比改善量为 26 dB。后面将表明,这较式(4-26)的量化信噪比公式,相当于节省了 4 bit 码元,即利用非线性量化的 A 律技术,均匀量化的12 bit/码字可由 8 bit/码字完成,或 11 bit/码字可由 7 bit/码字(除极性码最高位外)完成。

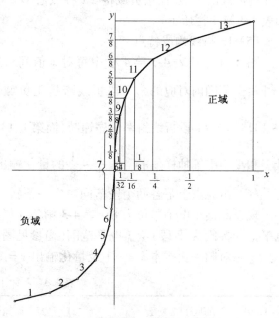

图 4-14　A 律的 13 折线压–扩特性

4.4.2　A 律/13 折线的 PCM 编码

在实施 A 律/13 折线编码之前,先将式(4-31)的具体构成加以分析。在 A 律曲线图 4-15 中,$\widehat{bc}$ 段弧线表示式(4-31)中第一部分表示式,bO 段是直线——由 b 点对弧线 $\widehat{bc}$ 所作的切线,bO 段表示式(4-31)第二部分。b 点坐标 (x_1, y_1) 为 $x_1 = \dfrac{1}{A} = \dfrac{1}{87.6} = 0.011\,4$,$y_1 = \dfrac{1}{1+\ln A} = \dfrac{1}{1+\ln 87.6} = 0.183$。13 折线的构成就是以图4-15分段方式来逼近已设计的式(4-31)A 律曲线。

PCM 语音量化电平数为 $M = 2^8 = 256$。$k=8$,即每个 8 bit 码字代表一个量化样本,左起首位最高位的 1、0 分别表示样本的正负极性,其余 7 bit 码元需按 13 折线编出。

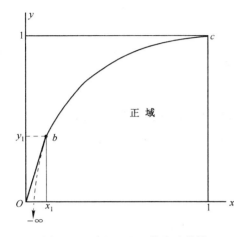

图4-15　式(4-31)A律准确曲线

1. 实施13折线的步骤和相应参量值（对照图4-14及表4-3）

（1）设正、负域动态范围均为归一化值，即 $\pm x = \pm y = \pm 1$；

（2）由于正域与负域奇对称，先不计极性位，将 $\pm y = \pm 1$ 各均匀分为8段，则输入信号 x 各段最高电平分别为1/8，1/4，3/8，…，7/8，1（表4-3第2栏及图4-14）；

（3）相应的 x 值由A律公式也对应8段，最左段开始（不均匀）各段最大值分别为 1/128，1/60.6，…，1/3.93，1/1.98，1（表4-3第3栏）；

（4）做出如图4-14所示的折线，是对（3）中A律光滑曲线的近似：在正负域将 $\pm x$ 各点值 $1/2^i(i=7,6,5,\cdots0)$ 分别与 $\pm y$ 的各8段值对应，如表4-3第4栏所示。

（5）13折线构成特点

图4-14中或表4-3第4栏中每对 x 值间对应一个不同斜率的折线段（第5、6栏）在 $0 < |x| \leqslant \frac{1}{64}$ 范围内对应的第7段折线跨越正负域各第1、2段落，并同对应最大斜率16。而第8～13段与6～1段折线斜率依序递减，而第1、13段斜率降至最小为 $\frac{1}{4}$。这表明A律所要求的低于和高于中等抽样值 $|x|=\frac{1}{4}\sim\frac{1}{8}$ 的量化输出得到不同的"扩展"或"压缩"。

（6）由原点上下各两个段落同对应一条斜率为16的折线，即各覆盖16个最小单位的电平。现设此最小电平单位为 δ。表4-3第7、8栏示出了对应不同斜率折线段的各段落终端点电平值和各段落（8段）覆盖电平范围（尚参见图4-16左边两列）。

于是对归一化样本 $x=\pm1$ 及量化输出 $y=\pm1$ 的动态范围为 $\pm2048\delta$。

表4-3　A律13折线参数

1	正域8段落顺号	1	2	3	4	5	6	7	8
2	正域各段落末端归一化 y 值	1/8	2/8	3/8	4/8	5/8	6/8	7/8	1
3	按A律对应第2栏中 y 值的 x_i 值	1/128	1/60.6	1/30.6	1/15.4	1/7.79	1/3.93	1/1.98	1
4	以 $\frac{1}{2^i}(i=(7,6,5,\cdots1))$ 对第3栏 x_i 的近似值	1/128	1/64	1/32	1/16	1/8	1/4	1/2	1
5	按图4-14中13段折线顺号 （正域折线号）	7	8	9	10	11	12	13	
6	第5栏中7个折线段的斜率	16	8	4	2	1	$\frac{1}{2}$	$\frac{1}{4}$	
7	正域7折线各末端的量化值，单位 δ	16	32	64	128	256	512	1024	2048
8	以 δ 为单位各段代表的电平量跨度	16	16	32	64	128	256	512	1024

2. 按 13 折线的编码步骤

按表 4-3 将量化动态范围正负域各等分 8 段。每码字 8 bit 的布局如下：

（1）极性码——8 bit 中最高位 C_7——1 或 0，表示信号极性；

（2）段落码——除已表示了正负极性外，量化的 ±8 段，需由（$C_6C_5C_4$）3 位码元表示，即 $000,001,\cdots,111$ 表示量化值处于 8 段中的哪 1 段；

（3）段内码——±8 段中每段均有 16 个不同电平，由低 4 位（$C_3C_2C_1C_0$）表示量化值在某段中第几个段内电平。

通过以上布局，对任何在动态范围内的量化样本均由 8 bit 码字（$C_7C_6C_5C_4C_3C_2C_1C_0$）表示出它的量化电平，如表 4-4 和图 4-16 所示。

3. 段落与段内码的电平

双极性量化信号动态范围归一化为正负域各 2 048δ。根据表 4-3 中 13 折线实施方案及表 4-4 的码字结构，可得出正负各 8 段的电平分布，如表 4-3 第 8 栏所示，为正域 8 段电平分布，负域与其呈对称关系。对任一抽样样本的量化值，可以编为 8 bit 码字。

由表 4-3 看出，由于 13 折线算法从原点起第 1,2 段斜率相同。因此，二者的段内码对应的电平相同，段长均为 16δ。其余 6 段均以 2 倍递增各电平值。需明确，之所以给出 ±2 048δ 电平种类，

表 4-4　PCM 语音 8 bit 码字构成

极性码	段落码	段内码
C_7	$C_6C_5C_4$	$C_3C_2C_1C_0$

是由于 13 折线方式编 8 bit 码字的最小精确到 1δ，因为第 1、2 段落（斜率为 16）各 16 个电平。每电平间隔为 1δ。而第 8 段则同样为 16 个均匀量化电平，但却含有 1 024δ，每电平间隔为 64δ。由图 4-16，对照表 4-3，可更为清楚地认识 13 折线的具体规律。图 4-16 最左列为各段落起始电平值，在表 4-3 中第 7 栏为各段落终值。

[**例 4-2**]　设 A 律 PCM 系统模拟输入信号 $x(t)$ 动态范围为 ±4 V。

（1）抽样样本值为 $-150δ$，给出 PCM 码字及相对误差。

（2）抽样值为 0.8 V，给出 PCM 码字。

（3）若 PCM 编码为 $C = 10101101$，给出解码值。

解　（1）将 $-150δ$ 编码为 $C = C_7C_6C_5C_4C_3C_2C_1C_0$

其中 $C_7 = 0$（负极性），150δ 处于（负域）从原点向下第 5 段落，编码为 $C_6C_5C_4 = 100$；然后考虑段内码；平分为 16 个均匀小段，每段为 $\dfrac{256-128}{16} = 8δ$，则 150δ 处于 16 段中第 3 段，量化电平为 152δ，故 $C_3C_2C_1C_0 = 0010$。最后 $C = 01000010$。

误差为 $152 - 150 = 2δ$，正误差相对值 $\dfrac{2}{150} = +1.33\%$。

（2）抽样值 $+0.8$ V，处于正域第 6 段，$C_7C_6C_5C_4 = 1101$
$$C_3C_2C_1C_0 = 1001（第 10 分段），C = 11011001。$$

（3）已知编码 $C = 10101101$，样值近似值应处于正域第 3 段中第 14 分段，即其值量化电平为 $+59δ$ 对应输入信号样值在 0.0625 ~ 0.125 V 之间，近似为 $+0.115$ V。

*4.4.3　PCM 传输格式

上面 A 律与 μ 律压-扩特性适于话音 PCM 编码传输的，已经得到了普遍使用。基于程控

交换和同步数字体制(SDH)与 PCM 的有机结合,以 PCM 基群接入,可支持各种实时数字、数据通信。如数字微波、窄带(2 Mbit/s)与宽带(8 Mbit/s)会议电视、多媒体信息传输等。

基于 64 kbit/s 单话路速率是 ITU-T 建议 PCM 标准语音速率,即 $R_{bu} = f_s k = 8 \times 8 \times 10^3 = 64$ kbit/s。

实用的 PCM 系统是以时分复用(TDM)方式由 30 路或 24 路构成一个基群(一次群)。采用 A 律的为 30 路基群,采用 μ 律时为 24 路基群,分别称为 E_1 与 T_1 系统。

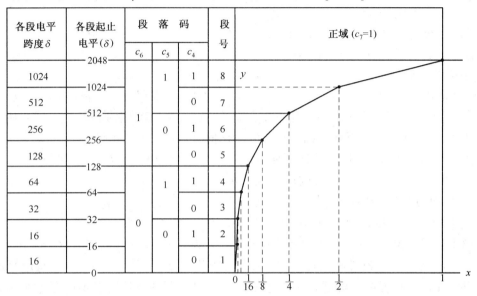

图 4-16　A 律 13 折线段落码与相应电平值分布

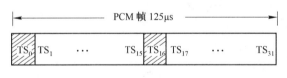

图 4-17　A 律基群 PCM 帧结构

1. A 律 30/32 路 PCM 帧结构

图 4-17 示出了总速率为 $R_{b1} = 2.048$ Mbit/s 的 30/32 路 PCM 基群的帧结构,基群系统分为 32 个时隙(Time Slot): TS 顺号从 TS_0 至 TS_{31}。其中 TS_0 即第 1 时隙,它用于帧定位信息,可由循环冗余校验码(CRC),使帧同步保持正常工作。TS_{16} 用于其余 30 个用户时隙的业务信令,这种信令方式称为"随路信令"(Associated Signaling)。因此称此种结构的基群为 30/32 路系统。

PCM 基群中帧是指由 TDM 抽样开关依次完成对每路(32 路)抽一个样本,并各编为 8 比特码的总比特数 m,即帧长 $m = 32 \times 8 = 256$(bit/帧)。由于抽样速率 $f_s = 8$ kHz,因此帧率 $R_f = 8$ kHz(或每个时隙 8 000 样本/s)。这样,A 律基群速率为 $R_b = 256 \times 8 \times 10^3 = 2.048$ Mbit/s。

由此对于 PCM 系统的时隙 TS 可有两方面含义:一是每帧中,8 bit 为一个时隙(即每路信号的一个样本比特数);二是按速率来说,时隙是指每路数字编码的速率,即 $R_{bu} = 64$ kbit/s。

第 0 时隙 TS_0 用于所谓"帧定位"(Frame Alignment),是发收两端每帧的第 0 个时隙,8 bit 码元是帧定位字(FAW),以不断检查系统是否同步,比特流及时隙的比特位置是否正确。一旦"失步"就发出告警信息。一般因偶然因素而稍有失步,系统本身立即进行自动调整,直至恢复正常为止,否则需人工干预。

2. 30/32 基群系统构成

在了解了基群 PCM 的帧结构之后,再来浏览 30/32PCM 系统(也称 E_1 系统)的发送与接收系统框图,如图 4-18 所示。

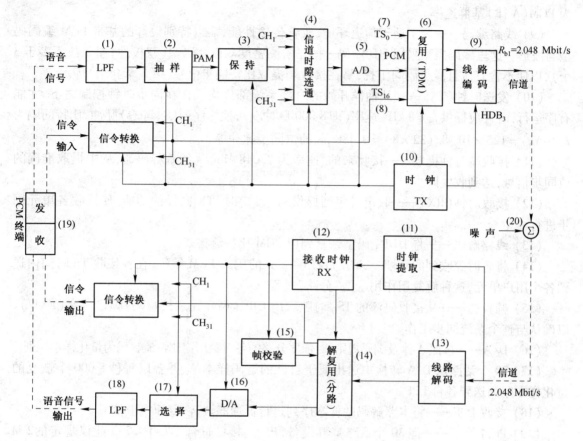

图 4-18　PCM 基群示意框图

为了认识系统各部分功能与相互关系,按图示各部分所标的顺号一一简要介绍如下。

(1) LPF:各话路输入模拟信号限带为 f_m 的低通滤波器, $f_m \leqslant 4$ kHz(3 400 Hz)。

(2) 抽样器:抽样速率 $f_s = 8$ kHz。

(3) 保持(Hold):对抽样样本序列的量化电平,保持其电平值,于是抽样序列经保持电路后成为有 $M = 2^k$ 个可能电平的矩形阶梯波,以便保持一定的样本能量。

(4) 信道(时隙)选通门:是为实现 TDM 提供的以帧周期 $T_s = 1/f_s = 1/8\,000 = 125$ μs 为周期的循环抽样开关,以便对各时隙扫描抽样;以间隔为 $T_s/N = 125 \times 10^{-6}/32 = 3.9$ μs 接通一个话路抽一个样本,每秒完成各路依次抽样 8 000 次。图中 CH_n 表示第 n 路(时隙)。

(5) 被抽样的某路信号 1 个样本,在 A/D 转换为 8 bit 的 PCM 编码,其中实现了 A 律压缩 13 折线的功能。

(6) TDM 复用:将 30 话路的 8 bit 码字分别依次排列到规定顺号的时隙。其中 $TS_1 \sim TS_{15}$ 及 $TS_{17} \sim TS_{31}$ 为 30 个话路 PCM 时隙。

(7) TS_0 时隙产生帧定位字(FAW)及告警信息,分别在偶数、奇数帧时输入到 TS_0 时隙。

（8）30 个用户的信令（如拨号音、振铃、忙音等）PCM 8 bit 码均输入到 TS_{16} 时隙，而各话路时隙只传送话音信息，这种多路单独占用一个时隙传输信令的机制称"随路信令"。

由 TDM 复用器完成了 30/32 路时分 PCM 帧结构，其码率为 $R_{b1} = 64 \times 32 = 2.048$ Mbit/s，称为 PCM（A 律）基群速率。

（9）线路编码——为了适于信道环境，改善传输性能，需以特别设计的基带 PCM 编码码型与波形。这里编码码型采用 HDB_3 码——三阶高密度双极性码型（双极性，连 0 数不多于 3 个），以使不含直流且减少码间干扰，易在接收端提取比特同步信号（第 5 章介绍）等。

（10）发送时钟（TX）——从抽样开始的全部系统部件均工作在同步时钟控制之下，才能有序运行，时钟应提供 $f_s = 8$ kHz 速率（即 8 000 脉冲/s），抽样序列（8 kbit/s）脉冲，比特间隔为 $T_s/(Nk) = 125 \times 10^{-6}/(32 \times 8) = 0.488$ μs 的位同步脉冲等。

（11）接收端时钟提取——接收来的、速率为 2.048 Mbit/s 的基群码流，从中提取准确的位同步信号，达到收发同步。

（12）接收时钟（RX）——收定时序列提供与"发定时"TX 同样的功能，使接收各单元同步进行。

（13）线路解码——将 HDB_3 码型恢复到原 PCM 比特流格式。

（14）将各时隙收到的每帧 8 bit 及每秒 64 kbit 的用户 PCM 编码，在各接收 TS 时间内送到各个用户单元，这种解复用作用就是"分路"过程。

（15）帧校验——从接收码流的 TS_0 时隙取出 CRC（循环冗余校验码）帧定位字（FAW），以确认与整个系统同步工作。

（16）D/A——按照 A 律及编码规则，对依序分路的各时隙用户比特流解码为量化样本序列。

（17）30 个话路从 D/A 转换中送出属于自己的解码样本值，并各以每秒 8 000 个恢复的量化样本序列送到各自 LPF。

（18）接收 LPF——将本路解码的样本序列进行低通滤波，恢复原模拟信号。

（19）PCM 终端——即 30 个话路基群设备，出、入接口符合 ITU-TG. 703 建议规定的 2 M 接口标准；并与双向通道（电缆或光纤）相连，同时向用户端连接 30 个用户话机。

（20）信道加性噪声 $n(t)$——与第 3 章一样，将传输系统中介入的以 AWGN 为主的干扰，累积为 $n(t)$——这里是基带（低通）白噪声。

3. 24 路 μ 律 PCM 基群系统

以 μ 律编码的 PCM 基群共有 24 个时隙，支持 24 个用户话路比特流。它的帧结构与 A 律有所不同，如图 4-19 所示。

μ 律 24 路基群帧结构主要参量为：

（1）帧周期——由于抽样（标准）速率为 $f_s = 8$ kHz，帧周期则为 $T_s = 125$ μs；

（2）1 帧码数——由于它的帧定位简单，不像 A 律基群要占 1 个 64 kbit/s 时隙，而是每帧开始加进 1 位"帧定位比特"，于是帧长为 $m_f = (24 \times 8) + 1 = 193$ bit/帧（bit/f）；

（3）共有 24 个话路，24 个时隙，总速率 $R_{b1} = 193 \times 8 000 = 1 544$ kbit/s = 1.544 Mbit/s。其中，帧定位占 8 kbit/s，所以用户信息比特率为 $R_b = 1.536$ Mbit/s；

（4）信令比特也与 A 律基群不同——每个话路时隙在每 6 帧时，其第 8 比特作为信令比特，于是基群信令速率为 $R_{bs} = 24 \times 8 000/6 = 32$ kbit/s。

最后，归纳以上 A 律、μ 律两种系统的主要参量指标，如表 4-5 所示。

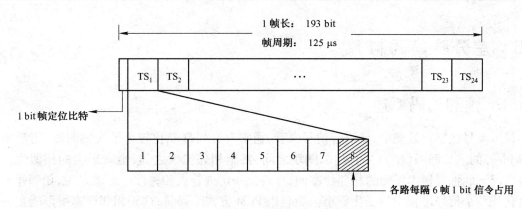

图 4-19　24 路 μ 律 PCM 基群系统帧结构

表 4-5　30 路与 24 路 PCM 基群系统比较

	30 路	24 路
抽样速率/kHz	8	8
时间间隔/μs	3.9	5.2
比特间隔/μs	0.488	0.65
比特率/(Mbit/s)	2.048	1.544
帧周期/μs	125	125
每样本比特数/bit	8	8
每复帧的帧数	16	12
复帧周期/ms	2	1.5

*4. E 系列与 T 系列 PCM 系统

在实际传输中,起初多用同轴电缆作为基群 PCM 信号传输手段,但基带传输因噪声干扰和衰减,每隔 2~3 km 就需对 PCM 比特流进行"判决与再生",称为"中继",这需要大量中继器,成本高且性能差。现时均以基群方式连接近距离用户,把它作为接入(Access)手段,而长距离传输则利用光纤,并进入 SDH 系统,其实际应用多用高次群(Higher-order Digital Multiplexing),并分别称 A 律与 μ 律(从基群到各高次群)为 E 系列与 T 系列。基群为 E_1 与 T_1,二次群为 E_2,T_2,…图 4-20 列出了 ITU-T 建议的 E 系列标准制式构成。

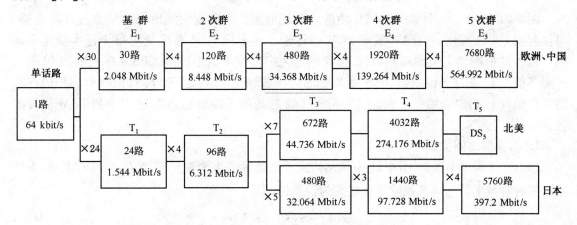

图 4-20　ITU-T 规定的建议制式构成

注:此图参照原 CCITT G 系列建议。新修改的建议,5 群已淘汰,并将重新议定 4 次群;暂允许使用 5 次群。

4.5　差分脉码调制

4.5.1　预测编码概述

模拟信号数字化处理中,就语音信号来看,通常存在局部变化较为平缓的时段,而活动图像(Video)的前后画面(帧)之间、相邻图块之间,甚至相邻像素之间,也有很大的相似性。在这些情况下的抽样样本序列的相邻样本间,显现出一定或较大相关性。也就是说,相邻样本间的变化比整个信号进程中的变化要小。当利用 PCM 方式编码时,这些相邻样本很可能在一个量化级,或只差一两个量化级,这样的 PCM 码序列,就产生了"冗余"信息。这意味着夹杂有重复信息传输而浪费传输能力。如果设法在编码前就去掉这些相关性很强的冗余,则可进行更为有效的信息传输。具有此种功能的编码机制,称为预测编码。差分脉冲编码调制(DPCM)是一种普遍应用的预测编码方式。

为实现 DPCM 目标,应当具有一定的"预测"能力,或至少在编码本位样本时能估计到下一样本是与本位样值有所差别,或没有什么不同,如果能做到这种近似估计,就相当于在一个样本编码前就大体"知道"了该样本的估测值。

这里首先讨论简单的 DPCM,即只考虑对相邻二抽样样本值的差值进行量化编码。但是这种"一阶预测"并非简单地是 $x(k) - x(k-1)$ 这一差值的编码,而是对下式中"预测误差"编码。

$$e(k) = x(k) - \tilde{x}(k) \tag{4-35}$$

其中,预测值 $\tilde{x}(k)$ 是由预测滤波器产生的,$e(k)$ 称做输入未量化样本值 $x(k)$ 的预测误差。它是由于预测器给出的预测值不够准确而产生的信息损失,因此应当对这部分不可丢失的信息进行编码传输。

4.5.2　DPCM 系统分析

图 4-21 给出了一个实现 DPCM 功能的系统框图。它实现预测编码的基本设计构思是,对预测误差 $e(k)$ 进行量化后,编成 PCM 码传输。而不像 PCM 系统是对每个样本量化值编码。这一差值的动态范围应当说比 PCM 的绝大多数样本值小得多。PAM 序列的 $x(k)$ 所用的参考值 $\tilde{x}(k)$ 来自于预测器,而不断累积的阶梯波输出 $\tilde{x}(k)$ 是在 kT_s 以前所有累积值与差值量化值 $\hat{e}(k)$ 相加的结果。因此,阶梯波 $\tilde{x}(k)$ 总是在不断近似追踪输入序列 PAM 信号的各 $x(k)$ 值。

1.　各量值之间关系

(1) 对于简单 DPCM,图 4-21 中预测器实际上是延时 1 个抽样间隔 T_s 的延时电路,系统输入的瞬时样本值与该累积阶梯波之差为误差值,即

$$x(k) - \tilde{x}(k) = e(k) \tag{4-36}$$

(2) 比较器输出的误差值 $e(k)$ 经 M 个量化电平的量化器量化后为 $\hat{e}(k)$,它等于误差值与量化误差值之和,即

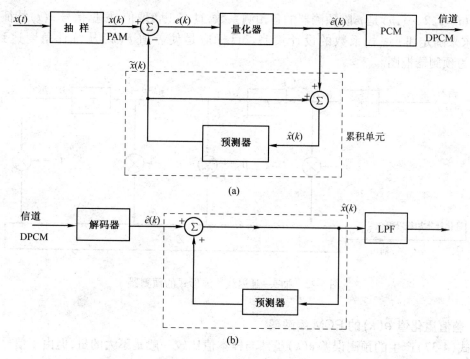

(a)

(b)

图 4-21　预测编码 DPCM 框图

$$\hat{e}(k) = e(k) + q(k) \tag{4-37}$$

式中，$q(k)$ 为差值 $e(k)$ 的量化误差（量化噪声）。

（3）预测器的输入值等于阶梯波累积值与差值的量化值之和

$$\hat{x}(k) = \tilde{x}(k) + \hat{e}(k) \tag{4-38}$$

（4）通过系统中的预测处理后，$x(k)$ 的最终损失为量值不大的差值量化噪声 $q(k)$，则有

$$\left.\begin{array}{l} \hat{x}(k) = x(k) + q(k) \\ x(k) = \hat{x}(k) - q(k) \end{array}\right\} \tag{4-39}$$

或

（5）对于较为复杂的 DPCM 模型，则将图 4-21 中延时 1 比特的累加器换为"多阶线性预测器"（如 p 阶），它不只是利用相邻前 1 个样值而利用其前多个（p 个）样值来预测下一个抽样值。于是式（4-36）中预测器的输出 $\tilde{x}(k)$ 变为一个横向滤波器（图 4-22）的 p 阶预测值加权和，由以下卷积（和）表示即

$$\tilde{x}(k) = \sum_{i=1}^{p} W_i \hat{x}(k-i) \tag{4-40}$$

显然，式（4-40）的卷积和表示了 kT_s 时刻的 $x(k)$ 的预测值 $\tilde{x}(k)$ 是此时以前 p 个抽样值的线性（加权）组合。

各 kT_s 瞬时所产生的误差值为

$$e(k) = x(k) - \tilde{x}(k) = x(k) - \sum_{i=1}^{p} W_i \hat{x}(k-i) \tag{4-41}$$

式中 $W_i(i=1,2,\cdots,p)$ 是 p 阶预测器的各预测系数,具有正负取值,根据信号 $x(t)$ 特征与预测精度要求来确定 W_i 诸权系数的设计策略。目标应是使差值 $e(k)$ 从统计角度达到最小。图 4-22 为预测器框图。

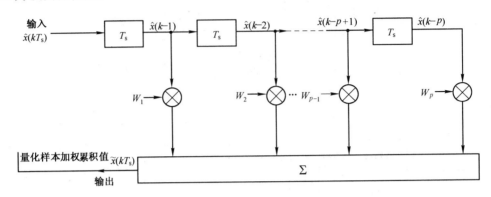

图 4-22　抽头–延迟线滤波形式的预测器

2. 差值量化值 $\hat{e}(k)$ 的 PCM 编解码

由式(4-37)产生的预测误差 $e(k)$ 虽然与样本值比较一般是不大的量,但由于信号 $x(t)$ 某段中可能增减斜率较大,因此阶梯波 $\tilde{x}(k)$ 追踪能力就显不足,会导致瞬时差值 $e(k)$ 较大,况且通过量化器得到的量化值 $\hat{e}(k)$ 又有新的损失量 $q(k)$。因此,对于各 kT_s 时刻的正负不等的差值需进行编码。分析证明,对于动态范围远小于原信号动态范围的量化差值 $\hat{e}(k)$ 编制 PCM码(线性),要比直接利用 PCM 系统的编码位数 $k = \mathrm{lb}\,M$ 要少。

DPCM 解码也非常简单,它与发送端的反馈支路完全相同。首先将差值 PCM 解码为差值序列 $\hat{e}(k)$,然后经过与发送框图 4-21(a)虚框中的累加器(积分)的运行过程相同的图4-21(b),即可恢复原信号的近似值 $\tilde{x}(k)$——阶梯波,再由低通滤波器(LPF)平滑后,可得原信号 $x(t)$ 的估值信号。

3. 性能评价

由上述分析与式(4-40)或式(4-41)关系式,DPCM 量化噪声为 $q(k)$,它的统计特性为

均值　　　$E[q(k)] = 0$　　　　　　　　　　　　　　　(4-42)

方差　　　$\sigma_q^2 = E[q^2(k)]$　　　　　　　　　　　　(4-43)

设输入信号均值为 0,方差为 σ_x^2,于是量化信噪比为

$$\frac{S}{N_q} = \frac{\sigma_x^2}{\sigma_q^2} = \frac{\sigma_x^2}{\sigma_e^2} \cdot \frac{\sigma_e^2}{\sigma_q^2} \tag{4-44}$$

设差值信号量化信噪比为

$$\frac{S_e}{N_q} = \frac{\sigma_e^2}{\sigma_q^2} \tag{4-45}$$

及 DPCM 预测处理增益为

$$G_{\mathrm{p}} = \frac{\sigma_{\mathrm{x}}^2}{\sigma_{\mathrm{e}}^2} \qquad (4\text{-}46)$$

因此得 DPCM 系统量化信噪比为

$$\frac{S}{N_{\mathrm{q}}} = G_{\mathrm{p}} \frac{S_{\mathrm{e}}}{N_{\mathrm{q}}} \qquad (4\text{-}47)$$

其中,G_{p} 之所以认为是增益值,是由于信号功率 σ_{x}^2 总是大于差值信号的功率 σ_{e}^2,应有 $G_{\mathrm{p}} >$ 0 dB。如果预测器设计的阶次较高,即预测精度高,则差值$e(k)$更小,G_{p} 更大。图 4-23 示出了预测阶次 p 与预测增益 G_{p} 的关系曲线。表明当预测阶次达到 5 时,可有 $G_{\mathrm{p}} = 10$ dB 以上增益值;即使 $p = 1$ 的简单 DPCM,也可达到 G_{p} =6 dB,体现了 DPCM 较好的效果。与利用线性 PCM 比较,6 dB 相当于 1 bit 码元的节省。

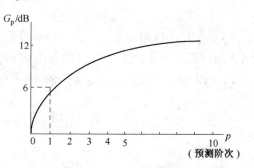

图 4-23　预测增益和预测阶次的关系

应用实践表明,对于语音信号编码利用 DPCM 时,可以由 $k = 7$ bit 相当于 PCM 系统的 $k = 8$ bit 效果,即 $R_{\mathrm{b}} = 56$ kbit/s 语音可有 PCM 系统的 64 kbit/s 质量。最佳设计的 DPCM,在相同比特率情况下,量化信噪比高于 PCM 4 ~ 11 dB。

DPCM 利用预测编码,应用范围很广,除了语音以外,更多地用于图像无失真压缩编码,如目前流行的会议电视、可视电话等图像处理采用二维多阶 DPCM 处理,实现帧内/帧间预测编码。

为便于理解“差分”和“预测”的概念,兹给出以下例题。

[例 4-3]　DPCM 系统的输入信号,是均值为 0、抽样间隔为 T_{s} 的平稳 PAM 序列 $x(kT_{\mathrm{s}})$,预测值为 $\tilde{x}(kT_{\mathrm{s}}) = cx[(k-1)T_{\mathrm{s}}]$,$c$ 为预测系数,预测误差 $e(kT_{\mathrm{s}}) = x(kT_{\mathrm{s}}) - \tilde{x}(kT_{\mathrm{s}})$ 。

(1) 计算预测误差均方值,即方差 $\sigma_{\mathrm{e}}^2(kT_{\mathrm{s}})$;

(2) 试求最佳预测系数 $c = c_{\mathrm{opt}}$ 值,能使预测误差 σ_{e}^2 达到最小,并求出 σ_{emin}^2 值。

(3) 在何情况下,$\sigma_{\mathrm{e}}^2 < \sigma_{\mathrm{X}}^2$?

解　(1) 统计均方误差

$$\begin{aligned}
\sigma_{\mathrm{e}}^2 &= E[e^2(kT_{\mathrm{s}})] = E\{[x(kT_{\mathrm{s}}) - \tilde{x}(kT_{\mathrm{s}})]^2\} \\
&= E[x^2(kT_{\mathrm{s}})] - 2E[x(kT_{\mathrm{s}})\tilde{x}(kT_{\mathrm{s}})] + E[\tilde{x}^2(kT_{\mathrm{s}})] \\
&= R_{\mathrm{X}}(0) - 2R_{\mathrm{X}\tilde{\mathrm{X}}}(kT_{\mathrm{s}}) + R_{\tilde{\mathrm{X}}}(kT_{\mathrm{s}}) \\
&= R_{\mathrm{X}}(0) - 2cR_{\mathrm{X}}(T_{\mathrm{s}}) + c^2 R_{\mathrm{X}}(0)
\end{aligned}$$

$$\sigma_{\mathrm{e}}^2 = \sigma_{\mathrm{X}}^2 \left[1 + c^2 - 2\frac{cR_{\mathrm{X}}(T_{\mathrm{s}})}{\sigma_{\mathrm{X}}^2}\right] \qquad (4\text{-}48)$$

(2) 求极值:对式(4-48)微分,且令 $\dfrac{\mathrm{d}\sigma_{\mathrm{e}}^2}{\mathrm{d}c} = 0$。则有 $2c \cdot \sigma_{\mathrm{X}}^2 - 2R_{\mathrm{X}}(T_{\mathrm{s}}) = 0$,所以

$$c = \frac{R_X(T_s)}{\sigma_X^2} = c_{opt}$$

代入 σ_e^2 表示式(4-48),有

$$\sigma_{emin}^2 = \sigma_X^2 - \frac{R_X^2(T_s)}{\sigma_X^2} \tag{4-49}$$

(3) 通常,DPCM 系统输入的 PAM 序列 $x(kT_s)$ 前后样本总不可能均相等,但预测值从统计平均 $\tilde{x}(kT_s)$ 与样本值 $x(kT_s)$ 的差值 $e(kT_s)$ 决不会更大。

由式(4-49),若要求 $\sigma_e^2 < \sigma_X^2$,则

$$\sigma_X^2 \left[1 + c^2 - 2\frac{cR_X(T_s)}{\sigma_X^2} \right] < \sigma_X^2$$

将上不等式经整理后,变为 $R_X(T_s) > \dfrac{c}{2}\sigma_X^2$,可维持 $\sigma_e^2 < \sigma_X^2$,因此,确保预测增益为

$$G_p = \frac{\sigma_X^2}{\sigma_e^2} > 1 。$$

4.6 增量调制

4.6.1 增量调制基本特点

增量调制(DM 或 ΔM——Delta modulation)是 DPCM 系列中的一个质量级别最低,而结构最为简单的预测编码方式。DPCM 的瞬时误差信号 $e(k)$ 经过量化后仍需编为 k 比特 PCM 的码字,而增量调制却先将 $e(k)$ 放大,并以一个双向硬限幅器二电平"量化",代替 DPCM 的多层电平量化,于是 DM 编码每码字只有 $k=1$ bit。图 4-24 为 DM 系统框图。可以看出,除了量化器以外,其他均与简单 DPCM 相同。这里,"预测单元"是延迟 1 个抽样间隔 T_s 的延迟器,$\tilde{x}(k) = \hat{x}(k-1)$。

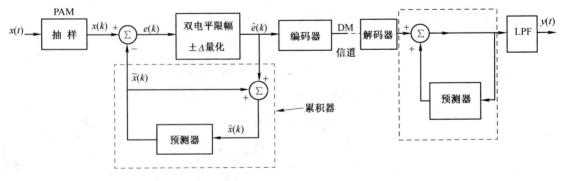

图 4-24   DM 系统框图

当信号 $x(t)$ 的 PAM 离散序列中的瞬时样本 $x(k)$ 与累积阶梯波的相应瞬时值 $\tilde{x}(k)$ 进行比较后,输出的差值 $e(k)$ 为

$$e(k) = x(k) - \tilde{x}(k) = x(k) - \hat{x}(k-1) \tag{4-50}$$

经过 $\pm\Delta$ 两电平量化器量化,亦即双向硬限幅量化值为 $\hat{e}(k)$,对应每一样本"编出"1 位码,即

$$a_k = \Delta\mathrm{sgn}[\hat{e}(k)] \tag{4-51}$$

或

$$a_k = \hat{e}(k) = \begin{cases} +\Delta & （表示 1 码） \\ -\Delta & （表示 0 码） \end{cases} \tag{4-52}$$

图 4-25(a)示出了 DM 预测器输出波形与输入信号的比较情况,图 4-25(b)是量化器特性。由上式(4-52),$e(k)$ 这一差值无论大小,只要为正误差,$e(k) > 0$,则量化限幅器输出为 $+\Delta$,只要为负误差,$e(k) < 0$,则输出为 $-\Delta$。因此,编码 DM 序列是 $\pm\Delta$ 的双极性码。1、0 码各表示误差值的正或负。为了保证限幅输出均达 $\pm\Delta$ 的值,在限幅量化前首先予以放大,然后硬限幅。

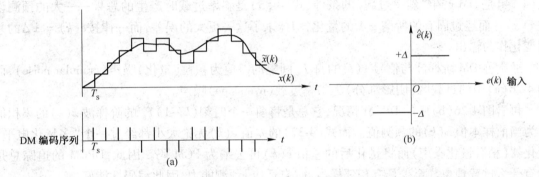

图 4-25　DM 特性

DM 预测器的功能虽仍与简单 DPCM 相同,是延迟 1 个抽样间隔的延时单元,但它的输入量为

$$\hat{x}(k) = \tilde{x}(k) + \hat{e}(k) = \tilde{x}(k) \pm \Delta(k) = \hat{x}(k-1) \pm \Delta(k) \tag{4-53}$$

而阶梯波 $\tilde{x}(k)$ 也是 kT_s 以前所有时刻的不同极性的 Δ 值的计数累积值(代数和),于是 DM 累积器又可以简化为一个(代数和)"计数器"。

DM 编码器也不同于 DPCM,后者尚要实现 $\hat{e}(k)$ 值的 PCM 编码功能,而前者 $\hat{e}(k)$ 的 $\pm\Delta(k)$ 就是输出双极性码,DM"编码器"功能只不过是为了与信道相适配,将双极性 $\pm\Delta$ 序列以适当码型或波形表示。如图 4-25(a)的编码序列,可由双极性不归零码(Bi – NRZ)表示。

4.6.2　过载特性

上面介绍的 DM 系统构成特点,指出了它与 DPCM 的 3 个主要差异,即量化、预测和编码的特点。

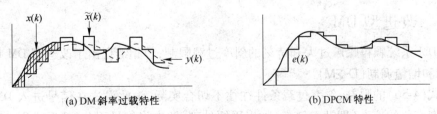

(a) DM 斜率过载特性　　　　　　　　　(b) DPCM 特性

图 4-26　DM 与 DPCM 特性比较

更为突出的一点是 DM 预测(计数)输出对于输入信号瞬时变化的追踪能力问题,从图 4-26(a)和(b)比较,可以看出明显不同:一旦抽样速率 f_s 或抽样间隔 T_s 与量化限幅值 $|\Delta|$ 已定,则不论 $x(k)$ 样点序列值变化幅度大小,阶梯波 $\tilde{x}(k)$ 总是"亦步亦趋",每抽样间隔以 $\pm\Delta$ 的增减量"稳步"追踪 $x(k)$ 瞬时变化。追踪不力的情况是 $x(t)$ 瞬时变化率(斜率)大于阶梯波的固定升降速率 $\pm\Delta/T_s$ 时,即

$$\frac{|\Delta|}{T_s} < |x'(t)|_{\max} \tag{4-54}$$

时,则产生所谓"斜率过载",也就是产生更大误差为

$$|e(k)| = |\tilde{x}(k) - x(k)| > \Delta \tag{4-55}$$

式(4-54)是 DM 产生"斜率过载"的条件,式(4-55)是斜率过载时产生的恶果——大的预测误差 $e(k)$。而经过固有的所谓 $\pm\Delta$ 的量化,却抹杀了这一更大的误差,而一律按 $\hat{e}(k) = \pm\Delta$ 的差值变化作为输出。

通常称 DM 阶梯波与信号 $x(t)$ 的每 T_s 间隔的差值为颗粒(量化)噪声(granular noise),而图 4-26(a)中的过载区(阴影部分)为斜率过载(overslope)噪声。

再看图 4-26(b)中的 DPCM 情况,它总是将前一个时刻 $(k-1)T_s$ 的阶梯波 $\tilde{x}(k)$ 的累积值作为当前样本值 $x(k)$ 的预测值。而式(4-37)的差值 $e(k)$ 无论大小都经过一个"多量化电平"量化器(稍有量化噪声)而将量化后的差值 $\hat{e}(k)$ 再去编为 PCM 码。因此,DPCM 的追踪总是没有什么过载现象。至少具有相邻样本的"自适应"预测能力,因此编码性能好。

鉴于 DM 系统的固有缺陷,只好对它规定一个避免斜率过载的条件,与式(4-54)相反,要求

$$\frac{\Delta}{T_s} \geqslant |x'(t)|_{\max} = \left|\frac{dx(t)}{dt}\right|_{\max} \tag{4-56}$$

这一条件强调 DM 追踪斜率应不小于输入信号动态变化的最大斜率。

最后尚需明确的是,DM 系统由于 1 个样本只编 1 位码,因此抽样间隔 T_s 要比 PCM 或 DPCM 小得多,即需高抽样速率,但是 DM 的编码速率一般会低些。DM 由其系统结构简单和比特率低来胜任低质量要求的通信业务。

至于它的应用,由于它的颗粒噪声明显,用于电话信号传输,总会使收听者能明显察觉到细微而令人厌烦的背景噪声,因此 ITU-T 不允许它进入公网使用。DM 因其简单、耐用、轻便而多用于军事通信。另外,在数字微波信号处理环节,以及有些图像处理中间过程有时也采用 DM。

*4.6.3 改进型 DM

鉴于 DM 系统颗粒噪声过大和苛刻的斜率过载限制,曾相继提出了改进型 DM 技术。

1. 总和增量调制(D-ΣM)

由于式(4-56)的限制,斜率过载条件往往不切合实际,为此设法在信号进入 DM 系统前,先将其动态变化的速率(即动态斜率)加以平缓处理,即先将信号积分,然后进行 DM 编码,如图 4-27 所示。

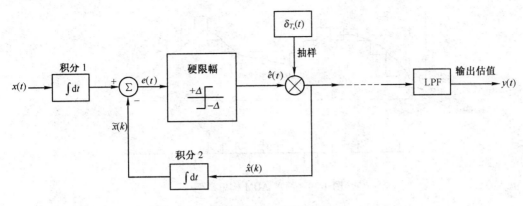

图 4-27　D-ΣM 系统

输入信号一经积分,会使其产生如下变化:

(1) 信号的低频分量被进行了如前提到的"预加重";

(2) 相邻样本之间的相关性增强,即整个信号积分后因动态范围减小而误差的方差减小。

另外,从接收端来看,也无需使用预测器,因为已将输入信号积分后的 D-ΣM 接收信号,进行微分而恢复原信号,因此与原来 DM 接收系统中的预测器构成的积分单元相抵消。微积分相抵后,等效于只用 LPF 就可从 D-ΣM 信号解码原信号 $x(t)$ 的近似波形。

鉴于先对模拟信号 $x(t)$ 积分及比较器输出 $e(t)$ 均为模拟时间连续量,相对应地将 DM 系统(图 4-24)的虚框积分功能单元,用积分器 2 等效代替,并在模拟 $e(t)$ 量化限幅后再由冲激序列抽样,输出 D-ΣM 形式下的 $\pm\Delta$ 电平单比特码字的码流。

从图 4-27 两个积分器来看,如果将积分器 1 移至比较器之后,则积分器 2 不再需要,而由输出直接连至比较器,则图 4-28 所示框图与图 4-27 是等效的。

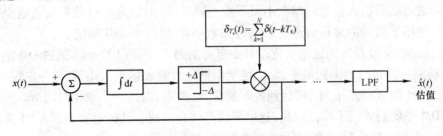

图 4-28　D-ΣM 等效系统

虽然 D-ΣM 通过事先对信号积分而使追踪性能得以改善,适当限制了斜率过载现象,但它的颗粒噪声依然较大。

*2. 自适应 DM(ADM)基本思想

为了效仿 DPCM 的样本间差值不均按 $\pm\Delta$ 来对误差信号 $e(k)$ 固定二电平限幅,而使 $\pm\Delta$ 固定值视信号变化速度而随时改变台阶值 Δ 的大小,产生出几种类型的自适应性的 DM 方式。但由于它与 DPCM 运行模式本质不同,若随时变化 Δ,则需"告诉"接收端在某 kT_s 瞬时的台阶采用的规格,以便接收解调按同一规律操作。如若随时传输这种"边信息",则必会增加附带的码率。这有悖于 DM 系统的设计初衷。

可以试设计一个不需传输"边信息",即后向估值方法,而作为一定自适应台阶变化的方案,如图 4-29 所示。

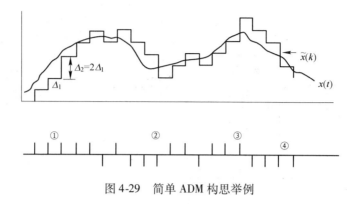

图 4-29 简单 ADM 构思举例

兹设计台阶值为两种,基本台阶 Δ_1 较小,大的台阶 $\Delta_2 = 2\Delta_1$,当两次比较输出差值均为 $+e(k)$ 时,则输出表示连续两个 1 码,这表明阶梯波追踪不上输入信号,那第 3 次台阶就增为 Δ_2,若第 3 次比较输出 1 码后,$\tilde{x}(k)$ 仍追踪不上 $x(k)$,则第 4、第 5 次仍用 Δ_1,下次再为 Δ_2…… 这样做为了不传输"边信息",可在积分器输入端设一个计数逻辑,只要是连续两次 $\tilde{x}(k)$ 波上升(或下降),第 3 次一定为 $\Delta_2 = 2\Delta_1$ 的台阶值,而这个大台阶值,是由"计数逻辑"控制预测器,即时增加输出增量为 Δ_2。如图 4-29 中 DM 编码凡连续 3 个 1 或 3 个 0 的情况,则第 3 位一定为 Δ_2。接收解码逻辑也按此规律,使解码时这种第 3 位用 Δ_2 增量,可达到简单自适应发收的效果。

这里,只是一种简单思路,可以将预测控制的计数逻辑设计得更为复杂些,可以使自适应变化台阶的追踪能力加强,而又不致颗粒噪声过大。

*3. 数字音节压扩 DM

上述所谓 ADM 是一种简单思路,虽然不付实用,但由这种思路就容易理解自适应控制台阶量——即通过检测输入信号斜率大小而不需边信息,达到能避免过载失真或减少颗粒噪声的目的。一种用于语音的可行自适应 DM,称做数字音节压-扩 DM 系统。

经统计测试,语音音节的包络变化是有一定周期的,大约为 100 ms。通过 DM 输出连 1 或 0 的个数,检测不同包络的不同斜率,而决定所用量化限幅 Δ 值的大小,可按一定规则进行压-扩,类似于 PCM 的 A 律或 μ 律,可达到各不同音节(斜率)时的失真量相对均衡。

鉴于 DM 系统制式已不广泛应用,这里不再具体介绍权宜性改进方案。ADM 无论何种策略,其系统本身的 DM 实质未变,而只是减少斜率过载。

*4.6.4   DM 系统量化噪声

以简单 DM 系统图 4-24 来分析,由于预测误差由二电平限幅器完成所谓量化,加之可能出现的过载现象,因此其量化信噪比是很低的,在收端明显听到这种颗粒噪声导致的背景干扰就是自然的了。如图 4-25 中,基本上不过载情况下,其量化误差 $q(k)$ 是在 $(-\Delta, \Delta)$ 内均匀分布、均值为 0 的随机变量,它的方差,即量化颗粒噪声功率为

$$N_q = E[q^2(k)] = \int_{-\Delta}^{\Delta} e_q^2 p(e_q)\,\mathrm{d}e_q = \frac{1}{2\Delta}\int_{-\Delta}^{\Delta} e_q^2\,\mathrm{d}e_q = \frac{\Delta^2}{3} \tag{4-57}$$

式中,$p(e_q) = \dfrac{1}{2\Delta}$——量化噪声 $q(k)$ 的 pdf。

式(4-57)的颗粒噪声功率 $\Delta^2/3$ 的噪声带宽为 $B_n = f_s = 1/T_s$，此量化噪声功率谱可近似认为均匀分布，即 $\dfrac{N_q}{B_n} = \dfrac{\Delta^2}{3f_s}$，当 DM 编码解调后经限带为 $x(t)$ 信号带宽 f_m 的 LPF 后，其输出的量化噪声功率为

$$N_o = N_q \frac{f_m}{f_s} = \frac{\Delta^2}{3} \frac{f_m}{f_s} \tag{4-58}$$

式中 f_s 为 DM 系统抽样频率。应当明确，由于 DM 是以每样本二电平量化，要使 DM 有一定质量，则抽样间隔 T_s 很小，即抽样速率 f_s 远非 $2f_m$，而要 $f_s \geq (4 \sim 8)f_m$。

为了使 $N_q = \Delta^2/3$ 的结果是确保不过载条件下得到的，以正弦信号 $m(t) = A_0 \cos \omega t$ 为例，代入不过载条件来计算式(4-58)中的输出噪声功率 N_o。不过载条件为

$$\left| \frac{\mathrm{d}m(t)}{\mathrm{d}t} \right|_{\max} = A_0 \omega = \Delta f_s, \quad \text{或} \quad A_0 = \frac{\Delta f_s}{2\pi f} \tag{4-59}$$

由式(4-59)，接收输出的量化噪声功率为

$$N_o = \frac{4}{3} \pi^2 A_0^2 \frac{f^2 \cdot f_m}{f_s^3} \tag{4-60}$$

而信号功率为

$$S_o = \frac{A_0^2}{2}$$

则输出量化信噪比为

$$\frac{S_o}{N_o} = \frac{3}{8\pi^2} \cdot \frac{f_s^3}{f^2 \cdot f_m} \tag{4-61}$$

式中若按语音信号传输，一般可取 $f_m = 3000$ Hz，而语音从 300 到 3400 Hz 频率范围中，以 $f = 800 \sim 1000$ Hz 包含更大能量，因此可取 $f = 1000$ Hz。这样式(4-61)中的信噪比大小就只决定于抽样速率 f_s，并且为其三次方关系。其实式(4-61)未见得得当。

若按上述 f 与 f_m 取值，并设 DM 的抽样速率 $f_s = nf_m$ 将这 3 个取值代入式(4-61)，则得量化信噪比(语音)近似为

$$\frac{S_o}{N_o} = \frac{3}{8\pi^2}(9n^3) \simeq 0.35\, n^3 \tag{4-62}$$

式中 $n = f_s/f_m$ 为抽样速率对信号截频的倍数，或写为 $f_s = nf_m$，一般信号按 Nyquist 抽样定理 $f_s \geq 2f_m$，而 DM 的抽样速率要大得多。

若 $n = 10$，抽样速率为信号限带频率 10 倍，则量化信噪比大约为 $\dfrac{S_o}{N_o} \approx 350$，约 25 dB。这个质量仅是语音传输的最低质量。

*4.7　自适应差分脉码调制

自适应差分脉码调制(ADPCM)是 PCM 编码系列的新成员，它继 DPCM 之后充分利用了线性预测的高效编码模式。ADPCM 的先进之处在于，它是自适应量化与自适应预测的优化编码技术，用于语音编码在无明显质量降级前提下，可轻易将 64 kbit/s 标准语音 PCM 压缩到

32 kbit/s,甚至可以低至 16 kbit/s,质量级别较低的 8 kbit/s,2.4 kbit/s 的 ADPCM 已有广泛应用,对于 800 bit/s 的低质量语音压缩也已成为可能。

由 ADPCM 提供的低比特率或极低比特率编码,特别适用于信道拥挤和昂贵传输费用的传输系统,如无线、卫星、微波,尤其是蜂窝无线多址通信系统。若利用 8.5 kbit/s ADPCM,再由 QPSK 进行四进制调相传输,一个 30 kHz 的时分多址(TDMA)信道,可以为 3 个用户提供质量尚为满意的通信,或者在质量降级情况下,可以容纳 12 个用户(速率 2.5 kbit/s)。

ADPCM 充分利用了语音波形的统计特征和人耳听觉的特性,其设计思路主要瞄准了两个目标:

(1) 尽可能在语音信号中消除冗余;

(2) 对消除冗余后的信号,进行有效的比特分配,从自适应角度进行最佳编码。

基于这些基本思想与目标,利用高新技术使标准 PCM 64 kbit/s 得以不同倍率的压缩。其间为消除冗余与比特最佳分配的处理量,就计算复杂性而言,在基本确保语音质量前提下,每压缩 1 倍比特率所作的运算次数,提高 1 个数量级。

"自适应"在 ADPCM 技术中,对输入信号电平和频谱的变化具有灵敏的决策反应,这种快速反应的决策,是由自适应量化与自适应预测相结合完成的。以这两种功能的含义命名ADPCM。

1. 自适应量化

ADPCM 采用的自适应量化模式,是针对被量化信号的变化状态,而随时调节台阶大小,以匹配输入信号的时变方差。其自适应量化步长 $\Delta(kT_s)$ 与信号方差 σ_x^2 的关系式为

$$\Delta(kT_s) = \lambda \sqrt{\sigma_x^2(kT_s)} \tag{4-63}$$

式中,λ 为常系数。

自适应量化单元的运行,连续不断地按照式(4-63)计算非平稳信号的方差(变化)。自适应量化有以下两种实用方式。

1) 具有前向估值的自适应量化(AQF)

基本功能是对输入信号尚未量化的样本计算出其前向估值大小。图 4-30 示出了 AQF 的功能框图。

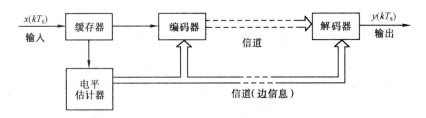

图 4-30　前向自适应量化器(AQF)

AQF 需要提供一定空间的缓存量,以便在"训练"期间暂存输入信号未量化样本。也就是说,通过"训练"来准确决定台阶规模和信息应发送多少比特,并通知接收端,做到双方认可。于是这些附加的"边信息"占用了一些传输容量,同时这种自适应量化处理也导致一定的编码延时,这在某些实用系统中是不便采用的。

2) 具有后向估值的自适应量化(AQB)

AQB 与 AQF 的不同在于,它利用量化器的输出样本计算出输入信号的方差 $\sigma_x^2(kT_s)$ 估值,以便由式(4-63)来决定它采用多大的量化台阶 $\Delta(kT_s)$。它的优点是完全避免了缓存、$\Delta(kT_s)$ 的边信息传输和延时问题。图 4-31 示出了 AQB 模式的框图,它是一个非线性反馈系统。它不需要提供未量化样本,系统稳定性好。但由于估值是依靠量化后的序列,就会同时影响估值的追踪速度,量化级 M 小时,此缺点更显突出。

图 4-31 后向自适应量化器(AQB)

2. 自适应预测

ADPCM 同时又采用了自适应线性预测,对于语音信号系统,由于它是非平稳随机信号,其自相关函数与相应的功率谱均为时变函数,采用自适应预测是最为有效的策略。

自适应预测也有两种模式。

1) 具有前向估值的自适应预测(APF)

APF 是利用未量化的输入信号样本来计算预测器系数的估值,图 4-32 示出了 APF 框图。它与 AQF 一样,也有诸如边信息传输、缓存量和延时等缺点。因此,在实际应用中,已被后向估值预测模式所取代。

2) 具有后向估值的自适应预测(APB)

APB 是利用量化样本和预测误差来计算预测系数的估值。图 4-33 所示是 APB 模式的框图。

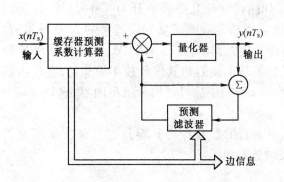

图 4-32 前向估值自适应预测(APF)

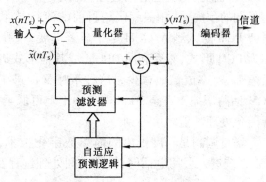

图 4-33 后向估值自适应预测(APB)

图中的"自适应预测逻辑"是用于更新预测系数的模块。APB 是利用已量化样本和发送**数据**,可达到最佳化预测系数的估值效果,因此它逐一对样本进行频繁而满意的更新,是最适于 ADPCM 选择的预测方案。

自适应预测和量化，采用了信号处理中常用的最小均方误差(LMS)算法，并以同步机制将二者有机结合在收发两端，这些算法模式已为 ITU-T 定为 ADPCM 系列的标准。32 kbit/s 和 16 kbit/s ADPCM 语音编码技术已得到广泛应用。

4.8　本章小结

（1）本章主要讨论了模拟信号为什么需要转换为数字信号，以及怎样操作——包括数学的严密性和实际可行性。在均匀量化基础上，针对语音信号特点，介绍了非均匀量化的具体方案。在此过程中，使我们充分认识到基于抽样定理，以较小的失真进行量化的策略，来设计量化和编码方式等，这是模拟信号数字化的基本原理与技术环节。

（2）数字化起步于抽样，抽样定理从时域、频域证明其正确性（已不是本书的新内容），它的前提是首先需对信号限带，按照抽样定理的理想抽样条件，即 $f_s = 2f_m$，实际是不可行的。对语音信号而言，正常频带在 300～3 400 Hz，国际标准的抽样率为 $f_s = 8$ kHz。

（3）量化是本章的重点内容，均匀量化即线性量化过程，它给出基本名词、术语，以及之间的定量关系，包括量化信噪比计算，均为通信技术的最基础知识。

非均匀量化即非线性量化，它是经过压-扩特性后的均匀量化。压-扩特性针对不同信号特性可以另行设计，但就规范而言，现行 PCM 系统，针对语音的两个特征推出了 A 律与 μ 律标准。其中实施 A 律的 13 折线逼近方法，以及这里未曾介绍的 μ 律 15 折线，也均被纳入 ITU 标准。

（4）鉴于 PCM 已多年广泛应用，并且是还要延续采用的传统技术。目前，多数学校已不把 PCM 设为独立一门专业课程，因此本章简介的 PCM 基群帧结构，以及 PCM 高次群、两种 PCM 制式的比较等，为使读者对 PCM 应用有所了解。

（5）本章介绍了 DPCM, DM, ADPCM 数字化原理，均属于 PCM 一个总体系。但 DPCM, DM, ADPCM 又以不同的方式扩展了技术思路。

DPCM 是基于相邻样本的差值进行较低码率的预测编码，ADPCM 却是通过自适应量化与自适应预测，在多个相邻样本间进一步去掉冗余信息，并利用人耳听觉特征，以低比特率编码的编码机制。预测思想的建立，是在 PCM 压-扩量化思想的基础上又一个有效性编码的体现，它强调的预测-去相关编码是目前的流行技术，如图像处理几乎离不开 DPCM（二维、高阶）。语音 PCM 跨入到 ADPCM 是个显著进展，一般地应用总是对源信息先以通常的 A/D 采集，存储为 PCM 形式，然后利用 DPCM 或其他形式进行二次去冗余，或用 ADPCM，使已有的 PCM 经压缩后，速率成倍地减少。这种策略又促进了更多基于预测和其他新技术思想的萌发，可将 PCM 话路压缩到直至 1 kbit/s。理论上可低至数百 bit/s，依然可辨话音信息内容，这只有某种智能化处理功能才可办到。

增量调制是一度推出的简单数字化技术，由于它的颗粒噪声和容易过载，ITU-T 不允许 DM 系统进入公用电话网，只作中间处理过程及内务专用。

4.9　复习与思考

1. 什么叫数字信号？与离散时间信号有何不同？若信号抽样量化后，样本序列是否为数字信号？

2. 简述脉冲调制、脉码调制的物理含义。这里"调制"与第 3 章的调制的含义是否不同？

3. 何种信号适于线性(均匀)量化? 均匀量化究竟有没有实际意义?

4. 非均匀量化的着眼点是什么? 是否就等于 A 律、μ 律的基本策略?

5. 如何理解 A 律语音 PCM 的量化动态范围为 $\pm 2\,048\,\delta$。

6. 量化信噪比与哪三个因素有关? 如何才能获取最大信噪比? 这与抽样速率是否有关系?

7. 自然码、折叠码、格雷码各有何特点及实用性?

8. DPCM 与同样码率时的 PCM 相比,为什么可增加量化信噪比? 若在同样量化信噪比时,为什么能将 64 kbit/s 语音 PCM 压缩为 56 kbit/s 或 48 kbit/s?

9. ADPCM 同时采用自适应量化和预测,将比特率从 64 kbit/s 压缩到 16 kbit/s 而无明显质量降级,两个"自适应"的实质是什么?

10. DPCM 和 ADPCM 何称预测编码? 较 PCM 有何优点?

11. 不论 DM 如何改进,且担保消除斜率过载,也仍不准进入公共数字电话网,为什么?

12. PCM、DPCM、DM、ADPCM 的根本差别是什么?

13. 为什么脉码调制即 PCM 属于波形编码? 波形编码是何含义?

4.10　习题

4.10.1　线性量化 PCM

4-1　某信号的最高频率为 3.4 kHz,采用 PCM 编码,其最大幅度是 0.64 V,量化间隔为 10 mV,求信号码元最大持续时间;采用归零码,用 50% 占空比,则信号脉冲的持续时间是多少?

4-2　如果传送信号 $A\sin\omega_m t, A \leqslant 10$ V。按线性 PCM 编码,分成 64 个量化级。试求:

(1) 需要用多少位编码?

(2) 量化信噪比是多少?

4-3　已知量化器特性如题 4-3 图所示:

(1) 若 $x(t) = \sin\omega_0 t$,画出量化误差的波形;

(2) 求出量化误差的平均功率。

4-4　设有一信号 $m(t) = 10 + 10\cos\omega t$ 被均匀量化为 41 个电平,试求

(1) 若将输入信号放在所有量化级的中间部分,量化后的最高和最低电平是多少? 量化级差是多少?

(2) 若采用二进制编码时,编码位数等于多少?

4-5　已知信号组成为 $f(t) = \cos\omega_1 t + \cos 2\omega_1 t$,并用理想低通滤波器来接收抽样后的信号。

(1) 试画出该信号的时间和频域波形图。

(2) 试确定最小抽样频率。

(3) 再画出理想抽样后的信号频谱图。

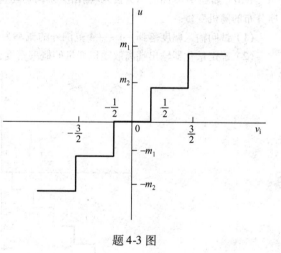

题 4-3 图

4-6　如题 4-6 图所示信号的频谱,若对其抽样,抽样频率取多少? 如果用简单的 RC 滤波器来接收,它要达到抑制寄生频谱的要求,过渡带为 2 kHz。试确定抽样频率是多少?

4-7　有 24 路 PCM 信号,每路信号的最高频率为 4 kHz,量化级为 128,每帧增加 1 bit 作为帧同步信号,每路增加 1 bit 作为路同步,试求数码率和通频带。如果是 32 路 PCM 信号每路 8 bit,同步信号已包括在内,量化级为 256,试求数码率和通频带。

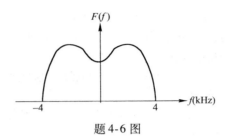

题 4-6 图

4-8 已知某低通信号的频谱函数为 $F(\omega) = \left[1 + \left(\dfrac{\omega}{\omega_0}\right)^2\right]^{-\frac{1}{2}}$，通过抽样角频率 $\omega_s = 2\omega_0$ 的理想抽样后，试画出其抽样后的频谱图，并说明接收时有无信号失真。怎样减小它？

4-9 假设在理想抽样后，通过形成网络的特性如题 4-9 图所示。试确定这两种情况下为防止接收失真所需的均衡网络 $|H_e(\omega)|$ 的频谱图。

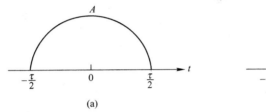

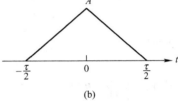

      (a)   (b)

题 4-9 图

4-10 如题 4-10 图所示为输入/输出关系的均匀量化器。设量化器的输入是平均值为 0，方差为 1 的高斯分布的随机变量。

（1）试问输入幅度落到 $-4 \sim +4$ 范围外的概率为多少？

（2）确定量化器输出端离散随机变量的概率密度函数。

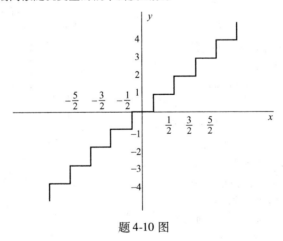

题 4-10 图

4.10.2 非均匀量化 PCM

4-11 若双极性信号的幅度是 v，其概率密度为

$$p(v) = \begin{cases} c(1 - |v|), & |v| \leqslant 1 \\ 0, & v \text{ 为其他值} \end{cases}$$，试求式中的常数 c。

4-12 按 μ 律压 - 扩特性，$y = \dfrac{\ln(1 + \mu x)}{\ln(1 + \mu)}$，其 $x = \dfrac{u}{V}$，u 是输入信号幅度，V 为其最大值，故 x 为归一化幅

度。当 $\mu=256$ 进行非均匀量化时,求输入信号电平为 0 dB 和 –40 dB 两种情况下信噪比的改善量(提示:输入信号电平指归一化电平,即 $20\lg\dfrac{u}{V}$,信号按正弦函数计算)。

4-13 按 A 律压 – 扩特性: $y=\begin{cases}\dfrac{Ax}{1+\ln A},0\leqslant x\leqslant\dfrac{1}{A};\\[3mm]\dfrac{1+\ln Ax}{1+\ln A},\dfrac{1}{A}\leqslant x\leqslant 1。\end{cases}$,其中 x 是归一化幅度,$A=87.6$,试求输入电平为

0 dB 和 –40 dB 时采用非均匀量化时的信噪比改善量(提示:按输入信号幅度为语音分布和 A 律 13 折线特性计算)。

4-14 信号幅度在 ± 5 V 之间变化,其电平变量的概率分布是

$$p(x)=\begin{cases}\dfrac{1}{5}(1-\lvert X\rvert/5),\ \lvert x\rvert\leqslant 5\\[3mm]0,其他\end{cases}$$

若用 PCM 编码位数 $k=2$ 的方式传输,且落在每一个量化间隔内抽样值的概率相等。求

(1)各量化间隔的范围;

(2)又采用均匀量化后接 7 bit 的二元编码器,输入频率为 1 MHz 的单音信号。求量化信噪比及传输信道带宽。

4-15 某信号电压幅度的概率分布如题 4-15 图所示。并以 $\pm a$ 点为界分为四个量化区间,若 $(a,1)$ 的量化信噪比要比 $(0,a)$ 区间内的量化信噪比高出 3 dB,试求 a 值。

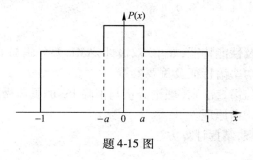

题 4-15 图

4-16 设调制信号 $f(t)>0$,其 $\lvert f(t)\rvert_{\max}=2$ V,$\overline{f(t)^2}=\dfrac{4}{3}f(t)$ 的频带限制于 5 kHz,并以每秒 $10k$ 个抽样点的速率抽样,这些抽样值量化后编码为二元脉冲。若量化电平间隔为 $\dfrac{1}{32}$ V,试求:

(1)传输带宽;

(2)解调器输出的量化信噪比。

4.10.3 预测编码

4-17 某 DPCM 系统具有一阶预测器,在最小均方误差准则上计算系统的预测增益,信号的自相关系数为:

(1) $\rho=\dfrac{R_X(1)}{R_X(0)}=0.825$ (2) $\rho=\dfrac{R_X(1)}{R_X(0)}=0.950$

4-18 在增量调制(DM)中信号的最高频率 $f_m=3.4$ kHz,当信号的频率为 800 Hz 时,要求在无过载条件下,量化信噪比为 30 dB,试求抽样频率 f_s 应取多少?

4-19 在上题条件下改用 PCM 传输,要求量化信噪比不低于 30 dB,试求:PCM 所需的频带宽度,并与上题 DM 所需频带宽度相比较。

4-20 信号 $f(t)=2\sin\omega_0 t$ 以最小量化信噪比 30 dB 被数字化,问所需最小量化间隔是多少?每个样值所需的编码位数是多少?若采用增量调制,又若信道的传输带宽不变时,其量化台阶应取多少?

第5章 数字信号基带传输

数字基带信号传输的主要问题之一是,码流因限带而使码元波形弥散并导致码间干扰。本章以基带信号码型波形设计与选择以及数字序列功率谱特征分析为基础,重点讨论消除码间干扰的奈奎斯特准则,同时简单介绍时域均衡原理。最后给出基带传输误码率的统计分析方法。

知识点

- 数字基带信号码型选择;
- 数字信号波形序列的功率谱分析;
- 数字基带信号传输系统构成及要求;
- 消除码间干扰的奈奎斯特(Nyquist)准则基本原理与实施技术;
- 时域线性均衡原理;
- 数字基带信号传输系统误码率分析。

要求

- 掌握主要码型构成及性能特征,如单/双极性,AMI,差分码与 HDB_3 等;
- 理解基带数字信号功率谱特征及重要参量;
- 熟悉掌握奈氏第一与第二准则(理论分析与消除 ISI 的具体做法);
- 掌握抽头–延迟线均衡原理。
- 明确误码率分析步骤,掌握计算方法。

5.1 数字基带信号的脉冲波形表示和传输码型

由第 4 章所讨论的无失真信源编码,得到了基于 PCM 或模/数转换的数字信号;另一方面,在实际生活中尚有大量数字信源产生的数据序列,如来自计算机、电传机或其他数字设备、设施的数字代码,以及有关业务领域的测试、检测的有限量离散数据。所有以二元或多元代码表示的数字数据信息,均由最大限度可区分的脉冲波形来表示不同的码元符号,而构成完全等价于信息的脉冲波形序列。

特别是为了适于可靠和有效传输的需要,尚须对这些表示码元符号的脉冲,变换为某种特定形状与结构,此种脉冲波形则称为传输码型。

由于脉冲波形的频谱含量基本上是从 0(直流成分)到某一更高的频率范围,因此均视为基带信号。下面分别介绍几种常用的脉冲波形和传输码型。

5.1.1 表示数字基带信号的常用脉冲波形

1) 单极性不归零码(NRZ-L)

单极性不归零码(unipolar nonreturn-to-zero)的 0,1 码与基带信号的 0 电位及正电位对应,脉冲无间隔,只适于短距离传输。其缺点是:含有直流(DC)分量;接收判决门限为接收电平一半,门限不稳,判决易错;不便直接从接收码序列中提取同步信号;传输时需信道一端接地(不平衡传输)。

2)双极性码(Bi-NRZ)

双极性码的0,1码与基带信号的负、正电位对应。与单极性相比,双极性不归零码(Bipolar-NRZ)的优点为:从统计平均看,1,0各半,不含直流分量;两种码元极性相反,接收判决电平为0,稳定性高;可在电缆等线路不接地传送(平衡传输)。因此,Bi-NRZ码比较常用,更适于速度不高的比特流传输,将单极性转换为双极性也较简单。其缺点是:不易从中直接提取同步信息;1,0不等概时仍有直流分量。

3)单极性归零码(RZ-L)

其脉冲宽度比码元宽度窄,每个脉冲都回到0电位。这种码型除仍有单极性NRZ码的缺点外,优点是可直接提取同步信息,但由于存在直流分量,不宜直接传输,宜先将其转换为其他码型进行传输,接收时再转换为RZ-L。

4)双极性归零码(Bi-RZ)

这种码型的一个直观优点是当只要在接收码归零时,则认定传送完毕,便于经常维持位同步,收发无须定时,故称其为自同步方式,它得到广泛应用。

5)差分码(differential coding)

差分码也称为相对码,其0,1码反映相邻码元的相对变化。它又分传号差分码与空号差分码。它利用码元间互相关,减少误码扩散,同时在连续多个误码时,接收误码反而减少。

下面介绍差分码的构成规则。

● 传号差分码——PCM序列或其他数字数据序列$\{a_k\}$转换为差分码的规则为

$$b_k = a_k \oplus b_{k-1} \tag{5-1}$$

式中a_k为第k个原码序列的码元,b_k与b_{k-1}分别为第k位差分码和其前1位码元。$\oplus$为模2加。按式(5-1)构成的差分码为传号差分码,这是由于进行模2加的a_k与b_{k-1},当a_k为传号(1码)时,b_{k-1}发生差分转换而得b_k(如图5-1(b)所示)

由式(5-1),当对$\{a_k\}$序列首位开始差分转码时,必预置参考位b_{k-1},并可设为$b_{k-1}=0$(或1)

● 当由差分序列转回到原码序列$\{a_k\}$时,则有

$$a_k = b_k \oplus b_{k-1} \tag{5-2}$$

此规则表明,将差分序列$\{b_k\}$顺移1位而得$\{b_{k-1}\}$序列,然后再与$\{b_k\}$对准位序模2加,便恢复$\{\hat{a}_k\}$,如果无差错则$\{\hat{a}\}=\{a_k\}$。

● 空号差分码——转换规则是对式(5-1)的模2和求反,即

$$b_k = \overline{a_k \oplus b_{k-1}} \tag{5-3}$$

此规则表明,当b_{k-1}与a_k相加时,若a_k为空号($a_k=0$),则b_{k-1}转换而得b_k。

[例5-1] 由图5-1给出的原码序列$\{a_k\}$=10110001101,列表给出转为差分码的步骤,并再行恢复原码序列。表5-1示出了解答过程。

表 5-1　差分码的构成举例（对照图 5-1(b)、(c)）

传号差分码	$\{a_k\}$	原码序列	1 0 1 1 0 0 0 1 1 0 1
	$\{b_k\}$	预置 $b_{k-1}=0$	1 1 0 1 1 1 1 0 1 1 0
	$\{b_{k-1}\}$	$\{b_k\}$ 序列移位	0 1 1 0 1 1 1 1 0 1 1
	$\{\hat{a}_k\}$	按照式(5-2)	1 0 1 1 0 0 0 1 1 0 1
空号差分码	$\{a_k\}$		1 0 1 1 0 0 0 1 1 0 1
	$\{b_k\}$	预置 $b_{k-1}=0$	0 1 1 1 0 1 0 0 0 1 1
	$\{\overline{b_k}\}$	$\{b_k\}$ 各码元求反	1 0 0 0 1 0 1 1 1 0 0
	$\{b_{k-1}\}$		0 0 1 1 1 0 1 0 0 0 1
	$\{\hat{a}_k\}$	$a_k=\overline{b_k}\oplus b_{k-1}$	1 0 1 1 0 0 0 1 1 0 1

5.1.2　几种常用的传输码型

许多数字基带信号不易在信道中传输，需编制成适用于基带传输系统的码型，现介绍常用的几种传输码型。

1) 交替传号极性码（AMI）

AMI 码（alternative mark inversed encoding）又称双极方式码（bipolar encoding）、平衡对称码或传号交替反转码，它属于单极性码的变型，当遇 0 码时为 0 电平，当遇 1 码则交替转换极性，这样成为确保正负极性个数相等的"伪三进制"码。AMI 的优点是：确保无直流，零频附近低频分量小，便于变量器耦合匹配；有一定检错能力，当发生 1 位误码时，可按 AMI 规则发现错误，以 ARQ 纠错；接收后只要全波整流，则变为单极性码，如果它是 AMI - RZ 型，可直接提取同步。AMI 的缺点是：码流中当连 0 过多时，同步不易提取。

2) 三阶高密度双极性码（HDB₃）

这种码型属于伪三进制码。HDB₃ 中"3 阶"的含义是，这种码限制"连 0"个数不超过 3 位。为减少连 0 数，有的做法采取"扰码"，按一定规则将多个连 0 分散，尽量使码序列随机化。有效的办法是采用 $HDB_n(n=1,2,3)$，一般多使用 $n=3$。

HDB₃ 的优点为：无直流，低频成分少，频带较窄，可打破长连 0，提取同步方便。虽然 HDB₃ 有些复杂，但鉴于其明显优点，PCM 系统各次群常将其用作线路接口码型标准（HDB₃ 构成见例 5-2）。

3) 分相码（曼彻斯特码——manchester）

分相码（split code），也称孪生二进制码，或双相码。实现分相码很简单，可将宽度为 T_b 的码元做如下处理：当出现 1 码时用正负各占 $T_b/2$ 双极性码表示，0 码用宽为 $T_b/2$ 的负正极性代替，这样确保无直流。但实际频带却增大一倍，降低了传输频带利用率，适于信道带宽较大或码速低的应用。

4) 传号反转码（CMI）

这种码的规则是 1 码像 AMI 码一样轮流反转极性，0 码采用在 T_b 内各占 $T_b/2$ 的负正极性双相码，因此又称其为"一组 2 位二元码（1B2B）"。此种码型频带利用率低，现多用 5B6B 码，5 位码加 1 位冗余后，含 3 个 1 者共 20 种，含 4 个 1 或 4 个 0 共 30 种。除了较优的 20 种外，其余 30 种可选用。CMI 优点是：不含直流，有一定检错能力，也易实现。

5）密勒码（miller）

密勒码又称延迟调制码，其规则是，连 0、连 1 码分别按单相、双相（分相）码交替极性表示，且除连 0 码外，在比特转换时刻无电平跳变——本比特起始电平延续上一比特电平称为延迟调制。

6）2B1Q 码

这种码型是双极性四电平码，利用 ± 1，± 3 分别表示 4 个双比特码元，亦即表示 4 元符号 0,1,2,3 所对应的格雷"码对"00,01,11,10。2B1Q 抗干扰性很强。

图 5-1 给出了几种主要码型及变换规则示例。

[例 5-2]　HDB_3 码的形成。

设 PCM 编码序列为：$\{a_k\} = (01000011000001010)$

HDB_3 码型是当 PCM 码中有 4 个或 4 个以上连 0 时，前 4 个连 0 码要用一个 4 位"取代节"代替，具体做法如下。

（1）第 4 个 0 要变为"1"码，这个"1"称为"破坏点"脉冲（Violation Pulse），用 V 表示。该 PCM 序列的原有 1 码称为"信码"，用 B 表示，并采用 AMI 码形式。AMI 的正负极性码元分别用 B_+ 和 B_- 表示，即

步骤 1：原码 $\{a_k\}$　　0　1　0　0　0　0　1　1　0　0　0　0　0　1　0　1　0

步骤 2：AMI 码表示　0　+1　0　0　0　0　-1　+1　0　0　0　0　0　-1　0　+1　0

步骤 3：用 B，V 表示　0　B_+　0　0　0　V_+　B_-　B_+　0　0　0　V_-　0　B_-　0　B_+　0

（2）B，V 序列（见步骤（3））应满足下列条件。

① 各 V 码应与 AMI 一样，必须始终保持极性交替，以确保多个 V 码加入后仍无直流分量；

② V 码必须与其前的 B 码极性相同，以便与正规 AMI 码相区别。否则，需在 4 个连 0 码的第 1 个 0 的位置由一个与其后 V 码同极性（正或负）码代替——称为"补信码" B'，于是 B 与 B' 结合可确保无直流。

（3）取代节规则如下。

① 前一个破坏点 V 码极性　　　　　+　　　　　-　　　　　+　　　　　-

② 4 连 0 前的码（信码或补码）极性　+　　　　　-　　　　　+　　　　　-

③ 取代节的码组成　　　B'_-00V_-　B'_+00V_+　　　$000V_-$　$000V_+$

$$\underbrace{B'00V} \qquad\qquad \underbrace{000V}$$

对于上面步骤（3）中的序列，按上述规则修正如下。设起始前的最后一个破坏点为 V_-，接续上列步骤：

步骤 4：B' 码加入　0　B_+　0　0　0　V_+　B_-　B_+　B'_-　0　0　V_-　0　B_+　0　B_-　0

步骤 5：HDB_3 结果　0　+1　$\underbrace{0\ \ 0\ \ 0}_{000V_+}$ +1　-1　+1　$\underbrace{-1\ \ 0\ \ 0}_{B'_-00V_-}$ -1　0　+1　0　-1　0

这样结果保证了只含至多"3"个 0（三阶），无直流，符合 HDB_3 码规则，然后进入基带信道传输。

（4）HDB_3 码在接收后，必须按照上述相反的步骤进行复原，然后才能解码。

① 先找出两个相邻同极性码，其中后一个为 V 码；

② 由该 V 码前数第 3 个码，如果它不为 0 码，则表明是"补信码" B'，应改回为 0；

③ 将 V 与 B' 均去掉（改为 0 码后），得到 AMI 码，再进行全波整流，得单极性码，即 $\{a_k\}$ 源码序列。

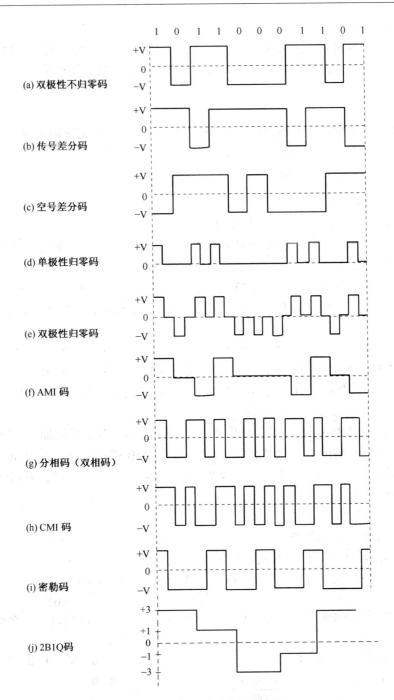

图 5-1　几种主要码型及变换规则

5.1.3　传输码型选择和波形设计要求

1. 选择码型的考虑

发送信号设计中一个主要的问题是,确定信号的线路编码码型,基本考虑如下:

（1）对直流或低频受限信道,线路编码应不含直流;

（2）码型变换保证透明传输,唯一可译,可使两端用户方便发送并正确接收原编码序列,而无觉察中间环节的形式转换,即码型选择仅是传输的中间过程;

（3）便于从接收码流中提取定时信号;

（4）所选码型及形成波形,应有较大能量,以提高自身抗噪声及干扰的能力;

（5）码型具有一定检错能力;

（6）能减少误码扩散;

（7）频谱收敛——功率谱主瓣窄,且滚降衰减速度快,以节省传输带宽,减少码间干扰;

（8）编解码简单,减少通信延时与降低成本。

2. 波形成形

在选用了合适的码型之后,尚需考虑用什么形状的波形来表示所选码型。如,单极性码,是用方波还是半正弦形,还是其他形状波形,这叫做波形"成形"(Shape)。不同波形占用带宽、频谱收敛快慢及所持能量不同,将直接影响到传输效果。这里所指"成形"是狭义的,本章下面节次所述奈氏(Nyquist)准则的思想是将发送、信道、接收三个环节视为一个广义信道,要求接收响应的波形有严格条件,旨在消除接收判决时的符号间干扰(ISI)。

5.2 数字基带信号功率谱

为了更好地选配合适的码型和波形,应了解不同码型及波形构成随机波形序列的功率谱特性——包括主瓣宽度和谱滚降衰减速度,尤其需考虑有利于消除符号间干扰(ISI)等因素。

5.2.1 数字基带信号分析

假设信源编码符号序列为 $\{a_k\}$,以某一定码型和波形表示该序列。设 1,0 先验概率分别为 p 和 $1-p$。为考虑分析具有代表性,在 $g(t)$ 波形序列中由 $g_1(t)$ 表示 1 码,$g_2(t)$ 表示 0 码,为更一般化,$g_1(t)$ 和 $g_2(t)$ 形状可以不同,如图 5-2 所示。设码元周期(比特信号脉冲间隔)T_b,即比特率为 $R_b = 1/T_b$。

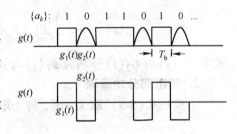

图 5-2 $g(t)$ 波形序列

信号波形序列可表示为

$$s(t) = \sum_{k=-\infty}^{\infty} s_k(t) \tag{5-4}$$

式中

$$s_k(t) = \begin{cases} g_1(t - kT_b)p \\ g_2(t - kT_b)(1-p) \end{cases} \tag{5-5}$$

现按照第 2 章随机信号分析方法,取 $2T$ 时段截短的信号为 $s_T(t)$,并包含 $(2N+1)$ 个码元,即 $2T = (2N+1)T_b$。则截短信号功率为

$$P_T = \frac{1}{2T} \int_{-T}^{T} s_T^2(t) \mathrm{d}t = \frac{1}{2T} \int_{-\infty}^{\infty} |E_T(f)|^2 \mathrm{d}f \tag{5-6}$$

式中，$|E_T(f)|^2$ 为 $s(t)$ 截短序列 $s_T(t)$ 的能量谱。因此，信号 $s(t)$ 功率谱为

$$S(f) = \lim_{T \to \infty} S_T(f) = \lim_{T \to \infty} \frac{1}{2T} E[|E_T(f)|^2] \tag{5-7}$$

再将 $s_T(t)$ 分解为稳态（平均）分量 $V_T(t)$ 与交流分量 $U_T(t)$，则

$$V_T(t) = \sum_{k=-N}^{N} [pg_1(t - kT_b) + (1-p)g_2(t - kT_b)] \tag{5-8}$$

及 $\qquad U_T(t) = s_T(t) - V_T(t)$

$$= \sum_{k=-N}^{N} s_k(t) - \sum_{k=-N}^{N} p[g_1(t - kT_b) + (1-p)g_2(t - kT_b)] = \sum_{k=-N}^{N} U_k(t)$$

$$\tag{5-9}$$

式中，$U_k(t)$ 这个交变量应分别含有概率为 p 的 1 码分量及概率为 $(1-p)$ 的 0 码分量，即

$$U_k(t) = \begin{cases} U_{k1}(t) = g_1 - [pg_1 + (1-p)g_2] = (1-p)(g_1 - g_2) & 1\ 码 \quad 概率\ p \\ U_{k0}(t) = g_2 - [pg_1 + (1-p)g_2] = -p(g_1 - g_2) & 0\ 码 \quad 概率\ (1-p) \end{cases} \tag{5-10}$$

式中，g_1 与 g_2 分别简化表示 $g_1(t - kT_b)$ 及 $g_2(t - kT_b)$（以下同）。

由上两结果 $V_T(t)$ 及 $U_T(t)$ 看来，在已知 p 及波形 $g_1(t)$ 与 $g_2(t)$ 条件下，它们是确知表示式，据此可以求确定的功率谱表示式及结果。

5.2.2 功率谱计算

1. 交变部分功率谱

假设 $U_T(t)$ "存在" 频谱，则傅里叶变换对为 $U_T(t) \leftrightarrow F_U(f)$，对应功率谱为

$$S_u(f) = \lim_{T \to \infty} \frac{1}{2T} E[|F_u(f)|^2] = p(1-p)\frac{1}{T_b}|G_1(f) - G_2(f)|^2 \tag{5-11}$$

式中，$G_1(f)$ 与 $G_2(f)$ 分别为 $g_1(t)$ 与 $g_2(t)$ 频谱。

2. 稳态部分功率谱

由截短式 (5-8)，取 $T \to \infty$，即 k 取值 $0 \sim \pm\infty$，则

$$V(t) = \sum_{k=-\infty}^{\infty} [pg_1 + (1-p)g_2] = \sum_{m=-\infty}^{\infty} C_m e^{j2\pi mt/T_b} \tag{5-12}$$

式中，复幅值为

$$C_m = \frac{1}{T_b} \int_{-\frac{T_b}{2}}^{\frac{T_b}{2}} V(t) \exp(-j2\pi mt/T_b) \, dt \tag{5-13}$$

经变量置换，设 $t' = t - kT_b$，有

$$C_m = \frac{1}{T_b} \Big[p \int_{-T_b/2}^{T_b/2} g_1(t') \exp(-j2\pi mt'/T_b) \, dt' + (1-p) \int_{-T_b/2}^{T_b/2} g_2(t') \exp(-j2\pi mt'/T_b) \, dt' \Big] =$$

$$[pG_1(m/T_b) + (1-p)G_2(m/T_b)]$$

$$\tag{5-14}$$

式中,利用了傅里叶变换对 $g_1(t) \leftrightarrow G_1(m/T_b)$ 和 $g_2(t) \leftrightarrow G_2(m/T_b)$, m/T_b 是以 $1/T_b$ 为谱线间隔的第 m 个谱线频率。于是可得稳态分量的双边功率谱为

$$S_V(f) = \sum_{m=-\infty}^{\infty} \frac{1}{T} \mid C_m \mid^2 \delta[f - (m/T_b)] =$$

$$\sum_{m=-\infty}^{\infty} \frac{1}{T_b} \mid [pG_1(m/T_b) + (1-p)G_2(m/T_b)] \mid^2 \delta[f-(m/T_b)] \tag{5-15}$$

其中,当 $m = 0$ 时,则平均分量的谱线为

$$S_V(f=0) = \frac{1}{T_b}[pG_1(0) + (1-p)G_2(0)]^2 \delta(f) \tag{5-16}$$

这表明含有冲激谱。最后可得数字基带信号功率谱(双边)为

$$S(f) = S_u(f) + S_V(f) = p(1-p)\frac{1}{T_b} \mid G_1(f) - G_2(f) \mid^2 +$$

$$\sum_{m=-\infty}^{\infty} \frac{1}{T_b}[pG_1(m/T_b) + (1-p)G_2(m/T_b)]^2 \delta[f-(m/T_b)] \tag{5-17}$$

一般 $p = 1/2$,功率谱等于连续谱和冲激谱线序列之和,所以

$$S(f) = \left[\frac{1}{4T_b} \mid G_1(f) - G_2(f) \mid^2\right] + \left[\frac{1}{4T_b} \sum_{m=-\infty}^{\infty} \left[G_1\left(\frac{m}{T_b}\right) + G_2\left(\frac{m}{T_b}\right)\right]^2 \delta\left(f - \frac{m}{T_b}\right)\right] \tag{5-18}$$

5.2.3　基带功率谱特征

从式(5-16) ~ 式(5-18)可以得到如下结论。

(1) 数字基带序列,在这里是指 1,0 码随机信号波形序列,可看做遍历性平稳随机信号的任一样本函数,因此它有确定的自相关函数与确定的功率谱密度,可以写出两者确定的数学表达式。

(2) 数字基带信号功率谱完全取决于表示比特码元的码型、波形[$g_1(t)$ 与 $g_2(t)$],以及 1,0 码先验概率和比特率 R_b。

(3) 在功率谱中连续谱为交变量,冲激谱线对应于平均分量。上列多数码型均为连续谱,谱形状取决于码型及波形和 $1/T_b = R_b$。

(4) 由于数字基带信号是以 $T_b = 1/R_b$ 为码元持续时间的随机信号,因此其确定的功率谱以 $R_b = 1/T_b$ 为周期滚降衰减,衰减速度与波形形状有关。功率谱主瓣一般含信号全部能量的 90% 以上,因此传输带宽大都取其主瓣,即 $R_b(\text{Hz})$(双相码和归零码为 $2R_b$)。

[例 5-3]　求双极性和单极性不归零码(NRZ)的功率谱。

解:

(1) 假定 1,0 码等概,波形 $g_1(t) = A\text{rect}\left(\frac{t}{T_b}\right)$, $p = 1/2$, $g_2(t) = -g_1(t)$。

由式(5-18),其平均分量为 0,因此其功率谱为式(5-11)形式。可得

$$S(f) = \frac{1}{T_b} \mid G_1(f) \mid^2 = A^2 T_b \text{Sa}^2(\pi f T_b)$$

此结果的特点是:主瓣(第一过零点)为 $1/T_\mathrm{b} = R_\mathrm{b}$,功率谱以 t^{-2} 速度进行滚降收敛。

（2）计算幅度为 A,码元速率为 T_b 的单极性不归零方波序列的功率谱。

若设 $p = 1/2$,即 1,0 码等先验概率,$g_1(t) = A\mathrm{rect}(t/T_\mathrm{b})$,$g_2(t) = 0$,序列既有交流分量,又含有一个均值为 $A/2$ 的直流分量,将这些条件代入式(5-16),得功率谱表示式为

$$S(f) = \frac{1}{4}A^2 T_\mathrm{b}\mathrm{Sa}^2(\pi f T_\mathrm{b}) + \frac{A^2}{4}\delta(f)$$

5.3　符号间干扰

在模拟调制系统中,对于引起信号接收质量降级的主要因素,均强调了加性高斯白噪声干扰。对于数字基带传输(并涉及第 6、9 章介绍的数字带通信道传输),还有另一个可能引起接收误码的重要因素是码间或符号间干扰(Intersymbol Interference,ISI)。其主要原因是,表示编码符号的窄脉冲波形序列的每一个脉冲需要很宽的信道带宽,而有限带宽的信道传输对于信号脉冲限带后,原来发送的这些信号脉冲必然在时域流散,它们会大大超越发送时的码元间隔。相邻脉冲在信道中的互相"拖尾"混叠,在接收定时判决时,就可能导致误码。

欧洲著名学者奈奎斯特(H. Nyquist)早在 1928 年就系统地论述了基带数字信号传输理论,并就消除码间干扰原理与基本方法归纳出三个准则,迄今运用已 80 多年,他对数字通信发展做出了不朽贡献。

可以从图 5-3 所示的数字基带传输系统来分析 ISI(符号间干扰)的产生,进而通过严格的数学分析来掌握奈奎斯特准则的实质。

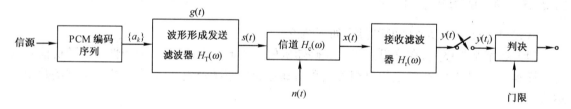

图 5-3　数字基带传输系统

图 5-3 中以二元 PCM 编码序列 $\{a_k\}$ 作为系统的源信息,为了匹配信道特性和抗干扰等需要,根据本章开始介绍的原则,首先选择信号的码型和波形。这里,以 $g(t)$ 表示这种波形,并构成表示 $\{a_k\}$ 的波形序列,于是发送形成滤波器(传递函数设为 $H_\mathrm{T}(f)$)的输出为

$$s(t) = \sum_{k=-\infty}^{\infty} a_k g(t - kT_\mathrm{b}) \tag{5-19}$$

式中,a_k 为加权符号,$a_k = \pm 1$ 分别表示双极性 1,0 码。

$s(t)$ 进入限带信道后,要受到信道特性(传递函数设为 $H_\mathrm{c}(f)$)的影响和混入加性白噪声 $n(t)$,变为混合波形 $x(t)$,在接收滤波器输出为 $y(t)$。然后在每个码元结束时刻($t_i = iT_\mathrm{b}$),由与发送端同步的"比特定时"信号对 $y(t)$ 抽样,其抽样值为 $y(t_i)$,随后进行判决,判决器提供一个较佳判决门限 V_bo。

接收滤波器输出混合波形为

$$y(t) = \lambda \sum_k a_k P_r(t - kT_b) + n(t) \tag{5-20}$$

式中,λ 为某常数,$P_r(\cdot)$ 表示接收输出信号序列的波形形状(时间函数)。式(5-20)忽略了信道传输延时,$y(t)$ 序列中每一个码元对应一个 $\lambda P_r(t)$,它等于发送、信道和接收三个滤波特性相应冲激响应的卷积

$$\lambda P_r(t) = h_T(t) * h_C(t) * h_r(t) \tag{5-21}$$

假设 $t = 0$ 时 $P_r(0)$ 归一化值为 1,即 $P_r(0) = 1$,式(5-21)相应频谱为

$$\lambda P_r(f) = H_T(f) H_C(f) H_r(f) \tag{5-22}$$

在 $t_i = iT_b$ 时刻抽样值表示为

$$y(t_i) = \lambda \sum_{k=-\infty}^{\infty} a_k P_r[(i-k)T_b] + n(t_i) = \lambda a_i + \lambda \sum_{\substack{k=-\infty \\ k \neq i}}^{\infty} a_k P_r[(i-k)T_b] + n(t_i)$$

$$\tag{5-23}$$

式中,首项 λa_i 为第 i 个码元波形的抽样贡献值;而第 2 项是所有 $k \neq i$ 时刻前后所有码形流散"拖尾"对第 i 个码元波形抽样值的"串扰"量,这就是码间干扰的结果表示,第 3 项是加性噪声样值。

若不存在 ISI 及 $n(t)$,则式(5-23)只有第 1 项,即

$$y(t_i) = \lambda a_i$$

此结果是理想传输条件,由该抽样值进行判决会完全准确无误。然而由于 ISI 与噪声的介入,为了尽量抑制二者影响,需考虑设计发送形成与接收滤波器特性。

在高信噪比情况下(如数字电话 PCM 传输),ISI 的影响往往比白噪声更为显著,因此以下的讨论暂忽略 $n(t)$ 的存在,着重克服 ISI,即以完全消除 ISI 为目标,来设计 $P_r(\cdot)$ 的形状,特别是在接收信号抽样时的频谱特征。

5.4 无失真数字基带传输——奈奎斯特第一准则

5.4.1 奈奎斯特准则的充要条件

1. 时域(必要)条件

由上述可知,在理想传输条件下,假设式(5-23)中 $\lambda = 1$,对接收滤波器的输出信号 $y(t)$ 进行抽样,此时应有的准确值为 $y(t_i) = a_k P_r[(i-k)T_b]_{k=i} = a_i P_r(0) = a_i$(不存在 $k=i$ 以外其他任何串扰)。从这一理想目标出发,需严密控制所有抽样时刻 $p_r(t)$ 的波形流散拖尾,并应达到消除码间干扰的如下必要条件(时域):

$$P_r(iT_b - kT_b) = \begin{cases} 1 & i = k \\ 0 & i \neq k \end{cases} \tag{5-24}$$

于是可设 $i-k=m$，则式(5-24)又可表示为

$$P_{\mathrm{r}}(mT_{\mathrm{b}}) = \begin{cases} 1 & m=0 \\ 0 & m\neq0 \end{cases} \tag{5-25}$$

式中，mT_{b} 表示接收信号各个码元波形的抽样时刻。$m=0$ 表示正在接收码元的抽样时刻，即 $t_i=iT_{\mathrm{b}}$ 时刻。

下面通过频域分析，得到使式(5-25)成立的充分条件。

2. 频域（充分）条件分析

式(5-20)广义信道响应 $y(t)$ 中的码元波形的傅氏变换对为 $p_{\mathrm{r}}(t)\leftrightarrow P_{\mathrm{r}}(f)$

以间隔为 T_{b} 对其进行定时抽样的输出序列为

$$P_{\delta}(t) = p_{\mathrm{r}}(t)\cdot\delta_{T_{\mathrm{b}}}(t) = \sum_{m=-\infty}^{\infty}\left[P_{\mathrm{r}}(mT_{\mathrm{b}})\delta(t-mT_{\mathrm{b}})\right] \tag{5-26}$$

式中，$m=i-k$，式(5-26)的频谱为

$$P_{\delta}(f) = P_{\mathrm{r}}(f)*R_{\mathrm{b}}\delta_{R_{\mathrm{b}}}(f) = R_{\mathrm{b}}\sum_{n=-\infty}^{\infty}P_{\mathrm{r}}(f-nR_{\mathrm{b}}) \tag{5-27}$$

我们所关注的是 $t=t_i$ 抽样，即 $i=k$，$m=0$ 时正在被接收码元抽样值，等于式(5-26)中 $m=0$ 的结果，即

$$P_{\delta}(t)\big|_{m=0} = P_{\mathrm{r}}(0)\delta(t) \tag{5-28}$$

相应频谱为

$$P_{\delta}(f)\big|_{m=0} = \int_{-\infty}^{\infty}P_{\mathrm{r}}(0)\delta(t)\mathrm{e}^{-\mathrm{j}2\pi ft}\mathrm{d}t = P_{\mathrm{r}}(0) = 1 \tag{5-29}$$

现将式(5-29)的结果代入式(5-27)，

$$\sum_{n=-\infty}^{\infty}P_{\mathrm{r}}(f-nR_{\mathrm{b}}) = T_{\mathrm{b}}, \qquad \left(T_{\mathrm{b}}=\frac{1}{R_{\mathrm{b}}}\right) \tag{5-30}$$

● 上式为满足式(5-25)无码间干扰的奈氏准则（频域）的充分条件。这表明"准则"是从频域入手实施消除码间干扰的。

3. 奈氏第一准则（式5-30）的描述

● **第一准则描述**——如果速率为 R_{b} 的二元基带序列传输系统响应，以间隔为 $T_{\mathrm{b}}=1/R_{\mathrm{b}}$ 进行定时抽样的频谱（序列之和）为常数，则无码间干扰。

由式(5-30)看出，准则的构成可分为两种情况：

（1）信道响应频谱是带宽为 $B_{\mathrm{N}}=R_{\mathrm{b}}/2$ 的理想低通特性，即 $P_{\mathrm{r}}(f)=\mathrm{rect}(f/R_{\mathrm{b}})$，如图5-4(a)中虚线所示，当定时抽样后，将是一系列方波频谱，首尾理想地相连接（图5-4(b)虚线所示），弥合为一条幅度为 T_{b} 的水平线，满足式(5-30)条件。

（2）当 $R_{\mathrm{b}}\geqslant B>1/(2T_{\mathrm{b}})$ 或 $R_{\mathrm{b}}\geqslant B>R_{\mathrm{b}}/2$ 时，由于 $R_{\mathrm{b}}<2B$，以 R_{b} 速率抽样的频谱序列，必然具有重叠性。而式(5-30)则要求全部重叠谱之和等于常数 T_{b}，就需对广义信道响应的频谱形状进行严格的考究设计。回顾第3章残留边带调制（VSB），VSB滚降特性满足本情况下而达到式(5-30)的条件："互补对称"滚降特征的信号响应频谱，如图5-4(a)中实线所示。将此种滚降特性的频谱特征称为"升余弦"频谱。抽样频谱如图5-4(b)所示为常数值。

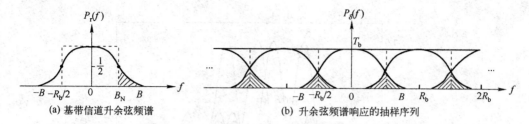

图 5-4　无符号干扰的接收信号"升余弦"频谱

下面对以上两种情况——满足消除 ISI 条件的理想信道响应和具有互补对称的升余弦响应频谱特征——进一步理论分析,以便对奈奎斯特准则获得更深刻的认识。

5.4.2　奈奎斯特理想信道传输

1. 理想(低通)信道特性

根据上面提到的第(1)种情况,即理想信道带宽 $B = R_b/2 = B_N$,由图 5-4(a)的方波形状的响应频谱可以消除 ISI,即

$$P_r(f) = T_b \text{rect}(fT_b) = \begin{cases} T_b & |f| \le B_N = 1/(2T_b) \\ 0 & |f| > B_N \end{cases} \tag{5-31}$$

式中,$B_N = R_b/2 = 1/(2T_b)$,$\omega_N = 2\pi B_N$。该式的时域表达式为

$$p_r(t) = \text{Sa}(B_N t) \tag{5-32}$$

2. 奈奎斯特理想基带信道极限参数

式(5-31)及式(5-32)的时频域波形如图 5-5 所示,$R_b = 2B_N$ 称为奈奎斯特速率,$B_N = R_b/2$ 称为奈奎斯特带宽,带宽为 B_N(速率为 $R_b = 2B_N$)的理想传输信道称为奈奎斯特信道。

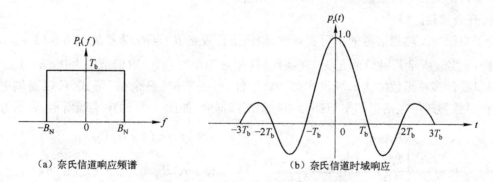

图 5-5　理想传输响应信号的时频域特征

根据奈奎斯特理想信道特性式(5-31)及式(5-32),作为一例,如给出 $\{a_k\} = (1011010\cdots)$ 时,接收信号 $y(t)$ 波形如图 5-6 所示。可以看出,各码元的时间响应波形为抽样函数 $\text{Sa}(\cdot)$,在各对应抽样时刻($m=0$),只存在唯一的属于对应发送信号的最大样值,而在其他任何 k 后时刻均为过零点,故无 ISI。

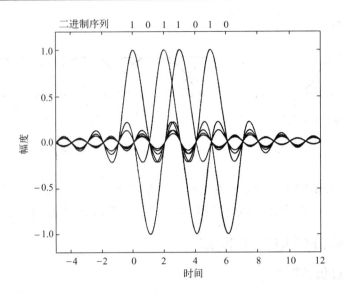

图 5-6　理想信道传输序列的输出信号特征

3. 归纳理想信道传输的奈奎斯特准则的特点

（1）利用理想低通信道，带宽为 $B_N = R_b/2$，可以完成速率为 $R_b = 2B_N$ 的数字传输而消除 ISI。此时达到二元传输频带利用率的极限，即 $\eta = R_b/B_N = 2 \text{ bit}/(\text{s} \cdot \text{Hz})$。

（2）式(5-32)Sa(·)形状的响应信号波形以 t^{-1} 速度滚降衰减，速度慢，当接收定时抖动时，仍会产生较大的 ISI。

（3）奈奎斯特信道是非因果的，不可实现。

5.4.3　升余弦响应频谱——奈氏第一准则实现方法

下面讨论式(5-30)奈氏准则的第(2)种情况。

1. 升余弦频谱特性

为了克服奈氏理想信道的不可实现性，拟将奈氏带宽 $B_N = R_b/2$ 扩展到 $B = (1+\alpha)B_N > B_N$（图 5-4 实线所示），并且满足无 ISI 条件（这里 α 为滚降系数，取值范围为 $0 < \alpha \leq 1$）。

可以设计多种函数结构来满足式(5-30)条件，而若选择"升余弦"形式，可以提供更多优点，这种函数形式可包括中部平坦部分和两侧滚降部分，如图 5-4(a)中实线所示，表示为

$$P_r(f) = \begin{cases} T_b, & 0 \leq |f| < (1-\alpha)B_N \\ \dfrac{T_b}{2}\left\{1 - \sin\left[\dfrac{\pi(|f| - B_N)}{2\alpha B_N}\right]\right\}, & (1-\alpha)B_N \leq |f| < (1+\alpha)B_N \\ 0, & |f| \geq (1+\alpha)B_N \end{cases} \tag{5-33}$$

式中，$B_N = 1/(2T_b) = R_b/2$ 为奈氏带宽；$\alpha = f_\alpha/B_N$ 为滚降系数，f_α 是式(5-33)中两侧谱超出 B_N 的滚降宽度。式(5-33)的时域波形可表示为

$$p_r(t) = \text{Sa}(R_b t)\left(\dfrac{\cos \alpha\omega_N t}{1 - 16\alpha^2 B_N^2 t^2}\right) \tag{5-34}$$

图 5-7 分别给出了 3 种 α 值时式(5-33)及式(5-34)的时频波形。

式(5-33)当取 $\alpha = 1$ 时,为全升余弦滚降,此时实际带宽为 $B = (1 + \alpha) B_N = 2B_N = R_b$,则式(5-33)与式(5-34)变为

$$P_r(f) = \begin{cases} \dfrac{T_b}{2}\left[1 + \cos\left(\omega\,\dfrac{T_b}{2}\right)\right], & 0 < |f| < R_b = 2B_N \\ 0, & |f| \geq R_b = 2B_N \end{cases} \tag{5-35}$$

及

$$P_r(t) = \frac{\mathrm{Sa}(2R_b t)}{1 - 16B_N{}^2 t^2} \tag{5-36}$$

可以看出,式(5-35)表示的是真正升余弦(全升余弦)频谱,是式(5-33)中 $\alpha = 1$ 的情况,而式(5-33)和式(5-34)包含了 $\alpha = 0 \sim 1$ 的全部情况,均属于"升余弦"家族,因此统称其为"升余弦"。

图 5-7 分别示出了 3 种 α 值的"升余弦"时频域波形。

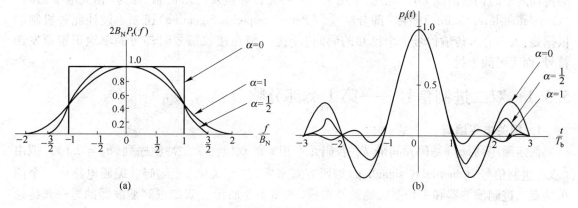

图 5-7   3 种滚降系数的"升余弦"时频特征

2. 升余弦频谱的特点

(1) 不论 α 大小,共同特点是在抽样时刻不存在相邻码间串扰(无 ISI),而全滚降升余弦优点更为突出——冲激响应(接收输出信号波形)增加 1 倍过零点,且从式(5-36)看出,其滚降衰减速率为 t^{-3},因此接收定时抖动引起的误差很小。

(2) 升余弦模式给设计带来灵活性,视信道与传输质量要求,滚降系数 α 取值可选,但 $\alpha = 0$ 属于奈氏理想信道特性,不可实现。一般 α 值不易太小,多数情况 $\alpha > 0.2$。

(3) 全升余弦($\alpha = 1$)时,占用信道带宽是奈氏带宽 2 倍,即 $B = 2B_N = R_b$,因此它的带宽利用率低。当 α 为任何值时,消除 ISI 付出的带宽代价为 $f_\alpha = \alpha B_N = \alpha R_b / 2$。

- 在本节结束前,尚有一个重要概念问题需要交代清楚,就是由前面式(5-30)奈氏准则指出的消除 ISI 传输条件,其实,针对一个码符号波形而言的无 ISI 条件,式(5-31)更为明确,即在该码符号波形被接收后的 $y(t)$,其抽样频谱在 $(-B_N, B_N)$ 内必须保持恒定值为 T_b,等效于如图 5-5 的理想低通频谱。作为可实现条件,升余弦频谱响应当抽样后形成的图 5-4(b)所示的重叠谱在全频域均为常数值,得到与理想条件等效结果。

3. 奈奎斯特第一准则(可实施条件)

兹对式(5-30)奈氏准则可实施条件,进行如下另一种明确的描述:

- 传输速率为 R_b 的数字基带波形序列的信道响应,若在 $\left(\pm B_N = \pm \dfrac{R_b}{2}, \dfrac{1}{2} \right)$ 坐标点具有图 5-4 所示的互补对称滚降频谱(滚降系数 $0 < \alpha \leqslant 1$),因此其抽样频谱为常数,亦即呈等效理想低通特性,则可以消除符号间干扰。

5.5 部分响应系统——奈奎斯特第二准则

上一节,奈奎斯特从频域入手解决了无码间干扰基带传输问题,准则式(5-30)包含理想传输和利用升余弦频响的可实施条件,但后者却要较理想传输 B_N 超出 αB_N 的带宽量,作为消除 ISI 的代价。

鉴于期望的基带传输技术是,既占用信道的传输带宽为奈氏带宽,又可以实现 $R_b = 2B_N$ 的传输速率而仍然消除 ISI。为此,采用了一种向此目标进发的新机制,称为"相关电平编码"(Correlative-level Coding)或称"部分响应"(Partial-response Signaling)机制。设计此种机制的依据是:人为介入传输信号一个已知的码间"干扰",但在接收信号时却可简单地识别原发送符号,而无码间干扰。

5.5.1 双二进制信号——第 I 类部分响应

1. 相关电平编码

假定源序列 $\{a_k\}$ 是码元间隔 T_b、各码元不相关的双极性单位冲激序列($a_k = \pm 1$)。拟由"双二进制信号"(duobinary signaling)编码方式来实现"相关电平"编码。编码电路由一个简单的双二进制滤波器和一个奈氏滤波器构成,如图 5-8 所示。双二进制滤波器的时—频传递特性为

$$\delta(t) + \delta(t - T_b) \leftrightarrow 1 + e^{-j\omega T_b} \tag{5-37}$$

再经奈氏滤波器后,其响应的各抽样值 c_k 都包含两相邻码元的相关响应值,即

$$c_k = a_k + a_{k-1} \quad (\text{" + "——代数加法}) \tag{5-38}$$

这样一来,单位幅度的双极性 $\{a_k\}$ 序列,通过双二进制编码器就变成了两两相邻码元响应代数和的"伪三电平"序列,在各抽样点的相关电平可能取值为 $\pm 2, 0$。

- 所谓"双二进制信号",其含义是指由于双二进制滤波器,使信道承载了两倍的二进制载荷。这样一来,也就意味着每一个传输码元都有不止一个抽样判决时刻产生响应。当在接收时刻抽样时,只是该码元的"部分"响应,而另一延迟响应又影响到其他码元。可以看做向信号有意介入的"ISI",这种"ISI"在人们的控制之下,这就是"相关电平"编码的基本点。

由图 5-8 可以求得双二进制码经过奈氏滤波器 $H_N(f)$ 的响应——第 I 类部分响应频谱 $H_I(\omega)$ 是式(5-37)和 $H_N(f)$ 的组合,得

$$\begin{aligned} H_I(\omega) &= H_N(\omega)\left[1 + e^{-j\omega T_b}\right] \\ &= H_N(\omega)\left[e^{j\omega T_b/2} + e^{-j\omega T_b/2}\right]e^{-j\omega T_b/2} = 2H_N(\omega)\cos\left(\omega\frac{T_b}{2}\right)e^{-j\omega T_b/2} \end{aligned}$$

$$\tag{5-39}$$

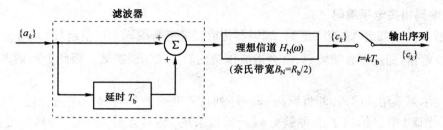

图 5-8　双二进制信号形成

式中,奈氏理想低通 $H_N(\omega)$,奈氏带宽 $B_N = R_b/2$。

因此式(5-38)的双二进制信号系统传递函数表示为

$$H_I(\omega) = \begin{cases} 2\cos(\omega T_b/2)e^{-j\omega T_b/2}, & |\omega| \leqslant \pi/T_b \\ 0, & |\omega| > \pi/T_b \end{cases} \quad (5-40)$$

图 5-9 示出 $H_I(\omega)$ 的幅度谱与相位谱,相应的冲激响应为

$$\begin{aligned} h_I(t) &= Sa(\pi t/T_b) + Sa[\pi(t - T_b)/T_b] \\ &= Sa(\omega_N t) + Sa(\omega_N t - \pi) \end{aligned} \quad (5-41)$$

该时域波形如图 5-10 所示。显然,该冲激响应波形是相隔 T_b 的两个理想抽样函数的合成结果。

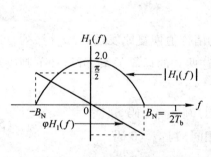

图 5-9　双二进制信号频谱

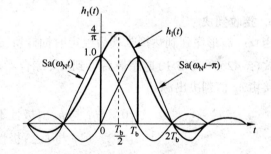

图 5-10　双二进制系统冲激响应

图 5-10 中表明部分响应的特点。

(1)在相邻抽样瞬时出现两个同样大小的抽样值,这就可以理解到,为什么这种相关编码称做部分响应信号(即时的信号响应样本值只是一部分,另一部分在其后抽样时刻)。如果进一步设计,尚可将其响应在几个相邻抽样时刻出现(下面将介绍的Ⅱ类、Ⅲ等部分响应的相关编码——表 5-3)。

(2)每个码元响应波形除在相邻两个抽样时刻取值外,其他各时刻均为 0,其滚降衰减速度为 t^{-2},这虽比不上全升余弦速度为 t^{-3} 衰减快,但比奈氏理想信道 t^{-1} 速度快,所以对定时抖动反应不敏感。

(3)最大特点是在消除 ISI 的前提下,各种部分响应均只占用奈氏带宽,该带宽利用率与奈氏理想传输一样为 $2bit/(s \cdot Hz)$。

2. 预编码相关电平编码

由源码 $\{a_k\}$ 序列进入"双二进制"编码器构成相关电平编码。在信道传输中，若 $\{c_k\}$ 序列中发生某位差错，到达接收端解码，就会造成该错码的多位错误扩散。因此上列诸多优势必将无法体现。

实用技术是采用预编码，即将源码 $\{a_k\}$ 序列首先变为差分码 $\{b_k\}$ 序列，然后再进行双二进制编码。图5-1中已给出了两种差分码。现拟采用"传号差分码"形式，具体变换规则为式(5-1)，即 $b_k = a_k \oplus b_{k-1}$。

当由自然码序列 $\{a_k\}$ 转为相应差分序列 $\{b_k\}$ 后，则按下列规则得到差分双二进制码，即预编码 – 相关电平编码：

$$c_k = b_k + b_{k-1} \tag{5-42}$$

这里，与上面式(5-38)的不同，仅是将式中相邻自然码的代数和，换为相邻其差分码的代数和。

图5-11 示出了预编码双二进制信号系统框图。

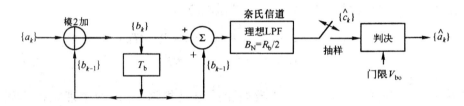

图 5-11　预编码相关电平编码系统框图

3. 接收判决

当 $\{c_k\}$ 波形序列到达接收端后经定时抽样所得的诸样值恢复原发送码 $\{a_k\}$ 序列，可以不必按式(5-42)和式(5-1)逆序最后得到 a_k，综合考虑这两式的运算关系，可得如下判决规则，即直接由 c_k 值判决出源 a_k：

$$c_k = \begin{cases} 0 & （b_k 与 b_{k-1} 极性不同）判 a_k = 1 码 \\ \pm 2 & （b_k 与 b_{k-1} 极性相同）判 a_k = 0 码 \end{cases} \tag{5-43}$$

但由于传输干扰，可能已使 $0，\pm 2$ 这三电平的准确值发生变化，因此由上述判决规则可产生一个合理的判决门限——$V_{bo} = 1$，于是判决规则变为

$$\begin{aligned} |c_k| &< 1 \quad 判为 a_k = 1 码 \\ |c_k| &\geq 1 \quad 判为 a_k = 0 码 \end{aligned} \tag{5-44}$$

由此，当接收机收到 c_k 后，应首先进行整流，得到 $|c_k|$，同时根据接收 $|c_k|$ 幅度动态变化的估计，能较适当地确定其归一化值，以使 $|c_k| = 1$ 这一门限有利于正确判决。

[例5-4]　源序列 $\{a_k\} = \{11010010101\}$，列表给出由预编码 – 相关电平编码形成的双二进制信号 $\{c_k\}$ 和解码结果。设 $\{c_k\}$ 中第5位传输差错，是否扩散？

解　为了构成 c_k 首先按式(5-1)，将 $\{a_k\}$ 转为 $\{b_k\}$ 时，兹用双极性表示各 b_k 码元。表5-2列出了按式(5-1)和(5-42)分别构成差分码和相关电平码的过程，并按式(5-44)进行接收判决。如有传输差错(第6栏)，则不会造成误码扩散。参考位设置不同，不影响结果。

表 5-2　预编码 – 相关电平编码

#	说明	符号	参考/电平	序列
1	源码序列	$\{a_k\}$		1　1　0　1　0　0　1　0　1　0　1
2	$b_k = a_k \oplus b_{k-1}$	$\{b_k\}$	参考位 $b_{k-1}=-1$	1　-1　-1　1　1　1　-1　-1　1　1　-1
3	$\{b_k\}$ 延迟 1 位:$\{b_{k-1}\}$	b_{k-1}		-1　1　-1　-1　1　1　1　-1　-1　1　1
4	$c_k = b_k + b_{k-1}$	$\{c_k\}$	三电平	0　0　-2　0　2　2　0　-2　0　2　0
5	接收判决:$\lvert c_k\rvert$ <1 判 $a_k=1$,>1 判 $a_k=0$	$\{\hat a_k\}$	无误	1　1　0　1　0　0　1　0　1　0　1
6	当有传输差错时	$\{\hat c'_k\}$		0　0　-2　0　(0 误)　2　0　-2　0　2　0
7	判决无误码扩散	$\{\hat a'_k\}$		1　1　0　1　(1 误)　0　1　0　1　0　1
8	求 $\{b_k\}$ 时,参考位设置不同于第 2 栏	$\{b_k\}$	参考:$b_{k-1}=1$	-1　1　1　-1　-1　-1　1　1　-1　-1　1
9	$\{b_k\}$ 延迟 1 位	$\{b_{k-1}\}$		1　-1　1　1　-1　-1　-1　1　1　-1　-1
10	与第 4 栏不同,仅在于"2"的正负			0　0　2　0　-2　-2　0　2　0　-2　0
11	第 8 栏与第 2 栏 b_{k-1} 参考位不同,恢复 $\{a_k\}$ 不影响			1　1　0　1　0　0　1　0　1　0　1

5.5.2　第 Ⅳ 类部分响应

1. 改进的双二进制信号特点

上面讨论的用于第 Ⅰ 类部分响应系统的相关电平编码是采用双二进制信号,其频率响应 $H_1(f)$(图 5-9)或传输信号的功率谱具有零频成分,因多数信道不便通过直流,于是第 Ⅳ 类部分响应系统采用的改进型双二进制技术弥补了这一不足。

- 改进的双二进制信号构成特点——与上面双二进制技术相比,一是延迟单元变为两倍码元间隔,即 $2T_b$;二是将加法器改为代数减法。它依然以奈氏三个极限参数为前提,同时利用预编码(差分码),$\{c_k\}$ 序列也是伪三进制 ±2,0 电平。图 5-12 为采用改进的双二进制信号的第 Ⅳ 类部分响应系统框图。
- 预编码

$$b_k = a_k \oplus b_{k-2} \qquad (\text{需第 } k \text{ 位之前两位预置参考位}) \qquad (5\text{-}45)$$

- 改进的双二进制编码　$c_k = b_k - b_{k-2}$　　(这里"−"号为代数减法)　(5-46)
- 接收:$\{c_k\}$ 经整流为 $\{\lvert c_k\rvert\}$,判决门限 $V_{b0}=1$。

$$\text{判决规则:} \lvert c_k\rvert \begin{cases} \geqslant 1, & \text{判 } a_k=1 \text{ 码} \\ <1, & \text{判 } a_k=0 \text{ 码} \end{cases} \quad (\text{与双二进制信号时不同}) \qquad (5\text{-}47)$$

改进后的预编码双二进制信号取值仍为 +2,0 及 −2 三电平,可以写出第 Ⅳ 类部分响应式为

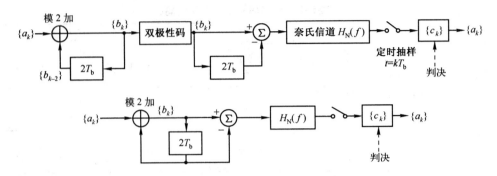

图 5-12　改进的双二进制信号形成

$$H_{\text{IV}}(f) = H_{\text{N}}(f)\left[1 - e^{-j2\omega T_{\text{b}}}\right] = 2jH_{\text{N}}(f)\sin(\omega T_{\text{b}})e^{-j\omega T_{\text{b}}}$$

$$= \begin{cases} 2j\sin(\omega T_{\text{b}})e^{-j\omega T_{\text{b}}} & |f| \leqslant \dfrac{1}{2T_{\text{b}}} \\[2ex] 0 & |f| > \dfrac{1}{2T_{\text{b}}} \end{cases} \tag{5-48}$$

相应的幅度谱与相位谱如图 5-13 所示。

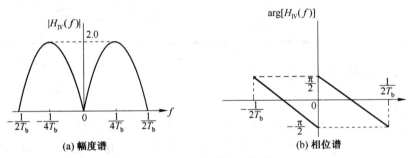

(a) 幅度谱　　　　　　　　　　　　　　(b) 相位谱

图 5-13　幅度谱与相位谱

由上述改进的双二进制信号频谱特征,其时域波形是在 $2T_{\text{b}}$ 间隔具有两个奈氏抽样函数构成,即

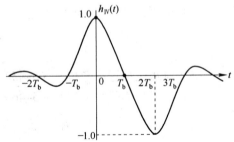

图 5-14　改进的双二进制冲激响应

$$h_{\text{IV}}(t) = \text{Sa}(\omega_{\text{N}}t) - \text{Sa}(\omega_{\text{N}}t - 2\pi) \tag{5-49}$$

该 $h_{\text{IV}}(t)$ 波形如图 5-14 所示。显然接收输出的每个码元相关抽样值具有 3 个值(+1,0, -1),而二进制波形序列在各 kT_{b} 抽样值,只可能有 ±2 及 0 这 3 种取值。另外由式(5-49),其时间波形滚降速度为 t^{-2}。

第 IV 类部分响应使用改进的双二进制信号优点为:其一,不含直流分量。其二,适于结合利用单边带(SSB)传输,即若利用数字频带传输方式,且带宽为 $B = B_{\text{N}} = R_{\text{b}}/2$。另外,与前面的相关编码一样,在频带边沿具有连续性。

*5.5.3　相关电平编码的推广

上面介绍了第 I 、IV 类部分响应所使用的双二进制及改进双二进制信号,其相关性跨度分别为 1 比特及 2 比特。按此种思路可以推广到相关性跨度多于 2 比特间隔的形式,完成这一功能的实际电路可以利用"横向滤波器"——具有抽头权值 $W_0, W_1, \cdots, W_{N-1}$ 的抽头延迟线滤波器。不同类别的部分响应所跨越的比特间隔,取决于采用的奈氏理想脉冲响应 Sa(·) 的脉冲数 N,通式可写为

$$h(t) = \sum_{n=0}^{N-1} W_n \mathrm{Sa}\pi\left(\frac{t}{T_b} - n\right) = \sum_{n=0}^{N-1} W_n \mathrm{Sa}(\omega_N t - n\pi) \tag{5-50}$$

图 5-15 为实施此种推广的相关编码方框图;表 5-3 给出了 5 种类别的部分响应,并列出了各抽头增益系数值。需要明确的是,各类部分响应信号均为奈氏传输带宽。

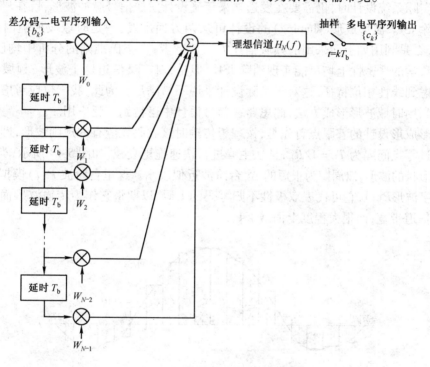

图 5-15　相关编码方框图

表 5-3　5 种类别的部分响应信号机制

类　　别	N	W_0	W_1	W_2	W_3	W_4	备　　注
I	2	1	1				双二进制编码
II	3	1	2	1			
III	3	2	1	-1			
IV	3	1	0	-1			改进双二进制编码
V	5	-1	0	2	0	-1	

* 5.6　波形成形的数字技术

前面关于奈奎斯特准则消除符号间干扰,是以发送、信道、接收三者滤波特性综合视为广义信道基础上进行讨论的。主要从广义信道的响应波形提出限制条件而达到消除 ISI。因此,将该广义信道整体视为"信号波形成形滤波器",如图 5-16 所示。

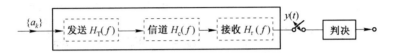

图 5-16　波形成形滤波器

- 在实际系统设计时,仍需要在发送端来精确设计发送信号脉冲波形,旨在尽量使接收时消除 ISI。波形成形(shaping)的设计可从两方面出发:一是时域波形随时间变化的规律,二是利用如上面采用的频域描述方式。后者,在奈氏准则的分析中均已充分利用,从数学的严密性上均可能实现消除 ISI。但是,对广义信道这个波形(频域)滤波特性,考虑到线性相位特征,这对于实际设计来说不易满足。为此,我们也应考虑在发送端直接利用时域波形形成方法,此思路在信号设计中已得到广泛应用。
- 波形成形设计的着眼点首先是,按理想传输时接收码元应有的规则波形,即满足时域响应过零点间隔为 $T_b = 1/R_b$,且从主峰进行快速拖尾衰减,如图 5-17 所示,类似于抽样函数形状的波形,以周期为很短的 Δt 台阶波近似表示。这里台阶波 $\widetilde{P}(t)$ 模拟了一个基带数字波形 $P(t)$,它可代表双极性不归零码的 1 码,以期将它作为传输波形而占用近乎理想信道带宽,而很大程度上消减 ISI。

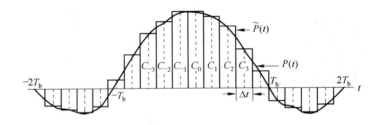

图 5-17　台阶波模拟信号波形

为了使 $\widetilde{P}(t)$ 更好地逼近 $P(t)$,Δt 取值越小越好。于是 $\widetilde{P}(t)$ 等效于以 Δt 为抽样间隔,对 $P(t)$ 波形以抽样速率为 $f_\Delta = 1/\Delta t$ 的抽样保持波形(不是量化)PAM,$\widetilde{P}(t)$ 可表示为

$$\widetilde{P}(t) = \sum_i C_i g(t - i\Delta t) \tag{5-51}$$

式中,C_i 在 $i\Delta t$ 时刻的 $P(t)$ 权值。$g(t)$ 为双极性方波,幅度为 ±1。

式(5-51)的台阶波,可以由一个横向滤波器实现,如图 5-18 所示。图中有大量移位寄存器(例如 $2N+1$ 个),各抽头系数权值 C_i 决定于各 $i\Delta t$ 时刻的 $P(t)$ 值。

由于台阶波含有颗粒噪声,可用一个低通滤波器(截频为 $B = 1/(2T_b) = R_b/2$)进行平滑。

对于代表 0 码的负极性波形,只要对应调整各 C_i 值的正负极性,即可以实现。于是双极性数字码形序列可近似表示为 $\tilde{S}(t) = \sum_k a_k \tilde{P}(t - kT_b)$,$a_k$ 为双极性信号码元,取值为 ±1,表示 1,0 码。

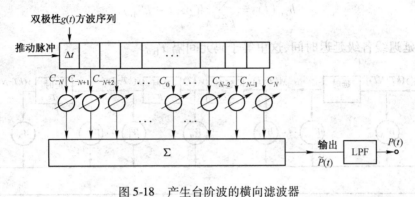

图 5-18　产生台阶波的横向滤波器

5.7　信道均衡

5.7.1　均衡概念

在前几节关于数字基带传输无码间干扰原理的讨论中,除了假设是大信噪比而暂不考虑加性噪声等干扰外,对于信道本身的特性(除限定带宽外)也没有引入准确知识,而假设信道频响 $H_C(\omega)$ 是完全"知道"的,这不符合实际。在实际系统中,对于发送成形、接收滤波器等的设计也未必保证完善。对信道特性缺乏充分了解或信道具有时变特性等,结果传输信号或多或少地还会有残留的不规则波形拖尾,而导致有 ISI 影响,如无线移动信道的多径衰落特性,加之非线性造成的信号幅度与相位非线性失真,也都是产生 ISI 的因素,并权且统称为"残留 ISI"。因此需要对接收信号进行"均衡"(equalization)处理。

- 均衡主要用于消除残留的码间干扰,其机理是对信道或整个传输系统特性进行补偿,针对信道恒参或变参特性,数据速率大小不同,均衡有多种结构方式。大体上分为两大类:线性与非线性均衡。对于带通信道的均衡较为困难,一般都是待接收端解调后在基带进行均衡,因此基带均衡技术得到广泛应用。

- 实现均衡的方法是,针对如图 5-3 或图 5-16 基带传输系统在接收滤波器输出 $y(t)$,其时域波形仍不符合奈奎斯特准则条件下,致使抽样后的响应频谱,也达不到式(5-30)所示的频谱为常数的结果,因此需在抽样判决前对 $y(t)$ 的频谱"补偿"为等效理想谱——亦即将抽样前的不规则流散时间波形给予"迫零"——除正在被抽样接收信号以外,其前后相当多的码脉冲波形拖尾的滚降零点都均匀准确落在定时抽样时刻。

5.7.2　抽头–延迟线均衡

出于上述目的,为消除因信道未知特性及收发端滤波特性欠佳等原因而残存的 ISI,一般信道常用"抽头–延迟线"(tapped-delay-line)滤波器方式加以均衡。

图 5-19 为此种均衡系统框图,抽头数为 $2N+1$,抽头增益权值各为 $W_{-N}, W_{-N+1}, \cdots, W_{-1}$, $W_0, W_1, \cdots, W_N$,图中当通过二元信号时,$T = T_{\mathrm{b}}$,在求和之后的均衡器输出冲激响应为

$$h_{\mathrm{eq}}(t) = \sum_{k=-N}^{N} W_k \delta(t - kT_{\mathrm{b}}) \tag{5-52}$$

式中:T——延迟线各级延迟时间,这里等于码元间隔 T_{b}。

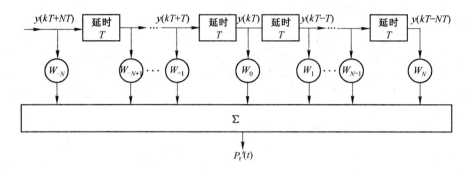

图 5-19 均衡系统框图

将均衡器级联至接收滤波器之后,由 $P'_{\mathrm{r}}(t)$ 表示级联的均衡器冲激响应,并等于

$$P'_{\mathrm{r}}(t) = y(t) * h_{\mathrm{eq}}(t) = y(t) * \sum_{k=-N}^{N} W_k \delta(t - kT_{\mathrm{b}})$$

$$= \sum_{k=-N}^{N} W_k y(t) * \delta(t - kT_{\mathrm{b}}) = \sum_{k=-N}^{N} W_k y(t - kT_{\mathrm{b}}) \tag{5-53}$$

设接收抽样时刻为 $t = mT_{\mathrm{b}}$,可得式(5-53)的离散卷积和,与式(5-24)比较,则有

$$P'_{\mathrm{r}}(mT_{\mathrm{b}}) = \sum_{k=-N}^{N} W_k y(mT_{\mathrm{b}} - kT_{\mathrm{b}}) \tag{5-54}$$

应注意到,这里 $P'_{\mathrm{r}}(mT_{\mathrm{b}})$ 应比 $y(kT_{\mathrm{b}})$ 序列长度大。

将式(5-54)与满足奈奎斯特的条件的式(5-23),或式(5-24)进行比较。

式(5-54)的均衡表示式中,只有 $2N+1$ 个抽头,因此只是近似满足消除 ISI 的条件,即

$$P_{\mathrm{r}}(mT_{\mathrm{b}}) = \begin{cases} 1 & m = 0 \\ 0 & m = \pm 1, \pm 2, \cdots, \pm N \end{cases} \tag{5-55}$$

为方便计,以 r_m 来代表接收滤波器输出响应 $y(t)$ 的第 m 个抽样值 $y(mT_{\mathrm{b}})$,于是由式 (5-54)离散卷积和的近似条件式(5-55),可得到集合元素为 $2N+1$ 的联立方程式,即求和式

$$\sum_{k=-N}^{N} \boldsymbol{W}_k \boldsymbol{r}_{m-k} = \begin{cases} 1 & m = 0 \\ 0 & m = \pm 1, \pm 2, \cdots, \pm N \end{cases} \tag{5-56}$$

将其中的 $\boldsymbol{r}$ 写成 $(2N+1) \times (2N+1)$ 的等效阵列方式,则式(5-56)的矩阵方程式为

$$\begin{bmatrix} r_0 & \cdots & r_{-N+1} & r_{-N} & r_{-N-1} & \cdots & r_{-2N} \\ \vdots & \ddots & \vdots & \vdots & \vdots & \ddots & \vdots \\ r_{N-1} & \cdots & r_0 & r_{-1} & r_{-2} & \cdots & r_{-N-1} \\ r_N & \cdots & r_1 & r_0 & r_{-1} & \cdots & r_{-N} \\ r_{N+1} & \cdots & r_2 & r_1 & r_0 & \cdots & r_{-N+1} \\ \vdots & \ddots & \vdots & \vdots & \vdots & \ddots & \vdots \\ r_{2N} & \cdots & r_{N+1} & r_N & r_{N-1} & \cdots & r_0 \end{bmatrix} \begin{bmatrix} W_{-N} \\ \vdots \\ W_{-1} \\ W_0 \\ W_1 \\ \vdots \\ W_N \end{bmatrix} = \begin{bmatrix} 0 \\ \vdots \\ 0 \\ 1 \\ 0 \\ \vdots \\ 0 \end{bmatrix} \qquad (5\text{-}57)$$

由式(5-57)描述的抽头延迟线均衡器也称为"迫零均衡器"(Zero-forcing),因为它能够最大限度地消除 ISI 峰值干扰,且很容易实现,抽头数越大性能越佳,但延迟也越大。

[**例 5-5**]　设计一个三抽头迫零均衡器,已知接收滤波器输出波形如图 5-20(a)所示。

解: 从图得到,已知 $y(t)$ 在抽样时刻及其前后各两个时刻的值为 $(r_{-2}, r_{-1}, r_0, r_1, r_2) = (0, 0.1, 1.0, -0.2, 0.1)$。由式(5-57),则有

$$\begin{bmatrix} 1.0 & 0.1 & 0 \\ -0.2 & 1.0 & 0.1 \\ 0.1 & -0.2 & 1.0 \end{bmatrix} \begin{bmatrix} W_{-1} \\ W_0 \\ W_1 \end{bmatrix} = \begin{bmatrix} 0 \\ 1 \\ 0 \end{bmatrix} \qquad (5\text{-}58)$$

如图 5-21 所示三抽头均衡器的抽头值,可计算得 $(W_{-1}, W_0, W_1) = (0.09606, 0.9606, 0.2017)$,则可由式(5-54)计算当 m 为不同值时的均衡结果为

$$P_r'(mT_b) = \begin{bmatrix} 0 & 0 & 0 \\ 0.1 & 0 & 0 \\ 1.0 & 0.1 & 0 \\ -0.2 & 1.0 & 1.0 \\ 0.1 & -0.2 & 1.0 \\ 0 & 0.1 & -0.2 \\ 0 & 0 & 0.1 \end{bmatrix} \begin{bmatrix} -0.09606 \\ 0.9606 \\ 0.2017 \end{bmatrix} = \begin{bmatrix} 0 \\ -0.0096 \\ 0 \\ 1.0 \\ 0 \\ 0.0557 \\ 0.0202 \end{bmatrix} \qquad (5\text{-}59)$$

即 $P_r'(mT_b) = (0, -0.0096, 0, 1.0, 0, 0.0557, 0.0202)$。

根据计算结果,可画出均衡之后的信道响应波形(见图 5-20(b))。

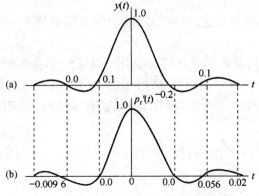

图 5-20　接收信号响应及三抽头均衡效果

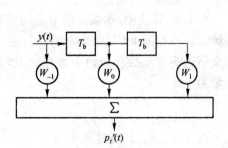

图 5-21　三抽头均衡器

由本例看,如果当抽头数 $2N+1$ 很大时,调整抽头系数将是很大的工作量,而且不易准确得到均衡效果,因此实用中大都采用自动均衡或自适应均衡。

*5.7.3　自适应均衡

抽头延迟线均衡器实际上是由横向滤波器构成,由式(5-56)决定均衡效果,由于接收滤波器输出带有 ISI 的时域波形一定程度的失真,以致抽样后的谱序列不是均匀(常数)谱;采用均衡后,均衡器中的 N 个抽头数的各个取值来决定的均衡特性,其结果应符合式(5-56)条件。

由于信道干扰及环境条件的变化而导致信道特性不断变化(如时变信道),因此采用一次测试好的各抽头值($m = -N,\cdots,0,\cdots,N$)的"固定均衡"(简称固均)是不堪胜任的,于是需提出一种实时性或准实时性均衡系统——自适应均衡,这是一种最常用的技术。它可随时探测信道特性的变化,自动调节均衡抽头数值而动态地达到均衡目的。具体做法是,在发送数据以前,先发送一个伪噪声(PN)序列,作为训练信号,受到信道特性影响的 PN,进入到接收端均衡器可同步对照无失真的 PN 拷贝,自动调整各均衡抽头值。

自适应均衡技术主要靠先进的均衡算法实现,常用算法诸如"迫零均衡算法"和"最小均方误差算法(LMS)"和"递归最小二乘算法"等。自适应均衡技术根据不同的要求及适应性能力,可提供多种多样的结构模式。

1. 迫零算法

在迫零均衡器中,能使信道系统与均衡器结合起来的冲激响应,进一步抑制残留 ISI。经均衡的接收码元的抽样值最大,而迫使其相邻各 N 个时刻的码元对其串扰均为 0。由设定的抽头数 $2N+1$,N 越大越近于完全消除 ISI。迫零延迟线单元延迟量等于码元间隔 T_b,均衡器冲激响应 $h_{eq}(t)$ 的抽样频谱应是以抽样率 $R_b = 1/T_b$ 为周期的谱序列,于是式(5-53)中 $P_r'(t) = y(t) * h_{eq}(t)$ 在抽样时刻 $t = mT_b$,应较好地满足式(5-56)条件。

广义信道系统(包括发送、信道、接收滤波器)响应 $y(t)$ 的频谱函数,称为信道的折叠频响,当 $N \to \infty$ 时的均衡器就是倒置信道折叠频响的"倒置滤波器"。当为有限值 $2N+1$ 时,则作为截短的近似均衡。实现这一功能的"迫零算法"虽然简单,但可能会在折叠信道谱中深衰落频点处,出现很大噪声增益。由于迫零均衡仍然主要是单一瞄准去消除 ISI,所以在衰落无线链路中不常采用。

2. 最小均方算法

最小均方误差算法(LMS)的均衡器较迫零均衡稳定,它所使用的均衡准则是要求的精确均衡值与实际均衡值之间的均方误差最小。

在 LMS 算法中,不像简单迫零均衡和前面只看重解决 ISI 问题那样,而综合考虑整个信道系统响应残存的 ISI 和噪声影响。为便于分析,这里给出图5-22所示的自适应均衡器。并设广义信道响应包括有 $y(t)$ 中残存的 ISI 及加性噪声等干扰,则在 $t_i = iT_b$ 抽样时刻,相应的混合量为

$$y'(t_i) = y(t_i) + n(t_i) = y_i' \tag{5-60}$$

加到均衡器之后,均衡输出为

$$z(t_i) = z_i = \sum_{k=-N}^{N} W_k y'_{i-k} \tag{5-61}$$

式中，W_k 为均衡器第 k 个抽头值，抽头总数为 $2N+1$。

需要调整的自适应量，可由理想波形与信道系统输出波形比较得出。而我们关心的是各抽样点的误差值，根据各点误差来估值自适应抽头权值序列，自适应算法与自动调整准则是"峰值失真准则"——在均衡能力范围内，使最坏的过零点失真情况，自动调到最小峰值失真量。在"迫零均衡"系统中，将自适应算法加入，可对各抽头进行自动控制，就能实现符合 LMS 准则的自适应迫零均衡器。

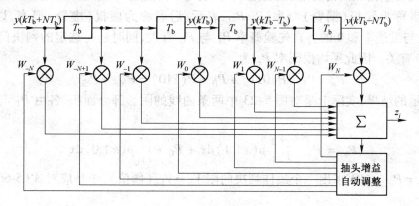

图 5-22　自适应均衡器

为了提高自适应均衡能力，大多利用 LMS 算法准则，它较峰值失真准则对于定时抖动不敏感，这是均方误差准则来构成自适应均衡的优势所在。

5.8　数字信号基带传输误码性能分析

如果解决了消除符号间干扰问题，信道中只有双边功率谱为 $\dfrac{n_0}{2}$、均值为 0、方差为 σ_n^2 的高斯白噪声 $n(t)$ 的加性干扰。当信号速率为 $R_b = \dfrac{1}{T_b}$、传输带宽为 B 时，可计算出噪声功率 $N = n_0 B = n_0(1+\alpha)R_b/2$，由功率信噪比大小来计算出接收误码概率。

本节主要讨论单极性不归零序列的误码率分析与计算，同时再以例题形式给出双极性码的分析方法。

信道输出的信号加噪声波形为

$$x(t) = s(t) + n(t)$$

在抽样判决时刻 $t = t_i$，混合抽样值为

$$x(t_i) = s(t_i) + n(t_i) = \begin{cases} A+n & \text{（接收传号）} \\ n & \text{（接收空号）} \end{cases} \quad (5\text{-}62)$$

式中，A 为传号（1 码）接收幅度，n 为 t_i 时刻高斯变量取值。因此，传号抽样值与空号抽样值分别为均值等于 A 和 0 的高斯随机变量，图 5-23 给出了两者概率密度曲线，表示式为

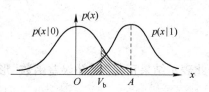

图 5-23　接收传号和空号的概率密度曲线

$$p(x|1) = \mathrm{N}(A, \sigma_{\mathrm{n}}^2) = \frac{1}{\sqrt{2\pi}\,\sigma_{\mathrm{n}}}\exp\left(-\frac{(x-A)^2}{2\sigma_{\mathrm{n}}^2}\right) \tag{5-63}$$

$$p(x|0) = \mathrm{N}(0, \sigma_{\mathrm{n}}^2) = \frac{1}{\sqrt{2\pi}\,\sigma_{\mathrm{n}}}\exp\left(-\frac{x^2}{2\sigma_{\mathrm{n}}^2}\right) \tag{5-64}$$

式中，$p(x|1)$、$p(x|0)$ 分别是发送 1 码和发送 0 码接收的条件概率密度。

抽样判决发生错误的情况是：当发送 1 码（传号）和发送 0 码（空号）时，出现两种错码概率之和。前者称为漏报（漏警）概率，以 P_{Me} 表示；后者称为虚报（虚警）概率，以 P_{Se} 表示。P_{Me} 与 P_{Se} 又与发送 1 和 0 的各自先验概率 P_1 与 P_0 有关，同时还与选定的判决门限 V_{b} 是否为最佳(V_{bo})有关。因此平均误码率 P_{e} 为

$$P_{\mathrm{e}} = P_1 \cdot P(0|1) + P_0 \cdot P(1|0) = P_{\mathrm{Me}} + P_{\mathrm{Se}} \tag{5-65}$$

式(5-65)表示的结果，实际上是对图 5-23 中两条曲线的阴影部分面积，各由 P_1 与 P_0 加权求和，即

$$P_{\mathrm{e}} = P_1 \cdot \int_{-\infty}^{V_{\mathrm{b}}} p(x|1)\,\mathrm{d}x + P_0 \cdot \int_{V_{\mathrm{b}}}^{\infty} p(x|0)\,\mathrm{d}x \tag{5-66}$$

为使 $P_{\mathrm{e}} = P_{\mathrm{e,min}}$，需求出一个最佳判决门限 $V_{\mathrm{b}} = V_{\mathrm{bo}}$（阈值），于是应对式(5-66)进行极值运算，即

令

$$\frac{\mathrm{d}P_{\mathrm{e}}}{\mathrm{d}x}\bigg|_{x = V_{\mathrm{bo}}} = 0$$

则

$$\frac{\mathrm{d}P_{\mathrm{e}}}{\mathrm{d}V_{\mathrm{bo}}} = P_1 \cdot \exp\left(-\frac{(V_{\mathrm{bo}}-A)^2}{2\sigma_{\mathrm{n}}^2}\right) - P_0 \cdot \exp\left(-\frac{V_{\mathrm{bo}}^2}{2\sigma_{\mathrm{n}}^2}\right) = 0$$

移项，取自然对数，整理后得

$$(V_{\mathrm{bo}}-A)^2 = V_{\mathrm{bo}}^2 - 2\sigma_{\mathrm{n}}^2 \ln\frac{P_0}{P_1} \tag{5-67}$$

可得

$$V_{\mathrm{bo}} = \frac{A}{2} + \frac{\sigma_{\mathrm{n}}^2}{A}\ln\frac{P_0}{P_1} \tag{5-68}$$

由此式，当 1,0 码先验概率不等时，如 $P_1 > P_0$，则 $V_{\mathrm{bo}} < A/2$，反之亦反。若 $P_1 = P_0 = 1/2$，则 V_{bo} 处于图 5-23 中两条曲线的交叉点，即两块阴影面积相等，因此

$$V_{\mathrm{bo}} = A/2 \tag{5-69}$$

于是

$$P_{\mathrm{e}} = 2P_{\mathrm{Me}} = 2P_{\mathrm{Se}} = \int_{V_{\mathrm{bo}} = A/2}^{\infty} \frac{1}{\sqrt{2\pi}\,\sigma_{\mathrm{n}}}\exp\left(-\frac{x^2}{2\sigma_{\mathrm{n}}^2}\right)\mathrm{d}x$$

$$= \frac{1}{2}\left(\frac{2}{\sqrt{\pi}}\int_{\frac{A}{2\sqrt{2}\sigma_{\mathrm{n}}}}^{\infty} \mathrm{e}^{-t^2}\,\mathrm{d}t\right) \tag{5-70}$$

此表示结果正是"互补误差函数"形式，即

$$P_{\mathrm{e}} = \frac{1}{2}\mathrm{erfc}\left(\frac{A}{2\sqrt{2}\sigma_{\mathrm{n}}}\right) = \frac{1}{2}\mathrm{erfc}\left(\frac{1}{2}\sqrt{\gamma}\right) \tag{5-71}$$

式中，$\gamma = \dfrac{A^2}{2\sigma_{\mathrm{n}}^2}$——功率信噪比。这里 $\dfrac{A^2}{2}$ 是单极性不归零基带序列的平均功率。

通过计算 $\sigma_n^2 = n_0 B = n_0(1 + \alpha)R_b/2$，以及由接收传号幅度 A，得到 $\gamma = \dfrac{A^2}{2\sigma_n^2}$，再从本书附录 A2 中查表，即可得到 P_e 值。

[例 5-6]　发送双极性不归零方波序列，传号、空号幅度分别为 $\pm A = \pm 5$ V，传输速率为 $R_b = 10$ kbit/s，信道带宽 $B = 7.5$ kHz，噪声功率谱 $n_0/2 = 10^{-10}$ W/Hz，信道总衰减 60 dB。

（1）推导接收误码率公式；

（2）计算传号、空号等先验概率时的误码率。

解：

（1）由上面分析，可以给出接收传号与空号的 pdf 曲线，如图 5-24 所示。它们分别为均值等于 $\pm A$ 的高斯型 pdf。

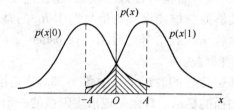

图 5-24　接收传号和空号的概率密度曲线

$$P_e = P_{Me} + P_{Se} = P_1 \cdot \int_{-\infty}^{V_{bo}} p(x \mid 1)\,\mathrm{d}x + P_0 \cdot \int_{V_{bo}}^{\infty} p(x \mid 0)\,\mathrm{d}x \tag{5-72}$$

求极值：$\dfrac{\mathrm{d}P}{\mathrm{d}V_{bo}} = 0$，则可解出

$$V_{bo} = \frac{\sigma_n^2}{2A}\ln\frac{P_0}{P_1} \tag{5-73}$$

则　$\displaystyle P_e = \frac{1}{\sqrt{\pi}}\left(P_1 \cdot \int_{\frac{A - V_{bo}}{\sqrt{2}\sigma_n}}^{\infty} e^{-z^2}\,\mathrm{d}z + P_0 \cdot \int_{\frac{A + V_{bo}}{\sqrt{2}\sigma_n}}^{\infty} e^{-z^2}\,\mathrm{d}z\right)$

$$= \frac{1}{2}P_1 \cdot \mathrm{erfc}\left[\left(\frac{A - \dfrac{\sigma_n^2}{2A_0}\ln\dfrac{P_0}{P_1}}{\sqrt{2}\sigma_n}\right)\right] + \frac{1}{2}P_0 \cdot \mathrm{erfc}\left[\left(\frac{A + \dfrac{\sigma_n^2}{2A}\ln\dfrac{P_0}{P_1}}{\sqrt{2}\sigma_n}\right)\right] \tag{5-74}$$

（2）当 $P_1 = P_0 = \dfrac{1}{2}$ 时，$V_{b0} = 0$，有

$$P_e = \frac{1}{2}\mathrm{erfc}\left(\frac{A}{\sqrt{2}\sigma_n}\right) = \frac{1}{2}\mathrm{erfc}\left(\sqrt{\gamma_{双}/2}\right) = \frac{1}{2}\mathrm{erfc}(\sqrt{\gamma}) \tag{5-75}$$

得 $S = A^2$ 及 $\sigma_n^2 = n_0 B$ 代入上式，$\gamma_{双} = \dfrac{S}{\sigma_n^2} = \dfrac{A^2}{\sigma_n^2}$，或 $\gamma = \dfrac{A^2}{2\sigma_n^2}$，查表可得 P_e。

代入已给参数值：$S = A^2 = 5^2 = 9W$，$\sigma_n^2 = n_0 B = 2 \times 10^{-10} \times 7.5 \times 10^3 = 1.5\ \mu W$，$\gamma = \dfrac{A^2}{2\sigma_n^2} = \dfrac{25}{3} = 8.33$

误码率为 $P_e = \dfrac{1}{2}\text{erfc}\ \sqrt{25/3} = \dfrac{1}{2}\text{erfc}(2.89) \simeq 2.4 \times 10^{-5}$。

5.9 眼图

本章最后介绍眼图的基本概念及其主要参量,它对于数字基带信号经信道传输的性能直观评价非常有用,同时对后面一章数字信号频带传输评价也将有一定作用。

5.9.1 眼图的构成

数字基带系统的性能,我们在上面已作过深入讨论,主要与信号序列的 ISI 和信道噪声及定时抖动等因素有关。在接收端可将信号接入示波器,能够直接观察这些因素影响的情况。为了清晰而稳定地观察,示波器的扫描速率应为信号速率 R_b 的整数倍。此时示波器显示的稳定图形好似张开的眼睛,故称为接收信号的眼图(eye pattern)。在眼图上可以粗略观察出 ISI、噪声、定时抖动等各项性能概况。

图 5-25 示出了双极性基带信号的波形。其中图 5-25(a)是接收端未受扰序列的波形。由于1,0码的随机性,连续扫描的显示余辉则呈现出规则性的一个个“眼睛”,边沿很清晰,图形规则齐整。当受到传输干扰发生失真后,图 5-25(b)的眼图则显示出一定模糊,同时眼睛张开的程度降低。加之噪声随机干扰的影响,图 5-25(c)的眼图就更不清晰。

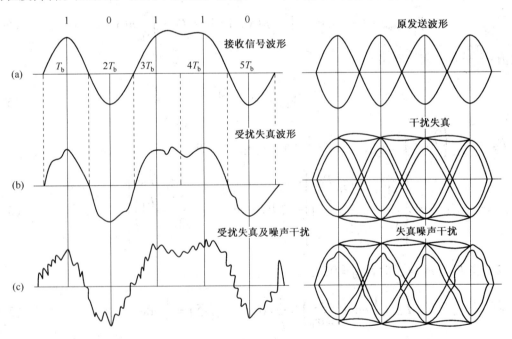

图 5-25 双极性数字信号波形及其眼图

5.9.2 眼图包括的主要参量

为了观察与认识方便,给出一个如图 5-26 所示的规则眼图。从眼图上可以得到关于传输系统性能的非常重要的信息和参量。

（1）最佳抽样点在眼图张开最大的时刻。

（2）抽样失真反映了信号受噪声干扰的程度。

（3）在抽样时刻眼图水平中线到上下边沿之间为噪声容限，即抗噪声干扰能力。

（4）定时误差灵敏度，由抽样定时抖动变化而导致眼图闭合程度表示（图 5-26 中斜率大小）。

（5）过零失真，表示定时序列速率不稳或相位抖动程度。

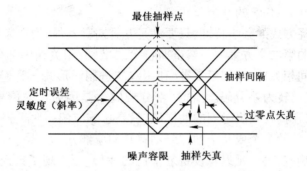

图 5-26　眼图反映的信道性能特征

5.10　本章小结

本章讨论了 4 个问题：

- 发送信号的码型与波形选择及其功率谱特征；
- 符号间干扰及奈奎斯特准则——关于 ISI 的产生机理与无 ISI 的基本原理；
- 为消除 ISI 及其他噪声、干扰影响，进行的接收波形均衡，以及直观评价接收效果的方法（眼图）；
- 在只考虑 AWGN 干扰下的基带数字信号误码性能分析计算。

现分别总结如下。

（1）数字基带信号码型与波形设计（选择），首先应适于通信传输的基本要求，尽可能保证较高的可靠性及带宽利用率。常用码型针对不同的要求，各有不同特点。NRZ，AMI，CMI，2B1Q，差分码等各有优势，并有很好的功率谱特性。HDB_3 码多用于 PCM 基群线路码型，以及 A 律 PCM 各次群。从减少平均误差来看，自然码不如格雷码。

用什么形状的波形表示各种码型，也需考究。通常为便于介绍原理，多利用方波，这样单符号能量似乎最大。从减少 ISI 及适应限带信道特性来看，方波并不是最佳的。

另外，还应考虑二元（或多元）符号波形之间的正交性，以利较佳接收，如图 5-1 所示的各种码型，均具有正交性或变相正交特性，抗干扰能力强。

数字基带信号的传输系统，较多为收发同步模式，便于收端提取位同步（定时）往往是选择码型的主要考虑之一。

（2）数字基带信号序列作为平稳且遍历随机信号的任一样本函数，它具有具体的自相关函数及相应确定的功率谱。它完全取决于先验概率、码型波形形状及传输速率或码元间隔。由于功率谱主瓣包含了信号 90% 以上的能量，因此可以方便地以主瓣确定带宽。良好的波形应当是其功率谱衰减收敛快,主瓣能量大,且不含直流成分。

（3）奈奎斯特第一准则为消除 ISI 奠定了理论基础。其要点如下。

① 广义信道的响应,抽样序列的频谱（在全频域）等于常数值,即可确保消除 ISI。准则指出了理想的上界——利用奈氏带宽 $B_N = R_b/2$,传输奈氏速率 R_b 时（最大频带利用率 $\eta = 2\text{bit}/(\text{s} \cdot \text{Hz})$）,可理想地消除 ISI。

② 可实现方案之一——利用滚降信道 $B = (1 + \alpha)B_N$,应具备两个条件:响应频谱滚降特性为"互补对称",$\alpha > 0$,于是需付出带宽代价。全升余弦性能最佳,但 $\alpha = 1$,占用带宽最大（$B = R_b$）。通常 α 取 $0.2 \sim 0.5$ 的升余弦频谱。

无论采取什么滚降方式的频响特性,只要满足互补对称条件,均视为"升余弦"系列成员。

③ 实现消除 ISI 的第二个方案——奈奎斯特第二准则:相关编码部分响应。所谓相关编码是利用相邻样本之间相关性,即如第 I 类,利用双二进制码形式。为避免误码扩散,此前先采用预编码,即将自然码转为差分码。所谓"部分响应",是因为传输信号实际上已为三电平 ± 2 及 0,伪三进制码,在接收判决时刻的抽样值,只是总响应的一"部分",根据部分响应的几种类别不同,尚在其相邻的 1 个或几个抽样时刻有其响应部分。

不论第几类部分响应,由于延迟及设备复杂性的代价,而实现了奈氏理想传输目标,即利用奈氏带宽 $B_N = R_b/2$,实现 R_b 速率的无 ISI 接收。

（4）均衡的目的,除了因上述实施奈氏准则不够完美,而消除 ISI 残余外,尚可能补偿因其他传输干扰、加性噪声,以及接收机性能欠佳的影响。均衡在很大程度上进一步"修正"接收波形,使之将 ISI 降至最低。

最常用的简单均衡方式为抽头–延迟线（线性）均衡,实际上是一个横向滤波器。抽头数为 $2N + 1$,移存器数为 $2N$ 个,均衡涉及调整的抽样点数自然要比输入它的被接收样本及前后的样本（抽样时刻干扰值）数目多 $2N$ 个。

均衡器抽头应当自动或自适应调整,自适应算法以迫零和 LMS 算法为多用,抽头数越多,均衡效果越好,但延迟量与成本也随之加大。

（5）波形成形着眼于广义信道三个滤波器性能,使之达到 $H_T(f)H_C(f)H_r(f) = 1$ 的理想设计。实际上也往往在发送端去构成利于消除 ISI 的波形,实现方法是由数字电路来逼近一个设计完美的波形。

另外,眼图可从示波器上直接形象地观察时域响应波形,以评价传输或接收信号质量。

（6）计算基带数字信号传输的误码率,应当明确定时抽样值是具有均值的高斯随机变量,因此只要确定了其 pdf,进行概率积分——准确给出积分限（与判决门限有关）,转为 erfc（·）形式,查表可得误码率。

5.11　复习与思考

1. A 律 PCM 数字传输系统的基群（30 路）E_1 和各高次群 E_2、E_3 等,其接口输出到线路的码型,多用 HDB_3 码（又称线路码）。它有什么突出优点? 如果主要是为打乱多于 3 个的连 0 码,是否可以采用其他方式?

2. 描述密勒码构成特点。说明其优点。为什么它又被称为延迟调制码?

3. 2B1Q 码以 ±1 与 ±3 个单位电平分别表示 1 个四进制符号,或双比特双极性信号,它有何种优点,结合双极性码加以说明。

4. 任何含有信息的编码序列都视为随机信号序列,为什么它们均可以写出确定的功率谱数学表达式?

5. 在分析奈奎斯特准则时,对广义信道输出特性,均按升余弦类型(或部分响应类型)才能消除符号间干扰,其前提条件是输入信号必为冲激序列,而实际上能否达到?

6. 若速率为 $R_b = \dfrac{1}{T_b}$ 的不归零方波作为传输波形,假定信道不进行限带,而可无限大带宽,是否在线性时不变信道传输而无 ISI?

7. 奈氏第一准则 $\sum\limits_{n=-\infty}^{\infty} p_r(f - n/T_b) = T_b$ 中,定义范围在 $(-\infty, \infty)$,含义是什么?为什么可以消除 ISI?

8. 明确相关电平编码、预编码 – 相关电平编码、双二进制信号、部分响应的含义。它们有否区别? 都是从什么角度提出的?

9. 部分响应(各种类型)满足了奈奎斯特准则中的哪些条件? 加以论证。

10. 作为消除符号间干扰的一个常用辅助技术——均衡,考虑到当 $(2N+1)$ 抽头数较大时,如何做到使接收过零点值不为 0 时进行准实时、自动或自适应调整抽头系数 W_k? 若进行实时视频码流传输,均衡会有什么问题?

11. 人们何以通过眼图估测基带传输性能?

5.12 习题

5.12.1 码型与功率谱

5-1 写出已知 PCM 编码序列 $\{a_k\}$ 的 4 种码型名称(见题 5-1 图)。

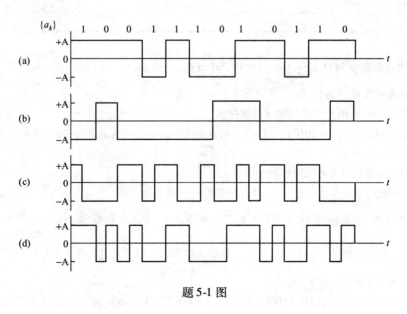

题 5-1 图

5-2 试画出序列 $\{a_k\} = (010100010111)$ 的双极性码型:
(a) CMI 码;(b) 差分码;(c) 密勒码;(d) 归零 AMI 码。

5-3 试求码元间隔为 T_b 的单极性归零(占空比$\frac{1}{2}$)的连 1 序列的功率谱表达式。

5-4 已知八进制数字信号的传输速率为 1600 Bd,试问变换成二进制信号的传输速率为多少? 又若二进制信号的传输速率为 2400 bit/s,试问变换成四进制数字信号的传输速率为多少波特?

5.12.2 奈氏准则及其实现

5-5 题 5-5 图所示其 5 条频谱响应,其中 3 个为正三角形,2 个为等腰梯形。试问是否均能适用于消除 ISI? 若能,在表 5-3 中分别写明 R_b、B、α、η 及各自对应的 B_N。

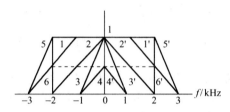

题 5-5 图

表 5-3

顺　号 类　别	1	2	3	4	5	6
R_b/(kbit/s)						
B_N/kHz						
B/kHz						
α						
η/(bit/s·Hz)						

5-6 设系统冲激响应 $h(t) = \dfrac{1}{\pi t} \cdot \sin(2\pi t) \cdot \mathrm{Sa}(\pi t)$

(1) 求其传递函数 $H(f)$ 表达式。

(2) 分步给出所取得 $H(f)$ 结果的频域图解过程。

5-7 将二元序列 $\{a_k\} = (011010)$ 经过 $\alpha = 1$ 的升余弦频谱响应的信道进行传输,并采用幅度为 ±1 的双极性码。设码元间隔为 T_b。

(1) 按比例画出接收输出时间波形 $g(t)$。

(2) 指出收到信号的抽样点及过零点,并指出是否有码间干扰,为什么?

5-8 采用预编码-相关电平编码的第 I 类部分响应系统,输入比特流 $R_b = \dfrac{1}{T_b}$,已知系统传递函数为

$H_I(f) = \alpha T_b \cos(\pi f T_b) \mathrm{e}^{-\mathrm{j}\pi f/T_b} \quad |f| \leqslant B_N = \dfrac{1}{2T_b}$,在系统输出端对信号先进行整流后抽样判决。

(1) 确定系统冲激响应。

(2) 输入二元序列为 $\{a_k\} = (0010110)$,并分别由 +1 V 和 -1 V 表示传号和空号,试确定各 kT_b 时刻系统各点输出。

(3) 试给出最佳判决门限值及恢复源码规则。并说明本系统采用接收整流是否有利?

(4) 说明该系统是否含有误码扩散,为什么?

5-9 若二元码流为 $\{a_k\} = (1011010011100)$，兹直接进行相关电平编码为双二进制信号 $c_k = a_k + a_{k-1}$。

（1）给出三电平 $\{c_k\}$ 序列。

（2）在接收时为正确恢复 $\{a_k\}$，如何正确给出 $a_k = c_k - a_{k-1}$ 中的参考位 a_{k-1}，依据是什么？

（3）如果传输中第 3 位出错，恢复的码序列是否造成错误扩散？

5-10 已知 $\{a_k\} = (10110100011100)$ 进行预编码－相关电平编码。

（1）给出两种差分码 $\{b_k\}$ 与 $\{b'_k\}$，即传号差分码与空号差分码。

（2）给出双二进制信号 $\{c_k\}$（采用传号差分码）。

（3）给出恢复源 $\{a_k\}$ 的规则和结果。

（4）当 $\{c_k\}$ 中第 3 位出错后，恢复结果如何？有否误码扩散？为什么？

5-11 已知 $\{a_k\} = (10110100011100)$，利用改进的双二进制码构成的预编码－相关编码，给出第 IV 类部分响应码 $\{c_k\}$。

（1）先给出 $b_k = a_k \oplus b_{k-2}$ 的序列 $\{b_k\}$。

（2）给出 $\{c_k\}$。

5-12 一个模拟信号经抽样、量化编码为 PCM 码，其量化电平数 $M = 128$，且另加 1 bit 作为序列同步码。进入 $\alpha = 0.5$ 的信道传输，带宽 $B = 24$ kHz。

（1）求模拟信号最高频率 f_m 是多少？

（2）若该模拟信号为 $f(t) = 4\cos\left(10^4 t + \dfrac{\pi}{4}\right)$，其他条件不变时，带宽至少为多少？

（3）若仍用 $B = 24$ kHz，α 为多少？

5-13 按图 5-10 和部分响应信号机制表 5-2，给出具体的第 III 类部分响应公式，并给出该冲激响应波形，并说明其构成特征。

5.12.3 均衡

5-14 已知数字基带系统响应如题 5-14 图所示，在接收定时 $t = 0$ 相邻定时的响应值为：$r_{-2} = 0$，$r_{-1} = 0.1$，$r_0 = 1$，$r_1 = 0.1$，$r_2 = 0.1$，欲通过均衡至少在 $y(\pm T_b) = 0$，$y(0) = 1$。

（1）利用三抽头均衡，计算三个均衡抽头系数 W_{-1}，W_0 和 W_1。

（2）给出 $2N + 1 = 5$ 个均衡结果值，以校验你所得抽头值的准确性。

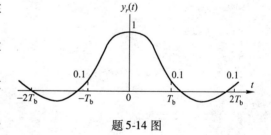

题 5-14 图

5-15 若图 5-15 系统在 $-T_b$，0，T_b 的响应值为 $r_{-1} = \dfrac{1}{4}$，$r_0 = 1$，$r_1 = -\dfrac{1}{2}$，确定三抽头均衡系数与均值结果。

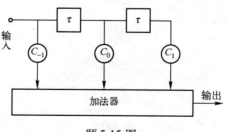

题 5-15 图

5.12.4 误码性能

5-16 如果双极性码和单极性码的最大幅度 $A = 1$ V,若误码率皆为 $P_e \leqslant 10^{-3}$,试求噪声功率各是多少?

5-17 基带传输系统在接收判决再生前的加性噪声方差为 0.01 V^2,如果利用双极性码传输,在要求平均误码率不超过 10^{-3} 时,试确定所需的脉冲幅度。如果加性干扰引起的误码率减小到每 10^4 bit 中误码 1 bit,且脉冲幅度为 0.25 V,求该种干扰的方差。

5-18 设有一计算机产生单极性信号,其速率 $R_b = 2400$ bit/s,为了在具有 $n_0 = 4 \times 10^{-20}$ W/Hz 的噪声干扰信道中传输,且误码率每 1 秒不大于 1 bit,在传输单极性脉冲信号时接收端的信噪比为 30,试计算判决电平 $V_b = V_{bo}$ 时的传输误码率。

5-19 有一基带传输系统用以传输比特速率为 3600 bit/s 的数据,要求误码比特率不大于 10^{-6},发射功率小于 -15 dB。高斯噪声的功率谱密度 $\dfrac{n_0}{2} = 10^{-10}$ W/Hz。试设计信道总传递函数。

第6章 数字信号的频带传输

本章作为数字调制的基本部分,系统地讨论二元与常规多元数字信号载波传输原理,它具有承上启下的地位——利用此前各章节的基本原理和分析方法,结合信号设计与系统特征,分析与评价传输性能指标,同时为学习第 7 章和第 9 章,并了解第 10 章也打下有力基础。

知识点

- 数字调幅、调频、调相——二元与多元系统构成和信号分析;
- 传输信道的利用——正交复用、频带利用率;
- 相干与非相干检测及误码率分析、计算。

要求

- 以二元调制系统为基础,掌握数字调制、解调数学模型和信号特征;
- 以相干检测为重点,熟悉性能分析与误码率的计算方法,比较与评价,并与非相干性能进行比较;
- 了解多元调制原理,并着重掌握 QPSK 基本技术特征,熟悉有关重要参量,理解误码率表示式。

6.1 概述

6.1.1 数字信号正弦载波调制

第 5 章讨论的数字信号基带传输,由于基带信号的宽频性和丰富的低频分量,限带脉冲的波形流散而导致码间干扰,因此传输性能较差,且传输距离短。实际通信中的多数应用是带通型的,如第 1 章提到的有线(电话)通信、卫星、光纤和移动无线系统等,均是按不同频段和规定带宽介入大量频带信号的带通传输方式。因此讨论以正弦信号作为载波的频带信号传输方式,可以提供一系列不同层次的调制技术和性能分析思路。

数字正弦载波调制可简称为"数字调制",其基本原理是,由数字码元符号序列或其相应脉冲序列作为调制信号,去选控某确定参量的离散值,可有数字调幅、调频和调相,并分别称为幅移键控(ASK)、频移键控(FSK)和相移键控(PSK),如 ASK 信号分别以满幅正弦表示 1 码,0 幅(无振荡)表示 0 码,$M=4$ 的四相调制,以均匀分布的 4 个差 90° 相位正弦分别表示多元码 00,01,11,10,由于 4 个相位的已调正弦相互正交,因此该 4PSK 又称为正交相移键控 QPSK,同理可提供 M 为多种值($M>2$)的多元调制 MPSK、MFSK、MASK、还可以一个码元符号键控两种参量如幅 – 相键控 APK,即 QAM(正交调幅),是 $M \geq 4$ 的多元调制类型。

由调制过程看来,码元符号和正弦波的某参量定值是一种映射关系,是消息或信息表示形式的一种转换。已调波经带通信道传输,到接收端应进行解调,并检测判决后到达信宿,从系统角度,我们将数字调制和解调这一整体称为"数字调制系统",将提供调制/解调功能的传输系统称为频带信号传输系统或带通系统。

6.1.2 数字调制技术系列和分类

1. 三个层次的数字调制系列

本书将其分为三个层次,即从本章基本(常规)调制的原理开始,此后章节则将具体介绍五种极具典型性和各占优势的现代先进调制技术(第 9 章)及其综合应用——"多用户通信"(第 10 章)涉及的复用/多址技术,共享通信资源机制。这两章内容的重要性表明,在学习通信原理一般内容基础上,可以让读者真正了解到现代通信的技术和应用状况。

2. 数字调制分类

与模拟调制一样,数字调制分为线性和非线性调制。前者是调制单元映射的已调频谱是基带谱的线性频移。另外尚分有记忆和无记忆调制。如果一个码元波形与其前 1 个或几个码元相关,则为有记忆调制。如 ASK 系列为线性,FSK、PSK 系列均无记忆;连续相位 FSK(CPFM)及最小频移键控 MSK 系列均为有记忆非线性。

此外,数字调制系统按解调或检测方式分为相干与非相干两类,其中 PSK 系统只适于相干检测。

6.2 二元幅移键控

6.2.1 ASK 信号分析

以二元数字信号序列 $\{a_k\}$ 或其波形序列去控制(载频)角频为 ω_0、初相为 θ_0(可设为 0)的正弦载波幅度,可产生二进制幅移键控(ASK 或 2ASK)信号。首先应以基带数字波形序列来表示 $\{a_k\}$,则调制信号表示为

$$m(t) = \sum_k a_k g(t - kT_b) \tag{6-1}$$

式中,a_k 为第 k 个二元码符号,取 1 或 0;$g(\cdot)$ 为单极性不归 0 方波波形,归一化幅度;T_b 为二元序列码元间隔。

ASK 信号为

$$\begin{aligned} s_{ASK}(t) &= m(t)c(t) = m(t)A_0\cos(\omega_0 t + \theta_0) \\ &= A_0 \sum_k a_k g(t - kT_b)\cos(\omega_0 t + \theta_0), 0 \leqslant t \leqslant T_b \end{aligned} \tag{6-2}$$

式中,A_0 为 ASK 信号幅度。ASK 系统框图如图 6-1 所示。

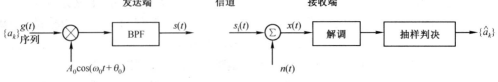

图 6-1 幅移键控系统框图

显然,ASK 信号是以具有直流分量 $A_0/2$ 的单极性不归 0 方波序列作调制波的调幅波,它与线性调制的 AM 很相似。

ASK 信号功率谱可由例 5-3 结果与载波 $c(t)$ 频谱卷积而求得,即为

$$S_{\mathrm{ASK}}(f) = \frac{A_0^2}{16} T_{\mathrm{b}} \Big[\mathrm{Sa}^2(f+f_0)\frac{T_{\mathrm{b}}}{2} + \mathrm{Sa}^2(f-f_0)\frac{T_{\mathrm{b}}}{2} \Big] + \frac{A_0^2}{16} \big[\delta(f+f_0) + \delta(f-f_0) \big] \tag{6-3}$$

其实,式(6-2)的 ASK 信号可由简单而直观的形式表示,即

$$s_{\mathrm{ASK}}(t) = \begin{cases} s_1(t) = A_0 \cos \omega_0 t, & \text{传号} \\ s_2(t) = 0, & \text{空号} \end{cases} \quad 0 \leqslant t \leqslant T_{\mathrm{b}} \tag{6-4}$$

由式(6-4),ASK 以正弦振荡的通或断来表示 1,0 码,类似于打字电报系统,故亦称启-闭键控 OOK(On-off Keying)。

显然,ASK 的传号与空号属于正交信号,即两者相关系数为

$$\rho_{12} = \frac{1}{E_{\mathrm{b}}} \int_0^{T_{\mathrm{b}}} s_1(t) s_2(t) \mathrm{d}t = 0 \tag{6-5}$$

式中

$$E_{\mathrm{b}} = \int_0^{T_{\mathrm{b}}} s_1^2(t) \mathrm{d}t = \int_0^{T_{\mathrm{b}}} (A_0 \cos \omega_0 t)^2 \mathrm{d}t = \frac{A_0^2}{2} T_{\mathrm{b}} \tag{6-6}$$

是传号的比特能量。

图 6-2 示出了二元信息符号序列 $\{a_k\}$ 及其基带单极性不归 0 波形,同时示出了相应的已调波 ASK 时域波形。图 6-3 为基带信号 $m(t)$ 的功率谱和已调波功率谱示意图。

这里说明一下,为了简明起见,图 6-2 中的 ASK 时间波形的传号只画了一个周期的正弦载波,它表示 $A_0 \cos\omega_0 t$(初相设为 0),应画为从 $t = 0$ 开始为最大值的余弦波,但这里画成了"正弦",纯属为了方便,以下各章均如此。

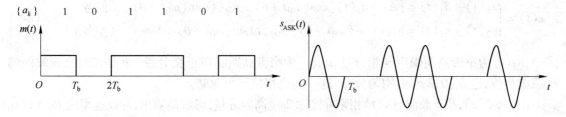

图 6-2　调制信号与已调信号波形

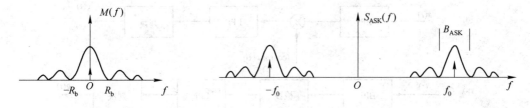

图 6-3　调制信号与已调信号功率谱

对照式(6-3),图 6-3 中的 2ASK 信号功率谱只取其主瓣,因此 ASK 近似带宽为

$$B_{\text{ASK}} \approx 2/T_{\text{b}} = 2R_{\text{b}} \qquad (\text{Hz}) \qquad\qquad (6\text{-}7)$$

式中, $R_{\text{b}} = 1/T_{\text{b}}$ 为二元数字信号或 ASK 信号的传输比特率(bit/s)。

ASK 的信道带宽利用率为

$$\eta_{\text{ASK}} = \frac{R_{\text{b}}}{B_{\text{ASK}}} = 0.5 \text{ bit}/(\text{s} \cdot \text{Hz}) \qquad\qquad (6\text{-}8)$$

这里需要说明,数字信号频带传输,依然应当考虑码间干扰问题。ASK 系统利用方波作为基带调制信号,由于信道限带为 $B_{\text{ASK}} = 2R_{\text{b}}$,将使解调后的基带信号失真,并使抽样值带来符号间干扰。因此考究的办法宜利用升余弦基带频谱,图 6-4 示出了此种基带频谱和 ASK 信号功率谱。由于本章重点讨论调制技术,消除 ISI 可暂不考虑。

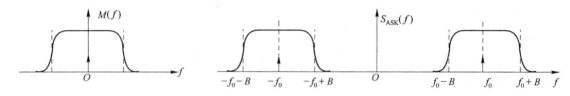

图 6-4　升余弦 ASK 信号功率谱

6.2.2　ASK 信号相干检测

ASK 信号经过高斯信道传输,受到信道加性热噪声干扰,成为信号加噪声混合波形,在接收机进行相干或非相干检测,可以提取发送数字信号。

1. ASK 信号相干检测

由图 6-5(a),接收传号时,混合波形为余弦信号加窄带高斯噪声形式,而空号时则输入为窄带噪声,即如第 2 章式(2-172)和式(2-150)所示:

$$x(t) = \begin{cases} s_1(t) + n_i(t) = [A_0 + n_I(t)]\cos(\omega_0 t + \theta) - n_Q(t)\sin(\omega_0 t + \theta) & (\text{传号}) \\ s_2(t) + n_i(t) = n_I(t)\cos(\omega_0 t - \theta) - n_Q(t)\sin(\omega_0 t + \theta) & (\text{空号}) \end{cases} \qquad (6\text{-}9)$$

式中, $n_I(t)$ 为窄带高斯噪声同相分量; $n_Q(t)$ 为窄带高斯噪声正交分量。θ 是接收已调波的随机载波相位,它在 $(0, 2\pi)$ 内均匀分布,这一随机相位不可忽略。

由图 6-5(a),相干载波与 $x(t)$ 相乘并滤除 $2\omega_0$ 高频分量,得解调输出,并以速率为 $R_{\text{b}} = 1/T_{\text{b}}$ 的定时脉冲进行抽样判决。于是,解调输出信号样本加噪声为

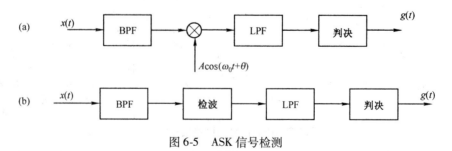

图 6-5　ASK 信号检测

$$s_o(t) = \begin{cases} s_{o1}(t) = A_0 + n_I \\ s_{o2}(t) = n_I \end{cases} \tag{6-10}$$

式中，n_I——窄带噪声同相分量的样本值。式(6-10)中等式右边均没有考虑 $\frac{1}{2}$ 系数。

2. 相干 ASK 噪声性能分析

式(6-10)相干检测结果分别是均值为 A_0 和 0 的窄带高斯噪声同相分量,概率密度函数如图 6-6 所示。

平均误比特率应等于漏报概率 P_{Me} 与虚报概率 P_{Se} 之和,即

$$P_e = P_{Me} + P_{Se} = P(s_1) \int_{-\infty}^{V_{b0}} p_1(x)\,dx + P(s_2) \int_{V_{b0}}^{\infty} p_2(x)\,dx \tag{6-11}$$

式中，V_{b0}——最佳判决门限。

假定传号与空号先验概率相等,即 $P(s_1) = P(s_2) = 1/2$,则 $V_{b0} = A_0/2$。

$$P_e = \frac{1}{2} \int_{-\infty}^{\frac{A_0}{2}} \frac{1}{\sqrt{2\pi}\,\sigma_n} \exp\left[-\frac{(x-A_0)^2}{2\sigma_n^2} \right] dx + \frac{1}{2} \int_{\frac{A_0}{2}}^{\infty} \frac{1}{\sqrt{2\pi}\,\sigma_n} \exp\left(-\frac{x^2}{2\sigma_n^2} \right) dx \tag{6-12}$$

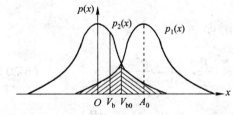

图 6-6　相干 ASK 系统 $p_1(x)$ 与 $p_2(x)$ 曲线

式中,A_0 为接收信号幅度;σ_n^2 为高斯白噪声方差(功率)。

由图 6-6,P_e 应为两块阴影面积之半,因为 $V_{b0} = A_0/2$,两块阴影面积对称相等,所以上式只取其第二项的 2 倍,即为

$$P_e = \int_{\frac{A_0}{2}}^{\infty} \frac{1}{\sqrt{2\pi}\,\sigma_n} \exp\left(-\frac{x^2}{2\sigma_n^2} \right) dx \tag{6-13}$$

再以互补误差函数形式表示

$$\text{erfc}(x) = \frac{2}{\sqrt{\pi}} \int_x^{\infty} e^{-z^2}\,dz \tag{6-14}$$

式(6-14)中,设 $z = \dfrac{x}{\sqrt{2}\,\sigma_n}$,则有

$$P_e = \frac{1}{\sqrt{\pi}} \int_{\frac{A_0}{2\sqrt{2}\sigma_n}}^{\infty} e^{-z^2}\,dz = \frac{1}{2}\text{erfc}\left[\frac{A_0}{2\sqrt{2}\,\sigma_n} \right] \tag{6-15}$$

最后得到 ASK 相干检测误比特率为

$$P_e = \frac{1}{2}\text{erfc}\left[\frac{1}{2}\sqrt{\gamma} \right] \tag{6-16}$$

式中,$\gamma = A_0^2/2\sigma_n^2$——功率信噪比。

6.2.3　非相干 ASK 抗噪声性能分析

ASK 类似于模拟 AM 调制方式,可方便地利用包络检测恢复原信号(见图 6-5(b))。

兹再次给出式(6-9)所示的接收信号,即

$$x(t) = s_i(t) + n_i(t) = \begin{cases} \left[A_0 + n_I(t) \right]\cos(\omega_0 t + \theta) - n_Q(t)\sin(\omega_0 t + \theta) \\ n_I(t)\cos(\omega_0 t + \theta) - n_Q(t)\sin(\omega_0 t + \theta) \end{cases} \tag{6-17}$$

第2章已经介绍过,它们包络的概率分布分别为赖斯(Rice)和瑞利(Rayleigh)分布(见图6-7),表示为

$$p_1(\rho_x) = \frac{\rho_x}{\sigma_n^2}\exp\left(-\frac{\rho_x^2 + A^2}{2\sigma_n^2} \right)I_0\left(\frac{A\rho_x}{\sigma_n^2} \right) \tag{6-18}$$

$$p_2(\rho) = \frac{\rho}{\sigma_n^2}\exp\left(-\frac{\rho^2}{2\sigma_n^2} \right) \tag{6-19}$$

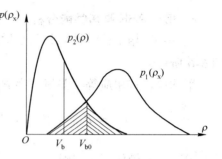

图 6-7 ASK 信号非相干检测的概率曲线

式中,ρ_x 为余弦信号加噪声包络;ρ 为窄带噪声包络;$I_0(\cdot)$ 为第 I 类 0 阶修正的贝塞尔(Bessel)函数。

仍按传号与空号等先验概率 $P(s_1) = P(s_2) = 1/2$ 的条件,来分别计算漏报与虚报概率。由图6-7所示,$p_1(\rho_x)$ 及 $p_2(\rho)$ 曲线不对称性,最佳判决门限 V_{b0} 通过计算确定。

$$P_e = P_{Me} + P_{Se} = \frac{1}{2}\int_{-\infty}^{V_{b0}} p_1(\rho_x)\mathrm{d}\rho_x + \frac{1}{2}\int_{V_{b0}}^{\infty} p_2(\rho)\mathrm{d}\rho =$$

$$\frac{1}{2}\int_{-\infty}^{V_{b0}} \frac{\rho_x}{\sigma_n^2}\exp\left(-\frac{\rho_x^2 + A^2}{2\sigma_n^2} \right)I_0\left(\frac{A\rho_x}{\sigma_n^2} \right)\mathrm{d}\rho_x + \frac{1}{2}\int_{V_{b0}}^{\infty} \frac{\rho}{\sigma_n^2}\exp\left(-\frac{\rho^2}{2\sigma_n^2} \right)\mathrm{d}\rho \tag{6-20}$$

只有求得最佳判决门限 V_{b0} 时,P_e 才达到最小。因此进行极值运算,即 $\dfrac{\mathrm{d}P_e}{\mathrm{d}\rho_x} = 0$,可得到使 P_e 最小的条件为

$$p_1(V_{b0}) = p_2(V_{b0}) \tag{6-21}$$

表明图6-7中两条曲线交点处为最佳门限值 V_{b0},将式(6-21)的关系分别代入式(6-18)及式(6-19),可得 V_{b0} 的近似值为

$$V_{b0} \approx A_0/2 \tag{6-22}$$

另外,式(6-20)中的 $I_0(x)$ 因子,当 x 很大时,可近似表示为

$$I_0(x) \approx e^x/(\sqrt{2\pi x}), \qquad x \gg 1$$

且有近似式

$$\mathrm{erfc}(x) \approx e^{-x^2}/(\sqrt{\pi}x), \qquad x \gg 1 \tag{6-23}$$

将这两个近似条件代入 P_e 表示式(6-20),可得误比特率 P_e 的近似结果为

$$P_e = \frac{1}{2}e^{-\gamma/4} + \frac{1}{4}\mathrm{erfc}\left(\frac{1}{2}\sqrt{\gamma} \right) \approx \frac{1}{2}e^{-\gamma/4}$$

即 ASK 非相干检测误比特率近似为

$$P_e \approx \frac{1}{2}e^{-\gamma/4} \tag{6-24}$$

式中,$\gamma = A_0^2/2\sigma_n^2$——功率信噪比。

可以简单比较 ASK 信号两种解调误比特率结果。在同样信噪比时,相干检测的性能较非相干检测优越,如 $\gamma = 25$,$P_e = \dfrac{1}{2}\mathrm{e}^{-25/4} = 1 \times 10^{-3}$(非相干),由附录 A 中的表 A-2 中互补误差函数表,$P_e = \dfrac{1}{2}\mathrm{erfc}(2.5) = 0.203 \times 10^{-3}$(相干)。但是相干检测需提供准确的相干载波,而非相干检测可用简单的包络检测。必须明确,任何数字信号传输;任何接收或检测方式,均需严格定时。

总的来说,ASK 是以控制载波幅度或是否发送载波来传送信息,对于较高速率的无线信道已不再适用,它的抗干扰能力远不如其他很多类型的调制方式,这里仅是作为一种类型进行简单介绍,但提供的性能分析方法却有理论意义。

6.3　二元频移键控

以二元数字序列去控制载波频率的变化,可利用各比载频 f_0(称为标称频率,即 FSK 传输信道中心频率)高和低 Δf 的两个频率的正弦振荡,分别表示传号与空号,称为频移键控(FSK 或 2FSK)。

6.3.1　相位不连续的频移键控信号

传号与空号分别利用不同频率的独立载波,那么在 1,0 码转换时就不能保证两个振荡的相位连续性,由于此时相位的跳变也会引起本来为等幅振荡的载波包络起伏,因而 FSK 信号功率谱旁瓣衰减缓慢,而降低信道带宽利用率。图 6-8 给出了这种 FSK 系统框图。

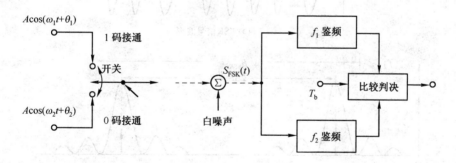

图 6-8　不连续相位 FSK 系统构成

1. FSK 信号特点

$$s_{\mathrm{FSK}}(t) = \begin{cases} s_1(t) = A_0\cos(\omega_1 t + \theta_1) = A_0\cos[(\omega_0 + \Delta\omega)t + \theta_1] & (\text{传号}) \\ s_2(t) = A_0\cos(\omega_2 t + \theta_2) = A_0\cos[(\omega_0 - \Delta\omega)t + \theta_2] & (\text{空号}) \end{cases} \quad 0 \leqslant t \leqslant T_{\mathrm{b}} \quad (6\text{-}25)$$

式中,$\omega_0 = 2\pi f_0$ 为载波角频;$\omega_1 = \omega_0 + \Delta\omega$ 为传号载频;$\omega_2 = \omega_0 - \Delta\omega$ 为空号载频;θ_1 和 θ_2 分别为传号与空号载波的初相,它们在 $(-\pi, \pi)$ 内均匀分布。

图 6-9(a)示出了基带波形 $g(t)$ 为方波时的 FSK 时域波形。由于两载波相位不连续,FSK 波形不平滑或有断点。

由式(6-25)传号与空号信号的频率均偏离载波为 Δf,因此二者相差为

$$f_1 - f_2 = 2\Delta f \tag{6-26}$$

FSK 信号是两个不同频率而持续时间为 T_b 的单音信号,因此它相当于两个不同载频的 ASK 传号,其功率谱也是两部分拼成。

$$\begin{aligned}
s_{FSK}(f) = & \frac{A_0^2}{16}T_b\Big[\mathrm{Sa}^2(f+f_1)\frac{T_b}{2} + \mathrm{Sa}^2(f-f_1)\frac{T_b}{2}\Big] + \\
& \frac{A_0^2}{16}T_b\Big[\mathrm{Sa}^2(f+f_2)\frac{T_b}{2} + \mathrm{Sa}^2(f-f_2)\frac{T_b}{2}\Big] + \\
& \frac{A_0^2}{8}\big[\delta(f+f_1) + \delta(f-f_1)\big] + \frac{A_0^2}{8}\big[\delta(f+f_2) + \delta(f-f_2)\big]
\end{aligned} \tag{6-27}$$

其功率谱如图 6-9(b)所示。

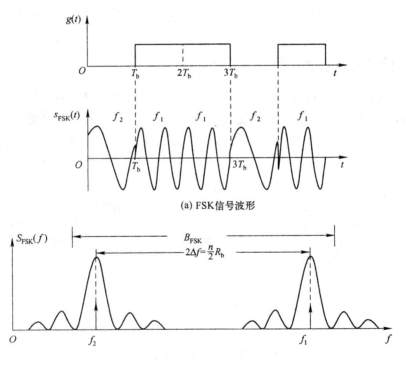

(a) FSK信号波形

(b) FSK信号功率谱示意(单边)

图 6-9 FSK 信号波形和功率谱

2. FSK 信号正交条件

现在讨论 FSK 信号如何满足传号与空号两个载波的正交条件。由 $f_0 \pm \Delta f$ 构成的传号与空号载频 f_1 与 f_2,两载频之间应当具有一定关系,才能达到 $s_1(t)$ 与 $s_2(t)$ 互为正交。因此,要

求传号与空号的相关系数满足

$$\rho_{12} = \frac{1}{E_b} \int_0^{T_b} s_1(t) s_2(t) dt \leqslant 0 \tag{6-28}$$

则应有

$$\rho_{12} = \frac{1}{E_b} \int_0^{T_b} A_0^2 \left[\cos(\omega_0 - \Delta\omega)t \cos(\omega_0 + \Delta\omega)t \right] dt = \tag{6-29}$$

$$\frac{2}{T_b} \int_0^{T_b} \left[\cos(\omega_0 - \Delta\omega)t \cos(\omega_0 + \Delta\omega)t \right] dt \leqslant 0 \tag{6-30}$$

即

$$\rho_{12} = \mathrm{Sa}(2\Delta\omega T_b) + \mathrm{Sa}(\omega_0 T_b) \cos\omega_0 T_b \leqslant 0 \tag{6-31}$$

式中,已设初相 $\theta_1 = \theta_2 = 0$。

通常,应满足载波频率 f_0 是码元速率 R_b 的整数倍,即 $f_0 = mR_b$,或 1 bit 间隔包括整数个载波周期,即 $T_b = mT_0(m$ 为正整数),因此式(6-31)中第 2 项为 0,有

$$\rho_{12} = \mathrm{Sa}(2\Delta\omega T_b) \tag{6-32}$$

上式为零时,才能满足两载波的正交条件,即 $\rho_{12} = 0$,则要求有

$$2\Delta\omega T_b = n\pi \qquad (n \text{ 为整数}) \tag{6-33}$$

为此应有 $\Delta\omega = n\pi/2T_b$,即

$$\Delta f = \frac{n}{4T_b} = \frac{n}{4} R_b \tag{6-34}$$

或

$$2\Delta f = f_1 - f_2 = \frac{n}{2} R_b \tag{6-35}$$

由上面两式表明,2FSK 信号中如果传号和空号的频率 f_1 和 f_2,各偏离载频 $1/(4T_b) = R_b/4$ 的整数倍,即为二元信号速率 1/4 的整数倍,则 FSK 信号具有正交性。正交信号的设计是数字系统首要考虑的问题。

关于 FSK 信号传输带宽,由式(6-35)及图 6-9(b),还应当至少包含 f_1 和 f_2 为载频的两个 "ASK" 信号频谱主瓣,即

$$B_{\mathrm{FSK}} \approx (f_1 - f_2) + \frac{2}{T_b} = \frac{n}{2} R_b + 2R_b = \left(\frac{n}{2} + 2 \right) R_b \tag{6-36}$$

式中,根据式(6-35),最小可选 $n = 1$,但是由于传号与空号的相位不连续,使 FSK 功率谱旁瓣较强,因此为确保传输性能,应选择 $n \geqslant 4$。这样,不连续相位 FSK 信号的信道带宽利用率很低。

6.3.2　FSK 信号的检测及抗噪声性能

1. 相干检测

FSK 信号相干解调的框图如图 6-10 所示。图中,由两支路分别进行窄带通滤波,各取得传号或空号频率,分别提供 f_1 和 f_2 不同的相干载波,再经低通滤波,分别抽样判决。

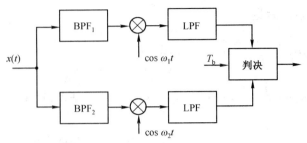

图 6-10　FSK 信号相干接收

由前面已经熟悉的相干检测过程——从接收输入的信号加噪声的混合波形中,提取出同相分量,FSK 传号与空号解调输出为

$$s_o(t) = \begin{cases} s_{o1}(t) = A_0 + n_{I1}(t) \\ s_{o2}(t) = A_0 + n_{I2}(t) \end{cases} \tag{6-37}$$

式中,$n_{I1}(t)$、$n_{I2}(t)$ 分别为传号与空号检测的信号干扰,是性质完全相同的窄带噪声同相分量。

抽样判决时,发生误差的概率分别为

$$\left. \begin{aligned} P_{Me} &- P(s_1)P(s_{o1} < s_{o2}) \\ P_{Se} &= P(s_2)P(s_{o2} < s_{o1}) \end{aligned} \right\} \tag{6-38}$$

仍设 $P(s_1) = P(s_2) = 1/2$,则平均误比特率为

$$P_e = 2P_{Me} = 2P_{Se} = P(A_0 + n_{I1} < n_{I2}) = P(A_0 + n_{I2} < n_{I1}) \tag{6-39}$$

设 $x = A_0 + n_{I1} - n_{I2}$,则式(6-39)可写为

$$P_e = P(x < 0) \tag{6-40}$$

于是,FSK 信号误比特率就归结为 $x < 0$ 的概率,即负值出现的概率大小。这里 $x = A_0 + n_{I1} - n_{I2}$ 是高斯随机变量,其统计特征为

均值　　　$\bar{x} = m_x = A_0$

方差　　　$\sigma_x^2 = E[(x - m_x)^2] = E[(n_{I1} - n_{I2})^2] = E[n_{I1}^2] + E[n_{I2}^2] = 2\sigma_n^2 \tag{6-41}$

x 的概率密度为 $p(x) = \dfrac{1}{\sqrt{4\pi}\sigma_n}\exp\left[-\dfrac{(x-A_0)^2}{4\sigma_n^2}\right]$,对 $p(x)$ 进行概率积分,可得误比特率为

$$P_e = \int_{-\infty}^{0} p(x)\,dx = \int_{-\infty}^{0} \frac{1}{\sqrt{4\pi}\sigma_n}\exp\left[-\frac{(x-A_0)^2}{4\sigma_n^2}\right]dx = \int_{0}^{\infty} \frac{1}{\sqrt{4\pi}\sigma_n}\exp\left[-\frac{(x+A_0)^2}{4\sigma_n^2}\right]dx \tag{6-42}$$

利用变量置换,设 $z = (x + A_0)/(2\sigma_n)$,并表示为互补误差函数形式,可得

$$P_e = \frac{1}{\sqrt{\pi}}\int_{\frac{A_0}{2\sigma_n}}^{\infty} e^{-z^2}\,dz = \frac{1}{2}\text{erfc}\left[\sqrt{\gamma/2}\right] \tag{6-43}$$

式中,$\gamma = A_0^2/2\sigma_n^2$ 为功率信噪比。

2. 非相干检测

FSK 信号非相干(包络)解调框图如图6-11所示。设两支路包络检测后低通滤波器输出的

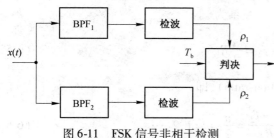

图 6-11　FSK 信号非相干检测

包络值分别为 ρ_1 和 ρ_2,并假定上支路正在接收传号,而下支路则空闲,则两者包络分布分别为赖斯分布 $p(\rho_1)$ 和瑞利分布 $p(\rho_2)$。

由于传号、空号条件相似,仅频率不同,因此可认为传号发生误差的概率与空号相等,于是 FSK 平均误比特率为

$$P_e = 2P_{Me} = P(s_1)P(\rho_2 > \rho_1) = \int_{\rho_1=0}^{\infty} p(\rho_1)\left[\int_{\rho_2=\rho_1}^{\infty} p(\rho_2)\,d\rho_2\right]d\rho_1 \tag{6-44}$$

式中,P_{Me} 为传号差错概率。由图 6-11 和式(6-44)表明,FSK 非相干是以两支路包络进行比较而实施判决,因此不像 ASK 那样有一个判决门限值。可求得 FSK 平均误比特率为

$$P_e = 2P_{Me} = \int_{\rho_1=0}^{\infty} \frac{\rho_1}{\sigma_n^2}\exp\left(-\frac{\rho_1^2 + A_0^2}{2\sigma_n^2}\right)I_0\left(\frac{A_0\rho_1}{\sigma_n^2}\right)\left[\int_{\rho_2=\rho_1}^{\infty} \frac{\rho_2}{\sigma_n^2}\exp\left(-\frac{\rho_2^2}{2\sigma_n^2}\right)d\rho_2\right]d\rho_1 =$$
$$\int_0^{\infty} \frac{\rho_1}{\sigma_n^2}\exp\left(-\frac{\rho_1^2}{2\sigma_n^2}\right)\exp\left(-\frac{A_0^2}{2\sigma_n^2}\right)I_0\left(\frac{A_0\rho_1}{\sigma_n^2}\right)d\rho_1 \tag{6-45}$$

为了对此较为复杂的积分进行运算,设 $x = \rho_1\sqrt{2/\sigma_n^2}$,并考虑到 $\gamma = A_0^2/2\sigma_n^2$ 为功率信噪比,则式(6-45)可写为

$$P_e = \frac{1}{2}\exp\left(-\frac{A_0^2}{2\sigma_n^2}\right)\int_0^{\infty} xI_0(x\sqrt{\gamma})\exp\left(-\frac{x^2}{2}\right)dx \tag{6-46}$$

此式可用双宗量函数 $Q(\alpha,\beta)$ 来表示,其含义为

$$Q(\alpha,\beta) = \int_{\beta}^{\infty} tI_0(\alpha t)\exp\left(-\frac{t^2 + \alpha^2}{2}\right)dt \tag{6-47}$$

它具有以下特性

当 $\beta = 0$ 时,$Q(\alpha,0) = \int_0^{\infty} t\,I_0(\alpha t)\exp\left(-\frac{t^2 + \alpha^2}{2}\right)dt = 1 \tag{6-48}$

当 $\alpha = 0$ 时,$Q(0,\beta) = \int_{\beta}^{\infty} t\exp\left(-\frac{t^2}{2}\right)dt = \exp\left(-\frac{\beta^2}{2}\right) \tag{6-49}$

由 $Q(\alpha,\beta)$ 函数与式(6-46)形式相对照,可将式(6-49)中 $Q(0,\beta)$ 的条件代入式(6-46),则

$$P_e = \frac{1}{2}e^{-\gamma} \cdot e^{\gamma/2} \cdot Q(\sqrt{\gamma},0) = \frac{1}{2}e^{-\gamma/2} \tag{6-50}$$

式中,$\gamma = A_0^2/2\sigma_n^2$ 为功率信噪比。

6.3.3　连续相位频移键控信号

1. 连续相位频移键控信号(CPFSK)的基本特征

在设计 FSK 信号时,为了确保传号与空号信号正交,提供了应满足式(6-33)的正交条件,即

$$\rho_{12} = Sa(2\Delta\omega T_b) = Sa(n\pi) = 0 \tag{6-51}$$

由此,进一步指明了能使式(6-51)成立的 f_1 和 f_2 关系为

$$2\Delta f = f_1 - f_2 = \frac{n}{2}R_b \tag{6-52}$$

兹定义一个新的参数——频偏指数(deviation ratio),即

$$h = \frac{2\Delta f}{R_b} = 2\Delta f T_b = \frac{f_1 - f_2}{R_b} = \frac{n}{2},\ n = 1,2,\cdots \tag{6-53}$$

显然,频偏指数 h 的意义是,在确保式(6-51)正交条件下,FSK 采用的两个载波频率之差 $2\Delta f = f_1 - f_2$ 是相对于 R_b 的归一化的取值大小,可由 h 这一权值来决定,并且当 $n = 1$ 时,即 $h = 1/2$ 是确保正交条件的式(6-52)最小值,即

$$2\Delta f = f_1 - f_2 = \frac{1}{2}R_b \tag{6-54}$$

从数学意义上,虽然 $h = 1/2$ 时能使 $s_1(t)$ 与 $s_2(t)$ 有正交关系,但是上节介绍的不连续相位 FSK,由于 f_1 和 f_2 两载波不能确保在传号与空号转换时刻相位连续,从而导致 FSK 信号频谱扩展,因此 $h = 1/2$ 的这一数学关系,非连续相位的 FSK 在技术上并不能得以保证。

为了能使 FSK 信号序列的相位连续,采用如图6-12(a)所示的"压控振荡器"(VCO)作为 FSK 调制单元,于是,图 6-9 的非连续相位 FSK 波形便改变为如图 6-12(b)示出的 CPFSK 波形。

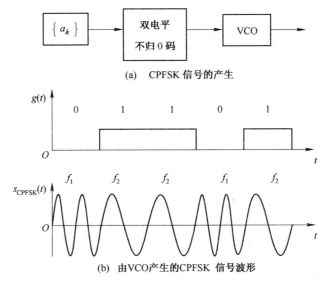

(a)　CPFSK 信号的产生

(b)　由VCO产生的CPFSK 信号波形

图 6-12　CPFSK 信号的形成

由式(6-53),在 CPFSK 时,h 可以任意取值,即 $n = 1,2,\cdots$,而式(6-54)中,$h = 1/2$ 使 $(2\Delta f)_{\min} = \frac{R_b}{2}$,此种 CPFSK 系统称为最小频移键控——MSK。它是一种优良的调制方式,MSK 是占用传输带宽最小的频移键控,其带宽为

$$B_{MSK} = \frac{1}{2}R_b + 2R_b = 2.5R_b \tag{6-55}$$

在目前无线移动通信等现代通信技术中,MSK 得到普遍采用,它的特点与优势在后面第 9 章将具体介绍。下面讨论 CPFSK 的另一种特例。

*2. 超正交 CPFSK

在维持正交条件 $\rho_{12} = 0$ 时,可有非连续及连续相位 FSK 的多种情况。从式(6-51)正交式返回到式(6-32),即

$$\rho_{12} = \mathrm{Sa}(2\Delta\omega T_b) \tag{6-56}$$

可以证明,它的最小极值并非 $\rho_{12} = 0$,而存在 $\rho_{12} < 0$ 的极值,求解极值运算后可得

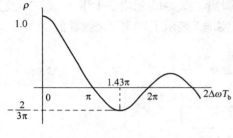

图 6-13　CPFSK 信号相关系数

$$\rho_{-\max} = \mathrm{Sa}(1.43\pi) \approx -2/3\pi \approx -0.212 \tag{6-57}$$

图 6-13 示出了式(6-32)ρ 的曲线,并标明了它的负极值。

那么在 $\rho = -0.212$ 条件下,$2\Delta f = f_1 - f_2$ 应为多少? 可以计算,由

$$2\Delta\omega T_b = 1.43\pi, \text{或近似为 } 2\Delta f T_b \approx 3/4$$

则

$$2\Delta f = f_1 - f_2 = \frac{3}{4}R_b \tag{6-58}$$

表明只要 f_1 和 f_2 两个载频相差为 $3R_b/4$,就可维持 $\rho_{-\max} = -0.212$ 超正交条件。

式(6-57)条件下的 CPFSK 系统带宽为

$$B_{\mathrm{CPFSK}} = \frac{3}{4}R_b + 2R_b = 2.75R_b(\mathrm{Hz}) \tag{6-59}$$

上面通过解调性能分析,误比特率 P_e 与功率信噪比 γ 具有直接关系,且在 $\rho = 0$ 时,γ 值决定 P_e,但当 $\rho < 0$ 时,超正交条件下,P_e 尚与这一相关系数的负值有直接关系。这在第 7 章最佳接收系统分析时进行讨论。显然,在同样信噪比 γ 时,超正交($\rho < 0$)比正交系统($\rho = 0$)性能优良。

6.4　二元相移键控

以二元数字信号去控制载波的相位,使等幅、恒定载频的已调载波相位与待发送数字信号相对应,只有两种相位状态。为充分体现 PSK 信号的正交性,载波相位以 0 相与 π 相分别代表传号与空号。这种调制方式称为二元相移键控(PSK 或 2PSK),传号与空号相关系数为 $\rho_{12} = -1$。

6.4.1　二元相移键控的构成

PSK 信号数学表示式为

$$s_{\mathrm{PSK}}(t) = \begin{cases} s_1(t) = A_0\cos(\omega_0 t), & 0 \text{ 相(传号)} \\ s_2(t) = -s_1(t) = -A_0\cos(\omega_0 t), & \pi \text{ 相(空号)} \end{cases} \quad 0 \leq t \leq T_b \tag{6-60}$$

式中,采用了数字信号 1 码直接对应 0 相位载波(传号),而 0 码则用反极性载波,即 π 相表示

空号。这种对应方式的 PSK 可称为绝对相移键控,图 6-14 示出了 PSK 系统框图。

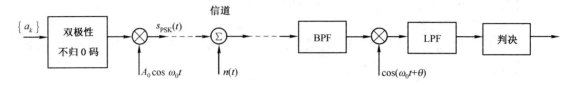

图 6-14 (绝对)相移键控的系统构成

PSK 信号已调载波为等幅、相位不连续波形序列,它的形成可看做以双极性不归 0 方波二元序列与载波直接相乘的结果,相当于双边带(DSB)调幅。图 6-15 示出了 PSK 时域波形及其功率谱。图 6-15(a)的 PSK 时域信号波形,依然以"正弦波"表示了"0 相"余弦载波。

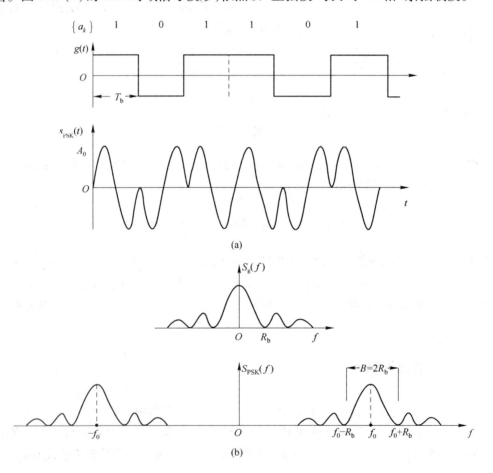

图 6-15 相移键控信号波形与功率谱

PSK 的相关系数为

$$\rho_{12} = \frac{1}{E_b}\int_0^{T_b} s_1(t)s_2(t) = -1 \tag{6-61}$$

由于 PSK 相关系数为最大负值,较 ASK、FSK 具有更强的抗干扰能力(参见下面第 6.5 节)

PSK 信号序列的功率谱,是将上一章双极性不归 0 方波序列的功率谱通过以载频 f_0 频率搬移的结果,则其功率谱为

$$S_{\text{PSK}}(f) = \frac{A_0^2 T_b}{4}\Big[\, \text{Sa}^2\big(\omega + \omega_0\big)\frac{T_b}{2} + \text{Sa}^2\big(\omega - \omega_0\big)\frac{T_b}{2}\,\Big] \tag{6-62}$$

PSK 信号近似传输带宽取其载频两边的主瓣,则

$$B_{\text{PSK}} \approx 2/T_b = 2R_b \quad (\text{Hz}) \tag{6-63}$$

6.4.2　PSK 相干检测及抗噪声性能

2PSK 以相互反相的两个载波信号表示 1,0 码,这种以相位不同来表示发送信息的等幅已调波,只宜进行相干检测。

2PSK 相当于模拟传输的双边带(DSB),也可以认为是双极性不归零码作调制信号的"ASK",因此相干检测非常简单。接收的混合信号为

$$x(t) = \begin{cases} A_0\cos(\omega_0 t + \theta) + n_i(t) & (\text{传号}) \\ -A_0\cos(\omega_0 t + \theta) + n_i(t) & (\text{空号}) \end{cases} \tag{6-64}$$

提供相干载波为 $c_d(t) = A_0\cos(\omega_0 t + \theta)$,与 $x(t)$ 相乘后进行低通滤波后,得

$$s_o(t) = \begin{cases} s_{o1}(t) = A_0 + n_I(t) \\ s_{o2}(t) = -A_0 + n_I(t) \end{cases} \tag{6-65}$$

式中,$n_I(t)$——窄带高斯噪声的同相分量。

式(6-65)的两种可能的结果分别为均值等于 $\pm A_0$ 的高斯变量,其(一维)概率密度分别为

$$p(x_1) = N(A_0, \sigma_I^2) = \frac{1}{\sqrt{2\pi}\,\sigma_n}\exp\Big(-\frac{(x_1 - A)^2}{2\sigma_n^2}\Big)$$

$$p(x_2) = N(-A_0, \sigma_I^2) = \frac{1}{\sqrt{2\pi}\,\sigma_n}\exp\Big(-\frac{(x_2 + A)^2}{2\sigma_n^2}\Big) \tag{6-66}$$

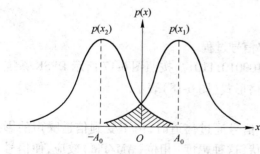

图 6-16　PSK 接收信号概率密度曲线

两个 pdf 曲线如图 6-16 所示。

误比特率 P_e 应为

$$P_e = P_{Me} + P_{Se}$$
$$= P(s_1)\int_{-\infty}^{V_{b0}} p(x_1)\mathrm{d}x_1 + P(s_2)\int_{V_{b0}}^{\infty} p(x_2)\mathrm{d}x_2$$

设传号与空号先验概率相等,即 $P(s_1) = P(s_2) = 1/2$。

显然,最佳判决门限 $V_{b0} = 0$,图中对称的两个阴影面积之半等于误比特率,即

$$P_e = 2P_{Me} = 2P_{Se} = \int_{V_{b0}=0}^{\infty} p(x)\mathrm{d}x$$

$$= \int_0^{\infty} \frac{1}{\sqrt{2\pi}\,\sigma_n}\exp\Big(-\frac{(x + A_0)^2}{2\sigma_n^2}\Big)\mathrm{d}x$$

$$= \int_{\frac{A_0}{\sqrt{2}\,\sigma_n}}^{\infty} e^{-z^2}\mathrm{d}z = \frac{1}{2}\text{erfc}\Big(\frac{A_0}{\sqrt{2}\,\sigma_n}\Big)$$

或

$$P_e = \frac{1}{2}\text{erfc}(\sqrt{\gamma}) \tag{6-67}$$

式中, $\gamma = A_0/2\sigma_n^2$ 为功率信噪比。

6.4.3　相对(差分)相移键控

常用的二元相移键控是相对(差分 – differential)相移键控(DPSK)方式,它是先将信源码流 $\{a_k\}$ 转换为差分码之后再进行如上的 PSK 调相过程。

1. 采用 DPSK 的必要性

上面讨论的 2PSK,由原码 a_k 直接键控载波相位。这种绝对相移键控信号的相干检测,若接收端以锁相环形式(PLL)来提取相干载波,一般可能会使相干载波被锁定在与接收载波相差 $2\pi/M$ 的相位(这里 $M=2$)。对于 2PSK 则可能出现相干载波的"π 相模糊"(ambiguity),如果由其提供相干检测,则恢复的全部码元均极性相反,其结果好像将照相的底片作为相片提供给顾客,当然不能满意接收信息。

将原码变为差分码再去调相,由于差分码间相对依赖关系,则不会存在 π 相模糊,能正确恢复原信息,差分码的构成规则已在第 5 章介绍并应用。

DPSK 系统框图如图 6-17 所示,其中包括实现差分码 b_k 的转换电路。

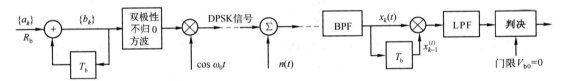

图 6-17　DPSK 信号形成与检测

DPSK 信号数学表示式为

$$s_{\text{DPSK}}(t) = A_0\cos(\omega_0 t + \overline{b_k}\pi) = A_0\cos(\omega_0 t + \varphi_k) \qquad kT_b \leq t \leq (k+1)T_b \tag{6-68}$$

式中, $\overline{b_k}$ ——差分码元的反码,这里设 $\varphi_k = \overline{b_k}\pi$ 。

下面[例 6-1]中图 6-18 给出了 DPSK 系统全部信号过程。

[例 6-1]　设待发送送编码序列为 $\{a_k\} = 11010001011101$ 。按照图 6-17 所示 DPSK 系统框图,可描绘出各点信号和相应参量、波形,并以表格形式(图 6-18)表示。

* 2. DPSK 差分"相干"检测

现在来讨论 DPSK 信号的误码性能。当 DPSK 信号通过信道时,由于受到信道噪声的影响及信道限带等原因,都会造成 DPSK 信号包络起伏,这种幅度–相位(AM/PM)效应,使信号频谱扩展,集中反映在发送信号中 0 相、π 相的相位漂移,不再准确维持 0 与 π 值。用 φ_k 表示接收相位(或接近于 0 相,或接近于 π 相),于是由图 6-17,无需提供本地相干载波,而是进行所谓差分相干检测(实质上仍为非相干)。因此 DPSK(检测)不存在相位模糊问题。DPSK 实际上采用的是非相干方式。信号在接收端经带通滤波器之后进行差分"相干"检测,乘法器输出为 $S_p(t) = A_0^2\cos(\omega_0 t + \varphi_k)\cos(\omega_0 t + \varphi_{k-1}) = \frac{A_0^2}{2}\cos(\varphi_k - \varphi_{k-1}) + \frac{A_0^2}{2}\cos(2\omega_0 t + \varphi_k + \varphi_{k-1})$,然后取低通,滤除 $2\omega_0$ 成分后,有

$$s_o(t) = \frac{A_0^2}{2}\cos(\varphi_k - \varphi_{k-1}) \tag{6-69}$$

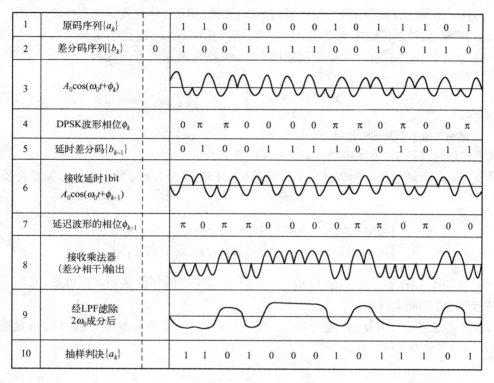

1	原码序列$\{a_k\}$		1 1 0 1 0 0 0 1 0 1 1 1 0 1
2	差分码序列$\{b_k\}$	0	1 0 0 1 1 1 1 0 0 1 0 1 1 0
3	$A_0\cos(\omega_0 t+\phi_k)$		
4	DPSK波形相位ϕ_k		0 π π 0 0 0 0 π 0 π 0 0 0 π
5	延时差分码$\{b_{k-1}\}$		0 1 0 0 1 1 1 1 0 0 1 0 1 1
6	接收延时1bit $A_0\cos(\omega_0 t+\phi_{k-1})$		
7	延迟波形的相位ϕ_{k-1}		π 0 π 0 0 0 0 0 π 0 π 0 0 0
8	接收乘法器 (差分相干)输出		
9	经LPF滤除 $2\omega_0$成分后		
10	抽样判决$\{a_k\}$		1 1 0 1 0 0 0 1 0 1 1 1 0 1

图 6-18　DPSK 信号流程图表

这一结果将输入到判决器中,从其相位$(\varphi_k - \varphi_{k-1})$的相对关系上来提取相位信息,以恢复原二元码。图 6-18 中第 1～4 栏描述了发送端 DPSK 信号产生过程,第 5～10 栏描述了从开始接收 DPSK 信号到判决解码的信号流程。

兹从下面两个方面来说明 DPSK 信号的检测过程与判决规则。

(1) 由于解调是调制的逆过程,因此对照图 6-17 中信号形成过程,从思路上很易按下两步骤完成检测:

● 先以如下 PSK 那样对 DPSK 信号进行相干解调,以获取相应的差分码序列$\{b_k\}$。

● 再以式(5-2)规则恢复原发送信息$\{a_k\}$:

$$a_k = b_k \oplus b_{k-1} = \begin{cases} 0 & \text{当 } b_k = b_{k-1} = 0 \text{ 或 } 1 \quad a_k = 0 \text{ 码} \\ 1 & \text{当 } b_k \neq b_{k-1} \text{ 或 } b_k = \overline{b_{k-1}} \quad a_k = 1 \text{ 码} \end{cases} \tag{6-70}$$

(2) 实用的 DPSK 检测方式简化为图 6-17 所示的差分相干检测电路,可一次完成上述两个步骤功能:由式(6-69),以接收信号流中相邻两载波相位之差的余弦值,直接判决出$\{a_k\}$序列,即

$$\cos(\varphi_k - \varphi_{k-1}) = \begin{cases} 1 & \text{当 } \varphi_k = \varphi_{k-1} = 0 \text{ 或 } \pi \text{ 相} \quad a_k = 0 \text{ 码} \\ -1 & \text{当 } \varphi_k \neq \varphi_{k-1}, \text{ 或 } \varphi_k = \overline{\varphi_{k-1}}, \text{判 } a_k = 1 \text{ 码} \end{cases} \tag{6-71}$$

　　现对照上述两种检测方式及式(6-70)、式(6-71),由于 φ_k、φ_{k-1} 分别准确对应(决定)于差分码 b_k、b_{k-1} 的 1 码或是 0 码,因此式(6-71)完全实现了(1)中两个步骤的检测功能及式(6-70)的判决结果。方式(1)概念清晰,符合常规思路;第(2)种方式简便而直接,实用。

　　由于 DPSK 信号在传输中会受到一定干扰,载波相位 φ_k、φ_{k-1} 会造成一定偏移,不再严格维持 0 相或 π 相,宜将式(6-71)给予门限值 $V_{b0}=0$,则检测判决不等式为

$$\cos(\varphi_k - \varphi_{k-1}) \begin{cases} > 0 & \text{判 0 码} \\ < 0 & \text{判 1 码} \end{cases} \tag{6-72}$$

*3. 差分"相干"DPSK 性能

在上述讨论基础上,下面拟给出 DPSK 误码率的公式。

设 φ_k 与 φ_{k-1} 同相位时相邻两个码元间隔的 DPSK 信号,即两个余弦信号加窄带噪声分别为

$$\begin{cases} x_k(t) = [A_0 + n_{I1}(t)]\cos\omega_0 t - n_{Q1}(t)\sin\omega_0 t \\ x_{k-1}(t) = [A_0 + n_{I2}(t)]\cos\omega_0 t - n_{Q2}(t)\sin\omega_0 t \end{cases} \tag{6-73}$$

式中,$n_{I1}(t)$、$n_{I2}(t)$ 及 $n_{Q1(t)}$、$n_{Q2}(t)$ 是同一条件下的噪声同相分量和正交分量,它们是均值为 0、方差为 σ_n^2 的高斯过程。

尚需由上式进行较为复杂的数学推导,这里不再列出,可参见参考文献[1],兹直接给出差分相干 DPSK 误比特率,为

$$P_e = \frac{1}{2}e^{-\gamma} \tag{6-74}$$

式中,$\gamma = A_0^2/2\sigma_n^2$ 为功率信噪比。

6.5　三种二元数字调制的性能比较

1. 性能比较与排序

性能比较的基本前提是,三种已调波均在相同传输带宽和相同信道环境下传输,即 AWGN 功率谱 n_0 相同,三者的解调器输入噪声功率均相等,为

$$\sigma_n^2 = n_0 B = 2n_0 R_b \tag{6-75}$$

　　(1)若三种调制系统信号功率也相等,即信噪比相等,无论是相干或非相干检测,误比特率的排序从优到劣为

$$P_{e_{PSK}} < P_{e_{FSK}} < P_{e_{ASK}} \tag{6-76}$$

　　(2)若误比特率相同时,三种制式所需提供的信号功率,或信噪比的关系为

或
$$\left.\begin{array}{l} S_{PSK} = \dfrac{1}{2}S_{FSK} = \dfrac{1}{4}S_{ASK} \\[2mm] \left(\dfrac{S}{N}\right)_{PSK} = \dfrac{1}{2}\left(\dfrac{S}{N}\right)_{FSK} = \dfrac{1}{4}\left(\dfrac{S}{N}\right)_{ASK} \end{array}\right\} (\text{依次相差 3 dB}) \tag{6-77}$$

2. 分析

（1）从信号设计特点看，三种调制均满足传号与空号正交条件，即 $-1 \leqslant \rho_{12} \leqslant 0$，且 $\rho_{ASK} = \rho_{FSK} = 0$，而 $\rho_{PSK} = -1$，它们有不同的信号星座图，如图 6-19 所示。在 A_0 相同时三者的各两个信号星点间距离不同，即分别为 A_0、$\sqrt{2}A_0$ 和 $2A_0$，后面几章还会更多涉及，一种调制方式和编码方式，信号星点或编码码字间的距离将主要决定其抗干扰能力。

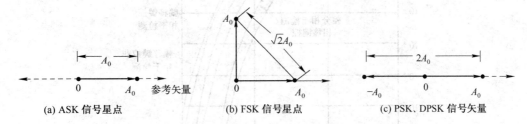

(a) ASK 信号星点　　　　　(b) FSK 信号星点　　　　　(c) PSK、DPSK 信号矢量

图 6-19　三种二元调制系统信号空间

（2）从图 6-19 看出传号与空号相关系数 ρ_{12} 的重要作用。PSK 相关系数 $\rho_{12} = -1$，较 $\rho = 0$ 的 FSK 在相同 P_e 时换取了（节省）3 dB 信噪比。ASK 的 $\rho = 0$，与 FSK 相同，但是在 A_0 相同时，ASK 空号不发送功率，即它的平均信号功率为 $\dfrac{A_0^2}{4}$，是 FSK，PSK 的一半。

（3）根据以上性能分析比较，表 6-1 给出了三种制式误码率公式和相应条件。并于图 6-20 中绘出了相应的 6 条误码率曲线。在实际工程应用中，目前 ASK 多用于光通信系统，而在其他有线（恒参）信道，只适于短距离、低速率数据传传输。对于大量的无线通信，尤其是移动通信因受衰落影响，多采用 FSK，特别是 MSK 系列，而 PSK 很少直接应用，DPSK、QPSK 以及其改进型得到了广泛采用。

表 6-1　ASK,FSK,PSK 误比特率比较

调制类型	相关系数 ρ_{12}	接收方式	误比特率公式 P_e	限制条件
ASK	0	非相干检测	$\dfrac{1}{2}e^{-\gamma/4}$	信噪比很大时利用最佳阈值
		相干检测	$\dfrac{1}{2}\mathrm{erfc}(\sqrt{\gamma}/2)$	
			$\dfrac{1}{\sqrt{\pi\gamma}}e^{-\gamma/4}$	
FSK	0	非相干检测	$\dfrac{1}{2}e^{-\gamma/2}$	
		相干检测	$\dfrac{1}{2}\mathrm{erfc}(\sqrt{\gamma/2})$	
			$\dfrac{1}{\sqrt{2\pi\gamma}}e^{-\gamma/2}$	信噪比很大时
DPSK PSK	-1	DPSN 差分相干检测	$\dfrac{1}{2}e^{-\gamma}$	
		PSK 相干检测	$\dfrac{1}{2}\mathrm{erfc}(\sqrt{\gamma})$	
			$\dfrac{1}{2\sqrt{\pi\gamma}}e^{-\gamma}$	信噪比很大时

注：（1）表中 erfc( ) 为互补误差函数；（2）$\gamma = \dfrac{A_0^2}{2\sigma_n^2}$ 为功率信噪比。

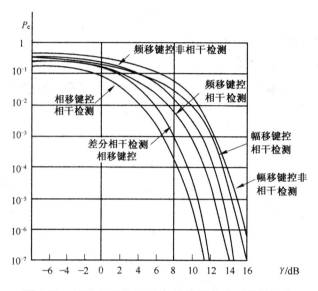

图 6-20   ASK,FSK 和 PSK 各种检测方式下的误码率

[**例 6-2**]   数字信号传号载波幅度为 $A_0 = 20$ V,传输速率 $R_b = 5$ Kbit/s,信道衰减量 50 dB,接收端 AWGN 功率谱 $n_0 = 10^{-8}$ W/Hz。

(1)分别计算 ASK、FSK 和 PSK 相干误比特率;

(2)计算 DPSK 误比特率,并与 PSK 比较。

解   本题要求是计算信号功率、噪声功率和统一的输入信噪比 $\gamma = \dfrac{A_0^2}{2\sigma_n^2}$,以此来计算误比特率。

(1)$S = \dfrac{A_0^2}{2} = \dfrac{(20)^2}{2} = 200$ W(FSK、PSK 发送功率)

- $S_i = S \times 10^{-5} = 200 \times 10^{-5} = 2$ mW(接收输入端信号功率)
- 在接收机输入端 AWGN 噪声功率均相等

$$\sigma_n^2 = n_0 B = 2 R_b n_0 = 10^4 \times 10^{-8} = 0.1 \text{ mW}$$

- 接收信噪比

$$\gamma = \frac{A_0^2}{2\sigma_n^2} = \frac{2 \text{ mW}}{0.1 \text{ mW}} = 20$$

- 计算误码率

$$P_{e_{ASK}} = \frac{1}{2}\text{erfc}\left(\frac{1}{2}\sqrt{\gamma}\right) = \frac{1}{2}\text{erfc}(2.236) = 8 \times 10^{-4}$$

$$P_{e_{FSK}} = \frac{1}{2}\text{erfc}\left(\sqrt{\gamma/2}\right) = \frac{1}{2}\text{erfc}(3.162) = 4 \times 10^{-6}$$

$$P_{e_{PSK}} = \frac{1}{2}\text{erfc}\left(\sqrt{\gamma}\right) = \frac{1}{2}\text{erfc}(4.472) = 1 \times 10^{-9}$$

$$(2)\ P_{\text{DPSK}} = \frac{1}{2}e^{-\gamma} = \frac{1}{2}e^{-20} = 1.5 \times 10^{-9}$$

实际上 DPSK 误比特率应稍高于 PSK,这是由于在同样信噪比时,相干检测较非相干检测误比特率小。并且 DPSK 因采用差分码,在传输中只要发生 1 位差错,则其下 1 位必为差错码。

6.6　多元数字调幅与调频

6.6.1　多元调制的特点

为了有效利用通信资源,提高信息传输效率,现代通信系统大都利用多元信号传输,并且由于集成电路的发展和技术的不断改进,多元调制的可靠性及广泛适用性在不断提高。

二元信号传输只有两种可能的信号状态,多元——M 元信号则有 M 个可能的不同状态。两者信息量的关系为 $M = 2^k$,$k = \text{lb}M$,或 1 Bd = k bit。其中,Bd 为多元信息单位"波特"(Baud),同时也作为多元信号传输速率(符号速率)单位,即每秒钟的多元符号数。如 9.6 kbit/s 二元信号,若 $M = 16$,则多元传输波特率为 2.4 kBd。

多元信息编码序列 $\{m_i\} = (m_1, m_2, \cdots, m_M)$ 的 M 个状态可以像 ASK、FSK 和 PSK 一样分别控制正弦载波的幅度、频率和相位,构成多元数字调幅、调频、调相,分别称为多元幅移键控(MASK)、多元频移键控(MFSK)、多元相移键控(MPSK)。

除了上述它们与二元信号和调制方式的关系外,多元调制尚具有以下特点:

(1) 由 $M = 2^k$ 及 $k = \text{lb}M$ 这一关系,二元与多元信号可按需要进行等信息量转换;

(2) 在基带和频带数字传输中,多数多元信号占有与比特信号相同传输带宽,波特率 R_s 与比特率 R_b 数值相等,因此提高了信号带宽利用率 $\eta(R_b/\text{Hz})$。

(3) M 元信号传输提高有效性多半是以降低可靠性为代价的,实用中往往是两者的折中;

(4) 多元调制新技术提供组合编码调制(TCM)、幅 – 相调制(QAM),以及各种改进型多元调制(均见第 9 章),具有优良性能。

本节和 6.7 节首先介绍三种常规多元数字调制的构成及抗噪声性能分析。性能更为优良的几种多元调制和现代调制技术将在第 9 章讨论。

6.6.2　多元数字调幅

1. MASK 信号的构成

以多元编码符号去调制载波信号的幅度,就可以产生多电平数字调幅信号(MASK),或称多元幅移键控,它的数学表示式为

$$s_{\text{MASK}}(t) = A(t)\cos(\omega_0 t + \theta_0) \tag{6-78}$$

式中,$A(t) = \sum_i a_i g(t - iT)$,$a_i$ 为多电平基带波形幅度,兹设双极性 M 个电平为 $a_i = \pm A_0$,$\pm 3A_0, \cdots, \pm(M-1)A_0$,这里 A_0 为最低电平,可设 $A_0 = 1$,单位幅度;$g(t)$ 为基带调制信号波形,如设为方波;T 为多电平信号码元间隔。

式(6-78)双极性 MASK 信号可表示为

$$s_{\text{MASK}}(t) = \sum_i a_i g(t - iT) \cos \omega_0 t \qquad (6\text{-}79)$$

式中,设载波初相 $\theta_0 = 0$。

　　式(6-79)中,波特间隔为 T 的一个多电平符号信息量为 $k = \text{lb}\ M$ 比特,在 $A(t)$ 中从 $-(M-1)$ 电平到最高电平 $+(M-1)$,以格雷码表示每电平为 k 比特信息。图 6-21 示出了 MASK 系统数学模型和其双极性 MASK 的电平分布及信号星座图。$A(t)$ 与载波相乘后的 MASK 信号波形的包络电平为 $M/2$ 种(见图 6-21(b))。就统计来说,MASK 信号是由 $M/2$ 对 "正反信号对" 构成,因此它含有幅移键控与相移键控两个特点。为了说明 MASK 信号特点, 这里给出一个 4ASK 的例子。设原码序列 $\{a_i\} = (10\ 11\ 01\ 00\ 01\ 11\ 00\ 11)$,并以图 5-1(j)所 示 2B1Q 码型来表示 4 元符号序列 3,2,1,0,1,2,0,2,方波 4 电平为:± 1,± 3,如图 6-22 所示。

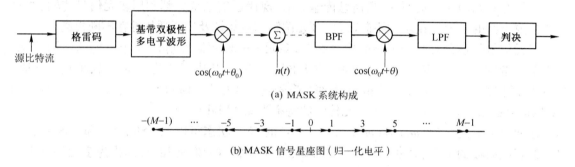

(a) MASK 系统构成

(b) MASK 信号星座图(归一化电平)

图 6-21　MASK 系统数学模型和电平分布

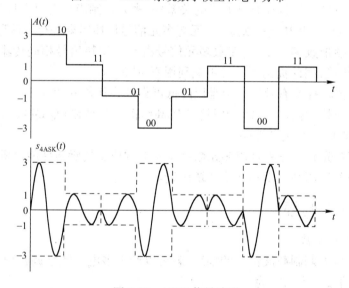

图 6-22　4ASK 信号波形

　　因此,4ASK 信号波形 $s_{4\text{ASK}}(t)$ 的包络值有两种:A_0 和 $3A_0$,信号的极性是正负极性各一 对。按这种方法设计的信号较单极性多电平信号的优点是,可以使相同包络的不同信号间相 关系数为 $\rho = -1$,相同极性的信号幅度包络则相差较大($2A_0$ 或更大),最小包络为 A_0 的两个 信号相关系数也为 $\rho = -1$,这均可以为抗干扰带来优势。在接收判决时,可利用 MASK 的幅 度及相位两者的特点。

2. MASK 信号的带宽与功率

由于 MASK 信号符号间隔 T，仍可在 2ASK 的比特码元间隔 T_b 内传输 M 元信息，因此其带宽仍为 2ASK 带宽，即

$$B_{MASK} = 2\frac{1}{T} = 2R_s \quad 或 \quad B_{MASK} = B_{2ASK} \tag{6-80}$$

式中，R_s——多元信号 MASK 波特率。

但 MASK 的频带利用率却有所提高，即

$$\eta_{MASK} = \frac{kR_s}{B_{MASK}} = k\eta_{2ASK} = \frac{1}{2}lb\,M \quad [\text{单位:bit}/(\text{s}\cdot\text{Hz})] \tag{6-81}$$

MASK 信号以双极性多电平调制，因此有 $1,3,5,\cdots,M/2$ 种已调载波幅度。于是，$M/2$ 个符号的功率之和的 2 倍由 M 个状态平均，等于其平均信号功率，即

$$P_{MASK} = \frac{2}{M}\frac{A_0^2}{2}\sum_{i=1}^{M/2}(2i-1)^2 = \frac{M^2-1}{6}A_0^2 = \frac{M^2-1}{3}\left(\frac{A_0^2}{2}\right), \quad i=1,2,\cdots,M/2 \tag{6-82}$$

这一结果表明，MASK 信号平均功率是其最小信号（幅度为 A_0）功率的 $(M^2-1)/3$ 倍。

*3. MASK 信号的相干检测

相干检测与前述二元信号一样，提供本地相干载波与接收的具有高斯白噪声 $n(t)$ 的混合信号相乘后，经低通滤波器，可得 M 个电平值之一和噪声同相分量。

$$y_d(t) = \pm(2i-1)A_0 + n_I(t), \quad i=1,2,\cdots,M/2 \tag{6-83}$$

判决电平如图 6-23 所示的竖实线为

$$v_{bj} = \pm(2j-2)d, \quad j=1,2,\cdots,M/2 \tag{6-84}$$

式中，d——两相邻信号电平差值之半，即 $d = A_0$。

发生误判的情况是当解调干扰 $n_I(t)$ 超出相应接收信号的判决区范围 $\pm d$，其差错率为

$$P_e = P(|n_I| \geqslant d) \tag{6-85}$$

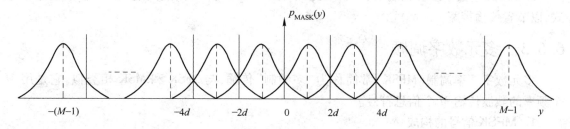

图 6-23　相干 MASK 各符号（电平）分布及判决门限

式中，$|n_I|$——解调后的窄带噪声同相分量的绝对值。

应注意以下两点。

（1）在 MASK 信号序列中,最高与最低电平对应的符号发生差错是单方向的,两者的差错率应为

$$P_{\text{e单}} = \frac{2}{M} \times \frac{1}{2} P(\,|\,n_{\text{I}}\,| \geqslant d) \tag{6-86}$$

（2）除最高与最低电平,即 $\pm(M-1)A_0$ 电平之外,其他区内的电平共为 $(M-2)$ 个,占有 $(M-2)/M$ 的比例,它们均可能发生双向差错,差错率为

$$P_{\text{e双}} = \frac{M-2}{M} P(\,|\,n_{\text{I}}\,| \geqslant d) \tag{6-87}$$

于是,MASK 信号相干检测总平均误符号率为

$$P_{\text{eMASK}} = \left(\frac{M-2}{M} + \frac{2}{M} \times \frac{1}{2}\right) P(\,|\,n_{\text{I}}\,| \geqslant d) = \frac{M-1}{M} P(\,|\,n_{\text{I}}\,| \geqslant d) \tag{6-88}$$

由于 $n_{\text{I}}(t)$ 均值为 0,方差为 σ_{n}^2,在判决时刻,为高斯型随机变量 n_{I},因此有

$$P(\,|\,n_{\text{I}}\,| \geqslant d) = \frac{M-1}{M} \left(2 \times \frac{1}{\sqrt{2\pi}\,\sigma_{\text{n}}} \int_d^{\infty} \exp\left(-\frac{y^2}{2\sigma_{\text{n}}^2}\right) \mathrm{d}y\right) = \frac{M-1}{M} \cdot \frac{2}{\sqrt{\pi}} \int_{\frac{d}{\sqrt{2}\sigma_{\text{n}}}}^{\infty} \mathrm{e}^{-z^2} \mathrm{d}z \tag{6-89}$$

$$P_{\text{eMASK}} = \frac{M-1}{M} \text{erfc}\left(\frac{d}{\sqrt{2}\,\sigma_{\text{n}}}\right) \tag{6-90}$$

由式(6-82)和图 6-23,可求得 d 为

$$d = A_0 = \sqrt{6P_{\text{MASK}}/(M^2-1)} \tag{6-91}$$

将 d 值代入式(6-90),可得

$$P_{\text{eMASK}} = \frac{M-1}{M} \text{erfc}\left(\sqrt{\frac{3}{M^2-1} \frac{P_{\text{MASK}}}{\sigma_{\text{n}}^2}}\right) = \frac{M-1}{M} \text{erfc}\left(\sqrt{\frac{3}{M^2-1} \gamma_M}\right) \tag{6-92}$$

式中,$\gamma_M = P_{\text{MASK}}/\sigma_{\text{n}}^2$ 为 MASK 平均信号功率与噪声功率之比。

MASK 属于数字线性调制的扩展,因此 2ASK,MASK 均可以采用单边带,以及残留边带方式,以节省传输带宽。

6.6.3　多元数字调频

多元数字频率调制(MFSK)常简称为"多频制"传输,与 2FSK 和 MSK 相类似,它是用 M 个频率的载波传输 M 个信息符号。

1. MFSK 信号的构成

MFSK 信号是多元编码符号 $\{m_i\} = \{m_1, m_2, \cdots, m_M\}$ 分别控制 M 个相互正交的发送载波形成的,设信道主载频为 f_0,M 个符号对应的传输载波分别为 f_{0i},$i = 1, 2, \cdots, M$。

为确保载频 f_{0i} 的 M 个载波间互为正交,按前面 2FSK 介绍的正交条件及式(6-35),载频间隔应为

$$2\Delta f = f_{0i+1} - f_{0i} = \frac{n}{2}R_S = \frac{n}{2T} \tag{6-93}$$

MFSK 信号表示式可写为

$$s_{\text{MFSK}}(t) = A_0\cos\big[(\omega_0 \pm j\Delta\omega)t\big] = A_0\cos\big[(\omega_0 \pm jn\pi R_S/2)t\big] \qquad j = 1,3,\cdots,M-1 \tag{6-94}$$

式中，A_0 为 MFSK 等包络（幅度）值；$\Delta\omega = 2\pi\Delta f$ 是对标称频率 f_0 最小频移量，$2\Delta\omega$ 是任何相邻载波角频之差。

式（6-94）中，若取 $n=1$，$h=1/2$，必须确保前述相位连续条件，则 $2\Delta f = R_S/2$，是一种典型的 MFSK 信号，称为多元最小频移键控（MMSK）。

2. MFSK 信号带宽与功率谱

MFSK 与 2FSK 相类似，它是 M 个不同频率载波随机交替占用信道——部分频带，总传输带宽为最高与最低载频载波的 2 个主瓣谱与该 2 个载频的差值之和，即

$$B_{\text{MFSK}} = 2R_S + |f_{0M} - f_{01}| = 2R_S + 2(M-1)\Delta f = 2R_S + (M-1)\frac{n}{2}R_S \tag{6-95}$$

当 $n=1$ 时，为 MMSK，信号带宽为

$$B_{\text{MMSK}} = 2R_S + \frac{M-1}{2}R_S = \frac{M+3}{2}R_S \tag{6-96}$$

图 6-24 为 MFSK 信号功率谱示意图（单边），图 6-24（a）中 4FSK 取 $2\Delta f = 2R_S$，即 $h=2$，各载频主瓣刚好不重叠，图 6-24（b）为 $2\Delta f = \frac{1}{2}R_S$，即 $h=1/2$，连续相位 4FSK，即 4MSK。

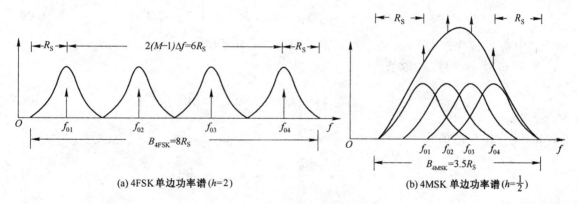

(a) 4FSK 单边功率谱 $(h=2)$　　　　　　　(b) 4MSK 单边功率谱 $(h=\frac{1}{2})$

图 6-24　MFSK 信号功率谱（单边）

由于 MFSK 为多载频信号，它的带宽较其他调制方式在相同传输速率时都要宽得多，因此频带利用率较低。

＊3. MFSK 信号检测和误符号率

MFSK 信号同样可以进行相干和非相干检测。在接收输入端，首先以窄带通滤波取出各载频（M 个），然后分别进行相干或非相干检测。这样在 M 个支路输出中，每抽样判决时刻只有一个支路有信号，其他均为噪声。因此，判决逻辑电路应达到正确地"M 择一"判决。

兹不加推导地给出误符号率公式为

$$P_{e相干} \leqslant \frac{1}{2}(M-1)\operatorname{erfc}\left[\sqrt{A_0^2/(2\sigma_n^2)}\right] = \frac{1}{2}(M-1)\operatorname{erfc}\left(\sqrt{\gamma_M/2}\right) \tag{6-97}$$

式中，$\gamma_M = A_0^2/2\sigma_n^2$ 为 MFSK 功率信噪比。

而相应地，非相干误符号率近似表示为

$$P_{e包络} \leqslant \frac{M-1}{2}\exp\left(-\frac{E}{2n_0}\right) = \frac{M-1}{2}e^{-\gamma_M/2} \tag{6-98}$$

在上面两种解调的误码率表示式中，当 $M=2$ 时，即 2FSK。它们的误比特率均与前面计算的 2FSK 误比特率相符。

MFSK 信号除占用较大带宽外，它比 MASK 性能要好得多，是无线短波信道采用的多频制传输方式。传统的电传机，利用 $M=32$ 的系统，每个符号 5 bit 信息，包括了英文字母及另外几个专用键符号。

6.7　多元数字调相

以多元符号编码序列去控制载波的相位，则可产生 M 个离散相位的已调波，各符号对应的调相波相位均相隔 $2\pi/M$，就形成多元数字调相（MPSK）信号。本节利用信号空间分析 MPSK 和 QPSK 的构成特征和解调性能估价。

6.7.1　MPSK 信号表示法

MPSK 信号一般表示式为

$$S_{MPSK}(t) = A_0\cos(\omega_0 t + \theta_i) \qquad i = 1,2,\cdots,M \tag{6-99}$$

由于式中 θ_i 的设置方式不同，又分为 π/M 系统和 $2\pi/M$ 系统。

所谓 π/M 系统，其 θ_i 取值为

$$\theta_i = (2i-1)\frac{\pi}{M} \qquad i = 1,2,\cdots,M \tag{6-100}$$

$2\pi/M$ 系统，其 θ_i 取值为

$$\theta_i = (i-1)\frac{2\pi}{M} \qquad i = 1,2,\cdots,M \tag{6-101}$$

图 6-25 和图 6-26 分别示出了两种形式的 4PSK（或称 QPSK）和 8PSK 信号矢量图。

由图 6-25 和图 6-26 可以看出，π/M 系统是在第一象限中，与参考矢量（初相为 0 的载波 $\cos\omega_0 t$）的最小夹角为 π/M 相位，作为一个信号载波初相，而 $2\pi/M$ 总是一个信号与未调载波（0 相位）这一参考矢量相重叠。但两种系统的各已调波矢量间相位间隔是均等的，为 $2\pi/M$，这样将有利于在接收时得到最小的平均误符号概率。

下面按 π/M 系统形式分析 MPSK 信号表示式。

$$s_{MPSK}(t) = A_0\cos\left[\omega_0 t + (2i-1)\frac{\pi}{M}\right], \qquad \begin{cases} 0 \leqslant t \leqslant T \\ i = 1,2,\cdots,M \end{cases} \tag{6-102}$$

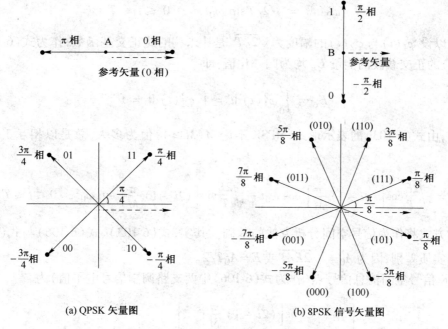

图 6-25　π/M 系统信号矢量图

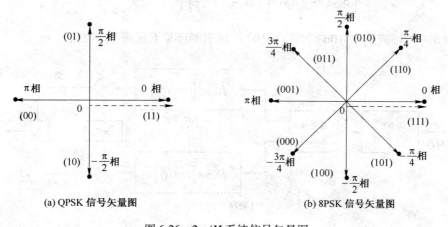

图 6-26　$2\pi/M$ 系统信号矢量图

为了分析上的方便,拟用信号空间表示法。式(6-102)可等效写为

$$s_{\mathrm{MPSK}}(t) = \sqrt{\frac{2E}{T}} \cos\left[\omega_0 t + (2i-1)\frac{\pi}{M}\right] =$$

$$\sqrt{E}\cos\left[(2i-1)\frac{\pi}{M}\right]\varphi_1(t) - \sqrt{E}\sin\left[(2i-1)\frac{\pi}{M}\right]\varphi_2(t), \qquad 0 \leqslant t \leqslant T \qquad (6\text{-}103)$$

式中,E 为已调波信号能量,$E = \dfrac{A_0^2}{2}T$,则 $A_0 = \sqrt{\dfrac{2E}{T}}$;$T$ 为 MPSK 符号间隔。这里,$\varphi_1(t)$ 与 $\varphi_2(t)$ 为两个基函数,作为互为正交的载波,即

$$\varphi_1(t) = \sqrt{2/T}\cos\omega_0 t, \qquad 0 \leqslant t \leqslant T \qquad (6\text{-}104)$$

和 $\qquad \varphi_2(t) = \sqrt{2/T}\sin\omega_0 t, \qquad 0 \leqslant t \leqslant T \qquad$ (6-105)

之所以设 $\varphi_1(t)$ 与 $\varphi_2(t)$ 的幅度为 $\sqrt{2/T}$，是让未调的此正交基函数，作为式(6-102)分解式(6-103)的正交载波的能量 E_c 均为归一化值，即

$$E_c = \int_0^T \varphi_1^2(t)\mathrm{d}t = \int_0^T \varphi_2^2(t)\mathrm{d}t = 1$$

显然，由式(6-103)的表示形式，MPSK 不论 $M(M \geqslant 4)$ 值为多大，总是以相互正交的两项构成，即

$$s_{\mathrm{MPSK}}(t) = \sqrt{\frac{2E}{T}}\cos\left[(2i-1)\frac{\pi}{M}\right]\cos\omega_0 t - \sqrt{\frac{2E}{T}}\sin\left[(2i-1)\frac{\pi}{M}\right]\sin\omega_0 t, \quad 0 \leqslant t \leqslant T \quad (6\text{-}106)$$

这种表示方式将作为信号空间分析方法的基础。其实，式(6-103)、式(6-106)与式(6-102)并没有任何实质差别，因为 $A_0 = \sqrt{2E/T}$ 或 $E = A_0^2 T/2$。

MPSK 信号空间消息信号点(作为式(6-106)中两支路调制信号电平值)为

$$S_i = \begin{bmatrix} S_{i1}:\sqrt{E}\cos\left[(2i-1)\dfrac{\pi}{M}\right] \\[2mm] S_{i2}:-\sqrt{E}\sin\left[(2i-1)\dfrac{\pi}{M}\right] \end{bmatrix}, \qquad i = 1,2,\cdots,M \qquad (6\text{-}107)$$

由式(6-103)或式(6-106)和式(6-107)，给出 MPSK 系统框图 6-27。

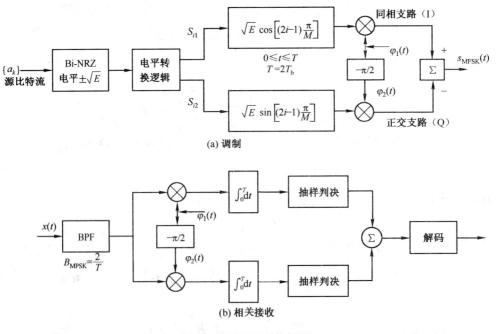

(a) 调制

(b) 相关接收

图 6-27　MPSK 系统框图

图 6-27(a)调制部分，首先将二元编码序列 $\{a_k\}$ 表示为电平值为 $\pm\sqrt{E}$ 的双极性不归零波

形,然后由"电平转换逻辑"计算出同相分量与正交分量,即式(6-107)的 S_{i1} 和 S_{i2} 值,然后在一个符号间隔 T 内分别与相互正交的载波相乘,构成 MPSK 波形。

若 $M=4$,"电平转换逻辑"功能就是简单的串 – 并转换。由于从图 6-25(a)与图 6-26(a)看出,4PSK 信号 4 个状态均互为正交,因此特称其为正交调相(QPSK)。

对于图 6-25 两个 π/M 系统,QPSK 和 8PSK "电平转换逻辑"需计算出如表 6-2 和表 6-3 分别列出的 S_i 的同相与正交分量 S_{i1} 和 S_{i2} 各 M 个值。

表 6-2　QPSK 信号空间特征

双比特输入信息 $0 \le t \le T$	QPSK 信号相位 θ_i	消 息 点	
		同相分量 S_{i1}	正交分量 S_{i2}
00	$-3\pi/4$	$-\sqrt{E/2}$	$-\sqrt{E/2}$
01	$3\pi/4$	$-\sqrt{E/2}$	$+\sqrt{E/2}$
11	$\pi/4$	$+\sqrt{E/2}$	$+\sqrt{E/2}$
10	$-\pi/4$	$+\sqrt{E/2}$	$-\sqrt{E/2}$

注:S_{i2} 均未考虑如式(6-107)中的"负号"

表 6-3　8PSK 信号空间特征

8PSK 符号	3 比特信息码	8PSK 信号相位 θ_i	同相分量 $\sqrt{E}\cos\theta_i$	正交分量 $\sqrt{E}\sin\theta_i$
0	000	$-5\pi/8$	$-0.3827\sqrt{E}$	$-0.9239\sqrt{E}$
1	001	$-7\pi/8$	$-0.9239\sqrt{E}$	$-0.3827\sqrt{E}$
2	011	$7\pi/8$	$-0.9239\sqrt{E}$	$+0.3827\sqrt{E}$
3	010	$5\pi/8$	$-0.3827\sqrt{E}$	$+0.9239\sqrt{E}$
4	110	$3\pi/8$	$+0.3827\sqrt{E}$	$+0.9239\sqrt{E}$
5	111	$\pi/8$	$+0.9239\sqrt{E}$	$+0.3827\sqrt{E}$
6	101	$-\pi/8$	$+0.9239\sqrt{E}$	$-0.3827\sqrt{E}$
7	100	$-3\pi/8$	$+0.3827\sqrt{E}$	$-0.9239\sqrt{E}$

注:$\sqrt{E}\sin\theta_i$ 均未考虑式(6-106)中第 2 项的负号

4PSK,即 QPSK 具有良好的性能,已得到广泛应用,6.7.2 节将重点分析它的特点及抗噪声性能。

6.7.2　多元调相信号空间特征与噪声性能

1. MPSK 信号空间

由图 6-25 的 π/M 系统(或图 6-26 的 $2\pi/M$ 系统)的矢量图,也可以画出 MPSK 信号空间,如图 6-28 所示。

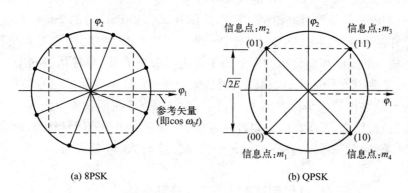

(a) 8PSK　　　　　(b) QPSK

图 6-28　MPSK 信号空间——星座图

多元数字调制的信号系列,利用了正交基函数,本节涉及 $N=2$ 个正交基函数提供正交载波的同相与正交支路,实施信道正交复用传输,因此其信号空间图为二维空间。已调多元信号的幅度值(图中原点到圆上的点之间距离)和信号相位(图中信息点到圆心连线与参考矢量夹角 θ_i),

就确定了该信号的空间特征。全部 M 个点的集合阵列,称为信号空间的星座图(constellation),它是 M 元信号空间的直观表示方式。显然信号的星座图表示了它们已调信号各状态数学表示式的全部信息含义。

MPSK 星座图的共同特点是,由于它总是以正弦波作载波的等幅振荡,各自相位是以 M 来等分割 2π 相位,因此 MPSK 的星座特点是 M 个信号星点均匀分布在一个同心圆上,即信息只含在相位 θ_i 上,无论 M 值有多大。可以推断,当 M 值很大时,相邻信号状态相位差别很小。如 $M = 32 = 2^5$,每个信号状态的相位差别只有 $2\pi/32$,即 $11.25°$。当已调载波在传输中受到加性或更复杂的干扰后,信号间相位将不再保持准确差值,误符号概率必将大为增加。因此 MPSK 系统,一般很少利用 M 较大值,并且以 $M = 4$ 的 QPSK 为最常用,8PSK 应用也并不太多,16PSK 应用更少。

另外,从图 6-28(b)QPSK 星座来看,4 个星点(消息点)既在一个同心圆上,又在一个正方形角顶,亦即既可看做星点轨迹为圆,又可视做方形。这一点在第 9 章 QAM(正交调幅)一节还要提到。

*2. MPSK 信号相干检测及误符号率

以上我们分析了 $M = 4$ 时的 QPSK 的特点,当 $M > 4$ 时,作为普遍形式,相干接收系统如图 6-27(b)所示。输入的混合波形 $x(t) = s_i(t) + n_i(t)$,进入接收电路的同相与正交支路,分别与本地(相干)正交载波 $\varphi_1(t)$ 和 $\varphi_2(t)$ 进行相关运算,其相关器接收每一个符号输出类似于 QPSK 系统,由式(6-103)和式(6-107),分别输出观察向量 $\boldsymbol{x}$(随机变量)样本值 x_1 与 x_2 为

$$x_1 = \int_0^T x(t)\varphi_1(t)\,\mathrm{d}t = \sqrt{E}\cos\left[(2i-1)\frac{\pi}{M}\right] + n_1 \tag{6-108}$$

$$x_2 = \int_0^T x(t)\varphi_2(t)\,\mathrm{d}t = -\sqrt{E}\sin\left[(2i-1)\frac{\pi}{M}\right] + n_2 \tag{6-109}$$

若为 $2\pi/M$ 系统,上列表示式中的角度换为式(6-101)。

π/M 与 $2\pi/M$ 系统只是 M 个相位的位置分配有所不同,并不影响到抗干扰性能。这里以 $2\pi/M$ 为例,分析 MPSK 信号符号差错率。可以按图 6-26,以 8PSK 时的 $2\pi/M$ 系统,给出其信号空间星座图,并标出 8 个判决区 $I_j(j = 1, 2, \cdots, 8)$,如图 6-29 所示,图中对 8 个信号星点之一,给出高斯环境下的二维高斯分布的形象图示。为了分析方便,单独指定其中一个判决区,如 I_6,消息点 m_6 在判决区中线上,而接收的观察矢量 $\boldsymbol{x}$(即 M 个可能的信号加噪声混合抽样值之一)的一对支路输出值的坐标点 $\boldsymbol{x}(x_1, x_2)$ 点,由于噪声干扰而偏离中线,但只要落入该判决区,则可正确接收,反之,若落在除它以外的范围,则将判为相邻的信号状态,就会发生错码。

由图 6-29,在 I_6 判决区时,观察矢量 $\boldsymbol{x}$ 的两个分量 x_1 与 x_2 分别为

$$x_1 = \sqrt{E}\cos(i-1)\frac{2\pi}{M}\bigg|_{\substack{i=1 \\ M=8}} + n_1 = \sqrt{E} + n_1 \tag{6-110}$$

$$x_2 = -\sqrt{E}\sin(i-1)\frac{2\pi}{M}\bigg|_{\substack{i=1 \\ M=8}} + n_2 = n_2 \tag{6-111}$$

这样,对于接收如图 6-26(b)与图 6-29 所示星座中表示码字为 111 的 8PSK 信号,解调结果就更为简单。只有同相支路式(6-110)输出含有信号成分,而正交支路只有窄带高斯噪声同

相分量,即 $x_2 = n_2$ 式(6 – 111)。解调观察矢量 $x(x_1, x_2)$ 是以二维高斯随机变量统计特征 $p(x_1, x_2)$ 表示解调的随机落点分布,其中 x_1 表示图 6-29 中始于原点的随机包络,可表示为 $x_1 = \sqrt{E} + n_1 = \rho_1$,它是信号与加性干扰高斯变量之和,且均值为 $\sqrt{E}$,方差为 σ_n^2;$x_2 = n_2$ 是和 x_1 正交的,同时,x_1 与 x_2 统计独立,即 $p(x_1, x_2) = p(x_1)p(x_2)$。

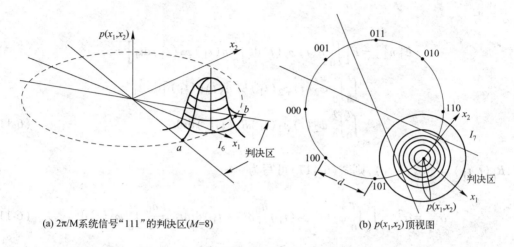

(a) 2π/M系统信号"111"的判决区(M=8)　　　　　(b) $p(x_1, x_2)$ 顶视图

图 6-29　系统 MPSK 信号星座图及判决区

其中,$p(x_1)$ 是观察矢量 x 的径向落点分布,$p(x_2)$ 则是与径向 x_1 正交(垂直方向)随机分布的。为便于理解,在图 6-29(a)画出了位于 I_6 判决区的 $p(x_1, x_2)$ 二维高斯分布。图 6-29(b)进一步表明了取决于加性噪声方差 σ_n^2 大小的 $p(x_1, x_2)$ 投射封闭曲线(本图画为同心圆形,是帽形高斯二维分布的顶视图)。当噪声较强时,$x(x_1, x_2)$ 随机落点轨迹的这种封闭曲线就可能会超出判决区 I_6 的扇面——落入相邻判决区 I_5 或 I_7,则产生符号差错,即可能由 111 错判为 110 或 101。

因此,正确接收概率是在 $p(x_1, x_2)$ 封闭曲线不超出 I_6 区的概率积分

$$P_c = \iint_{I_6} p(x_1, x_2) \, dx_1 dx_2 \tag{6-112}$$

则观察矢量 x 落向判决区一侧外方,错误概率为

$$P_{e_1} = \int_0^\infty \int_{d/2}^\infty p(x_1, x_2) \, dx_1 dx_2 = \tag{6-113}$$

$$\int_0^\infty p(x_1) \, dx_1 \int_{d/2}^\infty p(x_2) \, dx_2 =$$

$$\int_{d/2}^\infty p(x_2) \, dx_2 =$$

$$\int_{d/2}^\infty \frac{1}{\sqrt{2\pi}\,\sigma_n} \exp\left(-\frac{x_2^2}{2\sigma_n^2}\right) dx_2 = \frac{1}{\sqrt{\pi}} \int_{\frac{d}{2\sqrt{2}\sigma_n}}^\infty e^{-z^2} \, dz = \frac{1}{2}\mathrm{erfc}\left(\frac{d}{2\sqrt{2}\,\sigma_n}\right) \tag{6-114}$$

式中,d 是判决区两端点的距离(可称为欧几里得距离),图 6-29(a)所示 a 点与 b 点的距离为

$$d = 2\sqrt{E}\sin\frac{\pi}{M} = 2\sqrt{E}\sin\frac{\pi}{8} \tag{6-115}$$

然后再求式(6-114)中的方差 σ_n^2——它是接收观察矢量中噪声 n_2 的方差。由于 n_2 是在混合信号 $s_i(t) + n(t)$ 中通过提供相干载波基函数 $\varphi_2(t)$ 得到的,即

$$n_2 = \int_0^T n(t)\varphi_2(t)\,dt \tag{6-116}$$

则其方差为

$$
\begin{aligned}
E[n_2^2] &= E\Big[\int_0^T n(t)\varphi_2(t)\,dt \int_0^T n(t_1)\varphi_2(t_1)\,dt_1\Big] = \\
&\int_0^T\int_0^T \varphi_2(t)\varphi_2(t_1)E[n(t)n(t_1)]\,dt\,dt_1 = \\
&\int_0^T\int_0^T \varphi_2(t)\varphi_2(t_1)R_n(t,t_1)\,dt\,dt_1
\end{aligned} \tag{6-117}
$$

式中,$R_n(t,t_1) = \dfrac{n_0}{2}\delta(t - t_1)$,则式(6-117)可写为

$$\sigma_{n_2}^2 = \sigma_n^2 = \int_0^T\int_0^T \varphi_2(t)\varphi_2(t_1)\frac{n_0}{2}\delta(t - t_1)\,dt\,dt_1 = \frac{n_0}{2}\int_0^T \varphi_2^2(t)\,dt \tag{6-118}$$

式(6-118)利用了冲激函数抽样特性,使双重积分变为单积分,且由于

$$\int_0^T \varphi_2^2(t)\,dt = \int_0^T [\sqrt{2/T}\sin(\omega_0 t + \theta)]^2\,dt = 1$$

则
$$\sigma_{n_2}^2 = n_0/2 \tag{6-119}$$

将式(6-119)代入到式(6-114)中,可得

$$P_{e_1} = \frac{1}{2}\mathrm{erfc}[\sqrt{d^2/(4n_0)}] \tag{6-120}$$

再将式(6-115)代入式(6-120),可得

$$P_{e_1} = \frac{1}{2}\mathrm{erfc}\Big(\sqrt{E/n_0}\sin\frac{\pi}{M}\Big) \tag{6-121}$$

由于符号差错可能是观察矢量 x_j 向 I_j 区两边超出本判决区。因此,总符号差错率应为 $2P_{e_1}$,即

$$P_e = 2P_{e_1} = \mathrm{erfc}\Big(\sqrt{E/n_0}\sin\frac{\pi}{M}\Big) \tag{6-122}$$

最后说明的是,式(6-122)的结论适于 MPSK 系统,M 为大于 2 的任何值的情况。如 $M = 4$,即 QPSK 符号误差率为

$$P_{eQPSK} = \mathrm{erfc}\Big(\sqrt{E/n_0}\sin\frac{\pi}{4}\Big) = \mathrm{erfc}[\sqrt{E/(2n_0)}] \tag{6-123}$$

由于 $E = 2E_b$,且利用格雷码,每比特差错率是 4 元符号差错率的一半,则

$$P_{eQPSK} = \frac{1}{2}\mathrm{erfc}(\sqrt{E_b/n_0}) \tag{6-124}$$

3. QPSK 性能评价

（1）QPSK 与 2PSK 性能比较

在相同载波幅度和信道噪声谱 n_0 条件下，或 E_b/n_0 相等情况下，QPSK 每符对应 2 比特，两支路的码元能量都是单个 2PSK 的比特能量的 2 倍，即 $E = 2E_b$（同相与正交支路 $T = 2T_b$）：

- 若二者传输比特率相等，则 QPSK 只需 2PSK 的一半带宽，而误比特率与 2PSK "基本"相等。

- 若 QPSK 传送 2 倍于 2PSK 的比特率，则二者带宽相同，而 QPSK 误比特率也与 2PSK "基本"相等。

（2）机理分析

由式（6-124）和以上性能比较的结论，表明 QPSK 兼顾有效性与可靠性，是较 2PSK 更为优良的传输方式，得到了更为广泛的应用。

尚需指明，从机理上分析，上述结论有一定近似性：由图 6-19（c）和图 6-28（b）所示二者星座图，2PSK 相关系数 $\rho = -1$，而 QPSK 相邻星点 $\rho = 0$，或者前者二星点距离平方是后者相邻星点距离平方的 2 倍。而上述分析是将 QPSK 视作完全独立的两个 2PSK，显然并不严格。

[例 6-3] 兹有 4.8 kbit/s 速率的二元数字序列，欲由 300～3400 Hz 电话信道传输。试采用数字调制，然后再分别利用理想 SSB、VSB 和 DSB 信号的传输方案。

解：这是一个包括基带信号形成、数字频带调制的综合性题目，在电话信道的数据传输，一般利用 600～3000 Hz 这部分频响较平坦的频段。

（1）利用相移法 SSB。$R_b = 4.8$ kbit/s，其理想低通限带为 $B_N = \dfrac{R_b}{2} = 2.4$ kHz，可采用 ASK，PSK，提供载频 $f_0 = 3$ kHz，取下边带 SSB，带宽为 600～3000 Hz。

（2）为了寻求一个可实现的 4800 bit/s 数字信号在电话信道中的传输系统，必须利用多元调制方式。试利用 QPSK，是由互为正交的两个支路的合成结果，两支路各提供 2400 Bd 四元数字基带信号。奈氏带宽降为 $B_N = 1200$ Hz，可以使用滚降形成滤波器，其滚降系数设为 $\alpha = 0.5$。因此，信号频率范围为 0～1800 Hz，然后利用载频 $f_0 = 2400$ Hz 进行变频将信号频谱搬至 f_0 位置，其上边带 2400～4200 Hz，下边带为 600～2400 Hz，为了充分利用 600～3000 Hz 的信道带宽，并采用可实现边带滤波器，因此采用 $\alpha = \dfrac{1}{3}$ 的 VSB 滤波器，形成发送信号波形。整个系统如图 6-30 所示。

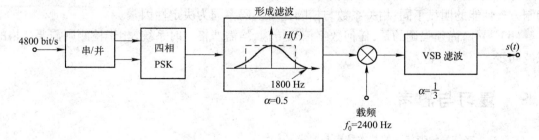

图 6-30 例 6-3 图

（3）CCITT（现 ITU-T）V. 27 建议，4800 bit/s modem，采用八相差分调制，首先把二元差分码数字信号转换成八进制，在"2/8"进制串/并变换后（即按式（6-107）和表 6-3，求出同相与正交支路基带调制波形 S_{i1} 与 S_{i2}（$i = 1, 2, \cdots, 8$）的值，于是比特流转换为 $M = 8$ 的多元信号波特流速率为 $\frac{4800}{3} = 1600 \text{ Bd}$。）奈氏带宽 $B_N = \frac{4800}{3} \times \frac{1}{2} = 800 \text{ Hz}$，选用滚降系数 $\alpha = 0.5$ 的实际可行的形成滤波器，通过变频，可以得到 $600 \sim 3000 \text{ Hz}$ 范围内载频为 1800 Hz 的 8DPSK 已调信号，在信道中的已调波为 DSB 信号。

6.8　本章小结

本章以匹配信道特性而达到有效、可靠传输为目标，从二元调制的基本原理开始，深入到各种类型的多元调制方式（包括第 9 章），体现了系统优化思路和技术发展进程。

本章的基本思路和重点旨在阐明设计各种传输系统实际上应着重考虑的几个方面的理论与技术问题。

（1）发送信号设计——力争达到表示源码符号的已调波（函数）之间不相关性——正交或超正交，即遵循

$$-1 \leqslant \rho_{ij} \leqslant 0 \qquad i \neq j \quad i, j = 1, 2, \cdots, M$$

如：全部二元调制的传号与空号正交，4 元调制（$M = 4$）4FSK 和 QPSK，各符号已调波间也正交，而 $M > 4$ 时，MFSK，MMSK 也都如此。

（2）多元调相 MPSK，通过基带编码比特流的"电平转换逻辑"分别控制同一载频互为正交的载波，使同相与正交两个已调载波"正交复用"，是达到提高信道带宽利用率的有力措施。如：8PSK 的 8 个已调波之间虽不能正交，但它利用了这种正交复用方式。如图 6-27 所示。

（3）关于传输信道，仍只考虑加性白噪声（AWGN）干扰，噪声功率以信道传输带宽 B，按理想带通计算为 $N = n_0 B$。另外，在频带传输系统中，仍然不能忽略符号间干扰。而本章均按已调波为矩形包络，限带信道传输后实际上会有 ISI，影响到相干检测的准确性，因此实际波形仍然需按第 5 章 Nyquist 准则予以考究。

（4）解调分为两大类，本章主要采用相干或非相干检测，另一类是第 8 章将介绍的最佳接收方式。对于相干检测需提供相干载波，乘法器之后提供 LPF。

（5）本章全部调制方式的接收误差概率 P_e 似乎均取决于输入信噪比，但应注意到在误码率计算公式中，信噪比 γ 前却各具有不同的系数，于是就有式（6-76）、式（6-77）表示出的三种调制方式性能的明显不同：相关系数与信噪比对误码率同为决定性因素。

（6）另外，尚须强调的是，任何数字信号传输，均需严格定时系统，相干检测则需要严格的载波同步。

6.9　复习与思考

1. 简述数字信号频带传输的基本特点与要求。
2. 在数字频带系统中，相关系数的作用有何体现？
3. 恒包络信号的优点是什么？哪些信号方式具有近似恒包络特点？它们在限带信道中传输，是否能真

正保持恒包络？为什么？

4. 几种应用最普遍的多元调制技术，其基带调制信号序列先进行串、并转换意味着什么？并行序列码元间隔是多少？

5. 多元调制何以提高信道带宽利用率？哪些调制方式应用了信道正交复用？再回顾相移法 SSB，以及 VSB，与多元调制有何异同之处？

6. 相干接收提供的相干载波，试考虑如何操作，可举例说明。若接收端对 PSK 信号经平方（全波整流）再分频而产生相干载波，相位能否担保与接收同相？对检测有何影响？

7. 试述信号空间与星座图概念，从中能否得到各种调制系统的全部信息？

8. 各种误差概率的公式中，均含有信噪比或信号能量与噪声功率谱之比，它是否是决定误差概率的唯一因素，为什么？

9. DPSK 有哪些优点？它与 PSK 相比，抗噪声能力或误差概率是否相同？

10. ASK、FSK、PSK 三种二元调制系统，在相同误比特率时，为什么付出的信号功率代价是 $S_{ASK}:S_{FSK}:S_{PSK}=4:2:1$ 关系？什么因素所致？

6.10　习题

6-1　在 ASK 信号相干检测时，假定发送"1"信号的概率是 p，发送"0"信号的概率是 $1-p$。

（1）试求误码率的公式。

（2）在本题的条件下，利用计算误码率的概率分布曲线，表明当 $p>\dfrac{1}{2}$ 时，最佳阈值电压是大于还是小于 $\dfrac{A}{2}$。

6-2　已知待传送二元序列为 $\{a_k\}=1011010011$，试画出 ASK 波形。

（1）设载频 $f_0=R_b=\dfrac{1}{T_b}$。

（2）设 $f_0=1.5R_b$。

6-3　画出传送二元序列 $\{a_k\}=10011010011$ 的 FSK 波形，且设 $f_1=\dfrac{2}{T}=2R_b$，并有下列 3 种情况确定各自的 f_2。

（1）不连续相位 FSK。

（2）CPFSK。

6-4　如果误码率 P_e 不超过 10^{-4}，试求：

（1）在频移键控相干接收时要求信噪比是多少？

（2）以 128 量化级的 PCM 传送 4 kHz 话音信号，问在该情况下平均每秒产生的误比特数是多少？

6-5　在 FSK 信号中，发送端的电压幅度是 2 V，信道衰减是 105 dB，$\sigma_n^2=4.0\times10^{-12}$ W，试求：

（1）在 FSK 相干接收和非相干接收时的误码率，并比较何者大？

（2）在 FSK 相干接收时，从 $P_e=\dfrac{1}{2}\mathrm{erfc}\left(\sqrt{\dfrac{\gamma}{2}}\right)$ 和信噪比很大时的近似式，分别求出误码率 P_e，并加以比较（参见附录 A）。

6-6　画出传送二元序列 $\{a_k\}=1011010011$ 的 PSK 波形，设 $f_0=R_b=\dfrac{1}{T_b}$。

（1）绝对 PSK，载波起始相位为 0。

（2）绝对 PSK，载波起始相位为 $\dfrac{\pi}{2}$。

（3）DPSK，载波起始相位为 0。

6-7　已知数字基带信号为 0 码时，发出数字频带信号的幅度为 8 V，信道衰减假定为 50 dB，接收端输入

噪声功率设为 $N_i = 10^{-4}$ W。试求：

（1）相干 ASK 的误码率 P_{eASK}。

（2）相干 PSK 的误码率 P_{ePSK}。

6-8 已知发送载波幅度为 $A = 10$ V，在 4 kHz 带宽的电话信道中分别利用 ASK、FSK 及 PSK 系统进行传输，信道衰减为 1 dB/km，$n_0 = 10^{-8}$ W/Hz，若采用相干解调，试求解以下问题。

（1）P_{eASK}、P_{eFSK} 及 P_{ePSK} 都确保在 10^{-5} 时，各种传输方式传送多少公里？

（2）若 ASK 所用载波幅度 $A_{ASK} = 20$ V，并分别是 FSK 和 PSK 的 $\sqrt{2}$ 倍和 2 倍，重做（1）。

（3）若信号幅度均相同，即 $A = 10$ V，而信道噪声谱 n_0 的关系为 $n_{0PSK} = 2n_{0FSK} = 4n_{0ASK} = 10^{-8}$ W/Hz，试比较 3 种误码率的关系。

6-9 用题 6-7 的条件，求出在 ASK 相干接收和信噪比很大时，并处于最佳阈值条件下的误码率。所得结果和信噪比很大时的误码率相比较，并和题 6-7 中 FSK 相干接收信噪比很大时的误码率相比较。

6-10 在相对相移键控中，假定传输的差分码是 01111001000110101011，试求出下列两种情况下原来的数字信号。

（1）题设差分码为传号差分码（$b_k = a_k \oplus b_{k-1}$）；

（2）题设差分码为空号差分码（$b_k = \overline{a_k \oplus b_{k-1}}$）。

6-11 以题 6-11 图（a）所示的 $g(t)$ 波形代表的二元码序列 $\{a_k\}$，利用题 6-11 图（b）所示的系统进行频带传输。

（1）试画出题 6-11 图（b）中指出的各点信号波形，设 $f_0 = R_b$。

（2）画出题 6-11 图中 4、5 两点的信号相位函数图。

（3）指出接收判决规则。

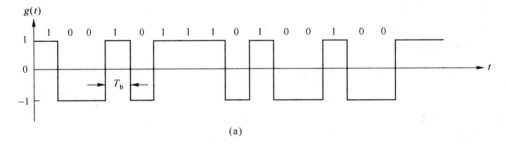

(a)

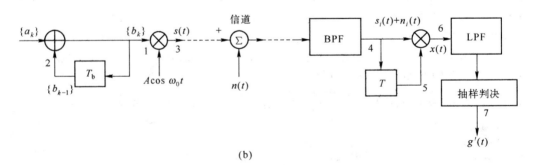

(b)

题 6-11 图

6-12 设数字调相信号波形如题 6-12 图所示。

（1）若看做绝对 PSK，试写出所传送的二元消息序列。

（2）若看做 DPSK，试写出原发送的二元消息序列。

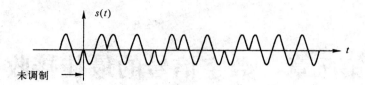

题 6-12 图

6-13　利用 DPSK 系统传送二元序列 $\{a_k\} = 1011010011$。（拟采用传号差分码）

（1）若起始参考位为 1，画出 DPSK 信号波形。

（2）若起始参考位改为 0，DPSK 波形是否有影响？写出这时的差分码序列。

（3）假定信道无噪声干扰，而本地载波有 180° 相移，问能否正确恢复原信号？

6-14　已知数字信号 $\{a_n\} = 1011010$，分别以下列两种情况画出二相 PSK，DPSK 及相对码 $\{b_n\}$ 的波形（假定起始参考码元为 1）。

（1）码元速率为 1200 bit/s，载波频率为 1200 Hz；

（2）码元速率为 1200 bit/s，载波频率为 1800 Hz。

6-15　一相位不连续的二进制 FSK 系统，为了节约频带并提高系统的抗干扰能力，采用相干检测，设码元速率为 1200 bit/s，试求发送频率 f_1 和 f_2 之间的最小间隔及系统的带宽。

6-16　设入进制 FSK 系统的频率配置使得功率谱主瓣恰好不重叠，求传码率为 200 bit/s 时系统的传输带宽及信息速率。

第7章　数字信号的最佳接收

　　本章是从提高接收机性能的角度,分析如何在同样信道噪声的条件下,使得正确接收信号的概率最大,而错误接收信号的概率减到最小,这就是最佳接收问题。

　　因此,所谓最佳接收原理就是,在随机噪声存在的条件下,使接收机最佳地完成接收和判决信号的一般性理论:将概率论和数理统计知识应用于信号接收,从而研究最佳接收机的数学模型,找出正确接收和判决信号在理论上的最佳性能,并对现有各种通信系统的抗干扰性能做出评价,提出进一步改善的方向。

> **知识点**
> - 最佳接收准则的基本概念;
> - 匹配滤波器构成特征及重要参量;
> - 相关接收及其与匹配滤波器接收的等效性;
> - 理想接收及其与相关接收的等效性;
> - 最佳接收系统的性能分析。

> **要求**
> - 熟悉掌握匹配滤波器的设计、参数及例题;
> - 掌握相关接收数学模型及通用误码率计算公式;
> - 通过典型例题熟悉匹配滤波器如何实现随机相位信号接收;
> - 了解理想接收思路与相关接收的等效性原理。

7.1　最佳接收准则

　　任何一种接收设备的基本任务,都是要从接收到遭受各种干扰和噪声损伤的信号中,将原来发送的信号和其源信息无失真地恢复出来。但是在数字通信系统中,由于所传送的信号是数字化波形,接收机的任务就是要正确地检测和判决数字信号,使得发生判决错误(如二元信号1被判为0,或者信号0被判为1)的可能性最小。

　　数字通信系统也和信号检测系统一样,接收机要想从噪声环境中将信号正确地提取出来,就必须提高接收机本身的抗干扰性能。按照最佳接收准则来设计的最佳接收机就具有这样的性能。

　　下面首先简单介绍数字通信系统常用的几个最佳接收的基本准则。

7.1.1　最大输出信噪比准则

　　因为在数字通信系统中,传输的是数字信号,因此人们所关心的并不是接收机输出的信号波形与原来的信号波形相比较有没有失真,或者是想知道失真有多大,而是希望从噪声影响中正确地接收和识别发送信号所表示的信息状态,并将它们恢复成原来的信号编码。例如,在二元调制通信系统中,接收机只要正确地判决出信号 1 和 0 来,再将它们再生成矩形的不归零脉冲波形,就可以得到原来信号的复制品,因此它就相当于信号检测系统中的"双择一"问题;而在多元调制系统中对多元数字信号的识别,就相当于信号检测系统中的"M 择一"问题。

显然,对于这类信号检测或识别系统,只要增加信号功率相对于噪声功率的比值,就有利于在背景噪声中将信号提取出来。现拟在同样输入信噪比的情况下,能够设计一个更大输出信噪比的接收机,总是要比一般接收机抗干扰性能强,并且希望输出信噪比越大越好,这就是最大输出信噪比准则。

下面将证明,将接收机设计为匹配滤波器,就可以在抽样判决时刻使输出信号的瞬时功率对噪声平均功率之比达到最大,并由此组成在最大输出信噪比准则下的最佳接收机。

7.1.2 最小均方误差准则

它与信号检测系统内的最小均方误差准则相似,而这里将信号误差定义为

$$e(t) = x(t) - s(t) \tag{7-1}$$

式中,$x(t)$ 为所接收到的信号和噪声的混合波形,注意它已不能单独分成 $s(t)$ 和 $n(t)$ 两部分;$s(t)$ 为接收机内提供的信号样品,原则上它应与发送的信号波形相同。

根据式(7-1)可求出均方误差为

$$\overline{e^2(t)} = \overline{[x(t) - s(t)]^2} = R_x(0) - 2R_{xs}(0) + R_s(0) \tag{7-2}$$

式中,$R_x(0)$ 和 $R_s(0)$ 分别为 $x(t)$ 和 $s(t)$ 的平均功率;$R_{xs}(0)$ 为 $x(t)$ 和 $s(t)$ 的互相关函数最大值,亦即接收的混合波形与原发送信号相近的程度。

由此可见,互相关函数 $R_{xs}(0)$ 越大,信号均方误差就越小。根据最小均方误差准则建立起来的最佳接收机可提供最大的互相关函数,因此将它们称为相关接收机。

由于通信系统主要考虑高斯白噪声的加性干扰,即混合波形 $x(t)$ 是发送信号 $s(t)$ 与白噪声 $n(t)$ 相加的结果。所接收到的混合波形 $x(t)$ 与信号样本 $s(t)$ 越相像,则互相关函数也就越大,说明噪声干扰越小,因此误码的概率就越小。假定在理想的无噪声信道中传输,则由于 $x(t) \approx s(t)$,因此信号误差就等于零。这时相关运算就变为自相关运算,即 $R_{xs}(0) \approx R_s(0)$。

7.1.3 最大后验概率或最大似然接收准则

最大后验概率准则是指在接收到混合波形 $x(t)$ 后,判断出发送信号 $s(t)$ 的条件概率密度 $p(s|x)$ 最大。由于它是在收到 $x(t)$ 后才具备的,故称为后验概率(或后验概率密度)。另一方面,由信道转移特性提供的似然概率 $p(x|s_i)$,以最大似然准则和后验概率择大判决准则构成了理想接收机的理论模型。

下面将分别对这三个最佳接收准则进行讨论,并建立起相应的最佳接收机模型。

7.2　利用匹配滤波器的最佳接收

7.2.1　匹配滤波器的设计

为了实现接收输出最大信噪比这一目标,匹配滤波器(matching filter)设计的基本条件为:

(1) 接收端事先明确知道,发送信号分别以何种形状的波形,表示发送的 1,0 码符号或多元符号;

(2) 接收端针对各符号波形,提供与其相适配的接收电路,并且各唯一对应适配一种传输的信号波形,能使输出信噪比达到最大值,判决风险最小;

(3) 对于经带通信道传输后的未知相位的已调波,应有利于正确匹配接收。

1. 匹配滤波器传递特性设计

假设接收速率为 $R_b = 1/T_b$ 的一定形状二元信号,在接收机输入端的混合波形为信号与加性高斯噪声,即

$$x(t) = s(t) + n(t)$$

其中,高斯白噪声 $n(t)$ 均值为 0,功率谱密度为 $n_0/2$(W/Hz),设匹配滤波器传输特性的傅里叶变换对为

$$h_M(t) \leftrightarrow H_M(f) \tag{7-3}$$

这里,$h_M(t)$ 与 $H_M(f)$ 分别为匹配滤波器的冲激响应和传递函数,它对混合信号的响应为

$$y(t) = x(t) * h_M(t) = s_o(t) + n_o(t) \tag{7-4}$$

输入信号的傅里叶变换对为 $s(t) \leftrightarrow s(f)$

输出信号 $s_o(t)$ 的频谱为

$$s_o(f) = s(f)H_M(f) \tag{7-5}$$

其反演表示式为

$$s_o(t) = \int_{-\infty}^{\infty} H_M(f)s(f)\mathrm{e}^{\mathrm{j}\omega t}\mathrm{d}f \tag{7-6}$$

若在接收码元的转换时刻进行定时抽样,此抽样时刻权且设为 $t = t_0$,于是输出信号的瞬时功率为

$$s_o^2(t_0) = \left| \int_{-\infty}^{\infty} H_M(f)s(f)\mathrm{e}^{\mathrm{j}\omega t_0}\mathrm{d}f \right|^2 \tag{7-7}$$

输出噪声功率 N_o 等于 $n_o(t)$ 的统计均方值,利用帕氏定理,它可以由输出噪声功率谱的积分计算出来,即

$$N_o = E[n_0^2(t)] = \int_{-\infty}^{\infty} \frac{n_0}{2}|H_M(f)|^2\mathrm{d}f \tag{7-8}$$

式中,$|H_M(f)|^2$——匹配滤波器功率传递函数。

由式(7-7)与式(7-8)可以计算出 $t = t_0$ 时刻的输出信噪比为

$$\gamma_o = \frac{s_o^2(t_0)}{N_o} = \frac{\left| \int_{-\infty}^{\infty} H_M(f) s(f) e^{j\omega t_0} df \right|^2}{\dfrac{n_0}{2} \int_{-\infty}^{\infty} |H_M(f)|^2 df} \tag{7-9}$$

按照设计目标,需使式(7-9)输出信噪比 γ_o 能达到最大值,即 $\gamma_o = \gamma_{o,max}$。由式(7-7)来看,对已经确定的传输信号 $s(t)$,解决 $\gamma_o = \gamma_{o,max}$ 的唯一条件是精心设计匹配滤波器的传输特性 $H_M(f)$。

为此,需利用数学关系式——许瓦兹(Schwartz)不等式。该不等式的含义是:两函数内积的平方不大于该两函数分别平方积分后的乘积。

可设两个频率函数 $X(f)$ 与 $Y(f)$,则许瓦兹不等式表示为

$$\left| \int_{-\infty}^{\infty} X(f) Y(f) df \right|^2 \leqslant \int_{-\infty}^{\infty} |X(f)|^2 df \int_{-\infty}^{\infty} |Y(f)|^2 df \tag{7-10}$$

式(7-10)中,等式成立的条件为 $X(f)$ 与 $Y(f)$ 互为共轭函数,即 $X(f) = Y^*(f)$。

对照式(7-10)的不等式左边部分与式(7-9)分子式,结构形式完全相同,应有如下共轭等式关系

$$H_M(f) = [s(f) e^{j\omega t_0}]^* = s^*(f) e^{-j\omega t_0} \tag{7-11}$$

它的冲激响应为

$$h_M(t) = F^{-1}[H_M(f)] = s(t_0 - t) \tag{7-12}$$

这一结果表明,满足匹配滤波设计要求的冲激响应,应等于传输接收信号 $s(t)$ 的折叠(即其镜像)并延时 t_0 的函数波形。

现将式(7-11)代入式(7-9)可得

$$\gamma_o = \frac{s_o^2(t_0)}{N_o} = \frac{\int_{-\infty}^{\infty} |s(f)|^2 df \int_{-\infty}^{\infty} |s^*(f)|^2 df}{\dfrac{n_0}{2} \int_{-\infty}^{\infty} |s^*(f)|^2 df} = \frac{2}{n_0} \int_{-\infty}^{\infty} |s(f)|^2 df = 2E_s / n_0 \tag{7-13}$$

因此,匹配滤波器在 t_0 时刻的输出最大信噪比为

$$\gamma_{o,max} = 2E_s / n_0 \tag{7-14}$$

式中,E_s——输入信号 $s(t)$ 能量,$n_0/2$ 是 AWGN 噪声双边功率谱(W/Hz)。

2. 确定延迟量 t_0

通过上面分析设计,已经明确,能够满足最大输出信噪比的匹配滤波器特性完全决定于接收信号波形。但其中却包含一个严格的附加条件,即式(7-9)与式(7-12)中的 t_0 值。从冲激响应 $h_M(t)$ 来看,必须满足因果条件,当 $t < 0$ 或 $t = 0_-$,应当有 $h_M(t)|_{t<0} = 0$。也就是说,可实现因果关系的系统条件是 $h_M(t)$ 波形全部在正时域,即

$$h_M(t) = h_M(t) u(t) = s(t_0 - t) \tag{7-15}$$

由于 $s(t)$ 信号持续时间为 T(二元时为 T_b),若在 $t = 0$ 时刻开始进入接收机输入端,则延

迟量 $t_0 = T$ 就可满足式(7-15)的因果条件。通常,可将匹配滤波器的冲激响应描绘为:不论信号 $s(t)$ 在何时输入,将输入信号波形折叠后的 $s(-t)$,再位移 t_0 后,则得 $h_M(t) = s(t_0 - t)$,$0 \leqslant t \leqslant T$。也就是说,$h_M(t)$ 总是在 $0 \leqslant t \leqslant T$ 时间位置。显然 t_0 就是输入信号 $s(t)$ 最右时间坐标值。从原理来说,t_0 大于 $s(t)$ 最右时间坐标,$h_H(f)$ 依然可实现,但这样就额外增加了接收信号的延时,这是不允许的。

7.2.2 匹配滤波器输出信号分析

信号 $s(t)$ 经过冲激响应为 $h_M(t) = s(t_0 - t)$ 的系统,响应为如下卷积运算结果,即

$$s_o(t) = s(t) * h_M(t) = s(t) * s(t_0 - t) = \int_{-\infty}^{\infty} s(t - \tau) s(t_0 - \tau) \mathrm{d}\tau$$

$$(7\text{-}16)$$

利用第 2 章式(2-22)卷积与相关的折叠关系,上式可等效地表示为相关运算形式,则

$$s_o(t) = s(t) \star h_M(-t) = s(t) \star s(t_0 + t) = \int_{-\infty}^{\infty} s(\tau + t) s(t_0 + \tau) \mathrm{d}\tau = R_s(t - t_0) \quad (7\text{-}17)$$

式中,$\star$ 表示相关运算。这一结果表明,匹配滤波器的输出信号是输入信号的自相关函数延时 t_0 的结果,在 $t = t_0$ 输出抽样值为

$$s_o(t_0) = R_s(t - t_0) \big|_{t = t_0} = R_s(0) = E_s \qquad (7\text{-}18)$$

在 t_0 时刻输出信号值,等于输入信号自相关函数最大值,即信号能量 E_s。

由式(7-16)与式(7-17)的等效表示与式(7-18)的结果,可以进一步得到启发:

(1) 匹配滤波器输出信号,是输入信号进行自相关运算的结果。

(2) 自相关函数的最大值等于信号能量($R_s(0) = E_s$),而这个时刻是 $t = t_0$;要取得最大输出信噪比 $\gamma_{o,\max}$,当然应在输出信号最大值时 $s_o(t_0) = E_s$ 进行抽样判决。

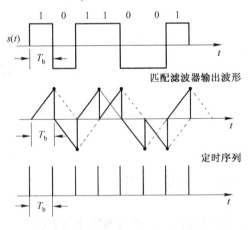

图 7-1　匹配滤波器输出波形

(3) 任何一个码元从 $t = kT$ 时刻开始进入,则判决时刻为 $(k+1)T$——即为输入信号波形 $s(t)$ 的最右坐标值等于 t_0,这是既直观又非常重要的关于确定 t_0 值的结论。

图 7-1 示出了接收信号为(1011001…)的双极性不归 0 方波序列的匹配滤波器输出波形。这里由一个匹配滤波器即可胜任接收,定时抽样样本可据其极性进行判决。所谓 t_0,是每接收一个脉冲信号的结束时刻。

7.2.3 匹配滤波器的实现

1. 接收模型

具体实现符合上面分析条件的匹配滤波器,要根据系统规定的传输信号波形而定。如二元或 M 元信号的各不同波形,则需提供相应的 2 个或 M 个匹配滤波器(图 7-2);若为双极性形状相同的基带信号,只需一个滤波器,其输出波形如图 7-1 所示。图 7-2 中 MF 表示匹配滤波器,在 MF 之后的检波器(LED)是为匹配接收频带调制信号配备的(见 7.3 节)。

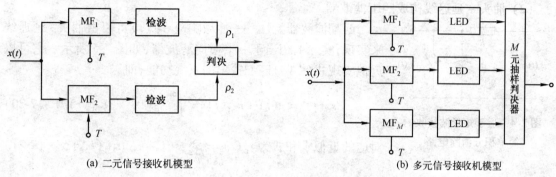

(a) 二元信号接收机模型　　　　　　　　　　(b) 多元信号接收机模型

图 7-2　匹配滤波器接收机模型

需要说明的是,在图 7-2 中各匹配滤波器 MF 中的积分器均引入一个"端子",它的作用是"清零"。由式(7-18),当 $t = t_0$ 时,正是输入码元结束时刻积分器得到最大输出信号值(能量),此时抽样判决后,匹配滤波器积分器上的能量 E_s 要自行缓慢释放殆尽,但是输入信号以 T 为间隔的码元序列中下一个码元又尚待匹配接收。因此,在 $t = t_0$ 时刻一旦抽样,就必须立即将残存于积分器中的能量瞬时释放干净。此时由接收定时提供同步接地端子负责这一程序,据此称带有清零端的积分器为"积分 – 清除"(integrate-dump)单元。

2. 匹配滤波器的实现举例

（1）接收方波的匹配滤波器

适于接收方波的匹配滤波器特性,可由图 7-3 所示理想数学模型实现。当方波信号 $s(t)$ 到达时与该系统冲激响应 $h_M(t)$ 卷积运算,输出波形 $s_o(t)$ 如图 7-1 中的直角三角形,角顶值等于 $s_o(t_0)$。此电路获取冲激响应的数学过程如下。

$$h_M(t) = \int_0^\infty \left[\delta(t) - \delta(t - T_b) \right] \mathrm{d}t = u(t) - u(t - T_b) = \mathrm{rect}\left(\frac{t - T_b/2}{T_b} \right) = \mathrm{rect}\left(\frac{t}{T_b} - \frac{1}{2} \right)$$

$$(7\text{-}19)$$

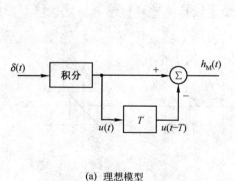

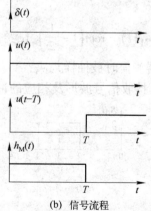

(a) 理想模型　　　　　　　　　　(b) 信号流程

图 7-3　矩形脉冲信号的匹配滤波器模型

其实,上述理想模型,可以由带有清除开关的简单积分电路近似代替。如图 7-4 所示。它用于匹配接收时宽为 T 的方波基本条件是,其时间常数 $RC \gg T$,这样,输出 $s_o(t)$ 线性度好,在 $t = t_0$ 时可得最大值。

（2）抽头－延迟线构成匹配滤波器

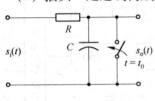

图 7-4　适于矩形波接收的
简单积分清除电路

匹配滤波器特性——冲激响应 $h_M(t)$ 可以由抽头－延迟线来实现，实际上相当于一个横向滤波器，如图 7-5 所示。它可以近似实现式（7-16）匹配输出的系统功能，即

$$s_o(t) = s(t) * h_M(t) = \int_{-\infty}^{\infty} s(t-\tau) h_M(\tau) d\tau \quad (7\text{-}20)$$

对应的近似求和式为 $s_o(t) = \sum_{k=0}^{t/\Delta} s(t-k\Delta) h_M(k\Delta)\Delta$。 （7-21）

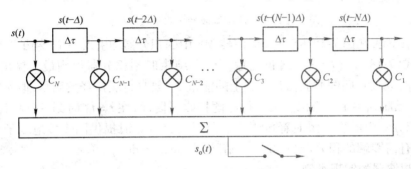

图 7-5　抽头－延迟线构成匹配滤波器

在图 7-5 中，每个移存器延迟一个 $\Delta\tau$，每个抽头系数为 $C_k = h_M(k\Delta)\Delta$。由于 $h_M(t) = s(t_0 - t)$，因此抽头系数也可表示为 $C_k = s(t_0 - k\Delta)\Delta$。其中，由于输入信号 $s(t)$ 与 t_0 均为已知，只要细致地调节，配备好各抽头系数，就可达到较好的匹配条件。

[**例 7-1**]　匹配滤波器接收信号如图 7-6 所示，分别为：$s_1(t) = 2\text{rect}\left(\dfrac{t-3}{2}\right)$,

$$s_2(t) = (2t-1)\text{rect}(t-1), \quad s_3(t) = (2t+1)\text{rect}(t)$$

（1）分别画出 3 个信号的时域波形及其适用的匹配滤波器冲激响应波形，并给出 $h_M(t)$ 表示式

（2）设 $h_M(t) = \text{rect}\left(t - \dfrac{1}{2}\right)$，试给出它适于接收信号 $s(t)$ 的表示式。该 $s(t)$ 何时开始进入匹配滤波器？何时被抽样判决？

解：（1）接收信号波形及相应的冲激响应如图 7-6 所示

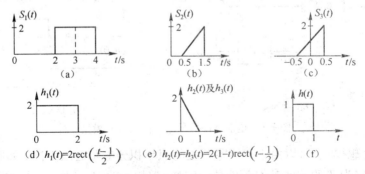

图 7-6　匹配滤波器接收信号及其相应冲激响应

$h(t)$ 只决定于其匹配接收信号 $s(t)$ 的镜像,时间位置总是在 $(0,T)$ 时段,T 为接收信号底宽,因此 $s_2(t)$ 与 $s_3(t)$ 的 $h(t)$ 均为图 7-6 中(e)。

(2) $h(t) = \text{rect}\left(t - \dfrac{1}{2}\right)$ 如图 7-6(f)所示,它适于匹配接收的信号为 $T = 1\text{s}$ 的任意时间到达的方波,表示为 $s(t) = \text{rect}(t - t_x)$,这里 t_x 是接收信号的中心位置坐标。因此从 $(t_x - T/2)$ 时信号开始进入匹配器,而接收信号最右坐标值,即结束到 $t_0 = t_x + T/2$ 抽样判决。

7.3　带通数字信号的最佳接收

7.3.1　未知相位载波信号的最佳接收

一般数字通信系统,发送端以何种波形表示载荷信息的信号,接收端也对应"知道"这些发送端所规定好的规则。但是由于信道噪声的干扰和信道时延的抖动,就数字载波传输而言,若在接收端进行相干检测,至少对于接收输入混合波形的随机相位无法知道,特别是多径衰落及多种可能失真的无线信道的接收波形。在此种使信号性能降级情况下,更适于由匹配滤波器(不考虑接收信号相位)实行"非相干"接收。但需明确的是,数字调相 PSK 系列由于不能利用非相干接收,因此实际上不适于匹配滤波器接收方式。现列举 2ASK 信号匹配滤波器接收过程。

设发送 ASK 传号为

$$s(t) = A_0 \text{rect}\left(\dfrac{t}{T_b} - \dfrac{1}{2}\right)\cos \omega_0 t =$$
$$A_0 \cos \omega_0 t, \quad 0 \leqslant t \leqslant T_b \tag{7-22}$$

传输到接收端,若不考虑传输时延输入混合波形为

$$x(t) = s_i(t) + n_i(t) = A_0 \cos(\omega_0 t + \theta) + n_i(t) =$$
$$A_0(\cos\theta\cos\omega_0 t - \sin\theta\sin\omega_0 t) + n_i(t), \quad 0 \leqslant t \leqslant T_b \tag{7-23}$$

式中,θ 为接收信号相位,一般对接收者是未知的;$n_i(t)$ 为窄带高斯噪声。

为了正确检测出原信号,除了第 6 章介绍的相干、非相干方式外,尚可采用以下三种"最佳"接收方式。

1. 利用一对相关器构成的正交接收机

按照图 7-7 示出的接收机模型,只就接收信号 $s_i(t)$ 的运算过程,很易得到输出结果。

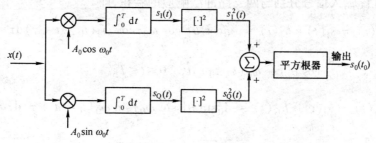

图 7-7　利用相关器的正交型接收机模型

将式(7-23)中接收信号 $s_i(t) = A_0\cos\theta\cos\omega_0 t - A_0\sin\theta\sin\omega_0 t$ 加到接收机两个支路,两相关器输出分别为:

- 同相分量

$$s_I(t) = A_0\int_0^{T_b} s_i(t)\cos\omega_0 t\mathrm{d}t \approx A_0^2\cos\theta\int_0^{T_b}\cos^2\omega_0 t\mathrm{d}t \approx \tag{7-24}$$

$$\frac{A_0^2}{2}T_b\cos\theta + \frac{A^2}{4\omega_0}\sin 2\omega_0 t \approx \frac{A_0^2}{2}T_b\cos\theta \tag{7-25}$$

- 正交分量

$$s_Q(t) = A_0\int_0^{T_b} s_i(t)\sin\omega_0 t \approx A_0^2\sin\theta\int_0^{T_b}\sin^2\omega_0 t\mathrm{d}t \approx \tag{7-26}$$

$$\frac{A_0^2}{2}T_b\sin\theta \tag{7-27}$$

可得到合成的输出信号,其抽样判决值为

$$s_0(t_0) = s_0(T_b) = \left[\left(\frac{A_0^2}{2}T_b\right)^2(\cos^2\theta + \sin^2\theta)\right]^{\frac{1}{2}} = \frac{A_0^2}{2}T_b = E_b \tag{7-28}$$

2. 利用一对匹配滤波器构成的正交接收机

如图 7-8 所示的两个匹配支路,分别匹配式(7-23)中 $s_i(t)$ 的两个互为正交的载波,运行过程与图 7-7 相类似。

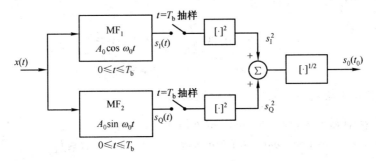

图 7-8　利用匹配滤波器正交接收框图

两支路中的匹配器冲激响应分别为

$$\begin{cases} h_I(t) = A_0\cos\omega_0(t_0 - t) = A_0\cos\omega_0 t \\ h_Q(t) = A_0\sin\omega_0(t_0 - t) = A_0\sin\omega_0 t \end{cases} \quad 0\leqslant t\leqslant T_b \tag{7-29}$$

则两支路匹配输入信号分别与两支路冲激响应的卷积,即

$$s_I(t) = s_i(t) * h_I(t) \approx A_0^2\cos\theta\int_0^t\cos\omega_0\tau\cos\omega_0(t_0 - t + \tau)\mathrm{d}\tau \approx$$

$$\frac{A_0^2}{2}\cos\theta[\cos\omega_0(t - t_0)]t, \quad 0\leqslant t\leqslant T_b \tag{7-30}$$

$$s_Q(t) = s_i(t) * h_Q(t) \approx A_0^2\sin\theta\int_0^t\sin\omega_0\tau\sin\omega_0(t_0 - t + \tau)\mathrm{d}\tau \approx$$

$$\frac{A_0^2}{2}\sin\theta[\cos\omega_0(t - t_0)]t, \quad 0\leqslant t\leqslant T_b \tag{7-31}$$

在 $t = t_0 = T_b$ 时刻抽样值分别为

$$
\begin{cases}
s_I = s_I(t_0) = \dfrac{A_0^2}{2} T_b \cos\theta \\[3mm]
s_Q = s_Q(t_0) = \dfrac{A_0^2}{2} T_b \sin\theta
\end{cases}
\tag{7-32}
$$

则由图 7-8,其最后输出为

$$
s_0(t_0) = \frac{A_0^2}{2} T_b = E_b
\tag{7-33}
$$

3. 利用一个匹配滤波器(附有包络检测)接收

利用匹配滤波器接收已调载波信号,如 ASK、FSK、MSK 等,由于载波中的随机相位是未知的,因此利用上述两种方式不无道理,但较为复杂,且对两支路正交关系要求严格。若利用一个匹配滤波器接收此类具有随机相位的已调载波信号,需要在匹配器之后,附有包络检测器(LED),这样通过对匹配输出的高频信号取包络才能抽样判决。因此对于接收具有随机相位的已调频带信号属于非相干接收,于是它不能用于接收 PSK 信号。

匹配滤波器接收已调载波信号是本节重点讨论问题,兹举出具体例子阐明其原理。

[例 7-2]　利用图 7-9(a)的匹配滤波器对输入 ASK 信号进行最佳接收,并设传号 $s_i(t) = A_0\cos(\omega_0 t + \theta)$,$0 \leqslant t \leqslant T_b$,其中 θ 为随机相位。

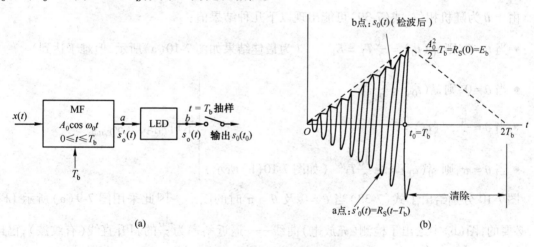

图 7-9　非相干匹配滤波器框图

(1) 给出匹配滤波器输出信号及其波形,以及 LED 检测波形。

(2) 讨论采用 LED 的必要性。

解:(1) 首先设计冲激响应为

$$
h_M(t) = s_i(t_0 - t) = s_i(T_b - t) = A_0\cos\omega_0(t_0 - t), \quad 0 \leqslant t \leqslant T_b
\tag{7-34}
$$

匹配器输出(a 点)信号为

$$
s'_0(t) = s_i(t) * h_M(t) = A_0\cos(\omega_0 t + \theta) * A_0\cos\omega_0(t_0 - t)
$$

$$
= A_0^2 \int_0^t \cos(\omega_0\tau + \theta)\cos\omega_0(t_0 - t + \tau)\,d\tau
$$

$$= \frac{A_0^2}{2}\cos[\omega_0(t - t_0) + \theta]\int_0^t d\tau + \frac{A_0^2}{2}\int_0^t \cos\omega_0(t_0 - t + 2\tau + \theta)d\tau \tag{7-35}$$

$$\approx \frac{A_0^2}{2}t\cos[\omega_0(t - t_0) + \theta], \qquad 0 \leq t \leq T_b \tag{7-36}$$

由于上式卷积结果实际上就是信号本身自相关函数延时 $t = t_0 = T_b$，即

$$S_0'(t) = S_i(t) * h_M(t) = S_i(t) \star S_i(t_0 + t) = R_S(t - t_0) \tag{7-37}$$

式中，$\star$ 表示相关运算。上式可表示为底宽 $2T_b$、最大值为 $\frac{A_0^2}{2}T_b$ 的正三角形作为包络的高频

（ω_0）振荡（只取其左半部），如图 7-9（b）所示。在 $0 \leq t \leq T_b$ 段内，包络为斜升虚直线 $\frac{A_0^2}{2t}$。匹

配输出（图 a）a 点表示式应为

$$s_0'(t) = \frac{A_0^2}{2}T_b \text{tir}\left(\frac{t - t_0}{T_b}\right)\cos[\omega_0(t - t_0) + \theta], \qquad 0 \leq t \leq T_b \tag{7-38}$$

（2）下面就式（7-38）来讨论设置 LED 的必要性。

- 若不设 LED，对式（7-38）在 $t = t_0 = T_b$ 时刻抽样，可得

$$s_0'(t_0) = \frac{A_0^2}{2}T_b\cos\theta \tag{7-39}$$

由于 θ 为随机相位，式（7-39）可能出现以下几种结果值：

- 当 $\theta = 0$，则 $s_0(t_0) = \frac{A_0^2}{2}T_b = E_b$ 　　（为最佳结果如图 7-10（a）所示，但难于达到）

- 当 $\theta \neq 0$，则 $s_0'(t_0) < \frac{A_0^2}{2}T_b$

- 当 $\theta = \frac{\pi}{2}$，$s_0'(t_0) = 0$ 　　　　　　　　　　　不可能取得 $\gamma_{0,\max}$

- 当 $\theta = \pi$，则 $s_0'(t_0) = -\frac{A_0^2}{2}T_b$ 　（如图 7-10（b）所示）

图 7-10 分别给出了式（7-38）当 $\theta = 0$ 及 $\theta = \pi$ 时的图形。因此采用图 7-9（a）所示 LED 是，必要的，图（b）中绘出了检测（充放电）曲线——逼近斜率为 $\frac{A_0^2}{2}$ 的斜升直线（有纹波），已经消除了高频振荡。

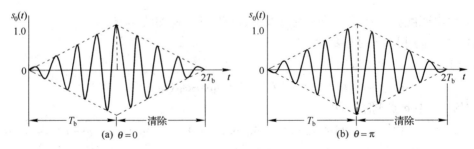

图 7-10　未知相位 RF 方波匹配滤波器接收

经 LED 后,图 7-9(b)包络波形在 $t = t_0 = T_b$ 时刻抽样值近似为

$$s_0(t_0) = s_0(T_b) = \frac{A_0^2}{2}T_b = E_b \tag{7-40}$$

由于匹配滤波器不必顾及接收信号带有随机性的相位 θ,故称其为非相干匹配滤波器。它与 7.2 节基带信号匹配滤波器的不同仅在于,需要进行包络检测后再取样判决,清零。

7.3.2 相关接收

相关接收旨在使检测输出具有最小均方误差。

在高斯白噪声信道中传送的信号波形 $s_i(t)$,不论是基带信号,还是数字载波信号,以二元信号为例,接收端输入混合波形为

$$x(t) = \begin{cases} s_1(t) + n_i(t), & 0 \le t \le T_b \quad (\text{接收传号}) \\ s_2(t) + n_i(t), & 0 \le t \le T_b \quad (\text{接收空号}) \end{cases} \tag{7-41}$$

输出信号的均方误差为

$$\overline{e^2(t)} = \begin{cases} \overline{e_1^2(t)} = \int_0^{T_b} [x(t) - s_1(t)]^2 dt & (\text{传号均方误差}) \\ \overline{e_2^2(t)} = \int_0^{T_b} [x(t) - s_2(t)]^2 dt & (\text{空号均方误差}) \end{cases} \tag{7-42}$$

其中,$s_1(t)$ 与 $s_2(t)$ 是接收端存储并提供的,是与原发送信号相同的本地样本信号。则抽样比较判决条件为

$$\begin{cases} \overline{e_1^2(t)} - \overline{e_2^2(t)} < 0, & \text{判为传号} \\ \overline{e_1^2(t)} - \overline{e_2^2(t)} > 0, & \text{判为空号} \end{cases} \tag{7-43}$$

式(7-42)和式(7-43)的数学模型如图 7-11 所示。

若发送信号先验概率相等,即 $P(s_1) = P(s_2) = 1/2$,且 $s_1(t)$ 与 $s_2(t)$ 的信号能量相等,即

$$\int_0^{T_b} s_1^2(t) dt = \int_0^{T_b} s_2^2(t) dt \tag{7-44}$$

式(7-42)及式(7-43)可由图 7-12 所示的相关接收机实施,其判决规则为

$$\int_0^{T_b} x(t)s_1(t) dt - \int_0^{T_b} x(t)s_2(t) dt \begin{cases} > 0, \text{判为传号} \\ < 0, \text{判为空号} \end{cases} \tag{7-45}$$

或

$$\begin{cases} \int_0^{T_b} x(t)s_1(t) dt > \int_0^{T_b} x(t)s_2(t) dt, & \text{判为传号} \\ \int_0^{T_b} x(t)s_1(t) dt < \int_0^{T_b} x(t)s_2(t) dt, & \text{判为空号} \end{cases} \tag{7-46}$$

由式(7-46)和图 7-12 数字模型所描述的相关接收机,在系统定时控制下,总是在提供发送信号样本波形 $s_i(t)$(二元或多元),待所接收的混合波形 $x(t) = s_i(t) + n(t)$ 到来时,两者便进行相关运算——相乘、扫描(相对位移)积分,至码元结束时进行抽样,并对各支路输出进行比较后判决。

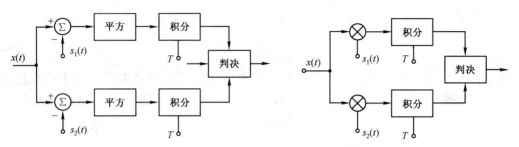

图 7-11　基于最小均方误差的最佳接收机　　　　图 7-12　相关接收机模型

此种相关接收机在每个 $t = kT_b$ 时刻抽样判决,积分器具有清零端子,以便在抽样同时即行清除,为下一码元波形接收腾空积分器,这与匹配滤波器非常相似。

相关器方法的最佳接收,利用了与发送信号 $s_i(t)$ 完全相同的本地样本与接收混合波形 $x(t)$ 求互相关,式(7-45)、(7-46)的具体数学过程为

$$R_{xs}(\tau) = x(t) \star s(t) = \int_{-\infty}^{\infty} x(t)s(t+\tau)\mathrm{d}t = \int_{-\infty}^{\infty} [s(t) + n(t)]s(t+\tau)\mathrm{d}t$$

$$= \overline{s(t)s(t+\tau)} + \overline{n(t)s(t+\tau)} = R_s(\tau) + R_{ns}(\tau) \tag{7-47}$$

式中,$R_{xs}(\tau)$ 为接收混合信号与本地信号样本函数互相关函数,$R_s(\tau)$ 为已调波信号(本身)自相关函数,$R_{ns}(\tau)$ 为信道加性高斯噪声与传送信号互相关函数。通常可以假定信号与噪声统计独立,即 $R_{ns}(\tau) \approx 0$,则 $R_{xs}(\tau) \approx R_s(\tau)$。

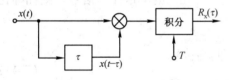

图 7-13　自相关器模型

这一结果揭示了高斯信道传输时的相关接收的基本原理,亦即它可以从噪声污染的混合(加性)波形中,最佳恢复原发送信号。另外,还可以利用近似的方式来达到相关接收的目的,即采用自相关器接收,如图 7-13 所示系统。

利用接收混合信号 $x(t)$,求其自相关函数,则输出为

$$R_x(\tau) = \int_0^{T_b} x(t)x(t+\tau)\mathrm{d}t = \overline{[s(t) + n(t)][s(t+\tau) + n(t+\tau)]} =$$

$$R_s(\tau) + R_n(\tau) + R_{sn}(\tau) + R_{ns}(\tau) \tag{7-48}$$

式中,$R_x(\tau)$ 为输入混合信号 $x(t)$ 自相关函数;$R_s(\tau)$ 为信号自相关函数;$R_n(\tau)$ 为噪声自相关函数;$R_{sn}(\tau)$、$R_{ns}(\tau)$ 为信号与噪声两个互相关函数。由于信号与噪声统计独立,故近似有

$$R_{sn}(\tau) = R_{ns}(\tau) \approx 0 \tag{7-49}$$

式(7-48)变为

$$R_x(\tau) \approx R_s(\tau) + R_n(\tau) \tag{7-50}$$

在第 2 章介绍过,高斯白噪声是不自相关的随机过程,$R_n(\tau) = \dfrac{n_0}{2}\delta(\tau)$,这里 $n(t)$ 虽然不是这种理想白噪声,但它的自相关函数 $R_n(\tau)$ 随 $|\tau|$ 增大衰减很快,因此更为近似可有 $R_n(\tau) \approx 0$

$$R_x(\tau) \approx R_s(\tau) \tag{7-51}$$

在 $\tau = 0$ 时对输出抽样判决值可得信号均方值

$$\overline{s_o^2(t)} \approx R_s(0) = E_s \tag{7-52}$$

[例 7-3]　4 bit 码字的序列共有 $2^4 = 16$ 个不同码字符号,这样需要 16 个能与 4 bit 波形匹配的滤波器,如图 7-14 所示。

在此情况下,与二元波形只用一两个单独匹配滤波器、识别并正确接收一个码元符号不同,而是 16 个 MF,各接收的码符号均有 4 个不同组合的二元码组成码字,这时任何一个 MF_i($i = 1, 2, \cdots, 16$) 要整体匹配这个四维码波形。

另外,由匹配滤波器等效于(互)相关器功能,可以直接由相关器(乘法器与积分器)来代替。

设接收 16 个码字中第 i 个匹配滤波器,即相关器为 MF_i,它被设计为 4 bit PCM 编码序列中匹配 $s_i(t) = 0110$ 波形的单元,如果在接收序列 $x(t) = s(t) + n(t)$ 中的信息序列为…110101101010…,仍以双极性不归零波形代表 PCM 信号,且以"$+$"与"$-$"分别表示 1,0 码。于是,$s(t)$ 接收波形要与 16 个各提供特定 4 bit 波形的本地样本相乘后积分运算,由图中"比较与判决逻辑"得到接收样本的 4 bit 码的解码值,即估值。最后每抽样间隔 T_s(由接收时钟控制)的各 MF_i 输出的判决值——PAM 估值序列,进入 LPF 可以恢复原模拟信号。

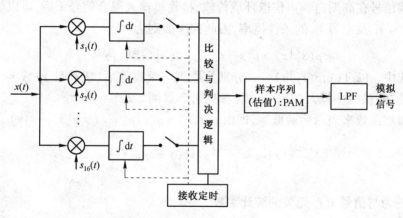

图 7-14　4 bit 码字 PCM 滤波器(相关)接收

现在,第 i 个支路 MF_i 单元欲接收 $f_i(t) = -++-$ 并提供它的本地样本波形。无论何时,当 $x(t)$ 混合波形 PCM 序列 $+ + - + - + + - +$ $+ -$ 开始进入接收机输入端,则 16 个 MF 单元同时与它作相关运算,人们只关心是否有要接收的 $f_i(t) = -++-$。它与接收"缓存"序列运算的(主要时段)结果如表 7-1 所示。

相关运算对于离散量来说就是移位相乘求和过程,表中相对于不同

表 7-1　匹配滤波器(等效相关器)接收 PCM 4 位码字序列

相对位移	接收序列(缓存)	累积输出 $R_{xs}(\tau - t_0)$
-3	+ + - + - + + - + - + + -	0
-2	+ + - + - + + - + - - + + -	0
-1	+ + - + - + + - + - + + -	-2
0	+ + - + - + + - + - + + -	4
1	+ + - + - + + - + - + + -	-2
2	+ + - + - + + - + - - + + -	0
3	+ + - + - + + - + - + - + + -	0

的位移量,得到不同输出值,只有接收序列中含有 $-++-$(即 0110)的码字才与 MF_i 的本地样本相关值最大(等于其自相关),即正确接收了要接收的信号。此项过程的运算形式为

$$s_o(t) = x(t) \star s(t) = \sum_{k=-\infty}^{\infty} a_i s_i(t - kT_b) s_i(kT_s), \quad a_i = \pm 1$$

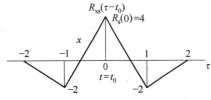

图 7-15　相关接收结果示意图

其运算结果见表 7-1,与图 7-15 所示图形相吻合。

这表明,只有收到与匹配滤波器相匹配的规定码字波形,$s_i(t)$ 就被正确接收——由第 i 个 MF 检测出来,$R_s(0) = 4$ 为最大值,再根据 PCM 编码序列,将接收的 0110 解码为样本值:$y = a_3 a_2 a_1 a_0 = 0110$,解码为"6"这个样本值。

* 7.4　理想接收机模型

在 7.1 节还提出了最佳接收的第三个准则,即最大后验概率或最大似然准则,并依此可建立理想接收机。

假设已调信号在高斯白噪声信道环境传输,接收机输入混合信号 x 后,可以统计出在收到 x 后的发送传号 s_1 及空号 s_2 的条件概率,因此判决准则为

$$p(s_1|x) > p(s_2|x) \qquad \text{判 } s_1(\text{接收传号}) \tag{7-53}$$

反之亦反。式中,$p(s_1|x)$,$p(s_2|x)$——分别为收到 x 观察值后,统计发 s_1 或 s_2 的后验概率,这一准则就是"后验概率择大判决"准则(参见第 2 章例 2-2)。

可以由似然函数来表示后验概率,即由 $p(s,x) = p(s)p(x|s) = p(x)p(s|x)$

则
$$p(x|s) = \frac{p(x)}{p(s)} p(s|x) = kp(s|x) \tag{7-54}$$

式中,$k = \dfrac{p(x)}{p(s)}$ 为与信号 $s(t)$ 无关的统计常数。

从信息传输角度,转移概率密度即似然函数 $p(x|s)$,是有噪信道导致的,发送的是信号 s,而接收中包含的噪声干扰,则产生一定的错误概率,因此似然函数的统计特性与噪声 $n(t)$ 的统计特性相关联。由于 $n(t)$ 是连续的噪声随机过程,可由 N 维随机变量来逼近,则表示为

$$n(t) = \sum_{k=1}^{N} n_k(t), \quad \text{或} \quad n = \sum_{k=1}^{N} n_k \tag{7-55}$$

在高斯白噪声信道中进行数字传输,第 2 章已经分析过,高斯白噪声各个 t_k 时刻的随机变量之间统计独立,因此式(7-55)可表示为 N 个独立的一维概率密度连乘积形式,有

$$p(n) = p\left(n = \sum_{k=1}^{N} n_k\right) = p(n_1, n_2, \cdots, n_N) = \prod_{k=1}^{N} p(n_k) \tag{7-56}$$

式中,N 为 $n(t)$ 维数,表示在 $(0,T)$ 内其样本变量数目,即 $N = 2BT$;B 为信道传输带宽;T 为信号码元持续时间,二元时为比特间隔 T_b。这里抽样速率 $f_s = 2B$,对于窄带与低通信号,均能满足抽样定理要求。

现用 N 维高斯密度形式表示式(7-56),得

$$p(n) = \prod_{k=1}^{N} p(n_k) = \frac{1}{(\sqrt{2\pi}\sigma_n)^N} \exp\left(\frac{-1}{2\sigma_n^2}\sum_{k=1}^{N} n_k^2\right) \tag{7-57}$$

可以给出 $n(t)$ 的(N 维)近似平均功率和 $N \to \infty$ 时的连续求和(积分)准确值,即有

$$p_n = \frac{1}{N}\sum_{k=1}^{N} n_k^2 \approx \frac{1}{T}\int_0^T n^2(t)\,\mathrm{d}t \tag{7-58}$$

于是可据此将式(7-57)表示为

$$p(n) = \frac{1}{(\sqrt{2\pi}\sigma_n)^N} \exp\left[-\frac{N}{2\sigma_n^2 T}\int_0^T n^2(t)\,\mathrm{d}t\right]$$

$$= \frac{1}{(\sqrt{2\pi}\sigma_n)^N} \exp\left[-\frac{1}{n_0}\int_0^T n^2(t)\,\mathrm{d}t\right] \tag{7-59}$$

其中两个积分前的系数替代关系为, $\dfrac{N}{2\sigma_n^2 T} = \dfrac{2BT}{2\sigma_n^2 T} = \dfrac{B}{\sigma_n^2} = \dfrac{1}{n_0}$,这里 n_0 为白噪声双边功率谱, B 为窄带通带宽,有 $\sigma_n^2 = n_0 B$。

然后我们来分析似然函数 $p(x|\delta_i)$ 的统计特征和基于最大似然的最佳接收原理。

接收机的输入信号为 $x(t) = s_i(t) + n(t)$,是传输信号受到加性噪声影响的混合波形,而 $n(t) = x(t) - s_i(t)$,因此接收信号统计特性是均值为 $s_i(t)$ 的高斯随机过程。由式(7-59),似然函数的条件概率密度为

$$p(x|s_i) = \frac{1}{(\sqrt{2\pi}\sigma_n)^N} \exp\left\{-\frac{1}{n_0}\int_0^T [x(t) - s_i(t)]^2\,\mathrm{d}t\right\} \tag{7-60}$$

现在,可以根据似然函数来进行理想接收机的判决:

$$\left.\begin{array}{l} \text{当 } p(x|s_1) > p(x|s_2) \text{ 时,判为发 } s_1 \text{ 信号} \\ \text{当 } p(x|s_2) > p(x|s_1) \text{ 时,判为发 } s_2 \text{ 信号} \end{array}\right\} \tag{7-61}$$

于是,按照式(7-53)构成的图 7-16 模型就可由图 7-17 计算似然函数的理想接收机模型来代替,在先验概率 $P(s_1) = P(s_2) = \dfrac{1}{2}$ 条件下,二者是等效的。

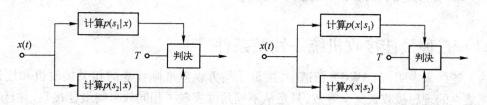

图 7-16　二元调制系统理想接收机模型　　图 7-17　计算似然函数的理想接收机模型

于是按照最大似然函数准则,可将式(7-61)判决不等式具体表示为式(7-60)中的两个指数比较,即

$$\exp\left[-\frac{1}{n_0}\int_0^T [x(t) - s_1(t)]^2\,\mathrm{d}t\right] > \exp\left[-\frac{1}{n_0}\int_0^T [x(t) - s_2(t)]^2\,\mathrm{d}t\right] \tag{7-62}$$

再进行对数运算,得

$$\int_0^T [x(t) - s_1(t)]^2 \mathrm{d}t < \int_0^T [x(t) - s_2(t)]^2 \mathrm{d}t, \qquad 判\,1\,码 \tag{7-63}$$

及

$$\int_0^T [x(t) - s_2(t)]^2 \mathrm{d}t < \int_0^T [x(t) - s_1(t)]^2 \mathrm{d}t, \qquad 判\,0\,码 \tag{7-64}$$

若设 $\overline{s_1^2(t)} = \overline{s_2^2(t)} = E_s$，则上两式变为

$$\begin{cases} \int_0^T x(t)s_1(t)\mathrm{d}t > \int_0^T x(t)s_2(t)\mathrm{d}t, & 判\,1\,码 \\[2mm] \int_0^T x(t)s_1(t)\mathrm{d}t < \int_0^T x(t)s_2(t)\mathrm{d}t, & 判\,0\,码 \end{cases} \tag{7-65}$$

或

$$\begin{cases} \int_0^T x(t)s_1(t)\mathrm{d}t - \int_0^T x(t)s_2(t)\mathrm{d}t > 0, & 判\,1\,码 \\[2mm] \int_0^T x(t)s_1(t)\mathrm{d}t - \int_0^T x(t)s_2(t)\mathrm{d}t < 0, & 判\,0\,码 \end{cases} \tag{7-66}$$

式(7-65)及式(7-66)与相关接收式(7-46)完全相同,于是可以由相关接收机模型图 7-18 等效表示图 7-17 的理想接收机模型。

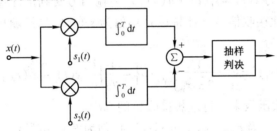

图 7-18　相关接收机(理想接收机等效模型)

上述分析表明:在高斯信道中,理想接收等效于相关接收。

7.5　最佳接收误码率统计分析

7.5.1　三种最佳接收机统一性及条件

由上述结果表明,在 AWGN 信道中,按最小均方误差准则建立的相关接收机和按最大似然准则建立的理想接收机完全等效,只是从不同角度实现了相同效果的最佳接收,并且在发送信号等先验概率时,与后验概率准则也是等效的。

再者,前面已经得出结论,(互)相关器构成的相关接收与匹配滤波器等效。前者是从时域来计算接收信号与本地样本函数的相关性,后者则是从最佳的接收机的时、频域着手,达到匹配滤波器特性与信号匹配,同时也将白噪声功率谱改造为与信号频谱匹配。

总之,通过以上分析,三种最佳接收准则所建立的最佳接收机制均为等效。它们等效条件为:

(1) 信道均为高斯白噪声随机信道;

(2) 已知各符号先验概率,或假定为等概率;

（3）在各准则中之所以能够达到最佳，其中主要因素之一是，发送信号各符号代码或函数波形之间应有最大的可分辨性——信号设计时使各发送信号之间具有正交性，即 $\rho_{ij} \leqslant 0$，各种二元数字信号已均满足这一条件。整个通信系统，从发送角度充分利用信号正交性（不相关性），而在接收端却最大限度利用相关性，即 $\rho_{ij} > 0$；当 $\rho_{ij} \approx 1$ 时，判决风险可达最小。

*7.5.2　误比特率分析计算

为了便于分析，这里主要以二元信号为依据，可列出传号与空号的似然函数，由式(7-60)，即

$$p(x|s_i) = \frac{1}{(\sqrt{2\pi}\sigma_n)^N}\exp\left[-\frac{1}{n_0}\int_0^{T_b}[x(t) - s_i(t)]^2\mathrm{d}t\right] \tag{7-67}$$

它们的概率分布如图7-19所示。

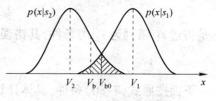

在一定判决门限 V_b 时，误比特率为

$$P_e = P_{Me} + P_{Se} = P(s_1)P(x|s_1) + P(s_2)P(x|s_2)$$

$$= P(s_1)\int_{-\infty}^{V_b} p(x|s_1)\mathrm{d}x + P(s_2)\int_{V_b}^{\infty} p(x|s_2)\mathrm{d}x \tag{7-68}$$

图 7-19　二元发送信号转移概率密度曲线

为使 $P_e \to P_{e,\min}$，通过求极值可得最佳判决门限 $V_b = V_{b0}$，即

$$\frac{\partial P_e}{\partial V_b} = -P(s_1)P(V_{b0}|s_1) + P(s_2)P(V_{b0}|s_2) = 0 \tag{7-69}$$

得

$$P(s_1)P(V_{b0}|s_1) = P(s_2)P(V_{b0}|s_2) \tag{7-70}$$

或

$$\frac{P(V_{b0}|s_1)}{P(V_{b0}|s_2)} = \frac{P(s_2)}{P(s_1)} \tag{7-71}$$

因此，接收判决规则为

$$P(V_{b0}|s_1) > P(V_{b0}|s_2)，判为传号 s_1 \tag{7-72}$$

$$P(V_{b0}|s_1) < P(V_{b0}|s_2)，判为空号 s_2 \tag{7-73}$$

或

$$\frac{P(V_{b0}|s_1)}{P(V_{b0}|s_2)} > \frac{P(s_2)}{P(s_1)}，判为传号 s_1 \tag{7-74}$$

$$\frac{P(V_{b0}|s_1)}{P(V_{b0}|s_2)} < \frac{P(s_2)}{P(s_1)}，判为空号 s_2 \tag{7-75}$$

然后由式(7-67)并结合上面判决不等式，当发送传号 s_1，错判为 s_2 的判决数学式为

$$\frac{P(V_{b0}|s_1)}{P(V_{b0}|s_2)} = \frac{\dfrac{1}{(\sqrt{2\pi}\sigma_n)^N}\cdot\exp\left[-\dfrac{1}{n_0}\int_0^{T_b}[x(t)-s_1(t)]^2\mathrm{d}t\right]}{\dfrac{1}{(\sqrt{2\pi}\sigma_n)^N}\cdot\exp\left[-\dfrac{1}{n_0}\int_0^{T_b}[x(t)-s_2(t)]^2\mathrm{d}t\right]} < \frac{P(s_2)}{P(s_1)} \tag{7-76}$$

两边取自然对数，并加以整理，得

$$\int_0^{T_b} n(t)[s_1(t) - s_2(t)]dt < \frac{n_0}{2}\ln\frac{P(s_2)}{P(s_1)} - \frac{1}{2}\int_0^{T_b}[s_1(t) - s_2(t)]^2dt \qquad (7-77)$$

现分别将上式左边设为 y，右边设为 c，即设

$$y = \int_0^{T_b} n(t)[s_1(t) - s_2(t)]dt \qquad (7-78)$$

$$c = \frac{n_0}{2}\ln\frac{P(s_2)}{P(s_1)} - \frac{1}{2}\int_0^{T_b}[s_1(t) - s_2(t)]^2dt \qquad (7-79)$$

于是，式(7-76)与式(7-77)判决不等式变为

$$y < c \quad (传号 \ s_1 \ 差错) \qquad (7-80)$$

它是传送 s_1 错判为 s_2 的条件，其错误概率为

$$P(y < c) = P(s_2|s_1) \qquad (7-81)$$

下面按照式(7-80)条件，具体计算式(7-81)的值，以及二元信号总误比特率 P_e。

先需描述式(7-78)中 y 的统计特征，由第 2 章介绍的高斯随机过程线性变换后仍为高斯型的特征，这里高斯过程 $n(t)$ 经积分后的随机变量 y 也为高斯分布(参见第 2.7.1 节)，因此需求其均值与方差来描绘一维概率密度。

均值　　$$E[y] = E\left\{\int_0^{T_b} n(t)[s_1(t) - s_2(t)]dt\right\} = \int_0^{T_b} E[n(t)][s_1(t) - s_2(t)]dt = 0$$

$$(7-82)$$

方差　　$$\sigma_y^2 = E[y^2] =$$

$$E\left\{\int_0^{T_b}\int_0^{T_b} n(t)[s_1(t) - s_2(t)]n(t_1)[s_1(t_1) - s_2(t_1)]dtdt_1\right\} =$$

$$\int_0^{T_b}\int_0^{T_b} E[n(t)n(t_1)][s_1(t) - s_2(t)][s_1(t_1) - s_2(t_1)]dtdt_1 =$$

$$\int_0^{T_b}\int_0^{T_b} \frac{n_0}{2}\delta(t - t_1)[s_1(t) - s_2(t)][s_1(t_1) - s_2(t_1)]dtdt_1 \qquad (7-83)$$

利用 δ 函数冲激抽样特性，代入 $t = t_1$ 或 $t - t_1 = 0$，则

$$\sigma_y^2 = E[y^2] = \frac{n_0}{2}\int_0^{T_b}[s_1(t) - s_2(t)]^2dt = \frac{n_0}{2}\int_0^{T_b}[s_1^2(t) - 2s_1(t)s_2(t) + s_2^2(t)]dt =$$

$$\frac{n_0}{2}(E_1 + E_2 - 2\rho_{12}\sqrt{E_1E_2}) \qquad (7-84)$$

式中，E_1、E_2 分别为 $s_1(t)$、$s_2(t)$ 信号能量，ρ_{12} 为二者互相为系数。

于是，可有 y 的一维高斯分布为

$$P(y) = \frac{1}{\sqrt{2\pi}\sigma_y}\exp\left(-\frac{y^2}{2\sigma_y^2}\right) \qquad (7-85)$$

设 $P(s_1) = P(s_2) = 1/2$，则式(7-79)第 1 项为 0，式中 c 值变为

$$c = -\frac{1}{2}\int_0^{T_b}[s_1(t) - s_2(t)]^2\mathrm{d}t = \frac{1}{2}[E_1 + E_2 - 2\rho_{12}\sqrt{E_1 E_2}] \qquad (7\text{-}86)$$

由 $P(y < c) = P_{\mathrm{Me}}$ 为漏报概率，$P_{\mathrm{Me}} = \dfrac{1}{\sqrt{2\pi}\,\sigma_y}\displaystyle\int_{-\infty}^{c}\exp\left(-\frac{y^2}{2\sigma_y^2}\right)\mathrm{d}y$。

设 $Z = \dfrac{y}{\sqrt{2}\,\sigma_y}$，则 $\qquad P_{\mathrm{Me}} = \dfrac{1}{\sqrt{\pi}}\displaystyle\int_{-c/\sqrt{2}\sigma_y}^{\infty}\mathrm{e}^{-z^2}\mathrm{d}z = \dfrac{1}{2}\mathrm{erfc}\left(-\dfrac{c}{\sqrt{2}\,\sigma_y}\right) \qquad (7\text{-}87)$

将式(7-84)和式(7-86)代入式(7-87)，可得

- 相关接收系统的误码率(通用)公式：

$$P_e = \frac{1}{2}\mathrm{erfc}\left(\sqrt{\frac{E_1 + E_2 - 2\rho_{12}\sqrt{E_1 E_2}}{4n_0}}\right) \qquad (7\text{-}88)$$

式中，E_1 与 E_2 分别为传号与空号的码元能量。ρ_{12} 是传号和空号的相关系数：$\rho_{12} = \dfrac{1}{\sqrt{E_1 E_2}}\displaystyle\int_0^{T_b}s_1(t)s_2(t)\mathrm{d}t = \dfrac{E_{12}}{\sqrt{E_1 E_2}}$

- 若 $E_1 = E_2 = E_b$，则式(7-88) 简化为

$$P_e = \frac{1}{2}\mathrm{erfc}\left[\sqrt{\frac{(1-\rho)E_b}{2n_0}}\right] \qquad (7\text{-}89)$$

式(7-88)和式(7-89)是相关接收误码率的普遍公式，也适合于其他最佳接收方式，对于已给定的数字信号形式及信道噪声谱 n_0，只要给出相关系数 ρ_{12}，以及传输信号的能量或平均能量 E_b，均可以直接写出适用于该类数字信号相关接收的误码率公式。这里含有相关系数 ρ，其突出的意义是强调了信号设计：如果 $\rho > 0$，则 P_e 会加大，只有 $\rho \leqslant 0$ 才为最佳信号设计，而 $\rho = -1$ 时则具有更好的接收性能。

[例 7-4]　利用相关接收误码率公式，分别给出两种基带信号和三种频带信号的误码率。

为了便于比较，各种已调波假定幅度相等，1,0 码先验概率相等，信道输出端的噪声功率谱相同。可利用式(7-88)或式(7-89)的普遍公式，分别计算基带与频带传输各种调制方式时的相关接收误比特率，它们的相关系数为 $\rho = 0$ 或 $\rho = -1$。兹分别计算它们的最佳接收误比特率。

1. 二元基带数字信号的最佳接收误码率

1) 单极性不归零信号

$s_1(t) = A$，$E_b = A^2 T_b$，$s_2(t) = 0$，比特平均能量为 $\dfrac{A^2}{2}T_b$，$\rho_{12} = 0$ 为正交系统。由 $V_{b0} = A/2$ 代入式(7-88)，则

$$P_e = \frac{1}{2}\mathrm{erfc}\left[\sqrt{E_b/(4n_0)}\right] = \frac{1}{2}\mathrm{erfc}\left(\frac{1}{2}\sqrt{E_b/n_0}\right) \qquad (7\text{-}90)$$

2) 双极性不归零信号

$s_1(t) = A/2$，$s_2(t) = -A/2$，所以 $\rho_{12} = -1$ 为超正交系统，$V_{b0} = 0$，以 $E_b = A^2 T_b/4$ 代入

式(7-89)后可得

$$P_e = \frac{1}{2}\text{erfc}\left[\sqrt{(1-\rho)E_b/(2n_0)}\right] = \frac{1}{2}\text{erfc}\left(\sqrt{E_b/n_0}\right) \tag{7-91}$$

2. 数字频带传输信号的最佳接收误码率

1) ASK 信号

$E_1 = A^2 T_b/2, E_2 = 0, \rho_{12} = 0, V_{b0} = A/2$, 此时

$$P_e = \frac{1}{2}\text{erfc}\left[\sqrt{(E_1 + E_2 - 2\rho_{12}\sqrt{E_1 E_2})/(4n_0)}\right] = \frac{1}{2}\text{erfc}\left(\frac{1}{2}\sqrt{E_b/n_0}\right) \tag{7-92}$$

2) FSK 信号

（1）不连续相位 FSK 信号

$$s(t) = \begin{cases} s_1(t) = A\cos(\omega_0 t - \Delta\omega t) \\ s_2(t) = A\cos(\omega_0 t + \Delta\omega t) \end{cases}$$

通过选用 ω_0、$\Delta\omega$ 及 $1/T_b = R_b$ 之间的关系，可使 $\rho_{12} = 0$ 和 $E_b = A^2 T_b/2, V_{b0} = 0$。此时

$$P_e = \frac{1}{2}\text{erfc}\left[\sqrt{\frac{(1-\rho)E_b}{2n_0}}\right] = \frac{1}{2}\text{erfc}\left(\sqrt{\frac{E_b}{2n_0}}\right) \tag{7-93}$$

（2）连续相位 CPFSK 信号

其中，$\rho_{12} = -0.212$，有

$$P_e = \frac{1}{2}\text{erfc}\left[\sqrt{\frac{(1-\rho)E_b}{2n_0}}\right] = \frac{1}{2}\text{erfc}\left(\sqrt{\frac{0.61E_b}{n_0}}\right) \tag{7-94}$$

3) PSK 信号

$$s(t) = \begin{cases} s_1(t) = A\cos\omega_0 t \\ s_2(t) = -A\cos\omega_0 t \end{cases}$$

即 $s_1(t) = -s_2(t)$ 是"正反信号对"，因此 $\rho_{12} = \dfrac{E_{12}}{E_b} = -1$ 是超正交系统，$V_{b0} = 0$，而 $E_b = A^2 T/2$，所以

$$P_e = \frac{1}{2}\text{erfc}\left[\sqrt{(1-\rho)E_b/(2n_0)}\right] = \frac{1}{2}\text{erfc}\left(\sqrt{E_b/n_0}\right) \tag{7-95}$$

7.6　本章小结

最佳接收是高斯信道数字信号传输的一种检测手段，本章介绍的三种最佳接收方式，虽然分别遵循不同的准则，但其最佳化目标与结果却是等效的。

为达到解调输出最大信噪比采用匹配滤波器接收方式，所谓"匹配"是指接收滤波器与发送信号波形以其镜像延迟相匹配，同时也将信道输入的 AWGN 均匀谱"改造"为与信号功率谱

"匹配"[式(7-13)]。这种经匹配输出的信号与噪声的"协调"性达到最大输出信噪比,从概念上不难理解。需明确的是,匹配滤波器接收属于非相干,若接收已调载波信号,必须在滤波器之后进行包络检测后再进行抽样 – 清除,因此匹配滤波器不适于数字调相信号的接收。

相关接收出于最小均方误差的考虑,所谓与匹配滤波器有"等效性",可从以下两方面来看。

其一,相关接收提供本地样本(在一个码元内)是为取得接收信号流中与之相关性最大者作为判决前提,而匹配滤波器的传输特性追随发送信号波形也是"寻求"这种最大限度相关性。两者殊途同归——理想而言,在信号结束时刻抽样,判决值为接收信号的自相关最大值,即接收信号码元能量。

其二,两者过程均与相干检测不同。相干载波必须"知道"接收已调波相位(严格同步);匹配滤波器的非相干性不"计较"接收信号相位,只要求匹配其发送波形;而相关接收是本地样本与相应的接收信号进行"扫描",以期得到信号最大自相关值,因此两者过程不同,但效果却等价。这样图 7-8 和 7-9 与图 7-12 的异同是显见的。

基于最大似然函数或后验概率择大判决的理想接收机,涉及的后验概率是从有噪信道接收输出的混合信号,尚不能确定是 1 还是 0,利用后验概率大者进行判决风险较小,而转化为最大似然函数 $p(x|s)$ 可表示为高斯白噪声的 N 维 pdf,利用白噪声 N 维随机变量统计独立,且当 $N \to \infty$ 时,可有较准确的 $p(n)$。由得出的判决不等式(7-56)及式(7-57),最终得到的误差概率:式(7-88)及式(7-89)是最佳接收计算误码率的全面而直观的公式——包括三个参量:E,n_0 和 ρ,均为决定最佳性能的重要因素,其中 ρ 表示了发送信号设计的正交性或超正交关系,E 为信号本身用于抗干扰的符号能量,n_0 为信道特征。

7.7　复习与思考

1. 最佳接收的基本思想是什么? 有几个基本准则,各有何种实施技术?
2. 匹配滤波器的匹配条件有哪些? 输出信号与判决值是什么? 为什么能输出最大信噪比?
3. 匹配接收更适于非相干检测,为什么与提供本地样本的相关接收等效?
4. 一般相干或非相干检测为什么不及最佳接收性能好? 由二元频带信号为例,相干与最佳接收误比特率差别只在于 $\gamma = \dfrac{S}{N} = \dfrac{A_0^2}{2\sigma_n^2}$ 和 $\dfrac{E_b}{n_0}$ 之不同。这个不同实质是什么? 为什么?
5. 联系第 6 章二元频带传输系统误比特率公式——非相干 $p_e = \dfrac{1}{2} e^{-\gamma/x}$ 及相干 $p_e = \dfrac{1}{2} \mathrm{erfc}\left(\sqrt{\gamma/x}\right)$,对 ASK、FSK、PSK 的 p_e 式中的 x 分别为 4、2、1,这个差别反映了什么本质问题? 并与相关接收误比特率通式 $p_e = \dfrac{1}{2} \mathrm{erfc}\left(\sqrt{\dfrac{(1-\rho)E_b}{2n_0}}\right)$ 对比。
6. 三种基本最佳接收系统的等效性的前提条件是什么? 为什么?

7.8　习题

7.8.1　匹配滤波器接收

7-1　已知匹配滤波器的输入信号 $s(t) = \mathrm{rect}\left(\dfrac{t}{T}\right)$,

（1）求匹配输出的能量谱密度 $E_0(\omega)$；

（2）输出信号能量是多少？判决时刻能量是多少？

7-2 若持续时间为 $(0,T)$ 的能量信号经过 t_0 延迟后，输入到匹配滤波器，

（1）指出最佳匹配时刻；

（2）输出信号最大值是多少？

7-3 题 7-3 图所示为匹配滤波器输入信号波形

（1）确定匹配滤波器冲激响应 $h_M(t)$ 并画出其图形；

（2）画出匹配输出的时间波形 $s_o(t)$；

（3）求输出抽样时刻值。

7-4 试画出题 7-4 图锯齿脉冲通过匹配滤波器后的波形，并计算最大输出信噪比。

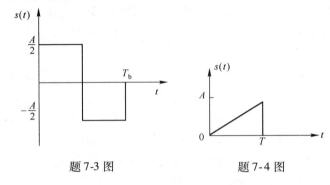

题 7-3 图　　　　　　　　题 7-4 图

7-5 已知信号 $s(t) = 1 - \cos \omega_0 t, 0 \leqslant t \leqslant \dfrac{2\pi}{\omega_0} = T$，噪声 $n(t)$ 双边功率谱密度为 $\dfrac{n_0}{2}$，试求

（1）最佳匹配时刻 t_0；

（2）匹配滤波器的冲激响应 $h_M(t)$，并画出 $s(t)$ 及 $h_M(t)$ 波形；

（3）输出最大信噪比 $\gamma_{o,max}$。

7-6 当接收 ASK 信号 $s_1(t) = A\cos(\omega_0 t - \theta), 0 \leqslant t \leqslant T = \dfrac{2\pi}{\omega_0}$，其中 θ 是传输中的相位延迟。

（1）求匹配滤波器的 $h_M(t)$；

（2）若 θ 是在 $(0,2\pi)$ 内均匀分布的随机变量，对匹配接收有否影响？为什么？

（3）输出信号波形是什么？

7-7 设 $s(t) = A\cos \omega_0 t, 0 \leqslant t \leqslant T$，若分别进行相关与匹配滤波法接收，试求

（1）匹配输出信号 $s_o(t)$；

（2）相关输出信号 $s'_o(t)$；

（3）两个输出表达式是否相同？在匹配和判决时刻的值是否相同？

7-8 用最佳接收机来接收 FSK 信号。其信号包络为矩形波，$\left(\text{即 rect}\left(\dfrac{t}{\tau} - \dfrac{1}{2}\right)\right)$，试求在保证误码率不

大于 10^{-4} 时的信号码元持续时间 T 应为多少？信道衰减 60 dB，$\dfrac{n_0}{2} = 10^{-12}$ W/Hz。

7-9 若相关接收机最佳判决门限为 V_{b0}，接收信号为 $s(t)$，求以下先验概率条件下的最佳门限。

（1）0、1 码等先验概率；

（2）0、1 码概率各为 $\dfrac{2}{3}$ 及 $\dfrac{1}{3}$；

（3）0、1 码概率各为 $\dfrac{1}{3}$ 及 $\dfrac{2}{3}$。

7-10　试设计用匹配滤波器法接收 FSK 信号的方框图(提示:注意到采用包络检波器,为什么?)。

7.8.2　相关接收

7-11　正交编码序列 $\{a_k\}$ = (10101100011010101110…)中含 4 组 3 位正交码,表示 4 个信源符号,$\{a_k\}$ 序列以双极性不归 0 码表示,幅度为 $\pm A$,传输速率为 $R_b = \dfrac{1}{T_b}$,试利用相关器拟接收其中 110 及 101 两正交码字。

(1)分别画出相关输出波形。

(2)以 ± 1 表示 1、0 码。列出求相关运算的相关器输出各种值,并标明所接收码字的检测输出值。

7-12　利用相关接收的 PSK 与 FSK 的平均误比特率均为 $p_e \leqslant 10^{-4}$ 时,试确定

(1)PSK 所需的 $\dfrac{E_b}{n_0}$ 及 FSK 的 $\dfrac{E_b}{n_0}$。

(2)若以近似式 $\mathrm{erfc}(x) \approx \dfrac{1}{\sqrt{\pi} x} e^{-x^2}$,试将(1)所得的 $\dfrac{E_b}{n_0}$ 分别代入该式,x 值各为多少,p_e 各为多少? 并与 $p_e = 10^{-4}$ 比较。

第8章 信 道 编 码[*]

由于信噪比是决定通信质量的要素,对于传输信道,抑制或削弱噪声干扰总是困难的,而功率受限信道也不会允许更大发射功率。因此可对信源编码增加冗余码元,以适当付出带宽代价,通过信道编码换取信噪比来提高抗干扰能力,降低误码率。

本章将较为系统地介绍信道编码原理,并着重讨论线性分组码、循环码和卷积码的构成及差错控制能力。同时介绍目前大量应用的卷积码、级联码,以及 Turbo 码基本原理。

知识点

- 基于汉明距离的差错控制定理;
- (n,k) 线性分组码构成,编、解码检纠错方法;
- 循环码特征及编、解码步骤。常用典型循环码概念;
- 卷积码的基本特征及编、解码方法;
- 交织码、级联码、Turbo 码的特点。

要求

- 熟悉掌握差错控制原理;
- 熟悉掌握 (n,k) 分组码、循环码构成和性质,编码、检纠错方法;了解 CRC、BCH、R-S 码特点;
- 理解卷积码特点,能提供 G_∞ 和状态图,并进行编码;
- 了解交织码、复合码基本概念。

8.1 差错控制概述

8.1.1 二元对称信道和错误式样

1. 二元对称信道特征

"信息论"中详细讨论了二进制无记忆信道特征,通过如第 2 章例 2-2 计算的后验概率,并可由此计算出"后验熵"(损失熵),它是信源平均信息量和信道实际传送的信息量之差,这表明由于信道性能因素而可能导致一定的传输信息损伤。

分析时,把信道权且看做线性时不变系统,且通常以二元对称信道为重点讨论。二元对称信道(BSC)可看作是无记忆的,即传输的每个码元符号不相关或统计独立,因此产生的传输差错是随机性的。这种信道主要是加性高斯白噪声导致随机差错,因而称其为随机信道,也称为高斯信道。随机差错率是信息传输错误转移概率造成的。

图 8-1 所示为二元对称信道(BSC)及二元不对称信道。图中 $(1-p)$、$(1-q)$ 表示正确转

＊ 本章宜参考《通信系统原理学习指南(修订本)》第 8 章共 20 个例题。

移概率，即 $p(0|0)$、$p(1|1)$；p 与 q 表示错误转移概率，即 $p(1|0)$、$p(0|1)$。

(a) BSC (b) 不对称信道

图 8-1 二元对称和不对称信道

有些实际信道，如高频、散射及部分有线信道属于有记忆信道，由于外来因素的偶然干扰较大，会导致传输码序列一连串错误，或其中一个码元发生错误，会株连其后数个差错发生，这种差错称为突发（bursting）错误，表现出错误码位间的相关性，这就是有记忆信道的特征，亦称突发信道。本章重点考虑高斯信道随机差错控制问题。

2. 错误式样（pattern）

发送端向信道发送码长为 n 个码元的码字序列 $C = (C_{n-1}, C_{n-2}, \cdots, C_1, C_0)$，由于各码字传输中可能产生差错，在接收输入端接收码组为 $C_R = (r_{n-1}, r_{n-2}, \cdots, r_1, r_0)$，若 $C_R \neq C$，则可能有不同的错误情况。对于二元码流，错误情况不外乎 1 错为 0，或 0 错为 1。可以将发生错误的 C_R 看成是因为加入（模 2 加）了某种"错误式样" E 的结果，则

$$C \oplus E = C_R \tag{8-1}$$

如：

发送码字　　　　　　　　　　$C = (1010110)$

设错误式样为　　　　　　　　$E = (0100111)$

这表明在 E 式样中，具有"1"的 4 个位置使码字发生差错。

接收码组

$$C_R = (1110001) = C \oplus E = (1010110) \oplus (0100111)$$

式中，$\oplus$——模 2 加运算。

由于随机差错可能发生在 n 长码字的某 1 位、某几位，甚至全错，因此其错误式样种类为 $2^n - 1$（只有 1 个全 0 时的 E，表明没有差错），在这 $2^n - 1$ 种可能的错误中，i 位错误概率可由二项式计算，即

$$P_i = \binom{n}{i} P_b^i (1 - P_b)^{n-i} \tag{8-2}$$

式中，P_b——单个比特码元独立差错概率，$\binom{n}{i} = \dfrac{n!}{(n-i)! \times i!}$。

而各种错误都将导致该 n 长码字错误，因此，n 长码字总错误概率为

$$P_e = \sum_{i=1}^{n} \binom{n}{i} P_b^i (1 - P_b)^{n-i} \tag{8-3}$$

还可进一步分析，在总错误率中，错 1 及 2 位的概率分别为

$$P_{e1} = \binom{n}{1} P_b (1 - P_b)^{n-1} \approx n P_b \tag{8-4}$$

及
$$P_{e2} = \binom{n}{2} P_b^2 (1 - P_b)^{n-2} = \frac{n(n-1)}{2} P_b^2 \qquad (8\text{-}5)$$

如：$n = 7$，产生 1、2 位差错的概率分别为

$$P_{e1} \approx 7 P_b \quad 及 \quad P_{e2} \approx 21 P_b^2 \qquad (8\text{-}6)$$

可见，随机信道产生错误的概率以错 1 位为最大，而错 2 位的概率远小于 1 位的差错率。下面介绍的线性分组码及常用纠错码，着重讨论自动纠 1 位错的纠错码或可以检测 2 位或更多差错的检错码。不过根据不同应用要求，其他多种强纠错码也已得到普遍应用，本章也作简单介绍。

8.1.2 差错控制分类

在数字或数据通信系统中，利用抗干扰编码进行差错控制。差错控制的机制一般分为 4 类：前向纠错（FEC）、反馈重发（ARQ）、混合纠错（HEC）和信息反馈（IRQ），如图 8-2 所示。

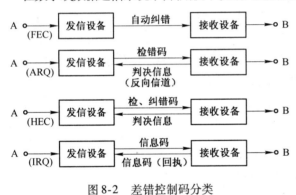

图 8-2　差错控制码分类

1. 前向纠错（FEC）

FEC（Forward Error Correct）方式是在信息码序列中，以特定结构加入足够的冗余位——称为监督元（或校验元），接收端解码器可以按照双方约定的这种特定的监督规则，自动识别出少量差错，并能予以纠正。FEC 最适于高速数传而需实时传输的情况。但是由于需要加入"足够多"的冗余位，编解码的复杂度也相应增大，并且编码设计应尽力考虑信道具体统计特征。近一个时期以来，由于大规模集成电路的高性能低价位上市，差错控制算法日臻完善，软硬件处理速度逐日提升，因此利用 FEC 纠错方式，有利于点到多点（广播等）及实时通信的更大发展。

2. 反馈重发（ARQ）

在非实时数据传输中，常用 ARQ（Automatic Retransmission Request）差错控制方式。解码器对接收码组逐一按编码规则检测。如果无误，向发送端反馈"确认"——ACK（Acknowledgment）信息；如果有错，则反馈回"NAK"（Negative Acknowledgment）信息，以表示请求发送端重复发送刚刚发送过的这一信息。因此，ARQ 方式不像 FEC 利用单向信道传输而可自动纠错那样，而必须再提供一条低速率反向（反馈）信道。ARQ 系统构成如图 8-3 所示。

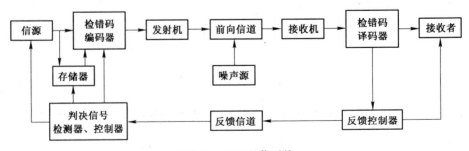

图 8-3　ARQ 通信系统

ARQ 优点在于编码冗余位较少,可以有较强的检错能力,同时编解码简单。由于检错与信道特征关系不大,在非实时通信中具有普遍应用价值。但是,对于哪怕是准实时或高速传送,而信道干扰又较大的情况,因多发错误而频频重发,通信效率将会降低。

ARQ 方式有几种类型的实现方法。如"停止和等待"的半双工方式(half-duplex)、全双工(full-duplex)连续 ARQ 和选择重发式连续 ARQ,这里不加烦琐介绍。

3. 混合纠错(HEC)

HEC 方式是上述两种方式的有机结合,即在纠错能力内,实行自动纠错。而当超出纠错能力的错误位数时,可以通过检测而发现错码,不论错码多少,利用 ARQ 方式进行纠错。

HEC 往往是一种折中性应用,如上述指出的 n 长码字错 1 位的概率 $P_e \approx nP_b$,比错 2 位时大得多,因此为使编解码结构适于较高速数传要求,常出现 1 位差错可以随时自动纠错,而 2 位及更多错误则以 ARQ 纠错,但 HEC 也适于实时传输。

4. 信息反馈(IRQ)

IRQ 是一种全回执式最简单差错控制方式,接收端将收到的信码原样转发回发送端,并与原发送信码相比较,若发现错误,则发送端再进行重发。犹如指挥官下令后,让下级原样复述一遍之后,才被允许执行一样,显然它只适于低速非实时数据通信,是一种较原始的做法。

图 8-4 给出了按上述各种方式划分的抗干扰码及其联系。本章首先介绍几种常用的简单差错控制码,重点介绍分组码与卷积码。然后介绍几种现代通信大量采用的复合码。

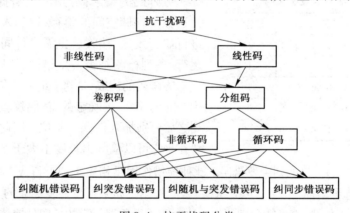

图 8-4 抗干扰码分类

8.1.3 常用差错控制码

在介绍差错控制码之前,先列出几种简单的常用差错控制码,对以后理解纠错码原理可以有所启发。

1. 奇、偶校验码(parity code)

对于一般的数字序列,为了能发现传输中的一位或更多差错,一种很简单的方法是在码字后面加 1 个冗余码元(校验元,或称监督位)。

一个码字的 1 码总个数称为码字"重量",可能为奇数,或者为偶数。对于信息码长为 $k = (n-1)$ 位的码字集合,可以视各码字的码重为奇数(或偶数)而加入"0"(或"1")校验元,此种方式称为奇(偶)校验码。也就是说,如果要使全部码字[长为 $k = (n-1)$]的码重均为偶数,应对原来 $(n-1)$ 位信码的码重为奇数者加入"1",对偶数重量的信码加入的校验元为 0,

称此种方式为偶校验码。同样也可构成奇校验码。信码按奇或偶规则加入了1个监督位后，则成为有检错功能的"码字"，码长为 $n = k + 1$。

奇偶校验码的编制过程为：

- k 位信息码组：$\{m_i\} = \{m_{k-1}, m_{k-2}, \cdots, m_1, m_0\}$
- 最低位加奇偶校验位 C_0 后，可得冗余位为1位(0或1)的校验方程，则

$$m_{k-1} + m_{k-2} + \cdots + m_1 + m_0 + C_0 = 0 \tag{8-7}$$

- 由对应位置换全部 $\{m_i\}$，得

$$C_{n-1} + C_{n-2} + \cdots + C_1 + C_0 = 0 \tag{8-8}$$

此结果表明，当信码组的码重等于 $\sum\limits_{i=0}^{k-1} m_i$ 为奇数，若加入 $C_0 = 1$，为偶校检码；偶数时加入 $C_0 = 0$ 构成偶校检码；反之亦然。实际上，奇偶检验码就是下面将介绍的 (n, k) 线性分组码的一种简例，即 $(n, k) = (n, n-1)$ 分组码，它们可以检测出奇数个错。

2. 水平－垂直校验码(方阵码)

如果将一组信息码字构成阵列，则可分别对其行及列均编为奇(偶)或偶(奇)校验码，见表8-1。在本例中水平与垂直检验均为偶校验方式。

表 8-1 水平垂直校验码

信息码字(k位长)								校验元
l 行	1	1	1	0	1	0	1	1
	0	1	0	0	1	1	0	1
	1	0	1	0	0	0	1	1
	1	1	0	1	0	1	0	0
校验元	1	1	0	1	0	0	0	

方阵码的编解码过程，均需提供容量为该方阵元素数的存储空间的缓存，待加入奇偶校验元后，再进行串行发送，接收后也需进行同样阵列的缓存，再逐行、逐列检测是否发生错误，然后逐行判决解码。

方阵码的构成，是将 l 组 k 位信码先排为 l 行 $\times k$ 列的阵列，然后按既定的奇、偶校验规则，在每行及每列之后分别加入奇偶校验位。因此，方阵码的检错优势在于它可以检测出长度不大于 $k+1$ 位的行发生的突发错误，或不大于 $l+1$ 位的列突发错误。此种检错作用是相当于把1行或1列的突发错误分散到相邻各码组中，起到后面将介绍的"交织编码"的作用。如果可将突发错误的几个连续错位分散到相邻码字中各含1位错，就可能分别纠正。这对于不设反馈信道的单向低速传输是有利的。

3. 重复码

重复码与奇偶校验相比是另一种简单分组码，它是码长为 n，信码只有1位的 $(n, 1)$ 分组码。如 $(3, 1)$ 重复码包括 000 及 111 两个码字。

重复码付出 $n-1$ 位的冗余代价，即有 $2^n - 2$ 组为禁用，当然可以换取较大的可靠性。$(3, 1)$ 码显然可以纠1位错，而作为检错码利用，可以有检出2位错的能力，这种码并非优秀，只是简单地用于很低速率的数据通信。

4. 恒重码(等比码)

码长为 n 的 2^n 个二元码组，兹从中取出指定的相同重量的 M 个码组，来作为检错码传送 M 个信息符号。如 $n = 5$ 时，$2^5 = 32$ 个码组，取出重量为3的 $M = \binom{5}{3} = 10$ 个码组，表示10个阿拉伯字母，称其为"五中取三"码。它可以检出除0、1码交换差错的所有错误类型。

8.1.4 差错控制定理

1. 汉明距离

美国数学家汉明（R. W. Hamming）的学术成就对于信息论与编码理论发展作出了卓越的贡献。以他的名字命名的"汉明距离"、"汉明界"，以及后面将介绍的"汉明码"等，都是差错控制编码中非常重要的参量或码型。

（1）汉明重量码长为 n 的一个码组或码字，其非零系数的数目（即 1 码个数），称为其汉明重量，简称重量。

- 汉明空间任何一个表示 M 个信源符号集的码字集合中的任两个码字，必定至少有一位不同，如果码长为 n，这种差距可能为 1 至 n，如 $n=3$ 时，(C_2, C_1, C_0) 8 个 3 位码字，最小距离为 1，最大为 3（000 与 111），将其置为三维空间，称其为（三维）汉明空间，各个码字的距离可形象而直观地表示出来。如图 8-5 所示。当 $n>3$ 时，也可构成较抽象的多维汉明空间。

（2）汉明距离——定义码字间距离为汉明距离，如 C_i 与 C_j 码字的汉明距离是两个长为 n 的等长码字对应位模 2 和的重量。

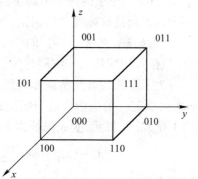

图 8-5　三维汉明空间

$$即\qquad d = d(C_i, C_j) = \sum_{k=0}^{n-1}(C_{ik} \oplus C_{jk}) \qquad (8-9)$$

按此式，(3,1) 重复码汉明距离 $d_0 = 3$，由汉明空间中的 (111) 与 (000) 构成。

- 在差错控制中，最关心的是在一个许用码字集合里，它们彼此之间的最小汉明距离——d_0，它是表明差错控制能力的下限。

- 当许用码字包括全 0 码字时，d_0 为码字集合中重量最小的码字的重量。

分组码结构的差错控制能力取决于（最小）汉明距离 d_0，它是差错控制码最重要的指标。

2. 差错控制定理

线性分组码——(n, k) 码，它是码长为 n，信息码长为 k，编码效率（码率）为 $R = \dfrac{k}{n}$ 的纠错码。视其加入的冗余位——监督元（校验元）的位数 $r = n-k$ 的多少，来决定 (n, k) 码的差错控制能力。

以 d_0 表明差错控制能力的差错控制定理内容如下。

（1）如果欲在接收解码时检测出 e 位错，则汉明距离应满足

$$d_0 \geqslant e+1 \qquad (8-10)$$

（2）如果需（自动）纠 t 位错，则需

$$d_0 \geqslant 2t+1 \qquad (8-11)$$

（3）如果要求纠 t 位错，又可检出 e 位错，则应

$$d_0 \geqslant e+t+1 \qquad (e>t) \qquad (8-12)$$

式(8-12)实际上提供的是混合纠错方式(HEC),如:$e=2$,$t=1$,$d_0=4$(至少),如8.2节将介绍的$(n,k)=(7,3)$分组码就满足这一关系。可自动纠1位错,且通过 ARQ 方式纠2位错。

8.2　线性分组码

8.2.1　概念与思路

我们可以这样来认识(n,k)线性分组码(linear block codes)。

(1) 概念——(n,k)线性分组码由k位信码和由若干信码按规则线性组合成的$n-k$个监督位,构成码长为n的纠错码。(n,k)码的码字集合共有2^k(许用)码字,而n维矢量中,其余2^n-2^k是不能表示要传输信息的码组,即禁用码组。

(2) 定义——(n,k)线性分组码,包含"线性"与"分组"两个概念。"线性"含义是指每个码字的$n-k$个监督位是若干信码的线性组合(模2和);线性的另一个含义是指(n,k)码的码字集合(2^k个)中的任2个码字的模2和仍为该集合中的一个码字。"分组"含义是指它的每一个码字到接收端独立检纠错,与其前后相邻接收的码字无关。

(n,k)码,在这里"码"的含义是指按诸如下面介绍的规则构成的(n,k)分组码的码字集合,包括其构成特征和编码整体结果,即2^k个码字结构。

为了尽快理解与掌握如何能得到具有纠错能力的(n,k)码,我们先从奇偶校验码(parity codes)谈起。前面指出过一组信源编码的k位信码集合,共有2^k个信息码字,在其最低位后加1位C_0监督元,变成码长为$k+1=n$的奇偶校验码,即

$$C=(m_{k-1},m_{k-2},\cdots,m_1,m_0,C_0)=(C_{n-1},C_{n-2},\cdots,C_1,C_0) \tag{8-13}$$

码字中的C_{n-1}至C_1分别对应等于信码m_{k-1}至m_0各位码元值。

由于加入了C_0这一位监督元,新码字的汉明距离$d_0=2$,则有了至少可以检出1位错的作用,即在接收解码时,按式(8-13)进行模2加计算,则两个可能结果为0或1,即

$$S=C_{n-1}+C_{n-2}+\cdots+C_1+C_0=\begin{cases}0\\1\end{cases} \tag{8-14}$$

这样一来,视采用的是奇校验还是偶校验,可由S等于0或1而检测出无错及有错两种可能的结果。

现在如果在信码组后加两个监督元C_1、C_0,式(8-14)方程中的S则出现00、01、10、11共4个可能的检验结果,其中以00表示"无错",其余3个则可分别"确定"接收码字中的3个错误位置,但接收者并非能找出是哪位错。

表8-2　(7,4)分组码纠错码思路的形成

S_2	S_1	S_0	错码位置	S_2	S_1	S_0	
0	0	1	C_0	1	0	1	C_4
0	1	0	C_1	1	1	0	C_5
1	0	0	C_2	1	1	1	C_6
0	1	1	C_3	0	0	0	无错

若加入$n-k=r$个监督元,即为$C_{n-k-1},C_{n-k-2},\cdots,C_1,C_0$,则可以发现$n$个不同位置的错误。例如,可以给出(7,4)分组码的$r=7-4=3$位监督元,在这$n=7$位码长的码字中,它可以监督检测出7个不同的错误位置。安排的3个监督元构成的7种情况见表8-2。

8.2.2 (n,k)线性分组码的构成

1. 监督方程组

通过上面的逻辑推断,得到表 8-2 的构思形式,该表提供一种可监督并准备检测接收码字含 1 位错的位置模式,然而尚需进行验证,并且也需要给出明确的编码规则。为此,将表 8-2 表示为矩阵运算形式:

$$
\begin{bmatrix} 1 & 1 & 1 & 0 & 1 & 0 & 0 \\ 1 & 1 & 0 & 1 & 0 & 1 & 0 \\ 1 & 0 & 1 & 1 & 0 & 0 & 1 \end{bmatrix}\begin{bmatrix} C_6 \\ C_5 \\ C_4 \\ C_3 \\ C_2 \\ C_1 \\ C_0 \end{bmatrix} = \begin{bmatrix} 0 \\ 0 \\ 0 \end{bmatrix} \tag{8-15}
$$

其中 S_2、S_1、S_0 分别以 C_2,C_1,C_0 码位表示,三者各为 $k=4$ 位信息码组(C_6,C_5,C_4,C_3)中有关一些码元的线性组合,由表 8-2 和式(8-15),则有

$$
\begin{matrix} C_2 = C_6 + C_5 + C_4 \\ C_1 = C_6 + C_5 + C_3 \\ C_0 = C_6 + C_4 + C_3 \end{matrix} \quad 或 \quad \begin{bmatrix} C_2 \\ C_1 \\ C_0 \end{bmatrix} = \begin{bmatrix} 1 & 1 & 1 & 0 \\ 1 & 1 & 0 & 1 \\ 1 & 0 & 1 & 1 \end{bmatrix}\begin{bmatrix} C_6 \\ C_5 \\ C_4 \\ C_3 \end{bmatrix} \tag{8-16}
$$

称式(8-16)为监督方程组,对于 FEC 码,这三个方程之间是线性独立的,或线性无关。它们严格规定了信息码与监督元的制约关系。

与式(8-15)对照,由 $S_2 S_1 S_0$ 构成的式中 $2^3-1=7$ 组 3 元素监督元的数值矩阵,是式(8-16)方程组的各元素权系数构成的,其突出特点是右边 3 行、3 列是个 $I_{n-k}=I_3$ 单位矩阵,由式(8-16)三个监督方程,由于最低次项从上到下各为 C_2,C_1,C_0,因此必然在式(8-15)的数字矩阵中,出现右边的 I_3 单位阵。

2. 一致监督(校验)矩阵 H

将式(8-16)左边形成的监督方程组中,从高位 C_6 到低位 C_0 各元素排列的权系数构成的矩阵称为一致监督(校验)矩阵(parity check matrix),并以 H 表示,于是由式(8-15)和式(8-16),有

$$
H_{(n-k)\times n} = \begin{bmatrix} 1 & 1 & 1 & 0 & 1 & 0 & 0 \\ 1 & 1 & 0 & 1 & 0 & 1 & 0 \\ 1 & 0 & 1 & 1 & 0 & 0 & 1 \end{bmatrix} = [P_{(n-k)\times k} \vdots I_{n-k}] \tag{8-17}
$$

$H_{(n-k)\times n}$ 矩阵由两部分拼成,即包括 $P_{(n-k)\times k}$ 与 I_{n-k} 两个阵列。

$$
其中 \quad P_{(n-k)\times k}=P_{3\times 4}=\begin{bmatrix} 1 & 1 & 1 & 0 \\ 1 & 1 & 0 & 1 \\ 1 & 0 & 1 & 1 \end{bmatrix} \quad I_{n-k}=I_3=\begin{bmatrix} 1 & 0 & 0 \\ 0 & 1 & 0 \\ 0 & 0 & 1 \end{bmatrix} \tag{8-18}
$$

矩阵 H 将在接收解码时起到检测及纠正错误的作用,它是 (n,k) 分组码的核心。

至于在有了 $\boldsymbol{H}$ 矩阵后,如何生成 2^k-1 个非全 0 的 n 位长的纠错码,可通过获得生成矩阵 $\boldsymbol{G}$ 来加以解决。

3. 生成矩阵 G(generator matrix)

(n,k) 码的生成矩阵可以通过已得的监督方程组(8-16)得到,即在方程组上,再加上 (n,k) 码的 7 位码中尚未列出的 4 个信息码元 C_6,C_5,C_4,C_3,则得如下 7 个方程组:

$$\text{包含 } n \text{ 个码元的 1 个码字 } C = \begin{cases} C_6 = C_6 \\ C_5 = \quad C_5 \\ C_4 = \quad\quad C_4 \\ C_3 = \quad\quad\quad C_3 \\ C_2 = C_6 + C_5 + C_4 \\ C_1 = C_6 + C_5 \quad\quad + C_3 \\ C_0 = C_6 \quad\quad + C_4 + C_3 \end{cases} \left. \begin{array}{l} \\ \\ \end{array} \right\} k=4 \text{ 个信码} \quad \left. \begin{array}{l} \\ \\ \end{array} \right\} \begin{array}{l} \text{由信码组合构成} \\ n-k=3 \text{ 个监督元} \\ (\text{式}(8\text{-}16)\text{左边}) \end{array} \tag{8-19}$$

(码长 $n=7$)

这一完善的 n 个方程组,就是产生 $(n,k)=(7,4)$ 分组码的模式。为明了起见,将式(8-19)表示为转置矩阵形式,并经过适当变换,则 $n=7$ 位码字 $C_6 C_5 C_4 C_3 C_2 C_1 C_0 = \boldsymbol{C}$,由以下步骤编制而成:

$$\boldsymbol{C} = (C_6 \quad C_5 \quad C_4 \quad C_3 \quad C_2 \quad C_1 \quad C_0) = \left[\begin{bmatrix} C_6 & & & \\ & C_5 & & \\ & & C_4 & \\ & & & C_3 \\ C_6 & C_5 & C_4 & \\ C_6 & C_5 & & C_3 \\ C_6 & & C_4 & C_3 \end{bmatrix} \begin{bmatrix} C_6 \\ C_5 \\ C_4 \\ C_3 \end{bmatrix}\right]^{\mathrm{T}} = \left[\begin{bmatrix} 1 & 0 & 0 & 0 \\ 0 & 1 & 0 & 0 \\ 0 & 0 & 1 & 0 \\ 0 & 0 & 0 & 1 \\ 1 & 1 & 1 & 0 \\ 1 & 1 & 0 & 1 \\ 1 & 0 & 1 & 1 \end{bmatrix} \begin{bmatrix} C_6 \\ C_5 \\ C_4 \\ C_3 \end{bmatrix}\right]^{\mathrm{T}} =$$

$$(C_6 \quad C_5 \quad C_4 \quad C_3)\begin{bmatrix} 1 & 0 & 0 & 0 & 1 & 1 & 1 \\ 0 & 1 & 0 & 0 & 1 & 1 & 0 \\ 0 & 0 & 1 & 0 & 1 & 0 & 1 \\ 0 & 0 & 0 & 1 & 0 & 1 & 1 \end{bmatrix} = (C_6 \quad C_5 \quad C_4 \quad C_3)\boldsymbol{G} \tag{8-20}$$

这一结果的表示方式完全等价于式(8-19)。式中,$\boldsymbol{G}$ 作为生成矩阵,即有

$$\boldsymbol{G} = \begin{bmatrix} 1 & 0 & 0 & 0 & 1 & 1 & 1 \\ 0 & 1 & 0 & 0 & 1 & 1 & 0 \\ 0 & 0 & 1 & 0 & 1 & 0 & 1 \\ 0 & 0 & 0 & 1 & 0 & 1 & 1 \end{bmatrix} = [\boldsymbol{I}_k \vdots \boldsymbol{Q}] \tag{8-21}$$

显然,$\boldsymbol{G}$ 由式(8-19)中 7 个方程等式右部系数矩阵转置而成,待编码的 2^k-1 个非全零 k 位源码 $C_6 C_5 C_4 C_3$ 的任一个与 $\boldsymbol{G}$ 相乘,即可得到相应的 $(7,4)$ 码的一个码字。

然后,我们对式(8-17)中 $\boldsymbol{H}$ 矩阵左半部分 $\boldsymbol{P}$ 矩阵与得到的 $\boldsymbol{G}$ 矩阵中右半部分 $\boldsymbol{Q}$ 矩阵进

行比较,可以发现,P 与 Q 二者互为转置关系,即

$$Q = P^T \quad 或 \quad P = Q^T \tag{8-22}$$

并且,H 与 G 矩阵作为典型矩阵的特点是:H 矩阵右方为单位矩阵 I_{n-k}(这里为 I_3),G 矩阵左方总是单位矩阵 I_k(这里为 I_4),加之两阵中含有的 P 与 Q 互为转置关系,因此在由监督方程组系数构成 H 矩阵后,可以很方便地得到 G 矩阵。

4. H 与 G 矩阵的特征

1) H 与 G 矩阵的关系

由 H 与 G 的分块表示的矩阵形式

$$H = [P \vdots I_{n-k}] \quad 及 \quad G = [I_k \vdots Q] \tag{8-23}$$

则有

$$GH^T = 0 \quad 或 \quad HG^T = 0 \quad (校验方程式) \tag{8-24}$$

2) H 矩阵的特点

(1) FEC 分组码 H 矩阵是通过设计 (n,k) 码的 $n-k=r$ 个线性独立的监督方程之后,抽取其系数构成的。在此前提下,各监督方程中尽量用充分多的信码数表示监督元。

(2) H 矩阵的行数为 $n-k=r$ 行。右半部分为单位矩阵 I_{n-k},由这种典型形式的 H 矩阵得到的 (n,k) 码称为系统码(systematic codes)。

(3) H 矩阵与其相应的 (n,k) 码的任何一个许用码字(转置)进行相乘的结果必等于 0,即若 $C = mG$ 是 (n,k) 任一码字,则必有 $CH^T = 0$ 或 $HC^T = 0$。若不属于许用码字,或有传输差错,则运算结果将为非 0 值。

(4) H 矩阵中不含全 0 列,否则总是 $d_0 = 1$。作为检错码(ARQ),H 中含有重复列,则 $d_0 = 2$,只能检 1 位错,不论 n、k 有多大。作为 FEC 码时的 H 矩阵,不含全 0 列及重复列。

3) G 矩阵的特点

(1) G 矩阵的 k 行中的每一行,均为 (n,k) 码的码字,并且任意两行或更多行模 2 加,也是一个许用码字——这一特点称为 (n,k) 分组码的封闭性质。

(2) G 矩阵中的 Q 子阵,各列可任意调换顺序,其生成码字的纠错能力不变。

(3) 由 G 矩阵求全部非 0 码字时,由于其构成为典型矩阵,生成的 (n,k) 码为系统码。上述 $(7,4)$ 码由式(8-17)H 矩阵和式(8-21)G 矩阵决定的该码字集合见表8-3。

5. (n,k) 分组码的纠错能力

由纠错定理我们已经明确认识到,一个分组码的差错控制能力大小,完全取决于汉明距离 d_0,(n,k) 码的 2^k 个码字中由于包括全 0 码字,因此欲求出该码的 d_0,只需从 $2^k - 1$ 非全 0 码字中找到最小码重就是最小汉明距离 d_0。如表 8-3 中,最小重量的码字共有 7 个,均为 $d_0 = 3$。因此 $(7,4)$ 码可纠 1 位错。

表 8-3 (7,4)分组码(汉明码)

信 息 位	监 督 位	信 息 位	监 督 位
$C_6 C_5 C_4 C_3$	$C_2 C_1 C_0$	$C_6 C_5 C_4 C_3$	$C_2 C_1 C_0$
0 0 0 0	0 0 0	1 0 0 0	1 1 1
0 0 0 1	0 1 1	1 0 0 1	1 0 0
0 0 1 0	1 0 1	1 0 1 0	0 1 0
0 0 1 1	1 1 0	1 0 1 1	0 0 1
0 1 0 0	1 1 1	1 1 0 0	0 0 1
0 1 0 1	1 0 1	1 1 0 1	0 1 0
0 1 1 0	0 1 1	1 1 1 0	1 0 0
0 1 1 1	0 0 0	1 1 1 1	1 1 1

[例 8-1] 编制 $(n,k)=(6,3)$ 分组码。

（1）按步骤给出 H 矩阵、G 矩阵典型形式；

（2）编出 $2^k-1=2^3-1=7$ 个非全 0 码字；

（3）求 d_0，并评价纠错能力。

解：（1）设计：以适当信码组合表示的相应监督位，构成 $n-k=3$ 线性独立方程：

$$\left.\begin{array}{l} C_2 = C_5 + C_3 \\ C_1 = C_4 + C_3 \\ C_0 = C_5 + C_4 \end{array}\right\} \quad 或 \quad \begin{bmatrix} C_2 \\ C_1 \\ C_0 \end{bmatrix} = \begin{bmatrix} 1 & 0 & 1 \\ 0 & 1 & 1 \\ 1 & 1 & 0 \end{bmatrix} \begin{bmatrix} C_5 \\ C_4 \\ C_3 \end{bmatrix} \tag{8-25}$$

则系数矩阵为

$$H = \begin{bmatrix} 1 & 0 & 1 & 1 & 0 & 0 \\ 0 & 1 & 1 & 0 & 1 & 0 \\ 1 & 1 & 0 & 0 & 0 & 1 \end{bmatrix} \tag{8-26}$$

由式(8-23) G 与 H 的关系，可由 H 矩阵得到相应 G 矩阵：

$$G = \begin{bmatrix} 1 & 0 & 0 & 1 & 0 & 1 \\ 0 & 1 & 0 & 0 & 1 & 1 \\ 0 & 0 & 1 & 1 & 1 & 0 \end{bmatrix} \tag{8-27}$$

（2）编码

除 G 中已有 3 个码字外，尚有 4 个非全 0 码字，即信码组 101，011，110，111 对应的(6,3)码字。

如信码 101 的(6,3)码码字为

$$C = mG = \begin{bmatrix} 1 & 0 & 1 \end{bmatrix} \begin{bmatrix} 1 & 0 & 0 & 1 & 0 & 1 \\ 0 & 1 & 0 & 0 & 1 & 1 \\ 0 & 0 & 1 & 1 & 1 & 0 \end{bmatrix} = \begin{bmatrix} 1 & 0 & 1 & 0 & 1 & 1 \end{bmatrix} \tag{8-28}$$

全部 $2^3=8$ 个码字为 001110，010011，011101，100101，101011，110110，111000，000000（每个非全 0 码重量≥3）。

（3）从 8 个码字看，$d_0=3$，可自动纠 1 位错。

这里应强调指出，如果在设计 H 矩阵的式(8-25)中，3 个监督位($C_2C_1C_0$)任何一个均不能只用 1 位信码表示（如 $C_2=C_5$），也不能以全部 k 位信码表示（如 $C_0=C_5+C_4+C_3$），否则构成的(6,3)码的 $d_0=2$，只能检 1 位错，因为提供 H 的 3 个方程并非线性独立。

6. 系统码

上面已经提到，典型形式的 H 矩阵和 G 矩阵产生的 (n,k) 码称为系统码。其特点是全部 2^k 个码字，从最高位开始总是前 k 位为信码，后 $n-k$ 位是监督位，当接收端检纠错后，可以方便地取出前 k 位而迅速解码，则恢复源信息。

8.2.3 伴随式解码

经过信道传输后，码字可能发生差错，因此接收端需对每个码字按照与编码相应规则逐一进行检验。若在该设计 (n,k) 码的能力范围内，则可立即实施自动纠错，或者以 ARQ 方式重发纠错。

设接收码字为 C_r，则它与 H 矩阵运算可能有两种结果，即

$$C_r H^T \begin{cases} = 0 & \text{无错} \quad (C_r = C) \\ \neq 0 & \text{有错} \end{cases} \tag{8-29}$$

发生差错的 C_r 含有的错误式样为 E，因此有

$$C_r = C + E \tag{8-30}$$

利用式（8-23）校验方程，若　$C_r H^T = (C + E) H^T = CH^T + EH^T = EH^T \neq 0 \tag{8-31}$

于是接收时检错过程就是计算上式结果：

$$S = C_r H^T = EH^T \tag{8-32}$$

这里，将 S 称为误差伴随矢量，简称"伴随式"（Syndrome），词意是它伴随产生的传输差错而存在非 0 值。在 (n,k) 码中的全部错误式样为 $2^n - 1$ 个，若计算结果 S 不等于 0，且在纠错能力之内，则对应于错误式样的错码在解码之前均可以被纠正。S 不是一个简单的数值，而是位数等于 H 矩阵列的位数，即 $(n - k)$ 个元素的矢量。

如［例 8-1］$(6,3)$ 码，如果收码为 $C_r = (110100)$，则利用式（8-25）中的 H 矩阵，运算得

$$S = C_r H^T = (010)$$

这一结果，即 $S = (010)$ 正与 H 矩阵第 5 列相同，表明 C_r 收码中，从高位开始第 5 个码元差错，如果只有 1 位错，则可立即纠正为 $C = (110110)$。

由于 $(6,3)$ 码的汉明距离 $d_0 = 3$，由例 8-1 知，当许用码字 $C = (001110)$，若任意错 2 位，如 C 变为 $C_r = (000100)$，求其伴随式可得：$S = (100)$。而 H 矩阵第 4 列是与该 S 相同的列，表明只有 1 位错，于是将 000100 "纠正"为 000000。因此如果差错超出纠错能力，则会更错。

8.2.4　汉明界

在前面纠错定理中，明确了一个 (n,k) 分组码的差错控制能力完全取决于汉明距离 d_0，但对具体产生的 (n,k) 码，如何达到指定的 d_0 值？上面 $(6,3)$ 码与 $(7,4)$ 码的 d_0 均为 3，似乎它们均等于 $n - k = d_0$，然而这不是普遍性规则，如 $(15,11)$ 码，$d_0 \neq 15 - 11 = 4$，而 $d_0 = 3$。因此，我们尚需进一步讨论：究竟 n、k 与 d_0 三者间的正确关系是什么？

这里不加证明地给出"线性码最小码距下界"，可表示当给定纠错位数 t 时，它与 $n - k$ 的关系

$$n - k \geqslant \text{lb} \Big(\sum_{i=0}^{t} \binom{n}{i} \Big), \quad t = \frac{d_0 - 1}{2} \tag{8-33}$$

或

$$2^{n-k} \geqslant \sum_{i=0}^{t} \binom{n}{i} \tag{8-34}$$

例如：需要 $t = 1$，即 $d_0 = 3$，可纠 1 位错，则由式（8-34）可计算出

$$\left. \begin{array}{l} 2^{n-k} \geqslant \displaystyle\sum_{i=0}^{t=1} \binom{n}{i} = \binom{n}{0} + \binom{n}{1} = 1 + n \\[2mm] n - k \geqslant \text{lb}(1 + n) \end{array} \right\} \tag{8-35}$$

则

如：$n = 7$，$\text{lb } 8 = 3$，即 $r = n - k \geqslant 3$（监督位至少为 3 位才可纠 1 位错）。

8.2.5 汉明码及其扩展

1. 汉明码

（1）定义——汉明码是 $d_0 = 3$（只能纠 1 位错）、高效的 (n,k) 线性分组码（或后面介绍的循环码），即其编码效率（码率）$R = \dfrac{k}{n}$ 较其他任何 (n,k) 分组码高。汉明码属于下面提到的"完备码"。

（2）构成特点

$$(n,k) = (2^m - 1, 2^m - m - 1):\begin{cases} 监督元数: n - k = m \\ 码长: n = 2^m - 1 \\ 信息位: k = 2^m - m - 1 \end{cases} \quad (8\text{-}36)$$

典型汉明码有 $(7,4)$、$(15,11)$、$(31,26)$ 码等。

2. 汉明码的扩展与扩展码

(n,k) 汉明码，即符合 $(2^m - 1, 2^m - 1 - m)$ 结构时，如 $(7,4)$ 码，若将它的每个码字再加进一个对全部码字都进行监督（校验）的监督位 C_0'，即得

$$C_0' = C_{n-1} + C_{n-2} + \cdots + C_1 + C_0 \quad (8\text{-}37)$$

或

$$C_{n-1} + C_{n-2} + \cdots + C_1 + C_0 + C_0' = 0 \quad (8\text{-}38)$$

称上式为"全监督方程"，此种汉明码的监督位增加为 $m + 1$，而信息位 k 不变，码长 n 也增加 1 位，$n = 2^m$，此时汉明码变为 $(2^m, 2^m - 1 - m)$，称为扩展汉明码。

所加的 C_0' 是 1 还是 0，是以使全部非全 0 码字重量均达到 $d_0 = 4$ 为准，因此扩展汉明码最小码距由 $d_0 = 3$ 变为 $d_0 = 4$。

- $(7,4)$ 汉明码扩展后的 $(8,4)$ 扩展汉明码一致监督矩阵 $H_{4\times 8}$ 是由 $(7,4)$ 码 H 矩阵进行增补 8 个"1"构成的行和一个全 0 列，则得

$$H_{4\times 8} = \begin{bmatrix} 1 & 1 & 1 & 1 & 1 & 1 & 1 & 1 \\ 1 & 1 & 1 & 0 & 1 & 0 & 0 & 0 \\ 1 & 1 & 0 & 1 & 0 & 1 & 0 & 0 \\ 1 & 0 & 1 & 1 & 0 & 0 & 1 & 0 \end{bmatrix} \text{ 或 } H_{4\times 8} = \begin{bmatrix} 1 & 1 & 1 & 0 & 1 & 0 & 0 & 0 \\ 1 & 1 & 0 & 1 & 0 & 1 & 0 & 0 \\ 1 & 0 & 1 & 1 & 0 & 0 & 1 & 0 \\ 1 & 1 & 1 & 1 & 1 & 1 & 1 & 1 \end{bmatrix} \quad (8\text{-}39)$$

有时将扩展汉明码称为汉明增余码。宜将式 $(8\text{-}39)$ $H_{4\times 8}$ 化为典型阵，然后再得到典型 G 矩阵。

- 若由式 $(8\text{-}39)$ 扩展的 $H_{4\times 8}$ 化为典型形式后获得典型 G 矩阵，有些麻烦。因此宜由式 $(8\text{-}21)$ 先对 G 矩阵进行扩展，将式 $(8\text{-}21)$ 最右侧增加一列 (0111)，于是确保 G 矩阵扩展后每行码重均正好为 4，可得 $d_0 = 4$ 的 $(8,4)$ 码：

$$G_{4\times 8} = \begin{bmatrix} 1 & 0 & 0 & 0 & 1 & 1 & 1 & 0 \\ 0 & 1 & 0 & 0 & 1 & 1 & 0 & 1 \\ 0 & 0 & 1 & 0 & 1 & 0 & 1 & 1 \\ 0 & 0 & 0 & 1 & 0 & 1 & 1 & 1 \end{bmatrix}, \text{ 典型 } H_{4\times 8} \text{ 可直接给出}: H_{4\times 8} = \begin{bmatrix} 1 & 1 & 1 & 0 & 1 & 0 & 0 & 0 \\ 1 & 1 & 0 & 1 & 0 & 1 & 0 & 0 \\ 1 & 0 & 1 & 1 & 0 & 0 & 1 & 0 \\ 0 & 1 & 1 & 1 & 0 & 0 & 0 & 1 \end{bmatrix}$$

$$(8\text{-}40)$$

- 非汉明码也可扩展,如例 8-1 中(6,3)码 **G** 矩阵式(8-27)扩展为典型阵(使每行重量为 4)即,

$$G_{3\times7}=\begin{bmatrix}1&0&0&1&0&1&\vdots&1\\0&1&0&0&1&1&\vdots&1\\0&0&1&1&1&0&\vdots&1\end{bmatrix},\ H_{3\times7}=\begin{bmatrix}1&0&1&\vdots&1&0&0&0\\0&1&1&\vdots&0&1&0&0\\1&1&0&\vdots&0&0&1&0\\1&1&1&\vdots&0&0&0&1\end{bmatrix} \tag{8-41}$$

8.2.6　完备码

- 完备码定义——当式(8-33)、(8-34)汉明界不等式中等式成立时,即

$$n-k=\mathrm{lb}\sum_{i=0}^{t}\binom{n}{i},t=\frac{d_0-1}{2} \tag{8-42}$$

符合这一关系的参量构成的(n,k)码称为完备码(Exhaust)。

- 显然由上面关系,(7,4)汉明码是完备码,同时由汉明码的构成特征式(8-36),则有一切汉明码都是完备码。如(15,11)、(31,26)码均为汉明码,它们也都是完备码。
- "完备"的直观含义——(n,k)完备码的 n 列 **H** 矩阵,"用尽"了(exhaust)n-k 个元素为 1 列的全部非全 0 列($2^{n-k}-1=n$)。此时,无须由监督方程组中抽取的系数来搭构 **H** 矩阵。而宜直接将这 n 个非全 0 列以任意列序排布,均可得到确保 $d_0=3$ 的正确 **H** 矩阵。另外,可纠 3 个错的 Golay 码和一个三进制码也是完备码,这里不作讨论。

8.2.7　分组码的对偶码

如果某(n,k)线性分组码,具有生成矩阵 **G** 和一致监督矩阵 **H**,则由式(8-24)
$$GH^{\mathrm{T}}=0\ \text{或}\ HG^{\mathrm{T}}=0 \tag{8-43}$$

这表明 **G** 与 **H** 生成的空间互为 0 空间,则每一个具有生成矩阵 **G** 和一致监督矩阵 **H** 的(n,k)码互换为与之对应的一致监督矩阵 **G** 和生成矩阵 **H** 的(n,n-k)码为"对偶码"(dual codes)。

如:(7,3)码与(7,4)码为对偶码,(7,3)码的 **G** 与 **H** 矩阵分别为(7,4)码的 **H** 与 **G** 矩阵,反之亦然;(6,3)码为自对偶码;(5,2)码与(5,3)码为对偶码;(n,1)重复码与(n,n-1)奇偶校验码为对偶码。为了仍构成系统码,对偶之后的两种矩阵,均需变换为典型形式。

由对偶码的关系,当已知(n,k)码参量时,可以方便地得到(n,n-k)码。

8.3　(n,k)循环码

循环码是(n,k)线性码的一个重要子类,电路实现编解码容易,诸如 R-S、CRC、BCH 很多高效子类码,是实际应用最多的循环码(cyclic code)。

8.3.1　码多项式表示及其运算

1. 多项式表示编码序列

(n,k)码的 1 个码字,以多项式表示——为了表示码序列或码字的每个码元位置而指定一个字母作"基底",其幂次表示某码元排序中的序位,由其幂前权值系数表示是 0 还是 1。于是(n,k)码可表示为

$$c(x) = a_{n-1}x^{n-1} + a_{n-2}x^{n-2} + \cdots + a_2 x^2 + a_1 x^1 + a_0 x^0 \tag{8-44}$$

如：$c_1 = (1001101)$ 表示为

$$c_1(x) = x^6 + x^3 + x^2 + 1$$

$c_2 = (1010011)$ 表示为

$$c_2(x) = x^6 + x^4 + x + 1$$

2. 多项式运算规则

1）模 2 和 = 模 2 减

如

$$x^n + 1 = x^n - 1\,;\,(x^4 + x^3 - 1) + (x^4 + 1) = x^3 \tag{8-45}$$

又如

$$(x^5 - x^4 + x^2 + 1) + (x^4 + x^3 + x) = x^5 + x^3 + x^2 + x + 1$$

若由其权系数运算：$(110101) \oplus (011010) = 101111$ 结果相同

2）乘法

$$(x - 1)(x^3 + x + 1) = x^4 + x^3 + x^2 + 1 \tag{8-46}$$

若由其权系数运算：$(11) \cdot (1011) = 11101$ 结果相同

3）除法

$$\frac{x^5 + x^3 + x}{x^2 + x} = (x^3 + x^2) + \frac{x}{x^2 + x} \text{（见下面"演算"过程）} \tag{8-47}$$

若由其权系数运算：$(101010) / (110) = 1100$ 余 10 结果相同

通式表示：
$$\frac{\text{被除式 } F(x)}{\text{除式 } N(x)} = \text{商式 } q(x) + \frac{\text{余式 } r(x)}{N(x)} \tag{8-48}$$

从上述运算看，利用二进制代码运算与多项式运算结果一样，但是利用多项式的优点在于准确表明各位码元在序列中的位置及位序。本节均用多项式方式表示。

4）同余式（congruence）

式（8-48）模式中的被除式 $F(x)$ 与余式 $r(x)$ 称为在模 $N(x)$ 运算时的同余式，式（8-48）可等价表示为

$$F(x) \equiv r(x) \quad (\text{模 } N(x)) \quad\quad (\text{这里并不考虑商 } q(x) \text{ 的大小}) \tag{8-49}$$

如：
$$x^5 + x^3 + x \equiv x \quad (\text{模 } x^2 + x)$$

演算：

$$x^2 + x \overline{\smash{)}\ x^5 + x^3 + x} \quad \begin{array}{r} x^3 + x^2 \\ \hline x^5 + x^4 \\ \hline x^4 + x^3 + x \\ x^4 + x^3 \\ \hline x(\text{余式}) \end{array}$$

$$x^2 + x + 1 \overline{\smash{)}\ x^4 + x^2 + x} \quad \begin{array}{r} x^2 + x + 1 \\ \hline x^4 + x^3 + x^2 \\ \hline x^3 + x \\ x^3 + x^2 + x \\ \hline x^2 \\ x^2 + x + 1 \\ \hline x + 1(\text{余式}) \end{array}$$

比较

$$111 \overline{\smash{)}\ 10110} \quad \begin{array}{r} 111 \\ \hline 111 \\ \hline 101 \\ 111 \\ \hline 100 \\ 111 \\ \hline 11(\text{余}) \end{array}$$

又如：
$$x^4 + x^2 + x \equiv x + 1 \quad (\text{模 } x^2 + x + 1)$$

及
$$x^7 + 1 \equiv 0 \quad (\text{模 } x^3 + x^2 + 1) \text{ 或 } (\text{模 } x^4 + x^3 + x^2 + 1) \tag{8-50}$$

3. 码字多项式循环移位特征

如:码长 $n = 7$,$C = (1110100)$,多项式表示为 $C(x) = (x^6 + x^5 + x^4 + x^2)$

左移一位:$x \cdot C(x) = x \cdot (x^6 + x^5 + x^4 + x^2) = x^7 + x^6 + x^5 + x^3 \equiv x^6 + x^5 + x^3 + 1$(模 $x^7 + 1$),即 1110100 循环(左移)1 位:1101001 $\rightarrow x^6 + x^5 + x^3 + 1$

式中利用"模 $x^7 + 1$"运算是 $\dfrac{x^7 + x^6 + x^5 + x^3}{x^7 + 1} = 1$ 余 $x^6 + x^5 + x^3 + 1$

8.3.2 (n,k)循环码的描述

1. 循环码特征(定义)

循环码有如下特征。

(1) 符合(n,k)线性分组码特点——它也是由 k 位信码及其相关信码线性组合,提供的 $n - k$ 个监督元的 n 长独立纠错码。在码内(码字集合)的任意 2 个码字之和为该码中的一个码字。这一特征表明(n,k)循环码属于(n,k)分组码的一个子类。

(2) 另一个显著特点是,循环码中的任何一个码字连续位移 i 位后,仍属于该循环码的一个码字。

2. 生成多项式的充要条件

- 若某(n,k)码,要看它是否是循环码,决定于生成多项式 $g(x)$,而 $g(x)$ 必要条件是:①它是最高次幂为码长 n 的多项式 $x^n + 1$ 所分解出的 1 个因式,②其最高幂次为 $n - k = r$(即该因式最高次项为 x^{n-k}),③最低项为常数 1。如$(n,k) = (7,k)$码系列

$$\left.\begin{array}{ll} x^n + 1 = x^7 + 1 = (x+1)[(x^3+x+1) \cdot (x^3+x^2+1)] & (1) \\ = (x^3+x+1)[(x+1) \cdot (x^3+x^2+1)] & (2) \\ = (x^3+x^2+1)[(x+1) \cdot (x^3+x+1)] & (3) \end{array}\right\} \quad (8\text{-}51)$$

或

$$\left.\begin{array}{ll} x^7 + 1 = [(x+1) \cdot (x^3+x+1)](x^3+x^2+1) & (4) \\ = [(x+1) \cdot (x^3+x^2+1)](x^3+x+1) & (5) \\ = [(x^3+x+1) \cdot (x^3+x^2+1)](x+1) & (6) \end{array}\right\} \quad (8\text{-}52)$$

由以上两套分解形式,k 值可为 1,6 及 3,4,可构成的$(7,k)$码,即可有$(7,6)$,$(7,1)$和$(7,3)$、$(7,4)$各两种。

把符合这种条件的 $x^n + 1$ 的因式多项式称为(n,k)循环码的生成多项式(generator polynomial),并以 $g(x)$ 表示。由式(8-51)、式(8-52)中共 6 种既约因子式看,有两种组合因子式的幂次为 $n - k = r = 4$,即

$$g_1(x) = (x+1)(x^3+x+1) = x^4 + x^3 + x^2 + 1 \quad (8\text{-}53)$$

$$g_2(x) = (x+1)(x^3+x^2+1) = x^4 + x^2 + x + 1 \quad (8\text{-}54)$$

这两个多项式 $g_1(x)$、$g_2(x)$ 均可产生下面将介绍的$(7,3)$循环码。式(8-51)中的另外两个多项式,$(x^3 + x + 1)$ 和 $(x^3 + x^2 + 1)$ 可以用来构成两个(7.4)汉明循环码。

- $g(x)$ 的充分条件——在满足上面 3 个必要条件前提下,一个符合要求的生成多项式还必须满足的要素是:该多项式非 0 系数的数目,或其重量必须等于相应(n,k)线性分组码的最小汉明距离 d_0。作为一个不满足这一要素的例子是$(6,3)$码:

$x^6 + 1 = (x^3 + 1)(x^3 + 1)$，这里若欲将因式 $(x^3 + 1)$ 作为 $g(x)$ 而"构成" $(6,3)$ 循环码是不成立的，$(x^3 + 1)$ 虽然满足"必要"条件，但其非 0 项个数只为 2，而前面（例8-1）中 $(6,3)$ 分组码 $d_0 = 3$。如果提供循环码，$d_0 = 2$，因此不存在 $(6,3)$ 循环码。另外如 $(5,2)$、$(5,3)$ 码，由于 $(x^5 + 1)$ 中不含有符合要求的因式，也不存在相应的循环码。

3. 循环码生成矩阵

对于循环码也可以给出类似于式(8-21)的 $k \times n$ 阵列构成的生成矩阵 $\boldsymbol{G}(x)$，但是其构成是由 $g(x)$ 移位 $k-1$ 次而得到的 $(n-k)$ 行的列阵，即

$$\boldsymbol{G}(x) = \begin{bmatrix} x^{k-1}g(x) \\ \vdots \\ xg(x) \\ g(x) \end{bmatrix} \tag{8-55}$$

例如，$(7,4)$ 码，在式(8-51)(2)中，选用 $g(x) = x^3 + x + 1$，则有

$$\boldsymbol{G}(x) = \begin{bmatrix} x^6 + x^4 + x^3 \\ x^5 + x^3 + x^2 \\ x^4 + x^2 + x \\ x^3 + x + 1 \end{bmatrix}, \text{系数矩阵}: \boldsymbol{G} = \begin{bmatrix} 1 & 0 & 1 & 1 & 0 & 0 & 0 \\ 0 & 1 & 0 & 1 & 1 & 0 & 0 \\ 0 & 0 & 1 & 0 & 1 & 1 & 0 \\ 0 & 0 & 0 & 1 & 0 & 1 & 1 \end{bmatrix} \tag{8-56}$$

相应典型矩阵为

$$\boldsymbol{G} = \begin{bmatrix} 1 & 0 & 0 & 0 & 1 & 0 & 1 \\ 0 & 1 & 0 & 0 & 1 & 1 & 1 \\ 0 & 0 & 1 & 0 & 1 & 1 & 0 \\ 0 & 0 & 0 & 1 & 0 & 1 & 1 \end{bmatrix}, \boldsymbol{H} = \begin{bmatrix} 1 & 1 & 1 & 0 & 1 & 0 & 0 \\ 0 & 1 & 1 & 1 & 0 & 1 & 0 \\ 1 & 1 & 0 & 1 & 0 & 0 & 1 \end{bmatrix} \tag{8-57}$$

特别提示——以上得到的 $(7,4)$ 循环码典型 $\boldsymbol{G}$、$\boldsymbol{H}$ 矩阵，是 $(7,4)$ 线性分组码多种结构中的一种特定模式：(n,k) 循环码必定等效于对应的线性分组码，而 (n,k) 分组码可能具有少量与其相等 d_0 的循环码，甚至不存在等效循环码。如 $(6,3)$、$(5,2)$ 等分组码。当给定 $\boldsymbol{G}$、$\boldsymbol{H}$ 表示式，欲证实其是否可构成循环码，首先视其 $\boldsymbol{G}$ 最下行是否符合 $g(x)$ 条件，然后尚须导出其 $\boldsymbol{G}(x)$ 及典型的 $\boldsymbol{G}$ 阵，再与该循环码 $\boldsymbol{G}$ 比较，需完全相同。

8.3.3 循环码编码方法和编码电路

(1) 利用基于生成多项式的典型生成矩阵以 $\boldsymbol{C} = \boldsymbol{mG}$ 模式编码，与线性码编码方法相同。

(2) 利用生成多项式编码

由信码多项式和提供正确的生成多项式 $g(x)$，以如下步骤编制系统码形式的循环码：

① 源码为 $m(x) = m_{k-1}x^{k-1} + \cdots + m_1 x + m_0$，应首先提升 $n-k$ 位，变为 $x^{n-k}m(x)$

② 然后以生成多项式 $g(x)$ 去除，得：

$$\frac{x^{n-k} \cdot m(x)}{g(x)} = q(x) + \frac{r(x)}{g(x)} \quad (r(x) \text{为余式}, q(x) \text{为整式商}) \tag{8-58}$$

③ 于是可得循环码

$$C(x) = x^{n-k} \cdot m(x) + r(x)$$

$$\tag{8-59}$$

④ 式(8-58)的含义是由于凡是码字 $C(x)$ 均能为 $g(x)$ 整除，即 $C(x) = g(x) \cdot q(x) \equiv$

$0[$ 模 $g(x)]$ ；而 $x^{n-k} \cdot m(x) + r(x) = g(x)q(x) + r(x) + r(x) \equiv 0[$ 模 $g(x)]$，其中 $r(x) + r(x) = 0$。

[例 8-2] 拟编 $(7,4)$ 循环码，并选用 $g(x) = x^3 + x + 1$。

已知信源码字为 $m = 1100$（即 $k = 4$）

解：（1） $m = 1100 \rightarrow$ 对应多项式： $m(x) = x^3 + x^2$

（2）将 $m(x)$ 升幂： $x^{n-k} = x^3$，则 $x^{n-k} \cdot m(x) = x^6 + x^5$，然后作除法。

$$\frac{x^{n-k} \cdot m(x)}{g(x)} = \frac{x^6 + x^5}{x^3 + x + 1} = (x^3 + x^2 + x) + \frac{x}{x^3 + x + 1}$$

由余项为 $r(x) = x$，且由 $x^{n-k} \cdot m(x) + r(x) \equiv 0$ （模 $g(x)$ ）

则 $x^6 + x^5 + x \equiv 0$ （模 $x^3 + x + 1$ ）

（3）上式左边即为所编 $(7,4)$ 码的码字：

$$C(x) = x^6 + x^5 + x \text{ 或 } C = 1100010$$

作为一个特例，$(7,3)$ 码生成多项式 $(8-53)$ 经移位循环 6 次（模 $x^7 + 1$），可得到如表 8-4 所示的全部非全 0 码字，就不必采用上述编码过程，但多数循环码不具备此特点，如 $(7,4)$ 码。

（3）循环码编码电路

可以按编码运算过程式 $(8-58)$、式 $(8-59)$ 设计一个基于 $g(x)$ 的除法电路，实现 (n,k) 循环码编码功能。图 8-6 所示是 $g(x) = x^3 + x + 1$ 的 $(7,4)$ 汉明循环码编码器。

表 8-4 $(7,3)$ 循环码的 7 个非全 0 码多项式

移位 i	$(7,3)$ 码		码多项式 $C(x)$, (模 $x^7 + 1$)
0	0 0 1	1 1 0 1	$T(x) = x^4 + x^3 + x^2 + 1$
1	0 1 1	1 0 1 0	$xT(x) \equiv x^5 + x^4 + x^3 + x$
2	1 1 1	0 1 0 0	$x^2 T(x) \equiv x^6 + x^5 + x^4 + x^2$
3	1 1 0	1 0 0 1	$x^3 T(x) \equiv x^6 + x^5 + x^3 + 1$
4	1 0 1	0 0 1 1	$x^4 T(x) \equiv x^6 + x^4 + x + 1$
5	0 1 0	0 1 1 1	$x^5 T(x) \equiv x^5 + x^2 + x + 1$
6	1 0 0	1 1 1 0	$x^6 T(x) \equiv x^6 + x^3 + x^2 + x$

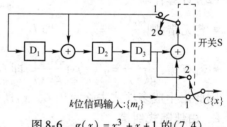

图 8-6 $g(x) = x^3 + x + 1$ 的 $(7,4)$ 汉明码编码电路

例如，当信码组 $\{m_i\} = 1001$ 与时钟同步条件下输入到编码器，联动开关 S 如图示状态，直接连续输出 1001 这 4 个码元。同时通过上端开关闭合通路，这 4 bit 也反馈到各个移位寄存器。当 4 bit 信码结束后，S 立即转换，于是继续输出 $n - k = 7 - 4 = 3$ 个监督码元。编出的 $(7,4)$ 码字为 $C = 1001110$（系统码），即 $C(x) = x^6 + x^3 + x^2 + x$。

8.3.4 循环码的对偶码与缩短码

1. 对偶码

与 (n,k) 分组码对应，循环码也存在对偶码。作为 $x^7 + 1$ 的因式分解——式 $(8-51)$、式 $(8-52)$ 可提供出 $(7,k)$ 码系列中的几对对偶码： $(7,1)$ 与 $(7,6)$，$(7,3)$ 与 $(7,4)$ 对偶，并且由于 $x^7 + 1$ 中包含两种最高幂次为 x^4 及 x^3 的 $g_1(x)$ 与 $g_2(x)$，因此 $(7,3)$、$(7,4)$ 有两种对偶码。

2. 关系

关系： $\qquad x^n + 1 = g(x) \cdot h(x)$ （ $h(x)$ 称为监督多项式） $\qquad (8-60)$

若以 $g(x)$ 生成 (n,k) 码，则以 $h(x)$ 作生成多项式而生成的 $(n, n-k)$ 码，两者互为对偶码。

3. 缩短码

设计一个合适的(n,k)码不是很容易,为方便应用,可以对已有的(n,k)码根据需要缩短i位,即

$$(n-i,k-i) \quad i=1,2,\cdots;i<k \tag{8-61}$$

由式(8-17)和式(8-21),$(7,4)$码可缩短2位得$(5,2)$码。式(8-17)H矩阵去掉左边$i=2$列,式(8-21)G中取用前面含2个0的下两列,并去掉前面各2个0,其H与G矩阵变为

$$H_{(5,2)}=\begin{bmatrix} 1 & 0 & 1 & 0 & 0 \\ 0 & 1 & 0 & 1 & 0 \\ 1 & 1 & 0 & 0 & 1 \end{bmatrix} \quad G_{(5,2)}=\begin{bmatrix} 1 & 0 & 1 & 0 & 1 \\ 0 & 1 & 0 & 1 & 1 \end{bmatrix}$$

注意(n,k)码缩短i位后,监督位$n-k$不变。并且本例汉明距离不变,仍为$d_0=3$。

8.3.5 伴随式纠错解码

1. 伴随多项式

(1)与(n,k)分组码类比,若$C(x)$经传输后则接收为$C_r(x)$,可能含有差错,即

$$C_r(x)=C(x)+E(x) \quad (E(x)为误差式样多项式) \tag{8-62}$$

或

$$E(x)=C_r(x)+C(x) \tag{8-63}$$

(2)计算伴随式

- 若无错:则$\dfrac{C_r(x)}{g(x)}=q(x)$,即$C_r(x)=C(x)\equiv 0$ 模$g(x)$ $\tag{8-64}$

- 若有错:$\dfrac{C_r(x)}{g(x)}=q'(x)+\dfrac{S(x)}{g(x)}$,即$C_r(x)\equiv S(x)$ 模$g(x)$ $\tag{8-65}$

因此由生成多项式去除收码$C_r(x)$所得的余式为$S(x)$——称为收码伴随式。

2. 由伴随式纠错

(1)若在(n,k)码纠错能力内,且$S(x)$只有1项,则表明差错发生在监督位中,得出的$S(x)$就是差错式样$E(x)$,因此可以直接纠错,即$C(x)=C_r(x)+E(x)=C_r(x)+S(x)$。只有此情况,才有$S(x)=E(x)$,即$S(x)$只有1项结果。

(2)若错误发生在前k位中,即(系统码)信息位中,则必须由$S(x)$去查表,与8.2节分组码纠错一样,从该循环码对应的典型H矩阵中,找出与$S(x)$的系数列相同的列来纠错。

现仍以(例8-2)加以说明:

- $C_r(x)=x^6+x^3+x$,$\dfrac{C_r(x)}{g(x)}=\dfrac{x^6+x^3+x}{x^3+x+1}=(x^3+x)+\dfrac{x^2}{x^3+x+1}$ 即$S(x)=x^2=E(x)$可以直接纠错 $C(x)=C_r(x)+E(x)=x^6+x^3+x^2+x$;

- $C_r=x^2+x+1$ 则$S(x)=x^2+x+1$,即$S=111$是式(8-57)H矩阵第2列,则纠正为$C(x)=x^5+x^2+x+1$,即$C=0100111$。

* 8.4 几种重要的循环码

在讨论了循环码的基本特征和编解码方法之后,再介绍几种非常有用的循环码。

8.4.1 CRC 码

循环冗余校验码——CRC 码是非常适于检错的差错控制码。它有两个突出的优点:首先是它可以检测出多种可能的组合性差错;第二是比较容易实现编、解码电路。因此,几乎所有检错码都利用循环码,这种专门用于检错的循环码称为循环冗余校验码,即 CRC 码。

由于信道偶或受到外部较强的干扰,可能在传输码字中发生长度为 b 个比特的连续差错——突发性差错,CRC 码可以检测出以下几种错误格式的错误:

(1) 突发长度高达不超过 $n-k$ 全部错误格式;

(2) 当突发错误达到 $n-k+1$ 位时,可部分检错,其比例为 $1-2^{-(n-k-1)}$;

(3) 当超出长度为 $n-k+1$ 的突发错误,可检错比例也为 $1-2^{-(n-k-1)}$;

(4) 检出错误码元数不超过比最小汉明距离少 1 位,即 d_0-1 个差错;

(5) 当生成多项式含有偶数个非 0 元素时,CRC 可检出码字的全部奇数个误差格式的错误。

表 8-5 给出了三种生成多项式的 CRC 码,并作为国际标准得到广泛应用。这三种 CRC 的生成多项式均含有基因式 $(x+1)$,其中 CRC$_{-12}$ 用于 6 bit 字符;另两种则常用于 8 bit 码字。

表 8-5 CRC 码

CRC 码	生成多项式 $g(x)$	$n-k$
CRC$_{-12}$ 码	$x^{12}+x^{11}+x^3+x^2+x+1$	12
CRC$_{-16}$ 码	$x^{16}+x^{15}+x^2+1$	16
CRC$_{ITU}$ 码	$x^{16}+x^{12}+x^5+1$	16

8.4.2 BCH 码

BCH 码是最为重要和能力最强的线性分组码之一,它的参量可以在大范围内变化,选用灵活,适用性强。最为常用的二元 BCH 码称为"本原 BCH 码"。

BCH 的参数及其关系式为:

$$\left.\begin{array}{l}\text{分组码长}: n=2^m-1\\[2pt]\text{信息码位数}: k\geqslant n-mt\\[2pt]\text{最小汉明距离}: d_0\geqslant 2t+1\end{array}\right\} \tag{8-66}$$

其中,m 为正整数,一般 $m\geqslant 3$,检纠错位数 $t<\dfrac{2^m-1}{2}$。BCH 可纠正或检出 t 位差错码,可纠正 1 位错的 (7,4) 汉明循环码,也可看做是 BCH 码。

表 8-6 部分 BCH 码的参数

n	k	t	生成多项式 $g(x)$ 的系数序列						
7	4	1						1	011
15	11	1						10	011
15	7	2					111	010	001
15	5	3				10	100	111	111
31	26	1						100	101
31	21	2					11	101	101	001
31	16	3			1	000	111	110	101	111
31	11	5		101	100	010	011	011	101	101
31	6	7	11	001	011	011	110	101	000	100	111

BCH 码可以提供灵活的参量选择,如码长和码率 $R=\dfrac{k}{n}$,而且码长可高达上百比特,它是目前同样码长及码率的所有分组码中的最优码,这里不讨论 BCH 码的结构原理,为了认识它的特点,表 8-6 给出了几种二元 BCH 码的参量,分组长度 n 均在 $2^5-1=31$ 的范围内。表中各参量含义同前,如 $g(x)$ 系数为 (11101101001) 时,构成 (31,21) BCH 码,$t=2$,其生成多项式为

$$g(x) = x^{10} + x^9 + x^8 + x^6 + x^5 + x^3 + 1$$

作为 BCH 码应用实例，H. 320 系统的会议电视利用 E_1 速率（2. 048 Mbit/s）PCM 传输。当信道误码率超出 10^{-6} 时，起用 BCH(511,493) 码。$n - k = r = 18$，其生成多项式 $g(x)$ 为

$$g(x) = (x^9 + x^4 + 1)(x^9 + x^6 + x^5 + x^3 + 1)$$

$$n = 2^m - 1 = 2^9 - 1 = 511, m = 9, k = 493。$$

差错控制能力：$mt = 18$；可纠 2 Bd，$d_0 = 5$。

8.4.3 R-S 码

R-S 是 Reed-Solomon 的缩写，R-S 码是多元 BCH 码的一种子类码。由于 R-S 码是以每符号 m 个比特进行的多元符号编码，在编码方法上与二元 (n,k) 循环码不同。分组块长为 $n = 2^m - 1$ 的码字，比特数为 $m(2^m - 1)$ 比特，当 $m = 1$ 时就是二元编码。一般 R-S 码常用 $m = 8$ bit，8 bit-R-S 码具有很大应用价值，可以纠 t 个符号错误的 R-S 码参量如下：

分组长度：$n = 2^m - 1$（符号）
信息组长度：k 个符号 $\qquad\qquad\qquad\qquad$ (8-67)
监督元：$n - k = 2t$（符号）
最小汉明距离：$d_0 = 2t + 1$（符号） $\qquad\qquad\qquad$ (8-68)

可以看出 R-S 码的特点：

（1）分组长度为 n 个符号的 R-S 码的长度比 2^m 小 1 个符号；

（2）最小汉明距离比监督符号数多一个；

（3）R-S 码的冗余度可以高效利用，可以根据需要，大范围内调整它的各个参量，特别是便于码率的选择与适配；

（4）解码方便、效率高。

作为 R-S (n,k) 码适于纠正组合差错（随机与突发）的应用，如 R-S(64,40) 码，每符号 6 bit 信息，构成 240 bit 分组（即 6×40），编码后，增加了 144 bit（24Bd）冗余，码长为 $n = 64$ Bd，具有 12 Bd 纠错能力。

又如 R-S(64,62) 码，用于 64QAM 数字微波系统，其中 2 Bd 冗余，只占 3%，可以纠 1 Bd 错误。

8.5 卷积码

卷积码（Convolutional Code）属于非分组码，它是一种小分组 (n_0, k_0) 多码段相关的链环码。

8.5.1 卷积码特征

卷积码特征如下。

（1）卷积码不同于 (n,k) 分组码，它将 (n,k) 变为很短的分组 (n_0, k_0)，如 $(2,1)$、$(3,1)$、$(3,2)$ 卷积码等。每一个监督元不仅是由本码段 (n_0, k_0) 的 k_0 位信码所决定，而且与其前 $N-1$ 个码段的信息有关，因此称为"卷积"码。它适于串行传送，延时较小。

（2）约束度与约束长度——连同本码段 (n_0, k_0) 在内以及其前 $(N-1)$ 段构成的 N 个分组码段称为约束长度（constraint length）：Nn_0 bit，而 N 称为约束度。因此，各码段 (n_0, k_0) 不像

(n,k) 分组码那样的独立纠错码单元,而其差错控制能力由 N 个码段来决定。所以通常将卷积码写为 (n_0,k_0,N),$N = m + 1$,m 是编码电路的移位寄存器数目。

8.5.2　卷积码数学描述

1.　编码器特性——冲激响应

（1）现以图 8-7 中 $(n_0,k_0,N) = (2,1,2)$ 卷积码为例来简要说明其编码原理。该简明电路有一个移位寄存器 $(m = 1)$ 和模 2 加法器,输出端设有一个二触点(触点数 $= n_0 = 2$) 开关,随着时钟的推动,对输入信码流 $\{m_i\}$,按电路逻辑进行编码。

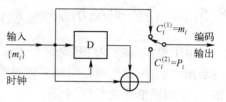

图 8-7　$(2,1,2)$ 卷积码编码

当信码(设 $k_0 = 1$ 位)输入为"1",即 $m_i = 1000\cdots$ (相当于以单位脉冲作为激励)。在时钟推动下,每推动一拍,信源输入 $k = 1$ 位码元,输出开关以各半拍时间先上后下振动,则有

$$\begin{cases} \text{上路径响应} \quad C_i^{(1)} = 10000 \quad \text{以多项式表示 } g_1(x) = x^0 = 1 \quad (\text{上路径生成多项式}) \\ \text{下路径响应} \quad C_i^{(2)} = 110000 \quad g_2(x) = x^0 + x = 1 + x \quad (\text{下路径生成多项式}) \end{cases}$$

（2）系统冲激响应——由开关按节拍动作,在源码位"1"码时得到编码输出。其构成是将 $g_2(x)$ 各项分别插入 $g_1(x)$ 同阶次项后面,则 $C_i = (C_i^{(1)}, C_i^{(2)}) = 11,01,00,00$。将这种穿插组合再写成多项式——$g(x) = 1 + x + x^3$,系数 $g = 1101$,称为该卷积码生成元,实际上它是该电路系统冲激响应。本例为系统码,即 $C_i^{(1)} = m_i$ 为信息位,$C_i^{(2)} = P_i$ 为监督位。$C_i = (C_i^{(1)} C_i^{(2)}) = (m_i P_i)$。

2.　生成矩阵

卷积码生成矩阵为半无限矩阵,是由每行为 g,依次错后 n_0 位,可向右向下无限延伸,本例可给出 $g = 1101$ 及 $n_0 = 2$,则

$$G_\infty = \begin{bmatrix} 1 & 1 & 0 & 1 & 0 & 0 & 0 & 0 & 0 & 0 & \cdots \\ 0 & 0 & 1 & 1 & 0 & 1 & 0 & 0 & 0 & 0 & \cdots \\ 0 & 0 & 0 & 0 & 1 & 1 & 0 & 1 & 0 & 0 & \cdots \\ 0 & 0 & 0 & 0 & 0 & 0 & 1 & 1 & 0 & 1 & 0 & 0 & \cdots \\ & & & \cdots & & & & & 1 & 1 & 0 & 1 \\ & & & & & & & & & & \vdots \end{bmatrix} \quad (8\text{-}69)$$

G_∞ 称为卷积码(半无限)生成矩阵,它与 (n,k) 码生成矩阵 G、循环码 $g(x)$ 具有同等地位。

3.　编码

- 由源码组成序列 $\{m_i\}$ 与 G_∞ 相乘即可得到编码序列 $\{C_i\}$,也是半无限序列,即

$$\{C_i\} = \{m_i\} \cdot G_\infty, \text{ 或 } C = m \cdot G_\infty \quad (8\text{-}70)$$

例如:$\{m_i\} = 101101$,$\{C_i\} = [101101] G_\infty = [11,01,11,10,01,11,01]$。这一结果和 $\{C_i\} = \{m_i P_i\}$ 的结果完全相同。

- 编码序列 $\{C_i\}$ 长度——当源序列 $\{m_i\}$ 长度为 L 比特,$N = m + 1$,则 $\{C_i\}$ 长度为

$$M = n_0(L + m) = n_0(L + N - 1) \text{ bit.} \quad (8\text{-}71)$$

4.　卷积码"卷积"的由来

(n_0, k_0) 码段的监督位 P_i 决定于 N(约束度)个码段的关联性,由第 i 个信码 m_i 作为参考

位,它等于包括 m_i 在内的共 N 个码段信息段的加权和——卷积(卷和)。

即
$$P_i = \sum_{l=0}^{N-1} g_i m_{i-l} \quad (\text{式中 } g_i \text{ 取 1 或 0})$$
(8-72)

该式更适于系统码卷积码(如图8-7所示)。

8.5.3　卷积码图示法

由于卷积码的"卷积"运算与约束 N 个分组码段的链环码特点,全部编码可由状态图或树形图表示,网格图可按时间进程表明编码过程。网格图还方便地用于维特比解码而连环检错,并在纠错能力内予以纠错。

1. 状态图(state diagram)

图8-8是按图8-7中的(2,1,2)卷积码编码器直接给出的状态图。其中,只有1个移存器,则有2个状态:$S_0 = 0, S_1 = 1$。

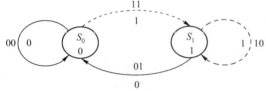

图8-8　(2,1,2)卷积码状态

当源码输入后引起状态变化(箭头指向),若源码 m_i 为1或0时,分别以虚线与实线及箭头表示向另一个状态的转移,并在其中注明编码码段(这里 $n_0 = 2$)。在原始状态为全0,由时钟序列推动时,其状态或转移或不转移,均决定于输入 m_i 信码和电路逻辑,编出相应的可能码段为:11,01,10,00 共4种(2,1,2)卷积码($n_0 = 2$)码段。

例如:当 $\{m_i\} = 101101$,由状态图编码路径和编码 n_0 码段依次表示为:

输入编码

状态转移　　$S_0 \xrightarrow[11]{1} S_1 \xrightarrow[01]{0} S_0 \xrightarrow[11]{1} S_1 \xrightarrow[10]{1} S_1 \xrightarrow[01]{0} S_0 \xrightarrow[11]{1} S_1 \xrightarrow[01]{0} S_0$ (完全与状态图对应)

每状态编码

即 $\{m_i\} = 101101$ 时的(2,1,2)编码输出为 $C = 11\ 01\ 11\ 10\ 01\ 11\ 01$。

状态图描述了具体卷积码编码器的全部信息,即由 m 个移位寄存器构成的一定电路逻辑在确定 n_0、k_0 时(n_0 决定输出开关触点数,每触点时间为时钟时间的 $1/n_0$,并决定于每次源码输入 k_0 位数),在各种状态下输入不同的 k_0 位码,则可发生状态转移,并编出 n_0 位卷积码段。因此,利用状态图编码较通过 G_∞ 更为方便。

2. 码树(code tree)

对一个 (n_0, k_0, N) 编码器的全部信息的描述还可以由码树图完成。如上述(2,1,2)编码器,当电路为静态时:$S_0 = 0$ 作为"根"(root),根据输入 k_0(这里 k_0 只有1位)为0还是1,可依序将状态图上的 n_0 位编码(依时钟推动)写在"树枝"上。当到达 N 级(这里 $N=2$)分支后,则显示出全部状态所编的全部可能的 (n_0, k_0) 码字。如图8-9所示全部码字为:00,11,01,10,此后第 $N+1 = 3$ 级分支时,则重复这

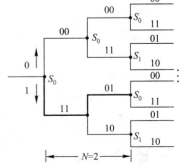

图8-9　(2,1,2)卷积码的码树图

4 组全状态编码。因此码树与状态图具有等价效果。

3. 网格图 (trellis diagram)

兹仍以 $(2,1,2)$ 卷积码为例,说明构成网格图过程。

状态图和码树图均不反映随时钟推动状态变化和编码的时间进程。图 8-10 表示输入 $L = 4$ bit 源码序列 $\{m_i\} = 1011$ 的 $(2,1,2)$ 卷积码网格图。由全 0 状态开始,连续输入 4 bit 源码,推动节拍 5 次,共涉及时间进程节点数 $K = L + m + 1 = 4 + 1 + 1 = 6$ 节点。(5 个时钟变更点)

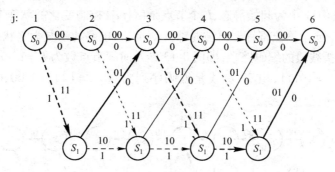

图 8-10　$(2,1,2)$ 卷积码网格图 $(L = 4, m = 1, N = 2)$

如图 8-10 所示,当 $S_0 = 0, m_1 = 0$ 时状态不变,即网格图顶部以实线箭头指向下一时段 0 状态,编码输出 $C_1 C_2 = 00$;若输入 $m_1 = 1$ 时,状态转移:$S_0 \to S_1$,编码 $n_0 = 2$ 位为 $C_1 C_2 = 11$,以虚线路径箭头引至 $S_1 = 1$ 状态;然后 $m_2 = 0$,则 $S_1 \to S_0$(实线),编码 $C_3 C_4 = 01$;当 $m_3 = 1$, $S_0 \to S_1$(虚线),$C_5 C_6 = 11$;$m_4 = 1$,$S_1 \to S_1$ 不变,$C_7 C_8 = 10$。当信息码元序列 $\{m_i\}$ 结束后,电路继续输出 $m = 1$(m 为移存器数)个节拍的 2 位 $C_9 C_{10} = 01$,才回到原始静态 S_0。于是当 $\{m_i\} = (1011)$ 时,则编码序列为 $\{C_i\} = (11, 01, 11, 10, 01)$。编码序列 $\{C_i\}$ 的码长为 $(L + m) n_0 = (4 + 1) \times 2 = 10$ 比特。其编码路径如图 8-10 中粗实线与粗虚线所示。

[例 8-3]　$(2,1,3)$ 卷积码状态图和网格图的构成。

图 8-11 为 $(2,1,3)$ 卷积码的编码电路图。

（1）状态图的构成

当编码器约束度 N 大时,则移存器的数目增长,且 $m = N - 1$,或 $N = m + 1$。因此 $m = 2$ 的图 8-11 中移位寄存器状态数为 $m^2 = 2^2 = 4$ 个状态:$S_0(00)$、$S_1(10)$、$S_2(01)$、$S_3(11)$,如图 8-12 所示。由于每种状态又可能输入为 1 或 0,因此,状态图就有 4 对(8 条)虚、实转移路径,

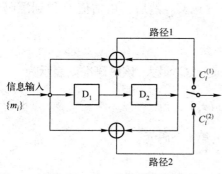

图 8-11　$(2,1,3)$ 卷积码编码

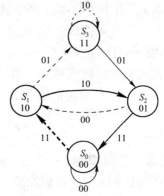

图 8-12　$(2,1,3)$ 卷积码状态图

含 4 对双比特编码输出结果。

从图 8-11 容易得出,该编码电路的冲激响应为 $g = 111011$,如图 8-12 中下部三条粗线所示路径上的码字序列。

(2) 网格图构成

由 $m = 2$ 个移位寄存器提供了 4 个状态,网格图则为 4 排(图 8-13),从全 0 状态 $S_0(00)$ 开始,每种状态下输入 $m_i = 1$ 或 0,均向后有两条可能转移(实、虚线各 1 条)路径。涉及时钟节点数 $K = L + m + 1$。其中,1 个为起始静态,L 个节点是由 $\{m_i\}$ 控制变化的状态节点数,m 个节点是当输入 $\{m_i\}$ 结束后,m 个移位寄存器再被时钟推动 m 次,电路才恢复为零状态。从 S_0 开始到最后 S_0 构成由 $L+m$ 折线段的编码路径,即图 8-13 涉及时间节点数为 $K = L + m + 1 = 8$。

图 8-13 中 $\{m_i\} = 10111$,粗实、虚线是编码序列为 $\{C_i\} = (11,10,00,01,10,01,11)$ 的编码路径。

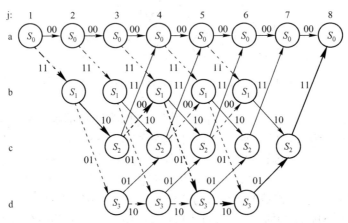

图 8-13 (2,1,3)卷积码网格图

8.5.4 卷积码维特比解码与纠错能力

维特比(VB—Viterbi)解码算法,是卷积码最佳解码方式。它体现了第 7 章提到的最大似然最佳接收准则。至于卷积码的纠错能力,则与它的距离特性有关。

1. 最大似然解码的基本理论要点

信码矢量 m 的卷积编码矢量 C,经过特性为 $p(r|C)$(信道转移概率密度)的信道传输,接收码矢量为 r。由于 AWGN 噪声干扰,r 对 C 来说可能含有差错。采用最佳解码判决模式,就是从 r 对 C 的估值 $\hat{C}$,以最大限度地接近或完全等于原发送 C。然后再由估值 $\hat{C}$ 得到源码矢量 m 的估值 $\hat{m}$,且仅当 $\hat{C} = C$ 时,才有 $\hat{m} = m$ 无错解码。

(1) 最大似然解码或判决准则

选择最佳估值 $\hat{C}$ 而使似然函数 $p(r|C)$ 或其对数 $\ln p(r|C)$ 最大,该解码准则表示为

$$\ln p(r \mid C) = \max\left[\sum_{i=1}^{N} \ln p(r_i \mid c_i)\right] \tag{8-73}$$

式中,N 为编码序列 C 和 r 的长度,c_i、r_i 分别为两矢量的第 i 个码元。

(2) 维特比(Viterbi)解码原理

对于二元对称信道(BSC),转移概率 $p(r_i|c_i) = p$,即存在 $r_i \neq c_i$ 的可能,因此会导致 r 可能含有

d 个差错,即 r 对 C 存在汉明距离 d,由式(8-73)要使 d 减少到最小值 d_0 或 0,可等效表示为

$$\ln p(r|C) \text{ 等效于} = \begin{vmatrix} d_0 \ln p + (N - d_0)\ln(1-p) \\ d_0 \ln\left(\dfrac{p}{1-p}\right) + N\ln(1-p) \end{vmatrix} \tag{8-74}$$

式中,$p < \dfrac{1}{2}$(实际上 $p \ll \dfrac{1}{2}$)且第 2 项 $N\ln(1-p)$ 基本上为常数,故将上式(8-73)、(8-74)准则可进一步阐述为:

（3）通过优化估值 $\hat{C}$,使得从 BSC 信道接收的矢量 r 与发送的编码矢量 C 的汉明距离 d 最小:即 $d = d_0 \to 0$,这种解码过程伴随着软判决纠错功能。

2. 最小距离与自由距离

（1）概念与定义

卷积码距离特性直接关系到其纠错能力。最小(汉明)距离可以是网格图上两时间节点间(相邻节点间一个 n_0 码段,或一个约束度 Nn_0 码段)所有子路径上码组间的最小距离,d_0 或 $d_{\min}$。卷积码需提供所有半无限编码序列间的最小汉明距,称为自由距离,d_{free},由于以全 0 路径的序列作为参考,因此类比于前面的分组码,以编码序列集合中的首位非 0、且具有最小重量的编码矢量决定 d_{free},即

$$d_{\text{free}} = \min_{m_0 \neq 0} W(mG_\infty) \tag{8-75}$$

其中,m 为信源码序列,$mG_\infty = C$ 是相应的半无限编码序列,$m_0 \neq 0$ 表示 m 首位非 0。

（2）确定 d_{free} 值

为求出 d_{free} 具体值,首先需找出式(8-75)所需求的编码矢量(重量最小),显见,网格图上跨越最少时间节点的非全 0 码,是由源码 $\{m_i\} = m_0 = 1$ 所对应的最短卷积码——生成元 g(电路冲激响应),其重量不大于较其跨越节点多的任何次最短码。因此生成元 g 的重量即为 d_{free}:

$$d_{\text{free}} = W(g) \quad m_0 = 1 \tag{8-76}$$

如图 8-7 的(2,1,2)卷积码,$g = 1101$,$d_{\text{free}} = 3$。图 8-11 的(2,1,3)码,$g = 111011$,$d_{\text{free}} = 5$。该最短码长均等于约束长度 $n_0 N$。在接收端解码时,对于传输中发生的 $t = \dfrac{d_{\text{free}} - 1}{2}$ 个差错,各通过 $(N+1)n_0$ 的长度,完成纠错解码。

（3）一般在相同约束度 N 时,非系统码较系统码的自由距离大(如表 8-7)。

表 8-7　卷积码的自由距离$\left(R = \dfrac{1}{2}\right)$

约束度 N	系统码 d_{free}	非系统码 d_{free}
2	3	3
3	4	5
4	4	6
5	5	7
6	6	8
7	6	10
8	7	10

3. 编码增益

采取各种信道编码和一定频带调制方式(如 PSK)与未采用信道编码时比较,在相同净比特率和相同误码率时,前者较后者所节省的信噪比或 E_b/n_0 的 dB 值,称为编码增益,并表示为

$$G = 10\lg\left[\frac{(E_b/n_0)\text{未编码}}{(E_b/n_0)\text{编码}}\right] = \left(\frac{E_b}{n_0}\right)\text{未编码(dB)} - \left(\frac{E_b}{n_0}\right)\text{编码(dB)} \qquad (8\text{-}77)$$

4. 维特比解码(算法)实施

由式(8-73)与式(8-74),在接收卷积编码矢量 r 或序列 $\{r_i\}$ 时,就是利用与其编码端进程完全相同的网格图,将接收 r 中逐 n_0 码段与网格图中相应时间节点间的编码路径上的码字比较,以汉明距离小者或完全相同的码段作为解码认定结果。这就是维特比(Viterbi, VB)软判决解码(算法)。

兹通过例题来加以理解。

[例 8.4] 利用图 8-7 所示(2,1,2)卷积码电路及图 8-10 网格图,

(1)在网格图上标出信元 $\{m_i\}$-10011 编为(2,1,2)卷积码路径,给出编码序列 $\{C_i\}$。

(2)若收码序列中,随机发生 2 位差错,如第 4 与第 9 位差错,试由维特比(VB)解码纠错。

解: (1)在网格图中,按 $\{m_i\}$ = 10011,则所涉及的时间节点数 $K = L + m + 1 = 5 + 1 + 1 = 7$,因此,需将图 8-10 扩展一个节点,如图 8-14 所示。可以很方便地指出编码路径,如粗实、虚线所示,即编码序列为 $\{C_i\}$ = $C_1C_2, C_3C_4, C_5C_6, C_7C_8, C_9C_{10}, C_{11}C_{12}$ = 11,01,00,11,10,01。

(2)由题设,收码共 12 bit 中第 4 及第 9 位差错,因此收码序列为 $r = \{r_i r_{i+1}\}$ = 11,00,00,11,00,01。

兹以 VB 解码:从第 1 节点($j=1$)状态 $S_0=0$ 开始,逐时段选最佳支路径,最后得到整个最佳路径,该条路径上的码字集合即为解码纠错判决结果。由图 8-14 按逐码段解码如下。

- 第 1 段(第 1、2 节点间;$j = 1 \sim 2$),接收 $r_1 r_2$ = 11:若选上路径,为 $S_0 \overset{00}{\underset{1段}{\to}} S_0$(状态不变),($d_0=2$);若选下路径,为 $S_0 \overset{11}{\underset{1段}{\to}} S_1$,($d_0=0$)应保留下支路径,放弃上径。估值 $\hat{C}_1\hat{C}_2$ = 11。

- 第 2 段($j = 2 \sim 3$),接收 $r_3 r_4$ = 00:若 $S_1 \overset{10}{\underset{2段}{\to}} S_1$,($d_0=1$);$S_1 \overset{01}{\underset{2段}{\to}} S_0$,($d_0=1$)两支路径暂不宜选择,再向第 3 段观察。

- 第 3 段,接收 $r_5 r_6$ = 00:$S_0 \overset{00}{\underset{3段}{\to}} S_0$,(累计上段结果 $d_0=1$);$S_1 \overset{01}{\underset{3段}{\to}} S_0$ 及 $S_1 \overset{10}{\underset{3段}{\to}} S_1$,均又增加 $d_0=1$,均累计 $d_0=2$,因此第 2 段保留 $S_1 \to S_0$ 段 01,第 3 段均保留上支路 $S_0 \overset{00}{\underset{3段}{\to}} S_0$。

- 第 4 段,接收 $r_7 r_8$ = 11:$S_0 \overset{00}{\underset{4段}{\to}} S_0$,$d_0=2$;$S_0 \overset{11}{\underset{4段}{\to}} S_1$,$d_0=0$,后者保留。

- 第 5 段,接收 $r_9 r_{10}$ = 00:$S_1 \overset{01}{\underset{5段}{\to}} S_0$ 及 $S_1 \overset{10}{\to} S_1$,$d_0$ 均为 1,暂无法选定,看第 6 段。

- 第 6 段,接收 $r_{11} r_{12}$ = 01:$S_0 \overset{00}{\underset{6段}{\to}} S_0$,又增 $d_0=1$;$S_1 \overset{01}{\underset{6段}{\to}} S_0$,$d_0=0$,因此,第 5 段取 $S_1 \to S_1$,第 6 段取 $S_1 \to S_0$,结束在 $S_0=0$ 状态。

- 最后得到的最佳路径如图 8-14 中粗实、虚线所示。收码判决结果为 $\{C_j\}=11,01,00,11,10,01$。对应的 $\{m_j\}=10011=\{m_i\}$。这条支路是网格图上的一条原来发送编码路径，即传输中 2 个差错被纠正。

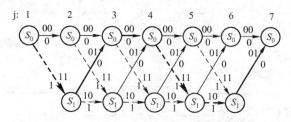

图 8-14　接收码序列 $r=(\mathbf{11,00,00,11,00,01})$ 的维特比纠错解码

5. 卷积码 VB 算法性能评价

- VB 解码是循网格图按码段选由与相应接收码段距离最小的路径，而递进完成解码。一个较长接收序列，可能会分段发生数次差错 $\left(t\leqslant\dfrac{d_{\text{free}}^{-1}}{2}\right)$，但两相邻差错之间至少必须相隔一个约束码段完全无差错，才能正确解码

- VB 算法解码性能——以 BSC 信道误码率为 Pe，采用 VB 算法后，改善为

$$P_{\text{E}}=2^{d_{\text{free}}}, Pe^{d_{\text{free}}/2} \tag{8-78}$$

如 $(2,1,3)$ 码，$d_{\text{free}}=5$，若 $P_e=10^{-2}$，则 $P_E=2^5\cdot P_e^{2.5}=3.2\times10^{-4}$，降低 1 个多数量级

- 复杂性——决定于约束度 $N=m+1$，复杂性随 m 加大以指数律增加，解码延时也加大，因此实际应用中限制 $m\leqslant10$。如 GSM 采用 $(2,1,5)$ 卷积码，HDTV 采用 $(2,1,7)$。

8.6　复合编码

　　通过前面几种基本纠错编码原理的学习和讨论，我们已经明确认识到：一种纠错码的"距离特性"决定着它的纠错能力。为了使分组码增大"（最小）汉明距离"，一般需要增加冗余位，从而降低了信道带宽利用率，处理延时还会增加，整个编解码系统的复杂性将随码长呈指数律增加；对于卷积码，在一定码率 $R=\dfrac{k_0}{n_0}$ 时，一般通过增加约束度来加大"自由距离"，才能提高纠错能力。这样，因移位寄存器数目和处理量的加大，也使整个编解码系统复杂性随约束度呈指数律增加。

　　现代通信的飞速发展，要求信息传输高速率、高性能，同时又需节省通信资源，也就对编码（和调制）技术提出了各种不同的更高要求。在前面已经介绍的分组码和卷积码基础上，又陆续发展并广泛使用了各种"复合编码"（composited coding）机制。例如，适用于无线衰落信道、深空与卫星链路的"级联码"——两种码型进行级联，使差错性能显著改进；为适于混合信道差错控制需要，各种"交织码"相继得以大量使用；尤其是近十几年来所发现和正在深入研究的一种最优越的纠错码——Turbo 码，是编码领域的一个里程碑。

8.6.1　级联码

1. 级联码的构成

　　由分组码和卷积码级联而构成级联码（concatenated code）。基本做法是在传输系统中把分组码,如 R-S(N,K)码,作为"外码"(outer),以(n_0,k_0)卷积码作为内码(inner),级联码的抗干扰能力高于两种码的各自能力的简单和。级联码系统构成如图 8-15 所示。

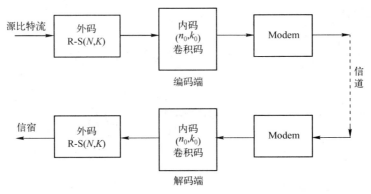

图 8-15　链接码系统

靠近信源和信宿位置设外码编、解码器。外码适于采用冗余度较小而纠错能力很强的多元码,如 R-S(N,K)分组码。其中 N,K 分别代表多元符号的码长和信码符号长度。前面已经提到,R-S 码是一种性能优良的循环码,是 BCH 码的一个子类,适用于混合信道,可纠短突发差错和随机差错。前些年 R-S 码难以大量使用是由于其非常复杂,难以使解码算法注入为成熟的商用芯片。近几年陆续推出的几种高清晰度数字电视(HDTV)地面广播系统标准中,均采用了考究的级联码,并以 R-S 多元码作为外码。

利用卷积码作为内码,置于靠近信道一方。它可以与调制解调器相连,便于把内码编码器、信道波形成形、数字调制解调器有机结合起来(如 9.5 节将介绍的卷积码与多元调制构成的 TCM)。由内码向信道一侧看做一个(广义)数字信道,向外侧,即靠近信源和信宿的一侧,卷积码又与外码级联。内码的作用主要是为在高斯信道环境中,更好地改善随机差错性能,并利用基于最大似然维特比软判决解码。

2. 级联码性能特征

1)级联码距离特性

两种码级联后最小距离等于内码自由距离和外码汉明距离之乘积。即

$$d_0 = d_{\text{free}} \cdot d_{\text{R-S}} \tag{8-79}$$

例如,内码为$(2,1,7)$卷积码,自由距离 $d_{\text{free}} = 10$,外码 R-S(208 字节,188 字节)多元码,汉明距离为 $d_{\text{R-S}} = 20$,可纠错符号数为 $t = 10$。因此链接码的总距离为 $d_0 = 10 \times 20 = 200$ 字节,可纠上百个符号差错。

典型例证表明,当误码率 $P_e \leqslant 10^{-5}$ 时,级联码比只用卷积码且维特比解码时,优越 2.5 dB,或只要系统信号功率增加 0.5 dB(即 12%),级联码误差性能却可以改进两三个数量级。

又如,$(2,1,7)$卷积码做内码,R-S$(255,223)$多元码作为外码,可以得到 7 dB 的编码增益。这相当于在同样性能时,信号功率可以减为 $\dfrac{1}{5}$,这对深空通信、卫星通信带来极大的好处。

2)级联码的码率

级联码提高了抗干扰能力,付出的代价是适当地降低了码率——其码率等于内、外码两个

码率的乘积,即

$$R = R_1 \cdot R_2 = \frac{k_0}{n_0} \cdot \frac{K}{N} \tag{8-80}$$

如典型应用的级联码数据为:

(2,1,7)卷积码码率 $\qquad\qquad R_1 = \frac{1}{2}$

R-S(255,223)码码率 $\qquad R_2 = \frac{223}{255} = 0.875$

级联码率为 $\qquad\qquad\qquad R = \frac{1}{2} \times 0.87 \approx 0.44$

本例表明,级联码显著改进了性能,而由于 R-S 码的冗余度很小,因此总码率较卷积码并无明显降低。

另外,当在上述混合差错信道条件下,会有一定长度的突发错误,而对于传输速率高的系统,此时内码卷积码宜附带下面介绍的交织(交错)技术,以分散因突发干扰的连续错误,并仍能充分发挥卷积码由维特比解码而纠正随机差错的优势。

8.6.2 交织码和乘积码

在混合信道环境中,一般适于纠随机差错的编码,欲同时对可能发生的一定长度的突发错误(bursting error)也能进行纠错或检错,常采用码交织(code interleaving)技术,以将连续发生的错误在时间上离散到每个码子或码组,仍按随机差错或短突发进行前向纠错。

交织码(或称交错码)有两种机制:块交织和卷积交织。

1. 块交织(block interleaving)

块交织是常用的一种码交织形式。如果 (n,k) 线性分组码具有纠 t 位随机差错或 b 位短突发差错能力,可以构成 $i \times n$ 矩阵形式的块交织码。矩阵中的每行为一个 (n,k) 码字(码长 n),构成 i 行 n 列矩阵,每列为 i 个码元,这里 i 称为交织深度。"交织"体现在对暂存的 $i \times n$ 矩阵以逐列方式进行传送,并在接收端逐列接收,且仍按发端 $i \times n$ 矩阵形式存储。然后再以行为单位,逐 (n,k) 码字进行检纠错和解码。接收端的运作过程是解交织及解码过程。

交织矩阵形式的一个单元可看作 (ni, ki) 交织码的一个"码字",其总长(总码元个数)为 ni,其中信码总数为 ki 码元。

兹评价交织码的机理和纠错能力如下。

(1)交织码的纠错能力是由于它有一定交织深度的结果。它可以将一个或多个码字中的连续(突发)或超出纠错能力的错误,在时间上离散到多个相邻的码字,来减少错误的相关性。亦即,当交织度 i 足够大时,将突发错误离散成随机差错,而使用一般的前向纠错码来纠正随机差错。

(2)对于可纠 t 个随机差错或 b 个短突发错的 (n,k) 分组码构成的 (ni, ki) 交织码,可以纠正 t 个长度不大于 i 的突发错误,或长度不大于 ti 的单个突发错误或混合差错。

(3)交织深度 i 越大,交织码对信号干扰或失真的统计特性就越不敏感,因此对行码纠错能力要求不高,且在同样纠错能力时,交织码解码更简单。

交织码经常使用 (n,k) 分组码作为行码,而且也适于使用卷积码。当循环码构建交织码时,其生成多项式 $g(x)$ 乘以交织深度 x^i,即交织的生成多项式为 $g_i(x) = x^i g(x)$。由于交织码的纠错功能,现行通信系统中,凡使用 FEC(前向纠错)的设备,几乎都应用了交织码。如短波、散射信道等干扰复杂的环境,其应用更为普遍。近来推出的 HDTV(高清晰度数字电视)传输标准,信道编码采用了 R-S(208 字节,188 字节)多元分组码,纠错能力为 $t=10$ 字节。同时采用了交织码,深度为 $i=52$,构成的(in,ki)交织码,使纠错能力提高为 $ti\leqslant520$ 字节。

块交织的缺点是编解码(存储)延时太大,收、发总延时为 $t_d=2in$。

2. 卷积交织码

卷积交织码名称来自于实行这种交织/解交织运行的过程类似于卷积运算。

卷积交织与相同规模的块交织纠错能力相同;但是由于其特殊结构,总延迟是块交织一半。块交织需发送端存入 in 的块后,才可发送数据,而接收端缓存满 in 的数据量,才开始解交织。卷积交织只要交织器输入满 1 个 in 个码元的块后,接着连续输入列元素,解交织即开始连续输出。下面例子可说明卷积交织码构成与运行过程。

[**例 8-5**]　卷积交织码最简单的例子。

设交织深度 $i=3$,源码流码字长 $n=3$,首先以 3×3 个码元向交织器提供输入:

(1) 设计卷积交织器、解交织器;

(2) 画出源码输入 $in=9$ 个码元时,交织器、解交织器的工作状态及交织器向信道输出的交织数据序列与交织、解交织存储状态。

解:(1) 设计交织、解交织器缓存量。

设计的 $i=n=3$ 的交织器和解交织器,如图 8-16 所示。

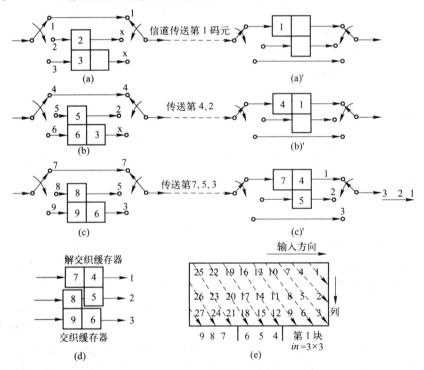

图 8-16　简单卷积交织编码系统

(2) 首先在发端交织器全空前提下,依次并行输入每列 $i=3$ 个码元,当陆续向交织器输入 3 列比特时,图 8-16 示出了各缓存器的动态变化,各输入、输出情况。当完成 $in=3\times3$ 个码元进入交织器时,解交织开始有第 1 列(第 1,2,3 比特)完整解交织(表 8-8),同时通过纠错解码,此后以列为单位连续解交织/解码,不像块交织那样以块为单位进行。

- 连续输入 3 列共 9 比特后,即总延时为 1 个块 3×3 的时间,则开始在解交织器输出第 1 列即第 1、2、3 号比特。此时,如图 8-16(d)所示,交织器与解交织器相互弥合存储两列共 6 个比特元素(第 4、5、6 与 7、8、9),而解交织正在输出 1、2、3 比特。

- 在第 1 方块输入交织器期间,输出到信道的交织序列是不连续的不完整序列:顺号为 1,－,－;4,2,－;7,5,3。

- 当接着输入第 4 列、第 5 列……时,则交织器的交织输出序列如表 8-8 所示,并且在解交织输出端也连续输出第 4,5,6 和第 7,8,9,……

- 交织器输出序列如图 8-16(e)所示,按对角线方向的比特序号,如第 1 块时的交织输出为表 8-8 中右上角开始 1－,－,4,2,－,7,5,3;第 4～6 列的交织序列为第 10,8,6;13,11,9;16,14,12。第 7～9 列的交织序列为第 19,17,

表 8-8　交织输出序列

交织器输入、 列及比特序号		信道传送的 交织序列	解交织及 纠错输出
第 1 列	1 2 3	1 — —	延迟 1 个 数据块 3×3
第 2 列	4 5 6	4 2 —	
第 3 列	7 8 9	7 5 3	
			1　2　3
第 4 列	10 11 12	10 8 6	
			4　5　6
第 5 列	13 14 15	13 11 9	
			7　8　9
第 6 列	16 17 18	16 14 12	
			10　11　12
第 7 列	19 20 21	19 17 15	
			13　14　15
第 8 列	22 23 24	22 20 18	
			16　17　18
第 9 列	25 26 27	25 23 21	
			19　20　21

15;22,20,18;25,23,21。它们都是图 8-16(e)中各斜对角元素序列。

可以看出处于对角线上的交织序列,在传输中,突发差错的数目只要不超过交织深度 $i=3$,则突发错误比特均被分散在相邻 $i=3$ 个码字中,分别可纠 1 位错。

图 8-17 为 $i=5$ 的卷积交织码,图(a)所示为发送端交织器和接收端解交织器,图(c)是两者的弥合结构。现在交织系统的状态是信源完成了向交织器输入 5 列,共为 5×5 =25 个码元,则第 1 列的 5 个码元(第 1～5 号)正在从解交织存储器输出。如果不计传输延迟,在源序列第 5 列(第 21～25 号)进入交织器的同时,信道将图(b)主对角线的 5 个交织码元(第 21,17,13,9,5)传至接收端存储器(图(c)),其中第 5 号码元作为正在解交织第 1 列中最后 1 个码元。图 8-17(d)是源序列向交织器注入了 7 列共 35 个码元,正在解交织的列为第 11～15 号。信道完成的交织传输为第 31,27,23,19,15 号码元。即使这 5 个码元发生突发误码,而在各列均只有 1 个差错。

3. 乘积码 (product code)

乘积码属于交织码的一种特殊类型。在块交织的矩阵码中,若每行的行码是 (n_1,k_1,d_{01}) 分组码的码字 C_1,并且每列是另一个 (n_2,k_2,d_{02}) 分组码的码字 C_2,于是交织矩阵是两个码的交织,即 $(n_1 n_2,k_1 k_2)$ 交织码的码字矩阵。我们将此种特殊结构的交织码称为乘积码。也称为二维码,它可由 $C_1 \otimes C_2$ 表示。

乘积码具有很强的纠错能力,因为其汉明距离等于行码 C_1 与列码 C_2 两者距离之积,即

$$d_0 = d_{01} d_{02} \tag{8-81}$$

纠错能力为 t,则

$$t \leqslant \left(\frac{d_{01} d_{02} - 1}{2} \right) \tag{8-82}$$

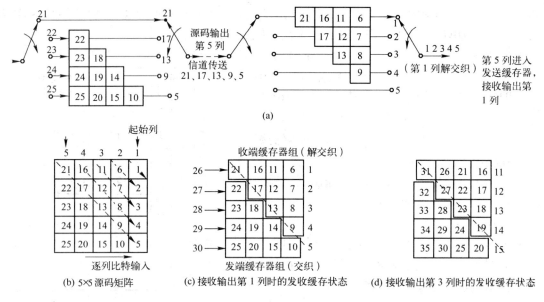

图 8-17　交织深度 $i=5$ 的卷积交织码

*8.6.3　Turbo 码

1. Turbo 码的基本特点

香农信息论指出,随机编码具有更高的抗干扰能力。但由于解码甚为复杂,难以成为实用的技术。直至 1993 年,C. Berrou 发现了 Turbo 码,并有效地推动了随机编码理论和实践的发展进程。

Turbo 码是一种特殊的级联码,又称并行卷积码。它巧妙地将卷积码和随机交织机制相结合,致使产生很长的码字和提供更好的传输性能,更适于在噪声严重、低信噪比环境中,确保较低误码率指标。Turbo 码采用软输出迭代解码来逼近最大似然解码效果。由分析与实践证明,在信噪比 $\dfrac{E_b}{n_0} \geqslant 0.7$ dB 时,码率为 $\dfrac{1}{2}$ 的 Turbo 码,可达到 $P_e \leqslant 10^{-5}$ 的误码率。这一结果逼近了在同样条件下的香农极限: $\dfrac{E_b}{n_0} = 0$ dB。从而结束了将信道截止速率作为实际信道容量的历史局限。

2. Turbo 码构成

Turbo 码编码器框图如图 8-18 所示。它相当于一个特殊级联机制的 $(n_0, k_0) = (3,1)$ 卷积码编码系统。基本构成是一段 N 比特信码,附加有 $2N$ 比特的监督比特,而后者是由中间插入随机交织单元的两个并行的递归系统卷积编码器(RSCC—recurrence system convolution code)产生的。

两个递归系统卷积编码器(RSCC)具有完全相同的结构。由于此种卷积编码电路中采用反馈逻辑,因此它与前面讨论的非递归卷积码电路不同,其冲激响应(生成元)是有一定周期的无限序列,将与输入的源码序列和电路逻辑共同决定编码器输出的结果。

由图 8-18 看出 Turbo 码属于系统码。在 N 比特信码段随机插入两组同数量的监督比特。因此它的码率为 $R = \dfrac{N}{3N} = \dfrac{1}{3}$。为了在频带利用率和差错性能之间折中,通过对 $2N$ 监督元的适当删减来提高码率。如可由图中的"删余"单元,选择删去 $RSCC_1$ 输出的偶数监督位及 $RSCC_2$ 的奇数监督位,可以使 Turbo 码率提高到 $\frac{1}{2}$。

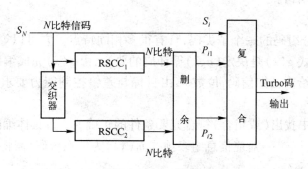

图 8-18 Turbo 码编码器构成

在两个监督元编码器中间插入卷积交织单元,并且引入伪随机(PN)序列,可将 N 比特信码变为随机性很强、交织深度大的交织帧,作为 $RSCC_2$ 编码器的输入。更可增强抗干扰性能。

3. Turbo 码解码的特点

在接收端,解码系统的功能与编码是相逆而对应的。该系统为编码系统的两个 RSCC 各提供一个解码器。同时附以交织与解交织器,如图 8-19 所示。Turbo 解码并不是局限于通过解码器的硬判决消息,而是充分利用解码器之间的相关信息,这是编码器的"递归系统"在解码时所体现的迭代解码过程,即解码算法所用的是软判决信息,将第一个解码器的软输入消息作为第 2 个解码器输入,经多次迭代(如 18 次迭代),逼近了最大似然解码的最佳效果。

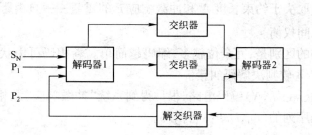

图 8-19 Turbo 码迭代解码示意图

8.7 本章小结

信道编码多半以信源编码(码字或序列)中加入冗余(监督)为代价,以便匹配信道特性,提高抗干扰能力,减少误差概率。本章重点是分组码与卷积码两大门类,同时也简单介绍了级联码、交织码,以及 Turbo 码概念。

1. (n,k) 线性分组码

(1)可根据信道特征提出误差率指标,由纠错定理 d_0 和汉明限界,取得加入满足要求的冗余(监督)位 $r = n - k$。

(2)重点讨论 FEC 系统码,(n,k)码,首先设计 $n - k = r$ 个独立线性方程,并均由有关信码模 2 加构成,然后抽出系数得到 $\boldsymbol{H}$ 矩阵。$\boldsymbol{H}$ 是决定相应(n,k)码一切参量和编码结构以及纠

错能力要素(d_0 值)。

（3）由 H 得到 G。两者相依关系与 H 和 G 各种特点。

（4）接收伴随式纠错。

2. (n,k)循环码

由于它是(n,k)分组码的一个子类码,具有很多相同特点。它可以等价转换为分组码,反之则未必。生成多项式 $g(x)$ 是决定(n,k)循环码的要素,由 $g(x)$ 完成编码纠错全过程。

（1）编码。首先给出已知信码,位数 k,由目标与差错控制能力要求,可设计出适用的最小码长 n。

从 x^n+1 的因式中找出(或组合)符合充要条件的正确 $g(x)$;具体编码步骤如下。

信码符号(k 位):$\{m_i\}$→对应信息组多项式 $m(x)$,为编系统码,需将 $m(x)$ 放在前 k 位→

$$x^{n-k} \cdot m(x) \rightarrow \frac{x^{n-k} \cdot m(x)}{g(x)} = q(x) + \frac{r(x)}{g(x)} \rightarrow C(x) = x^{n-k} \cdot m(x) + r(x)。$$

（2）接收码 $C_r(x)$ 伴随多项式 $S(x)$ 是 $\dfrac{C_r(x)}{g(x)}$ 的余式。错误发生在各监督位,则伴随式 $S(x) = E(x)$ 故可直接纠错,即 $C(x) = C_r(x) + S(x)$;若错误发生在信息位(前 k 位),则 $S(x)$ 不等于误差格式 $E(x)$,而像分组码那样,依然由该循环码的典型 H 矩阵来完成纠错。

（3）循环码的几个子类码,如 BCH、RS、CRC 等,均为高效、高性能循环码,BCH 码不但码长 n 很大,且码率高,是线性码的最优码。

3. (n_0,k_0,N)卷积码

（1）卷积码能力取决于约束长度 N 和冲激响应 g 的重量——自由距离 d_{free},使用中往往在码率与误比特率之间权衡。

（2）它与分组码的区别是,冗余位越多,编码越简单。卷积码可由状态图、树形图及网格图表示,后者更便于 VB 软判决解码纠错。

（3）对设计好的(n_0,k_0,N)编码电路,很易得到系统"冲激响应"及相应的 G_∞。依此,可编出长度为 L 的信码序列的(n_0,k_0,N)卷积码。

4. 复合码

级联码、交织码及 Turbo 码均较分组码有更强的纠错能力,且适于各种信道特征,不过均需付出不同的延时和复杂度代价。

8.8 复习与思考

1. 从概念上阐明,为什么纠错定理中以汉明距离 d_0 作为确定差错控制能力的准则。

2. (n,k)线性分组码概念中"线性"与"分组"各表示何意?

3. 说明一致监督矩阵 H 是代表或限定一个(n,k)分组码的全部信息。

4. 构成分组码的一致监督矩阵 H 的条件是什么?

5. 汉明码与完备码的特色是什么?

6. (n,k)循环码定义是什么? 是否所有(n,k)分组码均有相应的(n,k)循环码? 为什么?

7. 阐明(n,k)循环码生成多项式 $g(x)$ 的完整概念或必备条件。

8. 在循环码中利用的"模 $x^n + 1$"或"模 $g(x)$"等运算是何意?

9. 阐明 (n_0, k_0, N) 卷积码的定义及特征,并认知"卷积"的意义。

10. 说明状态图、树形图和网格图共同点和各自特色。

11. 说明卷积码生成元 $g(x)$ 或其冲激响应的意义。约束度 N 相同的循环码,若 g 不同意味着什么?

12. 说明维特比解码的概念及利用网格图实施的过程和纠错能力。

13. 卷积交织码构成特征是什么?

14. 理解级联码和 Turbo 码的优点。

8.9　习题

8.9.1　差错控制概念

8-1　假设一个码长为 4 的二进制码字,以 $R_b = 400$ bit/s 的速率传输,已知单个码元差错率为 $P_e = 3.1 \times 10^{-5}$。

(1) 计算每个码字发生单个差错的概率是多少?

(2) 若在 x 秒内平均发生一个错误码元,求该 x 值。

(3) 如果在 4 位码长的码字中增加一个偶监督位,则 $n = k + r = 4 + 1$。问信息比特率 R'_b 是多少? 此时,1、2 位差错的概率各是多少? 再计算平均发生一个不能纠正的错字时间间隔 y 是多少?

8-2　BSC 信道错误转移概率为 $p = 10^{-4}$,为了提高二元码传输可靠性,现采用 (3,1) 重复码,接收时按"后验概率择大"规则判决。

(1) 有否 1 位差错而不能纠正的情况发生?

(2) 求错码概率。

8-3　$(n,k) = (4,1)$ 重复码的许用码组数目为 $2^k = 2^1 = 2$,其他 14 组均为禁用码组,所以 (4,1) 码字各有 3 个保护位,许用码字为 0000,1111。

(1) 试指出最小码距。

(2) 差错控制能力如何?

(3) 如果只用作检错码,可以发现码组中的几位错?

(4) 若改用 (5,1) 重复码,重作上述 (3)。

8.9.2　(n,k) 分组码

8-4　设一致校验矩阵 H 为

$$H = \begin{bmatrix} 1 & 1 & 0 & 1 & 0 & 0 \\ 0 & 1 & 1 & 0 & 1 & 0 \\ 1 & 0 & 1 & 0 & 0 & 1 \end{bmatrix}$$

具有三个接收码组为 $C_{r1} = [0\ 1\ 1\ 0\ 1]$,$C_{r2} = [1\ 0\ 1\ 0\ 1\ 1]$ 及 $C_{r3} = [0\ 0\ 0\ 0\ 1\ 1]$。

(1) 验证三个接收码组是否发生差错?

(2) 若在某码组中有错码,错码的校验码或伴随式是什么? 然后再指出发生差错的码字中,哪位有错?

8-5　已知 (6,3) 码的监督方程为 $\begin{cases} C_4 + C_3 + C_2 = 0 \\ C_5 + C_4 + C_1 = 0 \\ C_5 + C_3 + C_0 = 0 \end{cases}$。

(1) 给出 G 矩阵、H 矩阵。

(2) 给出 7 个非全 0 码字。

（3）d_0 为多少?

（4）若收码 $C_{r_1} = 110011$,试检验是否有差错。

（5）若收码 $C_{r_2} = 001011$,试对照你编的 8 个码字,进行纠错。

8-6   试将以下非典型一致监督矩阵

$$H = \begin{bmatrix} 1 & 1 & 1 & 1 & 1 & 1 & 1 \\ 1 & 0 & 1 & 1 & 1 & 0 & 0 \\ 1 & 1 & 1 & 0 & 0 & 1 & 0 \\ 0 & 1 & 1 & 1 & 0 & 0 & 1 \end{bmatrix}$$

化为典型阵的表达式。

8-7   表 8-9 列出了 $(7,3)$ 码的 8 个码字。

（1）8 个许用码组是如何选出来的?

（2）试根据线性分组码的特点,检查表中码字的正确性。

表 8-9 $(7,3)$ 码码字

信 息 码 组	码　　字
0　0　0	0　0　0　0　0　0　0
0　0　1	0　0　1　1　1　0　1
0　1　0	0　1　0　0　1　1　1
0　1　1	0　1　1　1　0　1　0
1　0　0	1　0　0　1　1　1　0
1　0　1	1　0　1　0　0　1　1
1　1　0	1　1　0　0　0　0　1
1　1　1	1　1　1　0　1　0　0

（3）其中任何两个码字之间有什么规律性?

8-8   若 $(7,3)$ 线性码进入错误转移概率为 $p = 10^{-3}$ 的对称信道（BSC）传输,且 0、1 码先验概率相等。

（1）$(7,3)$ 码 1 位错误概率 p_{e1} 是多少?

（2）2 位差错概率 p_{e2} 是多少?

（3）若数传机（Modem）基带信号速率为 1200 bit/s,平均 1 秒内的单码元差错率 p_{t1} 是多少?,双错率 p_{t2} 是多少?

（4）上述各种差错采用何种方法可以纠错?

8-9   对偶码特点。

（1）给出 $(5,2)$ 码的对偶码 $(5,3)$ 码的 H 矩阵与 G 矩阵。

（2）评价 $(5,3)$ 码的差错控制能力,如何纠错? 此时 H 矩阵存在何问题? 能否由伴随式检、纠错?

8.9.3   循环码特性

8-10   计算下列多项式

（1）$(x^2 - 1)(x^3 + x + 1) + (x^6 + x^5 + x^3 + 1)$

（2）$(x^4 + x + 1) / (x^2 + 1) \cdot (x^4 + x^3 + 1)$

（3）为什么用多项式表示编码序列?

8-11   试证明 $(6,3)$ 码是否为循环码。

（1）对 $x^6 + 1$ 进行因式分解。

（2）找出符合定义的生成多项式 $g(x)$,并给出 $G(x)$。

（3）由 $G(x)$ 或 G 给出 H 矩阵,并对结果进行分析。

8-12   分析 $(7,3)$ 循环码构成特点。

（1）已知 $g_1(x) = x^4 + x^3 + x^2 + 1, g_2(x) = x^4 + x^2 + x + 1$。分别给出生成矩阵 G_1 与 G_2。

（2）分别给出信码为 $\{m_i\} = 110$ 的 $(7,3)$ 码字 C_1 与 C_2。

（3）各按 $g_1(x)$ 与 $g_2(x)$ 进行循环移位给出 $\{m_i\} = 110$ 的码字多项式 $C_1(x)$ 与 $C_2(x)$。

（4）将生成矩阵分别化为典型（标准）阵 G_{nor_1} 与 G_{nor_2},再由其编出 $\{m_i\} = 110$ 的相应 $(7,3)$ 码字。

（5）（2）与（3）、（4）的同一信码的 4 个码字有何不同? 是否影响纠错能力?

8-13 $(n,k) = (15,11)$ 分组码和循环码特征。

(1) 由 $(15,11)$ 码的 n 与 k 值,说明它属于什么特征的码。

(2) d_0 是多少,差错控制能力如何?

(3) 已知 $(x^4 + x + 1)$ 是 $(x^{15} + 1)$ 的一个多项式因子式。试给出 $(15,11)$ 循环码的任何 5 个码字多项式。

8-14 编制循环码。

(1) $g(x) = x^4 + x^2 + x + 1$,信码 $\{m_i\} = 110$。给出 $(7,3)$ 码字多项式。

(2) $g(x) = x^3 + x^2 + 1$,$\{m_i\} = 1011$。给出 $(7,4)$ 码字多项式。

(3) $g(x) = x^4 + x + 1$,信码多项式 $m(x) = x^9 + x^2 + 1$。给出 $(15,11)$ 码字多项式。

8-15 若监督方程为 $\begin{cases} C_2 = C_5 + C_4 \\ C_1 = C_5 + C_3 \\ C_0 = C_4 + C_3 \end{cases}$ 。

(1) 给出 $\boldsymbol{H}$ 与 $\boldsymbol{G}$ 矩阵及 n, k 值。

(2) 给出 $i = 1$ 位的缩短码 $\boldsymbol{H}_1$ 与 $\boldsymbol{G}_1$ 矩阵,以及缩短码全部码字。

8-16 循环码纠错。

(1) 由 $g(x) = x^4 + x^3 + x^2 + 1$,$(7,3)$ 循环码收码为 $R(x) = C_{r_1} = 1001001$ 及 $C_{r_2} = 0111110$,计算两收码伴随多项式 $S(x)$,能否纠错? 如何纠错?

(2) 由 $g(x) = x^3 + x + 1$,$(7,4)$ 码收码为 $R(x) = x^5 + x + 1$,错误发生在监督位某 1 位。如何纠错?

8.9.4 卷积码

8-17 已知 (n_0, k_0, N) 卷积码编码电路图(见题 8-17 图)。

(1) 给出 n_0, k_0, N 的值,并求出上、下支路两个生成元 g_1 与 g_2 和综合冲激响应 $g(x)$、g。

(2) 给出半无限生成矩阵 $\boldsymbol{G}_\infty$。

(3) 若源序列 $\{m_i\} = 1011$,试编出卷积码 $\{c_i\}$。

(4) 绘出状态图(输入 1 码、0 码分别以虚、实线及箭头表明转移方向)。

(5) 画出网格图,并标出所编码的路径。

8-18 $(2,1,4)$ 卷积编码电路如题 8-18 图所示。

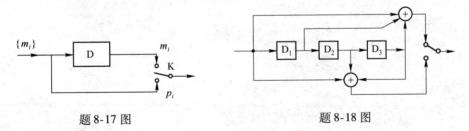

题 8-17 图   题 8-18 图

(1) 给出冲激响应(生成元) g;

(2) 求出 $\boldsymbol{G}_\infty$;

(3) 当 $\{m_i\} = 1101$ 时,给出编码 $\{C_i\}$;

(4) 评价差错控制能力。

8.9.5 复合编码

8-19 若码长 $n = 5$ bit,源码序列是由 5 个码字构成的比特流,为 $C_1 C_2 \cdots C_{25}$。完成块交织编码,并求如下有关参数。

(1) 写出 25 个比特的交织矩阵 $\boldsymbol{C} = [\quad]$,交织深度 $i = ?$

（2）构成的交织码如何传输？写出串行传输为 5 比特的码流。

（3）给出接收矩阵，并指出首先被输入进行纠错的 5 个码元。

（4）若源码字为$(n, k) = (5, 2)$码，$d_0 = ?$ $t = ?$ 采用了上述块交织后，检纠错能力如何？

（5）解码延时多少个比特间隔时间？

8-20 卷积交织器的输入源序列同题 8-19，即为 $C_1 C_2 \cdots C_{25}$。

（1）画出发送端交织器和接收端解交织器框图，并填入适当数据。说明这些数据的性质。

（2）给出发送交织器中输出的 25 个串行比特序列。

（3）给出接收端输入交织器的卷积交织码流矩阵及检纠错做法。解码顺序如何？

（4）发、收端交织解交织延时多少？

8-21 R -S$(207, 187)$为多元循环码，每符号 1 个字节（8 bit）。

（1）该码的 $d_0 = ?$ $t = ?$ 纠错能力如何？

（2）采用交织深度 $i = 52$ 块交织，可纠错的符号数是多少？

8-22 设卷积交织深度 $i = 12$，欲纠 120 字节，试选用适当的 R -S(n, k)码，纠错能力如何？

第9章　先进的数字调制技术

本章介绍几种先进的数字调制技术,它们既具有高可靠性又有较高的通信资源利用率,已经普遍应用或正在开始推广,作为现代通信系统和通信网的重要传输手段。它是本书值得深入学习的最重要章节之一。

知识点

- QAM、MSK 系统与信号构成特征及性能分析;
- 扩频调制系统构成、特点与特色,主要参量、指标和性能评价;
- 多载波和单载波 OFDM 技术原理及应用;
- 组合编码调制(TCM)的构成和性能分析。

要求

- 掌握 MQAM 系统构成,信号及星座图分析;
- 熟悉 MSK 构成特色和提高性能的技术实质;
- 熟悉 DS-SS 系统和信号特点及 G_p、J_m 的计算;
- 掌握简单 m 序列生成、特征,了解 FH-SS 特点;
- 认识与理解 OFDM 和 TCM 的物理机理和性能评价。

9.1　概述

在第 6 章数字频带传输原理基础上,构成的二元和多元调制系统,先后均得到了广泛应用。随着通信技术与信息业的快速发展,数字频带传输的调制解调(Modem)技术不断地改进与提高,特别以超大规模集成电路与高速处理软件相结合,使 Modem 的结构更趋于小型化,传输速率与性能却逐年提高。二元 Modem 已较少应用,推出的高速率、多种调制方式组合、自动升降速度的多协议 Modem,特别是宽带高速高性能设备,在整个通信领域,具有很大的使用价值,特别是无线传输和宽带接入应用。

在数据通信网技术中,调制解调器称做"数据电路终端设备"(DCE),应用设备产品有基带 Modem(数传机)、频带 Modem、数据 Modem、无线 Modem、有线电视采用的 CABLE Modem,以及其他宽带 Modem,如 HDSL,ADSL 等。

下面大体归纳出目前正在推广使用的先进调制技术特点:

(1)提高信道带宽利用率(多元调制中,每波特符号含更多个比特信息);

(2)恒包络技术,功率谱收敛快,特别是避免零包络(如 MSK,改进型 QPSK 等);

(3)提高抗干扰能力(如 QAM,改进型 QPSK,MSK 等,尤其是扩频调制和 OFDM);

(4)集成多协议的 Modem,有广泛通用性(如 V.34,V.90 系列 Modem);

(5)根据信道性能可自动升、降传输速率;

（6）组合技术,如 QAM 为幅-相调制方式,TCM 为编码与调制的有机结合。

本章介绍几种主要实用技术,如 QAM 及 MQAM,改进型 QPSK—OQPSK 及 DOQPSK,MSK,改进型 MSK,以及几种特殊的调制方式,如扩频调制（SS）、组合编码调制（TCM）及正交频分复用（OFDM）等,也将在本章分别进行讨论。

9.2 正交调幅（幅－相调制）

前面介绍的各种调制技术,均以正弦信号作为载波,并将二元或多元符号去调制载波的某一个参量。正交调幅（QAM）的不同在于,以载波的幅度与相位两个参量同时载荷一个多元符号的信息。因此,这种调制方式也称幅－相键控（APK）。它比单一参量受控数字信号频带传输方式更富有抗干扰能力。同时 QAM 的多元技术 MQAM,M 值可以很大,如 $M = 1\,024$,即 1024QAM,使频带利用率和误码性能很好地进行权衡。这对无线传输的频率资源合理应用很有好处。

9.2.1 QAM 信号的基本构成特点

QAM 属于 4 元（$M = 4$）正交调幅,即 4QAM,简称 QAM。QAM 又是一个系列的总称,均用丁 $M \geqslant 4$ 的多元调制,等同于 MQAM。在具体分析时,一般用 QAM 是指 $M = 4$ 的情况。

为了突出 QAM 信号的构成特点,先讨论 $M > 4$（如 $M = 16$）的情况,然后拟与 QPSK 相对照,再列举 $M = 4$ 的情况。图 9-1 所示为 MQAM 信号数学模型。

1. QAM 信号的形成

可分为三个步骤形成 MQAM 信号,这里以 $M = 16$ 为例。

（1）设信源输出比特流 $\{a_k\} = \{01\ 11\ 10\ 00\ 00\ 01\ 11\ 10\ 01\ 00\}$,利用不归 0 双极性码,$\pm L = \pm\sqrt{M} = \pm 4$ 个单位电平来表示为 4 元序列,构成如图 9-2（a）所示的 2B1Q 码型,即

$$g(t) = (-1, 1, 3, -3, -3, -1, 1, 3, -1, -3)$$

（2）进行串-并变换,两个并行支路的 4 元序列为

$$g_I(t) = (-1, 3, -3, 1, -1), g_Q(t) = (1, -3, -1, 3, -3)$$

（3）两支路分别乘以互为正交的正弦型载波,然后相加,构成 16QAM 信号波形序列。

图 9-2 示出了 16QAM 信号波形。由同相支路和正交支路已调波（图 9-2（b））来看,它们分别是 $L/2 = \sqrt{M}/2$ 个幅度电平的 PSK 信号的组合,这里 $M = 16$, $L = 4$。

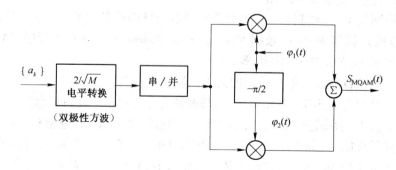

图 9-1 MQAM 信号的构成

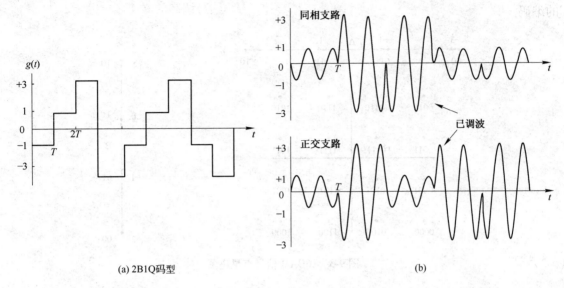

(a) 2B1Q码型　　　　　　　　　　　　　　　　　(b)

图 9-2　16QAM 基带信号与两支路已调波形

MQAM 信号表示式写为

$$s_i(t) = A_0 a_i \cos \omega_0 t + A_0 b_i \sin \omega_0 t = \sqrt{2E_0/T} a_i \cos \omega_0 t + \sqrt{2E_0/T} b_i \sin \omega_0 t$$

$$= \sqrt{E_0} a_i \varphi_1(t) + \sqrt{E_0} b_i \varphi_2(t), \quad 0 \leqslant t \leqslant T, i = 1, 2, \cdots, M \tag{9-1}$$

式中，a_i, b_i 分别为同相与正交支路基带 $\pm\sqrt{M}/2$ 电平的权值；$E_0 = A_0^2 T/2$ 为 MQAM 信号中最小幅度的信号能量。

$\varphi_1(t)$ 与 $\varphi_2(t)$ 为正交基函数，分别作为同相与正交载波，且两者在一个符号间隔 T 内能量均为 1，有

$$\varphi_1(t) = \sqrt{2/T} \cos \omega_0 t, \quad 0 \leqslant t \leqslant T \tag{9-2}$$

$$\varphi_2(t) = \sqrt{2/T} \sin \omega_0 t, \quad 0 \leqslant t \leqslant T \tag{9-3}$$

式(9-1)中，基带多电平信号点的权值 a_i 与 b_i 在 MQAM 系统中构成阵列为

$$(a_i, b_i) = \begin{bmatrix} (-L+1, L-1) & (-L+3, L-1) & \cdots & (L-1, L-1) \\ (-L+1, L-3) & (-L+3, L-3) & \cdots & (L-1, L-3) \\ \vdots & \vdots & & \vdots \\ (-L+1, -L+1) & (-L+3, -L+1) & \cdots & (L-1, -L+1) \end{bmatrix} \tag{9-4}$$

其中 $L = \sqrt{M}$。如 $M = 16, L = 4$，则对应的权值对 (a_i, b_i) 共 16 个元素

$$(a_i, b_i) = \begin{bmatrix} (-3, +3) & (-1, +3) & (+1, +3) & (+3, +3) \\ (-3, +1) & (-1, +1) & (+1, +1) & (+3, +1) \\ (-3, -1) & (-1, -1) & (+1, -1) & (+3, -1) \\ (-3, -3) & (-1, -3) & (+1, -3) & (+3, -3) \end{bmatrix} \tag{9-5}$$

由式(9-1)与式(9-5)可以画出 16QAM 星座图(constellation)，如图 9-3 所示。图中标出了 16 个(信息)信号星点的空间位置，它们均与 (a_i, b_i) 的权值相对应，同时给出了 4 位(格雷码)

的编码。

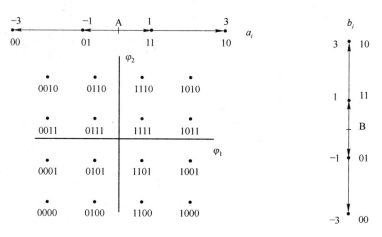

图 9-3　16QAM 信号点星座图

MQAM 的信号表示式(9-1)还可以由以下显明方式表示,即

$$s_i(t) = A_i \cos(\omega_0 t - \theta_i) \qquad 0 \leqslant t \leqslant T \quad i = 1, 2, \cdots, M \tag{9-6}$$

$$\left. \begin{array}{ll} 幅度 & A_i = \sqrt{\dfrac{2E_0}{T}(a_i^2 + b_i^2)} \\[3mm] 相位 & \theta_i = \arctan \dfrac{b_i}{a_i} \end{array} \right\} \tag{9-7}$$

式(9-6)表明,MQAM 信号的第 i 个状态,是幅度为 A_i,相位为 θ_i 的已调波——幅–相调制信号,共有 M 个状态。

*2. QAM 星座图星点布局讨论

关于 QAM 星座图的信号星点布局,$M=16$ 时的 16QAM 利用正方形星座图,虽然从平均功率上不是最佳方案,但实现调制系统时可利用相互正交的同频载波(图 9-1),较其他形式的配置结构简单,而平均功率只是稍大些。因此矩形星座图得到广泛应用。

(1)当 $M=4$ 时,星座图除了等效于 $\dfrac{\pi}{4}$ 方式的 QPSK 以外,尚可以各将 2 个星点放在不同半径的两个同心圆上,如图 9-4 所示。

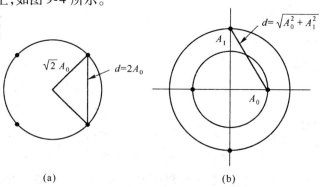

(a) (b)

图 9-4　两个 4 点信号的星座图

为了比较两种形式星座图时的平均功率,设图 9-4(a) 的 4 相 QAM 的半径(载波幅度)为 $\sqrt{2}A_0$,则相邻星点距离为 $d=2A_0$,则平均功率为 $P_{av}=\dfrac{1}{4}(4)A_0^2=A_0^2$。

对于图(b)中四相位二电平 QAM,设小圆半径为 A_0,大圆半径为 $A_1=\sqrt{3}A_0$,则其平均信号功率为 $P_{av}=\dfrac{1}{4}\Big[2\Big(\dfrac{3}{2}\Big)A_0^2+2\Big(\dfrac{A_0^2}{2}\Big)\Big]=A_0^2$。它的相邻星点距离为 $d=\sqrt{A_0^2+(\sqrt{3}A_0)^2}=2A_0$。表明平均功率与相邻信号距离均与图 9-4(a) 相同。

由比较看出,四相二电平方式并不比四相(相当于 QPSK)QAM 优越,而需提供两个不同幅度的正交 2PSK,较为复杂。

(2) 当 $M=8$ 时,图 9-5 给出了 4 种结构形式的 8QAM 星座图。图中所有相邻星点距离均为 $2A_0$,各星座图的信号星点坐标值均为归一化值。设信号星点横坐标为 x_{Ii},纵坐标为 x_{Qi},可以计算出它们的平均信号功率,即

$$P_{av}=\frac{A_0^2}{2}\cdot\frac{1}{M}\sum_{i=1}^{M}(x_{Ii}^2+x_{Qi}^2)\Big|_{M=8}=\frac{A_0^2}{16}\sum_{i=1}^{8}(x_{Ii}^2+x_{Qi}^2) \tag{9-8}$$

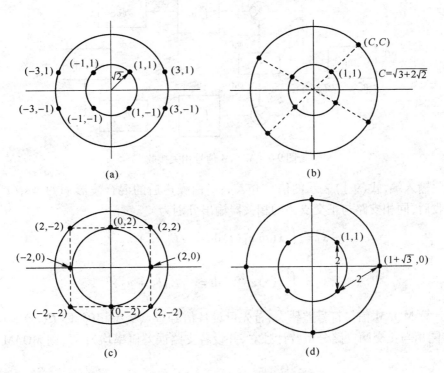

图 9-5　4 种 8 点 QAM 信号星座图

通过计算可得到图 9-5(d) 的信号平均功率为 $P_{av}=2.36A_0^2$,比其他 3 种都小,并且相邻星点,归一化距离 $d=2$,因此图 9-5(d) 为优选方案。此外,图 9-6 还给出了 $M=12$ 和 $M=32$ 时的 MQAM 星座图。MQAM 基本上为矩形的信号星座图,可以整体相移 $\dfrac{\pi}{4}$,其性能不变。

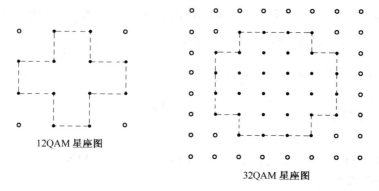

12QAM 星座图

32QAM 星座图

图 9-6　两种星座图布局

*9.2.2　MQAM 信号相关接收与抗噪声性能

MQAM 信号相关接收框图如图 9-7 所示。

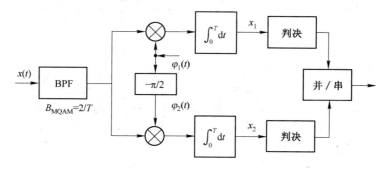

图 9-7　MQAM 信号相关接收

在接收输入端,式(9-1)表示的信号介入高斯白噪声后的混合波形 $x(t) = s_i(t) + n_i(t)$,经相关接收后,同相支路与正交支路的相关器输出分别为

$$x_1 = \int_0^T x(t)\varphi_1(t)\,\mathrm{d}t = \sqrt{E_0}\,a_i + n_1 \tag{9-9}$$

$$x_2 = \int_0^T x(t)\varphi_2(t)\,\mathrm{d}t = \sqrt{E_0}\,b_i + n_2 \tag{9-10}$$

为了计算 MQAM 信号符号差错率,首先可设各信号星点概率相等,即 $P(s_i) = 1/M, i = 1, 2, \cdots, M$。同相与正交两支路分量统计独立,并设各支路误差概率均为 P'_e,则 MQAM 信号正确接收概率为

$$P_c = (1 - P'_e)^2 \tag{9-11}$$

而

$$P'_e = \frac{L-1}{L} \times 2\left[\frac{1}{2}\mathrm{erfc}(\sqrt{E_0/n_0})\right] = \frac{L-1}{L}\mathrm{erfc}(\sqrt{E_0/n_0}) \tag{9-12}$$

因此误符号率为

$$P_{\mathrm{eMQAM}} = 1 - P_c = 1 - (1 - P'_e)^2$$

$$= 2P'_e - (P'_e)^2 \approx 2P'_e = 2[(L-1)/L]\mathrm{erfc}(\sqrt{E_0/n_0}) \tag{9-13}$$

这一近似结果表明,MQAM 系统误符号率简单地等于支路误差率的 2 倍。

式(9-13)中,当 $M=4$ 为 QAM,则有符号差错率为

$$P_{eQAM} \approx \mathrm{erfc}\left(\sqrt{E_0/n_0}\right) \tag{9-14}$$

上面两公式中涉及的 E_0 是以最小幅度信号计算的能量,应以 MQAM 的平均信号能量 E_{av} 来表示误符号率,由 E_0 折合运算出 E_{av} 值。由于同相与正交支路的 L 个电平等概率分布,E_{av} 计算式为

$$E_{av} = 2\left[\frac{2E_0}{L}\sum_{i=1}^{L/2}(2i-1)^2\right] \tag{9-15}$$

$$= \frac{2(L^2-1)E_0}{3} = \frac{2(M-1)}{3}E_0 \tag{9-16}$$

或

$$E_0 = \frac{3}{2(M-1)}E_{av} \tag{9-17}$$

式(9-15)中方括号内是单支路功率,它等于单极性 $L/2$ 个已调波平均功率的 2 倍,以 L 进行平均的结果。将上式结果 E_0 代入式(9-13),则以 MQAM 平均信号功率表示的误符号率公式为

$$P_{eMQAM} \approx 2\left(\frac{L-1}{L}\right)\mathrm{erfc}\left[\sqrt{\frac{3E_{av}}{2(M-1)n_0}}\right] \tag{9-18}$$

或

$$P_{eMQAM} \approx 2\left(\frac{\sqrt{M}-1}{\sqrt{M}}\right)\mathrm{erfc}\left[\sqrt{\frac{3E_{av}}{2(M-1)n_0}}\right] \tag{9-19}$$

当 $M=4$ 时,即 QAM,则由式(9-16)计算得 $E_{av}=2E_0$ 或 $E_0=E_{av}/2$,其符号差错率为

$$P_{eQAM} \approx \mathrm{erfc}\left(\sqrt{E_0/n_0}\right) \tag{9-20}$$

这一结果与 QPSK 误符号率式(6-124)(用格雷码,有系数 $1/2$)对照,基本上是相同的,其中 $E_b=E_0$,$E_{av}=E=2E_0=2E_b$,是 QPSK 支路中符号间隔 $T=2T_b$ 的符号能量。

9.2.3　MQAM 与 MPSK 性能比较

1. QAM 与 QPSK 的比较

由式(9-6)对照 QPSK 信号($\pi/4$ 系统)——式(6-102)及星座图 6-28(b),二者几乎完全相同。由式(9-4),可以给出当 $M=4$,$L=2$ 时,QAM 信号的 4 对同相与正交分量权系数(a_i, b_i),有

$$(a_i,b_i) = \begin{bmatrix}(a_2,b_2) & (a_3,b_3)\\(a_1,b_1) & (a_4,b_4)\end{bmatrix} = \begin{bmatrix}(-1,+1) & (+1,+1)\\(-1,-1) & (+1,-1)\end{bmatrix} \tag{9-21}$$

将它们代入式(9-1),可得 QAM 信号 4 个已调波表示式,与 $\frac{\pi}{M}=\frac{\pi}{4}$ 系统的 QPSK 信号完全一致各相位也完全对应相同。因此 QAM 完全等效于 QPSK。

2. MQAM 与 MPSK 性能比较

从两种调制方式比较,各有以下特点和不同之处。

（1）MPSK为等（载波）包络信号，因此，它的星点均在一个同心圆上，而MQAM则为方形（也有其他形式，但并非圆形）。因此，前者信息只载荷到载波的相位上，而MQAM则为幅-相调制，由幅度与相位共同载荷一个符号信息，它的已调波当$M>4$时不是等幅包络。

（2）MQAM（当$M>4$）抗干扰能力优于MPSK信号。从$M=16$时两种调制方式的星座图可以计算出来（见图9-8），相邻最近星点间的（欧氏）距离为

$$\text{MPSK：当 } M=4 \text{ 时}, d_\text{p}=2A\sin\frac{\pi}{4}=\sqrt{2}A \tag{9-22}$$

$$\text{当 } M=16 \text{ 时}, d_\text{p}=2A\sin\frac{\pi}{16}=0.39A \tag{9-23}$$

$$\text{MQAM：当 } M=4 \text{ 时}, d_\text{Q}=\frac{\sqrt{2}A}{L-1}=\sqrt{2}A \tag{9-24}$$

$$\text{当 } M=16 \text{ 时}, d_\text{Q}=\frac{\sqrt{2}A}{L-1}=\frac{\sqrt{2}}{3}A=0.47A \tag{9-25}$$

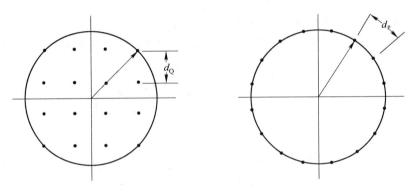

图9-8   MQAM与MPSK相邻星点距离

由上述比较结果，可得欧氏距离（平方）之比为

$$\frac{d_{16QAM}^2}{d_{16PSK}^2}=\frac{0.47^2}{0.39^2}=1.45，\text{即 } 1.61 \text{ dB} \tag{9-26}$$

但是此种比较是基于16QAM的最大信号幅度与16PSK相等时进行的。这种比较方式有些不太合理。应当在相同平均信号功率或相同信噪比的情况下进行性能比较（按例9-1的做法）。这样比较的结果是16QAM应优于16PSK为4.19 dB。

[例9-1]   由图9-5(d)8QAM星座图所示各坐标值，表明8个信息星点的各相邻星点欧氏距离均为$d=2$，试计算8QAM与8PSK在平均信号功率相等时，比较二者的欧氏距离（平方）。

解：（1）8PSK平均功率$P_{8PSK}=\dfrac{A_0^2}{2}$。

对于8QAM，按图9-5(d)所示坐标点，单位均为A_1，即设$A_1=1$。8QAM平均信号功率为

$$P_{8QAM}=\left[\frac{(A_1^2+A_1^2)}{2}\times4+\frac{(1+\sqrt{3})^2A_1^2}{2}\times4\right]\bigg/8 \tag{9-27}$$

$$=(4A_1^2+14.928A_1^2)/8=2.366A_1^2$$

（2）若使两者平均功率相等，即$\dfrac{A_0^2}{2}=2.366A_1^2$，则

$$A_0 = \sqrt{2.366 \times 2}\, A_1 = 2.175 A_1$$

然后计算欧氏距离。由式(6-115),有

$$d_{8PSK} = 2A_0 \sin \frac{\pi}{8} = 0.765 A_0 = 0.765 \times 2.175 A_1 = 1.665 A_1$$

而 $d_{8QAM} = 2A_1$,则欧氏距离平方之比为

$$\frac{d_{8QAM}^2}{d_{8PSK}^2} = \frac{2^2}{1.665^2} = 1.443, \quad 即\ 1.6\ dB$$

(3) 结论:在信号平均功率相等时,8QAM 较 8PSK 欧氏距离高 1.6 dB。这标志着在计算接收误符号概率时,信噪比高 1.6 dB。如当 $P_e = 10^{-5}$ 时,8QAM 的 1.6 dB 信噪比优势,可换取符号差错率降低 1 个多数量级。

- 同样可以计算在相同信噪比的条件下,$M = 16$ 时,16QAM 较 16PSK 距离(平方)优越 4.19 dB,误差率要低几个数量级。因此当 $M > 8$ 时的 MPSK 很少实用。

9.3　改进型 QPSK

从 QPSK 信号数学表示式和星座图明显看出,4 个不同相位的已调波间的相位在符号交替时的跳变值可能为 $0, \pm \frac{\pi}{2}, \pi$,由于 $\pm \frac{\pi}{2}$ 及反相波形的相位突变值,必定会使包络失去"等幅"特征,甚至由于反相点的突跳而可能导致出现零包络,这对于由识别相位进行解码是非常不利的。另外,信号功率谱也会扩展,而造成信号限带失真,或邻道干扰,或符号间干扰。

改进方法是利用交错(偏移)正交调相——OQPSK(off-set QPSK),与无符号间干扰和抖动 – 交错相移键控——IJF-OQPSK,以及 $\frac{\pi}{4}$QPSK 等。

9.3.1　OQPSK 与 DOQPSK

OQPSK 系统的所谓交错或偏移(off-set)是在 QPSK 调制系统中的一个支路(如 Q 支路)加入 1 比特 T_b 的延迟单元,然后进入乘法器,如图 9-9 所示。

OQPSK 系统中的 I 与 Q 支路的两个基带数据流不像 QPSK 那样在时间上完全同步,而是相差 1 比特间隔 $T_b = \frac{1}{2} T$,这样进行正交调制之后的两支路已调波,就不会同时进行符号交替,即每隔 $\frac{T}{2} = T_b$ 只有一个支路载波相位可能转换,而不会像 QPSK 那样同步(同时)转换。于是,其两支路合成输出波形中,原来 QPSK 可能出现的 π 相值突变,成为只可能为 $0, \pm \frac{\pi}{2}$ 的相位变化。

OQPSK 的好处是功率谱特性优于 QPSK,同时两个错位 T_b 的支路独立 2PSK 信道,可以分别进行差分编码和相间差分解码,构成 DOQPSK,可以使相干解调避免 $\frac{2\pi}{M} = \frac{\pi}{2}$ 的相位模糊。

由于 Q 支路信号迟于 I 支路 T_b 时间,因此判决解调的定时信号也要比 I 支路延迟 T_b,因此两支路轮流判决后不需再并 – 串变换。

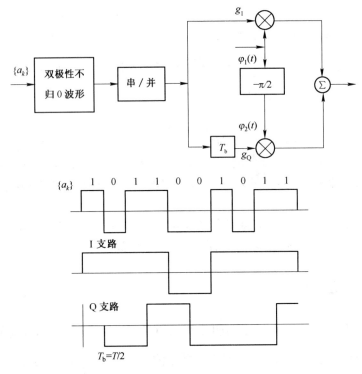

图9-9 OQPSK 信号形成

由于 QPSK 等同于 QAM，因此 OQPSK 也可称为交错 QAM 或 SQAM。

9.3.2 IJF-OQPSK

前面在讨论二元与多元频带传输系统中，为着重介绍调制原理，对于基带调制信号均利用了理想方波。其实，从第 5 章消除码间干扰的奈奎斯特准则角度，这种做法并不实际。这就是说，在进行频带传输情况下，也应首先从基带数字波形考虑到消除 ISI 的问题。IJF-OQPSK 系统进行了考究的基带调制波形设计，以避免频带传输后造成的解码 ISI 和抖动影响。

IJF-OQPSK 利用升余弦基带时域波形，如图9-10 所示。

当 $\alpha = 1$ 时，其数学表示式为

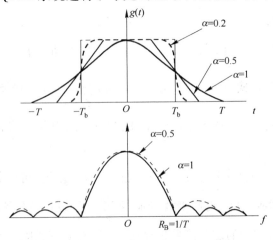

$$g(t) = \begin{cases} \dfrac{1}{2}\left(1 + \cos\dfrac{\pi t}{T}\right) & |t| \leqslant T \\ 0 & \text{其他 } t \end{cases}$$

式中，$T = 2T_b$，这里，正好与奈氏准则下频域升余弦脉冲相仿，它跨越时间间隔为 $T = 2T_b$，因此称双比特间隔时域升余弦脉冲。它有如下 4 点特性。

图9-10 双比特间隔升余弦及其功率

（1）$g(t)$ 为偶函数且满足

$$\begin{cases} g(t) + g(t-T) = 1 \\ g(t) - g(t-T) = \cos \dfrac{\pi t}{T} = s(t) \end{cases}, \quad 0 \leqslant t \leqslant T \tag{9-28}$$

式（9-28）两个条件可满足同相与正交两支路波形叠加时，确保连续性，即不出现突跳沿。

在一个符号间隔 T 内，两支路同极性，其和总为 1；不同极性则其差为偶函数 $s(t) = \cos\left(\dfrac{\pi t}{T}\right)$，这样当两路同步叠加时，若当前与其前一符号有转变，叠加范围为常数 ± 1；若有转换，则使一个偶函数与 ± 1 相连，因此产生的数字序列总是连续无突跳形式。

（2）在脉冲边沿即 $t = \pm T = \pm 2T_b$ 处，其值为 0。

（3）在 $t = T/2 = T_b$ 处，幅值为 $1/2$，脉冲波形峰值在 $t = 0$ 处。

（4）在符号转换时刻，载波相位可能的跳变为 0，$\pm \dfrac{\pi}{4}$，$\pm \dfrac{\pi}{2}$，功率谱较 QPSK 有所改善。

由特点（2），则定时抽样时不会有 ISI；由特点（1）与（3），也不会产生定时抖动。

*9.3.3　$\dfrac{\pi}{4}$QPSK 与 $\dfrac{\pi}{4}$DQPSK

为了解决 QPSK 存在的 π 相位突跳而可能发生零包络的问题，还可以采用另一种改进方法，即所谓偏移 $\pi/4$，并仿效 TCM（组合编码调制）的方法，首先给出 8PSK 星座，然后将其分为如图 9-11（b）、（c）所示的两个正交 4 星点的星座图，即由相差 $\dfrac{\pi}{4}$ 的两个 QPSK 星点交替运用，构成 $\dfrac{\pi}{4}$QPSK。

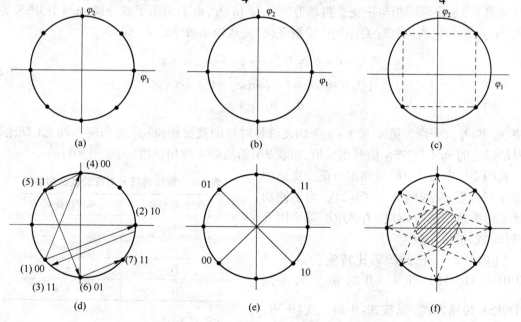

图 9-11　$\pi/4$ QPSK 星座图的构成

（a）8PSK 星座图；（b）前一个符号的载波相位 $\theta_{k-1} = (2n-1)\pi/4$ 时的 θ_k 可能状态；
（c）前一个符号的载波 $\theta_{k-1} = n\pi/2$ 时的 θ_k 可能状态；（d）最小的载波包络值 d_{min}；
（e）QPSK 信号应用的相位状态 φ_k 值；（f）$\pi/4$ QPSK 信号全部可能的相位状态

为避免如图 9-11(e)所示的 QPSK 在 00 与 11 及 01 与 10 相互之间符号转换时的相位突跳 180°而出现零包络,则 π/4 QPSK 不同的相邻双比特符号采用图 9-11(b)、(c)各一个星点。如图9-11(d)所示的那样,使相邻符号载波相位突变最大为 $3 \times \pi/4 = 3\pi/4$。这时的载波包络不会到 0,而如图 9-11(f)中的核心阴影部分没有信号转换路径。因此 π/4 QPSK 是 QPSK(最大突跳相位 180°)与 OQPSK(最大突跳相位 ±π/2)的折中方案,最大相位突跳为 3π/4,各种相位变化为 ±π/4,±3π/4。

为了避免 QPSK 系统可能发生的 $\frac{2\pi}{M} = \pi/2$ 的相位模糊而误码,π/4 QPSK 也应采用基带差分编码方式,即 π/4 DQPSK。π/4 DQPSK 系统发送框图如图 9-12 所示。

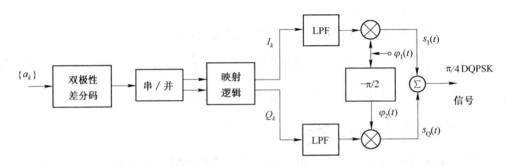

图 9-12　π/4 DQPSK 信号的产生

图 9-12 中,由串/并变换得到的奇偶数各为 $T = 2T_b$ 间隔的双极性符号波形,经"映射逻辑"(运算)分别得到同相与正交支路基带信号 I_k 和 Q_k,由于采用了差分码,π/4 DQPSK 方式的 I_k 与 Q_k 值与它前位值有关,图中"映射逻辑"完成以下数学运算,即

$$\begin{cases} I_k = \cos \theta_k = I_{k-1} \cos \varphi_k - Q_{k-1} \sin \varphi_k \\ Q_k = \sin \theta_k = I_{k-1} \sin \varphi_k - Q_{k-1} \cos \varphi_k \end{cases} \tag{9-29}$$

$$\theta_k = \theta_{k-1} + \varphi_k \tag{9-30}$$

式中,θ_k 和 θ_{k-1} 分别为第 k、第 $k-1$ 个四元符号对应的载波相位;φ_k 是由输入四元(双比特)符号所规定的 π/4 DQPSK 信号相移值,如表 9-1 给出的 4 种相移值(对照图 9-11e)。

式(9-29)中 I_k 与 Q_k 是同相与正交支路的基带序列波形,符号间隔为 $T = 2T_b$,为了使功率谱主瓣窄且滚降收敛快,I_k 与 Q_k 可采用升余弦(时域)波形构成。

表 9-1　双比特符号对应的载波相移值

双比特符号	载波相移 φ_k
00	$-3\pi/4$
01	$+3\pi/4$
11	$+\pi/4$
10	$-\pi/4$

*[例 9-2]　已知源码比特流为 $\{a_k\}$ = (00101100110111),设 $k = 0$ 时 $\theta_0 = 0$,采用 $\frac{\pi}{4}$ DQPSK 传输方式。试按式(9-29)、式(9-30)计算 θ_k、I_k 及 Q_k 各值,同时在图 9-11(d)中标出已调波序列相位路径。

解:本题给出的 7 对 4 元码,且初相 $\theta_0 = 0$,由表 9-1,查得各二比特码对应的 φ_k,并由式(9-30)求出 θ_k。

（1）00：$\varphi_1 = -3/4\pi, \theta_1 = \theta_0 + \varphi_1 = -3/4\pi$, 　　（2）10：$\varphi_2 = -\pi/4, \theta_2 = \theta_1 + \varphi_2 = -\pi$,

（3）11：$\varphi_3 = \pi/4, \theta_3 = \theta_2 + \varphi_3 = -3/4\pi$, 　　（4）00：$\varphi_4 = -3/4\pi, \theta_4 = \theta_3 + \varphi_4 = \pi/2$,

（5）11：$\varphi_5 = \pi/4, \theta_5 = \theta_4 + \varphi_5 = 3/4\pi$, 　　（6）01：$\varphi_6 = 3/4\pi, \theta_6 = \theta_5 + \varphi_6 = -\pi/2$,

（7）11：$\varphi_7 = \pi/4, \theta_7 = \theta_6 + \varphi_7 = -\pi/4$。

然后在图 9-11（d）中依次画出上列 7 条相位路径，从（1）点到（7）点，以箭头表明了载波相位随输入二比特符号的跳变情况。可以看出最大相变为 $\pm 3/4\pi$，尚有 $\pm\pi/4$ 及 0。而任何相位跳变路径均不会穿过中心点，即包络不会为 0。本例实际还验证了图 9-11 图注的相位路径规则。

利用式（9-29），由各 θ_k 值及 φ_k 值可以求出各 I_k 及 Q_k 值。这里不再列出。

通过上述分析与例题，表明 QPSK 在码元转换时的相位跳变，由 $\pm\dfrac{\pi}{2}$，π 而改进为跳变 $\pm\dfrac{\pi}{4}$ 和 $\pm\dfrac{3}{4}\pi$，依次减少 $\dfrac{\pi}{4}$，故称此种调制为 $\dfrac{\pi}{4}$QPSK 或 $\dfrac{\pi}{4}$DQPSK。

鉴于 π/4 DQPSK 的恒包络和不出现零包络等特点，并避免 $\dfrac{\pi}{2}$ 相位模糊，对于无线蜂窝移动通信非常有利。最初北美 AMPS 制式移动通信系统利用基带信号滚降系数 $\alpha = 0.25$ 的 π/4QPSK，日本 JDC 采用 $\alpha = 0.5$ 的 π/4 QPSK 系统。

9.4　最小频移键控

在 6.3 节讨论 FSK 传输系统时，已经提到了 MSK，由式（6-35）FSK 信号的两个载波正交条件，得出两载频之差 $2\Delta f = nR_b/2$ 的情况，且当 $n = 1$ 或频偏系数 $h = \dfrac{2\Delta f}{R_b} = 1/2$ 时，$2\Delta f = R_b/2$（式（6-54））。符合此条件的两个载频构成的 CPFSK 称为最小频移键控（MSK）。

与其他形式的 2FSK 相比，MSK 具有一系列优点，诸如传输带宽小，有

$$B_{MSK} = 2R_b + \frac{1}{2}R_b = 2.5R_b \tag{9-31}$$

它是恒包络信号，功率谱性能好，具有较强的抗噪声干扰能力，特别是 MSK 的几种改进型技术，如高斯 MSK（GMSK），大量用于移动无线通信，抗衰落性能好。

本节将分析 MSK 信号构成特征、主要参量与传输性能指标，同时介绍几种改进型的构成特点。

9.4.1　MSK 信号空间

1. MSK 信号数学表达式

MSK 属于二元传输制式。兹由其基本特点——$2\Delta f = f_1 - f_2 = R_b/2$ 或 $h = 1/2$ 入手，来分析它的信号表示方式及其重要参数。

$$s_{MSK}(t) = \begin{cases} s_1(t) = \sqrt{2E_b/T_b}\cos[\omega_1 t + \theta_1(0)], & （传号） \\ s_2(t) = \sqrt{2E_b/T_b}\cos[\omega_2 t + \theta_2(0)], & （空号） \end{cases} \quad (0 \leqslant t \leqslant T_b) \tag{9-32}$$

式中,ω_1,ω_2 表示 1,0 码的两个角载频;$\theta(0)$ 为 MSK 已调波初相;$A_0 = \sqrt{\dfrac{2E_b}{T_b}}$,$E_b$ 为 1 个码元(比特)能量,A_0 为载波信号幅度。

式(9-32)传号、空号载频 ω_1、ω_2 可分别由 $\omega_0 + \Delta\omega$ 和 $\omega_0 - \Delta\omega$ 表示,则

$$s_{MSK}(t) = \sqrt{2E_b/T_b}\cos[\omega_0 t + \theta(t)] = \sqrt{2E_b/T_b}\cos[\omega_0 t \pm \Delta\omega t + \theta(0)], \quad 0 \leqslant t \leqslant T_b \tag{9-33}$$

式中,ω_0 为信道中心频率;$\theta(t)$ 为 MSK 信号的瞬时相位。

由式(9-32)及式(9-33)对比,表明 $\theta(t)$ 值由两项组成,即

$$\theta(t) = \pm\Delta\omega t + \theta(0) \qquad 0 \leqslant t \leqslant T_b \tag{9-34}$$

这时则为

$$\theta(t) = \pm\frac{\pi h}{T_b}t + \theta(0),$$

由频偏指数 $h = h_{MSK} = 1/2$,可得

$$\theta(t) = \pm\frac{\pi t}{2T_b} + \theta(0), \quad 0 \leqslant t \leqslant T_b \tag{9-35}$$

即

$$\theta(t) = \begin{cases} \dfrac{\pi t}{2T_b} + \theta(0), & \text{(传号)} \\[2mm] -\dfrac{\pi t}{2T_b} + \theta(0), & \text{(空号)} \end{cases} \qquad (0 \leqslant t \leqslant T_b) \tag{9-36}$$

在码元符号从 $t=0$ 起始到转换时刻,即 $t=T_b$ 时,则载波相位变化量为

$$\theta(T_b) = \begin{cases} \dfrac{\pi}{2} + \theta(0), & \text{(传号)} \\[2mm] -\dfrac{\pi}{2} + \theta(0), & \text{(空号)} \end{cases} \tag{9-37}$$

上两式结果表明,每个码元符号(已调波)所持的相位,是在此码元上一个转换时刻的"初始"相位 $\theta(0)$ 基础上,以线性增(传号时)减(空号时),到该码元结束时增(减)的相位量为 $\pm\pi/2$。与之对应的传号与空号载频为

$$\begin{cases} f_1 = f_0 + \dfrac{h}{2T_b}\Big|_{h=1/2} = f_0 + \dfrac{1}{4T_b} = f_0 + \dfrac{R_b}{4}, & \text{(传号载波)} \\[3mm] f_2 = f_0 - \dfrac{h}{2T_b}\Big|_{h=1/2} = f_0 - \dfrac{1}{4T_b} = f_0 - \dfrac{R_b}{4}, & \text{(空号载波)} \end{cases} \tag{9-38}$$

$$f_0 = \frac{f_1 + f_2}{2}$$

2. MSK 信号相位格栅图

式(9-37)可写为

$$\theta(T_b) - \theta(0) = \begin{cases} +\dfrac{\pi}{2}, & \text{(传号相位增长值)} \\[2mm] -\dfrac{\pi}{2}, & \text{(空号相位减少值)} \end{cases} \tag{9-39}$$

由式(9-39)，设从 $t = kT_b$ 起始，此时设"初相" $\theta(kT_b) = 0$，可以画出各转换时刻 $t = (k+i)T_b$ 相位变化走势。图 9-13 示出了当源码序列为 $\{a_k\} = (11010001011\cdots)$ 所对应的 MSK 信号波形序列的连续相位变化。由式(9-39)和图 9-13 所示的相位格栅图（或相位树图），充分体现了 MSK 信号的连续相位特点（CPF-SK）。图中黑实线是在编码信号为 $\{a_k\} = (11010001011\cdots)$ 的 MSK 信号相位路径。

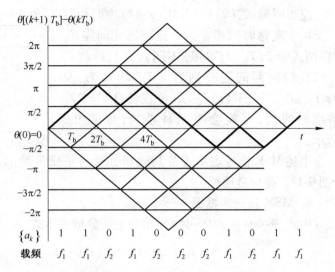

图 9-13　MSK 信号序列连续相位格栅图

3. MSK 信号空间

由式(9-32)所示的 MSK 信号基本表示式，利用信号空间概念进行进一步分析。

$$
\begin{aligned}
s_{\mathrm{MSK}}(t) &= \sqrt{2E_b/T_b}\cos[\omega_0 t + \theta(t)] \\
&= \sqrt{2E_b/T_b}\cos[\theta(t)]\cos\omega_0 t - \sqrt{2E_b/T_b}\sin[\theta(t)]\sin\omega_0 t \\
&= s_{\mathrm{I}}(t)\varphi_1(t) - s_{\mathrm{Q}}(t)\varphi_2(t)
\end{aligned}
\tag{9-40}
$$

式中，$\varphi_1(t),\varphi_2(t)$——一对正交基载波，幅度均为 $\sqrt{2/T_b}$（同式(6-104)、式(6-105)）。

$$
s_{\mathrm{I}}(t) = \sqrt{E_b}\cos\theta(t) \qquad (\text{MSK 信号同相分量}) \tag{9-41}
$$

$$
s_{\mathrm{Q}}(t) = \sqrt{E_b}\sin\theta(t) \qquad (\text{MSK 信号正交分量}) \tag{9-42}
$$

由式(9-36)，考虑 $-T_b \leqslant t \leqslant T_b$ 内的同相支路两个比特间隔内，初始相位 $\theta(0)$ 可能为 0 或 π 相（取决于此前的调制过程）。因此，这两比特间隔内的同相分量 $s_{\mathrm{I}}(t)$ 是由正半周余弦构成的，因此式(9-41)可表示为

$$
s_{\mathrm{I}}(t) = \sqrt{E_b}\cos[\theta(0)]\cos[\pi t/(2T_b)] = \pm\sqrt{E_b}\cos\left(\frac{\pi t}{2T_b}\right), \quad -T_b \leqslant t \leqslant T_b \tag{9-43}
$$

式中，"+"号——表示 $\theta(0) = 0$ 时，其中 $\cos[\theta(0)] = +1$；

"－"号——表示 $\theta(0) = \pi$ 时，其中 $\cos[\theta(0)] = -1$。

同理，在式(9-42)中错后 T_b 的正交项，于 $0 \leqslant t \leqslant 2T_b$ 间隔内，以半正弦构成的正交分量 $s_{\mathrm{Q}}(t)$，其极性取决于 $\theta(T_b)$，即式(9-42)表示为

$$
\begin{aligned}
s_{\mathrm{Q}}(t) &= \sqrt{E_b}\sin[\theta(T_b)]\sin[\pi t/(2T_b)] \\
&= \pm\sqrt{E_b}\sin[\pi t/(2T_b)], \quad 0 \leqslant t \leqslant 2T_b
\end{aligned}
\tag{9-44}
$$

式中，"+"号表示 $\theta(T_b) = +\pi/2$，传号；"－"号表示 $\theta(T_b) = -\pi/2$，空号。

应当明确,式(9-43)及式(9-44)中同相与正交两个支路时拍相差一个比特码元间隔 T_b(在两式中 $\theta(T_b)$ 与 $\theta(0)$ 不同),并且跨越的 $T=2T_b$ 的时间间隔分别为 $-T_b \leqslant t \leqslant T_b$ 及 $0 \leqslant t \leqslant 2T_b$,于是 $s_I(t)$ 与 $s_Q(t)$ 在各自 $T=2T_b$ 持续时间内,可能会有四种经历,如表 9-2 所示。

表 9-2　同相与正交支路相位与信号状态关系

$\theta(0)$	$\theta(T_b)$	MSK 状态
0	$\pi/2$	传号
π	$\pi/2$	空号
π	$-\pi/2$	传号
0	$-\pi/2$	空号

上述 MSK 信号表示式及其同相分量与正交分量的内在关系通过下面信号发送端框图(图 9-14)就更易理解。

4. MSK 发送端框图

由式(9-40)~式(9-44)同相和正交分量表示式,可以进一步给出 MSK 信号表示式,为

$$
\begin{aligned}
s_{MSK}(t) &= s_I(t)\varphi_1(t) - s_Q(t)\varphi_2(t) \\
&= \sqrt{2E_b/T_b}\cos\theta(0)\cos[\pi t/(2T_b)]\cos\omega_0 t \\
&\quad - \sqrt{2E_b/T_b}\sin\theta(T_b)\sin[\pi t/(2T_b)]\sin\omega_0 t \\
&= \sqrt{E_b}\cos\theta(0)c_I(t) - \sqrt{E_b}\sin\theta(T_b)c_Q(t)
\end{aligned} \tag{9-45}
$$

式中,由于 MSK 信号构成特点,同相支路与正交支路相当于使 $\varphi_1(t)$ 与 $\varphi_2(t)$ 正交载波分别被 $\cos[\pi t/(2T_b)]$ 与 $\sin[\pi t/(2T_b)]$ 加权为两个新的支路正交载波,即

$$
\begin{cases}
c_I(t) = \sqrt{2/T_b}\cos[\pi t/(2T_b)]\cos\omega_0 t \\
c_Q(t) = \sqrt{2/T_b}\sin[\pi t/(2T_b)]\sin\omega_0 t
\end{cases} \tag{9-46}
$$

可由式(9-45)画出 MSK 发送端方框图 9-14。图中,源码序列为差分码 $\{b_k\}$,串/并变换后的正交支路延迟 1 比特 T_b。可按图示各点序号来观察 MSK 信号生成过程。

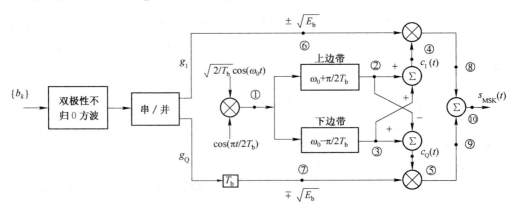

图 9-14　MSK 信号的形成框图

①点是以 $\cos[\pi t/(2T_b)]$ 为调制信号的 DSB 形式,有

$$
\begin{aligned}
\sqrt{2/T_b}\cos[\pi t/(2T_b)]\cos\omega_0 t &= \sqrt{1/(2T_b)}\cos[\omega_0 t + \pi t/(2T_b)] + \\
&\quad \sqrt{1/(2T_b)}\cos[\omega_0 t - \pi t/(2T_b)]
\end{aligned}
$$

然后通过上式中由窄带通滤波器分别提取出上边带(②点)及下边带(③点)信号成分。其后两个加法器将两边带的和与差,构成式(9-46)中两个支路载波 $c_I(t)$ 与 $c_Q(t)$,即④、⑤两点波形。

然后上面得到的两支路载波分别受控于 g_I 和 g_Q 两个调制信号波形(串-并变换后提供的奇、偶序号的双极性不归 0 方波序列),构成上下支路时差为 T_b 的两种 2PSK 信号(图中⑧、⑨点),合成结果则为 MSK 信号(⑩点),与式(9-33)及式(9-45)相符。

9.4.2　MSK 信号的最佳接收与性能特征

1. MSK 相关接收系统框图

接收系统框图如图 9-15 所示。接收输入端的 MSK 信号与 AWGN 的混合信号为

$$x(t) = s_{MSK}(t) + n_i(t) \quad (9\text{-}47)$$

进入相关器进行解调,同相支路与正交支路分别提供如式(9-46)的"载波"(应分别为正交支路的信号样本),则输出 x_1 与 x_2 样本混合值分别为:

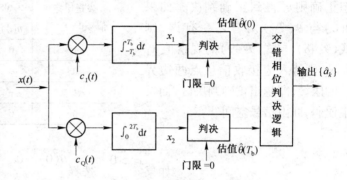

图 9-15　MSK 信号接收系统

$$x_1 = \int_{-T_b}^{T_b} x(t) c_I(t)\,dt = \sqrt{E_b}\cos\theta(0) + n_1, \quad -T_b \leqslant t \leqslant T_b \quad (9\text{-}48)$$

$$x_2 = \int_0^{2T_b} x(t) c_Q(t)\,dt = -\sqrt{E_b}\sin\theta(T_b) + n_2, \quad 0 \leqslant t \leqslant 2T_b \quad (9\text{-}49)$$

式中,n_1,n_2——两个支路输出的均值为 0、方差为 $\sigma_n^2 = \dfrac{n_0}{2}$ 的高斯变量的样本值(参见式(6-119))。

2. MSK 系统性能分析

为了清楚起见,首先介绍 MSK 信号(式(9-45))空间图(星座),如图9-16所示。从图中星点分布看,与 $\dfrac{\pi}{M}$ 系统 QPSK 十分相像。但 MSK 是二元系统,它在任何码元间隔 T_b 内,只利用图中某一条对角线上两个星点之一(信息点),表示 1 或 0 符号。而 QPSK 却用 4 个星点中之一,它表示 2 比特符号。MSK 系统星座图呈现的特点是:

(1) 完全由接收比特符号同相支路相位 $\theta(0)$ 与正交支路 $\theta(T_b)$,由两端的相位状态来决定接收 1 码

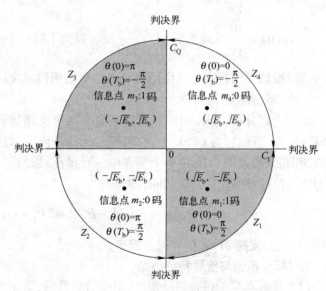

图 9-16　MSK 信号星座图

还是 0 码;

（2）收 1 码时，对应 2 和 4 象限两星点之一（即图中 m_1 和 m_3）；收 0 码时，对应 1 和 3 象限两个星点之一（即图中 m_2 和 m_4）。"相邻信号星点"间距离均为 $2\sqrt{E_b}$。

图 9-16 中给出了发送信号的信息点准确位置及电平坐标。m_1：$(+\sqrt{E_b}, -\sqrt{E_b})$；$m_2$：$(-\sqrt{E_b}, -\sqrt{E_b})$；$m_3$：$(-\sqrt{E_b}, +\sqrt{E_b})$；$m_4$：$(+\sqrt{E_b}, +\sqrt{E_b})$。就 4 个星点所在位置划为 4 个判决区：$Z_1, Z_2, Z_3$ 和 Z_4。

如果接收解调时，信号相位状态正确则可得到正确判决。如果 $\theta(0)$ 与 $\theta(T_b)$ 两者之一有误，则式（9-48）与式（9-49）的观察值 x_1 与 x_2 则落入应接收信息点两边界外的区域，即越出正确判决区，而发生误码，即由信号空间

表 9-3　MSK 信号空间与判决规则

发送比特	MSK 相位状态		信息点坐标位置	
信号 $0 \leqslant t \leqslant T_b$	$\theta(0)$	$\theta(T_b)$	S_1	S_2
1	0	$+\pi/2$	$+\sqrt{E_b}$	$-\sqrt{E_b}$
0	π	$+\pi/2$	$-\sqrt{E_b}$	$-\sqrt{E_b}$
1	π	$-\pi/2$	$-\sqrt{E_b}$	$+\sqrt{E_b}$
0	0	$-\pi/2$	$+\sqrt{E_b}$	$+\sqrt{E_b}$

$$
如果 \begin{matrix} x_1 > 0 \\ x_1 < 0 \end{matrix} \quad 选择 \quad \begin{matrix} \hat{\theta}(0) = 0 \\ \hat{\theta}(0) = \pi \end{matrix} \tag{9-50}
$$

$$
如果 \begin{matrix} x_2 > 0 \\ x_2 < 0 \end{matrix} \quad 选择 \quad \begin{matrix} \hat{\theta}(T_b) = -\dfrac{\pi}{2} \\ \hat{\theta}(T_b) = \dfrac{\pi}{2} \end{matrix} \tag{9-51}
$$

将上述条件归纳出判决规则如表 9-3 所示，即

$$
\begin{cases} \hat{\theta}(0) = \begin{cases} 0 \\ \pi \end{cases} 及 \hat{\theta}(T_b) = \begin{cases} -\pi/2 \\ +\pi/2 \end{cases} & 判为 0 码（图 9-16 中 m_2、m_4——Z_2、Z_4 区） \\ \hat{\theta}(0) = \begin{cases} 0 \\ \pi \end{cases} 及 \hat{\theta}(T_b) = \begin{cases} +\pi/2 \\ -\pi/2 \end{cases} & 判为 1 码（图 9-16 中 m_1、m_3——Z_1、Z_3 区） \end{cases} \tag{9-52}
$$

式（9-52）按规则的判决处理由图 9-15 中"交错相位判决逻辑"完成。

3. MSK 系统误比特率

通过上面分析，MSK 利用了互为正交的两个支路进行正交复用，并且各支持一个特殊的 2PSK 信号。虽然它与 QPSK 不同，属于二元信号传输，但却随机轮流占用全部星点，每比特接收判决时，只涉及图 9-16 中 4 个星点中一对星点，来判定一个星点。因此，计算误比特率方法与 QPSK 误符号率计算方法相同，即

$$
P_{eMSK} = 1 - (1 - P'_e)^2 \approx 2P'_e = \text{erfc}\left(\sqrt{E_b/n_0}\right) \tag{9-53}
$$

式中，P'_e——支路 2PSK 信号误差概率。

4. MSK 系统与信号特征小结

（1）MSK 信号为恒包络已调波，功率谱特性好，适于非线性信道传输，如短波衰落信道，无线移动通信多采用 MSK，改进型 GMSK 具有更好性能，正用于 GSM 系统（第 10.8.2 节）。

（2）f_1 与 f_2 两载波均偏离信道载频 $f_0 = \dfrac{f_1 + f_2}{2}$ 的值为 $\Delta f = R_b/4 = 1/(4T_b)$，$f_1 - f_2 = 2\Delta f = R_b/2$；偏移指数 $h = 1/2$，因此较一般 FSK 节省很大带宽。

（3）以信道载波相位为基准，在传输码元 1 或 0 的转换时刻，相位线性地增加或减少 $\pi/2$，MSK 的已调波相位变化为 0，$\pm\pi/2$，与 QPSK 的 0，$\pm\pi/2$ 及 π 的变化比较，性能较优。

（4）在频点 f_0 首先确定时，只要给出传输速率 $R_b = 1/T_b$，一切参量均可确定（见后面例 9-3）。

（5）MSK 以正交载频实施信道正交复用，这反映在星座图上，是利用了一对冗余星点。可换取 3 dB 信噪比，因此误比特率与 2PSK 相当。

*9.4.3　改进型 MSK

由于无线通信对信号功率谱特性要求很高，特别是限制带外辐射低到 $-60 \sim -80$ dB，在码元转换时刻以 $\pm\pi/2$ 相位突跳的 MSK 信号仍需进一步优化。采用正弦频移键控（SFSK）、平滑调频（TFM）和高斯最小频移键控（GMSK）等也已是常规技术。

1. 正弦频移键控（SFSK）

SFSK（Sine-FSK）是着眼于在 MSK 信号的码元交替时为平滑 $\pm\pi/2$ 相位突变的"尖角"，改进为正弦相位路径方式。具体做法是在一个码元内线性增、减的线性相位函数上叠加一个周期的正弦相位函数，如图 9-17 所示。这样可以在 MSK 为空号时，正极性正弦波相位为 0；在传号时，负极性正弦相位为 π。SFSK 的作用是：

（1）平滑了 MSK 信号的 $\pm\pi/2$ "尖角"，在码元转换时刻的相位变化率为 0；

（2）于是 SFSK 功率谱的滚降收敛就快于 MSK，带外辐射小；

（3）保留了原 MSK 的一切优点与特点，特别是仍确保相位在 $\pi/2$ 范围内变化。

SFSK 数学表达式不再具体分析，由于它的特点只加于码元间隔 T_b 内一个正弦相位函数，可将 MSK 信号的 $\theta(t)$ 代之为 SFSK 信号的 $\theta(t)$，即修正后的正弦相位函数为

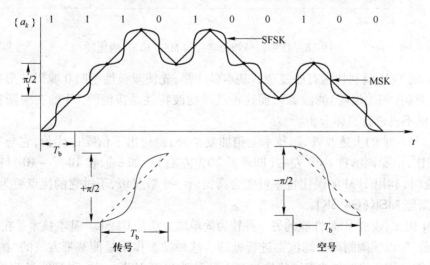

图 9-17　SFSK 信号相位路径

$$\theta_{\text{SFSK}}(t) = \frac{\pi t}{2T_b} - \frac{1}{4}\sin\frac{\pi t}{2T_b} \tag{9-54}$$

2. 平滑调频(TFM)

作为在一个码元间隔内加入一个周期的正弦相位函数,除上述几个优点外,附带增加了一个明显的缺点:正弦函数的半周期过零点正落在码元间隔中点,这表明 SFSK 的相位路径的变化率较 MSK 的线性增、减要快,而相位函数 $\theta(t)$ 的微分为频率,于是 SFSK 的功率谱主瓣要比 MSK 信号宽(虽然滚降快)。为此,除了保留 SFSK 在码元转换时刻 $\theta(t)$ 变化率为 0 以外,设法进一步缓和相位路径中的相位变化率(斜率),主要做法是采用平滑调频(TFM——tamed frequency modulation)技术。

TFM 对 MSK 相位路径平滑的结果,由图 9-18 中曲线表明。只有当连续传号或连续空号时,才出现相位增(或减)$\pi/2$。连两个 1 或 0 时,相位增减只有 $\pi/4$,当 1,0 码相间出现时,则相位几乎变化率为 0。它与 MSK 比较,相位路径有很大改善。这样功率谱滚降衰减快,带外辐射小,而主瓣宽度也较窄,且几乎不存在旁瓣。

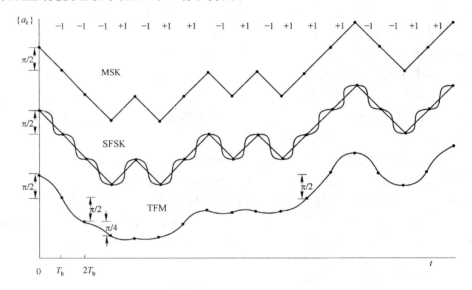

图 9-18　TFM 信号相位路径与 MSK、SFSK 的比较

但是实现 TFM 调制技术有些复杂。基本做法是,先使双极性不归 0 源码波形序列经过一个所谓"预调制(相关编码)滤波器",而这种基带滤波特性是按消除 ISI 的奈奎斯特第三准则设计的,这里不再进行具体分析。

TFM 信号性能的上述改善,除技术上稍加复杂外,尚付出了信噪比代价,它与 QPSK,MSK 及 SFSK 相比,信噪比牺牲 1 dB 左右(即降低 20% 左右)。如一般在 $10^{-5} \sim 10^{-7}$ 范围内的误比特率标准时,利用 TFM 的误比特率可能会高出近一个数量级,不过它的优点更为主要。

3. 高斯型 MSK(GMSK)

与 TFM 相比,改进 MSK 性能的另一种较为简单的方法是 GMSK。基本技术是在基带码流进入 VCO 之前,先以预调制高斯滤波器进行处理。这种滤波作用是使基带方波的"棱角"加以圆滑。GMSK 信号相位特性与功率谱特性也与上两种改进型 MSK 一样,得到明显改善,它与理想的消除 ISI 升余弦方式比较,在大大改善带外辐射前提下,付出了 1% 的 ISI 量。GMSK 在无线移动通信中得到应用,如目前流行的 GSM 蜂窝移动通信。(参见第 10.8.2 节)。

预调制高斯滤波特性为

$$
\left.\begin{array}{lll}
\text{冲激响应} & h_G(t) = \dfrac{\sqrt{\pi}}{\alpha}\exp\!\left(-\dfrac{\pi^2 t^2}{\alpha^2}\right) \\[3mm]
\text{传递函数} & H_G(f) = e^{-(\alpha f)^2}
\end{array}\right\}
\tag{9-55}
$$

其中，α 与 $H_G(f)$ 的 3 dB 带宽 B 有关，且有

$$
\alpha = \sqrt{\ln 2}/(\sqrt{2}B) = 0.5887/B
\tag{9-56}
$$

其实，GMSK 滤波器完全决定于带宽 B 与符号间隔 T_b，因此 BT_b 值是其重要参量。

[例 9-3] MSK 信号设计。

欲设计速率 $R_b = 20$ kbit/s 的 MSK 信号的传号 $S_1(t)$ 与空号 $S_2(t)$，载频为 f_0，幅度为 $A_0 = 10$ V，接收端 AWGN：$\dfrac{n_0}{2} = 5 \times 10^{-8}$ W/Hz，试设计并回答下列问题。

（1）计算 $S_1(t)$ 与 $S_2(t)$ 相关系数 ρ_{12} 的表达式及数值。

（2）频偏指数 h 为多少？$\Delta f\left(=\dfrac{f_1 - f_2}{2}\right)$ 为多少？

（3）写出 $S_1(t)$ 与 $S_2(t)$ 具体表达式，传输带宽 B_{MSK} 为多少？频带利用率 η 为多少？

（4）当 $t = 0$ 时载波相位若 $\theta(0) = 0$，待发信码为 $\{m_k\} = 11100100011$，绘出载波相位路径图。

（5）如果信道衰减为 33 dB，相干 $P_e \approx \mathrm{erfc}(x)$，求 x 及 P_e。

解：

（1）$\rho_{12} = \dfrac{1}{\sqrt{E_1 E_2}}\displaystyle\int_0^{T_b} s_1(t)s_2(t)\,dt = 0$

（2）$h = \dfrac{1}{2}$，$\Delta f = \dfrac{f_1 - f_2}{2} = \dfrac{1}{4}R_b = 5$ kHz

$$
(3)\quad S_{MSK}(t) =
\begin{cases}
s_1(t) = A_0\cos\!\left(\omega_0 t + \dfrac{\pi t}{2T_b} + \theta(0)\right), & 0 \leq t \leq T_b \quad \text{（传号）} \\[3mm]
s_2(t) = A_0\cos\!\left(\omega_0 t - \dfrac{\pi t}{2T_b} + \theta(0)\right), & 0 \leq t \leq T_b \quad \text{（空号）}
\end{cases}
$$

式中 $T_b = 1/R_b = 50\ \mu s$

$$
B_{MSK} = 2R_b + \frac{1}{2}R_b = 2.5\,R_b = 50\ \text{kHz}
$$

$$
\eta = \frac{R_b}{B} = \frac{20}{50} = 0.4\ \text{bit/s}\cdot\text{Hz}
$$

（4）载波相位路径图如图 9-19 所示。

（5）衰减 33 dB 即 2 000 倍。

$$
P_e = \mathrm{erfc}\left(\sqrt{\frac{E_b}{n_0}}\right)
$$

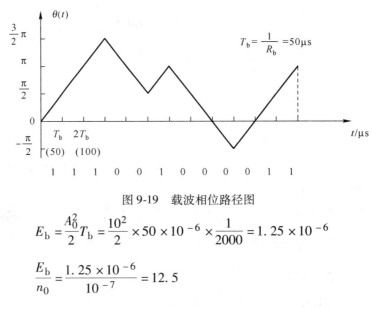

图 9-19　载波相位路径图

$$E_b = \frac{A_0^2}{2}T_b = \frac{10^2}{2} \times 50 \times 10^{-6} \times \frac{1}{2000} = 1.25 \times 10^{-6}$$

$$\frac{E_b}{n_0} = \frac{1.25 \times 10^{-6}}{10^{-7}} = 12.5$$

所以 $x = \sqrt{12.5} \approx 3.535$，查表可得 $P_e \approx 5 \times 10^{-7}$。

9.5　扩频调制

本节简单介绍扩频调制的基本原理和主要特点、优点。后面第 10 章将针对多址系统进一步介绍扩频的应用。

9.5.1　扩频调制的基本原理

1. 扩频的特点

（1）扩频（SS——Spread Spectrum）调制是一种特殊的宽带调制方式，其传输带宽 B_{SS} 远大于未扩频信号带宽 B，即扩频因数 $B_{SS}/B \gg 1$，SS 系统使用如此大的带宽冗余度，旨在有力地克服外来干扰（jamming）和无线多径衰落。数字扩频多用于无线与卫星数据传输。

（2）在 SS 系统设计中，由于充分利用一种独立于信息码的伪随机（PN）序列，而使通信带宽大大扩展，以防非法用户干扰或截获、窃取传输信息。调频和 PCM 两者虽然也使带宽有一定的扩展，但它们均依赖于信号带宽，而扩频带宽与信号带宽无关。

（3）扩频用于多址系统，虽然付出极大带宽，但大量用户共享同一带宽，仍可改善频带利用率（参见第 10 章 CDMA 部分）。

（4）在接收端，为恢复原发送信息码需进行解扩，即由本地伪随机码序列与接收的携带信息的扩频码进行相关运算。

起初 SS 通信系统主要对付外部侵扰或有意干扰，第二次世界大战初期以来，多用于军事导航和抗敌台干扰。后来的应用尚包括解决由多径（multipath）传输和系统内"自干扰"，以及自然现象造成的环境干扰。

2. 扩频调制的机理

（1）DS（直接序列）SS，作为 SS 系统的一种调制方法，是将信码与 PN 序列相"与或"，然后进行数字调相(PSK),PN 序列的"码片"(code chip)时宽比信息比特或符号间隔小得多。这样可使信号谱"隐匿"为近似白噪声谱,而干扰功率也扩展到 SS 扩频带宽内。但当解扩后,信号能量可"收聚"为原来信码能量,干扰能量却被扩展而散落在宽带内,大部分不能落在信号带宽 B 内,因此可将干扰抑制 $T_b/T_c = B_{SS}/B$ 倍$\left(\text{设 } B = R_b = \dfrac{1}{T_b}\right)$,如图 9-20 所示。图 9-20(a)是只存在 AWGN 情况,扩频后对于 AWGN 功率谱 n_0 不引起变化,即扩频无济于抑制白噪声。图 9-20(b)是在有 jammng 干扰,且干扰功率 P_J 与信号功率 P_S 相当。其干扰谱(落入信号带宽 B 内,可设 $B = R_b$)为 P_J/B;扩频后信号与干扰谱均扩展为 B_{SS},则干扰谱扩展并降为 P_J/B_{SS}。但是在解扩后,原信号功率基本恢复,而干扰谱 P_J/B_{SS} 落入解扩信号带内的功率只有$(P_J/B_{SS})B$,即被抑制了$\dfrac{B_{SS}}{B} = G_p($倍$)$,这里 $G_p \gg 1$。

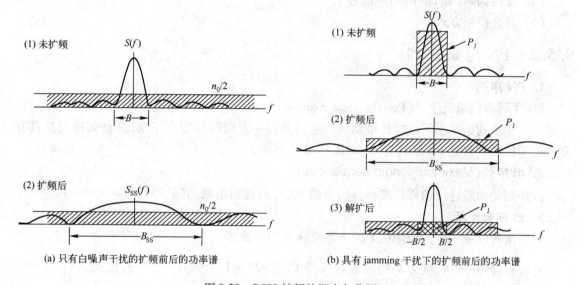

(a) 只有白噪声干扰的扩频前后的功率谱　　　(b) 具有 jamming 干扰下的扩频前后的功率谱

图 9-20　DSSS 扩频的概念与作用

（2）扩频增益定义

将数据信号介入具有类似白噪声特性的伪随机序列(PN)进行传输,使传输信号带宽远大于数据传输所需最小带宽(大到 G_p 倍),称为扩谱(spread spectrum),并常称为扩频。它可以在接收解扩后使数据解调判决时的信噪比提高的倍数称为扩频处理增益 G_p,或扩频信噪比得益,可表示为

$$G_p = \frac{T_b}{T_c} = \frac{B_{SS}}{R_b} \tag{9-57}$$

例如,移动通信系统,扩频带宽设计为 $B_{SS} = 100$ MHz,发送信息的信号带宽为 25 kHz,或数字基带信号速率为 $R_b = 25$ kbit/s,则

$$G_p = \frac{100 \times 10^6}{25 \times 10^3} = 4000(\text{即 } 36 \text{ dB})$$

3. DSSS 扩频调制的优点

（1）扩频通信系统具有强的抗干扰能力;

（2）可用于码分多址系统(CDMA);

（3）扩频信号具有低功率谱密度和隐蔽性;

（4）高分辨力定位；

（5）安全（保密）通信；

（6）在移动蜂窝通信系统中用于抗多径干扰；

（7）适用于数字系统,便于有效使用 IC 器件。

4. 扩频分类

按结构和调制方式,大体分为以下几类:

（1）直接序列扩频（DS-SS——Direct-sequence/spread spectrum）；

（2）跳频（FH——Frequency-Hopping）,包括慢跳频（SFH）和快跳频（FFH）系统；

（3）时跳（TH——Time-Hopping）；

（4）线性调频（如 chirp,鸟声信号）；

（5）混合扩频方式。

9.5.2　PN 与 m 序列

1. PN 序列

PN 序列即伪随机序列（Pseudo-Noise Sequences）,是由一定反馈逻辑的 n 个移位寄存器,在某一个非零初始状态下由时钟推动所产生的具有一定周期的输出序列,其显著特点是具有充分的随机性。常见 PN 序列有 m、M 及 Gold 序列集。

2. m 序列（Maximum-length sequences）

m 序列是由线性反馈移位寄存器构成的 PN 序列逻辑电路,其最周期为 $N = 2^n - 1$。

3. m 序列性质

- 平衡特性——1 个周期中,1 的个数总比 0 的个数多 1 个。

- 游程特性——长度为 k 的游程在 1 个周期（$2^n - 1$ 个码片）中所占比例为 $\frac{1}{2^k}$（$k = 1$, $2, \cdots$）。

- m 序列自相关函数 $R_c(\tau)$ 的二值特性:

$$R_c(\tau) = \begin{cases} 1, & \tau = kNT_c \quad (k = 0, \pm 1, \pm 2, \cdots) \\ -\dfrac{1}{N}, & \tau = iT_c \text{ 且 } i \neq k \end{cases} \tag{9-58}$$

- 离散功率谱:包络形状 $\mathrm{Sa}^2(\cdot)$,过零点 $\frac{1}{T_c} = R_c$,谱线间隔 $\frac{1}{NT_c} = R_c/N$。

图 9-21 和图 9-22 分别示出了周期 $N = 7$ 的 m 序列及其自相关函数和功率谱。

0　0　1　1　1　0　1　0　0　1　1　1　0　1

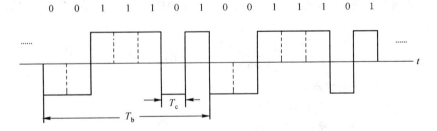

图 9-21　周期为 $N = 7$ 的 m 序列

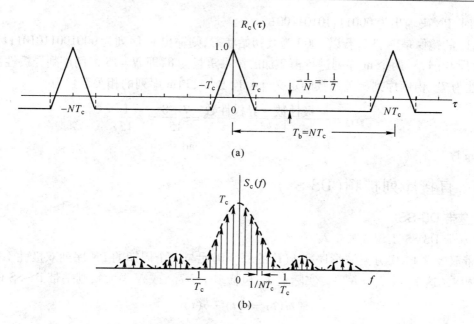

图 9-22　m 序列自相关函数及其功率谱

4. 不同数目移位寄存器的 m 序列

表 9-4 给出了移存器数 $n = 2 \sim 7$ 的各个 m 序列固有的反馈(抽头)逻辑结构。

表 9-4　不同阶数的 m 序列移位寄存器反馈逻辑

移位寄存器数	反馈逻辑
2	[2,1]
3	[3,1]
4	[4,1]
5	[5,2],[5,4,3,2],[5,4,2,1]
6	[6,1],[6,5,2,1],[6,5,3,2]
7	[7,1],[7,3],[7,3,2,1],[7,6,3,2],[7,6,4,2],[7,6,3,1],[7,6,5,2],[7,6,5,4,2,1],[7,5,4,3,2,1]

[**例 9-4**]　通过分析图 9-23 所示两个电路特点,试求:

(1) 图 9-23(a)电路当初始状态为 0001 和 1011 时,识别各能否产生 m 序列?

(2) 图 9-23(b)电路当初始状态为 1000 时的 PN 序列。

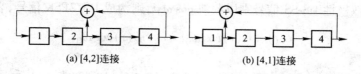

图 9-23　4 个移位寄存器的反馈逻辑

解:(1) 图 7-23(a)[4,2]连接不符合表 9-4 规定,不能产生 m 序列。

当初始状态为 0001 时,PN 码为 100010(仅 6 位);

当初始状态为 1011 时,PN 码为 101(只有 3 位)。

(2) [4,1]连接符合表 9-4 规定,可以得到周期为 $N = 2^4 - 1 = 15$ 的 m 序列。当初始状态为 1000 时,PN 码输出为 000111101011001。

[4,1] 的镜像是 [4,3],若以 1000 为其初始状态,则输出 m 序列为 000100110101111。

[4,1] 与 [4,3] 两个 m 序列进行模 2 加的结果重量为 8,即 $N=15$ 的两序列异极性数目为 8,同极性为 7。由两序列相关系数的定义,[4,1] 与 [4,3]m 序列的相关系数为

$$\rho_{12} = \frac{同极性数 - 异极性数}{序列长} = \frac{7-8}{15} = -\frac{1}{15}$$

即两个 m 序列正交。

9.5.3 直接序列扩频(DS-SS)

1. 基带 DS-SS

1)基带 DS-SS 已调波表示式

基带双极性 PCM 方波波形序列 $b(t)$ 的每个码元与一个周期的 PN 序列双极性不归零波形 $c(t)$ 相乘(这里,设 $T_b = NT_C$。实际上 T_b 包括多个 NT_C,或 N 很大),则基带 DS-SS 信号为

$$m(t) = c(t) \cdot b(t) \tag{9-59}$$

经传输介入外界干扰(不仅 AWGN)的混合信号为

$$r(t) = m(t) + i(t) = c(t)b(t) + i(t) \tag{9-60}$$

2)接收——解扩

接收端提供同步 PN 码(可称相干 PN),解扩信号为

$$z(t) = c(t)r(t) = c^2(t)b(t) + c(t)i(t) = \qquad (c^2(t) = 1)$$
$$b(t) + c(t)i(t) \tag{9-61}$$

式中,$c(t)i(t)$——解扩后的基带信号介入的干扰。

3)DS-SS 性能分析

由式(9-61),若基带 $b(t)$ 带宽为 $B = 1/T_b = R_b$,扩频带宽(主瓣)为 $B_{DS} = 1/T_c = R_c$,$i(t)$ 干扰频谱扩展在 B_{DS} 内,即 $c(t)j(t)$ 具有宽带噪声谱。解扩后取低通恢复 $b(t)$,使介入的干扰降低 G_p 倍($G_p = T_b/T_c = R_c/R_b$)。

2. 直接序列扩频的频带传输

以 2PSK 为例实现直接序列的载波传输——DS/2PSK。

1)表示式

若式(9-59)双极性 DS-SS 信号乘以载波 $\cos \omega_0 t$,则构成 DS/2PSK 信号,表示为

$$x(t) = m(t)\cos \omega_0 t = c(t)b(t)\cos \omega_0 t \tag{9-62}$$

或 $$x(t) = c(t)s(t) = A_0 c(t)\cos \omega_0 t = \pm\sqrt{\frac{2E_b}{T_b}}c(t)\cos \omega_0 t \qquad 0 \leqslant t \leqslant T_b \tag{9-63}$$

式中,"+"表示传号,"-"表示空号。

2)传输

传输信号受外界加性干扰 $j(t)$(可能是功率较强的有意干扰),则接收输入为

$$y(t) = x(t) + j(t) = c(t)s(t) + j(t) \tag{9-64}$$

3）接收解扩（提供本地同步 $c(t)$）

$$u(t) = c(t)y(t) = c^2(t)s(t) + c(t)j(t) = s(t) + c(t)j(t) \tag{9-65}$$

解扩后的 2PSK 受到 $j(t)$ 的扩频干扰为 $c(t)j(t)$。

4）2PSK 相干检测（提供相干载波 $\cos \omega_0 t$）

解调信号的幅值：

$$v_s = \int_0^{T_b} s(t)\cos \omega_0 t \mathrm{d}t = \pm A_0 \sqrt{\frac{T_b}{2}} = \pm \sqrt{E_b} \tag{9-66}$$

干扰随机变量：

$$v_{cj} = \int_0^{T_b} c(t)j(t)\cos \omega_0 t \mathrm{d}t \tag{9-67}$$

3. 射频 DS-SS 系统性能分析

1）$j(t)$ 性质及参量

$j(t)$ 是外来的较强的、甚至是有意的干扰。假设其功率 P_J 不亚于信号功率，经过复杂的分析（从略），它由同相与正交项干扰构成，各占干扰功率 P_J 的一半，解扩后的 2PSK 信号相干检测是提取同相分量，因此 $j(t)$ 侵入基带内的干扰量即解调噪声功率也只有其同相分量，即 $P_J/2$，解调噪声功率为

$$N_o = \frac{1}{2}\int_0^{R_b} (P_J/R_c)\mathrm{d}f = \frac{1}{2}\int_0^{\frac{1}{T_b}} P_J \cdot T_c \mathrm{d}f = \frac{P_J}{2} \cdot \frac{T_c}{T_b} = \frac{P_J}{2} \cdot \frac{R_b}{R_c} = \frac{P_J}{2G_p} \tag{9-68}$$

由式（9-66）解调信号功率为

$$S_o = \overline{S^2(t)} = \frac{E_b}{T_b} \tag{9-69}$$

2）解调信噪比及增益

$$\frac{S_o}{N_o} = \frac{E_b/T_b}{(P_J/2) \cdot (T_c/T_b)} = 2\frac{P_s}{P_J} \cdot \frac{T_b}{T_c} = 2G_p \frac{P_S}{P_J} \tag{9-70}$$

而输入信噪比为

$$\frac{S_i}{N_i} = \frac{(A_0^2/2)}{P_J} = \frac{P_S}{P_J} \tag{9-71}$$

所以信噪比增益为

$$G = \frac{S_o/N_o}{S_i/N_i} = 2 \cdot \frac{T_b}{T_c} = 2G_p \tag{9-72}$$

3）误比特率

由式（9-66）和式（9-67），且最佳门限 $V_{b0} = 0$，误比特率为

$$P_e = P(v_{cj} > \sqrt{E_b}) = P(v > 0 \mid 发 0) = P(v < 0 \mid 发 1) =$$
$$\frac{1}{2}\mathrm{erfc}\left(\sqrt{\frac{E_b}{P_J \cdot T_c}}\right) = \frac{1}{2}\mathrm{erfc}\left(\sqrt{G_p \frac{P_S}{P_J}}\right) \tag{9-73}$$

4）性能评价

$N_o = P_J/(2G_p)$：介入扩频带宽 $B_{SS} = 1/T_c$ 内的干扰功率 P_J，功率谱为 $P_J/B_{SS} = P_J \cdot T_c$，解扩、解调信号所受的干扰量等于窄带宽 $B = 1/T_b$ 内的同相分量，因此解扩解调后的传输干扰由 P_J 降低了 $2G_p$ 倍。

式(9-73)中 $G = 2G_p$ 中系数"2"是相当于双边带(DSB)信号的2PSK相干检测信噪比得益(式(3-46))。

$P_e = \dfrac{1}{2}\mathrm{erfc}\left(\sqrt{G_p \cdot \dfrac{P_S}{P_J}}\right)$ 中,$\gamma = \dfrac{P_S}{P_J}$ 相当于2PSK本身信噪比,扩频后使信噪比以 G_p 倍增强,而 $G_p \gg 1$,因此即使强干扰功率等于、甚至大于信号功率,P_e 也极小。实际系统中如果噪声淹没信号,如 $\dfrac{P_S}{P_J} = -30$ dB,而若 $G_p = 10^4$,P_e 也只有 10^{-5}。

9.5.4 干扰容限 J_m

将干扰的双边功率谱 $\dfrac{P_J}{2}\Big/ B_{SS} = \dfrac{P_J \cdot T_c}{2}$ 与高斯白噪声 $n_0/2$ 比拟

$$\frac{n_0}{2} = P_J \cdot \frac{T_c}{2} \tag{9-74}$$

则

$$\frac{E_b}{n_0} = \frac{G_p \cdot P_S}{P_J} = \frac{G_p}{J_m}$$

$$\left.\begin{aligned} J_m &= \frac{P_J}{P_S} = \frac{G_p}{E_b/n_0} \\[2mm] (J_m)_{dB} &= (G_p)_{dB} - 10\,\lg\left(\frac{E_b}{n_0}\right)_{\min} \end{aligned}\right\} \tag{9-75}$$

或以 dB 表示为

其中,$\left(\dfrac{E_b}{n_0}\right)_{\min}$ ——只按没有扩频的2PSK在允许的最大 P_e 时所需 $\dfrac{E_b}{n_0}$ 值。

J_m 的意义:是采用 DS 后提高的抗干扰能力,即去除因抗拒信道固有 AWGN(白噪声)干扰,而使 PSK 本身能达到需求 P_e 所付出的信噪比之外,由扩频贡献的抗外界干扰的"信噪比增益"。

[例9-5] 设 SS 系统参量为:信码比特间隔 $T_b = 4.095$ ms(码率 $R_b = 244$ bit/s),PN 序列码片间隔 $T_c = 1$ μs。试求

(1) PN 码发生器移位寄存器数量 m 及 PN 码周期。

(2) 计算 SS 系统干扰容限 J_m。

解:

(1) 可求出 $G_p = T_b/T_c = 4\,095$,或 PN 周期长度为 $N = 4\,095$,可计算出移存器数目:由 $2^m - 1 = 2^{12} - 1 = 4\,095$,则 $m = 12$。

为了达到满意的接收质量,设 $P_e \leqslant 10^{-5}$,在只有白噪声干扰时利用 2PSK,则

$P_e = \dfrac{1}{2}\mathrm{erfc}[\sqrt{10}] = 0.387 \times 10^{-5}$ 满足假设条件,即需 $E_b/n_0 = 10$。

(2) 再由式(9-75)来计算 J_m 值,干扰限界 J_m 为

$$J_m = P_J/P_S = 10\lg 4\,095 - 10\lg 10 = 36.1 - 10 = 26.1 \text{ dB}$$

这一结果表明,在 2PSK 需要的信噪比只考虑信道内部 AWGN 干扰时,可达到满足 P_e 设计要求的前提下,由于采用了 DS/PSK 扩频调制,而 DS-SS 功能又使系统性能改进,在已保证 AWGN 影响而限定的误差率条件下,又使系统具有抗外扰的潜力为 26.1 dB。

9.5.5　跳频扩频概述

当需要更大的扩频处理增益 G_p,以提供更强抗干扰能力,要求 PN 的码片"T_c"很窄时,DS-SS 电路难以稳定实现,因而采用另一类扩频方式——跳频扩频(FH-SS)。

1. FH-SS 基本原理

通过 PN 码片或 k 个码片组合(码片段)去控制"频率合成器",而随机产生 2^k 个跳变载频之一,使已调频波 2FSK 或 MFSK 的符号向高载频连续跳变;也可以使已调频波的每个符号间隔 T 内跳变多次。因此分为慢跳频与快跳频系统,框图如图 9-24 所示。

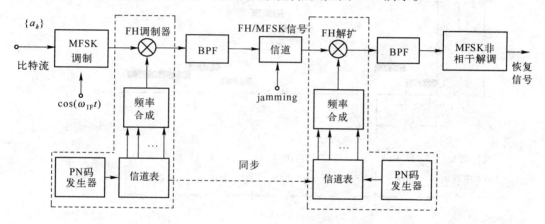

图 9-24　FH/MFSK 系统框图

各个用户的每次跳频都对应有信道(频率)表中 2^k 个信道号的一个号码,由同步系统的作用,使收、发高频的信道号准确对应,因此任何跳频在解扩后总能恢复原 MFSK 符号载频。

2. 慢跳频与快跳频

1)慢跳频(SFH)

典型的 SFH 是在 MFSK 基础上,一个或多个符号间隔才跳变一次射频载波,因此跳频速率 R_h 小于 MFSK 的波特率 R_S。

通常以 PN 序列的 k 个码片,即 kT_c 控制频率合成器产生一个跳载频,因此连续、随机跳变的载波总数为 2^k。

跳频扩频的处理增益就等于这个跳载频总数,即

$$G_p = 2^k \tag{9-76}$$

[**例 9-6**]　作为说明 SFH/MFSK 原理的一个例子,设 PN 序列周期或长度为 $N = 2^4 - 1 = 15$。并以 4FSK 实施 SFH-SS,每波特符号信息为 2 bit,共有 4 个子载波。

设 PN 序列码片段长 $k = 3$;跳频总数 $2^k = 8$。

若每两个 MFSK 符号可能有一次跳频,即 $R_S = 2R_h$ 或 $1/R_h = T_h = 2T$。显然这属于慢跳频扩频。

图 9-25(a)画出了跳频关系示意图,图 9-25(b)为未跳频 4FSK 信号各符号的已调载频(并各

占一定带宽)分布。

图 9-25(a)纵坐标共 6 个跳频段,总频率范围即为扩频带宽 B_{SS},每段均等于原 4FSK 的总带宽——$B_{4FSK} = (f_1 - f_4) + 2R_S$。PN 序列 3 个码片的码段等于 2 个 MFSK 符号间隔,即 $kT_c = 3T_c = 2T$,表明每 2 个符号可能有一次跳频。

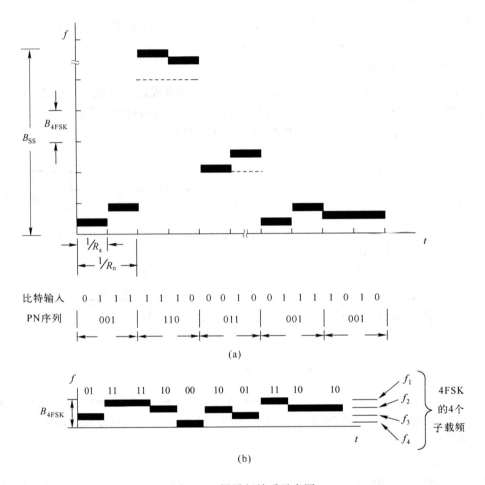

(a)

(b)

图 9-25　慢跳频关系示意图

为了使干扰 P_J 布满跳频总带宽,应当随机使用到全部跳频载波,即共应 $2^k = 8$ 个。

2)快跳频(FFH-SS)

快跳频提供更大的 k 位,处理增益 $G_P = 2^k$ 也更大。驱使频率合成器随机产生更多的不同的跳载频。每个 MFSK 多元符号子载频波形,会被分割成几段,到在几个不同的高载频被跳变。

3)跳频优势

● 跳频可以使敌台不容易获得本方信号完整的功率谱含量。

● 特别是 FFH,在敌方尚未获得一个完整符号的信息含量之前,本方已跳变到不易搜索到的另一个高载频,因此具有更好的保密性能。

9.6　网格编码调制

9.6.1　编码调制一体化基本思路

多数通信系统的信号功率和传输带宽同时受限,信号功率或信噪比又直接影响误码性能,因此可以利用码率为 $R = \dfrac{k}{n}$ 的信道编码来换取信噪比而改善误码性能,但又需要以 $m = \dfrac{1}{R} = \dfrac{n}{k} > 1$ 的扩展因数而增加传输带宽为代价。为此再采用高一阶的多元调制,这又会降低误码性能。因此,在传统的传输技术中,常常是在功率、带宽和误码率之间根据情况进行适当地折中。

在 20 世纪 70 年代后期,开始提出组合编码调制或网格编码调制(trellis coded modulation,TCM),其基本思想是将信道编码巧妙地映射到具有冗余信号星点的多元调制,来达到在保持原来净荷比特率前提下,并不增加传输带宽,而确保更高的可靠性,只是解码比较复杂。

1974 年, J. L. Massey 提出了编码调制一体化思想, 1976 年、1982 年,昂格博克(G. Ungerboeck)相继发表了他的研究成果,推出了基于状态的网格编码与多元调制相结合的可实施简单步骤。因此又称 TCM 为昂格博克码或简称为 UB 码。此项技术包括以下几个要点。

1.　编制卷积码

将源比特流 $\{a_i\}$ 分为 k 比特码组,进行串/并变换,并将各并行 k 比特分为两部分, k_0 与 k_1 ,即 $k = k_0 + k_1$ 。然后 k_0 比特进入 (n_0, k_0, N) 卷积编码器,而 k_1 比特不进行编码。我们也可以将 $k_1 + n_0$ 个比特的码组“当作” $(k_1 + n_0, k, N)$ 卷积编码器输出的 $(k+1)$ 比特码组。

2.　多元星座集分割

选择 $M = 2^{k_1 + n_0}$ 个星点的多元调制(如 MPSK 或 MQAM),将其星座进行逐级分集(分割)。即 M 个星点按奇偶数依次分割的星点数目为 $M/2 \rightarrow M/4 \rightarrow M/8 \rightarrow \cdots$,得到各级子集。这样分割级次增多,子集内均匀分布的星点数依次减半,而逐级增大欧氏距离,一直分割到子集内只含欧氏距离最大的 2 个星点。

3.　卷积编码比特向多元星点的映射

所谓“组合”编码调制,关键在于如何将信道编码与调制有机结合,这就是由上述所编的 $(k_1 + n_0)$ 比特的码组,去选择多元调制星座分割的子集及各子集中的星点——映射过程。

由上述三个步骤完成映射的 $M = 2^{k_1 + n_0}$ 个星点的多元调制信号,具有较强的抗干扰性。由于采用卷积编码,可以很方便地将编码状态向多元调制映射的过程画出具体网格图,因此又称组合编码调制为网格编码调制(TCM)。图 9-26 示出了一般情况的 TCM 系统框图,通过下面讨论,再逐步了解其原理。

4.　解调解码

接收端可以利用网格图,将接收 M 元已调波形解调,按维特比软判决纠错解码。

下面举例进一步阐明 TCM 信号的形成与接收解调过程。

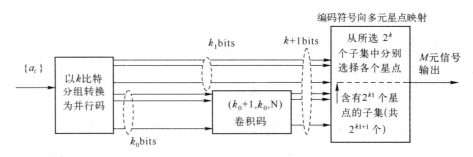

图 9-26　TCM 系统概念性框图

9.6.2　TCM 信号的构成

1. 4 状态/8PSK TCM 信号形成(举例)

为了便于理解 TCM 的基本原理,兹举例阐明 TCM 信号形成过程。设 $k=2$, $k_1=k_0=1$ bit,所以源信息流许用星点数为 $2^k=2^2=4$,可采用 QPSK 传输,现拟改为 TCM,以进一步改进性能。选择 $M=8$ 的多元调制 8PSK,于是星点数较 $k=2$ bit 的 4 状态信号有一倍冗余。

1)设计编码器

由 $k_0=1$ 进入 $(k_0+1, k_0, N)=(2,1,3)$ 卷积编码器,图 9-27 所示是较图 9-26 稍加具体的框图。图 9-27 中也将 $k_1=1$ 比特未编码比特"纳入"编码器,则 $(3,2,3)$ 卷积编码输出为 3 比特组 $X_2 X_1 X_0$。

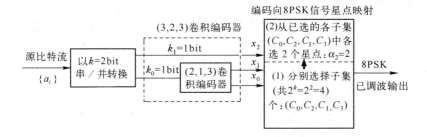

图 9-27　$(3,2,3)$ 卷积编码和 8PSK 构成的 TCM 系统

2)对 8PSK 进行星座图逐级分割

图 9-28 中设已调波 8PSK 幅度 A_0 为归一化值,即 $A_0=1$,则圆形星座图半径为 1。在无分割时,8PSK 星座(归一化)自由欧氏距离为

$$d_0 = 2\sin\frac{\pi}{8} = 0.765 \tag{9-77}$$

第一次分割后,子集 B_0 及 B_1 各有 4 个信号星点(以黑点表示),各相当 1 个 QPSK 星座。此时自由欧氏距离为

$$d_1 = \sqrt{2} = 1.414 \tag{9-78}$$

第二次分割后的 4 个子集 $C_0 \sim C_3$,各含 2 个信号点,分别来自 B_0、B_1,即 $B_0=(C_0\cup C_2)$, $B_1=(C_1\cup C_3)$。图中 3bit 码组顺序号 0 至 7 与 8 个自然码 000 到 111 的排序一一对应,各子

集 $C_i(i=0,1,2,3)$ 内的 2 个信号星点欧氏距离为

$$d_2 = 2 \tag{9-79}$$

则有：$d_0 < d_1 < d_2$。这表明每次正交分割均增大了信号星点间的自由欧氏距离。

根据连续分割星座图（二维星座）的做法，我们可以获得相当简单且效率较高的编码机制。具体而言，即发送具有互为正交的信号，并适于主要调制制式。下面从图 9-28 8PSK 的 $M=2^{k+1}=2^3=8$ 个信号点的二维星座开始进行分析。

3）编码比特组向 8PSK 星座子集映射

由 8PSK 星座分割，图 9-28 中第 3 级子集为 4 个 C_i 级子集，各有欧氏距离 $d_2=2$ 的 2 个星点。现在的问题是 $(3,2,3)$ 卷积编码器输出的 3 比特组 $X_2 X_1 X_0$，如何去选择 4 个子集及其中的星点，以实现编码与调制一体化组合——正交映射规则，这是 TCM 的核心。图 9-26 与图 9-27 右侧方框指明了这一选择方法：

- 由 $(2,1,3)$ 编码输出的 2 比特 $X_1 X_0$ 的 4 组双比特，各分别选择第 3 级子集 C_i，共选 $2^{n_0} = 4$ 个子集。于是当 $X_1 X_0 = 00$ 选 C_0；$X_1 X_0 = 10$ 选 C_1；$X_1 X_0 = 01$ 选 C_2；$X_1 X_0 = 11$ 选 C_3。

- 来自源码的未编码比特 k_1，直接映射 X_2，X_2 在 $X_2 X_1 X_0$ 中为最高位（最重要比特），亦即在 $X_1 X_0$ 各选完其子集 C_i 后，随即由 X_2 选择相应子集 C_i 中的各 2 个星点。

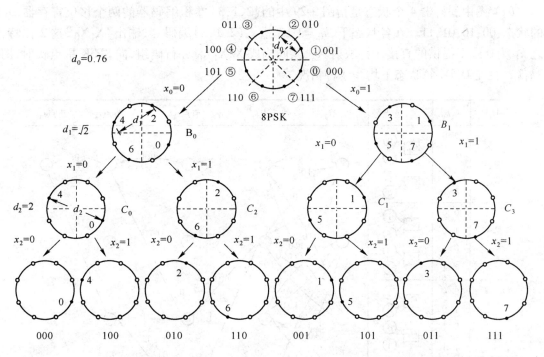

图 9-28　8PSK 星座分割及 TCM 编码

- 8PSK 的 8 个星点所表示的 8 个不同相位的已调波波形，对应编码为 8 个 3 比特码字（图 9-28 底部），而未按自然码顺序，为 000,100,010,110,001,101,011,111,其编号对应为 0,4,2,6,1,5,3,7。

- 以上映射结果为 3 比特编码 $X_2 X_1 X_0$，与图 9-28 中最底部的 8 个符号星点（3 比特码）是依序两两正交对应关系。可以看出同在一个 C_i 子集中的 2 个 3 比特波形，如 000 与 100；010 与 110…均有最大欧氏距离 $d_2 = 2$，这就相当于 2PSK 的传号与空号，相关系数 $\rho = -1$。

图 9-29 给出了 4 状态/8PSK TCM 编码调制过程与结果图示。

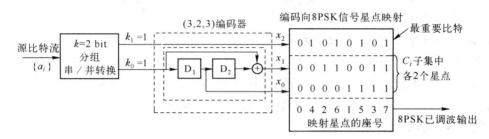

图 9-29　4 状态/8PSK UB 码的构成系统

2. TCM 信号网格图

TCM 网格图实际上是上述编码调制映射过程与结果的一种图示和数据表达方式。图9-30 为图 9-29 的 4 状态/8PSK UB 编码的网格图，它与已经熟悉的卷积码网格图相类似。

（1）图中编码器 4 个状态是指图 9-29 中的 $(2,1,3)$ 卷积编码器的两个移位寄存器 $D_1 D_2$ 的状态：00，10，01，11。在各状态下，$k_0 = 1$ bit 进入 $(2,1,3)$ 编码器，输出"$X_1 X_0$"这 2 比特，加之 k_1 为 0 或 1 提供的直接比特映射 X_2，共同构成 $X_2 X_1 X_0$ 并行码组，向 8PSK 星点映射，图中"$k_1 k_0$"栏在 $D_1 D_2$ 每状态下均为 4 种情况。

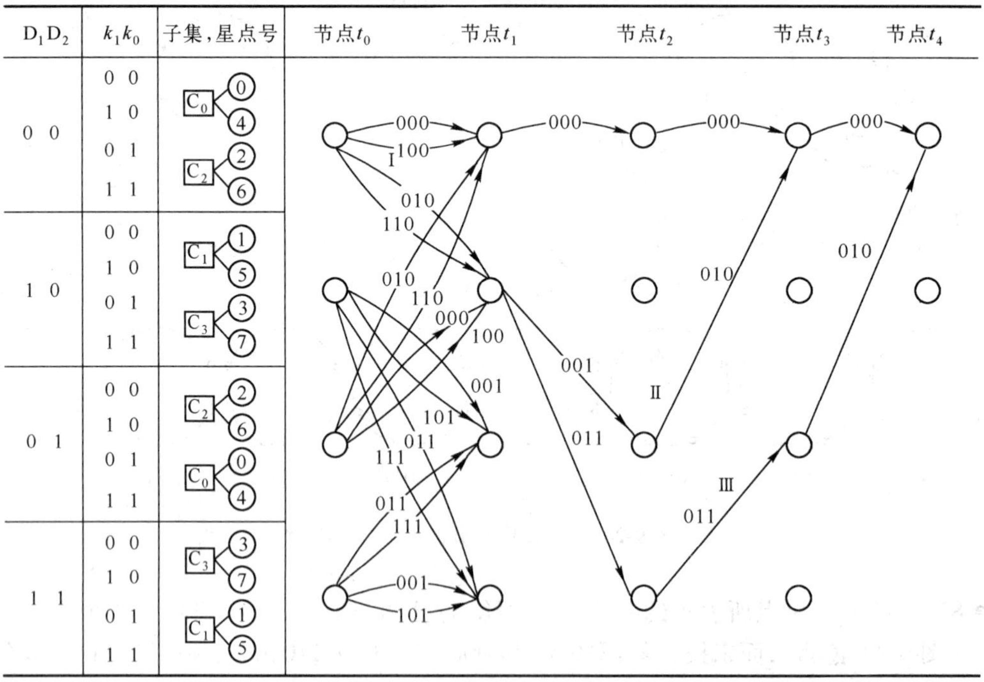

图 9-30　4 状态 8PSK UB 编码网格图

（2）从时间节点 $t = t_0$ 到 t_1 这两节点（时钟节拍）间,画出映射编码状态转移路径:4 个状态,各有 4 种 3 比特组。因此共有 16 条路径,亦即每对平行的 8 对路径。在每条路径上都标示出 3 bit 码——表示映射的 8PSK 信号星点,实际上是对应的 8PSK 已调波形元素。应注意到 8 对平行路径,"平行"是因为相邻两条路径中的第 2、3 位码元 $X_1 X_0$ 相同,只是首位 X_2（由于 $k_1 = 0$ 或 1）有区别,因此这 8 对平行路径的每一对从 t_0 到 t_1 节点是编码器同一个转移状态。又可注意到,图 9-30 中最上与最下各一对路径为"水平"走向,这是因为在 $D_1 D_2 = 00$ 及 11 两种状态下,分别在编码器输入 $k_0 = 0$ 和 1 时,$D_1 D_2$ 状态没有变化。

（3）图 9-30 只给出了 t_0 与 t_1 节点间的全部可能的路径及数据。此后诸节点重复 $t_0 \sim t_1$ 情况。图中又从 t_0 到 t_4 给出了三条连续路径（Ⅰ ~ Ⅲ 路径）,可看做这 4 段时间内的 3 种可能的传送码流段所经的路径。

3. 编码增益与自由欧氏距离

（1）（渐近）编码增益的定义——TCM 系统或 UB 码的编码增益是经过组合编码调制信号星点间的欧氏距离（平方）的 dB 数,与未编码相应距离（平方）dB 数之差。

例如本节在上面所给的源比特流分组为 $k = k_1 + k_0 = 2$ bit。可对该 2 比特信息采用优良性能的 QPSK 传输。为了进一步提高传输性能,则对其采用 $R = \dfrac{k}{n} = \dfrac{2}{3}$ 卷积编码,但不准增加传输带宽。于是应有 $R_b = \dfrac{3}{2} R_b \cdot m$,这里 $m = R = \dfrac{2}{3}$,表明在采用了纠错码后,欲使原来比特率 R_b 与带宽均不变,就得由 3 bit（三维）表示 2 bit（二维平面）,即需以 $M = 8$ 的多元调制来补偿,构成了上述 4 状态 8PSK 的 TCM 系统。

（2）计算 4 状态 8 PSK TCM 系统的自由欧氏距离 d_{TCM}。其定义是:在图9-30网格图的编码路径的完备集合中,从零状态（$D_1 D_2 = 00$）的时间节点 t_0 出发又回到另一时间节点的全零状态间的最短的非全零编码路径,所构成的编码序列与相应全零路径（作为参考路径）的汉明距离称为 TCM 系统的（最小）自由欧氏距离。

按照定义,通过初步观察图 9-30,认为可能有 Ⅰ 、Ⅱ、Ⅲ 等 3 条路径较短,具体计算如下。

- 第Ⅰ条路径:$t_0 \sim t_1$ 节点间,参考路径 000,非全 0 路径为 100,两路径间欧氏距离（平方）为

$$d_{\text{I}}^2 = d^2(000,100) = 2^2 = 4（由图 9\text{-}28 \text{ 顶部星座图}） \tag{9-80}$$

- 第Ⅱ条路径:$t_0 \sim t_3$ 节点间,全零参考路径:000,000,000

非全零路径由三段构成:010,001,010

$$\begin{aligned} d_{\text{II}}^2 &= d^2(000,010) \times 2 + d^2(000,001) \\ &= (\sqrt{2})^2 \times 2 + 0.76^2 = 4 + 0.586 = 4.586 \end{aligned} \tag{9-81}$$

- 第Ⅲ条路径:$t_0 \sim t_4$ 间非全零路径为:010,011,011,010

$$\begin{aligned} d_{\text{III}}^2 &= d^2(000,010) \times 2 + d^2(000,011) \times 2 \\ &= (\sqrt{2})^2 \times 2 + (\sqrt{2 + \sqrt{2}})^2 \times 2 = 10.828 \end{aligned} \tag{9-82}$$

通过以上计算比较,以第Ⅰ条非全 0 路径为最短,因此该 4 状态/8PSK TCM（最小）欧氏距

离(平方)为

$$d_{TCM}^2 = d_2^2 = 4$$

(3) 采用 4 状态/8PSK TCM-UB 码较 QPSK 带来的编码增益为

$$G = \frac{d_{TCM}^2}{d_{QPSK}^2} = \frac{2^2}{(\sqrt{2})^2} = 2, \text{或} \ d_{TCM}^2(dB) - d_{QPSK}^2(dB) = 3.01 \ dB \tag{9-83}$$

● 因此得到结论:

就本例而言,采用 4 状态 8PSK UB 编码的 TCM 系统,在进行了信道编码而又不增加传输带宽前提下,利用高阶次多元调制的一半冗余信号星点,编码增益为 3 dB,即相当于较未采用 TCM 的 QPSK,提高 3 dB 信噪比。

● 表 9-5 给出了在不同的状态数目下,8PSK UB 码的编码增益。这里状态数决定于采用的 (n_0, k_0, N) 卷积编码器的移位寄存器数目或约束度 N 的大小。一般地说,TCM 可达到 6 dB 编码增益,但状态数需要 256 个以上,太复杂已不适用。由于随状态数增加而 TCM 的编码增益也加大,因此称其为渐近性(asymptotic)编码增益。这里"状态数"是指 TCM 系统中的卷积编码器移位寄存器数目 m 提供的 2^m 个状态。

表 9-5　各状态数的 8PSK UB 码渐近编码增益

状 态 数	4	8	16	32	64	128	256
编码增益(dB)	3	3.6	4.1	4.6	4.8	5	5.4

9.6.3　TCM 信号解码

1. 维特比软判决解码

对 TCM 信号利用基于最大似然准则的维特比算法解码,与卷积码解码类似,主要解决 $X_2 X_1 X_0$ 中 $X_1 X_0$ 的 1 位或 2 位差错软判决纠错。通过 8PSK 星座分割图 9-28 与图 9-30 的 UB 码网格图,可以看出,8 对路径 3 比特码组若首位 X_2(在 $d_{TCM} = 2$ 限定的抗扰能力内)不错,即平行两条路径编码"不会"互错,而 $X_1 X_0$ 中有错,则必然会引起原来两节点间路径至少一端跳断,因此解码就是将接收 M 元信号与网格图各段路径比较,找出一条距离最小的连续路径:

(1) 由子集解码——在网格图上任何两节点间的转移路径均对应一个分割信号星座图的子集,子集中有一定数目的信号星点,因此解码首先是在每个子集星座中寻找与收码星点欧氏距离最近的信号星点。

(2) 维特比算法软判决解码——仿照卷积码网格图,最大似然维特比解码,接收序列与网格图逐段路径(对应 8PSK 星座子集中一个星点:$X_2 X_1 X_0$)唯一离其最小汉明距离的路径,并逐段决定"幸存"路径,累积全部路径中总的汉明距离最小的路径,作为解码(纠错)的最佳(幸存)路径。此间,逐段对 $X_1 X_0$(确定的子集)的卷积码解码,而恢复原 k_0 bit,加上 k_1 bit($k_1 \leftrightarrow X_2$ 映射,由其 $d_2 = 2$,决定抗干扰容限),可恢复原来分组为 k 的序列。

2. 抗干扰能力评价

对于无差错传输的 TCM 接收信号应是在网格图上各节点间首尾相连、且与发送的编码路径相一致的唯一的一条不间断折线,这是由于 TCM 编码与调制映射的规则所选定。在各相邻两节点间路径编码 $X_2 X_1 X_0$,映射到 8PSK 的各传输信号星点,由首位 X_2 选择的一个子集 C_i 中两个相距最远 $d_2 = 2$ 的星点,具有更强抗扰力,其次是 3 比特组中后两位 $X_1 X_0$ 是 $(2,1,3)$ 卷积码段,由表 8-7 它的自由距离 $d_{free} = 5$,利用 VB 软判决解码纠错能力很强。

- 因此,与若采用 QPSK 传输的性能 $(d_{QPSK}^2 = d_1^2 = 2)$ 相比,而利用 TCM 传输方式,在相同源信息比特率和不增加传输带宽情况下,可使系统性能改善到相当于 2PSK 的效果 $(d_{TCM}^2 = d_2^2 = 4)$。

*9.6.4　8VSB-TCM 模式

现仍利用图 9-29 的卷积编码,将多元调制换为 8 电平幅度调制方式,即第 6 章介绍的双极性 8ASK,为了节省带宽,采用残留边带(VSB),图 9-31 示出了 8VSB 一维星座及其星点集分割过程。各级子集的归一化欧氏距离的计算方法如下。

(1) 假设 8 电平等概,则平均归一化功率为 $\frac{1}{4}(1^2 + 3^2 + 5^2 + 7^2) = 21$,则电压幅度平均值为 $\sqrt{21} = 4.58$ V。8 电平信号的归一化欧氏距离以电平间隔 2 与平均幅度的比值表示,即 $d_0 = 2/4.58 = 0.436$。

(2) 逐级集分割的距离依序为: $d_0 = 0.436$,$d_1 = 2d_0$,$d_2 = 2d_1 = 4d_0$。

(3) 第 3 级 4 个子集 $C_i(i = 0,2,1,3)$ 的 4 对映射电平编码示于图 9-31 最底部。可以看出在 4 个 C_i 子集中的各两个 3 bit 映射码字,表示 8 电平调幅的 8 个幅值。每对码字间均相距为 8。即 $4d_0 = d_2 = 1.75$。如⓪、④间,②、⑥间……

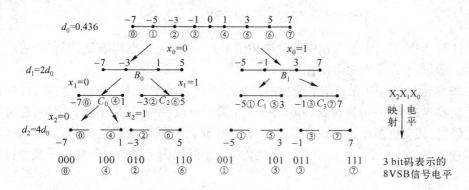

图 9-31　8VSB 星座集分割与 TCM 构成

从以上 4 状态 8VSB-TCM 的构成来看,可以看出图 9-28 和图 9-31 没有本质不同。只是映射的 8 元调制方式不同。因此需按具体的多元调制选型来决定星座集分割的各级距离 d 值。

8VSB-TCM 模式已由美国的高清晰度电视编码 - 传输标准所采用,是美国 ATSC(高级电视系统委员会)研发的网格码 8 电平残留边带调制系统(Trellis-coded 8-Level Vestigial Side-Band—8-VSB)核心部分。基于 4 状态的 8VSB-TCM 编码增益为 $G_{TCM} = 3.31$ dB(参考书[10]例 9-10)。

9.7　正交频分复用(OFDM)

9.7.1　多载波和 OFDM 基本概念

多载波传输的基本思想出现于 20 世纪 60 年代,所谓多载波与模拟或数字传输的频分复用(FDM)均有所不同。多元数字调频的 M 个多元符号,各用一个载频的"多频制"传输,也与多载波似同而非。FDM 是多个用户独立的信息流在频域分割信道进行复用传输;多元调频是每个载频载荷一个多元符号,在任何符号间隔内,信道上只有 1 个已调载波的窄带信号,而不是并发多载频同时分载同一个信息流。

- 多载波的概念——对带宽较大而特性并不理想的信道分割成大量子带信道,各子道提供互相正交的载波,各载波均荷载属于一个源码序列中的一个数据单元(如 1 波特,1 个分组,甚至 1 帧),全部子载波并行同步发送,这样各个带宽很窄的子信道特性近乎理想,且各子带载波及其荷载的子道信号间均为正交关系。

为了提高信道利用率,同时采用多元调制(如 MQAM,QPSK 或 DQPSK),如图 9-32 所示多载波系统,利用 N 个子载频,提供 N 对正交载波构成的 N 个 QAM 信号,即 $c_k(t) = \cos 2\pi f_k t$ 及 $c'_k(t) = \sin 2\pi f_k t, k = 0, 1, \cdots, N-1$。且所有 N 对载波均正交:

$$\left. \begin{aligned} \int \cos 2\pi f_k t \cdot \sin 2\pi f_j t \, dt &= 0, & k, j \in \mathbf{N} \\ \int \sin 2\pi f_k t \cdot \sin 2\pi f_j t \, dt &= 0, & k \neq j \\ \int \cos 2\pi f_k t \cdot \cos 2\pi f_j t \, dt &= 0, & k \neq j \end{aligned} \right\} \tag{9-84}$$

可以证明,即使上式中各内积中两载波相位不同,正交关系也均满足,即它们的正交关系与相位无关,因此上式中均无给出各载波的相位。

图 9-32 示出了 OFDM 系统概念化框图及信号频谱。速率为 R_b 的源比特流,首先根据所设计的子载波 N 的多少,可将源比特流以每 N 个符号分段,每符号最小为 1 比特,也可以为多个比特的码组,甚至更多比特构成的帧。这里将这种数据单元(比特、码组或帧)均称为"符号",其持续时间间隔为 T。于是每个子载波载荷 1 个间隔为 T 的符号。每个子载波符号的频率间隔为 $\frac{1}{T} = \Delta f$。

图 9-32 中第 1~N 个子带输入的数据均延时 $T/2$,N 无论是奇数或偶数,第 $i(i=1, 2, \cdots, N)$ 个子道已调波与第 $i+N$ 个已调波构成同频正交载波之和——QAM 波形,且由于第 1~N 个输入符号延迟 $T/2$,等效于 OQPSK,性能较一般 QAM 或 QPSK 好。这样该系统提供了 N 个 OQAM 或 OQPSK 合成信号,正交传输 $2N$ 个比特或符号。

接收端利用 N 对互为正交的相干载波进行相干解调,$2N$ 个支路均通过基带滤波器恢复基带时域符号波形,进行定时判决后,通过并/串转换,恢复原发送源比特流。

以上介绍的多载波正交传输系统,从概念上阐明了正交频分复用(OFDM, orthogonal frequency division multiplexing)的主要特征。通过后面从实现其处理方法上,将进一步给出典型的 OFDM——单载波 OFDM 系统。

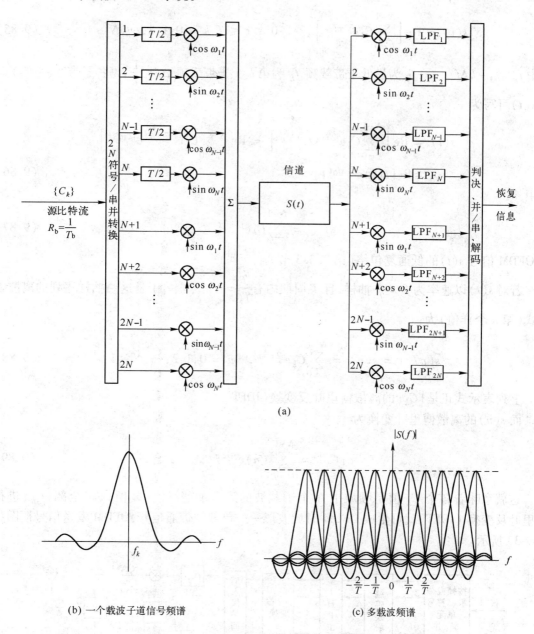

(a)

(b) 一个载波子道信号频谱　　　　　(c) 多载波频谱

图 9-32　OFDM 系统概念性框图及其信号频谱

9.7.2　OFDM 技术实施

1. OFDM 信号分析

由图 9-32 的 OFDM 设计框架看,在宽带信道上提供数百上千个子带,这在时域实现起来具有很大困难,现代信号处理技术采用了离散傅里叶变换、反变换(DFT/IDFT),这样可将多载波转化为单一载波,而简化了处理。

设在周期 T 内有 N 个信息符号或比特,$C_0,C_1,\cdots,C_{N-1}$,各子带载荷 1 个信息符号,则 N

个信号（OFDM）为

$$s(t) = \text{Re}\left[\sum_{k=0}^{N-1} C_k e^{j2\pi f_k t}\right], \qquad 0 \leqslant t \leqslant T, k = 0,1,2,\cdots,N-1 \tag{9-85}$$

其中 $f_k = f_0 + k\Delta f$ ——f_0 为最低子带载频，f_k 为第 k 个子带载频，$\Delta f = \dfrac{1}{T}$，是各子带宽（主瓣）。

则 $s(t)$ 可写为

$$s(t) = \text{Re}\left[\sum_{k=0}^{N-1} C_k e^{j2\pi\left(f_0 + \frac{k}{T}\right)t}\right] = \text{Re}\left[\sum_{k=0}^{N-1} C_k e^{j2\pi\frac{k}{T}t} e^{j2\pi f_0 t}\right]$$
$$= \text{Re}[\tilde{s}(t) e^{j2\pi f_0 t}] \tag{9-86}$$

其中

$$\tilde{s}(t) = \sum_{k=0}^{N-1} C_k e^{j2\pi\frac{k}{T}t} \tag{9-87}$$

为 OFDM 信号 $s(t)$ 的低通复包络（第 2.3.3 节）。

若对 $\tilde{s}(t)$ 以速率为 $f_s = \dfrac{1}{T_s}$ 抽样，且 T 周期内有 $\dfrac{T}{T_s} = N$ 个样本，于是这一抽样序列的离散表示式（第 n 个样值）为：

$$\tilde{s}(nT_s) = \tilde{s}(n) = \sum_{k=0}^{N-1} C_k e^{j2\pi\frac{k}{T}n}, \quad n = 0,1,2,\cdots,N-1 \tag{9-88}$$

上列表示式正是 $\{C_k\}$ 的离散傅里叶反变换（IDFT）。

而 $\tilde{s}(n)$ 的离散傅里叶变换为

$$\{C_k\} = \sum_{n=0}^{N-1} \tilde{s}(n) e^{-j2\pi\frac{k}{T}n} \tag{9-89}$$

这就意味着各个 C_k 值是频域中 N 个子载波的第 k 个谱线值（复值），将全部 $\{C_k\}$ 进行傅里叶反变换（IDFT）就可生成 OFDM 时域波形——单载频带通信号，OFDM 发送信号框图如图 9-33 所示。

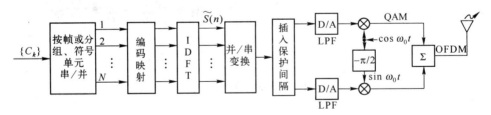

图 9-33　OFDM 通信系统（发送部分）框图

通过上述式（9-88）和式（9-85）及图 9-33，将多载频直接实现 OFDM 的系统，等效转换为单一载频的传输系统，利用 IDFT 的技巧，使调制过程得以很大简化。图 9-34 中经 IDFT 得到的数据流各离散分量 $\tilde{s}(n)$ 后，变换为两个并行的串行数据流，各分量对应在各子带已调载波上，对每子载频振荡，后续一定保护时间。然后将两个并行的多载频数据流进行 D/A 转换（提供双极性多电平方波),并实施 QAM 或 DOQAM(即 DOQPSK),据子载波数量多少,也可以进行 MQAM 调制(如 16QAM 等)。

接收框图如图9-34 所示,是图9-33 的逆过程。

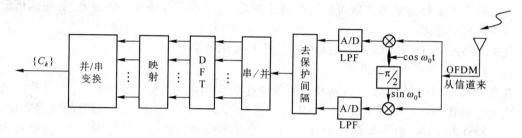

图 9-34　OFDM 通信系统(接收部分)框图

2. 保护时间间隔及其作用

在各种 FDM 系统中,各子带靠滤波器限带,很难使相邻子带完全没有重叠干扰。OFDM 系统的多载频的正交性及 DFT/IDFT 的数字处理虽有较高的精确度,但是各子带的载频振荡在变更载频跨越点也不可能完全削去拖尾,因此可能造成多载波间的"码间"干扰;另外由于 OFDM 系统用于无线移动或电视广播传输系统,多径传输的非线性失真,也会使本载波的能量蹿扰到下一个子带。有如下两个解决方法。

(1)增加子带数量或延长符号时间。然而由于子带数量受到 DFT 处理能力与精度限制,加之多普勒效应,因此这种方法不为首选。

(2)周期性加入保护时间间隔,即在 OFDM 每个符号载波后加入符号扩展间隔 T_g,于是各载波时间间隔为 $T_总 = T + T_g$,如图9-35 所示。

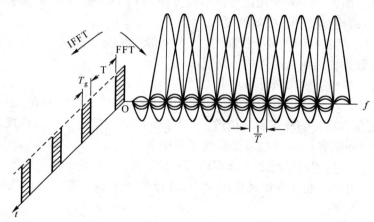

图 9-35　具有保护时间的 OFDM 时 – 频表示

保护间隔 T_g 一般最大不超过 OFDM 符号间隔 T 的 $\frac{1}{4}$,目前 HDTV 采用几种不同保护间隔,分别为符号间隔 T 的 $\frac{1}{4}$、$\frac{1}{8}$、$\frac{1}{16}$、$\frac{1}{32}$。

3. OFDM 的主要优势

电视广播和移动通信所使用的频段主要是甚高频(VHF)和超高频(UHF)频段,信道属于变参特性,存在各种衰落和非线性时变影响。电视广播正由模拟制式加速向高清晰度数字电视(HDTV)转型,图像与声音都要求有更高分辨力和实时无失真传输质量;移动通信正在孕育第四代(4G)和第五代(5G)的系统制式,以支持宽带高质量多媒体多业务为重要目标,特别是处于高楼林立和地物复杂的大城市环境和高速运动下,要取得优质多媒体业务,对通信传输技术提出了更高的要求。

在这种情况下,OFDM体现了极大技术优势和实用效率。

1) 具有很强的抗多径失真能力

在繁华城市,由于电磁波直线路径遭受各种建筑物阻隔,通常产生很强回波,对数字传输会造成大的失真而产生码间干扰。OFDM各子道之间夹有保护时隙,缓冲回波的延迟效应,甚至可以对付0 dB回波强度;与此相关,由于上千个子带使并行传输的符号间隔加大,更可提高抗干扰力。

2) 适于移动接收

用户手机或车载台在快速运动时,就近的高大建筑群反射产生多普勒(Doppler)频移效应,引发时间选择性衰落,附有交织编码的OFDM适于抗此种衰落。

3) 适于非对称数据业务

一般无线广播下行业务量会远高于上行链路,需要物理信道能灵活分配资源。OFDM具有调整与变动子带数目的适应力。如HDTV广播,采用OFDM方式,可以把6/8 MHz频道带宽分成数千个载波的子带,以不同数量的子带载波组合,分成不同速率的业务组,上、下行均可以灵活选用带宽,以适于不同性质与速度的业务合理付费。

4) 抗干扰能力强

由各种家用电器和高压电线可能对VHF及低端UHF频带引起脉冲噪声干扰,OFDM更便于抵制脉冲干扰,因为OFDM采用快速傅里叶变换(FFT)处理,能够平滑脉冲干扰,同时结合采用内外码信道编码、交织码,收效就更大。

OFDM系统对连续波有较高抗干扰能力,单个窄带连续波干扰只能破坏OFDM少数子带载波,个别丢失的数据可由纠错编码进行恢复。

5) 具有优良的频响和较高频谱利用率

由于OFDM利用离散傅里叶反变换(IDFT)和变换(DFT)方法实现,因此在电视广播8 MHz带宽内可提供300~4000子载波信道,于是子带信道频响近乎理想特性;OFDM利用了MQAM和较小的滚降系数α,因此可以提高频带利用率。

另外,目前的HDTV传输标准之一,6 MHz TV信道分为14个子频道(428.6 kHz/子道),采用的OFDM技术可根据业务质量及费用大小,选择基于子道带宽不同倍数的组合带宽,以使用户有满意的成本效益。

6) 使用灵活

OFDM便于与多种接入方法和编码结合,构成多种正交频分多址(OFDMA),如多载波CDMA(MC-CDMA)、跳频OFDM、OFDM-TDMA,以及MIMO-OFDMA等多址方式。OFDM传输技术与信道编码有机结合,如高清晰度电视(HDTV)信道编码采用内码(卷积码)、外码(R-S)和交织深度较大的交织码,具有抗多种干扰能力。

*9.7.3 OFDM典型应用示例和性能评价

目前高清晰度电视地面广播系统已有3个传输标准,我国通过近10年的研究与完善,已推出第 4 个具有特色的世界性标准系统——DMB-T 数字多媒体广播系统(这里,T 代表 Terrestrial,地面无线和 CATV)。在这些系统中,以及未来的宽带移动通信网,OFDM 均是最佳传输技术。由于传输环境条件和对于视频为主体的多媒体业务质量的较高要求,OFDM 传输系统结合了非常考究的信源编码与各类信道编码技术,这里介绍适于 HDTV 编码传输——COFDM(编码 OFDM),基本构成特征是几个 HDTV 传输标准中涉及 OFDM 的共同部分。

1. COFDM 构成特征

1)信源编码

HDTV 信息内容是以视频与声音为主体构成的多媒体信息流,视频即全动态全色调图像,并以 MPEG-2(ITU 运动图像专家组标准),包括图像分辨率(每画面像素数)为 720×576("标清"标准——SDTV)和 1920×1080、1280×720("高清"标准 HDTV)。

声音为 MPEG-2、Layer II,将 MPEG-2 声像源信息流压缩后,编码比特率宜在 7 ～ 16 Mbit/s 范围内提供优质多媒体信息业务。

2)信道编码

采用内码、外码级联纠错编码。

外码——R-S$(207,187,t = 10)$;

外码交织——52 R-S 块交织(即深度 $i = 52$)或 12 R-S 块交织;

内码——码率为 $R = \dfrac{2}{3}$ 卷积码(或码率为 $\dfrac{1}{2},\dfrac{2}{3},\dfrac{3}{4},\dfrac{5}{6},\dfrac{7}{8}$ 可选),约束度 $N = 7$;网格码或 Turbo 码;

内码交织——比特交织和频率交织,以及选择的时间交织。

3)调制

调制是传输技术的核心部分,COFDM 的优势在 HDTV 地面广播系统中得以充分发挥。如 DVB-T(数字视频地面广播系统)COFDM 系统和我国研发的 DMB-T 系统等,利用了多级多分辨力的调制技术,即以 QPSK、16QAM、64QAM 等为 COFDM 的有机组成部分。图 9-36 为 DVB-T 系统框图。

OFDM 系统分为 2K 和 8K 两种模式(子载波数可达 4000 个),适用于我国与欧洲现有广播电视带宽 8 MHz,需各提供 2K 和 8K 运行模式,对于 6 MHz 带宽,可采用 4 个模式。

总传输速率:对于 8 MHz 信道,从 4.98 Mbit/s 到 31.67 Mbit/s,视条件与需求可变。

特别是 ISDB-T 标准将 6 MHz 带宽分为 14 个子频道,视需求和条件可选用基于 428.6 kHz 的多种组合,并提供多种信息的复用和不同优先级的多种可选业务。

2. 基于 OFDM 优势的多媒体视讯传输能力评价

就目前我国研发并开始大力推广实用的 DMB-T 和欧洲的 DVB-T,这些基于地面多媒体传输系统的标准,将多种信道编码与 OFDM 有机结合,构成 COFDM 更具技术优势。现从有效性、可靠性及提供业务的适应性等方面,进行概括评价。

1)传输能力

HDTV 传输系统从设计的传输数据容量上,满足 HDTV 的最低限业务量 18 Mbit/s 要求,并且通过调整保护时间 $\left(\dfrac{T}{2^k},k = 1,2,3,4,5\right)$ 和调整卷积码率 $R = \dfrac{3}{4}$,还可以使数据量到 20 Mbit/s 以上。

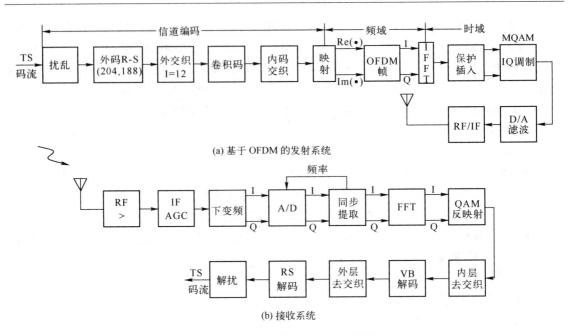

(a) 基于 OFDM 的发射系统

(b) 接收系统

图 9-36　DVB-T 多媒体 HDTV 通信系统

2）频谱效率

● OFDM 信号总带宽与时间间隔 T 秒内子载波数 N 的关系为

$$B_{\text{OFDM}} = \frac{N+1}{T} \tag{9-90}$$

● 传输带宽利用率的定义为单位带宽通过的比特率，即

$$\eta_{\text{OFDM}} = \frac{R_b}{B_{\text{OFDM}}} \quad (\text{bit/s} \cdot \text{Hz}) \tag{9-91}$$

由第 6 章多元数字信号频带传输，$M = 2^k, k = \text{lb } M$，若不采用 OFDM 的多元传输利用率为

$$\eta_M = \frac{1}{2} \text{lb } M (\text{二元传输如 2ASK, 2PSK 的 } \eta_2 = \frac{1}{2} \text{ bit/s} \cdot \text{Hz}) \tag{9-92}$$

$$\text{而 } \eta_{\text{OFDM}} = \frac{R_b}{B_{\text{OFDM}}} = \frac{N\text{lb } M}{T \cdot B_{\text{OFDM}}} = \frac{N}{N+1} \text{lb } M (\text{bit/s} \cdot \text{Hz}) \tag{9-93}$$

$$\cong \text{lb } M \, (\text{当 N 很大}) \tag{9-94}$$

由式（9-92）和式（9-94）比较表明，在采用 OFDM 后只就频带利用率而言，较一般多元传输差不多提高 1 倍。另外，尚可采用滚降信道，滚降系数较小时，同样可提高频带利用率。

具体针对所设计的 HDTV 传输系统，由于 OFDM 频谱具有非常快的初始滚降，6MHz 信道的实际 3 dB 带宽为 5.7 MHz，节省了 5%。另一方面尚需一些其他开销（如插入导频损失比特率 8%，不同的保护间隔 T_g 最大值 $T_g = \frac{T}{4}$ 时，数据吞吐量又减少 20%）。

最后结果，如 DVB-T OFDM 系统，在门限信噪比 $\frac{E_b}{n_0} \geq 10$ dB，电视广播带宽分别为 6/7/

8 MHz 时,比特率为 $R_b=20.4/23.7/27.1$ Mbit/s,相应 $\eta=3.4/3.39/3.39$ bit/s·Hz,表明都具有较高的带宽利用率。

　　3) 关于抗连续波干扰

　　OFDM 传输数据流可能受到窄带连续波或模拟电视信号干扰。窄带连续波干扰只不过影响少数一些子带;同频道模拟电视干扰主要来自 3 个载波(图像载波、色副载波和伴音载波),采用固定频率的滤波器是抑制此干扰的有效措施。

　　4) 抗多径失真能力强

　　当用户使用室内天线时,往往因反射导致很大的回波。

- 在回波不超出保护间隔时长时,可以抵消其影响。
- 其次是当 OFDM 采用高阶多元调制(如最高为 32QAM)时,为了抵抗强回波(高达0 dB)而采用上述各类信道编码,以及较高的载噪比(C/N);加之利用回波消除(echo canceller)技术的软判决解码,也有利于改善性能。

　　5) 移动接收适应性

　　随着移动通信的业务需求日益增加,多媒体高速业务将在未来移动网中占据巨大流量。而快速移动的多径环境接收,比固定接收具有较大制约性。因此在这种情况下,OFDM 系统不大适于采用高比特率的高阶多元调制。

- 实验表明:以 $R=\dfrac{2}{3}$ 码率的卷积码的 QPSK 或 $R=\dfrac{1}{2}$ 的 16QAM,是移动接收的较好模式。
- DVB-T 系统以提高移动接收的场强,作为达到满意接收的首要方法,特别是在赖斯信道环境中,需要场强有更大提高(如至少6 dB)。
- 国内正在研发的 HDTV 地面广播系统,采用了特殊的同步机制,较同类标准捕捉与锁定时间可缩短数倍以上,很有利于快速移动时的 HDTV 信号接收。

　　6) 不同级别 QoS,保持可靠传输

- 根据场强分布强弱不同的地区,OFDM 载波上采用多分辨力星座(如 16QAM 或 64QAM)来提供两种级别业务。对两种级别业务分别使用高优先级和低优先级,并以低比特率、高可靠性确保信号不中断。
- 针对移动还是固定按收,并考虑不同优先级,在天线、载噪比方面有不同设计。

　　7) 系统灵活性

　　各类 HDTV 的 OFDM 传输系统标准,均在多方面提供了系统灵活性。

- FFT 大小选择:指定了 OFDM 不同的模式(如 2K、4K、8K、FFT 共 4 种模式可选)
- 载波调制多样选择(QPSK,16QAM,64QAM,…)
- 内码(卷积码)的不同码率 $\left(\dfrac{1}{2},\dfrac{2}{3},\dfrac{3}{4},\dfrac{4}{5},\dfrac{7}{8}\right)$
- 保护间隔可选 $\left(\dfrac{T}{4},\dfrac{T}{8},\dfrac{T}{16},\dfrac{T}{32}\right)$
- 分级调制和信道编码

　　另外,各种标准中均适于多种可选的广播带宽:6/7/8 MHz,以适于不同制式电视广播带宽应用。

9.8 本章小结

本章作为第 6 章的继续,主要讨论性能优良、现代通信正大量应用的几种先进的传输技术,并且在原理上有一定深度,有些尚在继续发展。

(1) 正交调幅——QAM 系列。本章从 QAM 与 QPSK 等效性作为基本入门,然后对 $M>4$ 的 MQAM 进行了重点分析。以 16QAM 为例,已调信号的构成思路、星座图和信号空间特征等,都异于第 6 章的二元数字调制和一般多元调制。MQAM 星座图可具有不同构成形式,它们复杂性不同,性能也有所差别。由于 QAM 属于幅-相调制,也称为 APK(幅-相键控),显然由载波的两个参量共同载荷一个多元信息,其抗干扰能力较强。带宽受限的信道如 PSTN(公共交换电话网)广泛采用的高速 Modem,目前流行的 V.34 Modem 标准采用 960 个信号星点。某些应用如数字微波系统,采用 960QAM,甚至 1024QAM。

(2) 最小频移键控——MSK 系列。此种调制方式从信号构成来看,与 QPSK、QAM 等有类似之处——利用正交载波实现两路信息的正交信道复用,但它仍然为二元调制。设计者将这种信道复用的冗余优势,释放到可靠性的改善上。从其信号空间看,星座图中的 4 个信号星点动态地半数冗余,正与它作为二元信号利用正交信道相对应。MSK 在解调时,同相支路或正交支路调解信号,两者之一相位偏差 180° 作为产生错误的判决依据,这一点很像 2PSK 的传号与空号反相,这是 MSK 误比特性能大体与 2PSK 相同的根本原因。高斯 MSK(GMSK)及其他几种改进型,都比一般 FSK 在有效性与可靠性上占优势。GMSK 普遍用于第 2 代移动通信系统,目前大量应用的蜂窝移动通信系统 GSM(全球移动通信系统)TDMA(时分多址)模式,采用 GMSK 作为传输技术。

(3) 扩频调制——直接序列扩频(DS-SS)和跳频扩频(FH-SS)及多种组合方式,是最先进的现代调制技术之一。PN 码作为用户多址码(地址),其正交性或近似正交,PN 最长序列——m 序列的伪随机性,使信号带宽成千、上万倍扩展的处理增益,为极低信噪比环境下来恢复优质信号提供了前提条件。扩频调制用于无线通信领域的多址模式,以高可靠性、信息安全及大量用户共享信道资源等优势,现今是初露头角。CDMA 不但是第 2 代、第 3 代和第 4 代移动通信的多址方式,而且具有更为广泛的用途。

(4) 组合编码调制,即网格编码调制——TCM,是信道编码与多元调制一体化的典型示例。利用了卷积编码(也可用分组码)和多元调制的结合,借助了多元星座的冗余星点和映射技巧,以基于最大似然译码的维特比软判决解码方式,使编码增益显著提高,而不需增加传输带宽。

(5) 正交频分复用技术——OFDM 也是近些年才开始普遍应用的有更大潜力的现代传输技术,其基本出发点是利用多载波将传输带宽分割为极窄带宽的大量子信道,共同传送同一个信息码流,而每一个"近似"于单频的极窄信道就近于理想的线性信道,可以大大改善多径环境下的无线信号传输性能。特别是在 OFDM 实施技术上,巧妙地采用了离散傅里叶逆变换,使多载波传输变换成单载波方式。OFDM 对于正在大力发展的高清晰度电视(HDTV)系统的宽带多媒体信息传输,是个优选传输方案,抗多径衰落性能极佳。第 4 代移动通信系统(4G)必将 OFDM 作为传输方式的最佳选择。

（6）本章还就 QPSK、MSK 等系列的改进型进行了简单介绍。如 OQPSK、DOQPSK、$\frac{\pi}{4}$OQPSK、IJFOQPSK；GMSK，SFSK，TFM 等,应当了解他们采取了何种措施,使得性能具有何种改进。

9.9　复习与思考

1. MSK 信号设计思路源自何因素? 最主要特点是什么? 与一般 FSK 相比,同为二元调制,为何 MSK 综合效果最优?

2. MSK 虽为二元调制,但星座图似 QPSK,作何理解? MSK 解调与判决又为何利用这 4 个信号星点及相应判决区?

3. 3 种改进型 MSK,基本思想是什么?

4. QAM 如何增强抗干扰性能? 与 4ASK 比较,优点何在? MQAM 为何比 MPSK(M >4)性能优越?

5. 在 QPSK 构成已调波框图中,将正交支路的基带信号延迟 $\frac{T}{2} = T_b$ 后,则为改进型 QPSK——OQPSK,为什么它可以在已调信号中不再产生 π 相位突变? 接收解调后是否还需要并/串转换?

6. 为什么 PSK 系列传输已调波避免出现零包络?

7. $\frac{\pi}{4}$QPSK、OQPSK、DQPSK 有何优越性?

8. 扩频传输提供巨大的抗干扰能力,其实质何在? 从物理概念上解释为什么扩频带宽与基带信息带宽之比为扩频处理增益 G_p,而 G_p 又等于提高抗干扰能力(信噪比)的倍率?

9. 与付出带宽代价而换取可靠性的编码或调制相比,TCM 付出了什么代价而在不增加带宽时提高了误码性能?

10. 多载波、多元调频、频分复用、OFDM 这四种机制的区别是什么?

11. 为什么在 OFDM 每个子载波中再加入一定宽度的保护时间间隔?

9.10　习题

9.10.1　QAM 与 MSK

9-1　根据 QAM 及 QPSK 发送系统框图,给出题 9-1 图待传送二元数字信号。

（1）试画出 QAM 发送系统中同相与正交支路中的乘法器前后的波形(共 4 个)及发送信号 QAM 波形;

（2）改为 QPSK 重做(1);

（3）就本题解答过程进一步阐述 QAM 与 QPSK 的异同点。

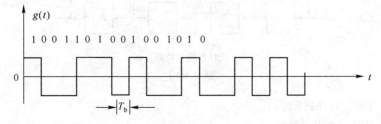

题 9-1 图

9-2　已知最小频移键控（MSK）信号

$$s(t) = A_0\cos[\omega_0 t + \varphi(t)] =$$
$$A_0\cos\varphi(t)\cos\omega_0 t - A_0\sin\varphi(t)\sin\omega_0 t$$

其同相分量与正交分量的合成，荷载 4 种双比特信息：00，10，11，01（格雷码），回答下列问题。

（1）写出并画出各双比特对应的 $\varphi(t)$ 曲线。

（2）写出双比特译码规则，即分别指出在判决时刻（T_b 及 $2T_b$）的同相与正交分量值。

9-3　欲设计速率 $R_b = 20$ kbit/s 的 MSK 信号的传号 $s_1(t)$ 和空号 $s_2(t)$，发送载频为 f_0，已调波幅度 $A_0 = 10$ V，接收输入端 AWGN 功率谱为 $\frac{n_0}{2} = 5 \times 10^{-15}$ W/Hz，回答下列问题。

（1）给出 $s_1(t)$ 与 $s_2(t)$ 表示式及两者相关系数 ρ_{12}。

（2）频偏指数 h 为多少？频偏量 $\pm\Delta f$ 为多少？

（3）传输带宽 B_{MSK} 与带宽利用率 η_{MSK} 为多少？

（4）当 $t = 0$ 时，若载波相位为 $\theta(0) = 0$，待发送 PCM 编码序列为 $\{m_k\} = 11100100011$，绘出 MSK 载波相位路径图。

（5）无线短波信道传输跳离为 1000 km，而信道衰减为 0.1 dB/km，求 MSK 误比特率。

9-4　兹给出 8QAM 系统如图 9-5 所示几种星座图，计算各星座图平均信号功率。试评价它们的性能和复杂程度。

9.10.2　扩频调制

9-5　题 9-5 图（a）所示 DS/2PSK 扩频系统，设速率 $R_b = 75$ bit/s 的 PCM 序列 $\{a_k\} = 10011\cdots\cdots$，$c(t)$ 为 PN 序列波形，由题 9-5 图（b）所示的逻辑电路产生，其时钟频率 $f_c = 225$ Hz，移位寄存器（$n = 4$）的初始状态为 1000，回答下列问题。

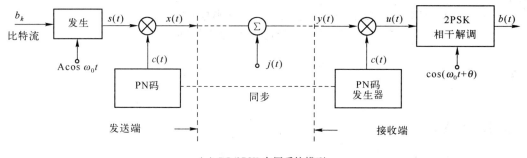

（a）DS/2PSK 实用系统模型

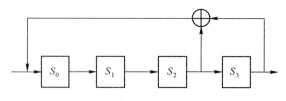

（b）线性反馈移位寄存器

题 9-5 图

（1）给出 PN 序列及 m 序列长度。

（2）画出 DS/2PSK 传输信号波形。

（3）求扩频信号 DS/2PSK 带宽。

（4）求扩频处理增益。

9-6　在 DS/2PSK 系统中，由 $n = 19$ 级移位寄存器产生 PN 序列。接收误比特率要求 $p_e \leqslant 10^{-5}$，试求：

（1）扩频处理增益；

（2）干扰容限 J_m，并说明 J_m 的物理意义。

9-7　跳频带宽 $B_{FH} = 400$ MHz，跳频间隔 $\Delta f_h = 100$ Hz，

（1）可以提供的跳频数是多少？

（2）跳载频至少为多少？需要多少个码片？

9-8　CDMA 系统利用直接序列扩频，带宽为 $B = 10$ kHz 的用户数据的扩频带宽 $B_{ss} = 10$ MHz，只有一个用户在系统内传输时接收信噪比为 16 dB。

（1）如果当多个用户共享信道时因系统产生"自干扰"，只要求 10 dB 信噪比即可满足接收要求，问此时可容纳多少个同等功率的用户同时占用信道？

（2）若该一个用户为 10 dB 信噪比时，其他各用户允许功率均减半（即 -3 dB），可以容纳的用户数是多少？

9-9　总数为 24 个等功率用户共享 DS/CDMA 扩频信道，各用户信息速率为 $R_b = 9.6$ kbit/s，应该确保用户接收误比特率 $p_e \leqslant 10^{-3}$，在不计其他干扰与热噪声，只考虑系统本身用户间"自干扰"的情况下，试求：

（1）接收相干 2PSK 所需的信噪比；

（2）所需要的解扩处理增益；

（3）允许 PN 码的码片速率 R_c。

9.10.3　TCM 和 OFDM

9-10　利用图8-8卷积码编码器，进行 TCM 系统设计。

（1）画出相应的系统框图，并标明 $k = k_1 + k_0$ 各数据及 4 状态 8PSK-TCM 系统仿真图，填入各种数据。

（2）画出两个节点间的 4 状态下的 8 对并行路径，并标明各路径的 3 bit 码字。

（3）与（2）的信息内容相对应，画出 8PSK 星座图集分割图，标明 3 bit 各星点和 0 ~ 7 共 8 个顺号。

（4）分析该系统与教材举例的性能有否不同，特别指明两者采用的卷积码有何不同，影响是什么？

9-11　（1）仿真 2 状态 8PSK 为增加欧氏距离而设计的映射方案，对图 9-30 中的 8VSB 以为星座图的集分割，为增加欧氏距离有何设计映射方案。

（2）对 $X_2 X_1 X_0$ 到 8VSB 电平映射的 3 bit 码字之间特征和 $X_2 X_1 X_0$ 三个码元的重要性和系统抗干扰能力进行分析。

9-12　OFDM 机制中，利用多载频共同传输同一编码比特流比特间隔后，设并行的载频数为 $N = 10$，载波幅度为 A_0。

（1）以每 $2N$ 比特为 1 段，各段依次串/并变换后构成 $N = 10$ 个并行传输的 QAM 信号，试写出估算系统的误比特率表达式。

（2）若考虑到具有 $\dfrac{T}{4} = T_g$ 的保护间隔，误比特率有何变化？

9-13　若 HDTV 经压缩编码及信道编码的比特流速率为 $R_b = 20$ Mbit/s，欲采用 OFDM 传输方式，已知 TV 广播信号带宽为 $B_{TV} = 8$ MHz，拟分为 $N = 400$ 个子带载波，且利用 32QAM（每子道）。

（1）各子带载波信道的带宽 Δf 是多少？

（2）每子道应提供的 OFDM 信号速率 R_{b1} 是多少？符号率 R_s 是多少波特？实际需要带宽 B_s 是多少？

（3）若每个载波子道的每个传输符号皆要包括符号间隔 T 的 $\dfrac{1}{4}$ 在内的保护间隙，且要求维持（2）的一切数据值不变，问应采取何措施？

第10章 多用户通信

前面章节讨论的通信系统,大都属于包括发送与接收设备的单通信链路。本章将讨论另一个重要通信领域——多用户通信、多通信链路的基本原理。在了解多用户通信基本概念及其分类基础上,重点讨论多址(接入)方式,主要结合无线移动通信、卫星通信及局域网来阐明各种多址技术的主要特点及其应用。

本章涉及相当多通信专业技术知识,虽不作为"通信原理"课程重点讲解内容,但却是本课的重要组成部分,希望能通读全文,对多用户、多址基本原理有所了解。

知识点

- 多用户通信概念和分类;
- 复用/多址的关系和多址原理;
- 卫星通信、移动通信等通信网和局域网的多址特征;
- 无线信道特征和多径衰落环境下的分集接收。

要求

- 掌握信道资源正交分割和多用户共享通信资源的机理;
- 认识复用与多址模式的技术特点;
- 理解无线传播损耗、多径衰落特点及分集接收、RAKE 接收机基本原理;
- 了解三代移动通信与 CDMA 等技术特征。

10.1 多用户通信概述

10.1.1 多用户通信及其分类

多用户(multi-user)通信是多个用户同时共享一个通信(信道)资源、独立地传输各自信息的通信方式。

这种多个用户共享通信资源或传输媒体的通信方式,可以分为以下几类。

1. 多址系统

多址(multiple access)技术是为实现多点多用户以某种方式共享公共信道而提供的接入与复用相结合的技术体制。它与常用的"复用"(multiplexing)技术同属一个体系,均基于信道资源正交分割理论和信道化(channelization)技术。"多址"可简释为"多用户随机接入共享信道的通信制式"。诸如卫星通信网的上行链路(up-link);连接多个终端的电缆,接入到一个中心计算机。更为典型的是通过标准的空中接口,用户共享无线某个频段的移动通信,等等,这些都是实现多用户共享通信资源的多址方式。

2. 广播网方式

广播系统是一种传统而广泛应用且继续发展的通信网络。利用广播系统,由一个中心发送设备向众多接收者播放同文消息,如无线电广播、电视广播、卫星下行链路的广播方式,以及计算机局域网等。图 10-1 所示为卫星系统通过转发器(transponder)的广播链路。

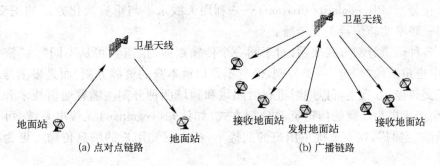

图 10-1　通过卫星转发器的广播链路

3. 存储－转发网

卫星网是属于这种类型的通信网,利用星上的转发器同时转发几个地球站之间的远程或越洋通信信号,或者需经两个卫星转发跨洋的多个地球站之间的信息。

分组交换网也是一种典型的存储－转发网。各节点(如路由器)首先对分组数据进行存储,再检验其差错,查表寻路,按最佳路径转发该分组到指定信宿。

4. 复用通信

从有效利用信道资源角度上考虑,我们曾在第 1 章提到各种复用通信,如 FDM、TDM、SDM、DWDM、CDM、PDM 等,而更为典型的,在现代通信发展中更居重要地位的多用户方式,主要是各种多址通信模式,如 OFDMA,均基于信道资源的复用传输。

10.1.2　通信资源的分配方式

通信资源(CR)就是可开发利用的信息传输通道(媒体)——带宽和所能提供的信道容量。对通信资源有效而合理的分配,是提高通信能力的有力保障。复用与多址,以及多元调制等均为有效利用通信资源的通信方式。它们共同的理论基础是信道具有正交分割特性及传送信号间的正交关系。

1. 信道正交分割方式

任何传输媒体或信道,都可以从不同的“域”资源分割为互相独立互不干扰的子信道,实现各子道中传输信号间的正交性。

(1) 频分(FD—frequency division)——从频域分割一条宽带信道为若干个子带,由滤波器实现多子带相对正交性。

(2) 时分(TD—time division)——从时域将信道依序划分为若干时隙(time slot),每个不同信息流依序分占“时隙”,而每个时隙内的突发信息占用全部带宽。

(3) 空分(SD—space division)——由在空间分隔开的多个信道或波束,可实现多个用户同时利用相同频率(段)通信。如卫星转发器上多个波束天线,分别转发多个地球站信息。若将多芯电缆束视为一条电路通道,则各线对可以同时利用相同频率承载各个电话信号,这也属于空间分割。

(4) 码分(CD—coded division)——共享信道的多用户以正交信号序列传输不同信息,最典型的是载荷用户信息的扩频码 PN 序列,各用户都可以同时占用全频带。

（5）波分（WD—optical wavelength division）——它是频分在光通道的表现形式。按不同波长,各提供很宽的子带,实现一条光纤提供上千个不同波长的大容量通信。

（6）极化分割（PD—polarity division）——利用天线水平与垂直极化方式的正交性,可以同时利用同一频率实施信号正交传播。

由以上各种信道分割方式表明,对于同一个传输媒体（信道）,可从不同"域"资源进行正交分割,其中也包括像"码分"一类分割,但它不是信道本身的资源分割,而是多信号或多个载波之间的正交传输,并且还可以同时进行时间域和频域两种分割。随着通信技术和信息理论的发展,还会产生更为新颖的信道资源分割方式,如认知（cognitive）无线电系统,可发现授权用户通信频谱"空洞",在不干扰主用户的前提下,接入感知用户的信息传输。更为有效地利用通信资源。

以上所有分割,均集中于多用户信息或多个信号波形共享同一信道的正交条件。设 K 个不同子道信号 $\{S_i(x)\}$, $i=1,2,\cdots,K$,则有

$$\int S_i(x)S_j(x)\mathrm{d}x = \begin{cases} 1（归一化值）, & i=j \\ 0（正交）, & i\neq j \end{cases} \tag{10-1}$$

式中"x"表示上述任一"域"变量,如时间 t,频率 f,$\cdots$;$S_i(x)$ 表示各子信道或各子道中的信号。

信道资源的正交分割特性是复用传输技术和信道化（各种多址）技术的基础。

2. 多址与复用技术的异同点

很多书目和文献,经常将"复用/多址"并行提出,如 FDM/FDMA,TDM/TDMA 等,这表明两类技术的某些共同属性,它们均为共享信道资源的多用户通信方式。

（1）在复用系统中,它们共享（复用）信道多半是在信道两端较集中区域进行多路接入,并且集中提供复用和分路设备。

（2）多址技术在共享信道资源的机制上,使多用户更可能以分布的,或分散在相隔遥远的任何地域,甚至海舰或高空,通过手机或车载台（机载、船载）、移动台,以及固话座机,以随机接入方式复用信道,是集接入和复用于一体的开放性多用户通信方式。开放性是指多址的接入协议,如空中接口。

多址技术伴随现代通信发展应运而生:移动通信、卫星通信、计算机通信等,这些近几十年来兴起的具有强大生命力的通信方式,集中体现了多址技术的重要地位与作用。

10.2　频分多址和时分多址

10.2.1　频分复用/多址（FDM/FDMA）

1. 频分复用（FDM）

由基于频率分割的多个独立的子带信道,通过一定调制方式可为多个不同的信息流提供互不干扰的多路传输。由于滤波器有一定过渡带,为减少邻路干扰,往往需增加防护频带。这种开销使 FDM 的频带利用率降低。

（1）最早使用 FDM 的模拟通信方式,是单边带长途电话。第 3 章已经提到基于 12 路基群的电话系统（图 3-9）:首先在同轴电缆的低频段 60～108 kHz,实现 12 路模拟语音下边带的

复用传输。包括防护带在内信道间隔为 4 kHz。12 路构成的基群总带宽 48 kHz。若再利用 5 个相隔 48 kHz 的副载波,分别以各基群 60 ~ 108 kHz 带宽的 12 路信号作为群路的调制信号,可得到 5 个基群构成的共 60 路的超群,下边带频率范围为 312 ~ 552 kHz,总带宽 240 kHz。还可以连续利用较高频段,一条同轴电缆可以提供 300 路、900 路(960 路)主群,最高可达 10 800 路。

从基群开始逐级提升到高次群和主群的做法,是因为基群的 12 个载波频率相对于双边带之间的 600 Hz 空隙,采用普通下边带滤波器很易制作。另外这种体制可以节省载波数目。

(2) 利用 900 路主群的例子,又如卫星模拟电话通信,分配 4 MHz 带宽传输 1 个 900 路信息,再由几个主群进行 FDM 复用后,通过中频进入转发器,可提供上万个话路的通道。这就是后面还要提到的卫星系统单载波多路复用方式。

(3) 任何无线通信方式,从长波、中波、直到微波,从 10^5 Hz 至 10^{10} Hz 以上整个无线电频率,根据不同的通信方式和业务类型,都是采用 FDM 复用方式。

2. 频分多址(FDMA)

图 10-2 为 FDMA 利用信道资源示意图。

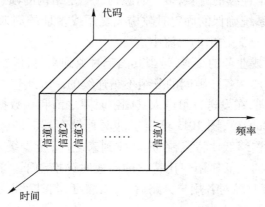

图 10-2　在 FDMA 中以频率划分子信道

兹以卫星通信系统中的 FDMA 方式,来说明频分多址的运作特点。

(1) FDM/FM/FDMA 模式

FDM/FM/FDMA——频分复用调频制 FDMA,也称为每载波多信道(MCPC)模式。例如, 4 kHz 语音的群路信号采用 FDM 复用方式,再利用调频(FM)将群路信号搬移到中频(IF) 70 MHz,然后再调制到上行链路频点 6 GHz,整个系统构成 FDMA 模式。

(2) FAMA-FDMA 模式

FAMA(fixed assignment multiple access),即固定分配多址,该模式是对各地球站间的逻辑链路进行了预分配,以使各站点利用预定的不同带宽接入卫星系统。例如,A 站以 6.24 GHz 的载频将信号发送到上行链路,占用 5 MHz 带宽(6 237.5 ~ 6 242.5 MHz),并以宽带调频复用传输 60 个话路,这种方式称为 FDM/FM;A 站至少从下行链路接收 1 个或多个远程载波信号。其他多个站点利用转发器的其余 31 MHz 带宽,容纳 360 个话路,实现 FDMA 多址连接。由此看,对于 4 kHz 语音信号,FM 调制指数达到 $\beta = 9.4$。这是因为星上不进行交换,转发器放大信号并进行 6/4 GHz 变频后转发,采用宽带语音调频主要是为了换取信噪比,减少星上功率消耗,降低卫星制造与发射费用。

（3）DAMA-FDMA（DAMA-SCPC）模式

DAMA（demand assignment multiple access）是按需分配的频分多址方式。针对上述 FAMA 带宽利用率低的缺点，卫星系统较早地采用了诸如单路单载波（SCPC—single channel per carrier）的 DAMA 模式。在 C 波段中提供的 SCPC，是将单个 36 MHz 信道细分为 800 个 45 kHz 的子道（每子道 7 kHz 防护带），并利用 QPSK 传送每个用户的 64 kbit/s PCM 信号。来自不同地球站的各地的 800 个用户之间的相互通信，都通过公共信令（Common signaling）信道进行呼叫建立，该信道带宽 160 kHz，信令速率 128 kbit/s，采用 2PSK 调制方式进行传输。

10.2.2 时分复用/多址（TDM/TDMA）

1. TDM/TDMA 的特点

通过第 4 章 PCM 的学习，我们对 PCM 基群已有所了解，并熟悉了时分复用中涉及的"时隙"（slot）和"帧"（frame）格式的概念。

（1）TDM/TDMA 基于时域正交分割信道资源，复用与多址用户依业务属性和速率的不同要求，依序分配 1 个或几个连续的时隙，多个时隙构成一定结构的帧、一定的帧率，为每个用户提供周期性时隙，由同步系统确保的固定时隙构成复用或多址的周期性码流。因此各用户的时间子信道隐含在数据帧格式输出的码流中。

（2）各用户符号分组或业务的编码，是当其固定时隙到来时，以"突发分组"形式融入复用的高速码流，也就是说，用户在各时隙间的分组不是连续的。因此它们与常规的语音信号 A/D 转换形式的 PCM 稍有不同，在发送分组进入其固定时隙之前和从数据帧的时隙中分出其分组数据后，必须提供缓存（Buffer），图 10-3 给出了这两种缓存器。若帧结构中包括 N 个时隙，图 10-3（a）的发送用户的连续低比特流，在其时隙到来之前，至少缓存 1 个时隙的分组数据。当时隙到来时，在 N 倍于输入低速用户比特率的高速时钟推动下，将该分组的高速分组段嵌入其时隙内。在接收端按时隙对各用户分路后，又由缓存器将断续的高速分组段转换为用户原来连续的低速比特流（图 10-3（b））。

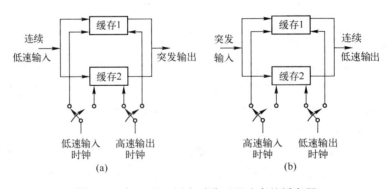

图 10-3　与 TDMA 用户时隙匹配速率的缓存器

（3）TDM 与 TDMA 有所不同，有些应用并非多用户分占不同时隙，如 PCM 系统承载综合业务流，或多媒体比特流，可能是一个用户不同的媒体信息分占 PCM 基群的 30 个时隙。例如，传送 1 个窄带会议电视的多媒体信息：2 个时隙分别为语音和低速数据、信令，其余时隙传输压缩视频编码比特流。

2. TDMA

TDMA 模式中每个子信道占用一个周期性重复的时隙,图 10-4 表示出 TDMA 以时隙划分用户子信道的模式。图 10-5 为卫星通信网中的 TDMA 配置示意图。多用户共享同一个载频的时隙总数多少,取决于调制方法、有效带宽等因素。

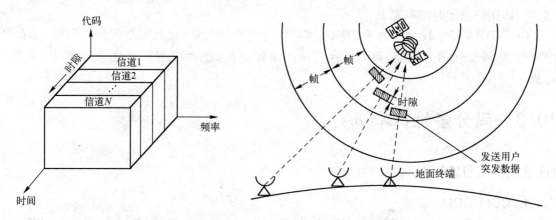

图 10-4　TDMA 中的"时隙"划分　　　　　　图 10-5　卫星通信网中的 TDMA 配置

TDMA 具有如下不同于 FDMA 的特点。

（1）在 TDMA 帧中,帧头包含了基站和用户用以确认各自地址和同步的信息,各时隙附有保护时间,以便各时隙信号互不干扰,且在保护间隔内来调整不同时隙和帧之间的接收机达到同步。图 10-6 为 TDMA 帧结构(图(a))和采用 TDMA 的 GSM 帧结构(图(b))。

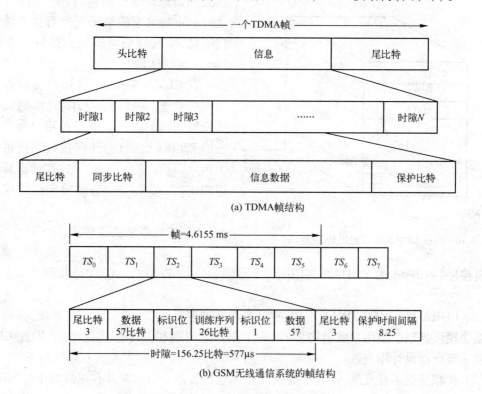

(a) TDMA帧结构

(b) GSM无线通信系统的帧结构

图 10-6　TDMA 帧结构及其示例

（2）由于 TDMA 可分配给用户不同数目的时隙，还可用优先权重新分配时隙的策略，按不同用户业务要求来提供带宽。

（3）时分双工（TDD）移动通信系统中 TDMA 帧格式的时隙分配，一般是半数用于基站到移动用户的正向信道，另一半用于反向信道。当移动用户越区切换时，基站控制器可以通过"监听"该用户空闲时隙来完成。

（4）TDMA 开销较大。由于 TDMA 按时隙分组发送信息，每分组必须严格同步，还有保护时间，均需要开销。另外，TDMA 宜支持高速数据流，在接收端需要优质自适应（基带）均衡。

10.3 码分多址（CDMA）

10.3.1 CDMA 概述

1. CDM/CDMA 机理

第 9 章已经讨论过扩频调制原理，并重点介绍了直接序列扩频（DS-SS）和跳频（FH-SS）的基本特点。扩频技术有多种应用，而基于 PN 码作为地址的码分多址——CDMA 系统，码的划分如图 10-7 所示。

CDMA 每一个多址用户都可以在任何时间占用同一载频或信道全部带宽，进行各自独立的信息传输。载荷各用户信息的 PN 码之间的正交关系使信道同时可独立传输多用户信息，因此我们可以认为提供了 N 个用户"码分"信道（即"码道"）。

在 CDMA 系统中，各用户接收机均处于常开机状态（always on），随时检测其他在线用户发送到的码流。由于各用户利用自己唯一的 PN 码（地址）与任何接收码流进行互相关运算，只有发给它的信息，这种运算才得出近似于"自相关"结果，而检测出它应接收的信号。

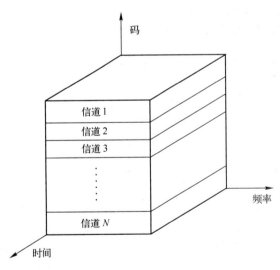

图 10-7 在 CDMA 中以地址码划分"码道"

2. 扩频多址主要优点

（1）多用户共享同一扩频带宽或同一频段。直接序列 CDMA 的多用户可共用同 1 个载频，并适于时分双工（TDD）和频分双工（FDD）方式。

（2）CDMA 与 FDMA、TDMA 不同，它没有严格的容量限制，属于软容量系统，亦即其容量大小是个模糊界限。当用户数量增多时，每个用户之间的相互干扰线性增大，因此 CDMA 宜根据质量要求而设计用户数。

（3）扩频能抗多径衰落，特别是随机性频率选择衰落。CDMA 具有很高的干扰容限，能抗外来干扰或侵扰。

（4）对于跳频，FHMA（跳频多址）更有利于信息保密。

（5）CDMA 系统的异步性无须网同步。

10.3.2　CDMA 分类

由于 CDMA 是基于扩频机制的多址技术，又称其为扩频多址（SSMA）。目前，SSMA 主要分为两类：直接序列扩频多址（DS-CDMA）和跳频多址（FH-CDMA，或 FHMA）。通常又狭称 DS-CDMA 为 CDMA。下面简单介绍各种 SSMA 的基本特点。

1. DS-CDMA

这里 DS-CDMA 就是通常所称的 CDMA，它首先基于第 9 章提到的 DS-SS 基本原理。它与 FH-SS 机制不同，以发送基带编码序列的每个符号去控制 PN 码的 1 个周期序列（两基带序列相异或），然后对信道载波进行调制（如 2PSK 或 MPSK），或者由信道载波提供的数字调相波与 PN 序列同步相乘而构成 DS-SS 信号。多址用户以各被分配的唯一的 PN 码，均使用同一个载频，共享信道带宽。

2. 跳频多址（FHMA）

由 PN 码的码片组合而控制的频率合成器，使用户的 FSK 或 MFSK 数据符号的载频随机跳变，慢跳（SFH）或快跳（FFH）构成慢跳频多址或快跳频多址。

前已述及，跳频机制可确保信息安全，无须接收机 PN 码相位相干，不需要 TDMA 那样的网同步；当无线多径衰落深度较大时，可以配合利用纠错码及交织码。FHMA 是 CDMA 的典型多址模式。由 PN 码间正交性和随机跳频两个特点，跳频使共享信道提供了时分、频分两种资源分割方式，如图 10-8 所示。

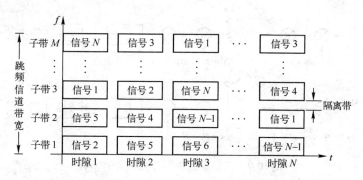

图 10-8　FHMA 的时 - 频域复用

3. 混合扩频技术（HSST）

在上述两种基本的扩频多址基础上，再介入时分或频分技术，可有多种混合扩频多址类型。

1）频分 CDMA（FCDMA）

这种模式是先将宽带信道分为几个子带信道，各子道再实施窄带 CDMA。它是频分多址与 CDMA 相结合的一种混合模式。

2）混合直扩/跳频多址（DS/FHMA）

这是将 DS-SS 信号的一个恒定信道载频，变为随机跳频方式。这种混合方式的最突出优点是不存在远—近问题，因为在一个移动系统的小区（cell）内的多个用户中，利用相同频率的概率很小,虽然可能存在多用户 PN 码间的"部分互相关"(后面将介绍)。

3) 时分 CDMA(TCDMA)

这是 TDMA 与 CDMA 相混合的一种模式,亦称 TDMA/CDMA。其特点是每个蜂窝小区被分配不相同的扩频码(PN),小区内每个用户分配一个特定时隙。因此任何时刻各小区只有 1 个用户在发射信息,而当移动用户越区切换时,便及时被更换为跨入小区的 PN 码。因此这种混合方式也不存在下一节提到的远—近问题。

4) 时分跳频多址(TDFH)

TDFH 是时分与跳频两种多址的混合,即 TDMA/FHMA,因此它更利于抗多径衰落和同频道干扰。其特点是,用户在一个新的 TDMA 帧开始时随机跳变到另一个载频,于是可避开在同一信道上的严重衰落或虽然是概率很小的碰撞。GSM 系统窄带 CDMA 已采用了这种技术。具体做法是预先规定跳频序列,使用户在指定小区的特定频率上实现跳频,能达到两个相互干扰的基站在不同频率和不同时间发送信号,可避免临近小区的同频道干扰,因此可使 GSM 系统容量倍增。

10.3.3   CDMA 系统的干扰问题

1. PN 序列的部分互相关及 Gold 序列

实际的 PN 序列作为各用户地址码,它们之间并非理想地不相关或正交。先来观察图 10-9 中一对跳频用户 i 与 j 构成的系统。假定二者所用载波同频同相,这是最坏的一种情况。

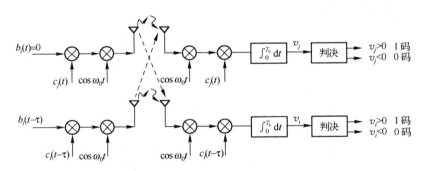

图 10-9   跳频系统中部分互相关的影响

现拟计算在第 j 用户接收机输出端,由于第 i 用户对它所产生的干扰,并且不计噪声影响,只考虑位定时误差。

假定用户的已调信号 $b_i(t)$ 为双极性数据序列,设 $b_i(t)$ 序列与 j 用户系统设计的定时相比,比特失步时间差为 τ,由图 10-9 中逐级时差传递后,在 j 用户接收机制判决时,其被干扰量可计算为

$$v_j(\tau)\bigg|_{b_j(t)=0} = \int_0^{T_b} b_i(t-\tau)c_j(t)c_i(t-\tau)\,\mathrm{d}t = \tag{10-2}$$

$$\pm \int_0^{T_b} c_j(t)c_i(t-\tau)\,\mathrm{d}t \tag{10-3}$$

式中,$c_i(t)$、$c_j(t)$ 分别为二信号的 PN 序列,$v_j(\tau)$ 是当 $b_j(t)$ 信号为 0 时的 $b_i(t)$ 对它的干扰

量。上式最后结果,已假定

$$b_i(t-\tau) = \pm 1, \qquad (单位幅度) \; 0 \leqslant t \leqslant T_b \tag{10-4}$$

式(10-3)可写为如下形式

$$v_j(\tau) \Big|_{b_j(t)=0} = \pm T_b R_{ji}(\tau) \tag{10-5}$$

其中

$$R_{ji}(\tau) = \frac{1}{T_b} \int_0^{T_b} c_j(t) c_i(t-\tau) \, dt \tag{10-6}$$

它是两个用户涉及的两个 PN 序列 $c_i(t)$ 与 $c_j(t)$ 的"部分互相关函数",当 i 与 j 进行码分复用时,若要达到相互干扰为 0,则要求

$$R_{ji}(\tau) = 0, \qquad 全部 \; \tau \tag{10-7}$$

但一般情况下,PN 码的 m 序列没有完善的互相关特性,因此通信质量不够好。这样一来,一般 m 序列不适于用作扩频码。为此,采用一种特殊的 PN 序列——Gold(序列)码(Gold sequences)。

图 10-10 给出了一个 Gold 序列发生器框图,它由周期为 $N = 2^6 - 1 = 63 (n = 6)$ 的两个 m 序列发生器和"模 2 加"构成,这里需适当选择 m 序列。

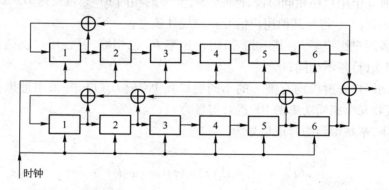

图 10-10　$2^6 - 1 = 63$ 的并联型 Gold 码形成电路

　　Gold 序列互相关仅有三个值,如表 10-1 所示,表中列出了两种序列的这"三值"和相对频率,由表看出,当移存器数目 m 为偶数且不能被 4 整除时,Gold 序列通常具有非常低的互相关,码字间互相关等于 $-1/N$ 的概率为 75%,具备这种完美的互相关性,可以使 Gold 序列更适于码分多址。

表 10-1　Gold 序列的三值互相关特性

移存器数目 m	码序列周期 N	互　相　关	出　现　概　率
m 为奇数	$N = 2^m - 1$	$-1/N$ $-(2^{(m+1)/2}+1)/N$ $-(2^{(m+1)/2}-1)/N$	≈ 0.5 ≈ 0.25 ≈ 0.25
m 为偶数 不为 4 整除	$N = 2^m - 1$	$-1/N$ $-(2^{(m+1)/2}+1)/N$ $-(2^{(m+1)/2}-1)/N$	≈ 0.75 ≈ 0.125 ≈ 0.125

2. CDMA 系统中的"自干扰"(self-jamming)

在 CDMA 多用户系统中,如果各 PN 码不相关,那么在同一个蜂窝内的独立用户就可在相同时间以同一个信道带宽传送信号。各接收机(用户)由相关运算解扩它应接收的信息,恢复出原发送数据 $d_i(t)$, $i = 1, 2, \cdots, K$。

例如,一个 CDMA 系统有 $n = 10$ 个用户的 DS-SS 载频,各 PN 码相位不相干,在基站周围的同一蜂窝内,有 10 个移动用户台同时传送各自信号,则基站就有 10 个同频段频谱同时"覆盖"的信号。基站与移动用户进行信息交换,如果基站接收的各移动用户功率均相等,为 P_S,所需要的某一用户(如第 1 个用户)信号则含有其余 9 个 CDMA 信号的干扰。此时,在接收机端口第 1 个用户信号的载 – 干比 C/I(Carrier-to-interference ratio) 为 $1/9$,即 $(C/I)_{dB} = -9.45$ dB,这一负值 C/I 是由本系统中"自干扰"引起的,即由同时占用与第 1 个含有有用信息的载波相同带宽的其余 9 个 DS-SS 载波引起的(参见下面例 10-1)。

在解扩(或去相关)和解调处理中,这种 RF 带宽的 C/I 负 dB 值就转换为窄带(基带)信/干比(S/I)降级量。因此。为了减少解调误比特率 P_e,就必须使接收 S/I 更高,通常设计中总是要提供更高的干扰容限 J_m,以便"吃掉" C/I 中负面影响。

下面来分析 CDMA 的抗干扰性能,现给出以下假定前提条件:

(1) 假设基带白噪声加性干扰暂忽略不计,且全部 PN 码均不相关;

(2) 假定有 n 个用户在相同时段,同时以载频 f_0 的相同 RF 频带发送 DS-SS 信号,但其中任一信号的随机相位 θ_i 均与其他用户信号相位统计独立;

(3) 假设各用户比特率 R_b 基本相等,码片速率 R_c 也相等,但各用户发送自己的特定信息,即信息内容 $b_i(t)$ 各不相同;

(4) 各移动用户发射机均有唯一的不同的扩频 PN 码 $C_i(t)$,并采用理想自适应功率控制,则基站要接收 n 个相同功率的 RF 混合信号为 $v(t)$。

此种情况下,基站得到的合成信号为

$$v(t) = \sum_{i=1}^{n} A_i C_i(t) b_i(t) \cos(\omega_0 t + \theta_i) \tag{10-8}$$

在上述假设条件下,基站接收机需对 n 个独立 DS-SS 信号求相关及解调。因此,接收系统提供 n 个相关器,按此配置,为使电路性能良好,一般解扩适于在中频(IF)进行。实现这一功能的过程为:

(1) 使合成的混叠 RF 信号下变频为常规中频 IF 信号频率(如 70 MHz);

(2) 然后一起从中频进行宽带相干解调;

(3) 后跟的 LPF 低通带宽为码片速率 R_c;

(4) 最后基带输出 n 个去相关独立信号,这里期望正确地接收第 1 个用户($i = 1$)信号。

解调输出第 1 个用户信号为

$$v_{o1} = \sum_{i=1}^{n} \frac{A_i}{2} C_1(t) C_i(t) b_i(t) \cos(\theta_i - \theta_1)$$

$$= \frac{A_1}{2} b_1(t) + \sum_{i=2}^{n} \frac{A_i}{2} C_1(t) C_i(t) b_i(t) \cos(\theta_i - \theta_1) \tag{10-9}$$

式(10-9)中,第 1 项是接收第一个用户的输出量,求和项是其余 $n-1$ 个用户的"自干扰"量。

由式(10-9)结果看出,CDMA 输出表达式很类似于 DS -SS 基带输出表示式,但式中的干扰项不同,设式(10-9)中多用户到达接收机的信号功率都相等(通过功率控制),即 $\dfrac{A_i^2}{2} = \dfrac{A_1^2}{2} = P_S$。$n-1$ 个干扰总功率谱密度为

$$G_J(f) = (n-1)\frac{P_S}{4R_c}, \qquad f \leqslant R_b \tag{10-10}$$

式中,系数 1/4 是将干扰功率谱扩展到宽带 R_c 内,而功率谱的搬移要降为 1/4,干扰总功率确定为

$$P_J = (n-1)P_S \tag{10-11}$$

即 n 个用户的系统接收机自干扰信/干比为

$$\frac{P_S}{P_J} = \frac{P_S}{(n-1)P_S} = \frac{1}{n-1} \tag{10-12}$$

那么,参照式(9-73)可以计算由 n 个同时接收相等功率的信号导致的"自干扰"的误比特率为

$$P_e = \frac{1}{2}\mathrm{erfc}\left[\sqrt{2\left(\frac{1}{n-1}\right)\left(\frac{R_c}{R_b}\right)} \right] \tag{10-13}$$

其中,R_c 为 PN 码片速率;R_b 为数据信息比特率。

为了获得期望的 P_e,则三个参量——n(用户数)、R_c 及 R_b 必须考究选择。上列推导 P_e 的重要假设为:

(1) 接收相同的混叠功率的宽带 DS-SS 信号,应以互不相关 PN 码进行 CDMA 传输,因此相等接收功率需要准确的自适应功率控制;

(2) 在上述前提条件中,没有计及热噪声影响,仅仅考虑了"自干扰"噪声。

3. 远 – 近问题(near-far problem)

DS-CDMA 在蜂窝小区内,离基站近的移动台信号与远的信号相比,接收衰减小,具有显著的干扰量,再考虑到 PN 码部分互相关和不完全正交情况,相距基站更远的移动台接收的衰减量大的信号恢复困难。因此功率控制非常重要。

4. 功率控制

任何蜂窝系统的多址方式,都需提供自适应功率控制。

1) 对功率控制的要求

● 距基站较远或在弱场强环境下的移动台,应有足够大的接收电平。加之背景噪声及邻区邻道干扰、电波反射、衍射和散射等的衰落影响以及移动台在不同速度下的障碍物变化和路径变化,基站及手机发射功率必须随时控制,以达到小区内用户满意的质量。

● 减少同道干扰与辐射功率,有利于人体健康和降低电池消耗。

● 在 CDMA 的系统中,基站要求对于其接收到的所有移动台功率进行平衡。

2) 功率控制方式

● 开环控制——借用基站持续发出的 800 Hz 单音导频信号,移动台凭收到的导频功率电

平强弱来调整自己发射电平降低或升高的程度。

- 闭环控制——基站通过反向信道接收的信号功率、信噪比与误码率,做出向移动站发布调整其功率的策略,并实行双向闭环调整。

[例10-1] 在CDMA多址系统中,假设所有信号均有相同的平均功率。在许多实际系统中,基站通过控制信道对所有同时通信的用户进行功率控制,可指示调节各用户功率电平。

由式(10-11) n 个用户的系统,接收机自干扰信/干比为

$$\frac{P_S}{P_J} = \frac{P_S}{(n-1)P_S} = \frac{1}{n-1} \tag{10-14}$$

设CDMA系统误码率很低,且无考虑热噪声影响,接收机输入信干比 $\frac{E_b}{n_o} = 20$,即13 dB,这里 $n_o = P_J/B_{SS}$,作为自干扰扩频功率谱。系统带宽 $B_{SS} = 5$ MHz,比特率 $R_b = 5$ kbit/s,求系统可容纳的用户数 n。

解:由 $\frac{P_S}{P_J} = \frac{1}{n-1}$,$E_b = P_s/R_b$ $G_p = \frac{5 \times 10^6}{5 \times 10^3} = 1\,000$ 所以 $\frac{E_b}{n_o} = \frac{P_S \cdot B_{SS}}{(n-1)R_b} = \frac{G_p}{n-1} = 20$

因此用户数为

$$n = \frac{B_{SS}/R_b}{E_b/n_o} + 1 = \frac{1\,000}{20} + 1 = 51$$

这一结果表明,在不计热噪声干扰时,用户数取决于DS-SS扩频处理增益。

10.4 局域网中的多址技术

局域网(LAN—local area network)是在较小地区范围内(如校园、企业厂区或办公大楼),多个计算机或通信站点互连的一种广播网。各站点共享物理媒体(电缆或无线频段)与网络设备和信息资源。每个站点均分配一个接口卡(NIC)提供一个唯一的地址。各站点可随时发送不具有纠错机制的高速分组数据,并通过媒体接入控制协议(MAC—media access control protocol)来统一协调网内传输媒体的占用,以防碰撞。

这种网络构成和运行方式表明它是一个多用户网,并且采用了广播模式的多址技术。

这里我们不准备具体讨论计算机局域网,还是无线局域网(WLAN),拟从几种主要而常用的MAC方式,来讨论LAN网中的多址原理。其中,随机接入(random access)是一种主要类型的MAC方式,并包括几种具体类型的控制模式。在无线数据网中也得到广泛应用。

10.4.1 ALOHA

ALOHA的名称是指夏威夷大学校园网,是一种随机(多址)接入方式。它起源于20世纪70年代初,当时夏威夷大学几个岛上的分校间为了实现校园网通信,推出了这种随机接入方式,并逐步完善了几个算法,可统称ALOHA协议。

1. ALOHA基本原理

LAN上的各站点以面向无连接(广播)方式发送分组数据,可能由于网内已有用户在发

送,因此随机发送的其他站点的分组就会发生碰撞(collide)而失败。这种情况不同于传输误码或数据差错。LAN 网一般具有高带宽(如至少 10 Mbit/s,100 Mbit/s),站点又不太多,以高速发送不太长的报文信息,应该说碰撞概率并不大,故利用不事先建立连接的随机接入方式比较方便。一旦发生碰撞,因碰撞各个站点可能均会等待一段时间,随后又可能有几个站点同时发送而重新碰撞。

ALOHA 通过一种算法策略可以随机性分散重发时间,大大减少碰撞概率。ALOHA 已成为无线数据网中的一个重要的多址协议,并已有多种改进技术。

2. ALOHA 系统的 3 种基本模式

在 LAN 中,首先是各站点随机性发送信息,发送者在两倍于收发两站间传输时间后,应收到成功发送信息"ACK"回执;若超过往返时间则认定无效,便启用"退出"(backoff)算法,再次选定随机发送时间,以力保不再失败。

针对上述过程中的不同情况和要求,ALOHA 提供了以下 3 种基本模式。

1) P-ALOHA

P-ALOHA(Pure-ALOHA),称为纯 ALOHA。它是一种多用户随机占用传输媒体机制。如果发送的分组数据长度为定长 L,速度为 R_b,则传播该 L 分组的所需时间 $t_x = L/R_b$ s。若该分组从 t_0 时刻发送不发生其他发送分组与之碰撞的条件是:从 $(t_0 - t_x)$ 至 $(t_0 + t_x)$ 不出现其他同长分组。下面分析达到上述的无重叠分组的概率大小。

设 S 是新分组的到达率,以"分组$/t_x$"表示,它被看做系统的吞吐率(量)。则系统实际到达率等于新到达与重发之和。设 G 为总到达率,即总载荷(分组$/t_x$)。为估计新到达与重发分组的概率,我们可假定服从泊松(Poisson)分布,其到达平均数为"每 $2t_x$ 秒有 $2G$ 个分组到达"的概率,而在 $2t_x$ 时段内有 k 个无碰撞获得成功发送的概念为

$$P[k \text{ 发送}/2t_x] = \frac{(2G)^k}{k!} e^{-2G}, \qquad k = 0, 1, 2, \cdots \qquad (10\text{-}15)$$

吞吐率 S 等于总到达率 G 乘以成功传送的概率,即

$$S = G \cdot P[\text{无碰撞}] = G \cdot P[0 \text{ 个发送}/2t_x]$$

$$= G \frac{(2G)^0}{0!} e^{-2G} = Ge^{-2G} \qquad (10\text{-}16)$$

图 10-11 给出了式(10-16)的 S 与 G 的关系曲线,并通过对式(10-16)求极值,则当 $G = 0.5$ 时,得到 S 峰值为

$$S_{\max} = 0.5 \times e^{-2 \times 0.5} = \frac{1}{2e} = 0.184 \qquad (10\text{-}17)$$

以上结果表明:P-ALOHA 吞吐率为 0.184,即只占系统容量的 18.4%,是系统所有用户共享的数据量,显然利用率太低。

另外,由式(10-15)和图 10-11 还可看出,当 G 增大到一定值($G > 0.5$)后,吞吐率 S 反而下降,表明系统因频繁碰撞而利用率更会下降。

2) S-ALOHA

S-ALOHA(slotted-ALOHA)是分时隙 ALOHA,它是为减少 P-ALOHA 的碰撞概率的一种改进型随机多址方式。其做法是约束各站点均以同步方式发送分组数据,因此为各站点分配发送时隙,并且只能让其在时隙开始时刻发送分组。

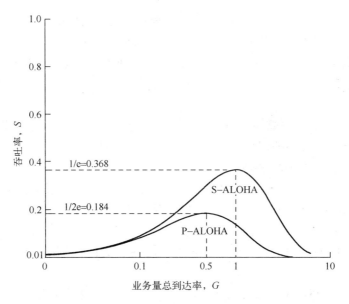

图 10-11　ALOHA 吞吐率与总到达率的关系

假设一个定长分组正好占用 1 个时隙,若使分组完全避开上述参考分组时段,它就必须在 $(t_0 - t_x)$ 至 t_0 完成传送。在系统中最脆弱时段是 t_x 长度,在此段无失败的情况下,如前处理方法,吞吐率计算式为

$$S = G \cdot P[\text{无碰撞}] = G \cdot P[0 \text{ 发送}/t_x] \tag{10-18}$$

$$= G \cdot \frac{G^0}{0!} e^{-G} = G \cdot e^{-G} \tag{10-19}$$

式(10-18)的关系曲线示于图 10-11,可以看出,当 $G = 1$ 时,最大吞吐率为

$$S_{\max} = Ge^{-G} = \frac{1}{e} = 36.8\% \tag{10-20}$$

这一结果表明,S-ALOHA 较 P-ALOHA 的系统利用率提高 1 倍。

3) R-ALOHA——预定 ALOHA,待后面介绍。

[**例 10-2**]　在无线数据信道以 $R_b = 9\ 600$ bit/s 速率向基站发出呼叫建立请求。设分组长为 $L = 120$ bit。可以分别计算以上两种 ALOHA 的吞吐率。

由 R_b 及 L 两个值,可得每秒发送分组数为 $\frac{R_b}{L} = \frac{9\ 600}{120} = 80$ 分组/s,因此吞吐率分别为

P-ALOHA: $S_p = 80 \times 0.184 \approx 15$ 分组/s

S-ALOHA 是两倍关系,$S_s = 15 \times 2 = 30$ 分组/s

10.4.2　载波侦听多址网(CSMA)

载波侦听多址(carrier sensing multiple access, CSMA)是多用户接入共享媒体的一种操作模式,是 MAC(媒体接入控制协议)实施接入控制的一种策略。

1. CSMA 网的三种操作模式

CSMA 是为解决 ALOHA 利用率低而采用的一种防碰撞机制。设某一站点开始发送分组

数据,则在某数据进入媒体后,其他所有站点均在"侦听"这一载波信号的发生,直到离它最远的站点侦听到为止。在其分组传输期间,如果没有任何其他站再发送,于是发送出的分组便成功地避开了碰撞。

根据发往信道分组而使公共媒体处于忙时的状态,CSMA 分为以下 3 种方式。

1) 1-坚持 CSMA(1-persistent CSMA)

想要发送数据的站点一旦侦听到信道空闲,便立即发送分组。若有其他更多站点也如此做,则均会发生碰撞。于是这些站点就随后执行"退出"算法,以预定此后重新侦听信道而再发送的时间。所谓 1-坚持 CSMA,可直观理解为"一直坚持侦听",一有空闲就发送,因此这种方式是碰撞率最高的做法。

2) 非坚持 CSMA(non-persistent)

此种操作方式是,要发送分组的站点一旦侦听到信道空闲,不是立即发送其数据,而是执行"退出"算法,并重新预定下次侦听时间。如果遇闲,便即发送。这样做的碰撞概率就会比上一种方式为小,但所发生的时延也大。

3) p-坚持 CSMA(p-persistent)

这种方式综合了上两种方式的可取要素,其做法是当某站点要发送数据而侦听信道,若遇忙,则继续侦听;若空闲,则以概率"p"发送其数据,而以概率"$1-p$"等待一段时间 t_M(t_M 是系统内相距最远两站点间的传播延时),此后再行侦听。这种方式的优点在于,能使各要发送的站点散开发送时间,更可能使它们以较大概率抓住空闲信道。

*2. 具有碰撞检测的 CSMA(CSMA-CD)

CSMA-CD(CSMA with collision detection)是对上述 CSMA 方式的改进。基本做法是当在利用 ALOHA 和 CSMA 两种方式时,检测到涉及其分组发送碰撞时的站点,立即停止发送,以节省通道带宽资源。

对于 CSMA-CD 机制,也分以上三种"坚持"情况。设系统的 n 个站点中,若某站发送数据,则它只能在系统中相距最远两站点间传播时间的 2 倍(即 $2t_M$)之后,才能知道是否成功发送。任何要发送的站点首先侦听信道空闲与否,若遇忙,则可采用上述三种 CSMA 的任何一种策略。

信道状态除忙和闲以外,尚有多站点以企图获取信道的竞争状态。每次在信道空闲时,站点的竞争是要获取 $2t_M$ 时间间隔的发送确认成功时间。在 n 个站点竞争时隙 $2t_M$ 内的发送概率设为 p,一个站点成功发送的概率以二项式表示为

$$P_{成功} = \binom{n}{1} p(1-p)^{n-1} = n \cdot p(1-p)^{n-1} \tag{10-21}$$

由信息论的最大熵概念,当 $p = \dfrac{1}{n}$(等概)时,可得成功发送的最大概率值,为

$$P_{SM} = \left(1 - \frac{1}{n}\right)^{n-1} \tag{10-22}$$

上式当 n 很大,即系统内站点很多时,则

$$P_{SM} = \left(1 - \frac{1}{n}\right)^{n-1} \Bigg|_{当n很大} \longrightarrow \frac{1}{e} = 0.368 \tag{10-23}$$

10.4.3　接入控制的预约方式

上面讨论的简单共享资源的随机接入方式,当站点发送的数据负荷量很大时,就会导致很大延时,因此采用预约方式的 ALOHA 接入模式和轮询方式。

1.　R-ALOHA 系统(预约 ALOHA)

作为上一节 P-ALOHA 和 S-ALOHA 的继续,这里介绍第 3 种 ALOHA——R-ALOHA(Reservation-ALOHA,预约 ALOHA)。设预约系统共有 N 个站点,各站点欲发送分组数据,其简单预约步骤如下。

(1)提供 1 个可容入各站点预约的发送分组的变长帧,帧前具有为 N 个站点提供的 N 个预约"微小时隙"(minislot)。

(2)要发送分组的站点将预约比特发到 1 个相应帧中的相应预约微小时隙并广播出去,以便表明它有分组要发送。

(3)然后该站侦听预约区间,以确定它在要发送的分组在对应帧中的位序,当该站发送分组时,可变帧长与正在传送分组的站点数对应。

预约系统的吞吐率可以计算得

$$S_{\max} = \frac{1}{1+v} \qquad (10\text{-}24)$$

式中分子与分母中的"1"是传送 1 个分组假设用 1 个单位时间,v 是预约微小时隙,一般占单位时间 5%,因此上式结果为:$S_{\max} = \dfrac{1}{1.05} = 95\%$,这表明预约系统有较大的传输效率,即吞吐率。

2.　R-ALOHA

由上述预约机制,若有 N 个站点,在帧格式中要提供 N 个用于预约分组的子时隙。各站点可由 P-ALOHA 或 S-ALOHA 方式去竞争预约子时隙,都属于 R-ALOHA 模式。

例如以 S-ALOHA 采用预约方式,由其 $S_{\max} = 0.368$,因此预约手续所需预约小时隙数目为

$$\frac{1}{0.368} = 2.71 \text{ 子时隙} \qquad (10\text{-}25)$$

仍设 1 个分组的发送时间为 1 个单位时间。预约小时隙 $v = 5\%$,则

$$S_{\max} = \frac{1}{1+2.71v}\bigg|_{v=5\%} = 88\% \qquad (10\text{-}26)$$

3.　轮询(polling)

轮询不同于随机接入和预约方式,是系统内各站点轮流接入媒体的模式,并且在任何时间只有一个站点发送信息。

轮询基本程序是由系统内的主机(中央控制器),通过"带外"信道向特定站点发布轮询消息,各站点共享"带内"信道,向主机或其他站点发送信息。当发送完成确认后,及时发送一个"前向"消息表明发送完成,以便后续轮询其他站点。

无线轮询的一种方式是利用两个无线频段子通道,分别用于主机轮询站点和各站点共享。

也可以同用一个频段,以时分双工(TDD)方式实施带内、带外的两个程序。

* 10.5　其他多址技术

10.5.1　空分与极化多址

1. 空分多址(SDMA—spatial division multiple access)

SDMA 也称为多波束频率重用系统(multiple beam frequency reuse),多用于卫星系统。作为一例,由两个接收天线同时接转两个地球站发来的信号,因此上行链路是在空间上隔离开的两个独立波束,也就是两波束在空间上正交,因此可以使用相同载频。陆地移动无线和数字微波等通信系统,也经常使用定向天线,都属于空分复用与空分多址的技术应用。

2. 极化多址(PDMA)

PDMA(polarity division mutiple access)也称为双极化频率重用系统(dual-polarization frequency reuse)。其典型应用与 SDMA 有类似之处,只是 PDMA 利用水平和垂直极化两种互为正交的极化方式而重用同一频率。

通常是将 SDMA 与 PDMA 两种多址结合应用。

10.5.2　光接入系统中的多址技术

光通信网中的多址技术均在接入网实施。图 10-12 示出了 ITU-T 建议 G.982 规定的光接入网功能参考配置略图,图中注明了各单元的功能。

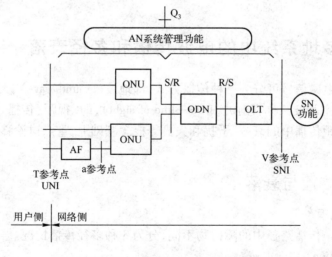

图 10-12　光接入网功能参考配置

图注:AN—接入网;AF—适配功能单元;ONU—光网络单元;ODN—光分配网;
OLT—光线路终端;SN—业务节点;UNI—用户网络接口;SNI—业务节点接口;
Q₃—网管接口;S—发送参考点;R—接收参考点

光接入网(optical access network)的关键设备是光网络单元(ONU—optical network unit)和光线路终端(OLT—optical line terminal)。各用户由双绞线或电缆通过用户 – 网络接口

(UNI—user-network interface)连至 ONU,ONU 具有电/光、光/电和 A/D、D/A 各种转换功能,并在其中进行复用和实施信令、维护管理功能。ONU 通过光分配网(ODN—optical distribution network)的光纤连到 OLT。OLT 一般与本地交换机同处设置,它为多个 ONU 提供必需的手段来传递不同的用户业务。OLT 可以通过多条光纤(即 ODN)直接向用户侧连接多个 ONU。

在接入网系统中,多用户分别连入不同的 ONU,共享各 ONU 至 OLT 的上行信道,其中可以利用不同的多址技术方式。基本多址模式有以下 4 种。

1) OTDMA(光时分多址)

汇聚多个 ONU 的光分 OBD 至 OLT 的上行信道,提供多个时隙构成的时间帧结构,OBD 为每个 ONU 用户依序提供 1 个时隙,构成上行信道的时分复用码流,送至 OLT。OLT 由光检测器在严格同步关系下将各时隙信息分路转换为电信号。

2) OWDMA(光波分多址)

多用户各 ONU 分别利用 1 个波(波长 λ_i)将用户信息通过 OBD 对上行信道进行多用户波分复用(WDM),接至 OLT。OLT 通过检测把不同波长的用户信号转换为各自电信号。

3) OCDMA(光码分多址)

为每个 ONU 分配 1 个唯一的多址码(PN 码),分别载荷用户信息(用户基带波形与 PN 码片序列波形相乘),并以同波长载波提供 PSK 或 QPSK 带通互正交信号,进入 OLT 后,再分别检测、解扩出各多址信号。

4) OSCMA(光副载波多址)

各 ONU 多用户信息流均应首先以不同载频调制为射频信号,在各 ONU 分别电/光转换后由 OBD 至 OLT 上行信道,利用同一光波长进行多用户频分复用(FDM),OLT 检测各子带信号进行光/电转换后解调出各信息码。

10.6 无线多址系统中的电波传播和多径衰落

由天线辐射的电磁信号可分为三种传播方式,即地波(ground wave)、天波(sky wave)和空间波(space wave),空间波又称直射波(LOS—line of sight),即"视距"传播。

本节在了解视距传播中的衰减、干扰和失真等概念基础上,重点讨论移动环境中的衰落和多径衰落。

10.6.1 多径传播与衰落

1. 多径传播机理

由电磁波在视距传播路径中的障碍物不同,分为 3 种多径传播情况。

1) 反射(reflection)

电磁波以直射方式传播时,当遇到如高大建筑物等较大障碍物(一般应当比信号载波波长大),除了将信号能量吸收衰减一部分外,要发生反射。不同的反射波路径与直射波形成时延不同的多径波,就会对接收造成不同程度的质量损伤。

2) 衍射(diffraction)

当电磁波遇到难以穿透而比其波长大的障碍物,除了可能反射外,在障碍物边沿电磁波会以此边角作为"辐射源"向不同方向传播,它们有异于直射波方向。

3）散射（scattering）

当电磁波遇有比其波长小的物体，（如 900 MHz 波长为 λ = 3.0 m，当遇到烟囱或高大柱体）电磁波就散射为多径弱信号。对于大量在地面的用户手机的收发信号，遭遇这种散射的可能性非常大。

2. 多径衰落的类型

在第 1 章提到过衰落分类，粗分为慢衰落和快衰落（多径）及频率吸收，并从信道特性是否平稳对衰落的影响可分为 4 类（参见后面图 10-13）：

（1）平坦信道——信道的频率与时间均为平稳性；

（2）时域平稳信道——只有时间统计平稳，而具有频率弥散性；

（3）频域平稳信道——只有频域平稳性，具有时间弥散性；

（4）非平坦信道——时/频特性均非平稳，具有双重弥散性。

以上各类多径衰落中，涉及的频率弥散是由多普勒频移（doppler shift）引起的。多普勒频移效应视移动台相对于基站的运动方向和速度而有不同。若移动站正对基站较快移动，产生正频移，若反向则为负频移；若与基站方向垂直运动，则基本上不产生频移。总之运动方向与基站方向夹角越小频移越大，与基站相向或相背移动速度越快，频移越大。

3. 影响多径衰落的因素

由实测表明，即使没有高大与复杂的障碍物影响，利用 900 MHz 频段的移动通信当路径在 40 km 以上时，则会产生多径衰落。

（1）季节、气候的影响。

在夏季、湿热天气及太阳升起和落山时节，多径衰落较为活跃。例如频率选择（快）衰落，20 dB 的衰落持续 40 s，40 dB 的衰落持续 4 s。

（2）不同区域的障碍物对衰落影响程度不同，分为三种情况：原野、城郊与村镇、城市市区。

（3）地形的复杂度影响也分三种：山冈丘陵、高山阻隔、数公里长的坡道。

以上不同的地理地貌和环境地物条件造成不同深度的衰落，对场强分布有不同程度影响。

4. 场强及其预测

（1）通常，在城市环境下，接收场强的起伏范围很大，在这类地区从基站到某一确定半径的范围内，场强变化大体为 30 ~ 40 dB。在市区内平均场强最低，然后以市郊、村落、原野逐步增强。

（2）场强变化率正比于载频和移动速度的乘积。在高速运行时，还要考虑到上述的多普勒（doppler）频移影响。在距离 1 km 的市区较"平缓"环境条件下，900 MHz 频段较自由空间的衰减附加量为 20 dB，但是也与运动方向有关。

（3）基站天线的高度和发射功率也是确定场强的重要参量。

10.6.2 多径衰落信道相干带宽和相干时间

1. 多径信道的信号特征

以上提到的 3 种多径传播情况，属于电磁波遇有障碍产生的偏离直视路径或产生多路径传播现象。具有随机时变冲激响应的信道，则是产生多径衰落的很重要的物理特征。并且不同频段有不同的影响后果。如 3 ~ 30 MHz 的 HF 波段的短波电离层(天波),30 ~ 300 MHz 的 VHF 波段的电离层前向散射通信;300 ~ 3 000 MHz 的 UHF 波段和 3 ~ 30 GHz 的 SHF 波段上对流层散射视距之外的无线传播,这些波段时变冲激响应是空间物理媒体特性随机变化的结果。

回顾第 1 章式(1-11)给出的一个载波信号经 N 条路径的信道响应表示式:

$$R_x(t) = A_0 \sum_{i=1}^{N} a_i(t) \cos[\omega_0 t - \varphi_i(t)]$$ (10-27)

这是一个输入载波信号的情况,即 $s(t) = A_0 \cos \omega_0 t$。而多径合成的 $R_x(t)$ 却含有多个不同频率成分,新生的频率是由信道的随机时变产生的非线性失真的结果。也就是说,式(10-27)的 $R_x(t)$ 合成信号是由多个向量叠加而得到的,各向量的幅度 $a_i(t)$ 和相位 $\varphi_i(t)$ 都是随机时变的。如果各分量中没有更突出的大或小的值,则当 N 很大时,根据中心极限定理,$R_x(t)$ 是一个复量高斯型随机过程。

2. 信道相干时间(coherent time)

在多径信道传播的单频信号,由于多普勒频移产生新的频率所导致的频率扩展量 B_d 的倒数(近似关系),称为多径信道的相干时间 T_{co},即

$$T_{co} \approx \frac{1}{B_d}$$ (10-28)

T_{co} 表明多径时变信道特征(时变冲激响应 $h(\tau, t)$)随时间变化快慢的量度。T_{co} 等于信道冲激响应时不变间隔的统计均值,对于多普勒频移小的慢衰落信道,具有很大的相干时间。

3. 信道相干带宽(coherent bandwidth)

与相干时间具有同样重要意义的另一个多径参量是相干带宽 B_{co},它近似等于多径(时间)扩展 T_m 的倒数,即

$$B_{co} \approx \frac{1}{T_m}$$ (10-29)

相干带宽是对信道特征(即幅度和相位的变化)具有很强相关性时的带宽量度,即表明当信号频率(带宽)在不超过相干带宽时,信号所有频率分量同时得到同样衰落,即频率非选择性衰落(即频域平稳,见图 10-13)。

4. 多径信道扩展因子

第三个重要参量是多径频率扩展 B_d 和多径时间扩展 T_m 的乘积,称为信道扩展因子,即

$$T_m B_d = T_m / T_{co} = B_d / B_{co}$$ (10-30)

以 $T_m \cdot B_d = 1$ 为限界,具有以下两类情况。

(1) $T_m B_d < 1$(欠扩展信道)

这种情况下,信道随时间的变化相对于多径(时间)扩展是缓慢的,即

$$T_m < T_{co} \quad (更为典型的,T_m \ll T_{co})$$ (10-31)

此种情况下在接收端利于提供本地载波(同频同相位)实现相干接收。

（2）$T_m B_d > 1$（过扩展信道）

此种情况是由于更大的多径扩展或更多的多普勒频移扩展造成的,此时接收的多径信号很难利用相干解调(抓不住准确的载波相位)。因为在时间间隔 T_m 内,信道特征随时间变化很快,即

$$T_m > T_{co} \quad （更为典型的,T_m \gg T_{co}） \quad (10\text{-}32)$$

以相干时间 T_{co} 和相干带宽 B_{co} 乘积为界限,可以表示出上述 4 种多径衰落信道,如图 10-13 所示。

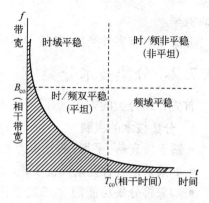

图 10-13　4 种类型的多径衰落信道特征

[**例 10-3**]　带通信道带宽为 $B = 3\,200$ Hz,传输数字信号波形序列,信道多径扩展 $T_m = 5$ ms,试确定以下两种速率的调制方式,各是否需要均衡器?

（1）信号速率 $R_b = 4\,800$ bit/s;（2）$R_b = 20$ bit/s。

解　（1）可采用 QPSK/VSB 调制方式,由 $B = 3\,200$ Hz,符号率 $R_s = 2\,400$ Bd,传输带宽应为 $W = 2R_s = 4\,800$ Hz,其 SSB 带宽为 2 400 Hz,可采用 QPSK/VSB,即滚降系数 $\alpha = \dfrac{800}{2\,400} = \dfrac{1}{3}$。因此,传输带宽为 3 200 Hz。

在此情况下,已调信号码元速率为 $2\,400 = \dfrac{1}{T}$,$T = 0.42$ ms,这表明 $T \ll T_m = 5$ ms。因此,接收信号会有严重码间干扰,应采用均衡器。

（2）当传输速率 $R_b = 20$ bit/s 时,若仍采用 PSK,比特率为 $R_b = 20$ bit/s,码元间隔 $T_b = 0.2$ s $= 50$ ms。故 $T \gg T_m = 5$ ms,可以忽略多径扩展影响,采用相干接收,并不必提供均衡器。

以上对信道相干时间 T_{co} 或弥散时间 T_m 的讨论表明,当通过多径信道的信号延时扩展 $\left(\dfrac{1}{W}\right)$ 时间大于信道弥散时间 T_m 时,则为频率非选择性通道,没有严重失真。

当 T_m 较大时,表明为慢衰落信道,其传递特性的时域平稳性较好,即多普勒频移扩展量较小。

10.7　多径衰落信道的分集接收技术

10.7.1　分集技术概述

多径衰落会直接影响到接收的质量,因此无线系统除了采用考究的编码与调制,以及自适应均衡和最佳接收、解码方法等有力措施外,对于移动无线和卫星通信等无线通信系统,还采用了两种接收技术手段——分集(diversity)接收和 Rake 接收机,来显著改进多径衰落信道的接收效果。这里"分集"是个合成词,即"分"与"集"(合)两重含义。

针对多径衰落对信号的损伤,接收系统对多条路径来的同一发射信号,通过增加冗余设备和一定处理单元,寻找一条较强路径的信号,或将多条路径信号分别接收(谓之"分"),使之形成一个利于可靠解调与解码的组合信号(谓之"集")。采用分集技术可提高解调信噪比,减少

误码概率。

分集技术有多种类型,各适于不同信道特性和不同的接收质量要求。

10.7.2 分集技术分类

首先介绍分类的方法,然后简述不同分集技术。

1. 分集技术的机制

- 适于慢衰落(平坦)的分集为宏观分集,适于快衰落的分集为微观分集;
- 如果采用各种冗余设备实施(如多天线,MIMO)分集接收,则为显分集(evident);
- 如果将分集功能隐含在发送信号中,接收端靠信号处理实施分集功能,则为隐分集(implicit),诸如扩频技术,抗衰落的综合信道编码:内码、外码、交织码相结合。还有另外一种模式,即 Rake 接收技术。

2. 几种分集技术

下面从不同"域"来简介几种分集技术。

1) 时间分集(time diversity)

将发送数据信号在时间上进行扩展,或者说,以大于信道相干(记忆)时间的不同时隙间隔发送同一数据,这样在各重复时段发送同一信号而使强突发差错就扩展到多个逻辑信道,再利用前向纠错就可以恢复信号。如交织深度足以胜过信道相干时间的交织码,多个用户数据块的 TDM 复用,数据块就可以交织地提供时间分集。

2) 频率分集

将要发送的数据信息分别以不同频率(子带载波)发送,只要载频间隔大于信道相干带宽,接收端可得到衰落特性各自独立的信号分量,如跳频扩频调制就是典型的频率分集,随机而频繁变更的跳载频可以获得平均的频率特性,有效地避开选择性频率谷点。

第 9 章介绍的正交频分复用(OFDM)技术就是一种典型的频率分集的应用实例。

3) 空间分集

空间分集又称天线分集。例如蜂窝移动网环境中,每个小区中心的基站为了分集接收而装设了多个基站天线。但是由于各移动台在近于地面移动,其周边复杂地物会使信号产生严重的散射现象,即它与基站间不存在视距传播路径信号,这种瑞利(Ragleigh)衰落需使接收天线间距 d 大于信号波长之半,即 $d \geqslant \lambda/2$。实际设计将天线间距选为 10 个波长或几十个波长。接收端相距"足够"远的 2 个或多个天线,各接收同一个发送信号的多径独立分量,再对各天线感应的分量进行综合处理(如选择主信号,调整延时后求和等合并处理),以得到信噪比大的解调信号。

4) 极化分集

利用不同极化方向的两个天线,发射水平与垂直极化波,在接收端分别接收衰落不相关的互为正交的信号,将两路信号"合并"后解调。

5) 角度分集

针对信号来自不同方向的路径,采用不同的定向天线,分别接收后合并处理。

另外,后面将介绍的 Rake 接收和空-时编码,也都属于分集技术范畴,特别是空-时编码技术,是"3G"系统抗多径衰落的高新技术环节。

10.7.3 分集中的合并技术

以分集接收方式接收的多个支路的独立信号分量,通过提供"合并(Combination)"处理单元,使解调器能得到良好的信号。

合并处理方式可分为 4 类。

(1)选择合并:在分集接收的几个路径分支信号中,如果属于赖斯(Rice)衰落,即存在一个主路径信号(直视波),有更大信噪比,可选为解调输入信号。

(2)最大比合并:对多路径信号进行加权放大,并以信噪比大的分支,权值系数最大。

(3)等增益合并:若为瑞利型(Rayleigh)衰落时,各支路信号强度均微弱且大小差不多,可采用均等放大权系数进行合并。

(4)开关合并:以一个合适的预定门限,取各支路径的超过门限的包络,然后合并处理。

10.7.4 Rake 接收

Rake 技术是无线 CDMA 系统的重要接收机制,在移动无线和卫星系统通信中得到普遍应用。Rake 技术的原理是,将衰落信号视为不同时延(反射)的有用信号而设计一种分集方式。

由于多径随机延时不同,相当于先后发送的、有严重码间干扰(ISI)的遭伤害信号,对于 CDMA 系统,当多径延迟超出一个 PN 码片宽度,则相关接收机将把其当作与信号无关的噪声干扰。

针对这种不便于采用一般分集接收的信号类型的特点,Rake 采用了以下步骤。

(1)将接收的 CDMA 信号——中频(IF)或基带序列送入 M 个相关器,并在输入前依次递增一个码片 T_c 的延时量,如图 10-14 所示。

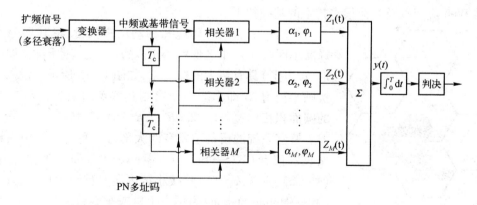

图 10-14 Rake 接收机框图

(2)对各路径的相关输出信号序列,按最大比合并方式进行合并,权值系数分别为 α_k,对幅度小的相关输出,α_k 则取小的值。另外尚须调整各支路输出的相位 φ_k。

(3)最大比合并的结果,可表示为

$$y(t) = \sum_{k=1}^{M} \alpha_k z_k(t) \tag{10-33}$$

这种分集技术之所以称为"Rake"技术,是因为 Rake 英文词直译为"耙子",是可将散落物收集在一起的一种工具。这里将各支路信号间介入 1 个码片的时差,是为了使这"M 个径路"的多径信号在时间扩展上超过信道相关时间,而成为 M 个独立的支路信号。实际上该 Rake 接收机框图是一个时间分辨率为 T_c(码片)的 M 节延迟线构成了 M 条径路的多径信道模型,这里 T_m(信道相关时间)为 MT_c。

* 10.8　移动无线通信中的多址技术典型示例(简介)

在第二代移动通信(2G)技术完善和广泛应用的基础上,正在大力推广第三代移动通信的三个国际标准系统(3G),尤其是我国自行研制的 TD-SCDMA 国际标准,即将全面组网,第四代(4G)模式也在跃跃欲试。本节拟对移动通信技术知识予以框架性介绍。追溯移动通信发展史,从设计到广泛应用历时长久,直到 1983 年,第一代移动电话系统(1G)投入运营,并以模拟调频方式满足用户基本需求。后来仍在这一模拟网环境中,利用数字调制,先由 FDMA 向数字化过渡。第二代移动通信系统(2G)以北美 IS-54、IS-95 和泛欧系统 GSM 两类系统为代表,分别采用 TDMA 及窄带 CDMA。近几年来,按照 ITU 2000 年的国际移动通信系统(International Mobile Telecommunication IMT-2000)对第三代移动系统(3G)提出功能要求,陆续研发出 W-CDMA、CDMA 2000 和 TD-SCDMA 三个世界性标准,均采用宽带 CDMA 多址技术。

10.8.1　数字移动无线多址系统特征

1. 蜂窝移动无线系统特征

蜂窝(cellular)技术作为移动通信的基础,它是移动电话、个人通信系统(PCS)、无线 IP 网、无线 Web 应用以及其他很多技术的基础技术。

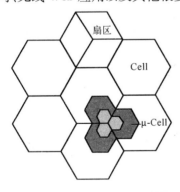

图 10-15　蜂窝小区六边形结构

根据一个地区的环境和移动用户数量,将其划分为多个蜂窝小区(cell),小区形状为正六边形,较其他形状(如正三角形、正方形)具有更大的覆盖率,如图 10-15 所示。设六边形外接圆半径为 R(即小区半径),则其覆盖面积为 $2.6R^2$,与相应的圆面积相比覆盖率($2.6R^2/\pi R^2$)为 83.4%。

蜂窝系统的设备主要有四大部分。每个小区中央设有基站收发信台(BTS—Base Transceiver Station),通过空中接口(如 GSM 系统 U_m 口)转接小区内所有移动用户信息;移动站(MS—Mobile Station)为用户手机或车载台。数个小区的 BTS 均由无线链路与基站控制器(BSC—Base Station Controller)连接(如图 10-16 所示),一并构成基站系统(BSS—Base Station System)。BSS 通过一个接口(A 接口)与移动业务交换中心(MSC—mobile service/switching center)连接。通过 MSC,移动系统用户可以和有线电话网或其他通信网的用户进行通信。

另外,在数字移动通信系统中尚提供操作维护分系统(OMC),它是基于电信管理网(TMN)的概念,由网运部门和生产厂家共同制订的三套 OMC 设施,实施网络的操作,用户管理(用户数据和计费管理)和移动台管理的三项操作维护功能。

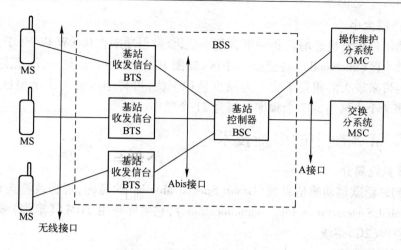

图 10-16 基站子系统(BSS)结构

2. 频率重用(frequency reuse)机制

为了充分而可靠地利用有限的系统频率资源,增大系统用户容量,针对蜂窝结构特点,采用频率重(复)用机制。为此对蜂窝系统内相邻几个小区构成一组。图 10-17 是以 7 个小区为一组的模式。这样,7 个小区各用不同的(7 个)频率(带)。由于相隔几个小区的距离,基站或移动台发出的信号有大幅度衰减,因此按图 10-17 中相同标号的小区可使用相同的频率,相隔的距离,$D = 4.6R$。为了尽量减少同道干扰,移动系统实施发射功率的自适应控制。

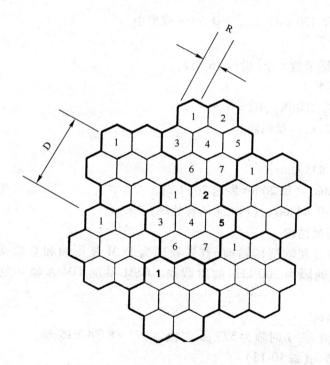

图 10-17 7 小区蜂窝网及频率重用

3. 小区范围大小

由于移动用户数量快速增长和手机日益小型化,发射功率在 0.5 W 以下,于是蜂窝小区进一步分割为微小区(microcell),甚至微微小区,如图 10-15 所示。这样一来,相隔 $D = 4.6R$ 的频率重用就会带来较大的相互干扰。为减少这种干扰,可将小区分为 3 个扇区(各用定向天线),可从原来 7 个小区组的 7 个频率扩展为 21 个频率。

10.8.2 GSM 系统中的多址技术

1. GSM 系统简介

GSM 起初是泛欧移动通信系统(Group Special Mobile)的简称,现在改称全球移动通信系统(GSM—Global System for mobile communications),它主要利用 TDMA(窄带)多址技术,属于第二代移动通信(2G)系统。

GSM 主要指标如下。

1)传输频段

基站发送(下行链路):935 ~ 960 MHz。

移动站发送(上行链路):890 ~ 915 MHz。

双工间隔为 45 MHz,信道载频间隔为 200 kHz,双工信道数为 124(125)。

2)发射功率分为 8 级

基站功率为 $P = 2.5 \times 2^k (\text{W})(k = 0, 1, \cdots, 7)$;

移动台功率大体是基站的 1/20,从 20 W 至 0.25 W。

3)小区半径

$R_{\max} = 35 \text{ km}(至 120 \text{ km})$,$R_{\min} = 0.5 \text{ km}$ 或更小。

4)多址方式

TDMA,每载波话道数 8 个(设计 16 个)。

5)编码与调制类型

调制:高斯 MSK(GMSK),BT = 0.3。

编码:交织 + (2,1,5)卷积码。

6)速率

传输速率:270.833 kbit/s。

语音速率:13 kbit/s(每 20 ms 发送 260 bit)。

差错控制开销:9.8 kbit/s,(FEC + 语音处理)。

2. TDMA 信号帧结构

GSM 系统的语音和数据传输前,首先处理为 PCM 复用帧和复帧结构,然后将组帧的 TDMA 码流调制到间隔为 200 kHz 的射载频。GSM 系统 TDMA 帧和复帧结构如图 10-18 所示。

1)TDMA 帧结构

8 个时隙为 1 帧——1 时隙为 577 μs,1 帧为 577 × 8 = 4.615 ms。

2)两种复帧格式(图 10-18)

第 1 种复帧:26 帧(120 ms)构成复帧(multiframe)。用于载荷业务量和两个随路控制信令信道。其中慢控制随路信令信道以连续比特流监管信息传输,另一个为快速随路控制信令信道，以突发数据段方式进行功率控制。

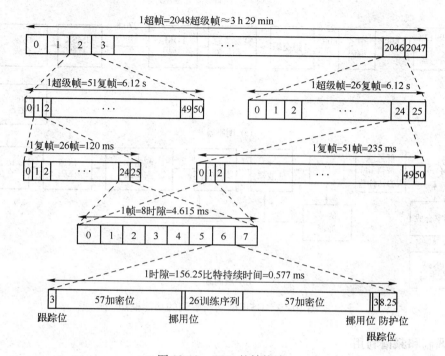

图 10-18　GSM 的帧格式

第 2 种复帧：51 帧(235 ms)构成复帧。其中第 0 时隙用于下播数据流来控制更新基站参数，如基站识别标志、频率分配、跳频序列等信息。

3）数据格式与速率

- 在每个 156.25 bit 的时隙中(图 10-18 中所示)，除两个 57 bit 业务载荷外，其余 42.25 bit 均为开销——其中 26 bit 为训练序列。
- 训练序列功能——联络全部移动站，并改善多径环境下的接收质量。
- 由每时隙 156.25 bit，时段为 577 μs，因此，系统传输速率为 $R_\mathrm{b} = \dfrac{156.25\ \mathrm{bit}}{577\ \mu\mathrm{s}} = 270.833\ \mathrm{kbit/s}$。

3. 编码

1）语音编码

为了适应 GSM 大容量、窄带 TDMA 模式，宜选择高压缩倍率数字语音信号；采用规则脉冲激励线性预测编码(RPE-LPC)，以付出一定延时(20～50 ms)为代价，码率为 13 kbit/s。

另外，专用芯片尚采用了语音激活检测，实现断续传输，以节省功率和抑制噪声，同时采用插空、加密等多项新技术。

2）信道编码

无线信道产生随机与突发两类差错。对每 8 个 TDMA 帧采用卷积交织，并且利用码率为 1/2 的卷积码与 R-S(n,k)分组码结合，构成内码与外码再加交织码的强纠错机制。

接收端利用最大似然算法的维特比软判决解码。

图 10-19 示出了 GSM 系统调制/解调框图。

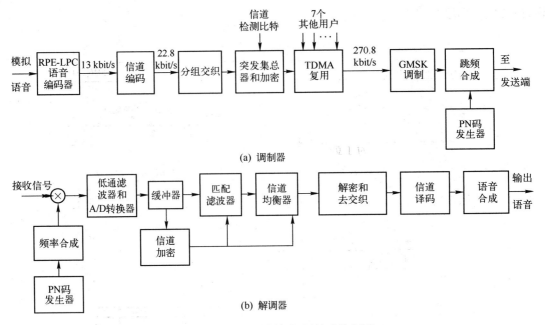

图 10-19　GSM 调制与解调的功能框图

4. 调制和频谱利用

1）调制方式

采用优良性能的 GMSK($BT = 0.3$)，滤波器 3 dB 带宽为 $B_B = 81.25$ kHz，是上述 TDMA 基带信号比特率(270.83 kbit/s)的 0.3 倍。

2）传输带宽

以每载波信道带宽 $B_C = 200$ kHz，传送 8 个 GMSK 已调信号。带宽利用率为

$$\eta_{GSM} = \frac{270.83}{200} = 1.35 \text{ bit/(s · Hz)}$$

3）多址频段分配与总信道数

系统总带宽(上、下链路)：$25 \times 2 = 50$ MHz。

上、下链路各提供载波数：$\dfrac{25 \times 10^6}{200 \times 10^3} = 125$。

每载波包括 8 个 TDMA 信道(25 kHz)，因此总容量为

$$N_{GSM} = 8 \times 125 = 1\,000 \text{ 个用户}$$

4）载/干比(C/I)

设计为 $\dfrac{C}{I} = 10 \sim 12$ dB。

数字化第 2 代系统较"1G"模拟系统节省 6 dB。因此蜂窝小区得以缩小，提高了频率重用度，增加了系统容量。

5）GSM 系统传输信号的带外辐射

控制为 < -40 dB。

10.8.3　IS-54 和 IS-95 多址技术特点

1. 北美 AMPS 和 IS-54 移动通信系统

1）模拟调频移动通信系统（AMPS）

属于 FDMA 模式。开始运行于 20 世纪 80 年代初期，称为先进的移动电话业务系统（AMPS）。下行链路频段 869～894 MHz，上行为 824～849 MHz，各为 25 MHz 带宽，信道间隔 30 kHz，双工频率间隔 45 MHz。为了鼓励竞争，每个波段都分成两部分，各为 12.5 MHz，两个运营商各拥有 416 个信道。只开展模拟语音业务和数字信号模拟传输。

2）IS-54 TDMA

是在 AMPS 模拟网基础上，进行数字化而过渡过来的。利用原来的频率资源 7 个小区的分组，7 个不同频率（带），每小区带宽为 $\frac{12.5}{7} = 1.8$ MHz。因此小区信道数为 $\frac{1\,800}{30} = 60$ 个 30 kHz 语音信道，每个信道可以支持 3 个用户，可提供较好业务质量。也可以支持 12 个用户，能够达到可以忍受的业务质量。于是每个小区的用户数可达 $55 \times 3 = 165$（常规质量）或 $55 \times 12 = 660$ 个质量较低的呼叫。

3）IS-54 系统的 TDMA 帧格式

6 个时隙为 1 帧，帧周期 40 ms，每时隙 324 bit，其中 260 bit 提供语音信息，速率为 13 kbit/s。其余 64 bit 开销中，28 bit 为同步信号。语音编码利用源速率为 7.95 kbit/s 的码本激励线性预测编码。

调制方式为 π/4 差分正交 PSK（$\frac{\pi}{4}$DQPSK），这样可由 30 kHz 信道间隔，传输 48.6 kbit/s 的信息，信道利用率 $\eta = 1.62$ bit/s·Hz，比 GMSK 高出 20%。

本系统缺点是手机耗电量大。

2. IS-95 的 CDMA（窄带）系统

利用 DS-CDMA 模式的多址技术第二代移动通信向 CDMA 演进。

（1）前向链路提供 64 个逻辑通道，其中第 0 通道号传送 800 Hz 导频，第 32 通道传送同步，其余 55 个为信息业务通道。每个通道（即链路）总带宽 1 228 kHz，额定值 1.25 MHz。

（2）各用户 PN 码片速率 $R_C = 1\,228$ kc/s，来自 64×64 阵列的 Walsh-Hadward 码，即由 64 个正交的 64 bit 码序列构成。扩频调制方式为 DS/OQPSK，基带信息速率为 $B_B = 19.2$ kbit/s，因此处理增益为 $\frac{1\,228}{19.2} = 64$。

（3）上行（反向）链路提供从小区内各移动站到基站的 94 个逻辑信道，每通道也是 1228 kHz 带宽。支持 32 个接入通道和 62 个通信业务通道。信息速率分为 4 级，即 (1.2×2^k) kbit/s，（$k = 0,1,2,3$）。

采用码率 $R = \frac{1}{3}$，约束度 $N = 9$ 的卷积码进行强纠错，结果信道编码速率为 (3.6×2^k) kbit/s，（$k = 0,1,2,3$）4 种速率，最高为 28.8 kbit/s。其中净信息率为 9.6 kbit/s。

IS-95 TDMA 系统的前向链路的构成原理图如图 10-20 所示。

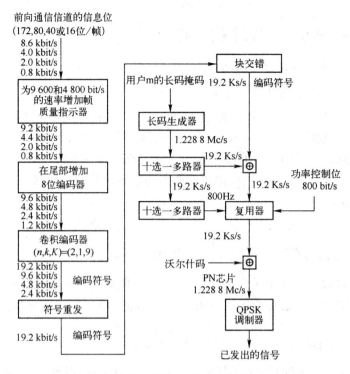

图 10-20　IS-95 前向链路传输

10.8.4 "3G"——第三代移动通信的宽带 CDMA 技术

1. 概述

"3G"移动通信系统是按 ITU 2000 年的国际移动通信系统——IMT 2000 设计的宽带 CD-MA 系统,其主要目标是提供高速业务,支持语音、数据、图像(视频)及典型多媒体业务。业务质量(QOS)要优于 PSTN。

（1）速率:分为三级——高速运动 144 kbit/s;慢速或步行 384 kbit/s;静止 2.048 Mbit/s。

（2）网络能力:支持各类移动系统,实现全球性个人通信。

● 支持分组交换、电路交换和对称/不对称业务,提供适于接入 IP 网的自适应接口。

● 有效利用频谱,宜开展新业务。

2. IMT 2000 无线接口

3G 系统目前已经采用了作为 IMT 2000 的一部分替代接口,如图 10-21 所示。这个无线接口包括 5 部分,并体现了从 2G 向 3G 过渡的中间环节。其中适于与 CDMA 系统连接的 3 个接口,符合 UMTS(Universal Mobile Telecommunications System——通用移动电信系统)规范,现已运行两个国际标准——W-CDMA(宽带 CDMA,欧洲)和 CDMA 2000(北美),我国研发的第 3 个国际标准 TD-SCDMA 系统,技术上已经成熟,并已开始进入市场。此外,无线接口还适于与 TDMA、FDMA 连接。

3. 重要设计参数

三个国际标准的 3G CDMA 系统,均须遵循的主要设计参量如下。

（1）带宽——5 MHz,能满足抗多径衰落和 144/384 kbit/s 速率的基本要求。

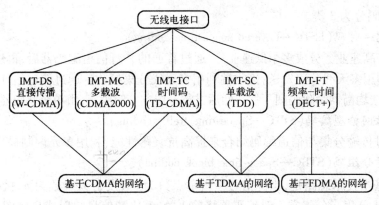

图 10-21 IMT-2000 的陆地无线电接口

(2) PN 码片速率——受限于数据速率、差错控制和传输带宽等因素,码片速率 $R_c = 3$ Mbit/s(W-CDMA 的速率为 3. 84 Mbit/s)。

(3) 多速率——设有不同速率的逻辑通道,为用户提供灵活选择,有效利用通信资源。实现方法是在一个 CDMA 信道内介入 TDMA 模式——每帧分配数量不等的时隙,可进行多次时分复用及加入差错控制,并将 TDMA 码流再映射到不同的 CDMA 信道。图 10-22 示出了这两种多址复用框图。

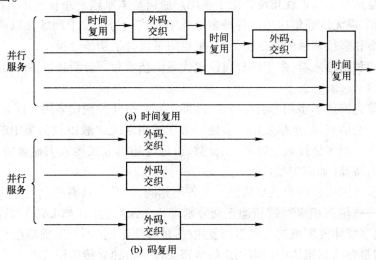

图 10-22 时间和码复用原理

4. 空 – 时编码(space-time code)

空 – 时编码是移动通信抗多径衰落的最新技术,是无线通信中一种新的编码与信号的二维处理手段。在空间上,采用多发、多收(MIMO)天线的空间分集,来提高系统容量和信息速率。并在不同天线发射的信号之间引入空域和时域的相关性,使接收端可分集接收。因此在不增加带宽条件下,有利于解决多址用户的同道干扰和多径衰落的码间干扰,具有更高的编码增益。图 10-23 是空 – 时编码系统配置。

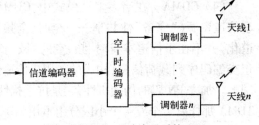

图 10-23 空 – 时编码系统配置

空 – 时编码分为 3 类。

1）分层空 – 时码（LSTC—Layered space-time coding）

LSTC 是将高速业务分成多个低速业务，通过普通的并行信道编码器后，再进行分层空 – 时编码与调制，利用多天线分集发送；接收端利用多天线分集接收。通过信道估计获得信道参数，由线性判决反馈均衡器消除码间干扰。然后进行分层空 – 时编码，由单个解码器完成信道解码。

2）空 – 时网格型编码（STTC—Space-time trellis coding）

STTC 通过传输分集与信道编码结合来提高抗衰落性能，利用多元调制提高传输速率。

3）空 – 时分组码（STBC—Space-time block coding）

STBC 的基本技术思路是，当源信号星座星点数为 2^k，发射天线数为 n，接收天线数为 m，希望能达到 nm 分集。分组空 – 时编码器将输入的 nk 比特信息映射成星座图中的 n 个星点：$s_1, s_2, \cdots, s_n$。利用这 n 个星点来构造正交设计的矩阵 M，阵中每一列元素经同一天线分插在 n 个时隙内发射。其中第 i 列对应第 i 个天线，每 1 行均在不同的天线同时发射，其中第 i 行在第 i 个时隙发射。

10.9 本章小结

本章主要是从专业知识性角度讨论了多用户通信基本原理。并着重介绍各种多址技术的特点，其中突出了以无线通信应用的各种多址技术模式。为了便于理解在以前各章节中很少涉及的电波传播和多径衰落的信道特征，这里也附带进行了初步分析。

从本章结构和内容来看，多半部分讨论现代通信技术和部分新技术，并围绕有效与可靠传输作为中心议题。

（1）本章首先描述了多用户通信特征，随即主要介绍几种现代多用户网和各种多址技术。

多用户共享通信资源，包括复用与多址。常规复用系统一般由较为集中的整体性复用设备实施固定接入。而多址接入是以灵活、分散、遥远与随机方式接入为显著特征，其接口形式和接口协议较为特殊（如空中接口）。

（2）几种多址网中多用户共享信道方式各不相同，但它们具有共同的信道化（chanenlization）物理基础——信道相应"域"资源正交分割理论。像广播网（如 LAN）和存储 – 转发网这类多用户网，共享媒体资源机制与典型的复用/多址有所不同，不便准确描绘它们"正交分割"信道资源，它们是在共享媒体中以多用户信号正交性进行独立传送模式。

（3）FDMA-TDMA。从传统 FDM 到数字化，又进展到 FDMA，从技术进程上的质的变化并不突出。TDMA 的基本设计思路包括有更多的 TDM 模式，例如提供数字数据帧和复帧结构，严格的时间同步，在熟悉第 4 章 PCM 基群和高次群的基本技术原理基础上，很易理解TDMA特点。

（4）CDMA。在诸多多址模式中，CDMA 技术体制独树一帜，从用户接入的信号特征到共享信道资源（"完备"性共享——全时、全频）均打破其他复用与多址的技术思路；CDMA 的"信道化"并不在于信道本身时、频、空的"域"资源的正交分割，而是特殊性能的载体——PN 码或正交编码序列载荷信息，构成的各用户传输信号间的正交性，即 CDMA 建立在信号正交分割基础上。加之 PN 码的伪随机性，它是抗干扰性最强的信号类型。CDMA 用于移动无线网，无须像 TDMA 那样以 7 个或 4 个小区分组重用频率，也不必严格的网同步机制，因此其小区用户数可以成倍地增多，用户数的增加仅使背景噪声增大，因此属于软容量系统。再通过采用先进的分集技术,配合 OFDM 传输体制,构成综合信道编码、正交频分复用调制和扩频多址于一体的 COFDM-CDMA(编码正交频分复用 CDMA),成为第 3 代(3G)和第 4 代(4G)移动通信的核心技术。

（5）CDMA 和 FHMA 在其特殊优势之外,确也存在诸如 PN 码"部分互相关"、自干扰和远 – 近端等问题,通过采用 Gold 码、相干接收及有效的功率控制,使问题有所缓和。

（6）任何无线系统,如微波、卫星和移动通信系统,由于利用自由空间这一无界信道,衰落和多径衰落有多种类型,并因不同频段、不同地形地貌、环境、天候等条件,加之移动用户的运动速度与方向,都出现不同的衰落现象。本章概述了多径信号的机理及各类多径衰落信道特点。分集技术、Rake 接收与空 – 时码是解决多径信号接收的主要技术。

（7）本章用一定篇幅介绍了属于广播网体制的 LAN 网多址技术,旨在使读者了解到计算机局域网的多用户共享媒体及多址方式,涉及的 CSMA、CSMA-CD 和 ALOHA 随机接入机制具有广泛应用领域,在卫星通信、无线数据网中均有应用价值。

（8）作为多用户和多址系统的应用实例,本章概述了从第 1 代(1G)到 3G 移动无线网的主要技术及其主要指标,以使读者了解多址通信发展进程中体现的技术进步。

10. 10　复习与思考

1. 从复用到多址模式,进一步理解"信道化"(Channelization)的基本机理。
2. 多址与复用有何异同点? "多址"的含义究竟是什么?
3. CDMA 与 FDMA、TDMA 在多址含义上或"信道化"方式上有何区别和共同点?
4. 试说明卫星通信中几种多址方式的特征。
5. 蜂窝移动通信系统多址技术的特点。
6. 试述 CDMA 自干扰、远 – 近问题及功率控制的目标。
7. DS-CDMA 和 FHMA 各如何体现"信道化"?
8. 局域网如何体现多址特点?
9. 试比较三种 ALOHA 的异同点。
10. 试述 CSMA 与 CSMA-CD 的多址技术特征。
11. 光通信网接入网中的多址特点是什么?
12. 无线通信的多径衰落的 4 种类型各对电波传播的影响是什么?
13. 说明多普勒效应及其影响。
14. 试述 Rayleigh 与 Rice 衰落的信道特征。
15. 表示多径信道特征的相干带宽和相干时间各是何概念? 二者关系如何?
16. 分集技术的机理及几种分集技术特点。
17. 说明分集技术何以提高多径信道条件下的接收信号质量?
18. Rake 接收与一般分集有何不同?
19. 对 CDMA 系统多径信号接收,Rake 接收机为什么以提供依次延时一个码片的输入信号求相关运算?
20. 第 3 代移动通信的主要特点是什么? 哪些指标和功能表明它的先进性?

10. 11　习题

10. 11. 1　多用户/多址概念

10-1　若用户数为 30 个,各以速率 R_{b1} =64 kbit/s 接入 A 律 PCM 基群相应时隙。经短距离基带传输后,进入无线信道。

（1）若 30 用户各以 MSK 调制方式 FDM 传输，无线链路总带宽是多少？

（2）若多用户均为固定复用方式，由 PCM 基群到无线系统，利用单一载频的 MSK 传输，总带宽是多少？

（3）在（2）的基础上，采用何种措施可将带宽压缩 3 倍，且尚有较好的性能？

10-2　用户利用 20 ms 时间实现了抽样语音压缩编码 240 bit 数据块，然后为提高可靠性而采用码率为 $R = \frac{1}{2}$、约束度 $N = 5$ 的 $(2,1,5)$ 卷积码，占用 TDMA 帧的 1 个时隙。

（1）该 $(2,1,5)$ 编码块包括多少比特？

（2）用户净信息比特率是多少？

（3）若 TDMA 帧长 20 ms 共设 8 个时隙，计算帧输出比特率。

10-3　INTELSAT 通信卫星（晨鸟 II 号）系统的 TDMA 多址方式，采用系统总速率为 120.832 Mbit/s，TDMA 的帧持续时间为 2 ms，该帧内的每个时隙由 A 律 PCM 基群的 16 帧（1 个复帧）的比特数构成。

（1）该系统的每帧比特数是多少？

（2）每个时隙比特数是多少？这个比特数在 PCM 中占多少时间？在 INTELSAT 系统中占多少时间？

（3）若为对每个时隙提供同步与保护时间，开销占去 600 bit，并在每帧前提供 2168 bit 帧头信息。问此种 TDMA 帧包括多少个业务时隙？

（4）若采用 QPSK 带通传输，符号速率与传输带宽各为多少？

10-4　卫星系统 ALOHA 随机接入方式，系统吞吐率以发送数据量与包括碰撞失败在内的总数据量之比 S_m 表示，当传输速率为 $R_b = 50$ kbit/s，并操作 10 个地球站点。各站点的平均每秒 2 个分组（2 分组/秒）发送，系统构成提供每分组 $L = 1350$ bit。

（1）计算吞吐率 S_m。

（2）从 3 种 ALOHA 中找出一种适于本系统的方式，并指明原因。

10.11.2　GSM-TDMA

10-5　GSM 网的链路带宽为 $B_{GSM} = 25$ MHz，利用 125 个载波，各提供 8 个逻辑通道支持用户业务。

（1）每个载波通道带宽和逻辑信道带宽各多少？

（2）若每个逻辑通道为 1 个用户时隙，比特数为 156.25 bit，时隙持续时间为 $\frac{15}{26}$ ms（≈ 0.577 ms），计算 1 帧的比特数（1 个载波通道）及用户时隙送出的突发数据比特率是多少？

（3）由（2）的条件，缓存器从用户取出 1 个时隙的数据的连续低比特率和该时隙输出高比特率各是多少？

（4）每个用户为向其时隙注入比特分组，从进入缓存器至充满时隙比特数，用多少时间？

10-6　GSM-TDMA 系统，每用户时隙 156.25 bit，8 个时隙为 1 帧，26 帧构成 1 个复帧，占用 120 ms。

（1）求复帧传输比特数与比特率？

（2）若以 51 帧构成 1 个复帧，持续时间是多少？

（3）计算 51 帧复帧的比特数与复帧传输比特率。

10-7　GSM-TDMA 系统，链路带宽 25 MHz，每 200 kHz 带宽为 1 个载波通道，支持 8 个语音用户。

（1）系统载波信道总数和容量是多少？用户语音带宽是多少？

（2）8 个用户编码比特流采用何种方式复用传输，TDMA 组帧的各种参量：比特数、速率、持续时间、频带利用率。

（3）利用 GMSK 调制方式，其 3 dB 带宽为 81.25 kHz，带宽利用率 η 是多少？

10.11.3　CDMA

10-8　设 CDMA 系统链路带宽为 $B_{SS} = 12.5$ MHz，移动站发送比特率 $R_b = 9\,600$ bit/s。

（1）若小区内用户数 $n = 10$，各站均等发射率，当无扩频功能时，接收用户信/干比是多少？

（2）若在 DS-SS 扩频抗干扰作用下，要求达到接收信噪比不小于 10 dB，求用户数 n。

10-9　DS-SS 扩频系统，为使解调信噪比达到 13 dB，系统接收输入端干扰信号功率 P_J 比信号功率 P_S 高出 20 dB 情况下，计算该 CDMA 系统的处理增益。

10-10　多用户通过 CDMA 共享信道频谱，用户数为 $N = 30$，每用户均采用 DS-SS 方式，以 2PSK 调制发送比特率为 $R_b = 10$ kbit/s 的扩频信号。

（1）若要求误码率达到 $P_e \leqslant 10^{-5}$ 时的最小码片速率 R_c（这里没有考虑热噪声的影响）是多少？

（2）若采用 QPSK，码片速率是多少？

10-11　当 $G_p = 1\,000$ 时，在 DS-SS 扩频和 PSK 调制的基础上设计 CDMA 系统。设每用户功率相同，并要求错误概率 $P_e \leqslant 10^{-6}$。

（1）求系统的用户数 N_1。

（2）当 G_p 改为 500 时，用户数 N_2 为多少？

10-12　设计 CDMA 系统，要求接收功率与噪声功率之比为 $P_R/P_N = 0.1$。

（1）当 $E_b/n_0 = 10$ 时，求能收到信号的最小扩频增益 G_p 及发送的信号比特率 R_b。

（2）收发信机相距 2 000 km，发射天线增益 $G_T = 14$ dB，载频 $f_0 = 3$ MHz，有效传输带宽 $B_c = 10^5$ Hz，接收机噪声温度 300 K，试求发射信号功率。

10.11.4　传输损耗和多径衰落

10-13　同步卫星的无线发射功率为 100 W，天线增益为 20 dB。地球站抛物面天线增益 $G_r = 39$ dB，下行链路以 4 GHz 载波发射信号。

（1）求自由空间传播损耗的 dB 数。

（2）求地面接收功率 dB 数与功率值。

10-14　同步通信卫星发射信号后，地面接收功率 $P_R = 2 \times 10^{-11}$ W。如果接收机要求到 10 dB 的输入信噪比 E_b/n_0，接收机前端热噪声温度为 300 K。试求

（1）接收输入信噪比 P_R/N_i 是多少？

（2）计算此时的信息传输比特率 R_b。

10-15　在多径衰落信道中，两条接收信号路径相对延时为 $\tau_2 = 1$ ms，传输带宽 $B_S = 5$ kHz。

（1）试绘出二径传输的信道模型，并写出各参数。

（2）求二径信道相关系数 ρ_{12}。如果二径信号均为 0 均值复高斯过程，指明两者之向量和的包络统计特征。

附录 A　概率积分函数表、误差函数表

A1　概率积分函数表

概率积分函数 $\Phi(x_1)$ 定义为:归一化高斯密度 $N(0,1)$,从 $-\infty$ 到某指定 x_1 的概率累积值 $\Phi(x_1) = \int_{-\infty}^{x_1} \frac{1}{\sqrt{2\pi}} e^{-\frac{x^2}{2}} dx$,且有 $\Phi(-x_1) = 1 - \Phi(x_1) = Q(x_1)$;$1 - Q(x) = \Phi(x)$。

表 A-1　概率积分函数 $\Phi(x_1)$ 表

x_1	$p(x_1)$	$\Phi(x_1)$	x_1	$p(x_1)$	$\Phi(x_1)$
0.00	0.398 9	0.500 0	1.40	0.149 7	0.919 2
0.05	0.398 4	0.519 9	1.50	0.129 5	0.933 2
0.10	0.397 0	0.539 8	1.60	0.110 9	0.945 2
0.15	0.394 5	0.559 6	1.70	0.094 0	0.955 4
0.20	0.391 0	0.579 3	1.80	0.079 0	0.964 1
0.25	0.386 7	0.598 7	1.90	0.065 6	0.971 3
0.30	0.381 4	0.617 9	2.00	0.054 0	0.977 2
0.35	0.375 2	0.636 8	2.10	0.044 0	0.982 1
0.40	0.368 3	0.655 4	2.20	0.035 5	0.986 1
0.45	0.360 5	0.673 6	2.30	0.028 3	0.989 3
0.50	0.352 1	0.691 5	2.40	0.022 4	0.991 8
0.55	0.342 9	0.708 8	2.50	0.017 5	0.993 8
0.60	0.333 2	0.725 7	2.60	0.013 6	0.995 3
0.65	0.323 0	0.742 2	2.70	0.010 4	0.996 5
0.70	0.312 3	0.758 0	2.80	0.007 9	0.997 4
0.75	0.301 1	0.773 4	2.90	0.006 0	0.998 1
0.80	0.289 7	0.788 1	3.00	0.004 4	0.998 7
0.85	0.278 0	0.802 3	3.20	0.002 4	0.999 3
0.90	0.266 1	0.815 9	3.40	0.001 2	0.999 7
0.95	0.254 1	0.828 9	3.60	0.000 6	0.999 8
1.00	0.242 0	0.841 3	3.80	0.000 3	0.999 9
1.10	0.217 9	0.864 3	4.00	0.000 1	1.000
1.20	0.194 2	0.884 9	4.50	0.0	1.000
1.30	0.171 4	0.903 2			

A2 误差函数表

- 误差函数:$\text{erf}(x) = \dfrac{2}{\sqrt{\pi}}\displaystyle\int_0^x e^{-t^2}dt$;互补误差函数:$\text{erfc}(x) = 1 - \text{erf}(x) = \dfrac{2}{\sqrt{\pi}}\displaystyle\int_x^{\infty} e^{-t^2}dt$,若 $x \gg 1$,$\text{erfc}(x) \approx \dfrac{e^{-x^2}}{\sqrt{\pi}x}$。$\text{erf}(x) = 2\Phi(\sqrt{2}x) - 1$,$\Phi(x) = 1 - \dfrac{1}{2}\text{erfc}\left(\dfrac{x}{\sqrt{2}}\right)$。

实际应用时,当 $x > 2$,用近似公式误差小于 10%;当 $x > 3$,用近似公式误差小于 5%。表 A-2 给出 $x < 5$ 时 $\text{erf}(x)$、$\text{erfc}(x)$ 与 x 的关系。

- Q 函数表示的误差函数:$Q(x) = \dfrac{1}{\sqrt{2\pi}}\displaystyle\int_x^{\infty} e^{-z^2}dz = \dfrac{1}{2}\text{erfc}\left(\dfrac{x}{\sqrt{2}}\right)$,$\text{erfc}(x) = 2Q(\sqrt{2}x)$

表 A-2 误差函数表

x	$\text{erf}(x)$	$\text{erfc}(x)$	x	$\text{erf}(x)$	$\text{erfc}(x)$
1.00	0.842 70	0.157 30	2.45	0.999 47	5.3×10^{-4}
1.05	0.862 44	0.137 56	2.50	0.999 59	4.1×10^{-4}
1.10	0.880 20	0.119 80	2.55	0.999 69	3.1×10^{-4}
1.15	0.899 12	0.103 88	2.60	0.999 76	2.4×10^{-4}
1.20	0.910 31	0.089 69	2.65	0.999 82	1.8×10^{-4}
1.25	0.922 90	0.077 10	2.70	0.999 87	1.3×10^{-4}
1.30	0.934 01	0.065 99	2.75	0.999 90	1×10^{-4}
1.35	0.943 76	0.056 24	2.80	0.999 925	7.5×10^{-5}
1.40	0.952 28	0.047 72	2.85	0.999 944	5.6×10^{-5}
1.45	0.959 69	0.040 31	2.90	0.999 959	4.1×10^{-5}
1.50	0.966 10	0.033 90	2.95	0.999 970	3×10^{-5}
1.55	0.971 62	0.028 38	3.00	0.999 977 91	2.2×10^{-5}
1.60	0.976 35	0.023 65	3.05	0.999 983 92	1.61×10^{-5}
1.65	0.980 37	0.019 63	3.10	0.999 988 35	1.17×10^{-5}
1.70	0.983 79	0.016 21	3.15	0.999 991 60	8.4×10^{-6}
1.75	0.986 67	0.013 33	3.20	0.999 993 97	6.0×10^{-6}
1.80	0.989 09	0.010 91	3.25	0.999 995 70	4.3×10^{-6}
1.85	0.991 11	0.088 9	3.30	0.999 996 94	3.1×10^{-6}
1.90	0.992 79	0.007 21	3.35	0.999 997 84	2.2×10^{-6}
1.95	0.994 18	0.005 82	3.40	0.999 998 48	1.52×10^{-6}
2.00	0.995 32	0.004 68	3.45	0.999 998 93	1.07×10^{-6}
2.05	0.996 26	0.003 74	3.50	0.999 999 26	0.74×10^{-6}
2.10	0.997 02	0.002 98	3.55	0.999 999 48	0.52×10^{-6}
2.15	0.997 63	0.002 37	3.60	0.999 999 64	0.36×10^{-6}
2.20	0.998 14	0.001 86	3.65	0.999 999 76	0.24×10^{-6}
2.25	0.998 54	0.001 46	3.70	0.999 999 83	1.7×10^{-7}
2.30	0.998 86	0.001 14	3.75	0.999 999 89	1.1×10^{-7}
2.35	0.999 11	8.9×10^{-4}	4.00	0.999 999 98	2.0×10^{-8}
2.40	0.999 31	6.9×10^{-4}	4.50	0.999 999 98	2.0×10^{-9}

附录 B　三角函数恒等式

1. $\sin(x \pm y) = \sin x \cos y \pm \cos x \sin y$

   $\cos(x \pm y) = \cos x \cos y \mp \sin x \sin y$

2. $\sin x \sin y = \dfrac{1}{2}\left[\cos(x - y) - \cos(x + y)\right]$

   $\cos x \cos y = \dfrac{1}{2}\left[\cos(x + y) + \cos(x - y)\right]$

   $\sin x \cos y = \dfrac{1}{2}\left[\sin(x + y) + \sin(x - y)\right]$

   $\sin x + \sin y = 2\sin\left(\dfrac{x + y}{2}\right)\cos\left(\dfrac{x - y}{2}\right)$

3. $\sin x - \sin y = 2\sin\left(\dfrac{x - y}{2}\right)\cos\left(\dfrac{x + y}{2}\right)$

   $\cos x + \cos y = 2\cos\left(\dfrac{x + y}{2}\right)\cos\left(\dfrac{x - y}{2}\right)$

   $\cos x - \cos y = -2\sin\left(\dfrac{x + y}{2}\right)\sin\left(\dfrac{x - y}{2}\right)$

4. $\sin 2x = 2\sin x \cos x$

   $\cos 2x = 1 - 2\sin^2 x = 2\cos^2 x - 1 = \cos^2 x - \sin^2 x$

   $\sin^2 x = \dfrac{1 - \cos 2x}{2}$

   $\cos^2 x = \dfrac{1 + \cos 2x}{2}$

5. $\sin^2 x + \cos^2 x = 1$

6. $\sin x = \dfrac{1}{2\mathrm{j}}(\mathrm{e}^{\mathrm{j}x} - \mathrm{e}^{-\mathrm{j}x})$

   $\cos x = \dfrac{1}{2}(\mathrm{e}^{\mathrm{j}x} + \mathrm{e}^{-\mathrm{j}x})$

   $\mathrm{e}^{\mathrm{j}x} = \cos x + \mathrm{j}\sin x$

7. $A\cos(\omega t + \varphi_1) + B\cos(\omega t + \varphi_2) = C\cos(\omega t + \varphi_3)$

   式中：$C = \sqrt{A^2 + B^2 - 2AB\cos(\varphi_2 - \varphi_1)}$

   $\varphi_3 = \arctan\dfrac{A\sin\varphi_1 + B\sin\varphi_2}{A\cos\varphi_1 + B\cos\varphi_2}$

附录 C　英文缩写词

A

A/D（analog/digital signal converter）　模拟/数字信号转换器

ACK（acknowledgment）　确认

ADM（adaptive delta modulating）　自适应增量调制

ADPCM（adaptive differential pulse code modulating）　自适应差分脉码调制

ADSL（asynchronous digital user loop）　不对称数字用户环路

AM（amplitude modulating）　幅度调制（调幅）

AMI（alternative mark inversed encoding）　信号交替反转码

AMPS（advanced mobile phone service）　先进的移动电话业务

AN（access network）　接入网

APB（adaptive prediction with backward estimation）　后向估值自适应预测

APF（adaptive prediction with forward estimation）　前向估值自适应预测调制

APK（amplitude-phase keying）　幅相键控

AQB（adaptive quantization with backward estimation）　后向估值自适应量化

AQF（adaptive quantization with forward estimation）　前向估值自适应量化

ARQ（automatic retransmission request）　自动重发请求（纠错）

ASBC（adaptive sub-band code）　自适应子带编码

ASK（amplitude shift keying）　幅移键控

AWGN（additive white Gaussian noise）　加性高斯白噪声

B

BCH（Bose-Chaudhuri-Hocquenghem）　以 3 人名字命名的一种高效循环码

Bi-NRZ（bipolar non return zero code）　双极性不归零码

Bi-RZ（bipolar return zero code）　双极性归零码

BPF（band pass filter）　带通滤波器

BS（base station）　基站

BSC（binary symmetry channel）　二进制（二元）对称信道

BSC（base station controller）　基站控制器

BSS（base station system）　基站系统

BTS（base tranceiver station）　基站收发信机

C

CAP（carrierless Amplitude-phase modulation）　无载波幅相调制

CCITT（International Telegraph and Telephone Consultative Committee）　国际电报电话咨询委员会（1993 年 3 月易名为 ITU）

cdf（cumulative distribution function）　（概率）累积分布函数

CDM（code division multiplexing）　码分复用

CDMA（code division multiple accessing）　码分多址

CMI（coded mark inversion）　传号及转码

COFDM（coded orthogonal frenquency division multiplexing）　编码 - 正交频分复用

CPFSK（continuous phase frequency shift keying）　连续相位频移键控

CRC（cyclic redundancy check）　循环冗余校验

CSMA（carrier sense multiple access）　载波侦听多址方式

CSMA/CD（carrier sense multiple access with collision detection）　带冲突检测的载波侦听多路访问

D

DAMA（demand assignment multiple access）　按需分配多址方式

DM（delta modulation）　增量调制

DPCM（differential pulse code modulating）　差分脉码调制

DPSK（differential phase shift keying）　差分相移键控

DQPSK（differential quadrature phase shift keying）　差分正交相移键控

DSB（double side band）　双边带

DS -SS（direct-sequence spread spectrum）　直接序列扩频

DWDM（dense wavelength division multiplexing）　密集波分复用

F

FAMA（fixed assignment multiple access）　固定分配多址方式

FCDMA（FDMA/CDMA）　频分 - 时分多址

FDD（frequency division duplex）　频分双工

FDM（frequency division multiplexing）　频分复用

FDMA（frequency division multiple accessing）　频分多址

FEC（forward error correct）　前向纠错

FFH-SS（fast frequency hopping spread spectrum）　快跳频扩频

FHMA（frequency hopping multiple access）　跳频多址方式

FH-SS（frequency hopping spread spectrum）　跳频扩频

FM（frequency modulating）　频率调制

FMFB（FM demodulator with negative feedback）　带有负反馈的鉴频器

FSK（frequency shift keying）　频移键控

G

GMSK（Gaussian(type) minimum frequency keying）　高斯最小频移键控

GSM（globe systems for mobile communication）　移动通信系统

H

HDB3（high density bipolar code of three order）　三阶高密度双极性码

HDTV（high definition television）　高清晰度电视

HEC（hybrid error correct）　混合纠错

HPF（higher pass filter）　高通滤波器

I

IF（intermediate frequency）　中频

IJF-OQPSK（intersymbol jitter free offset QPSK）　无符号间干扰和抖动 - 交错相移键控

ISI（intersymbol interference）　符号间干扰

ITU（International Telecommunication Union）　国际电信联盟

ITU-R（International Telecommunication Union-Radio Communication Sector）　国际电信联盟 - 无线通信标

准化部门

ITU-T (International Telecommunication Union-Telecommunication Standardization Sector) 国际电信联盟 – 电信标准化部门

L

LAN (local area network) 局域网

LED (linear envelope detecting) 线性包络检测

LMS (least mean square algorithm) 最小均方误差

LOS (line of sight) 视距、直线(传播)

LPF (lower pass filter) 低通滤波器

LSTC (layered space - time coding) 分层空 – 时码

M

MASK (M-ary amplitude shift keying) 多元幅移键控

MCPC (multi-carrier per channel) 单信道多载波

MFSK (M-ary frequency shift keying) 多元频移键控

MMSK (M-ary MSK) 多元最小频移键控

MPSK (M-ary phase shift keying) 多元相移键控

MQAM (M-ary QAM) 多元正交调幅

MS (mabile station) 移动站

MSC (mobile service switching center) 移动业务交换中心

MSK (minimum frequency shift keying) 最小频移键控

N

NAK (negative acknowledgment) 否认

NBFM (narrow band frequency modulating) 窄带调频

NBPM (narrow band phase modulating) 窄带调相

NGN (next generation network) 下一代网络

NRZ (non-return zero code) 不归零码

O

OBD (optical branch device) 光分路装置

ODN (optical distributing network) 光分配网

OFDM (orthogonal frequency division multiplexing) 正交频分复用

OLT (optical line terminal) 光线路终端

OOK (on-off keying) 启闭键控

ONU (optical network unit) 光网络单元

OSCMA (optical subcarrier multiple access) 光副载波多址

P

P-ALOHA (pure-ALOHA) 纯-ALOHA

PAM (pulse amplitude modulating) 脉(冲)幅(度)调制

PCM (pulse code modulating) 脉冲编码调制

PCS (personal communication systems) 个人通信系统

Pdf (probability density function) 概率密度函数

PDM (polarization division multiplexing) 极化复用

PDMA（polarization division multiple-access） 极分多址

PM（phase modulating） 相位调制（调相）

PN（pseudo-noise） 伪噪声

PPM（pulse position modulating） 脉（冲）位（置）调制

PSK（phase shift keying） 相移键控

PSTN（public switching telephone networks） 公共交换电话网

PWM（pulse width modulating） 脉（冲）宽（度）调制

Q

QAM（quadrature amplitude modulating） 正交调幅

QOS（quality of services） 服务质量

QPSK（quadrature phase shift keying） 正交相移键控

R

Rayleigh distribution 瑞利分布

Rician distribution 赖斯公布

R-ALOHA（reservation-ALONA） 预定 ALOHA

RPE-LPC（regular pulse exciting-linear predictation code） 规则脉冲激励-线性预测编码

R-S（read-solomon） 一种多元符号高效循环码

RSCC（recurrence system convolution code） 递归系统卷积码

RZC（return zero code） 归零码

S

S-ALOHA（sloted-ALOHA） 分时隙 ALOHA

SBF（sub-band filter） 子带滤波器

SC-DSB（suppressed carrier double sideband） 抑制载波双边带

SCPC（single carrier per channel） 单路单载波

SDH（synchronous digital hierarchy） 同步数字系列

SDM（space division multiplexing） 空分复用

SDMA（space division multiple-access） 空分多址

SFH-SS（slow frequency hopping spread spectrum） 慢跳频扩频

SFSK（sine frequency shift keying） 正弦频移键控

SN（service node） 业务节点

SNI（service node interface） 业务节点接口

SONET（synchronous optical network） 同步光纤网

SS（spread spectrum） 扩频，扩展频谱

SSB（single side band） 单边带

SSB-LSB（single sideband-lower sideband） 单边带-下边带

SSB-USB（single sideband-upper sideband） 单边带-上边带

SSMA（spread spectrum multiple access） 扩频多址

STM（synchronous transmission modulus） 同步传输模块

STBC（space-time block coding） 空-时分组码

STTC（space-time trellis coding） 空-时网格码

T

TCDMA（TDMA/CDMA） 时分-码分多址

TCM（trellis-coded modulation） 组合编码调制（网格编码）

TDD（time division duplexing） 时分双工

TDFH（time division frequency hopping） 时分跳频多址，即 TDMA/FHMA

TDM（time division multiplexing） 时分复用

TDMA（time division multiple-access） 时分多址

TFM（tamed frequency modulating） 平滑调频

TS（time slot） 时隙

U

UMTS（universal mobile telecommunications system） 通用移动电信系统

UNI（user-network interface） 用户 – 网络接口

V

VB（viterbi） 维特比

VCO（voltage-controlled oscillator） （电）压控振荡器

VOD（video on demand） 影视点播

VSB（vestigial sideband） 残留边带

W

WBFM（wideband frequency modulating） 宽带调频

WBPM（wideband phase modulating） 宽带调相

WDM（wavelength division multiplexing） 波分复用

WDMA（wavelength division multiple access） 波分多址

Σ-DM（D-ΣM）（delta sigma modulation） 总和增量调制

部分习题答案

第 2 章

2-1 (1) $4\mathrm{j}\sin 2\omega$; (2) $2.5\mathrm{Sa}\left(\dfrac{\omega}{4}\right)\mathrm{e}^{-\mathrm{j}5\omega}+9\mathrm{Sa}(1.5\omega)\mathrm{e}^{\mathrm{j}12\omega}$; (3) $\dfrac{4}{\pi}\mathrm{Sa}^2(t)\mathrm{e}^{-\mathrm{j}4t}+2\mathrm{Sa}^2(t)\mathrm{e}^{\mathrm{j}2t}$

2-2 (2) 0

2-3 $E_f=1$

2-4 20;20

2-5 $\dfrac{\mathrm{j}AT}{2}\left[\mathrm{Sa}\dfrac{T(\omega+\omega_0)}{2}\mathrm{e}^{-\mathrm{j}(\omega+\omega_0)/2}-\mathrm{Sa}\dfrac{T(\omega-\omega_0)}{2}\mathrm{e}^{-\mathrm{j}(\omega-\omega_0)/2}\right]$

2-6 (1) 4×10^{-5}; (2) 3×10^{-10}; (3) 4×10^{-5}（此为大约值）

2-7 0.75、0.083

2-8 0.0013;0.0228

2-9 $0,a^2/3$

2-10 (1) 0.1587; (2) 0.0228; (3) 0.4013;(4) 0.106

2-11 (1) $\dfrac{1}{104}$; (2) $p(x)=\dfrac{3}{52}x^2+\dfrac{9}{52},p(y)=\dfrac{2}{39}+\dfrac{1}{26}y^2$

2-13 $t+b,2t^2+2tb+b^2$

2-14 (1) 0; (2) $2\cos\omega_0\tau+2\cos(\omega_0 t_1+\omega_0 t_2)$; (3) 非广义平稳

2-15 (1) $m_X=\pm\sqrt{20}$; (2) $E[X^2(t)]=R_X(0)=50$

(3) $\sigma_X^2=30$;(4) $E_f(\omega)=1\,000\mathrm{Sa}^2(5\omega)+40\pi\delta(\omega)$

2-16 (1) $0,\sigma^2$; (2) 不变; (3) $\sigma^2\cos\omega\tau,\sigma^2\pi[\delta(\omega+\omega_0)+\delta(\omega-\omega_0)],\sigma^2$; (4) $\dfrac{1}{\sqrt{2\pi}\sigma}\mathrm{e}^{-z^2/2\sigma^2}$;

(5) 广义平稳

2-17 (1) $R_X(\tau)=4\cos\omega_0\tau$; (2) $4\pi[\delta(\omega+\omega_0)+\delta(\omega-\omega_0)]$; (3) $p_X=R_X(0)=4(\mathrm{W})$;(4) 平稳

2-18 (1) $R_X(\tau)=1+f_0\mathrm{Sa}^2(f_0\tau)$; (2) 1; (3) f_0

2-19 $2S_X(\omega)[1+\cos\omega T]$

2-20 (1) 广义平稳; (2) 43; (3) 18

2-21 (1) $R_{XA}(\tau)=\dfrac{A^2}{2}R_X(\tau)\cos\omega_0\tau$; (2) 平稳; (3) $\dfrac{A^2}{4}[S_X(\omega+\omega_0)+S_X(\omega-\omega_0)]$

2-22 (1) 10.00005; (2) 0.146

2-23 $R_Y(\tau)=25\times10^{-11}\mathrm{e}^{-5|\tau|}$、$S_Y(\omega)=\dfrac{n_0}{2}\cdot\dfrac{25}{25+\omega^2}$;$P_Y=2.5\times10^{-10}(\mathrm{W})$

2-24 (1)$R_X(\tau)+R_Y(\tau)+R_{XY}(\tau)+R_{YX}(\tau)$; (2) $R_X(\tau)+R_Y(\tau)$;(3) $C_X(\tau)+C_Y(\tau)$

2-25 (1) $R_{W_1}(\tau)=R_{W_2}(\tau)=\mathrm{e}^{-|\tau|}+\cos(2\pi\tau)$; (2) $R_{W_1W_2}(\tau)=\mathrm{e}^{-|\tau|}-\cos(2\pi\tau)$

2-26 (1) 0.5; (2) 1.5

第 3 章

3-1 (1)、(2)图略; (3) $\beta_{AM} \geqslant 1$

3-3 倒谱 SSB 下边带

3-6 (2) $f_0 \geqslant 1$ kHz

3-8 1.5 mW

3-9 (1) $\dfrac{S_i}{N_i} = 4\,000$(即 26 dB);$\dfrac{S_o}{N_o} = 8\,000$(即 29 dB); (2) $n_{0d} = 0.25 \times 10^{-9}$ W/Hz; (4) 5 mW;

(5) $\dfrac{S_i}{N_i} = 8\,000$(即 29 dB);$\dfrac{S_o}{N_o} = 8\,000$(即 29 dB);$n_{0d} = 0.125 \times 10^{-9}$ W/Hz;2.5 mW

3-10 信噪比得盖 12.1(倍),即 10.8 dB

3-12 (1) $H(f) = \begin{cases} A & 95\ \text{kHz} < |f| < 105\ \text{kHz} \\ O & \text{其他} f \end{cases}$

(2) $S_i/N_i = 30$ dB

(3) $S_o/N_o = 33$ dB

3-13 16 kHz,6 kHz

3-14 $n_1 = 8$、$n_2 = 10$

3-15 (1) 带宽不变; (2) β_{PM}不变,B_{PM}随f_m增(减)同样倍数; (3) FM:均增加 4 倍;PM:均增加 4 倍

3-16 0.4 dB/km

3-17 (1) $50\cos \omega_m t$;(2) $-50\omega_m \sin \omega_m t$;(3) $100\omega_m$

3-18 $\Delta f_{max} = 60$ kHz,$B_{FM} = 140$ kHz

3-19 (1) 50 kHz、125 kHz; (2) 4、20 kHz; (3) 10 V; (4) $10\cos(2\pi \times 125 \times 10^3 t + 4\sin 10^4 \pi t)$

3-20 (1) $A_0 \cos[\omega_0 t + \theta_0 + \beta_{FM} \sin(\omega_m t + \Theta)]$; (2)、(3)$\Theta$对频偏、带宽无影响

3-21 (1)1 MHz; (2) 1.4 MHz; (3) 1.8 MHz,2.2 MHz

3-22 65.36 dB

3-23 (1) 45.74 dB; (2) ≈ 45.74 dB≈ 17.4 dB,52.14 dB

3-24 $B_{FM} = 120$ kHz,$S_发 = 6.4$ W

3-25 45.76 dB

3-26 152.5 km

3-27 (1) $\beta_{FM} = 7$; (2) 104 kHz,238 kHz; (3) 21.8 V

3-28 6 倍频

3-29 (1) 9;45 kHz; (2) 0.47 V,95.75 kHz/V; (3) 30 dB,63.4 dB

3-30 $s(t) = \cos(2\pi \times 10^6 t + 2\cos 2\pi \times 10^3 t)$,$\beta_{PM} = 2$,$\Delta\theta_{PM} = 2$ rad,$\Delta f = 2$ kHz

3-31 6

3-32 2 rad/V、15 kHz

3-33 (1) $5\cos(2\pi \times 10^7 t + 2\sin 2\pi \times 3 \times 10^3 t)$; (2) $5\cos(2\pi \times 10^7 t + 2\cos 2\pi \times 3 \times 10^3 t)$

3-34 (1) ≈ 18.26、62.6 dB、18.2 dB; (2) 25.82、67.13 dB、20 dB

3-35 (1) 2 062 W; (2) 3.33 W; (3) 48 W

3-36 (1) 55.25 MHz、59.75 MHz; (2) 6 MHz; (3) 0.5 MHz,16.6; (4) 1.25 MHz

第 4 章

4-1 17.86 μs,8.93 μs

4-2 (1) 6; (2) 38 dB

4-3 (2) 20.83 mW

4-4 (1) 16.25 V、3.75 V、0.312 V;(2) 6

4-5 (2) $4f_1$

4-6 8 kHz、10 kHz

4-7 1.544 Mbit/s;0.772 MHz;2.048 Mbit/s;1.024 MHz

4-8 $f_s \geqslant 4f_0$

4-9 图(a)情况:$H_e(\omega) = \dfrac{\pi^2 - 4\omega^2}{4\pi A \cos\left(\dfrac{\omega\tau}{2}\right)}, \omega = \dfrac{\pi}{2}, \omega_s > \dfrac{\pi}{2}$

4-10 (1) 0.669

4-11 1

4-12 −11.92;24.5

4-13 −10.3 dB;24 dB

4-14 (1) (0, ±1.5)、(±1.5, ±5);(2) 43.8 dB,7 MHz

4-15 $a = 0.21$

4-16 (1) 30 kHz; (2) ≈36 dB

4-17 (1) 4.95 dB; (2) 10.1 dB

4-18 38.5 kHz

4-19 17 kHz;19.3 kHz

4-20 $k = 5; \Delta = 0.125$ V$; \Delta' = 1.265$ V

第5章

5-1 CMI,两种差分码,密勒码。

5-3 $\dfrac{\pi}{2} \displaystyle\sum_{n=-\infty}^{\infty} \mathrm{Sa}^2\left(\dfrac{n\pi}{2}\right)\delta(\omega - n\omega_0), \omega_0 = \dfrac{2\pi}{T_b}$

5-4 4.8 kbit/s;1.2 kBd

5-6 (1) 等腰梯形:$B_N = 1$,上宽1,下宽3

5-7 (2) 抽样点:$kT_b, k = 0、1、\Lambda$ 过零点:$\dfrac{T_b}{2}$、$\dfrac{5}{2}T_b$、$\dfrac{7}{2}T_b$、$\dfrac{9}{2}T_b$

5-8 (1) $\mathrm{Sa}\left(\dfrac{t}{T_b}\right) + \mathrm{Sa}\left(\dfrac{t}{T_b} - 1\right)$; (2) 三电平码:2,2,0,−2,0,0,−2;   整流后:2,2,0,2,0,0,2。

5-9 (1) 2 0 0 2 0 0 0 −2 0 2 2 0 −2,或 0 0 0 2 0 0 0 −2 0 2 2 0 −2; (2) 收发端参考位必相同

5-10 (1) $\{b_k\} = (11011000010111)$ 或 $\{b'_k\} = 01110010111101$;

(2) $\{c_k\} = (0,2,0,0,2,0,−2,−2,−2,0,0,2,2)$;

(3) $\{a'_k\} = (10010100011100)$

5-11 (1) $\{b_k\} = (10010000011010)$

(2) $\{c_k\} = (2,0,−2,2,0,−2,0,0,0,2,2,−2,0,0)$

5-12 (1) 2 kHz; (2) $\dfrac{60}{\pi}$ kHz; (3) 0.88

5-14 近似:$(W_{-1} \quad W_0 \quad W_1) = (−0.100\ 19 \quad 1.019\ 4 \quad −0.091\ 7)$

均衡值:$(−0.100\ 019, 0.001\ 7, 1, 0, 0.093)$

5-15　$(-0.2\quad 0.8\quad 0.4)$,$(-0.05,0,1,0,-0.1)$

5-16　$\sigma^2_{n单}=0.258\text{ mW}$,$\sigma^2_{n双}=0.1\text{ mW}$

5-17　0.302 V,0.004 5 V^2

5-18　5.5×10^{-5}

5-19　$H(\omega)=\begin{cases}T_b\left[1+\cos\left(\omega\dfrac{T_b}{2}\right)\right] & |\omega|\leqslant\dfrac{\pi}{T_b}\\0 & 其他\end{cases}$

第 6 章

6-1　(1) $p\left[1-\dfrac{1}{2}\text{erfc}\left(\dfrac{V_{b0}-A}{\sqrt{2}\sigma}\right)\right]+(1-p)\dfrac{1}{2}\text{erfc}\left(\dfrac{V_{b0}}{\sqrt{2}\sigma}\right)$,其中 $V_{b0}=\left[A^2+2\sigma^2\ln\left(\dfrac{1-p}{p}\right)\right]/2A$

　　(2) $V_b<\dfrac{A}{2}$

6-4　(1) 11.6 dB；　(2) 5.6 bit/s(平均误码)

6-5　(1) 0.359×10^{-4},1.85×10^{-4}；　(2) $\dfrac{1}{\sqrt{\pi\gamma/2}}\text{e}^{-\gamma/2}=7.4\times1^{-5}$

6-7　(1) 0.111；　(2) 7×10^{-4}

6-8　(1) 45.37 km、48.37 km、51.36 km(递增 3 km)；　(2) 性能相同,传输距离相等；

　　(3) 性能相同,误码率相等

6-9　0.27×10^{-2}

6-10　(1) 0100010110010111110；　(2) 10111010011010000001；

6-11　(2) ④点:$A\cos(\omega_0t+\varphi_k)$、⑤点:$A\cos(\omega_0t+\varphi_{k-1})$、⑥点:$\dfrac{A^2}{2}\cos(\varphi_k-\varphi_{k-1})+\cos(2\omega_0t+\varphi_k+\varphi_{k-1})$

　　(3) φ_k、φ_{k-1} 同相判 1、异相判 0

6-12　(1) 0110110111；　(2) 0101101100

6-13　(1) 0010011101；

　　(2) 在相同规则时,波形极性相反,即 1101100010；

　　(3) 能

6-15　$2\Delta f=1\ 200\text{ Hz}$,$B=3\ 600\text{ Hz}$

6-16　$B=3\ 200\text{ Hz}$,$R_b=600\text{ bit/s}$

6-17　(1) 同相分量:$\cos\dfrac{3\pi}{8}\cos\omega_0t$　正交分量:$\cos\dfrac{\pi}{8}\cos\left(\omega_0t+\dfrac{\pi}{2}\right)$　"110"频带信号:$2\cos\left(\omega_0t+\dfrac{3\pi}{8}\right)$；

　　(2) $-\dfrac{\pi}{8}$、$-\dfrac{5\pi}{8}$、$\dfrac{\pi}{8}$(图略)

第 7 章

7-1　(1) $T^2\text{Sa}^2\left(\dfrac{\omega T}{2}\right)$；　(2) $\dfrac{T^3}{3}$,T^2

7-2　(1) t_0+T；　(2) 信号本身能量 E

7-3　$s(t)$ 波形倒换正负极性

7-4　$s_0(t)=\dfrac{A^2}{2}t^2\left(T-\dfrac{t}{3}\right)$,$\dfrac{2A^2T}{3n_0}$

7-5 （1）T； （2）$1-\cos\omega_0 t, 0\leqslant t\leqslant T$； （3）$\dfrac{3T}{n_0}$

7-6 （1）$A\cos(\omega_0 t+\theta)$； （2）无影响； （3）$A^2 T\cdot\mathrm{tri}\left(\dfrac{t-T}{T}\right), 0\leqslant t\leqslant T$

7-7 （1）取包络：$\dfrac{A^2}{2}T, 0\leqslant t\leqslant T$； （2）同（1）或$\dfrac{A}{2}T$

7-8 （1）57.6 μs

7-9 （1）$V_{b0}=\dfrac{E_s}{2}$； （2）$V_{b0}+\dfrac{n_0}{2}\ln 2$； （3）$V_{b0}-\dfrac{n_0}{2}\ln 2$

第8章

8-1 （1）1.25×10^{-4}； （2）80.0 s； （3）320 bit/s 或 80 字/s，1.55×10^{-4}，9.6×10^{-9}

8-2 （1）无； （2）3×10^{-8}

8-3 （1）4； （2）纠1，用于检错：检3位错，或同时纠1、检2位错； （3）检3位；
（4）（a）5，（b）纠2，或检4，或同时纠1、检2、3位，（c）4位

8-4 （1）C_{r1}无错，C_{r2}、C_{r3}有错； （2）C_{r2}校验子[1 0 1]，第1位差错，C_{r3}校验子[0 1 1]，第3位差错

8-5 （4）第2位； （5）$S=110$

8-6 $\begin{bmatrix}1 & 1 & 0 & 1 & 0 & 0 & 0\\0 & 1 & 1 & 0 & 1 & 0 & 0\\1 & 1 & 1 & 0 & 0 & 1 & 0\\1 & 0 & 1 & 0 & 0 & 0 & 1\end{bmatrix}$

8-7 （3）封闭性——任二码字相加仍为码字

8-8 （1）7×10^{-3}； （2）2.1×10^{-5}； （3）差错率8.4 bit/s，双差错率；0.025 bit/s；
（4）$d_0=4$，可纠单位错及检2位错或只检错：检3位

8-10 （1）x^6+x； （2）$x^6+x^5+x^4+x$ 余1

8-11 （1）$x^6+1=(x^3+1)(x^3+1)$；$(x^2+1)(x^4+x^2+1)$；$(x+1)(x^5+x^4+x^3+x^2+x+1)$

（2）$g(x)=x^3+1$；$G=H=\begin{bmatrix}1 & 0 & 0 & 1 & 0 & 0\\0 & 1 & 0 & 0 & 1 & 0\\0 & 0 & 1 & 0 & 0 & 1\end{bmatrix}$；（3）$d_0=2$；（6，3）码元循环码。

8-12 （2）1101001，1100101； （3）1110010，1010110； （4）1100101，1101001

8-13 （1）完备码、汉明码； （2）$d_0=3$； （3）x^4+x+1，x^5+x^2+x

8-14 （1）$x^6+x^5+x^2+1$； （2）$x^6+x^4+x^3+x^2$； （3）$x^{14}+x^7+x^5+x^2$

8-15 （2）$G=\begin{bmatrix}1 & 0 & 0 & 1 & 1 & 0\\0 & 1 & 0 & 1 & 0 & 1\\0 & 0 & 1 & 0 & 1 & 1\end{bmatrix}$

8-16 （1）$S_1(x)=x^2+x+1$，$S_2(x)=x^2$； （2）x^2

8-17 （1）$g=0110$ $d_{\text{free}}=2$ （3）0110011110

8-18 （1）11100111； （4）$d_{\text{free}}=6$

第9章

9-2 （1）$-\dfrac{\pi t}{2T_b}(00)$、$\dfrac{\pi}{2}\mathrm{tri}\left(\dfrac{t-T_b}{T_b}\right)(10)$、$\dfrac{\pi t}{2T_b}(01)$、$-\dfrac{\pi}{2}\mathrm{tri}\left(\dfrac{t-T_b}{T_b}\right)(11)$；

(2) $\sin\varphi(T_b)$ 及 $\cos\varphi(2T_b)$ 极性为" $-$ 、 $-$ "," $+$ 、 $+$ "," $+$ 、 $-$ "," $-$ 、 $+$ "分别判为 $00,10,11,01$ 。

9-3　$E_b/n_0 = 25$

9-4　$3A_0^2, 3.41A_0^2, 2.36A_0^2$　(d)最优;各相邻点距离 $\Delta = 2$,其次(b)

9-5　(1) 15;　(3) 255 Hz;　(4) 3

9-6　(1) 57.2 dB;　(2) 46.8 dB

9-7　(1) 4×10^6;　(2) 22 片

9-8　(1) 100 户;　(2) 200 户

9-9　(1) 8.6 dB;　(2) 174 倍(22.4 dB);　(3) 1.67 MHz

9-11　(1) 第3层子集星点距8;　(2) 4 状态 8 VSB;$G = 4$　(6 dB)

9-12　(1) 单 QAM 误比特率;　(2) 下降

9-13　(1) 20 kHz;　(2) 50 kbit/s;10 kBd;20 kHz;　(3)T_s 减少 $\dfrac{1}{4}$,频谱有变化

第 10 章

10-1　(1) 160 kHz,4.8 MHz;　(2) $\alpha = 0.25$;　(3) QPSK 等

10-2　(1) 488 bit;　(2) 12 kbit/s;　(3) 195.2 kbit/s

10-3　(1) 241.664 kbit;　(2) 4 096 bit;2 ms;33.9 μs;　(3) 51;　(4) 60.416 波特;120.832 MHz

10-4　(1) 0.54;　(2) R-ALOHA

10-5　(1) 200 kHz;　(2) 1 250;270.833 kbit/s;　(3) 270.833 kbit/s;　(4) 4.615 ms

10-6　(1) 32.5 kbit/复帧;270.833 kbit/s;　(2) 235.38 ms;　(3) 63.75 kbit;270.833 kbit/s

10-7　(1) 125;1 000 户;25 kHz;　(2) TDMA 帧:156.25 bit/时隙;0.577 ms,4.615 ms,270.833 kbit/s;
　　　(3) $\eta = 1.35$ bit/s · Hz

10-8　(1) -9.5 dB;　(2) 131

10-9　1 000

10-10　(1) 1.96×10^6 片/s;　(2) 0.98×10^6 片/s

10-11　(1) 101;　(2) 51

10-12　(1) 100,1 kbit/s;　(2) 0.103 μW

10-13　(1) 195.61 dB;　(2) -116.6 dB;2.19 μW

10-14　(1) 76.87 dB;　(2) 48.64 Mbit/s

10-15　(1) 时间分辨率0.2 ms;　(2) $\rho_{12} = 0$,瑞利

参 考 文 献

［1］ 张树京. 通信系统原理. 1 版,2 版,3 版. 北京:中国铁道出版社,1981,1992,2001.

［2］ 冯玉珉. 通信系统原理. 北京:北京交通大学出版社. 2003,2007.

［3］ HAYKIN S. Communication system. John Wiley and Sons, Inc. ,1994.

［4］ PEEBLES P. Communication system principles. Addison-wesley Publishing Company, Inc. , 1976.

［5］ PEEBLES P Digital and analog communication system. Prentice-Hall Inc. ,1987.

［6］ STREMLER F. Introduction to communication systems. Addison-wesley Publishing Company, Inc. ,1979.

［7］ 樊昌信. 通信原理. 5 版. 北京:国防工业出版社,2001.

［8］ 王新梅. 纠错码与差错控制. 北京:人民邮电出版社,1989.

［9］ PROAVIS J G. Digital communication. 3rd ed. 北京:清华大学出版社,1997.

［10］ 冯玉珉. 通信系统原理学习指南. 修订本. 北京:北京交通大学出版社,2006.

［11］ 曹志刚,钱亚生. 现代通信原理. 北京:清华大学出版社,1992.

［12］ HAYKIN S. Communication system. 宋铁成,等译. 4 版. 北京:电子工业出版社,2003.

［13］ WINCH R G. Telecommunication transmission systems. McGraw-Hill Inc. ,1993.

［14］ PROAKIS J. 通信系统工程. 叶芝慧,等译. 2 版. 北京:电子工业出版社,2002.

［15］ PROAKIS J. Digital Communications. 清华大学出版社,1998.

［16］ S-RAPPAPORT T. 无线通信原理与应用. 蔡清,等译. 北京:电子工业出版社,1999.

［17］ LEON-GARCIA A,Communication Networks-Fundamental concepts and Key Architectures. 北京:清华大学出版社,2000.

［18］ 余兆明,余智. 数字电视原理. 北京:人民邮电出版社,2004.

［19］ WINCH G. Telecommunication transmission systems. McGraw-Hill,inc. ,1993.

［20］ SKLAR B. Digital Communications fundamentals and applications. Prentice Hall,1988.

［21］ SLAILIGS W. 无线通信与网络. 何军,译. 北京:清华大学出版社,2004.

［22］ 韦乐平. 接入网. 北京:人民邮电出版社,1998.

［23］ 孙儒石. GSM 数字移动通信工程. 北京:人民邮电出版社,1998.

［24］ 钟义信. 信息科学原理. 北京:北京邮电大学出版社,1996

［25］ 冯重熙. 现代数字通信技术. 北京:人民邮电出版社,1987

［26］ COOPER G, MEGILLEM C. , probabilistic methods of Signal and system analysis, (2e) Holt,Rinehart and Winston,1986.

［27］ Couch L. Ⅱ. Digital and analog Communication systems. New York:Macmillan publishing Company,1990.

［28］ GREGG W. Analog and digital Communication. New York:John Wiley and Sons,1977.

[29] STREMLER F. Introduction to Communication systems. Addison-wosley publishiny company (2E),1979.

[30] SADUA A. Compressed Video Communications. John Wiley & Sons,LTD,2002.

[31] STARK H, WOODS J. Probability,Random processes,& estimation theory for engineers. New Jersey,1986.

[32] DODD A. The essential guide to telecommunications(3/E). 北京:清华大学出版社,2002.

[33] LEON-GARCIA A,WIDJAJA I. Communication networks-fundmental conceptes & Key architectures. 北京:清华大学出版社,2000.

[34] 王秉钧,冯玉珉,田宝玉. 通信原理. 北京:清华大学出版社,2006.

[35] 冯玉珉,郭宇春,张星.通信原理学习指导.北京:清华大学出版社,2008.